水电设备的研究与实践

——第 23 次中国水电设备学术讨论会论文集

中国水力发电工程学会水力机械专业委员会
中国电机工程学会水电设备专业委员会　　编
中国动力工程学会水轮机专业委员会

U0237855

中国水利水电出版社
www.waterpub.com.cn

·北京·

内 容 提 要

本书是第 23 次中国水电设备学术讨论会论文集，共收录 93 篇论文。这些论文汇聚了广大设计人员和工程技术人员大量的研究和实践成果，内容涉及水力设计及选型、结构设计及制造、试验研究、振动磨损及空蚀、过渡过程、安装与运行、技术优化与改造、辅机及其他等八个部分。

论文集内容丰富，实用性强，对广大水电设备工作者有较高参考价值和借鉴意义，可供相关学者、专家以及工程技术人员参考。

图书在版编目（CIP）数据

水电设备的研究与实践 ： 第23次中国水电设备学术
讨论会论文集 / 中国水力发电工程学会水力机械专业委
员会，中国电机工程学会水电设备专业委员会，中国动力
工程学会水轮机专业委员会编. -- 北京 ： 中国水利水电
出版社，2021.10
ISBN 978-7-5170-9927-7

Ⅰ. ①水… Ⅱ. ①中… ②中… ③中… Ⅲ. ①水力发
电站－设备－学术会议－文集 Ⅳ. ①TV73-53

中国版本图书馆CIP数据核字(2021)第187658号

书　　名	水电设备的研究与实践——第 23 次中国水电设备学术讨论会论文集 SHUIDIAN SHEBEI DE YANJIU YU SHIJIAN ——DI 23 CI ZHONGGUO SHUIDIAN SHEBEI XUESHU TAOLUNHUI LUNWENJI
作　　者	中国水力发电工程学会水力机械专业委员会 中国电机工程学会水电设备专业委员会　编 中国动力工程学会水轮机专业委员会
出版发行	中国水利水电出版社 （北京市海淀区玉渊潭南路 1 号 D 座　100038） 网址：www.waterpub.com.cn E-mail：sales@waterpub.com.cn 电话：(010) 68367658（营销中心）
经　　售	北京科水图书销售中心（零售） 电话：(010) 88383994、63202643、68545874 全国各地新华书店和相关出版物销售网点
排　　版	中国水利水电出版社微机排版中心
印　　刷	天津嘉恒印务有限公司
规　　格	184mm×260mm　16 开本　41.5 印张　984 千字
版　　次	2021 年 10 月第 1 版　2021 年 10 月第 1 次印刷
定　　价	178.00 元

第 23 届中国水电设备学术讨论会组织机构

组 织 委 员 会

主　　席　　曾镇铃

副　主　席　　陆　力　　陶星明　　戴康俊　　李铁友　　张　强
　　　　　　　覃大清　　胡伟明　　石清华　　潘罗平　　伍　杰
　　　　　　　孙　毅

委　　员　　蒋登云　　许庆进　　高洪军　　陈顺义　　孟晓超
　　　　　　　张　雷　　王建明　　易忠有　　郑建兴　　王树民
　　　　　　　黄　坤　　魏春雷　　王万鹏　　赵　越

学 术 委 员 会

主　　席　　赵　琨

副　主　席　　罗兴锜　　王福军　　魏显著　　李修树　　游　超
　　　　　　　郑　源　　苟东明　　刘　洁　　罗先武　　彭忠年
　　　　　　　付国锋　　周振忠　　袁晓辉

委　　员　　马震岳　　田　迅　　张双全　　武赛波　　何成连
　　　　　　　李月彬　　徐洪泉　　于纪幸　　曹林宁　　张海平
　　　　　　　龚长年　　刘德民　　段宏江　　孙文彬　　周　杰
　　　　　　　苑连军　　伍志军　　王建华　　朱兴旺　　曾洪富
　　　　　　　何文才　　刘海辉

秘 书 处

秘 书 长　　韩伶俐

副秘书长　　廖翠林　　宗万波　　王焕茂　　陈泓宇

秘　　书　　陈　鑫　　易艳林　　刘诗琪　　桂绍波

前　　言

第 23 次中国水电设备学术讨论会由将于 2021 年 11 月在浙江省杭州市召开。会议由中国水力发电工程学会水力机械专业委员会、中国电机工程学会水电设备专业委员会、中国动力工程学会水轮机专业委员会和中国水力发电工程学会水力机械专业委员会信息网联合主办，是一个跨学会、跨行业、跨部门，且能充分体现我国水电设备行业技术水平和发展趋势的全国性权威学术会议。

改革开放以来，中国水电事业蓬勃发展，日新月异，给水电工作者带来了许多新的机遇和挑战，中国水电取得了举世瞩目的成就。至 2020 年，我国水电总装机容量达到 3.8 亿 kW，其中常规水电 3.4 亿 kW，抽水蓄能 4000 万 kW，年发电量 1.25 万亿 kW·h。水电工程技术已跃居世界领先水平，形成了规划、设计、施工、装备制造、运行维护等全产业链。预计 2025 年，全国水电装机容量将达到 4.7 亿 kW，其中常规水电 3.8 亿 kW，抽水蓄能约 9000 万 kW；年发电量 1.4 万亿 kW·h。推动水电合理开发，不仅将有效保障我国清洁能源供给，还将全方位推动我国社会经济可持续发展。

乌东德、白鹤滩等巨型水电站和绩溪、敦化、阳江等超高水头大型抽水蓄能电站的开工建设和相继投运，标志着我国常规混流式和混流可逆式机组设计制造技术已达到国际领先水平；大型轴贯流式机组设计制造技术也已进入世界领先行列。

本次会议将为国内大专院校、科研、设计、制造、安装、运行及管理部门的学者、专家和工程技术人员搭建一个学术交流平台，重点围绕大型水电机组的设计、制造、工程应用、运行和管理中的技术问题开展学术交流和总结，就水力发电工程及水电设备技术发展的新思想、新观点和先进技术进行交流，对设计、科研、制造、运行和管理中存在的技术问题开展研讨，对水电站建设、运行和管理经验进行总结分析，对新建或改造电站、泵站的选型设计及水电事业的发展战略提出建议，推动我国水电事业的科学发展，为"碳达峰、碳中和"目标作出更大贡献。

本次会议共收录学术论文 93 篇，汇聚了广大设计、科研和工程技术人员大量的研究和实践成果。根据内容分为 8 部分：水力设计及选型、结构设计及制造、试验研究、振动磨损及空蚀、过渡过程、安装与运行、技术优化与改造、辅机及其他。我们希望本论文集能对广大水电设备工作者提供借鉴和参考，以促进我国水电事业迈上新的台阶。

经过三个专委会的通力合作，特别是在论文作者和审稿专家的积极支持以及会议协办单位浙江富春江水电设备有限公司的鼎力相助下，本论文集得以顺利出版。在此，我们谨向为本论文集的出版提供过指导、支持、关心和帮助的单位和个人、审稿专家及论文作者表示深深的谢意！对于出版社编审人员的辛勤劳动，在此一并表示由衷的感谢！

由于编写时间仓促，水平和经验有限，错误和不当之处在所难免，敬请各位读者批评指正！

编者

2021 年 8 月

目　录

试 验 研 究

振 动 磨 损 及 空 蚀

过 渡 过 程

安 装 与 运 行

技 术 优 化 与 改 造

辅 机 及 其 他

水力设计及选型

基于数值模拟的离心泵驼峰特性研究

占　戈[1]　刘胜柱[1]　章焕能[1]　冯建军[1,2]　罗兴锜[1,2]

（1. 浙江富安水力机械研究所　浙江　杭州　311121；

2. 西安理工大学水利水电学院　陕西　西安　710048）

【摘　要】　本文采用数值计算方法，对为某工程设计的模型水泵进行了全流道数值模拟，得到了流量-扬程和效率曲线，并观察模型水泵在小流量区域驼峰特性的流动情况，分析了模型水泵出现驼峰的原因可能是叶轮和固定导叶区域出现回流。此外，对比了两种动静交界面（Frozen Rotor 和 Stage）对结果的影响。与模型试验结果对比显示，两种交界面形式对驼峰特性的模拟均存在偏差。在大于设计流量工况下，采用 Stage 交界面模拟出的扬程曲线与试验结果较为接近。

【关键词】　模型水泵；数值模拟；驼峰特性；动静交界面；模型试验

1　引言

水电设备技术已经日趋成熟，常规水轮发电机组和可逆式机组在全世界范围内大量应用，而大型的纯水泵机组在国内还相对较少。纯水泵机组主要作用是抽水，可用于调峰调水，配合水电站发电，改善水运条件，在我国西部地区亦可用来消纳新能源（包括风电、光伏等）。对于大容量或者高扬程机组，一般采用立式单级单吸离心泵，并且配有固定导叶起到支撑作用。相比于可逆式机组，纯水泵机组运行工况更加简单，接近于普通的蜗壳离心泵。驼峰特性是纯水泵机组中非常常见的不稳定现象，在该区域，水泵运行极不稳定，效率、扬程等均有所降低，易造成大量能耗，严重的可能影响机组的安全性。因此，预留足够的驼峰裕度是水泵水力设计方面的难点。

现在，国内外不少学者都对水泵驼峰特性进行了研究，主要运用的方法是数值模拟，集中探讨驼峰现象的预报和判定，探索驼峰机理以及如何在工程应用中改善驼峰现象。冒杰云等对低比转速离心泵驼峰特性附近工况进行了数值模拟，发现叶轮进口的预旋及出口回流是诱发驼峰的原因。杨红红对离心泵导叶内失速流动特性及其产生机理进行了研究，提出了驼峰特性是离心泵在小流量发生失速现象的原因造成。阎世杰对离心泵扬程—流量曲线稳定性进行了研究，得出了三种因素能改善驼峰特性。

目前，对驼峰特性的预测不是十分准确，数值模拟结果与试验结果略有偏差。基于CFD数值模拟水泵特性一般多用商业软件 ANSYS - CFX，其动静交界面的选择对流量-

扬程和效率曲线有一定的影响。本文对某 100m 扬程段工程设计的立式单级蜗壳离心泵的模型水泵展开数值模拟，使用成熟的商业软件 CFX，采用两种动静交界面形式，分别对该模型水泵进行全流道数值模拟仿真，计算流量—扬程和效率曲线，并最终与试验结果进行对比，探讨两种数值模拟方法对离心泵驼峰特性预测的准确性。

2 计算模型与数值模拟

2.1 计算模型

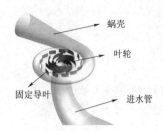

本文研究对象为某 100m 扬程段大型离心泵而设计的模型水泵。该水泵为立式单级单吸离心泵，包含进水管、叶轮、固定导叶和蜗壳，其中叶轮叶片个数为 7，固定导叶个数为 13，叶轮进口直径 $D_1 = 275mm$，其三维几何如图 1 所示。叶轮在俯视条件下沿逆时针旋转。

研究对象为比转速 140 的中等比转速离心泵。当水泵的设计比转速大于 110 时，易在略小于设计流量点附近出现驼峰，从而形成双驼峰。故在数值模拟流量-扬程曲线时应合理给定流量区间，保证数值仿真的精确度。

图 1　模型水泵三维几何

2.2 网格划分

本文采用 ICEM－CFD 软件对该模型水泵的各个部件进行高精度的六面体网格划分，其中叶轮和固定导叶周围皆采用 O 形网格来提高网格质量，保证数值模拟更精确。模型水泵进水管进口和蜗壳出口管路皆有所延长，使数值模拟的流道与模型试验流道相近。为了确保数值模拟结果的可信，进行了网格无关性验证，最终确定全流道数值模拟网格总数量为 650 万，各部件网格划分如图 2 所示。

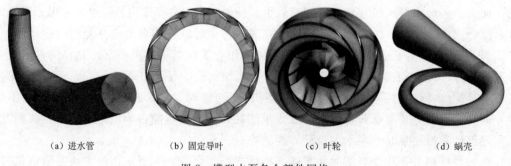

（a）进水管　　　　（b）固定导叶　　　　（c）叶轮　　　　（d）蜗壳

图 2　模型水泵各个部件网格

2.3 数值模拟方法

CFD 数值模拟仿真计算已经普遍运用于水泵、水轮机等常规水力机械的水力设计阶段，其理论基础主要包括湍流模型及其对应的控制方程。流体力学中需要满足的 3 个守恒定律，即质量守恒定律、动量守恒定律和能量守恒定律。流体的控制方程就是依据这些守恒定律，引入合理的假设而建立的，然后在假设的基础上给定物理参数和边界条件，选择合理的数值解法就可以对不同的流动问题进行求解。用于数学描述这些守恒定律的控制方程需要在时间域和空间域上转化为离散方程。

本文使用的软件 ANSYS-CFX 是基于有限体积法对控制方程进行离散求解。在湍流模型选择上，SST$k-\omega$ 是综合了 $k-\varepsilon$ 模型在远场计算的优点和 $k-\omega$ 模型在近壁面区计算的优点，将 $k-\omega$ 模型和标准 $k-\varepsilon$ 模型都乘以一个混合函数后再相加得到，是目前在求解工程实际问题时较为接近试验结果的湍流模型，能够精确模拟边界层的流动现象。SST 湍流模型湍动能 k 和比耗散率 ω 的方程为

$$\frac{\partial k}{\partial t}+u_{\mathrm{j}}\frac{\partial k}{\partial x_{\mathrm{j}}}=\frac{\partial}{\partial x_{\mathrm{i}}}\left[\left(\nu+\frac{\nu_{\mathrm{t}}}{\sigma_{\mathrm{k3}}}\right)\frac{\partial k}{\partial x_{\mathrm{j}}}\right]+G_{\mathrm{k}}-\beta'\omega \tag{1}$$

$$\frac{\partial \omega}{\partial t}+u_{\mathrm{j}}\frac{\partial \omega}{\partial x_{\mathrm{j}}}=\frac{\partial \omega}{\partial x_{\mathrm{j}}}\left[\left(\nu+\frac{\nu_{\mathrm{t}}}{\sigma_{\omega3}}\right)\frac{\partial \omega}{\partial x_{\mathrm{j}}}\right]+\alpha_3\frac{\omega}{k}G_{\mathrm{k}}-\beta_3\omega^3+2(1-F_1)\frac{1}{\sigma_{\omega2}\omega}\frac{\partial \omega}{\partial x_{\mathrm{j}}} \tag{2}$$

其中加权函数 F_1 的表达式为

$$F_1=\tanh(arg_1^4) \tag{3}$$

$$arg_1=\min\left[\max\left(\frac{\sqrt{k}}{\beta'\omega y},\frac{500\nu}{y^2\omega}\right),\frac{4\rho k}{CD_{\mathrm{k\omega}}\sigma_{\omega2}y^2}\right] \tag{4}$$

$$CD_{\mathrm{k\omega}}=\max\left(2\rho\frac{1}{\sigma_{\omega2}\omega}\frac{\partial \omega}{\partial x_{\mathrm{j}}}\frac{\partial k}{\partial x_{\mathrm{j}}},1.0\times10^{-10}\right) \tag{5}$$

本文数值模拟方式为定常分析，CFX 软件中总压力值作为进口边界条件，而出口的边界条件设置为流量，对流项设置为二阶精度。CFX 软件中对动静交界面的设置方式有两种，一种为 Frozen Rotor（冻结转子）。叶轮作为旋转区域，给定转速，固定导叶和进水管作为静止区域，叶轮和二者的相对位置保持不变。因此，这种计算方式需要选取多个圆周方向的相对位置来得到综合计算结果。另一种交界面方式为 Stage（混合面法）。交界面的数据传递前后采用沿周向平均的方法，可选择速度平均或总压力平均等。这种计算方式相对理想化，但可消除沿周向流道的不均匀性。本文将采用两种动静交界面形式，分别计算该模型水泵的流量-扬程及效率曲线，观察水泵在驼峰特性区域的流动情况，简要分析驼峰特性可能出现的原因，并与模型试验曲线对比。

3 数值模拟结果

3.1 外特性曲线对比

两种不同形式动静交界面计算得到的离心泵性能曲线如图 3 所示，同时与模型试验结果进行了对比。

图 3 中各种变量的定义及计算公式如下：

（1）效率 η 计算公式为

$$\eta=\frac{\rho g Q H}{M\omega}\times100\% \tag{6}$$

式中 ρ——水的密度；

     g——重力加速度，取 $9.8\mathrm{m/s^2}$；

     Q——模型水泵的流量；

     H——模型水泵的扬程；

M——模型水泵的扭矩；

ω——模型水泵的旋转角速度。

（2）流量系数 φ 计算公式为

$$\varphi = \frac{Q}{\pi \omega R_2^3} \quad (7)$$

式中　Q——模型水泵的流量；

ω——模型水泵的旋转角速度；

R_2——模型水泵出口的半径。

（3）扬程系数 ψ 计算公式为

$$\Psi = \frac{2gH}{\omega^2 R_2^2} \quad (8)$$

式中　g——重力加速度，取 $9.8\mathrm{m/s^2}$；

H——模型水泵的扬程；

ω——模型水泵的旋转角速度；

R_2——模型水泵出口的半径。

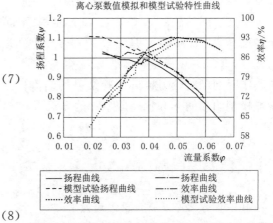

图 3　水泵模型试验结果与 CFD 结果对比曲线

从曲线计算点的分布可以看出，此次数值模拟区间基本遍布模型水泵的整个流量范围，足以保证计算工况的均匀性。两种交界面形式模拟的扬程曲线存在一定的差别，两条曲线均计算出了水泵的驼峰特性，其中 Stage 交界面形式下，模型水泵计算的扬程值更高，并且存在双驼峰的可能，在驼峰特性发生后一定流量范围内，扬程仍未稳定上升，说明在该区域内水泵内部流动极其混乱。而 Frozen Rotor 交界面模拟的扬程曲线总体略低一些，且发生驼峰的流量值离设计工况较为接近，整体曲线仅有一次驼峰特性。从效率曲线来看，因为交界面数值传递方式不同，Stage 计算的效率曲线在设计流量附近更高，而在小流量区域，特别是靠近驼峰特性的区域，效率值出现明显的下降，低于 Frozen Rotor 交界面模拟曲线的效率值。总体来看，几条特性曲线基本满足两种交界面形式的定义。

从模型试验结果和 CFD 数值模拟的对比可知：模型试验的扬程曲线值均略高于 CFD 数值模拟的曲线，两者的整体趋势较为接近。Stage 交界面形式模拟的水泵扬程曲线在设计工况及大流量附近与试验曲线较为吻合，说明该种交界面形式在模拟部分流量状况时是较为接近试验结果的模拟方式。模型水泵在小流量区域内出现了一次驼峰特性，发生驼峰特性的流量值约为设计工况流量值的 70％左右。该流量值均小于两种交界面形式模拟的驼峰特性流量值，这说明在小流量工况下，水泵内部流动状况不稳定，稳态数值模拟结果无法精确模拟驼峰特性。对于流量—效率曲线，Stage 交界面形式较为理想化，故计算得到效率值最高。CFD 数值模拟的效率值仅考虑模型水泵本身的水力效率，未扣除容积损失和机械损失。

3.2　流场分析

为了研究水泵驼峰特性扬程下降的原因，现统计了设计流量 70％工况（即数值模拟驼峰特性出现的流量）各个水力部件的水力损失，如图 4 所示。由图 4 可知，两种交界面形式下，在小流量驼峰特性区域，固定导叶损失占比最大，蜗壳其次，进水管占比最小。相比于设计流量，固定导叶水力损失增加较多，说明固定导叶水力损失加大可能是水泵出现驼峰的一个原因。

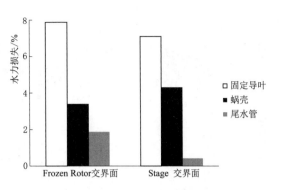

图 4　CFD 计算下各个部件水力损失百分比

同时，在该工况下，模型水泵叶轮和导叶区域流动情况如图 5～图 7 所示，从图中看出，在 Frozen Rotor 交界面形式下，靠近下环区域，叶轮吸力面出现小范围的二次回流，即失速。说明在该流量下，叶轮内部流动情况较差。水泵的扬程为叶轮产生的总扬程减去其余各个水力部件损失的扬程。据统计结果显示，该工况下水泵叶轮产生的总扬程大大小于 Stage 交界面条件下叶轮的总扬程。故可知，叶轮内部出现脱流，可能使叶轮产生的总扬程下降，进而导致水泵的扬程出现下降。而 Stage 交界面形式下，模型水泵叶轮区域内尚未出现回流。

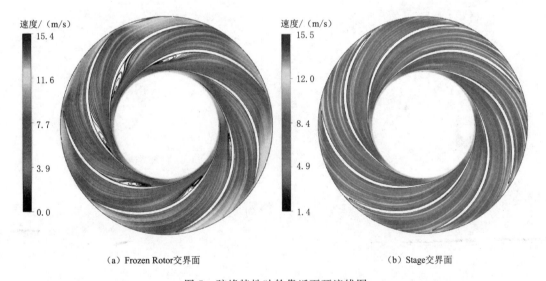

（a）Frozen Rotor交界面　　　　　　　　　　　　（b）Stage交界面

图 5　驼峰特性叶轮靠近下环流线图

两种交界面形式下，导叶区域内均存在一定程度的脱流，说明在小流量工况下，因为水泵整体水力性能偏离设计流量，水泵内部流动性较差，固定导叶的水力损失较大，其损失的扬程占水泵总扬程超过 6%，可能是造成水泵出现驼峰的原因之一。故减少小流量状态下，固定导叶的水力损失，是减缓驼峰特性出现的一种方法。但这可能影响设计流量下的效率值，需综合考虑。对于蜗壳区域，整体流线较为平顺，未有明显脱流产生，蜗壳部件水力损失主要受到导叶出流的影响。

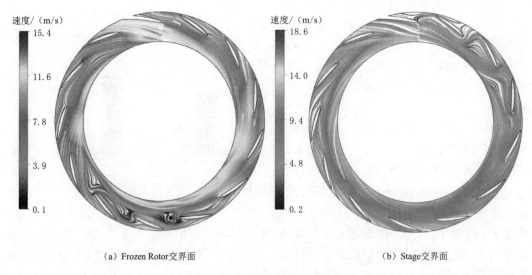

(a) Frozen Rotor交界面　　　　　　　　　　　　(b) Stage交界面

图6　驼峰特性导叶区域流线图

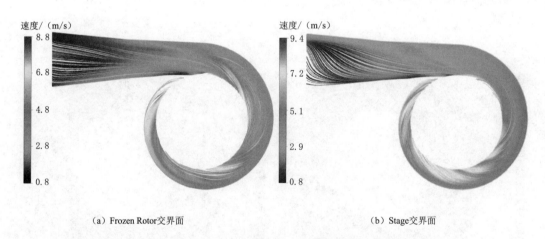

(a) Frozen Rotor交界面　　　　　　　　　　　　(b) Stage交界面

图7　驼峰特性蜗壳区域流线图

4　结语

　　本文应用了商业软件 ANSYS－CFX 对为某 100m 扬程段的大型离心泵设计的模型水泵进行了全流道数值模拟，采用 CFX 软件中常用的两种动静交界面形式，分别模拟了水泵流量-扬程和效率曲线，分析了模型水泵小流量工况驼峰特性叶轮、导叶及蜗壳区域内的流动状态。并与模型试验结果性能曲线进行了对比分析，得出以下结论：

　　（1）采用数值模拟软件 CFX 软件中两种动静交界面形式：Stage 和 Frozen Rotor 进行模拟，得到模型水泵流量-扬程和效率曲线趋势基本相同。前者的动静界面数据传递形式更理想化，其计算值均高于后者。在设计流量偏大的工况条件下，Stage 模拟的扬程曲线与试验结果较为接近，而在驼峰特性区域内，两者皆与试验结果存在一定的差别。

　　（2）根据小流量驼峰特性数值模拟结果来看，Frozen Rotor 交界面形式下，叶轮区域内出现小范围的回流，叶轮的扬程有所下降。固定导叶区域内脱流明显，水力损失变大。而蜗壳区域内无明显状况。Stage 交界面形式下，叶轮区域尚未出现回流，固定导叶水力损失最大，蜗壳区域内无明显变化。初步推断，叶轮和固定导叶两者的共同作用可能是导致扬程下降，驼峰出现的原因。

（3）与试验结果对比发现，数值模拟的扬程值略低于试验值。Stage 交界面形式计算的扬程曲线在设计点及大流量区域附近和试验曲线吻合得更好。模型试验结果显示，水泵驼峰特性出现的流量值小于 CFD 数值模拟的计算值。

参 考 文 献

[1] 陶然，肖若富，杨魏，等. 可逆式水泵水轮机泵工况的驼峰特性 [J]. 排灌机械工程学报，2014，32（11）：927－930.

[2] 冒杰云，袁寿其，张金凤，等. 低比转数离心泵驼峰工况附近内部流动特性分析 [J]. 排灌机械工程学报，2015，33（4）：284－289.

[3] 杨红红. 离心泵导叶内失速流动特性及其产生机理研究 [D]. 西安：西安理工大学，2019.

[4] 阎世杰. 离心泵扬程—流量曲线稳定性研究 [D]. 兰州：兰州理工大学，2020.

[5] 阳君，袁寿其，PAVESI Giorgio，等. 水泵水轮机泵工况下近设计点驼峰现象的流动机理研究 [J]. 机械工程学报，2016，52（24）：170－178.

五叶片轴流式水轮机水力
模型优化与试验研究

陈瑞瑞[1] 冯建军[1,2] 刘胜柱[1] 吴广宽[1,2] 罗兴锜[1,2]

(1. 浙江富安水力机械研究所 浙江 杭州 311121;

2. 西安理工大学水利水电学院 陕西 西安 710048)

【摘 要】 本文主要针对某水电站,通过采用 SST k-ω 湍流模型对全流道进行数值模拟,结合模型试验对五叶片轴流转桨式水轮机模型进行水力优化。将 CFD 计算与模型试验结果进行对比,验证了数值计算的准确性和可行性。此外,将模型转轮叶片数减为四叶片,在相同流道内进行模型试验,对比了五叶片和四叶片的水力性能,可为后续的四叶片转轮开发提供参考。

【关键词】 轴流式水轮机;五叶片;数值计算;模型试验;四叶片;水力开发

1 引言

随着经济的发展,对能源的需求量越来越大,太阳能、水能、风能及海洋能等可再生清洁能源得到了广泛的开发利用。轴流式水轮机主要应用在中低水头大流量电站,随着叶片式水力机械的发展,工程上对水轮机的能量特性、空化性能以及工作稳定性有了更高的要求。随着计算流体力学以及数值计算软件发展的逐渐成熟,数值计算与试验结果对比研究验证了数值计算的准确性和可行性。数值计算方法以其成本低、周期短、可重复性强等优势,广泛应用于流体机械内部流动分析、水力优化设计等工程实际当中,以预估模拟水轮机的水力性能、压力脉动等特性。通过数值模拟,可以比较准确地预测水轮机内部的速度分布、压力分布、压力脉动以及空化性能,有利于对水轮机的内部特性的研究,在水轮机模型开发前期可以节省大量的研发时间,极大地节约了工程成本。

本文结合模型试验,通过数值计算对某电站五叶片轴流转桨式水轮机进行模型水力开发。目前轴流式水轮机也逐渐应用到低水头大流量的机组,为了更有方向性地开发四叶片转轮模型,将该五叶片模型转轮桨叶减去一个,在相同流道内进行模型试验研究。

2 研究方法

通过模型试验与数值模拟相结合,按照 IEC 60193 标准对水轮机进行模型的开发和试验监测。在数值模拟过程中,将水轮机内部流动介质视为不可压缩流体,基于雷诺时均法则的 Navier－Stoke（N－S）方程，采用 Shear Stress Transport（SST）$k-\omega$ 剪切应力湍流模型对模型水轮机的内部流动进行数值模拟。SST 湍流模型，是对 $k-\varepsilon$ 模型的改进，在外流场则发挥了 $k-\varepsilon$ 模型的优势，在壁面区域在 $k-\varepsilon$ 模型中融入 $k-\omega$ 模型，同时对涡黏性系数进行了修正，考虑了湍流切应力的影响，相比 $k-\varepsilon$ 湍流模型能更精确捕捉近壁面流动，在计算具有逆压梯度的流场时有很好的表现。

SST $k-\omega$ 模型有 k 和 ω 两个方程，其基本形式如下：

$$\frac{\partial}{\partial t}(\rho k)+\frac{\partial}{\partial x_i}(\rho k u_i)=\frac{\partial}{\partial x_j}\left(\Gamma_k\frac{\partial k}{\partial x_j}\right)+G_k-Y_k+S_k \tag{1}$$

$$\frac{\partial}{\partial t}(\rho\omega)+\frac{\partial}{\partial x_i}(\rho\omega u_i)=\frac{\partial}{\partial x_j}\left(\Gamma\frac{\partial\omega}{\partial x_j}\right)+G_\omega-Y_\omega+S_\omega+D_\omega \tag{2}$$

数值计算时将壁面设定为无滑移壁面，蜗壳进口以及尾水管出口均给定质量流量。

3 研究对象及计算参数

研究对象为某电站轴流转桨式水轮机模型，电站额定出力 47.1MW，预留 10％的超发裕量，根据表 1 中的水轮机参数选型，确定真机转轮直径 $D_1=6.8\mathrm{m}$，额定转速 88.24r/min，最优点单位参数 $n_{11}=133.3\mathrm{r}/\mathrm{min}$，$Q_{11}=1.417\mathrm{m}^3/\mathrm{s}$，额定工况单位参数 $n_{11}=154.4\mathrm{r}/\mathrm{min}$，$Q_{11}=1.904\mathrm{m}^3/\mathrm{s}$。初步确定几何模型如图 1 所示，其中蜗壳采用混凝土蜗壳，固定导叶数为 12，活动导叶数为 24，桨叶数为 5。

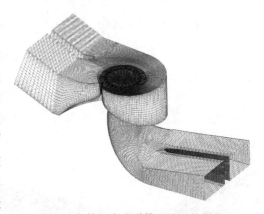

图 1　水轮机全流道模型及网格划分

表 1　　　　　　　　　　　水轮机设计参数表

参　数	值	参　数	值
转轮直径/m	6.8	最大净水头/m	17.9
额定转速/(r/min)	88.24	额定水头/m	15.1
额定出力/MW	47.1	最小净水头/m	11.1
极端最大水头/m	21.5	加权平均水头/m	16.23

4 水轮机优化设计

针对该电站水轮机的模型开发，前期主要是采用数值模拟方法在已有的相近参数的水轮机模型基础上针对电站具体设计要求对转轮进行优化，使其水力性能基本达到合同要求，并对空化性能进行初步的预估；之后根据初步的模型试验结果对桨叶进行进一步的修型，最终使得模型水轮机综合性能能够满足电站要求。

根据当前电站选定的单位参数对转轮桨叶进行水力优化，主要从叶片进口角、叶片厚度、叶片载荷分布、叶片出流角以及转轮出口环量分布等方面进行优化，如图 2、图 3 所示，优化过程中尽可能地增大叶片正背面之间的压力差，以提高桨叶的能量转换率；优化过程中要兼顾额定点以及最大水头额定出力工况等特征工况的水力性能及空化性能，以满足电站运行要求。

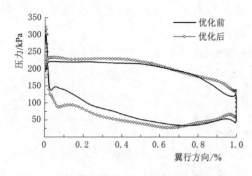

图 2　优化前后转轮中间截面叶片载荷分布　　　图 3　优化前后转轮进出口环量分布

由于参数的调整，转轮出口给定尾水管的入流条件发生改变，其内部流态发生变化，如图 4 所示，肘管处容易形成积流旋涡，由于尾水管上翘容易在出口产生回流，其内部水力损失增加；通过调整转轮出口环量分布（图 3）改变尾水管入流条件，从而改善内部流态，使其内部流动更加顺畅，进而降低尾水管内部的水力损失。

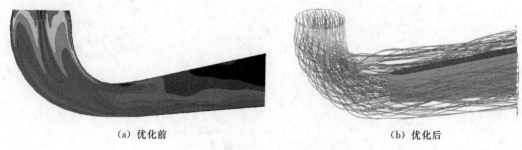

（a）优化前　　　　　　　　　　　　　　　（b）优化后

图 4　优化前后尾水管内流场对比

5　结果分析讨论

将最终的水轮机模型最优工况与额定工况数值模拟的内部特性进行对比，总结优化特征。对比两个工况点导叶内部压力分布（如图 5 所示），蜗形部分流速分布比较均匀，能够为导叶提供很好的来流条件，并为其提供一定的预环量。固定导叶驻点基本能保证落在叶片头部，有效地降低了来流对头部的撞击损失；活动导叶避开了固定导叶的尾流区，避免了相互间的干扰。两个工况的活动导叶压力分布对比可以看出，额定工况大部分的驻点都落在了导叶头部，最优工况下部分驻点偏导叶正面，并且导叶正背面压力梯度更加明显，说明该导叶具有良好的自关闭能力。

从图 6 桨叶各流面载荷分布可以看出，叶片表面压力分布比较均匀，有效地拓展叶片正背面之间的压力差，提升了能量转换率；同时需要兼顾叶片的空化性能，避免叶片背面的低压区过于集中，有利于推迟叶片背面空化的发生。

下面从性能指标对 CFD 计算结果及模型试验结果进行对比分析，将结果换算到标准

（a）最优工况 （b）额定工况

图 5　导水机构内部压力分布云图

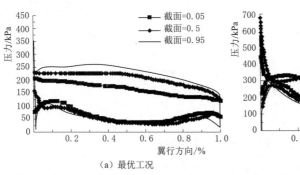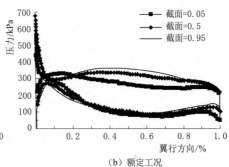

（a）最优工况 （b）额定工况

图 6　桨叶各流面上载荷分布

雷诺数下，并按照两步法的公式将模型效率换算到原型工况进行修正，得到表 2 的数据。通过数据结果可以看出，CFD 数值计算对于预测水轮机水力性能是可行的，准确性能够控制在一定范围内；本次开发的水轮机模型水力性能能够满足电站要求。

为了更准确地把握模型水轮机空化性能，对特征水头下的转轮模型空化性能进行观测（图 7），得到装置空化系数 σ_p、初生空化系数 σ_i 以及临界空化系数 σ_1 等性能指标，经计算得到了各特征工况的空化性能参数见表 3。从表中可以看出，σ_p/σ_i 能保证大于 1.0，σ_p/σ_1 能保证大于 1.1，空化性能满足电站运行要求。

<table>
<tr><td colspan="4">表 2　　　水轮机真机效率对比</td></tr>
<tr><td>效率/%</td><td>最优点</td><td>额定工况</td><td>加权平均</td></tr>
<tr><td>CFD 计算</td><td>95.75</td><td>94.39</td><td>94.67</td></tr>
<tr><td>模型试验</td><td>95.6</td><td>94.3</td><td>94.55</td></tr>
<tr><td>性能保证</td><td>95.53</td><td>94.01</td><td>94.51</td></tr>
</table>

<table>
<tr><td colspan="4">表 3　　　模型试验空化性能结果</td></tr>
<tr><td>H_P/m</td><td>P_P/MW</td><td>σ_p/σ_i</td><td>σ_p/σ_1</td></tr>
<tr><td>11</td><td>32.03</td><td>1.2</td><td>1.31</td></tr>
<tr><td>15</td><td>47.1</td><td>1.01</td><td>1.37</td></tr>
<tr><td>16.6</td><td>51.8</td><td>1.02</td><td>1.18</td></tr>
<tr><td>17.8</td><td>51.8</td><td>1.01</td><td>1.31</td></tr>
</table>

图 7 最大水头额定出力工况初生空化

为了保证电站的运行稳定性，本次试验对尾水管锥管处上下游两侧的压力脉动进行了监测，重点关注了特征水头下压力脉动幅值，图 8 给出了电站运行范围内的测试结果。从图中可以看出在，从额定水头到极端最大水头的运行区域压力脉动幅值 $\Delta H/H$ 基本控制在 2% 以内，最小水头下压力脉动幅值明显偏大，$\Delta H/H$ 控制在 4% 左右，稳定性相对较差，实际运行中需要注意该水头下的运行时间。综合比较，该水轮机模型压力脉动幅值控制良好，满足电站要求，能够保证机组稳定运行。

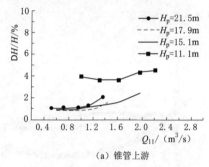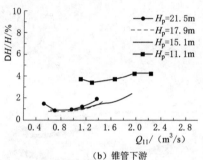

（a）锥管上游　　　　（b）锥管下游

图 8　尾水管锥管上下游压力脉动试验结果

为了更好地开展四叶片轴流式水轮机的水力开发工作，在本水轮机模型的基础上，仅将桨叶数减少一个，在同一流道内进行模型试验测量。通过测试，将桨叶角 $\beta=0°$、$\beta=5°$ 时两种叶片数的模型水轮机水力性能进行对比（图 9），相同角度下，最高效率同比降低 0.6% 左右，其中 0° 桨叶角效率降低少一些，最高效率对应的单位流量增大了 12%～15%，从图片上可以看出，四叶片转轮在大流量的运行区域水力性能有着明显的优势。最终四叶片转轮最优参数单位转速 n_{11} 升高到 147r/min，单位流量

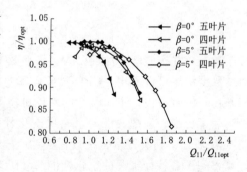

图 9　两种叶片数转轮在 $\beta=0°$、$\beta=5°$ 时水力性能对比

$Q_{11}=1.34m^3/s$ 相对五叶片有所减小，即高效区向左上方偏移。本次试验结果为后续以五叶片转轮为基础模型对四叶片转轮开发提供了一定的方向性指导。

6　结语

本文针对某电站开发了五叶片轴流式水轮机模型，结合模型试验，采用 CFD 数值计

算对转轮进行水力优化设计，在保证空化性能的前提下，提高叶片能量转换率，通过调整转出口环量分布，改善尾水管内流态，降低水力损失，最终保证所研发的水轮机模型达到电站运行要求。进行 CFD 数值模拟与模型试验结果对比，进一步验证了 CFD 数值计算方法对于流体机械水力开发的可行性，为未来的水轮机模型开发积累经验。通过四叶片与五叶片的转轮模型试验结果进行对比，为后续的四叶片轴流式水轮机开发提供了优化方向。

参 考 文 献

[1] 刘大凯. 水轮机 [M]. 北京：中国水利水电出版社，2006.
[2] 王正伟，杨校生，肖业祥. 新型双向潮汐发电水轮机组性能优化设计 [J]. 排灌机械工程学报，2010，28 (5)：417-421.
[3] 邵杰，刘树红，吴墉锋，等. 轴流式模型水轮机压力脉动试验与数值计算预测 [J]. 工程热物理学报，2008，29 (5)：783-786.
[4] 张毅鹏，刘梅清，吴远为，等. 叶顶间隙对贯流式水轮机空化流场的影响 [J]. 华南理工大学学报（自然科学版），2018，46 (4)：58-66.
[5] 肖若富，孙卉，杨魏，等. 水泵水轮机预开导叶的优化分析 [J]. 排灌机械工程学报，2013，31 (2)：128-131.
[6] 赵永智，税彪. 铜街子水电站 12 号机增容改造水轮机水力开发 [J]. 水电站机电技术，2015，38 (4)：5-8.
[7] 刘树红，邵奇，杨建明，等. 三峡水轮机的非定常湍流计算及整机压力脉动分析 [J]. 水力发电学报，2004，23 (5)：97-101.
[8] 李琪飞，谭海燕，李仁年，等. 异常低水头对水泵水轮机压力脉动的影响 [J]. 排灌机械工程学报，2016，34 (2)：99-104.
[9] 吴玉林，刘树红，钱忠东. 水力机械计算流体动力学 [M]. 北京：中国水利水电出版社，2007.

肘管高宽比对轴流式水轮机尾水管
水力性能的影响

李昀哲[1]　刘胜柱[1]　冯建军[1,2]　章焕能[1]　罗兴锜[1,2]

(1. 浙江富安水力机械研究所　浙江　杭州　311121；
2. 西安理工大学水利水电学院　陕西　西安　710048)

【摘　要】　水轮机尾水管内部流动的数值仿真及其优化设计是低水头水轮发电机组水力性能
开发的核心内容之一。低水头的轴流式水轮机广泛选用弯肘型尾水管，而肘管是弯肘型尾水
管的关键部件之一，肘管的各项尺寸对尾水管的水力性能起着决定性的影响。本文结合水轮
机三维黏性流动数值仿真及水轮机性能预估技术，对轴流式水轮机模型最优工况的内部流场
及其水力性能进行了数值仿真，分析了不同的肘管高宽比对尾水管水力性能的影响，得出了
弯肘型尾水管肘管高宽比的最优解，用以指导水轮机水力开发设计工作。

【关键词】　轴流式水轮机；弯肘型尾水管；肘管高宽比；水力性能

1　引言

经过多年的实践，以水轮机数值仿真与性能预估为基础的水轮机过流部件优化设计方
法已经成为现代水轮机水力开发设计的核心技术。轴流式水轮机运行水头低，各过流部件
中，尾水管的水力损失在总水力损失中所占的比重较大，故尾水管水力性能预估及其优化
设计是低水头水轮机水力设计的主要内容之一。

轴流式水轮机多采用弯肘型尾水管，转轮出口水流及尾水管自身的几何形状对尾水管
水力性能的影响很大。尾水管内部水流是扩散流动，弯肘型尾水管内部主流方向要发生
90°的转向，再加上转轮出口水流存在一定的环量，这些因素共同决定了尾水管内部流动
的旋流、负压梯度的特点，并且在某些运行工况下，流场内部会出现严重的二次流。这些
复杂的流动特性给尾水管设计造成了十分大的困难，也给数值模拟提出了相当大的挑战。
在 1999 年召开的水轮机尾水管专题国际研讨会上，各国学者对水轮机转轮出口流态的不
稳定、尾水管几何形状的复杂性、有黏流动数值计算的困难程度等诸多复杂特性进行了充
分的讨论。我国二滩、三峡、万家寨等多个大型水电站工程在水轮机水力开发的过程中，
研究人员都开展了尾水管优化试验研究，均获得有益的成果。

常规弯肘型尾水管包含直锥管、肘管及扩散段三个部分。肘管是尾水管的关键部件，
主要作用是保证水流在肘管内能够顺利转向并且保证水流尽可能均匀地流入扩散段，其高

度、长度及高宽比等特征尺寸对性能的影响很大，如图1所示。

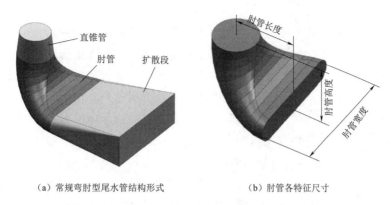

（a）常规弯肘型尾水管结构形式　　　（b）肘管各特征尺寸

图1　常规弯肘型尾水管结构形式及肘管各特征尺寸

　　本文通过数值模拟方法对轴流式水轮机尾水管内部的三维流动进行了分析计算，对比分析不同肘管高宽比对尾水管内水力损失的影响，找出了适应于弯肘型尾水管的最优肘管高宽比，为水轮机水力性能开发提供一定的参考。

2　几何模型和数值计算方法

　　本文将某轴流式水轮机模型从蜗壳进口至尾水管出口的全部过流通道作为数值计算的求解域。该轴流式水轮机采用混凝土蜗壳，固定导叶数为12，活动导叶数24，转轮叶片数为6，尾水管采用对称且无中墩的弯肘型尾水管，全流道几何模型如图2（a）所示。对该水轮机的最优工况内部流场进行数值模拟，最优单位流量 $1.05\mathrm{m^3/s}$，最优单位转速 $125.0\mathrm{r/min}$，计算水头为8m，计算模型转轮直径为0.35m。水轮机全流道所有过流部件均采用结构化网格进行离散，计算网格如图2（b）所示。

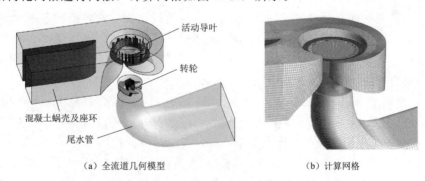

（a）全流道几何模型　　　　　　　（b）计算网格

图2　某轴流式水轮机全流道几何模型及计算网格

　　在进行数值仿真时，为了更准确地模拟水轮机内部的流动，准确捕捉水轮机内部的流动分离，选用了 SST k-ω 湍流模型来封闭三维 N-S 方程组开展水轮机内部流动数值计算。在计算过程中，具体边界条件如下：在蜗壳进口给定质量流量，尾水管出口给定静压。假设固体壁面光滑、无滑移，计算中旋转域与静止域之间的耦合采用冻结转子法。计算的流体介质为25℃的水。

3 数值仿真结果及其分析

轴流式水轮机采用的弯肘型尾水管通常由若干个圆（矩）形断面拼接而成，几何形状比较复杂，改变肘管高宽比，必然对尾水管的其他尺寸产生较大的影响。为了尽量减小其他尺寸变化对尾水管水力性能产生干扰，以保持直锥管、肘管高度以及各过流断面面积不变为基本原则，通过改变肘管各断面的宽度以实现改变肘管高宽比的目的。同时，由于肘管由多个断面组合而成，为确保肘管各断面间的光滑过渡，采用贝塞尔曲线对肘管断面宽度规律曲线进行拟合，具体拟合方式如下所述。

3.1 肘管高宽比及断面特征尺寸过渡方法

为对比分析肘管高宽比对尾水管水力性能的影响，首先对该水轮机弯肘型尾水管肘管的各断面几何特征尺寸特点进行了分析，肘管各断面尺寸及其变化规律如图3所示。

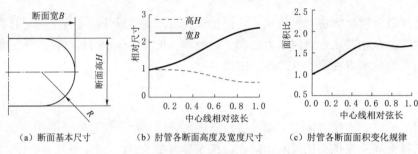

（a）断面基本尺寸　　　（b）肘管各断面高度及宽度尺寸　　　（c）肘管各断面面积变化规律

图3　肘管几何尺寸及其变化规律

一般而言，除肘管首断面为圆形断面外，肘管的其余断面皆为两端含圆角的矩形断面，可用图3（a）的通用形式表示。肘管各断面特征尺寸随断面中心线相对弦长的变化规律曲线如图3（b）及图3（c）所示。图3（b）中的断面相对尺寸表示断面高 H（或断面宽 B）与肘管首断面直径的比值，图3（c）中的面积比为肘管各断面和肘管首断面面积的比值，尾水管肘管断面面积呈现"扩散-收缩-扩散"的典型变化规律。

为了保证在肘管宽度变化过程中，肘管各断面间依旧光滑过渡，本文中采用四点三次贝塞尔曲线对肘管各断面宽度变化规律进行拟合，拟合结果如图4所示。通过拟合，可得到拟合曲线的四个控制顶点，分别用 $A_1(X_1，Y_1)$、$A_2(X_2，Y_2)$、$A_3(X_3，Y_3)$、$A_4(X_4，Y_4)$ 表示。为简化计算，在肘管宽度变化过程中，保持控制顶点 A_1 和 A_2 不变，控制顶点 A_3 和 A_4 之间连线的长度和斜率不变，仅通过改变控制顶点 A_4 的纵坐标 Y_4 从而改变肘管宽度变化规律曲线。待四个控制顶点确定后，即可得到肘管各断面的宽度，在根据肘管各断面面积不变原则反算得出肘管各断面的高度，进而最终确定肘管各断面的尺寸。

此外，由于扩散段宽度和肘管末端断面宽度是一致的，故在肘管末端断面宽度确定后，依据断面面积不变原则反算出扩散段出口断面高度，再结合肘管各断面尺寸数据，最终确定尾水管整体形状。由于改变肘管高宽比后，肘管宽度增大，而为保持肘管各断面面积不变，需降低各断面的高度，导致各断面的长宽比发生变化。肘管高宽比越大，尾水管越扁平，肘管高宽比对尾水管形状的影响如图4（b）所示。

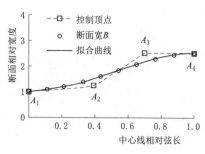
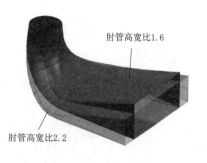

（a）肘管断面宽度曲线拟合　　　　　　（b）肘管高宽比对尾水管形状的影响

图 4　肘管宽度规律曲线拟合方法及不同肘管高宽比的尾水管形状变化

3.2　肘管高宽比变化对尾水管水力性能的影响

结合水轮机三维黏性湍流数值仿真与性能预估技术，进行了肘管高宽比对尾水管水力损失的影响的仿真计算及分析，数值仿真结果如图 5 所示。纵坐标轴代表尾水管相对水力损失，定义为尾水管进、出口的总压差 ΔH_{loss} 与整机全流道计算域总水头 H_{total} 的比值。

本文对肘管高宽比为 1.4～2.6 的尾水管内部流场进行了数值仿真计算，选取这一范围的原因是，根据统计，肘管高宽比为 1.4～2.6 足以覆盖大部分的轴流式水轮机尾水管。

计算结果显示，改变肘管高宽比，对尾水管水力损失造成的影响较小，相对水力损失变化约为

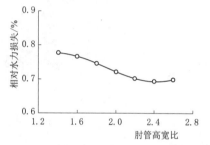

图 5　肘管高宽比变化对尾水管
水力损失的影响

0.1％，并且肘管高宽比为 2.4 时，尾水管的水力损失最小。结果还显示，当肘管高宽比大于 2.2 后，尾水管相对水力损失的变化可以忽略不计，但当肘管高宽比大于 2.4 后，尾水管相对水力损失呈现增大的趋势。这一结果表明，在保持尾水管断面面积不变的前提下，适当增大肘管高宽比是有利于降低尾水管内部水力损失、提高整机水力效率的。

肘管高宽比对尾水管内部流动特性的影响如图 6 所示。肘管高宽比为 1.4 时，如图 6（a）所示，尾水管扩散段内存在较为严重的回流情况，回流区域起于肘管末端，并一直延伸至尾水管出口。肘管高宽比为 1.8 时，回流区域明显减小，当肘管高宽比增大至 2.2 以后，回流区域消失。但是可以发现，肘管高宽比增大至 2.6 时，如图 6（d）所示，由于肘管宽度进一步增大，各断面更为趋于扁平，扩散段内的流速分布的均匀性明显下降。由此可以预见，随着肘管高宽比的进一步增大，肘管出口及扩散段内的水流均匀性将进一步下降，甚至出现严重的回流情况，尾水管内的水力损失也将重新增大。这一特性和图 5 显示的趋势是一致的。

肘管高宽比改变对尾水管竖直对称面上的速度矢量分布的影响如图 7 所示。肘管高宽比为 1.8 时，如图 7（a）所示，在尾水管扩散段内可以看到一处明显的回流区域，这一现象与图 6（b）中的流动特性是一致的。分析可知，由于肘管末端断面的高度较大，水

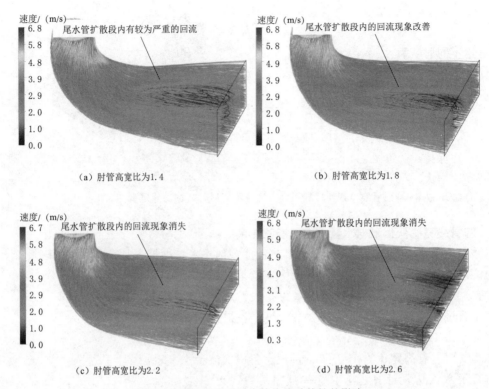

（a）肘管高宽比为1.4　　　　　　　　　　（b）肘管高宽比为1.8

（c）肘管高宽比为2.2　　　　　　　　　　（d）肘管高宽比为2.6

图 6　肘管高宽比对尾水管内流动特性的影响

流在流至肘管末端附近时，水流流速仍然有较大的竖直分速度较大，再加上尾水管内部流动为内外分层的有旋流动，并且肘管末端至扩散段为扩散流动，最终导致扩散段内出现回流。肘管高宽比为 2.2 时，如图 7（b）所示，肘管末端断面高度明显降低，垂直于流动方向的宽度降低，尾水管上下两侧壁面对水流的约束作用加大，可见肘管末端水流的竖直分速度明显减小，尾水管扩散段内的回流区域消失，扩散段内回流消失。

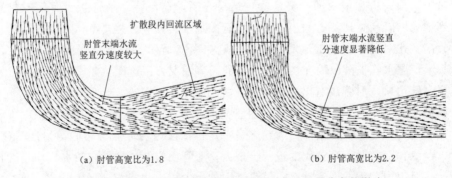

（a）肘管高宽比为1.8　　　　　　　　　　（b）肘管高宽比为2.2

图 7　肘管高宽比对尾水管竖直对称面上流速矢量分布的影响

4　结语

本文结合水轮机三维黏性湍流数值仿真与性能预估技术，在保持尾水管直锥段、尾水管高度及各断面面积不变的基本原则下，借助贝塞尔曲线拟合方法，建立了不同肘管高宽比的尾水管模型，并进行了肘管高宽比对尾水管水力损失的影响的数值仿真计算及分析。通过对比不同肘管高宽比对尾水管水力损失及尾水管内部流动特性的差异，得出了以下结论：

（1）对于本文中的水轮机模型，肘管高宽比变化对尾水管水力损失的影响约为0.1%，且当肘管高宽比大于2.2后，尾水管内部的水力损失基本保持不变。当肘管高宽比大于2.4后，尾水管内部的水力损失呈现逐渐增大的趋势。

（2）在保持过流断面面积不变的前提下，适当增大肘管高宽比，可以降低肘管末端断面的高度，增大尾水管边壁对水流的约束作用，更有利于水流在肘管内实现90°转向，可以显著改善扩散段内的流动状态，进而降低水力损失。

参 考 文 献

[1] 程良骏. 水轮机 [M]. 北京：机械工业出版社，1981.

[2] 马震岳. 尾水管内部流场的数值模拟与试验研究—99'瑞典水轮机尾水管专题国际研讨会介绍 [J]. 水力发电学报，2002 (3)：101-106.

[3] 华键，王希成. 二滩水电站地下厂房尾水管设计研究 [J]. 水电站设计，1991 (3)：21-26.

[4] 由彩堂，陈敏中. 三峡模型机组常规与窄高尾水管试验研究 [J]. 水利水电工程设计，1996 (4)：1-4.

[5] 王钧. 万家寨水电站采用尾水管修型法提高水轮机效率 [J]. 内蒙古电力技术，2001 (3)：46-47.

[6] 朱斌，林汝长. 水轮机弯肘型尾水管内湍流数值计算 [J]. 工程热物理学报，1995 (3)：317-320.

高水头混流式长短叶片水轮机流场特性研究

刘可然[1]　刘胜柱[1]　李文锋[1]　冯建军[1,2]　章焕能[1]

(1. 浙江富安水力机械研究所　浙江　杭州　311121；

2. 西安理工大学水利水电学院　陕西　西安　710048)

【摘　要】 本文以某电站的高水头混流式水轮机为研究对象，采用 SST 湍流模型对长短叶片水轮机流场特性进行了数值模拟，分析得到了最优工况下各个过流部件内部的流动特性。同时，采用瞬态计算方法，分别对最低水头和最高水头下水轮机部分负荷工况进行了仿真，重点分析了尾水管内部压力脉动特性，计算结果可为机组的稳定运行提供理论依据。

【关键词】 高水头水轮机；数值模拟；瞬态计算；压力脉动

1　引言

近年来，随着一批高水头混流式水电站的成功运用和国外先进技术的不断引进，高水头混流式水轮机的研究、设计和应用取得了长足的进步，目前已经逐渐取代冲击式水轮机。

高水头混流式水轮机由于水头利用率高、尺寸小重量轻、能量指标高等优点已经成为高水头水电站的首选。国内高水头混流式水轮机的应用相比国外较晚，自 20 世纪 80 年代来发展迅速。在 1980 年之前具有代表性的是四川渔子溪电站，在 1987 年最大水头为 372.50m 的云南鲁布革电站投入运行，为国内 400.00m 水头段混流式水轮机的制造技术奠定了坚实的基础，快速推动了国内高水头混流式开发应用与发展。进入 21 世纪，具有代表性的高水头电站有大盈江四级、苏家河口电站、江边电站等。

高水头混流式水轮机由于转轮叶片较长，进出口半径相差较大，导致转轮进口处的过流面积远大于出口处。为了控制进口过流面积又不影响出口流速，以便达到抑制转轮叶片头部潜在脱流产生的目的，在转轮进口长叶片之间增加了一套短叶片。对高水头电站，长短叶片转轮相对于常规转轮叶片具有如下优点：①小流量、部分负荷工况的效率和稳定性得到明显提高；②转轮进口脱流和叶道涡现象得到明显扼制；③压力脉动降低等。

高水头混流式水轮机在我国发展已经有 30 多年，期间也遇到了各种技术难题：①水轮机泥沙磨损较为严重；②导叶漏水量过大；③机组振动、摆过大。因此，对高水头混流式水轮机稳定性能的研究也是重中之重。本文基于雷诺时均 $N-S$ 方程和 SST 湍流模型对某电站高水头长短叶片水轮机内部流场进行数值模拟，计算结果能提供一定的借鉴和参考。

2 计算模型与方法

2.1 计算模型与网格

本文的研究对象为 250m 水头段的高水头混流式水轮机水力模型。相应的水头参数为 $H_{max}/H_r/H_{min}=251.40m/221.20m/161.60m$。该模型水轮机的转轮直径 $D_1=420mm$，包含蜗壳、固定导叶（24 个）、活动导叶（24 个）、转轮（15 对长短叶片）以及弯肘型尾水管。

采用三维造型软件 UG 对水轮机各部件进行造型之后，分别对各个过流部件进行网格划分。本文采用网格划分工具 ICEM-CFD 来进行高质量六面体结构网格划分，同时对转轮叶片和导叶采用 O 形网格来提高边界层的求解精度。在进行网格无关性验证之后，最终确定网格总数量为 850 万个，各部件网格划分如图 1 所示。

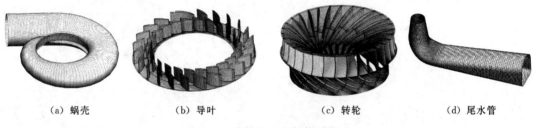

| (a) 蜗壳 | (b) 导叶 | (c) 转轮 | (d) 尾水管 |

图 1 水轮机过流部件网格

2.2 控制方程

对于不可压缩流体的质量守恒方程为

$$\frac{\partial u}{\partial x}+\frac{\partial v}{\partial y}+\frac{\partial w}{\partial z}=0 \tag{1}$$

动量守恒方程为

$$\frac{\partial(\rho u_i u_j)}{\partial x_j}=-\frac{\partial p}{\partial x_i}+\frac{\partial \tau_{ij}}{\partial x_j}+\frac{\partial\left(\mu\frac{\partial u_i}{\partial x_j}\right)}{\partial x_j}+S \tag{2}$$

式中　u——速度；

　　　p——压力；

　　　τ_{ij}——雷诺应力；

　　　μ——动力黏度；

　　　S——源项。

2.3 求解设置

采用商业 CFD 求解器 ANSYS CFX 对水轮机内部三维流场进行稳态仿真计算。各过流部件间采用交界面进行数据传递。转动部件和静止部件之间采用冻结转子法（Frozen rotor）进行连接。进口边界设置为总压进口，出口设置为质量流量。各种壁面均设定为光滑、无滑移。计算的收敛准则为最大残差小于 10^{-4}。同时，水轮机在偏工况运行时，需要特别关注压力脉动情况。为了计算压力脉动，在全流道非定常流动计算中，旋转部件与固定部件交界面设置为 Transient Rotor‐Stator 滑移界面，能很好地模拟旋转部件与静止部件的动静干涉情况，而进口、出口和壁面边界条件与定常计算边界条件设置相同。计算中的每个时间步上，对离散方程进行迭代；当计算收敛后，时间步向前推进，同时转轮网格应转动到新的位置，开始进行新时间步上的计算。暂态计算的时间步长取为转轮转动周期的 1/24，约为 0.00248965s。

3 计算结果与分析

3.1 定常计算结果分析

首先对水轮机的最优工况进行定常计算分析，水轮机模型的最优工况点的参数为：单位流量 $Q_{110} = 0.405\mathrm{m}^3/\mathrm{s}$，单位转速 $n_{110} = 65\mathrm{r/min}$。蜗壳区域流线图如图 2 所示，固定和活动导叶区域流线图如图 3 所示，固定和活动导叶区域压力云图如图 4 所示。

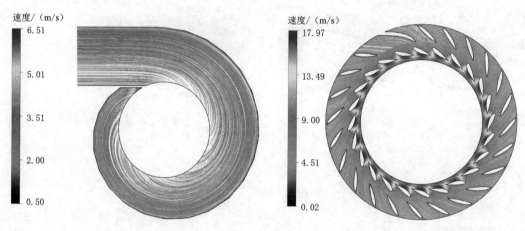

图 2 蜗壳区域流线图　　　　　图 3 固定和活动导叶区域流线图

从图 2 中可以看出，蜗壳内部流动顺畅，沿周向出流均匀，这将会为固定导叶进口提供周向均匀的来流流量。从图 3 和图 4 中可以看出，固定导叶和活动导叶通道内均无脱流，固定导叶头部无撞击，固定导叶出流较为均匀，给活动导叶进口提供了均匀的来流，并且从图中可以看出，固定导叶出口角和活动导叶进口角配合很好，活动导叶进口实现无撞击进口，活动导叶内部压降均匀，活动导叶出流周向分布均匀，给转轮提供了周向均布的来流条件。

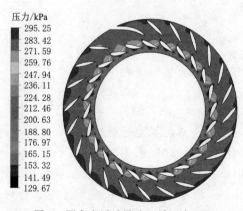

图 4 固定和活动导叶区域压力云图

转轮区域压力如图 5 所示，转轮区域流线图如图 6 所示。

从图 5 可以看出，叶片表面压力分布均匀，转轮叶片压力面上的压强从叶片的进口边到出口边逐渐降低，等压线与进口边基本平行，叶片背面压力分布也较均匀，说明叶片表

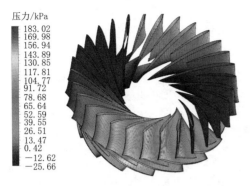

图 5　转轮区域压力

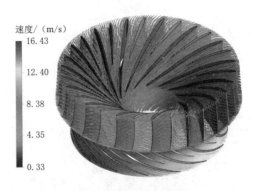

图 6　转轮区域流线图

面负荷从进口到出口均匀分布。从图 6 可以看出，转轮内部流动没有漩涡，流动顺畅，叶片头部没有脱流，实现无撞击进口，这也为水轮机的稳定运行提供了保证。

尾水管内部流线图如图 7 所示，尾水管中间剖面压力云图如图 8 所示。

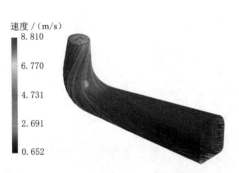

图 7　尾水管内部流线图

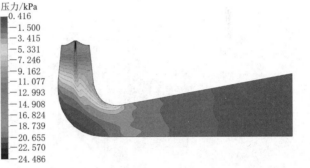

图 8　尾水管中间剖面压力云图

从图 7 可以看出，尾水管内部流态良好，流线光顺。从图 7 和图 8 可以看出，尾水管出口段速度分布均匀，内部水流从尾水管进口到出口压力逐渐升高，回收转轮出口水流动能效用明显，说明转轮与尾水管匹配较好。

3.2　水轮机压力脉动特性分析

在进行暂态计算时，为了便于分析引尾水管内部压力脉动情况，在尾水管内部设置了 4 个监控点，如图 9 所示。在每个工况计算过程中记录下个计算点的压力随时间变化的情况，即可得到压力脉动的时域信号图，对其进行 FFT 变换后即可得到压力脉动频谱图。此外，$\Delta H / H$ 表示压力脉动的幅值与水头的百分比，以此来衡量压力脉动大小。

图 10 为最小水头 90％和 80％额定出力工况下的压力脉动计算结果。从图中可以看出，在最小水头下（$H_{\min} =$ 161.6m），90％额定出力工况的压力脉动相对振幅约为 1.14％，80％额定出力工况的压力脉动相对振幅略高，约为 1.68％，但以上两种工况下压力脉动的主频均为

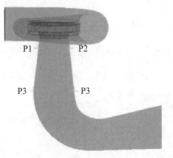

图 9　监控点设置

25

150.6Hz，约为转频的 8.7 倍。图 11 为最大水头（$H_{max}=251.4$m）80％和 70％额定出力下的压力脉动结果。由图可知，两种工况下的压力脉动最大相对幅值均为 0.76％，压力脉动主频均为 125.4Hz，为 9 倍转频。

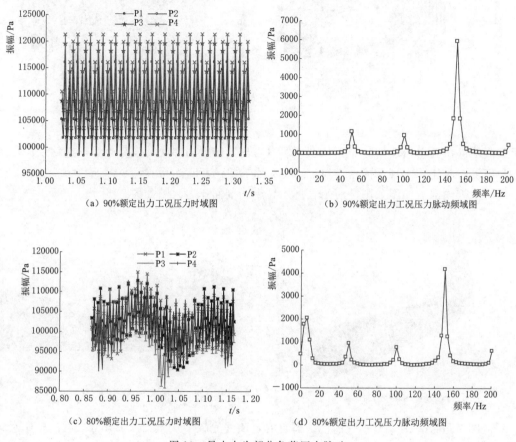

（a）90%额定出力工况压力时域图   （b）90%额定出力工况压力脉动频域图

（c）80%额定出力工况压力时域图   （d）80%额定出力工况压力脉动频域图

图 10　最小水头部分负荷压力脉动

　　由以上结果可知，所开发的水轮机水力模型在最大水头和最小水头下均具有较好的压力脉动特性。但是需要指出的是：CFD 计算所采用的是恒定的进口、出口边界条件，这与水轮机模型试验中的情况略有差别，由此可能会造成压力脉动幅值偏低。

4　结语

　　通过对 CFD 流场计算的分析可以看出，该高水头长短叶片混流式水轮机在最优工况点具有较优的水力性能。转轮内流线分布较合理，流态较好，尾水管内流态顺畅无脱流，水力效率较高。同时对该水轮机在最低水头和最大水头部分负荷工况进行了非定常计算，分析得到的尾水管压力脉动的相对振幅均较小，说明该高水头混流式水轮机在部分负荷工况下有较好的稳定性能。

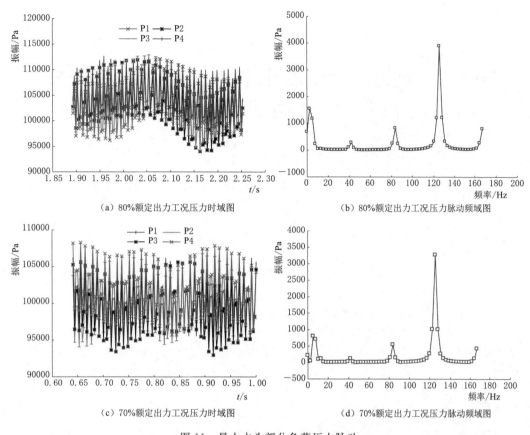

（a）80%额定出力工况压力时域图

（b）80%额定出力工况压力脉动频域图

（c）70%额定出力工况压力时域图

（d）70%额定出力工况压力脉动频域图

图 11　最大水头部分负荷压力脉动

参 考 文 献

［1］　张忠良. 高水头混流式水轮机的发展趋势及水力特点［J］. 中国水利，2003（8）：58-59.

［2］　赵士云. 国外高水头混流式水轮机的一些技术问题［J］. 水利水电技术，1983，000（3）：59-66，58.

［3］　沈菊英. 我国高水头混流式水轮发电机组的发展［C］// 中国电机工程学会中国水力发电工程学会建国四十年水电设备成就学术讨论会，1989.

［4］　聂华江，张仁福，韩玉林. 渔子溪电站水轮机改造与运行工况［J］. 水力发电，1999（9）：19-21.

［5］　周曾敏. 鲁布革水电站建设经验浅析［J］. 云南水力发电，1989（1）：6-10.

［6］　申时康. 大盈江四级电站首台机组顺利并网发电［J］. 水电施工技术，2009，000（2）：104.

［7］　刘家麟. 水轮机泥沙磨损问题的探讨［J］. 水利学报，1980，000（2）：82-88.

［8］　张广，魏显著，刘万江. 水轮机抗泥沙磨损技术分析［J］. 黑龙江电力，2015，37（1）：61-64.

［9］　宋杰. 水轮机泥沙磨损预估及抗磨损技术研究［J］. 机电技术，2014（6）：80-82.

［10］　徐连奎. 水轮机内部流场湍流模型适用性探究及仿真分析［D］. 昆明：昆明理工大学，2018.

国产化高水头水泵水轮机性能参数选择
对机组安全稳定运行的影响

周淼汛　邱绍平

（中国电建集团华东勘测设计研究院有限公司　浙江　杭州　310000）

【摘　要】　本文主要介绍了首台采用国产化高水头水泵水轮机组的绩溪抽水蓄能电站其水泵水轮机主要性能参数的选择设计，分析研究了比转速、水头变幅、吸出高度、S区余量、过渡过程限制值等参数，并通过模型试验及真机运行过程中的实际数据对选定的机组参数进行评价，为同类型抽水蓄能电站的水泵水轮机主要参数选择提供参考。

【关键词】　高水头水泵水轮机；机组参数选择；机组稳定性

1　引言

绩溪抽水蓄能电站位于安徽省绩溪县伏岭镇，靠近皖江城市带，邻近江苏省，距合肥、南京、上海直线距离分别为240km、210km、280km，站点位于皖电东送输电通道上，接入系统便利，电站建成后主要服务于华东电网（安徽、江苏、上海），在电网中承担调峰、填谷、调频、调相和事故备用等任务。枢纽建筑物主要由上水库、下水库、输水系统、地下厂房及地面开关站等组成。电站基本参数见表1。

表1　　　　　　　　　　　　　　　电站基本参数

参　数		数　值
上库	设计洪水位（$P=0.5\%$）/m	962.99
	正常蓄水位/m	961.00
	死水位/m	921.00
	有效库容/（$10^4 m^3$）	867
下库	设计洪水位（$P=0.5\%$）/m	342.16
	正常蓄水位/m	340.00
	死水位/m	318.00
	有效库容/（$10^4 m^3$）	903
装机容量/MW		6×300
最大毛水头（扬程）/最小毛水头（扬程）/m		643/581

2012 年 10 月 24 日，国家发展和改革委员会以《国家发展改革委关于安徽绩溪抽水蓄能电站项目核准的批复》（发改能源〔2012〕3385 号）核准了绩溪抽水蓄能电站项目，文中明确"为支持抽水蓄能机组设备的国产化制造，本电站列为抽水蓄能电站机组设备自主化后续工作的依托项目，机组设备（含主机以及调速器、励磁、变频启动装置和计算机监控系统等附属设备）采用整机招议标方式在哈尔滨电机厂有限责任公司（简称哈电）和东方电气集团东方电机有限公司（简称东电）之间进行采购，由哈电或东电独立成套设计、制造和供货"。

2　水泵水轮机性能参数选择

本电站最高净扬程超过 650m，额定转速达到 500r/min，水泵水轮机水头及额定转速均超过已建国产化水泵水轮机，相对于中低水头抽水蓄能机组来说，高水头抽蓄机组比转速较低，流经转轮的流速较高，机组振摆、摆度、压力脉动及空化等问题也会更加突出。为此，在主机招议标之前国网新源控股有限公司对高水头抽蓄机组国产化高度重视，专门组织针对国产化机组水力研发（主要参数确定）、结构设计等一系列专题研讨会；在此基础上，对招标阶段水泵水轮机主要性能参数进行了复核。

2.1　比转速、额定转速的选择

比转速是描述水泵水轮机性能参数和几何形状等方面的综合性参数，综合反映了转轮的尺寸、形状、流道过流能力、空蚀性能和能量指标。

对于相同电站参数而言，选择较高的比转速，可以使机组尺寸减小，重量减轻，厂房尺寸缩小并降低造价，但随着机组比转速的上升，机组的空化特性将变得不利，泥沙磨损将会加剧，整体埋深加大，同时机组的制造难度也会提高。

水泵水轮机水头和比速系数水平统计曲线如图 1 所示。水泵水轮机扬程和比速系数水平统计曲线如图 2 所示。

从国内外已建和在建相近水头段水泵水轮机参数水平的统曲线可以看出，绩溪电站相近水头和扬程范围内，水泵工况最小扬程比转速一般在 26.4～34.65m·m^3/s 范围内选取，对应可选择转速范围为 450.3～611.5r/min。水轮机工况额定水头下比转速一般在 85.7～118.9m·kW 范围内选取，对应的水泵水轮机可选择转速范围为 460～638.2r/min。因此绩溪电站机组的同步转速可以从 500r/min 和 600r/min 中选取。

转速为 500r/min 时，水轮机工况额定水头对应比转速 N_{st}＝93.16m·kW、K_t＝2281.9，水泵工况最小扬程对应比转速 N_{sp}＝29.3m·m^3/s，K_p＝3491.26，在该水头段参数为中等水平，具有较多的该水头段的大容量水泵水轮机运行业绩和经验。

转速为 600r/min 时，水轮机工况额定水头对应比转速 N_{st}＝111.8m·kW、K_t＝2738.3，水泵工况最小扬程对应比转速 N_{sp}＝35.18m·m^3/s，K_p＝4189.5，高出世界上该水头段已建或在建电站的水泵水轮机最高参数水平较多。

综上所述，绩溪电站额定转速选择 500r/min。

2.2　额定水头、水头变幅范围的选择

2.2.1　额定水头的选择

水泵水轮机需双向运行，设计时应兼顾水泵工况和水轮机工况，因水泵工况无法实现

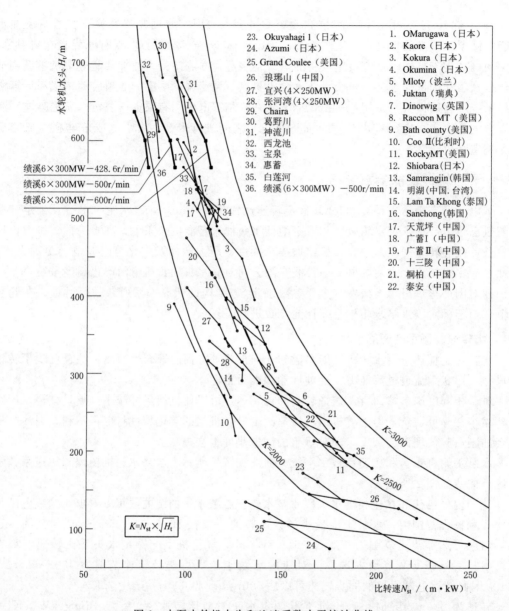

图 1　水泵水轮机水头和比速系数水平统计曲线

通过导叶开度大小来调节流量和入力，且高效率区窄，所以在水力设计中一般先按水泵工况设计，然后校核水轮机工况。从水泵水轮机水力设计考虑，过低的额定水头会加大机组过流量，并偏离最优工况区较远，高水头工况运行效率低，水泵工况高扬程运行稳定性有不好的趋势。采用较高的水轮机额定水头，运行稳定性会有所改善。

从水头特征系数 $K=(H_r-H_{\min})/(H_{\max}-H_{\min})$ 分析，大多国内已建蓄能电站 $K=0.3\sim0.5$，国外蓄能电站 K 值大多在 0.5 以上，如图 3 所示，绩溪电站额定水头为 600.00m，相应 K 值为 0.449，水平适中。

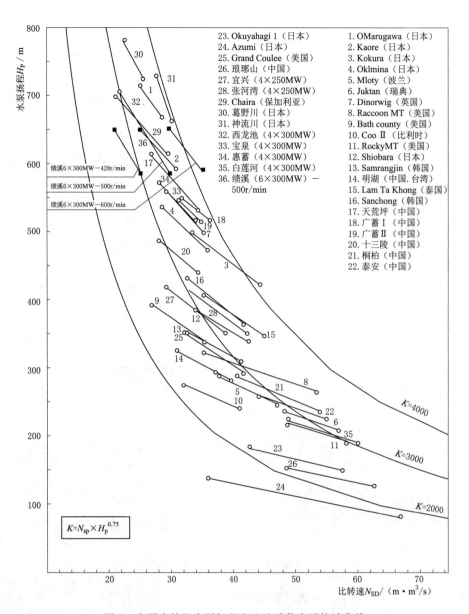

图 2　水泵水轮机水泵扬程和比速系数水平统计曲线

2.2.2　水头变幅范围的选择

单级单转速可逆混流式水泵水轮机对水头和扬程的变幅比较敏感，过大的 H_{pmax}/H_{tmin} 值会使机组某些工况运行不稳定，空化、振动、噪声等情况加重，并可能造成水泵水轮机水力设计困难和运行不稳定。

根据绩溪电站的水能参数，本电站可研阶段水头范围 642.90～565.10m，扬程范围 651.40～586.00m，与国内已投运和在建的单机容量相近的天荒坪、西龙池、洪屏、长龙山、阳江、敦化等抽水蓄能电站机组的水头和扬程范围相近。根据国内已投运的抽蓄电站水头变幅情况分析（图 4），绩溪抽水蓄能电站的水头变幅 $H_{pmax}/H_{tmin}=1.152$，从图中各

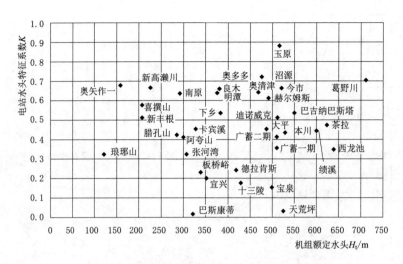

图 3　抽水蓄能机组额定水头与水头特征系数 K

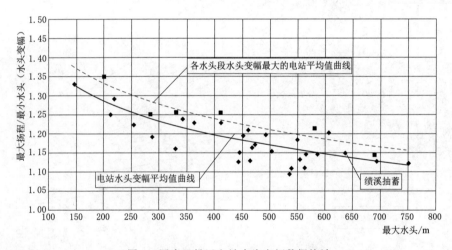

图 4　国内已投运电站水头变幅数据统计

电站水头变幅数据统计来看，绩溪电站的水头变幅适中，接近平均水平。

2.3　吸出高度的选择

通常对水泵水轮机而言，水泵工况的空化性能比水轮机工况差。在高扬程、小流量区域，叶片的背面负压区容易出现气泡而产生空化；在低扬程、大流量区域，叶片的正面正压区又容易出现气泡而产生空化。吸出高度除了对水泵水轮机空化性能有直接影响外，对于过渡过程中尾水管最小压力值的控制也有直接影响，另外吸出高度对于机组运行的稳定性也有一定影响。

近年来国内外已投入运行电站的设计和运行数据进行统计，与绩溪电站类似水头段（600.00m 以上水头段）吸出高度在−104～−75m 之间，见表 2。机组吸出高度确定为−85m 对确保机组无空化运行，以及保证机组过渡过程安全性均较为有利。

表 2　　　　国内外已建 500.00～600.00m 水头段部分水泵水轮机吸出高度统计表

电站	西龙池	天荒坪	宝泉	广蓄Ⅱ	洪屏	惠州	葛野川	神流川
H_r/m	640	526	510	512	540	517.4	714	653
H_s/m	-75	-70	-70	-70	-70	-70	-98	-104

2.4　水泵水轮机效率

　　参考已建、在建电站相近水头段水泵水轮机效率值，本电站水泵预期水轮机效率不低于表 3。表中所示水泵水轮机效率值要略低于近期国内外抽蓄机组水平，适当降低水泵水轮机能量指标要求对国产化机组研发时注重两种工况运行条件和合理匹配以及提高机组稳定性指标有利。

表 3　　　　　　　　　　　　　　　　水泵水轮机预期效率表

项　　目		原型效率保证值/%	项　　目		原型效率保证值/%
水轮机工况	最优工况	92	水泵工况	最优工况	92.0
	加权平均	90		加权平均	91.5

2.5　"S"特性区安全余量及驼峰裕度的选择

2.5.1　"S"特性区安全余量的选择

　　水轮机空载工况经制动工况进入反水泵工况区域的"S"形特性将直接关系到机组能否正常启动并网发电，"S"形区域是水泵水轮机运行的不稳定区，机组运行进入该区域的直接后果是可能造成启动或调相转入发电时容易由飞逸状态进入反水泵区，可能造成无法并网发电。因此对于水泵水轮机来说，全运行水头段都必须远离"S"形特性区域，但是过大的"S"特性区安全余量，又会导致机组制造难度加大，甚至需要考虑减少单位转速的方案，这对于电站而言是不经济的。在总结对比国内有关抽蓄电站水泵水轮机特性的基础上，本文提出在考虑正常频率变化范围后水轮机工况运行范围距"S"特性临界点的安全余量不小于 40m。

2.5.2　驼峰裕度的选择

　　水泵工况 H-Q 特性曲线中，在一定的较小流量区域，扬程 H 随着流量的减小而急剧下降，然后又逐渐上升，此区域即为水泵水轮机的驼峰区、二次回流区。当扬程线穿过正斜率区谷底上方，则表明当水泵启动过程中随着导叶打开至该开度时，将出现 2～3 个流量，造成机组输入功率剧烈摆动，以及输水系统的剧烈振荡，导致机组调机，严重时可能引发机组或破坏输水系统。

　　但是过大的驼峰裕度同样会导致水泵水轮机稳定运行范围缩小，效率降低，且空化性能变差，因此选择合适的驼峰裕度对机组稳定性较为关键。

　　目前国内部分在建及已投运抽水蓄能电站机组的驼峰裕度一般在规范上有所提升，取 2%～3%。考虑绩溪电站整体水头较高，水头变幅较大，驼峰裕度在 49.5～50.5Hz 全水头段满足难度较大；且理论上说，抽水蓄能电站在电网中是削峰填谷的作用，在电网频率低于 50Hz 的条件下再去抽水是不合适的，因此本电站机组驼峰裕度取值为：在频率变化范围为 49.8～50.5Hz 时，水泵工况"驼峰区"的最高扬程裕度不小于 2%。

2.6 水泵水轮机预期参数水平

根据上述分析，水泵水轮机预期主要技术参数见表4。

表4 水泵水轮机预期主要技术参数表

项 目	主要参数	项 目	主要参数
机型	立轴单级混流式水泵水轮机	吸出高度	−85m
机组台数	6 台	水轮机工况加权平均效率	90%
额定水头	600.00m	水泵工况加权平均效率	91.5%
额定转速	500r/min	距"S"特性临界点的安全余量	40m
水轮机额定输出功率	306.1MW	驼峰裕度	2.0%

2.7 小结

（1）额定转速的选择决定了水泵水轮机的参数水平，适中的参数水平对水泵水轮机安全、稳定运行起到了决定性的作用。

（2）在条件允许的情况下尽可能选择较低的吸出高度不仅有利于水泵水轮机的空化性能，也有利于过渡过程中满足尾水管真空度的要求。

（3）不宜提出过高的能量指标要求，适中的指标有利于机组不同工况参数的匹配以及提高机组的稳定性指标。

3 水泵水轮机模型试验

3.1 主机标招议标模式

如前文所述，在招标阶段，本电站机组为国产化水头最高、转速最高的抽蓄机组，国网新源控股有限公司对国产化机组水泵水轮机水力研发工作高度重视，考虑到国内厂家均没有该水头段成熟的水力研发经验，且水泵水轮机性能参数对机组安全稳定运行有着决定性的影响，本电站主机招议标采用"同台对比试验"模式，即带模型转轮投标，机组评标前开展模型同台对比试验，试验结果作为评标、决标的重要因素。

3.2 水泵水轮机模型验收试验

2015年6月30日—7月8日，根据主机标招议标的最终结果，本电站进行了水泵水轮机模型验收试验，试验结果均优于招标文件规定的保证值，部分参数远高于招标要求，性能参数较为优异，详见表5。

表5 水泵水轮机模型试验结果（主要参数）

	参 数	招标要求值	验收试验结果
模型参数	转轮进口直径/m	0.53	
	转轮出口直径/m	0.26	
	转轮叶片数	5+5（5长5短）	
	活动导叶数	16	

	参　　数		招标要求值	验收试验结果
水泵水轮机性能参数（原型）	水轮机工况加权平均效率/%		90.00	91.14
	水泵工况加权平均效率/%		91.50	92.25
	空蚀余量 σ_{pl}/σ_i（水泵工况在最大扬程，频率为 49.8Hz 时）		1.03	1.10
	距"S"特性临界点的安全余量/m		40.00	59.28
	驼峰裕度/%		2.00	3.79
	尾水管管壁压力脉动（峰峰振幅 ΔH）$\Delta H/H/\%$	水轮机额定工况	3.00	0.81
		水轮机部分负荷或空载	4.00	3.38
		水泵工况	2.00	0.47
	导叶与转轮之间的压力脉动（峰峰值振幅 ΔH）$\Delta H/H/\%$	水轮机额定工况	6.00	3.39
		水轮机空载工况	12.00	9.87
		水泵工况（运行扬程内）	6.00	3.85
		水泵零流量工况	15.00	3.06

3.3　小结

（1）"同台对比试验"模式相当于将带有一定不确定性的水泵水轮机水力研发工作放在招标之前来完成，且通过试验结果择优选择，有利于确保水泵水轮机性能参数有较高的水平。

（2）选择合适的水泵水轮机参数，有利于水力研发过程中更好地进行性能参数匹配，从模型试验结果来看，本电站水泵水轮机的能量指标、空化性能及稳定性指标比较均衡，均较为优越，不存在明显短板。

4　机组运行实测数据

本电站自 2020 年 1 月 1 日—2021 年 1 月 31 日，1～6 号机组陆续投入商业运行，从机组运行情况来看，机组运行稳定性较好。下文以较有代表性的 1 号机组为例，介绍机组运行情况（主要稳定性指标），其余已投运机组运行情况基本与 1 号机组相近。

4.1　机组振动摆度数据

绩溪电站 1 号机组调试过程中，机组各部位稳态工况下振动摆度值见表 6，从表中可以看出机组稳态振动、摆度指标均满足合同要求，尤其是满抽、满发工况振摆指标较为优越。

表 6　　　　　　　　　机组各部位稳态工况振动摆度值　　　　　　　　　单位：μm

部　　位	满负荷水轮机工况	水泵工况	抽水调相	发电调相	合同保证值
上导＋X	58	41.7	39	47.2	140
上导＋Y	52	40	32	53.9	140
下导＋X	92	84.8	106	94.1	140

部　位	满负荷水轮机工况	水泵工况	抽水调相	发电调相	合同保证值
下导＋Y	89	84.8	103	94.8	140
水导＋X	66	60	78	72.0	200
水导＋Y	77.7	74	76	71.9	200
上机架 水平	13.9	15.1	11	16.4	30
上机架 垂直	10.9	8.3	7.2	5.0	30
下机架 水平	9.5	12.8	11	10	30
下机架 垂直	6.8	9.4	8.8	8.2	30
定子机座水平	7.7	6.7	7.1	8.8	20
定子机座垂直	10.5	13.9	5.3	3.7	20
顶盖 水平	9.7	16.5	13.0	5.3	30
顶盖 垂直	16.0	28.6	9.4	4.1	30

4.2　机组轴承热稳定数据

本电站 1 号机组调试过程中，机组各轴承稳态工况油温瓦温数据见表 7，从表中可见，本电站 1 号机组在各工况稳定运行条件下，轴承油温瓦温都可以满足合同保证值要求。

表 7　　　　　　　　机组各轴承稳态工况油温瓦温数据表　　　　　　　单位：℃

部　位	抽水调相	水泵	水轮机空载	水轮机满载	发电调相	合同保证值
上导瓦温	55.97	55.38	58.11	57.45	57.02	65
上导油温	43.79	43.38	44.15	43.88	44.04	60
下导瓦温	52.65	52.63	53.73	53.48	53.53	65
下导油温	43.21	42.81	43.12	42.56	42.82	60
推力瓦温	58.4	58.33	60.45	60.75	59.72	75
推力油温	27.89	26.6	26.79	27.18	27.18	60
水导瓦温	56.02	53.25	53.53	52.93	54.99	70
水导油温	27.68	27.45	28.05	27.19	28.36	60

4.3　小结

（1）通过运行实测数据显示，机组的稳定性指标较优。

（2）机组稳定性好、故障率低，为本电站 2020 年实现机组"五投（产）一并（网）"奠定了坚实的基础。

5　结语

绩溪电站作为已建国产化设计的最高水头抽水蓄能机组，没有国内自主研发的成熟经验可以借鉴，其水泵水轮机水力设计难度较大，选择合理的水泵水轮机参数对于机组的安全、稳定运行具有决定性的影响。

参 考 文 献

[1] 陈顺义，邱绍平，方杰. 水轮机模型开发技术条件编制要点 [C] // 第十九次中国水电设备学术研讨会论文集，2013.

[2] 陈顺义，李成军，周杰，等. 水泵水轮机稳定性预判与对策 [J]. 水力发电，2011 (12)：50 - 54.

[3] 覃大清，张乐福. 关于水泵水轮机最高扬程驼峰区安全裕度选取的建议 [J]. 大电机技术，2006 (4)：46 - 48.

芭莱水电站组合模式水轮机
选型关键问题研究

刘　霞　伍志军　黄　梅

（中国电建集团中南勘测设计研究院有限公司　湖南　长沙　410014）

【摘　要】 运行水头对灯泡贯流式机组设计选型是极其重要的，由于下游电站缓建，芭莱水电站下游尾水位降低，导致最大水头发生了变化，超出了四叶片转轮的最大应用水头。本文针对芭莱水电站最大水头变化，提出了采用两种不同叶片数组合模式的方式，对组合模式水轮机选型关键问题进行了研究，分析了组合模式的优势，为类似电站或存在类似情况的工程提供借鉴及参考。

【关键词】 最大水头变化；四叶片；五叶片；组合模式；灯泡贯流式；水轮机选型

1　引言

1.1　工程概况

芭莱（Paklay）水电站位于老挝境内湄公河中游，是湄公河干流规划 11 个梯级中的第 4 级（从上游往下游），上游为沙耶武里（Sayaburi）梯级，下游为萨拉康梯级（Sanakham），是一座以发电为主，渔业等开发任务综合利用的大型水利枢纽工程。芭莱水电站水库正常蓄水位 240.00m，正常蓄水位相应库容 8.901 亿 m³，死水位 239.00m，调节库容 0.584 亿 m³。电站设计装机容量 770MW，多年平均发电量 41.248 亿 kWh，装机年利用小时数 5357h。

可研阶段芭莱电站水头范围为 7.50～20.00m，装设 14 台单机容量为 55MW 的灯泡贯流式机组（四叶片），转轮直径 6.9m，额定转速 93.75r/min，拟以 2 回 500kV 线路接入老泰边境老挝方 500kV 联合开关站，然后集中向泰国送电。芭莱水电站项目可研报告于 2018 年获得老挝能矿部终期批复，并经当时环保部中期批复同意，2019 年通过湄委会 PNPCA 程序。

1.2　问题的由来

本阶段由于芭莱下游水电站的建设进度滞后，引起了芭莱水电站尾水位的变化，最大水头由 20.00m 变为 24.50m。芭莱水电站水头范围由可研阶段的 7.50～20.00m 变为 7.50～24.50m。由于灯泡贯流式机组的最大水头直接影响转轮叶片数的选择，20.00m 已达到四叶片转轮的最大应用水头，原 14 台四叶片机组的方案，已不适用电站投运前期的实际情况，综合考虑电站机组近远期最大运行水头的差异，合理确定机组选型方案显得尤为重要。

2 水轮机选型关键问题研究

2.1 水轮机型式及叶片数选择

芭莱水电站水头范围为 7.50～24.50m，适应于此水头段的水轮机型式有轴流式和贯流式两种。灯泡贯流式机组具有效率高、参数水平高、节省机电设备和土建工程投资、缩短建设周期等诸多优势，推荐选用灯泡贯流式水轮发电机组。

针对芭莱水电站最大水头变化，咨询了各机组制造厂，询厂方案初拟额定水头 14.50m，厂家提供的初步的技术方案及推荐的水轮机主要技术参数详见表 1。

表 1 各机组制造厂方案

机组参数	A 厂	B 厂	C 厂	D 厂	E 厂
型号	GZ-WP（5B）-690	GZ-WP-690	GZ（D665）-WP-720	—	—
水轮机额定出力/MW	56.4	56.4	56.4	56.4	56.12
额定水头/m	14.5	14.5	14.5	14.5	14.5
转轮直径/m	6.90	6.90	7.2	7.0	7.0
转轮叶片数	5	5	5	5	5
额定转速/(r/min)	93.75	93.75	88.2	90.9	83.3
额定流量/(m³/s)	～435	427.44	425	432.03	422.40
额定点单位转速/(r/min)	169.88	169.88	166.77	162.23	—
额定点单位流量/(m³/s)	2.40	2.36	2.2	2.46	—
比转速/(m·kW)	787	786.87	740.28	762.95	697.42
比速系数	2996	2996.31	2818.92	2905.21	2655.69
吸出高度（至机组中心线）/m	-13.2	-10.5	～-10	-10.6	-13
水轮机重量/t	765	900	～1000	760	900

由表 1 可见，各大机组制造厂均推荐五叶片转轮。针对叶片数选择问题，与机组厂家进行了交流，机组设计时通常以最大水头 20.00m 作为 4 叶片、5 叶片转轮的选型分界点。主要考虑水轮机结构强度、稳定性、机组制造难度、空化特性等因素。

具有类似水头、出力的电站的叶片数统计情况如图 1 所示。

通过图 1 可以看出，最大水头超过 20.00m 的类似电站，除圣安东尼奥电站，其余均采用五叶片转轮。五叶片转轮运用水头最高的电站为桑河二级电站，最大水头 28.30m。四叶片转轮国内应用水头最高的电站为四川紫兰坝电站，最大水头 19.90m。国外应用水头最高的电站是巴西圣安东尼奥电站，最大水头 20.50m。

灯泡贯流式机组的转轮叶片数主要取决于电站的最大水头。四叶片转轮及五叶片转轮分别应用于不同的水头段，《灯泡贯流式水轮机选型设计》中提出：最大水头介于 10.00～20.00m，宜采用四叶片转轮，最大水头大于 20.00m，宜采用五叶片转轮。芭莱

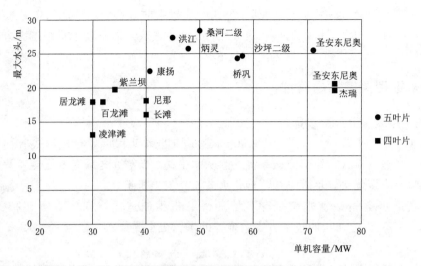

图1 类似电站水轮机叶片数统计图

水电站最大水头为24.50m，已超出了四叶片转轮的运用范围，四叶片转轮已不适用，需采用五叶片转轮。

2.2 两种不同叶片数机组组合模式

针对芭莱电站最大水头的变化情况，若全部采用五叶片机组方案，经初步计算，五叶片单位流量较四叶片单位流量小，转轮直径将变大，转速降一档，整个厂房尺寸将变大，机电设备及土建投资增加，电站运行远期改造难度大。

由于本电站机组台数较多，且低水头径流式电站尾水位随着发电流量的变化有较明显的变化，可装设五叶片机组应对机组在高水头范围20.00~24.50m运行；当水头降低至20.00m及以下时，四叶片机组可安全稳定运行。采用四叶片及五叶片机组组合模式的方案合理。

（1）组合模式的设想。为充分发挥五叶片及四叶片转轮各自的优势，提出"五叶片机组＋四叶片机组"两种机组的组合模式的设想，即电站装设四叶片和五叶片两种不同叶片数的机组，高水头段投入五叶片机组运行，水头降低至20.00m及以下时再相继投入四叶片机组运行。

五叶片机组叶片强度相比四叶片更高，可适应在高水头段的运行，同时低水头段也可安全稳定运行。由图2可以看出，四叶片机组在低水头段运行时，与五叶片机组相比，机组流量及出力更大。在低水头段四叶片机组具有更高的效率和良好的稳定性。

（2）组合模式不同叶片数机组台数的确定。芭莱水电站出现运行水头在20.00m以上的情况，出现在下游梯级电站未建成蓄水，当芭莱水电站全厂停机或部分机组运行时，下游尾水位较低，水头较高。芭莱水电站最大水头对应的尾水位为215.50m。为保证四叶片机组在20.00m水头下运行，根据电站尾水流量关系曲线，进行迭代试算，装设不同台数五叶片机组满发时对应的机组最大净水头详见图3。

由图3可以看出，当装设7台五叶片机组时，运行水头将降低至20.00m以下。考虑到电站建成后，五叶片机组检修的问题，推荐装设8台5叶片机组，6台4叶片机组。

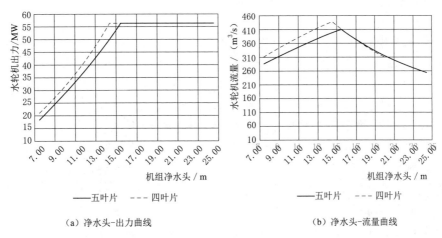

（a）净水头-出力曲线　　　　　　　　（b）净水头-流量曲线

图 2　四叶片及五叶片在不同水头下出力及流量对比图

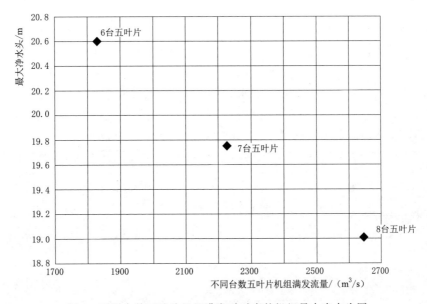

图 3　不同台数五叶片机组满发时对应的机组最大净水头图

（3）组合模式的优势。组合模式相比全部装设五叶片机组的优势如下：

1）减少机组重量，降低机组制造成本。四叶片机组与五叶片机组相比，水轮机重量轻，水轮机总重量减少。

2）增加发电效益，可充分利用汛期水量，多得电量。

3）分散投资风险。对于多机组电站，采用两家及以上不同风格的机组制造厂来设计制造也是正常的。虽然给参建各方带来额外工作量，但对建设单位来说，却能分散投资风险。

五叶片机组可在 7.50～24.50m 水头段安全运行，下游梯级电站建成后，仍可正常运行，但较四叶片机组在低水头段运行效率低。在后续机组招标时，可综合考虑电站建成后最大水头降低的实际情况，通过给定合适的加权因子，要求五叶片机组的高效区偏向低水头区。

（4）组合模式电站实例。采用两种不同叶片数组合的电站有江西石虎塘电站及圣安东尼奥电站。石虎塘电站采用三叶片及四叶片机组两种不同叶片数组合模式，主要考虑电站运行一段时间后下游河床下切，最高毛水头将增大，超出三叶片转轮最大应用水头。圣安东尼奥电站采用四叶片及五叶片机组两种不同叶片数组合模式，主要考虑电站枯水期水头高，流量小的特点，枯水期水头超出了四叶片转轮的最大应用水头。

（5）组合模式运行调度顺序。采用组合模式，电站运行前期需注意机组运行调度顺序，在高水头时，需先开启五叶片机组，待下游水位上升，水头降低后，再打开四叶片机组。关机时先关闭四叶片机组，再关闭五叶片机组。下游电站建成后，最大水头变为20.00m，四叶片及五叶片机组开停机顺序将不再受上述限制。

结合两个电站的实例及芭莱水电站的实际情况，考虑同时充分发挥四叶片及五叶片转轮的优势，推荐芭莱水电站采用组合模式机组。

2.3　额定水头选择

芭莱水电站为低水头、大流量水电站，水库消落深度仅1m，库水位的变化较小，电站的发电水头与下游水位的变化密切相关。芭莱水电站为调节性能较差的低水头电站，低水头一般出现在洪水期，如果额定水头选得过高，将会出现洪水期出力受阻严重。根据电站发电运行模拟成果，芭莱水电站汛期水库水位基本维持在正常蓄水位运行，满装机发电时对应水头约为15.50m。可研阶段在保证正常蓄水位满装机发电不受阻的条件下，考虑尽量减小汛期受阻概率和受阻容量，拟定电站的额定水头为14.50m。

当五叶片机组与四叶片机组采用同样的额定水头（14.50m）时，水轮机参数详见表2。

表 2　　　　　　　　　额定水头相同时水轮机主要参数表

名　称	参　数　值	
	五叶片转轮	四叶片转轮
水轮机型号	GZ－WP－720	GZ－WP－690
水轮机额定出力/MW	56.4	56.4
最大水头/额定水头/最小水头/m	24.50/14.50/7.50	20.00/14.50/7.50
转轮直径/m	7.20	6.90
额定转速/(r/min)	88.2	93.75
额定流量/(m³/s)	436.8	435.8
额定点单位转速/(r/min)	166.8	170
额定点单位流量/(m³/s)	2.21	2.404
额定工况比转速/(m·kW)	740.4	787
比速系数	2819	2997

五叶片机组单位流量较四叶片机组小，由表2可知，在同样的额定水头下，五叶片机组尺寸大于四叶片机组尺寸，流道尺寸也同样大于四叶片机组，若五叶片及四叶片机组采

用同样 14.50m 的额定水头，将导致电站不同机组的转轮直径不同、转速不同、布置不一致。

有 2 个厂家提出五叶片同样采用 6.9m 的转轮直径方案，由表 2 可以看出，此时五叶片的单位流量约为 2.4m³/s，对五叶片转轮来说单位流量偏大。

综合考虑电站近期建设及远期运行，考虑适当提高五叶片额定水头，保持两种叶片数机组转轮直径及流道尺寸一致。经初步估算，当额定水头提高至 15.50m 时，五叶片机组与四叶片机组转轮直径相同，转速也相同，节省土建及机组投资，且电站后期可进行改造，方便更换成四叶片转轮。

通过从对电站发电量影响分析，将 8 台五叶片机组额定水头提高到 15.50m，对电量影响较小。同时通过对芭莱水电站水头保证率进行分析，不论芭莱水电站是否考虑日内调节，也不管下游梯级水电站是否建成，其相应水头保证率均在较为合理的范围之内，可适应各种情况下的运行要求。故推荐五叶片机组额定水头为 15.50m，四叶片机组额定水头为 14.50m。

2.4　组合模式水轮机参数

下游尾水位变化后，拟采用 6 台四叶片及 8 台五叶片机组的组合模式，机组单机容量不变，五叶片机组最大水头 24.5m，额定水头 15.5m。四叶片机组最大水头 20m，额定水头为 14.5m。组合模式水轮机参数详见表 3。

表 3　　　　　　　　　　　　组合模式水轮机主要参数表

名　　称	参　数　值	
	五叶片转轮	四叶片转轮
水轮机型号	GZ－WP－690	GZ－WP－690
机组台数	8	6
水轮机额定出力/MW	56.4	56.4
最大水头/额定水头/最小水头/m	24.50/15.50/7.50	20.00/14.50/7.50
转轮直径/m	6.90	6.90
额定转速/(r/min)	93.75	93.75
额定流量/(m³/s)	408.6	435.8
额定点单位转速/(r/min)	164.3	170
额定点单位流量/(m³/s)	2.18	2.404
额定工况比转速/(m·kW)	724	787
比速系数	2850	2997
水轮机重量/t	～860	～756

3　结语

针对芭莱水电站下游尾水位降低后，最大水头变大，超出了四叶片转轮的最大应用水头的情况，提出了采用 6 台四叶片机组及 8 台五叶片机组的两种不同叶片数组合模式，组合模式相比全部采用五叶片方案具有减少机组重量、增加发电效益及分散投资风险等优势。

　　通过适当提高五叶片机组额定水头，使五叶片机组与四叶片机组转轮直径、转速相同及流道尺寸一致，保证整个电站机组布置一致。采用两种不同叶片数转轮组合模式，既可应对电站运行前期高水头的适应性，也可兼顾电站后期最大水头变低的情况，同时便于后期电站改造。采用组合模式机组的运行调度顺序相对全部采用五叶片机组来说灵活性稍差，但仅在电站建成前期存在此问题，下游电站建成后，开停机顺序将不再受限。总体来说，组合模式方案优势明显。

　　本文提出的芭莱水电站最大水头变化后的解决方案可供类似灯泡贯流式电站在设计阶段或后续运行阶段出现水头变化时参考和借鉴。

参 考 文 献

[1] 梁玉福. 桥巩水电站机组主要参数和结构特点 [J]. 红水河, 2011, 1 (30)：47-49.
[2] 陈传坤. 杰瑞电站 75MW 特大型灯泡贯流式导水机构的结构和安装 [J]. 水电站机电技术, 2015, 38 (4)：12-15.
[3] 中水珠江规划勘测设计有限公司. 灯泡贯流式水轮机选型设计 [M]. 北京：中国水利水电出版社, 2009.
[4] 田树棠, 等. 灯泡贯流式水轮发电机实用技术—设计施工安装运行检修 [M]. 北京：中国水利水电出版社, 2010.
[5] 熊东亮, 黄洪渠. 石虎塘航电枢纽水电站灯泡贯流式水轮机设计及选择 [J]. 小水电, 2009 (3)：32-35.

高水头灯泡贯流式水轮机
选型设计及模型试验

杜荣幸　陈梁年　高　敏

[东芝水电设备（杭州）有限公司　浙江　杭州　310020]

【摘　要】　南欧江四级水电站最大水头 28.00m，额定水头 23.50m，均刷新了我国灯泡贯流式水轮机水头应用纪录。本文介绍了该电站水轮机选型的设计思路，在无前例可参考的情况下通过分析比较确定了额定转速、转轮直径、灯泡比和轮毂比等关键选型参数，并对模型试验和验收试验的情况进行了总结。该电站的投产发电在我国的水电设备研究应用史上具有里程碑意义。

【关键词】　灯泡贯流式水轮机；高水头；选型设计；模型试验

1　引言

　　南欧江是湄公河左岸老挝境内最大支流，发源于中国云南省江城县与老挝丰沙里省接壤的边境山脉一带，河流自北向南汇入湄公河，河段规划七个梯级电站，南欧江四级水电站是梯级开发水力发电站的第四级，电站以发电为主，兼有防洪、旅游、库区航运等综合利用效率，装有三台套单机容量 44MW 水轮发电机组，总装机容量 132MW。水轮机型式为灯泡贯流式，基本参数如下：最大水头 28.00m，加权平均水头 24.61m，额定水头 23.50m，正常运行最小水头 20.00m，极限最小水头 10.50m，水轮机额定功率 45.36MW，额定转速 136.4r/min，转轮直径 4.8m，水轮机中心高程 345.00m。

　　南欧江四级水电站水轮机最大的特点是水头较高，此前我国灯泡贯流式水轮机应用水头最高的是湖南洪江水电站，最大水头 27.30m，南欧江四级水电站以 28.00m 刷新此纪录，成为国内已建及国内厂家已生产的最大水头灯泡贯流式水轮机。笔者查阅资料，在世界范围内未发现有更高应用水头的灯泡贯流式水轮机纪录，并且额定水头高达 23.50m，远高于同类型机组，史无前例。因此，设计难度主要体现在"高水头"上，水轮机的选型及水力设计过程中需要把握这一特点。

2　水轮机选型设计

2.1　叶片数和基础模型的选择

　　南欧江四级水轮机水头范围 10.50～28.00m，水头变幅 28/10.5＝2.67，电站运行加权因子见表1。

表1　　　　　　　　　　　　　　　　　**加权因子表**

水头/m	输出功率百分比/%						
	40	55	70	80	90	100	合计
10.50	0.5	0.5	0	0	0	0	1
19.00	0.5	0.5	0.5	0	0	0	1.5
23.50	10	10	4	3	4.5	4.5	36
26.00	15	10	8	9	8	10	60
27.50	0	0	0	0.5	0.5	0.5	1.5
合计	26	21	12.5	12.5	13	15	100

从表1可知，电站多运行在额定水头至26.00m水头之间，水轮机选型最优点宜出现在此区域，接近最大水头的27.50m和极限最低水头10.50m条件下有加权因子分布，说明极限最小水头也有一定的运行时间。另外从负荷特点来看，电站满发功率的加权因子仅占15%，而40%功率的加权因子达到26%，部分负荷加权因子占比较大。综合上述特点，宜选用过流量大、适应流量变幅宽广、稳定性优良的模型水轮机。

灯泡贯流机转轮叶片数通常在3～5枚，叶片数直接决定了叶栅稠密度，而叶栅稠密度对水轮机性能影响较大。当电站水头较高时，适当增加叶片数有利于减小单个叶片的载荷，提高水力稳定性和空化性能，并使转轮刚强度和可靠性得到提高；但叶片数增加同时也导致转轮过流能力下降，轮毂操作机构设计难度加大及成本增加。经多个方案比较分析，选用东芝公司最新开发的一个高性能5叶片转轮作为本项目基础模型，并根据南欧江四级水电站参数特点和具体要求，对流道进行进一步的优化。

2.2　转速的选择

水轮机的转速决定了比转速，而比转速是衡量水轮机参数水平的重要指标。在给定的条件下，提高比转速意味着提高机组转速和水轮机的过流能力，从而减小水轮机和发电机的尺寸，降低造价；但是比转速的提高受到空化性能、材料性能和技术发展水平的制约。随着时代的发展，水轮机的比转速呈不断提高趋势。

评价一个水轮机的比转速是否合理，通常会利用额定水头和额定点比转速，基于已建电站业绩统计图进行分析比较。南欧江四级水轮机额定水头高达23.50m，已超过所有已建电站业绩，只能利用统计图中的趋势线作为参照。根据目前灯泡贯流机最高水平，比速系数不宜超过3100，则对应额定转速不超过 $3100 \times 23.5^{0.75}/45360^{0.5} = 155.4$ r/min，参照基础模型特性，不同转速方案的比较在136.4r/min、142.9r/min和150r/min之间展开，三种转速在水头—比转速统计图中的位置如图1所示。

为进一步对转速选择作出明确判断，在模型特性的基础上，对水轮机主要水力性能指标进行定量分析，针对三种转速做方案对比见表2和图2。

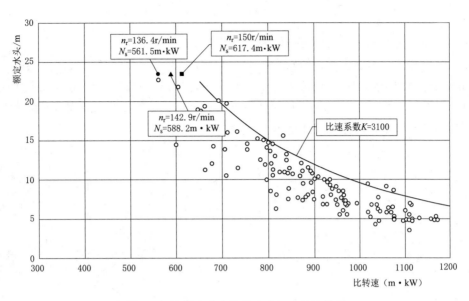

图 1　灯泡贯流式水轮机水头—比转速关系

表 2　　　　　　　　　不同转速方案对比

参　数	方案 1	方案 2	方案 3
额定转速/(r/min)	136.4	142.9	150.0
比转速/(m·kW)	561.5	588.2	617.4
转轮直径/m	4.80	4.75	4.70
加权平均效率相对值[①]/%	100.00	100.01	99.88
σ_p/σ_i	1.14	1.11	1.10

① 相对效率，方案 1 加权平均效率定义为 100%。

　　根据计算结果比较，三种转速方案空化性能均满足要求，水轮机加权平均效率相差无几；从模型综合特性曲线中的运行范围（图2）对比来看，三种转速方案的最大水头均位于最优区域附近，可以稳定运行，压力脉动较小；而对于低水头区，额定转速为150r/min的方案3偏离最优区最远，预计最低水头附近压力脉动相对较大、稳定性相对较差，而额定转速为136.4r/min的方案1最低水头区离最优区最近、相对稳定性最优。对于灯泡贯流式水轮机，转轮直径直接决定机组的尺寸，从成本角度来看，额定转速为150r/min的方案3成本相对最低。

　　根据经验，当转轮叶片数较少时，水轮机过流量大，宜选用高转速；而叶片数较多时，水轮机过流量小，宜选用较低转速。南欧江四级水轮机采用5叶片转轮，无论是额定水头还是最大水头均超过目前已有实绩的任何机组，为确保电站今后的长期安全稳定运行，水轮机选型应稳定当头，将机组稳定性放在首位，不宜因节约成本而采用相对冒进的高转速方案，经慎重考虑，决定选用136.4r/min作为额定转速，此方案综合水力稳定性相对最优。

2.3 转轮直径的选择

单位流量作为水轮机过流能力的体现，直接决定转轮直径的尺寸大小。众所周知，单位流量大，意味着过流能力大、转轮直径小、工程造价低。为了解不同转轮直径的选择对水轮机水力性能的影响，在上述已选定 136.4r/min 作为额定转速的情况下，针对转轮直径分别为 4.70m、4.75m、4.80m 的方案进行了比较，主要参数对比见表 3，在模型综合特性曲线上的运行范围对比如图 3 所示。

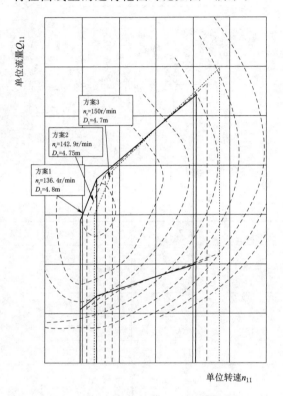

图 2　不同转速方案运行范围对比　　　图 3　不同转轮直径方案运行范围对比

表 3　　　　　　　　　不 同 转 速 方 案 对 比

	方案 1	方案 4	方案 5
额定转速/(r/min)	136.4	136.4	136.4
转轮直径/m	4.80	4.75	4.70
单位流量 Q_{11}/(m³/s)	1.86	1.90	1.95
加权平均效率相对值①/%	100.00	100.10	100.06
σ_p/σ_i	1.14	1.10	1.09

① 相对效率，方案 1 加权平均效率定义为 100%。

根据计算结果比较，转轮直径为 4.70m 的方案 5 加权平均效率相对于方案 1 略优，空化余量略偏小，根据现有基础模型特性，最大水头附近有转轮进口脱流风险，因此虽然此方案有成本优势但不做推荐。转轮直径为 4.75m 的方案 4 加权平均效率最高，空化性能满足要求，转轮直径较小，具备一定的成本优势，从数据上来看毫无疑问是最优的。

南欧江四级水轮机额定水头高达 23.50m，已超过目前相关文献可查阅的任何已建灯泡贯流式水电站纪录，转轮直径和单位流量的选择需要十分谨慎，行业内不乏因片面追求低成本，选择较小的转轮直径而引起电站运行不稳定和出力不足的案例。特别是在南欧江电站水头较高，超出所有现有已建电站实绩，在缺乏成功业绩支撑的情况下，水轮机的选型应将稳定性放在首位，不宜片面追求过小的转轮直径。与南欧江四级接近的桑河二级电站额定水头 21.70m，单位流量 1.82m³/s；洪江水电站额定水头 20.00m，单位流量 1.88m³/s；蜀河电站额定水头 19.30m，单位流量 1.89m³/s。由单位流量与水头的统计关系可知，水轮机的单位流量随着额定水头的提高而降低，南欧江四级 23.50m 的额定水头比上述电站都高出不少，从趋势上判断，其单位流量不宜突破 1.9m³/s。

经综合考虑，决定采用方案 1，转轮直径 4.8m，此方案虽然相对而言牺牲了部分效率并增加了一些成本，但空化余量较大、综合水力稳定性最优，单位流量控制在 1.86m³/s，可以满足电站今后的长期安全稳定运行要求。

2.4 流道尺寸的确定

水轮机流道为传统的灯泡贯流机形式，转轮直径 4.80m，灯泡体直径 6.3m，灯泡比 1.31；采用管形座上下竖井作为主支撑，锥形导水机构，活动导叶轴线与机组中心线夹角 60°，活动导叶设计为自关闭趋势型式。

贯流式水轮机的主要优势体现在其过流特性上，为尽量发挥过流量大的优势，一方面，通常选择尽可能小的轮毂比；另一方面，大型灯泡贯流机为了扩展高效稳定运行范围，采用导叶和桨叶双调形式，转轮轮毂内需要布置叶片数越多、水头越高，意味着操作机构的设计难度越大，需要更大的空间，过小的轮毂比显然无法满足其布置要求。南欧江四级电站转轮为 5 叶片，最大水头达 28.00m，这意味着轮毂内操作机构布置的设计难度超过以往设计的任何同类型机组。经多方分析比较，决定采用轮毂比 0.41，同时对泄水锥形状进行适当加大加长，以适应桨叶接力器操作容量、桨叶操作机构布置空间及刚强度要求。

灯泡贯流式水轮机的灯泡比通常在 1.1 至 1.25 之间，南欧江四级机组在灯泡贯流机中属大容量、高水头、高转速机组，根据发电机设计需要，灯泡直径确定为 6300mm，灯泡比 1.31。灯泡直径对水力性能的影响主要是其在流道中的阻水作用，要确保水力性能满足要求，必须保证灯泡处流道的有效过流面积。在流道设计过程中，结合土建要求，对流道尺寸，特别是灯泡体至转轮体之间的锥形过渡段进行了优化设计，并充分考虑了过流面积变化对水力性能的影响。根据设计结果，在现有灯泡比 1.31 的情况下，有效过流面积及水流能够实现平滑过渡，不会对水力性能造成不利影响，灯泡头过流面积变化如图 4 所示。由于灯泡体较大，水流推力作用在灯泡体上将引起的基础负荷增加，在机组设计方案中已充分考虑。

为节省土建投资，在不影响水力性能的前提下，对进出口中流道的高度、宽度方向进行了尽可能的缩减，进口流道底板高程比业主方招标图纸原设计方案提高 0.74m，最终确定进口流道高度 10.02m，宽度 10.04m，出口流道高度 7.79m，宽度 9.74m。最终设计的原型水轮机流道如图 5 所示。

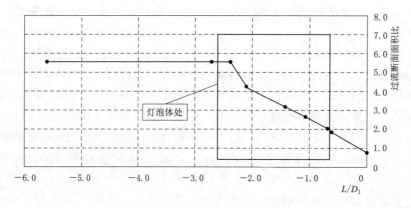

图 4　灯泡头过流面积变化

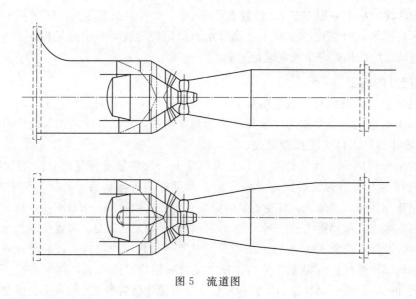

图 5　流道图

3　模型试验及模型验收试验

3.1　模型试验

模型试验是验证选型设计是否成功的第一关。南欧江四级水电站模型试验在位于杭州的东芝水电水力研究所 1 号试验台上进行，试验台及模型水轮机主要参数及试验条件如下：最大试验水头 60m，最大流量 1.2m³/s，测功电机功率 400kW，最大转速 2200min⁻¹，模型转轮直径 D_M 350mm，模型至原型比尺 13.7143，综合误差≤±0.21%。

模型试验按照《水轮机、蓄能泵和水泵水轮机模型验收试验》（IEC 60193：1999）规程进行，试验内容包含效率试验、空化试验、压力脉动试验、飞逸特性试验、Winter-Kennedy 指数试验、导叶水力矩试验、桨叶水力矩试验和轴向水推力试验。模型水轮机装配照片如图 6 所示。

根据模型试验结果，有关性能指标均满足合同要求。因为主要的性能试验项目均有相应的验收试验，为节省篇幅，本文不再赘述，重点对在位于日本横滨东芝水力研究所进行的模型验收试验进行介绍。

3.2 模型验收试验

本项目采用在母公司模型试验台验收见证的方式，模型试验完成后，模型水轮机打包运至日本，在位于日本横滨的东芝水力研究所进行模型验收试验，对模型试验结果重复性进行验证并做模型验收试验。东芝水力研究所是东芝水电的主要出资方株式会社东芝在日本设立的水力机械技术研究基地，装

图 6　模型水轮机装配

有适用于高、中、低水头的三座高精度模型试验台，南欧江四级水轮机模型验收试验在适用于低水头的 3 号台进行。

模型验收试验于 2017 年 2 月进行，由业主单位组成的验收组以及株式会社东芝、东芝水电设备（杭州）有限公司等有关各方的代表和专家参与了验收试验。验收试验的项目包括测量仪器的率定、效率试验、空化试验、压力脉动试验、飞逸转速试验、模型尺寸检查等。主要性能试验简单介绍如下：

（1）效率试验。为复核初步模型试验的成果及合同规定主要工况点的效率性能，选择了 16 个工况点进行模型效率试验，试验结果表明，本次试验和模型初步试验结果吻合，主要工况点的水轮机效率满足合同要求。

（2）空化试验。对相当于原型机水头 28.80m、24.75m、23.50m 和 21.63m 条件下，选择 4 个工况点进行了空化试验，电站装置空化系数 σ_p、初生空化系数 σ_i 及临界空化系数 $\sigma_{0.5}$ 的比值均满足合同要求。

（3）压力脉动试验。对相当于原型机水头 28.00m、23.50m、21.63m 和 15.02m 的条件下，选择 7 个工况点进行了尾水管压力脉动测量。结果与初步试验结果基本一致，满足合同要求。

（4）飞逸转速试验。在最大水头 28.00m 的协联及非协联两种工况的最大飞逸转速条件下进行了水轮机飞逸转速试验，其结果与初步试验结果基本一致，换算成原型机的飞逸转速值均满足合同要求。

根据验收结论，模型水轮机的性能满足合同要求，与初步模型试验结果基本一致，可以按此模型参数和比例尺寸进行原型水轮机的设计和制造。

4　投入运行

南欧江四级水电站三台水轮发电机组已全部安装完毕，分别于 2020 年 9—10 月投入商业运行。电站的实际运行表明，水轮机各项水力性能指标均满足合同要求，机组运行平稳、振动小、噪声低，充分证明针对南欧江四级水电站实施的上述选型设计是成功的。

5 结语

南欧江四级水电站的最大水头和额定水头均创下我国灯泡贯流式水轮机新纪录，在我国的水电设备研究应用史上具有里程碑意义。

作为践行"一带一路"倡议作出的成绩，南欧江四级水电站三台机组的顺利投产发电有效解决了老挝北部地区长期缺电的局面，对促进当地经济发展和改善民生具有重大意义。

参 考 文 献

[1] 杜荣幸，刘韶春. 高水头轴流转桨式水轮机水力设计及模型验收试验 [C] // 第二十一次中国水电设备学术讨论会论文集. 北京：中国水利水电出版社，2017.

[2] 杜荣幸. 土谷塘三叶片贯流式水轮机水力设计及洛桑模型验收试验 [J]. 红水河，2017（4）：34-36.

[3] 杜荣幸，德宫健男，川尻秀之. 石虎塘三叶片、四叶片贯流式水轮机选型设计和模型试验 [C] // 第十八次中国水电设备学术讨论会论文集. 北京：中国水利水电出版社，2011.

[4] 杜荣幸，王庆，榎本保之，等. 长短叶片转轮在清远抽蓄中的应用 [J]. 水电与抽水蓄能，2016（5）：39-44.

[5] 杜荣幸，杨智勇，刘韶春，等. 南欧江五级水电站水轮机选型及水力设计 [C] // 第二十二次中国水电设备学术讨论会论文集. 哈尔滨：黑龙江科学技术出版社，2019.

[6] 肖玉平，张辉，胡卫娟. 南欧江四级水电站较高水头灯泡贯流式机型确定 [J]. 云南水力发电，2016（2）：101-103.

三叶片灯泡贯流式水轮机在低水头电站中的应用

杜荣幸

（东芝水电设备（杭州）有限公司　浙江　杭州　310020）

【摘　要】　本文以东芝水电的业绩为例，对三叶片贯流式水轮机的技术进步历程及应用情况进行了简单回顾，并针对其应用条件、关键参数的选择、流道设计及结构设计等技术问题进行了总结和探讨。

【关键词】　灯泡贯流式水轮机；三叶片；低水头；应用；选型；设计

1　引言

灯泡贯流式水轮机是一种流道呈直线状的卧式机型，其特点是发电机布置在位于流道中的钢制灯泡体内，水轮机和发电机采用一根主轴直接联接，由于引水路、导水机构、转轮和尾水管均处于一条轴线上，水流平直贯通，没有拐弯，具有水力损失小、效率高、流量大的特点，特别适用于低水头电站。20 世纪 80 年代初，我国开始引进灯泡贯流机技术，几十年间得到迅猛发展，目前最大应用水头达到 28m，最小水头根据电站水头变幅等因素，可低至 1～2m。

灯泡贯流机转轮叶片数通常在 3～5 枚之间，叶片数直接决定了叶栅稠密度，而叶栅稠密度对水轮机性能影响较大，当电站水头较低时，叶片载荷不大，适当减少叶片数有利于增加水轮机的过流量，在设计条件相同的情况下可以选择更小的转轮直径，从而降低的电站的造价，叶片数较少的三叶片转轮水轮机通常适用于 10m 以下的低水头和超低水头电站。

2　国内的应用情况

2.1　概要

近年来国内应用大型三叶片灯泡贯流式水轮机的典型电站见表 1。

其中广东蒙里（4×12.5MW）、广东龙上（2×12.5MW）、福建台江（2×15MW）、湖南东坪（4×19.9MW）、湖北崔家营（6×15MW）、江西石虎塘（6×20MW，其中 4 台为三叶片机组）和湖南土谷塘（4×22.5MW）等电站机组由东芝水电设备（杭州）有限公司设计生产。

表 1 　　　　　　　　　　近年国内的应用三叶片灯泡贯流式水轮机的典型电站

电站名	装机容量/MW	最高水头/m	转轮直径/m	转速/(r/min)	投运年份	供货商
蒙里	4×12.5	8.2	5.3	100	2004	东芝水电
龙上	2×12.5	8.49	5.3	100	2005	东芝水电
台江	2×15	8.8	5.8	93.75	2008	东芝水电
东坪	4×19.9	9.7	6.4	83.3	2007	东芝水电
株溪口	4×18.5	9.5	6.3	93.8	2007	
崔家营	6×15	8.4	6.91	71.4	2009	东芝水电
苍溪	3×22	9	7.2	75	2011	
河口	4×18.5	6.8	7.2	68.2	2011	
湘祁	4×20	8.9	6	93.8	2011	
石虎塘	4×20	9	7.1	78.9	2012	东芝水电
土谷塘	4×22.5	9.8	7.5	75	2015	东芝水电
新干	7×16	8.45	7.1	75	2018	

2.2　技术发展历程

　　东芝水电及其前身原富春江水电设备总厂是国内最早接触并研究应用灯泡贯流式水轮机的厂家之一,从 20 世纪 80 年代开始,设计生产了一系列国内具有里程碑意义的灯泡贯流式水轮机组,如马骝滩、石面坦、江厦、百龙滩、长洲等,积累了丰富的经验,其在三叶片灯泡贯流式水轮机方面的发展历程,一定程度上代表了国内行业的技术进步状况。于 80 年代开始对三片水轮机的进行研究,2002 年,在自身原有技术的支持下,与国外厂商合作,完成了广东蒙里电站 4×12.5MW 三叶片灯泡贯流机的研制。此后相继设计生产了广东龙上 2×12.5MW 和福建台江 2×15MW 等三叶片贯流机,由此完成了初始的技术经验积累。从 2005 年与东芝公司合资后,开始全面引进东芝水力设计技术,借助东芝公司模型开发实力,成功地将三叶片转轮技术相继应用到湖南东坪、湖北崔家营、江西石虎塘、湖南土谷塘等电站,上述电站均运行良好至今。

2.3　典型电站应用简介

2.3.1　湖南东坪水电站

　　湖南东坪水电站位于安化县城东坪镇闵家湾村,是资水干流益阳河段开发规划中的第一级低水头电站,以发电为主,兼有航运、养殖、旅游等综合效益。总装机容量为 4 台19.9MW 水轮发电机组。电站最高水头 9.7m,额定水头 6.8m,最小水头 3m,水轮机额定输出功率 20.515MW,额定转速 83.3r/min,转轮直径为 6.4m,电站四台机已于 2007年起投产发电。

2.3.2　湖北崔家营水电站

　　汉江崔家营航电枢纽位于襄阳市下游 17km 处,是湖北省"十一五"交通重点建设项目,以航运和发电为主,兼有灌溉、供水、旅游等综合开发功能的项目。电站装有 6 台单机容量 15MW 灯泡贯流式水轮发电机组,最高水头 8.4m,额定水头 4.7m,最小水头1.5m,水轮机额定输出功率 15.432MW,转轮直径 6.91m,额定转速 71.4r/min,电站 6

台机于 2009 年 11 月—2010 年 8 月相继投产发电。

2.3.3 江西石虎塘水电站

赣江石虎塘坝址位于泰和县城公路桥下游 26km 的万合镇石虎塘自然村附近，是以航运为主、结合发电，兼顾其他效益的水资源综合利用工程。电站装有 6 台单机容量 20MW 灯泡贯流机，采用特殊的四叶片和三叶片两种机型组合的方式，其中 2 台为四叶片，4 台为三叶片。通过合理调度，使电站枯水期水头较高时用四叶片机组运行，在汛期或水头较低时采用三叶片机组或三、四叶片机组全部投入运行，以使三、四叶片水轮机各自发挥其最优性能。其中三叶片水轮机最高水头 9m，额定水头 5.65m，最小水头 3.65m，水轮机额定输出功率 20.62MW，额定转速 78.9r/min，转轮直径 7.1m。电站 6 台机于 2012 年 3 月—2013 年 4 月相继投产发电。

2.3.4 湖南土谷塘水电站

土谷塘航电枢纽位于湖南省衡阳市，是一个以航运为主、航电结合，并兼有交通、灌溉、供水与养殖等综合利用效益的工程。电站装有 4 台单机容量 22.5MW 三叶片灯泡贯流机组，最高水头 9.8m，额定水头 5.8m，最小水头 2.5m，水轮机额定输出功率 23.2MW，额定转速 75r/min，转轮直径达 7.3m，是目前国内尺寸最大、同时也是单机容量最大的三叶片灯泡贯流式水轮发电机组，4 台机组分别于 2015 年 12 月—2016 年 9 月投产发电。

3 选型及设计

3.1 应用条件

3.1.1 最高水头

目前通常认为三叶片转轮贯流机的最高应用水头为 10m，东芝水电设计生产的东坪电站最高水头 9.7m，土谷塘电站最高水头 9.8m，石虎塘电站三叶片机组允许最高运行水头 10m，上述电站均安全运行至今，证实在三叶片转轮在 10m 水头以内的运行是安全的。制约三叶片转轮最高应用水头的主要因素在于叶片刚强度及轮毂内操作机构的设计，随着时代的进步，FEM 有限元解析手段已趋于成熟，材料性能也不断提高，在采取了合理选材、周密计算以及适当加大轮毂比等措施的情况下，判断三叶片转轮极限应用水头可以不受 10m 的限制。

3.1.2 最大容量及尺寸

东芝水电设计生产的湖南土谷塘水电站单机容量达到 22.5MW，水轮机额定输出功率 23.2MW，转轮直径 7.3m，为目前国内最大单机容量和最大尺寸的三叶片灯泡贯流式水轮发电机组。由于应用水头较低，三叶片机组的输出功率一般不会太大，因此容量方面不会成为限制条件。在尺寸方面，转轮直径的加大会使机组的刚强性、特别是刚度方面抵抗弹性变形的能力受到挑战，在三叶片转轮的水力稳定性相对而言低于四机片的情况下，机组的振动问题需要重点关注，这些因素使得机组尺寸的选择会受到一定的限制。根据目前的实际业绩、计算手段及材料性能，判断转轮直径 7.5～8.0m 是可能的，但是在工程实践中需要经过周密的论证分析和计算。

3.1.3 发展趋势

近年来国内三叶片灯泡贯流机发展迅速，向大容量化、高水头化、大尺寸化发展，东芝水电的业绩明显呈现这一趋势，如图1～图3所示。

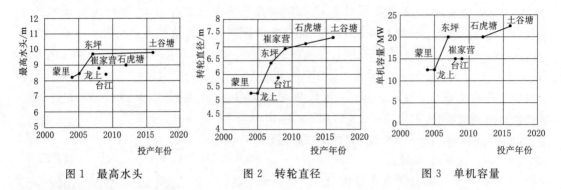

图1 最高水头　　　　图2 转轮直径　　　　图3 单机容量

3.2 比转速的选择

三叶片水轮机因其特点通常可选择较高的参数水平，转速和比转速的选择比四叶片要高，比速系数可选在2900～3100m·kW之间。灯泡贯流式水轮机水头-比转速关系如图4所示。从图4中可以直观地看出三叶片机组在灯泡贯流式水轮机水头-比转速关系统计中所处的位置。

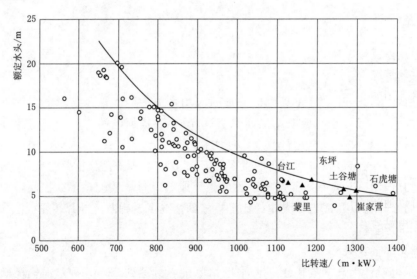

图4 灯泡贯流式水轮机水头-比转速关系

3.3 单位流量的选择

单位流量作为水轮机过流能力的体现，直接决定转轮直径的尺寸大小。众所周知，单位流量大，意味着过流能力大、转轮直径小、工程造价低。三叶片水轮机的过流能力明显大于四叶片水轮机，额定工况点的单位流量可通常在 $3.0\mathrm{m^3/s}$ 甚至更高，笔者所在公司设计生产的部分超低水头三叶片水轮机单位流量达到 $3.5\mathrm{m^3/s}$ 左右。单位流量的提高不可避免地会造成额定点偏离最优区，因此在机组能够稳定运行、并维持水轮机加权平均效率在合理水平的前提下，对于水轮机的额定工况点的效率不宜提出过高要求。

3.4 空化性能和吸出高度

三叶片水轮机因叶栅稠密度降低，空化系数相对四叶片水轮机而言略有增加，根据笔者统计分析，在相同单位流量的情况下，临界空化系数通常比四叶片水轮机大 10% 以上，因此选型设计时通常需要相对于四叶片水轮机更深的吸出高度和更低的安装高程，以保证电站不受空化问题所侵扰。

由于三叶片水轮机通常尺寸较大，在弗劳德数无法做到与模型相似的情况下，空化基准面的选择至关重要，并且会对吸出高度的确定造成较大的影响。《水轮机、蓄能泵和水泵水轮机模型验收试验》（IEC 60193：2019）规程推荐的卧式机的空化基准面可以是叶片顶点以下 0.2D 处、叶片顶点或转轮轮毂处；《水轮机基本技条件》（GB/T 15468—2020）规定可取叶片顶点处，也可取转轮室最高点以下 0.25D 处，总之相关标准对贯流式水轮机的空化基准面并没有统一的定义，而是需要依赖于买方指定或者双方商定。东芝水电近年设计生产的大型三叶片灯泡贯流机，对于空化基准面的选取，根据不同项目的合同要求，主轴中心线高程、转轮室最高点以下 0.25D、叶片顶点这三种情况兼而有之，例如东坪和土谷塘电站为主轴中心线，石虎塘为转轮室最高点以下 0.25D 处，崔家营则采用了叶片顶点。对于空化余量，多数电站采用了电站空化系数和临界空化系数的比值 1.1 倍以上的取值。上述电站均未收到过有关过度空蚀问题的反馈。

贯流式水轮机由于卧轴布置特点，叶片在不停的旋转之中，即使顶点处有轻微的空泡现象，但是因为叶片暴露在其间的时间非常短暂，空泡的爆裂很难对叶片材质造成破坏。如果选取叶片顶点作为空化基准面，空化性能无疑问是最安全的，但同时意味着在相同的模型空化系数情况下，电站吸出高度及开挖量需要显著增加；如果吸出高度已指定，则水轮机选型时为了使空化安全余量满足要求，需要加大转轮直径以减小单位流量，从而减小空化系数。这种做显然是安全性有余而经济性不足。

采用主轴中心线作为空化基准面的做法，虽然有利于选型和成约成本，但是当原型机转轮直径较大时，与模型之间的弗劳德数差异变得很大，意味着根据吸出高度计算出的电站空化系数与电站实际的空化条件发生背离，空化性能方面会存在一定的安全隐患，虽然这种隐患可以通过加大空化安全余量来消除（例如土谷塘电站以主轴中心线作为空化基准面，采用了电站空化系数和临界空化系数的比值 1.2 倍），但是这种情况不便于将电站的实际空化条件与模型特性做比较，给工程技术人员以对空化性能做出简单直观的判断造成一定的障碍。

因此笔者建议采取相对折中的办法，取空化基准面为转轮室最高点以下 0.25D 处。经大量的灯泡贯流式水轮机业绩证明，在采用空化基准面为转轮室最高点以下 0.25D 处、电站空化系数和临界空化系数的比值 1.1 倍以上的情况下，空化性能是足够安全的，机组能够长期安全稳定运行，不会发生过度空蚀问题。

3.5 流道设计

三、四叶片水轮机的差异主要体现在转轮上，就流道而言并不存在明显的鸿沟界限。另外由于三叶片水轮机通常选择较高的转速，发电机径向尺寸小，因此灯泡直径通常选择相对比较小的数值。东芝水电设计生产的三叶片灯泡贯流机灯泡比通常为 1.17～1.2。江西石虎塘电站两台 4 叶片水轮机和四台 3 叶片水轮机则采用了相同的流道尺寸。

三叶片水轮机的主要优势体现在其过流特性上，为尽量发挥过流量大的优势，通常选择较小的轮毂比。当然受转轮操作机构设计制约，轮毂比不可能无限减小，东芝水电设计生产的低水头三叶片转轮轮毂比通常为 0.3，对于水头较高的机组，为满足接力器容量及操作机构刚强度要求，轮毂比可适当加大。

3.6 结构设计

转轮是水轮机的核心部件，也是三叶片水轮机设计的关键难点所在。由于叶片数减少，单个叶片载荷增加，而轮毂比相对较小，轮毂内空间狭小，三叶片转轮有其独特之处。东芝水电设计生产的三叶片转轮为油压操作缸动结构；操作连杆多采用高强度锻钢，以适应空间狭小、受力大的特点；桨叶枢轴轴套采用适应于高面压的离心浇注铝青铜材料；叶片密封采用由弹簧压紧的多道 V 形橡胶密封；叶片设计注重其应力分部及根部 R 角选值，确保在叶片荷载增加的情况下而不发生断裂。

除了转轮，三、四叶片水轮机的设计在理论上虽无明显差别，但是因为三叶片水轮机通常有水头低、尺寸大、容量小的特点，另外还需特别考虑三叶片转轮相对而言的水力不稳定因素，因此在刚强度及可靠性设计上需引起特别重视，水轮机结构设计应采用可靠性高、完善成熟的技术，不能因为水头较低而疏忽了其设计难度。

4 结语

三叶片转轮由于叶片数少，叶栅稠密度降低，水轮机效率通常比四叶片转轮要低 1% 左右，但只要选型得当，发挥出其更适应于低水头的特点，作为综合评价指标的加权平均效率指标未必逊色于四叶片水轮机。

三叶片转轮的综合稳定性不如四叶片转轮，这是近年来普遍被人们发现的、也是无法回避的一个问题。这个问题不仅体现在模型水轮机的压力脉动等稳定性指标上，同时也集中展现在了电站投产后的振动、噪音等方面。如何提高三叶片水轮机的稳定性一直是我公司的重点研究课题之一，经过从东坪到崔家营，再到石虎塘三叶片模型转轮的不断优化和开发，我公司的三叶片模型转轮的稳定性已经明显上了一个台阶。同安装了 4 台三叶片机组和 2 台四叶片机组的江西石虎塘电站为三叶片、四叶片转轮的性能对比提供了一个不可多得绝佳平台，无论是经过模型试验还是电站的实际运行均证明，三叶片、四叶片转轮之间的水力稳定性能差异已不是十分明显。

经过十余年的设计制造经验积累，国内的三叶片灯泡贯流式水轮机技术已日臻完善和成熟。近年来随着国内水电开发资源的日益减少，径流式低水头水电站装机逐渐增多，三叶片灯泡贯流式水轮机组以其过流量大、能量参数高、经济性较好等特点，预期将会在低水头和超低水头电站拥有更为广阔的发展前景。

参 考 文 献

[1] 杜荣幸. 土谷塘电站三叶贯流式水轮机水力设计及模型试验 [J]. 红水河，2017 (4)：34 - 37.

［2］　杜荣幸，德宫健男，川尻秀之. 石虎塘三叶片、四叶片贯流式水轮机选型设计和模型试验［M］. 北京：中国水利水电出版社，2011.

［3］　田树棠，段宏江，于纪幸，等. 贯流式水轮发电机组实用技术-设计·施工安装·运行检修［M］. 北京：中国水利水电出版社，2010.

［4］　田树棠. 贯流式水轮机应用的优化［J］. 水力机械技术，2012（2）：2-8.

［5］　马彩萍，田树棠. 三叶片灯泡机组的参数选择［J］. 水力机械技术，2009（1）：25-32.

［6］　李伟. 三叶片灯泡贯流式水轮机在低水头电站的应用［J］. 水力机械技术，2010（2）：36-40.

黑河黄藏寺水电站水轮机参数选择

沈珊珊 刘绍谦

（黄河勘测规划设计研究院有限公司 河南 郑州 450003）

【摘 要】 黑河黄藏寺水电站装有 2 台单机容量为 20MW 和 1 台单机容量为 9MW 的立轴混流式水轮发电机组，电站额定水头为 83.00m，最大水头 105.81m，最小水头为 50.51m。本文根据黄藏寺水电站水轮机水头变幅大、泥沙含量大、安装海拔高的特点，对黄藏寺水电站的水轮机主要参数进行了比选，详细分析确定了水轮机的比转速及比速系数、额定转速、单位流量、单位转速及安装高程等主要参数，为电站的安全稳定运行奠定了良好的基础，也为其他类似类型工程提供了借鉴和参考。

【关键词】 立轴混流水轮机；比转速；额定转速；安装高程；单位参数

1 工程概况

黄藏寺水利枢纽坝址位于黑河上游东西两岔交汇处以下 11km 的黑河干流上，上距青海省祁连县城约 19km，下距莺落峡 80km 左右，坝址左岸为甘肃省肃南县，右岸为青海省祁连县，是黑河上游一座具有综合利用功能的控制性工程，具有合理调配中下游生态和经济社会用水，提高黑河水资源综合管理能力，兼顾发电等综合利用功能。

黄藏寺水利枢纽由碾压混凝土重力坝、溢洪道、供水泄洪洞和引水发电系统组成。引水发电系统布置于右岸。引水发电建筑物由电站进水口、压力管道、主厂房、主变室、开关站、尾水渠等组成。引水系统采用"单管单机"布置型式。进水口设有快速事故闸门和检修闸门。

电站为地面式厂房，总装机容量 49MW，装设 3 台立轴混流式水轮发电机组。电站在系统中担任基荷，根据情况也可短时担任峰荷。

2 电站基本参数

上游水库校核洪水位为 2628.70m，正常蓄水位为 2628.00m，死水位为 2580.00m；下游校核洪水尾水位（$P = 0.2\%$）为 2529.46m，正常尾水位（$Q = 67.5m^3/s$）为 2522.90m。

电站全年加权平均水头为 88.37m，汛期加权水头为 86.75m，水轮机最大水头为 105.81m，额定水头为 83.00m，最小水头 50.51m。

电站总装机容量49MW，保证出力6.2MW，多年平均发电量2.021亿kW·h，装机利用小时数4140h。电站多年平均含沙量为1.35kg/m³，实测最大含沙量321kg/m³，含沙量较大。入库泥沙颗粒级配和过机含沙量分别见表1和表2。

表1　　　　　　　　　　黄藏寺水库入库泥沙颗粒级配统计表

粒径/mm	0.007	0.01	0.025	0.05	0.1	0.25	0.5	1	2
小于某粒径百分比/%	17.65	23.10	39.12	54.37	74.33	90.09	98.20	99.96	100.00

表2　　　　　　　　　　黄藏寺水库过机泥沙含沙量统计表

时间/年	平均含沙量/(kg/m³)				最大日均含沙量/(kg/m³)
	7月	8月	9月	全年	
1~30	0.42	0.35	0.13	0.22	5.31
31~50	0.55	0.43	0.18	0.25	6.84
1~50	0.47	0.39	0.15	0.23	6.84

3　水轮机型式选择

电站运行水头范围为50.51~105.81m，处于混流式水轮机的典型运用水头范围内。该水头范围内的混流式水轮机在转轮开发、设计、制造、运行维护等方面具有成熟的技术，故本工程水轮机采用立轴混流式。

4　水轮机比转速和比速系数

比转速n_s及比速系数K是表征水轮机综合技术经济水平的重要特征参数。在同样水头和出力下，高比速的水轮机转速高、尺寸小，因而水轮机造价降低。但提高水轮机比转速需提高水轮机的单位转速和单位流量，从而使水轮机转轮内相对流速增加，过高的相对流速造成流道内压力降低，对水轮机的空化性能、稳定性及抗磨蚀性能产生不利影响。因此，需根据电站特点和水轮机的运行范围，综合分析选取比转速n_s和比速系数K。

表3所列为与本电站应用水头相近电站的主要参数。首先，比速系数最大的为三峡右岸水电站，达2278；其次为公伯峡、李家峡等5个电站，比速系数均在2100以上。统计电站比速系数的平均值约2062。表4列出了有关文献推荐的统计公式，并结合电站的具体参数进行了计算。表4中的数据表明，利用各种经验统计公式所计算得到的水轮机额定工况点的比速系数在1992.7~2255.3之间，对应的比转速为218.74~247.55m·kW，平均值约2131。

表3　　　　　　　　　　与黄藏寺水电站水头相近电站统计资料

电站名称	H_{max}	H_r	H_{min}	n_r	D_1	P_r	n_s	K
塔贝拉（11号~14号机组）	135.6	117.3	49.4	90.9	7.15	444.6	157	1700
李家峡	135.6	122	114.5	125	6	408.2	197	2176
三峡右岸	113	84	71	75	10.44	710/852	248.5	2278

电 站 名 称	H_{max}	H_r	H_{min}	n_r	D_1	P_r	n_s	K
大古力（Ⅲ600MW）	108.2	86.9	67	72	9.78	612/690	212.4	1980
布拉茨克	106	100	92	125	5.5	309	219.7	2197
SALTOSantiago	115	106	82	120	5.899	338.5	205.3	2113
LG4	119.4	116.7	106.2	128.5	5.798	299	183.2	1979
刘家峡（1号、2号、4号机组）	114	100	70	125	5.5	230	189.6	1894
刘家峡（5号机组）	114	100	70	125	5.5	308	216.5	2165
白山	126	112	81	125	5.5	306	189.8	2008
公伯峡	106.6	99.3	96.7	125	5.8	306	220.6	2198

表 4   水轮机比转速及比速系数统计计算

统 计 公 式	引用水头 /m	比转速 n_s /(m·kW)	比速系数 K ($K = n_s \sqrt{H_r}$)	备　　注
$n_s = 2250 H_{max}^{-0.5}$	105.81	218.74	2250	20 世纪 80 年代国际先进水平
$n_s = 2105 H_r^{-0.5}$	83	231.05	2105	美国（20 世纪 80 年代初）
$n_s = 3470 H_r^{-0.625}$	83	219.23	1997.3	意大利 F. de. Siervo
$n_s = 47406/(H_r + 108.5)$	83	247.55	2255.3	哈电建议国内先进水平
$n_s = 2357 H_r^{-0.538}$	83	218.72	1992.7	中国哈电 1991 年统计公式
$n_s = 2232 H_r^{-0.5}$	83	244.99	2232	苏联已建电站统计公式

一般来说，水头变幅大的电站易出现高水头水力脉动问题，如巴基斯坦的塔贝拉电站、大古力和小浪底等电站。对国内外 40 多座装有大型混流式水轮机的电站参数进行了统计，发现大多数电站的水头变幅 $H_{max}/H_{min} < 1.65$，$H_{max}/H_p < 1.16$，$H_{max}/H_r < 1.2$，$H_{min}/H_p < 0.64$。当水轮机在高水头小流量区运行时，由于叶片进口冲角和出口流速的圆周分量都较大，稳定性问题较为突出。

黄藏寺水电站的水头变幅大（$H_{max}/H_{min} = 2.094$，$H_{max}/H_r = 1.275$，$H_{max}/H_p = 1.197$，$H_{min}/H_p = 0.57$）各项水头比值均超出平均值范围，且工程所在地海拔 2600m 以上，平均含沙量 1.35kg/m³，含沙量较大。综合以上分析，设计时要足够重视机组的运行稳定性问题，减少尾水管压力脉动，提高机组的空化性能，减少机组的磨蚀，因此需要适当降低水轮机参数水平，比速系数值在 1650～1900 之间选取，相应的比转速为 181.1～208.5m·kW。

5　同步转速选择

在确定的合理的比转速变化范围内，大机组水轮机可供选用的额定转速有 333.3r/min 和 375r/min 两档，小机组水轮机可供选用的额定转速有 500r/min 和 600r/min 两档，转速的对比详见表 5。

表 5

表 5 水轮机额定转速对比表

项 目	大 机 组		小 机 组	
	方案一	方案二	方案一	方案二
单机容量/MW	20	20	9	9
额定转速/(r/min)	333.3	375	500	600
额定水头/m	83	83	83	83
水轮机型号	HL(191)-LJ-193	HL(215)-LJ-180	HL(193)-LJ-130	HL(231)-LJ-117
转轮直径 D_1/m	1.93	1.83	1.3	1.17
额定流量/(m³/s)	27.5	28.28	12.5	13.2
比转速 n_s/(m·kW)	191.4	215.5.	193.2	231.9
比速系数 K	1944.9	1963.2	1760.5	2112.7
吸出高度/m	−2.3	−3.5	−2.3	−7.7
电站空化系数 σ_p	0.158	0.159	0.158	0.252
发电机型号	SF20-18/3640	SF20-16/3400	SF9000-12/2400	SF9000-10/2180
发电机额定电压 U_N/kV	10.5	10.5	10.5	10.5
发电机功率因数 cosΦ	0.85	0.85	0.8	0.8
飞轮力矩/(t·m²)	409	283	409	240
单台水轮机重量/t	61	56	28	22
单台水轮发电机重量/t	154	130	72	64

结果对比如下：①水轮发电机组重量方面，大机组和小机组的方案一均大于方案二，设备造价偏高；②大机组和小机组的方案一的空化性能优于方案二，土建开挖量较小，投资相对较省；③黄藏寺水电站泥沙含量较大，较低的额定转速能改善水轮机的磨蚀性能，提高水轮机的运行可靠性，延长机组的大修时间。根据当代水轮发电机组设计制造水平，并参考表 2 中所列部分已运行水电站参数，大机组和小机组的方案一的机组参数水平属合理偏低，但与黄藏寺水电站水轮机水头变幅大、泥沙含量大、安装海拔高的等特点相适应。

综合考虑以上因素，大机组转速采用 333.3r/min，小机组转速采用 500r/min。

6 单位流量和单位转速

根据统计公式，适宜黄藏寺水电站的水轮机单位流量及单位转速范围计算见表 6。

表 6 水轮机单位参数计算

说明	统 计 公 式	单位转速/(r/min)		单位流量/(m³/s)	
		大机组	小机组	大机组	小机组
哈电推荐公式	$n_{11}=[146.7\times10^4/(482.6-n_s)]^{0.5}$	70.98	71.23	—	—
	$Q_{11}=(n_s/3.13n_{11})^2/\eta$	—	—	0.8015	0.8157
东电统计公式	$n_{110}=50+0.11n_s$	71.05	71.285	—	—
	$Q_{110}=0.1134(n_s/n_{110})^2$	—	—	0.823	0.8356

根据表 6 的分析，确定黄藏寺水电站大机组的额定单位转速取 69～72r/min 之间，相应的单位流量取 0.78～0.87m³/s 之间；小机组的额定单位转速取 70～73r/min 之间，相应的单位流量取 0.78～0.86m³/s 之间。

7 机组安装高程确定

表 7 是依据不同经验公式计算的水轮机模型或电站空化系数。

表 7   空 化 系 数 计 算

统 计 公 式	比转速 $n_s/(\text{m}\cdot\text{kW})$	模型空化系数 σ_m	电站空化系数 σ_P	备 注
$\sigma_M = 0.035(n_s/100)^{1.5}$	191.4	0.093	—	哈尔滨电机研究所
$\sigma_M = 0.0346(n_s/100)^{1.32}$	191.4	0.082	—	日本
$\sigma_P = 2.56 \times 10^{-5} n_s^{1.64}$	191.4	—	0.146	美国垦务局
$\sigma_P = 3.46 \times 10^{-6} n_s^2$	191.4	—	0.127	日本电气学会（JEC）
$\sigma_P = 7.54 \times 10^{-5} n_s^{1.41}$	191.4	—	0.124	F. De Siervo and F. De Leva
$\sigma_P = 0.0245 e^{0.025 ns/3}$	191.4	—	0.121	A. Lugaresi and A. Massa
$\sigma_P = 8 \times 10^{-6} n_s^{1.8} + 1$	191.4	—	0.11	中国哈电
$\sigma_P = 10.8 \times 10^{-5} n_s^{1.333}$	191.4	—	0.119	中国水力发电工程（机电卷）

从表 7 可以看出，电站空化系数为 0.11～0.146，平均值为 0.124。

本电站为坝后式地面厂房，在确定吸出高度 H_s 时，既要考虑电站的投资，也要兼顾尾水管压力脉动和提高机组运行稳定性要求。

根据表 7 计算的参数，结合模型转轮及有关制造厂提供的参数，并考虑本电站的水头变幅大及海拔较高，初取额定工况点模型空化系数为 $\sigma_M \leqslant 0.09$，空化安全系数为 1.8，则确定电站空化系数 $\sigma_P = 0.163$，计算出水轮机最大吸出高度值 $H_s = -6.3\text{m}$（下游尾水水面至导叶中心线距离）。

根据电站下游尾水位与流量关系，由于电站设计尾水位为 2522.07m（1 台 9MW 机组额定流量时对应的尾水位），因此机组安装高程确定为 2515.80m（导叶中心线高程）。

8 水轮机的主要参数

水轮机的主要参数见表 8。

表 8   水 轮 机 主 要 参 数 表

项 目	参 数	
	大机组	小机组
水轮机型号	HL（191）-LJ-193	HL（194）-LJ-130
额定出力/MW	20.7	9.4
转轮直径 D_1/m	1.93（1.95 招标值）	1.30
额定流量 Q/(m³/s)	27.5	12.5

项　　目	参　　数	
	大机组	小机组
额定效率 η_t/%	92.6	92.35
额定转速 n_r/(r/min)	333.3	500
飞逸转速/(r/min)	706	1060
比转速/(m·kW)	191	193
比速系数	1743.9	1762.9
吸出高度/m	−6.3	−6.3
水轮机安装高程/m	2515.80	2515.80
水轮机旋转方向	俯视顺时针	俯视顺时针
水轮发电机型号	SF20−18/3640	SF9000−12/2400
额定输出功率	20.0MW	9.0MW
额定容量	23.53MVA	11.25
功率因数（滞后）	0.85	0.8
飞轮力矩（不小于）/(t·m²)	409	55
额定电压/kV	10.5	10.5
额定转速/(r/min)	333.3	500
飞逸转速/(r/min)	706	1060

9　结语

黑河黄藏寺水利枢纽工程为"十三五"期间172项重大水利工程之一，其主要任务为合理调配黑河中下游生态和经济用水，提高黑河水资源的综合管理能力，兼顾发电等综合利用。该工程目前正在紧张的施工中。

本文根据黄藏寺水电站水轮机水头变幅大、泥沙含量大、安装海拔高的特点，结合类似水电站工程、经验公式等方式，对黄藏寺水电站的水轮机主要参数进行了比选，基本确定了水轮机的比转速、单位参数及安装高程等主要参数，为电站的安全稳定运行奠定了良好的基础，也为其他同类型水电工程提供了借鉴和参考。

参　考　文　献

[1] 水电站机电设计手册编写组. 水电站机电设计手册—水力机械分册 [M]. 北京：水利电力出版社，1983.
[2] 哈尔滨电机厂有限责任公司. 混流式水轮机的水头变幅和运行工况问题——兼论三峡发电机若干问题 [R]，1995.

叶轮拓补法在离心泵水力设计中的应用

王者文　乔玉兰　李杰军

［上海凯泉泵业（集团）有限公司，上海　201804］

【摘　要】　本文在充分研究叶轮切割定律的基础上，采用逆向思维提出离心泵拓补设计法。应用拓补法对 ACP1000 巴基斯坦卡拉奇 K2/K3 核 II 级余热排出泵及凯泉公司单级泵进行设计研究。试验结果表明采用拓补法设计的离心泵的性能参数均达到客户要求，从而得出拓补法对调整离心泵性能参数和拓展泵运行范围是行之有效的，同时为离心泵水力设计提供了一种有效的方法。

【关键词】　叶轮切割；叶轮拓补；拓补法；水力相似度

1　引言

在离心泵设计和使用过程中，经常会遇到性能参数与设计要求或客户需求存在差异的问题，这就要求设计人员要以最经济有效的方法，使泵的性能参数得到修正，以满足设计或客户要求。常采用切割泵叶轮外径法和改变泵转速法。其中，切割叶轮外径法是人们实现泵性能参数调整及泵运行范围拓展最有效的途径和最经济的方法。

泵行业通过切割叶轮外径修正泵性能参数，通常实型泵的性能参数低于原型泵，从泵比转速角度看，即泵的比转速由低变高。本文研究的拓补法是叶轮切割的逆过程，叶轮拓补之后，实型泵的性能参数高于原型泵，泵的比转速由高变低，也可以说是一种高比速低用的设计方法。虽有学者提出改变叶轮出口直径实现修改原型泵的方法，但实际设计过程中采用拓补叶轮外径的方法修正泵参数的实例几乎没有。本文采用拓补方法对 ACP1000 巴基斯坦卡拉奇 K2/K3 核 II 级余热排出泵及凯泉公司单级泵进行试验研究。

2　叶轮切割与拓补的关系

2.1　叶轮切割

切割定律是同一台泵在转速不变的情况下，把叶轮外径适当切割，其出口宽度变化，但出口面积基本不变，可以认为泵的效率近似不变，其中叶轮外圆允许的最大切割量（表1）。

表 1			叶轮外圆允许的最大切割量			
比转速 N_s	≤60	60～120	120～200	200～300	300～350	≥350
允许切割量 $\dfrac{D_2-D_2'}{D_2}$	20％	15％	11％	9％	7％	0
效率下降	每车小 10％下降 1％		每车小 4％下降 1％		—	

尽管国内外计算叶轮外径切割的公式诸多，但以本文作者实践经验得出，沈阳水泵研究所式（1）和石家庄水泵厂式（2）计算的结果更符合实际要求。式（1）与式（2）共同特点是把泵的特征数—比转速引入修正公式，计算简便，结果可靠。

$$\begin{cases} \dfrac{Q'}{Q}=\left(\dfrac{D_2'}{D_2}\right)^{k_Q} \\ \dfrac{H'}{H}=\left(\dfrac{D_2'}{D_2}\right)^{k_H} \end{cases} \tag{1}$$

$$\begin{cases} \dfrac{Q'}{Q}=\left(\dfrac{D_2'}{D_2}\right)^{1.0855+0.29315\frac{N_s}{100}} \\ \dfrac{H'}{H}=\left(\dfrac{D_2'}{D_2}\right)^{1.53448+0.8438\frac{N_s}{100}} \\ \dfrac{P'}{P}=\left(\dfrac{D_2'}{D_2}\right)^{2.305425+1.151551\frac{N_s}{100}} \end{cases} \tag{2}$$

$$k_Q=0.9294+0.00353N_s$$

$$k_H=2k_Q$$

式中 Q、H、P、D_2——叶轮切割前泵的流量、扬程、功率及叶轮直径；

Q'、H'、P'、D_2'——叶轮切割后泵的流量、扬程、功率及叶轮直径。

2.2 叶轮拓补

叶轮拓补定律与切割定律基本一致，唯一不同之处在于拓补定律是把叶轮外径适当增补而切割定律是把叶轮外径适当切削，叶轮外圆允许拓补量范围与切割定律中叶轮外圆允许切割量范围相同（表1），拓补叶轮外径按式（1）或式（2）进行换算。

叶轮拓补是叶轮切割的逆向过程。叶轮拓补的方法有直接拓补法和间接拓补法两种。直接拓补法就是直接在叶轮水力图上增补需要的叶片，具体方法有圆弧法、等角螺线法和变角螺线法；间接拓补法是在叶片保角变换图上增补所需的叶片保角变换线，该方法又分为小补法和大补法。

3 叶轮拓补法实例

3.1 直接拓补法——等角螺线法案例

百万千瓦级压水堆核电机组余热排出泵（图1）在巴基斯坦卡拉奇由于现场安装条件发生改变，泵型号及参数随之改变。原余热排出泵产品型号为 RHR－R910/77 型百万千瓦级余热排出泵，现巴基斯坦卡拉奇产品型号为拓补型 K2/K3 泵，两者参数见表2，分别绘出 RHR－R910/77 型百万千瓦级余热排出泵和拓补型 K2/K3 余热排出泵性能曲线图（图2）。对比前后两组参数，不难发现 K2/K3 型余热排出泵的扬程比 RHR－R910/77 型百万千瓦级余热排出泵扬程增加约 30m，按式（1）和式（2）计算拓补型 K2/K3 余热排出泵叶轮外径取 575mm（表3）。拓补后泵比转速为 81，该比转速下叶轮外圆允许的最大拓补量为 15%（表1），经计算可知该叶轮实际拓补量为 11.1%，在拓补量允许范围之内，由此可见拓补叶轮外径值选取合理。

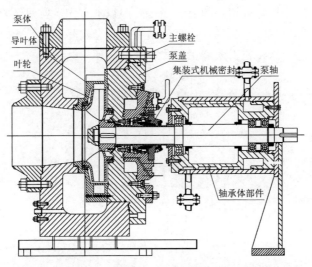

图1　RHR－R910/77 型百万千瓦级余热排出泵结构图

表2　RHR－R910/77 型百万千瓦级余热排出泵与拓补型 K2/K3 泵的性能参数对比表

主要技术参数	小流量点	正常运行点	最大流量点
流量/（m³/h）	120	910	1475
扬程/m（原型/拓补型）	≤95/130	77/110	≈43/80
必需汽蚀余量/m	≤4	<4.6	<6.5
转速/（r/min）		1490	
泵比转速 N_s（原型/拓补型）		105/81	
泵气蚀比转数 C		1340	

表3　拓补型 K2/K3 余热排出泵叶轮外径计算

拓补计算公式	原型泵 D_2/mm	拓补型 D_2' 计算值/mm	拓补型 D_2' 取值/mm
式（1）	511	575	575
式（2）		575.5	

该案例采用直接拓补法—等角螺线法设计完成 K2/K3 型余热排出泵叶轮水力绘制（图3）。在极坐标系（r，θ）中，等角螺线曲线公式可以写为

$$r = r_1 e^{\pi \Phi/180 \tan\beta}$$
$$\Phi = (180/\pi\tan\beta)\ln(r/r_1) \tag{3}$$
$$e = 2.71828183$$

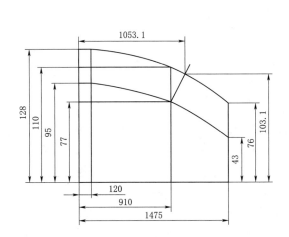

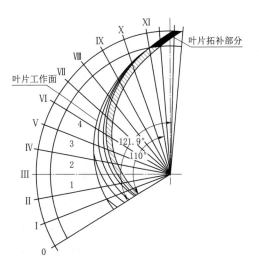

图 2　RHR－R910/77 型百万千瓦级余排泵与
拓补型 K2/K3 余热排出泵的性能曲线（单位：mm）

图 3　RHR－R910/77 泵与拓补型 K2/K3
余热排出泵叶轮水力图

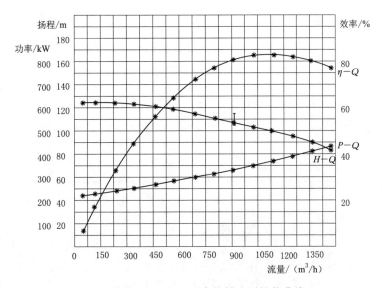

图 4　拓补型 K2/K3 型余热排出泵性能曲线

对比 RHR－R910/77 型百万千瓦级余热排出泵与拓补型 K2/K3 余热排出泵的比转速两者相差 24（表 2）。把图 3 中二者的水力图的面积比定义为水力相似度，则二者水力相似度达 $A1/A2＝80\%$。

图 4 是拓补型 K2/K3 型余热排出泵试验性能曲线图，表 4 是该泵的试验参数与设计参数对照表，由此可知拓补后 K2/K3 余热排出泵试验结果与客户需求相吻合。

3.2　间接拓补法——保角变换法案例

表 5 为原型泵 KQL200/300S－30/4（Z）和拓补型泵 KQL200/315S－37/4（Z）性能

表 4

表 4	拓补型 K2/K3 型余热排出泵设计参数与性能试验对比表		
主要技术参数	最小流量点	正常运行点	最大流量点
流量/(m³/h)	120	910	1475
扬程/m	130^{+0}_{-6}	110^{+0}_{-6}	80^{+3}_{-3}
实测扬程/m	124.56	107.13	83.39
必需汽蚀余量/m	—	<4.6	<6.5
实测汽蚀余量/m		3.98	5.98
转速/(r/min)	1490		

参数对照表，拓补型泵的扬程较原型泵扬程为 5m，用拓补定律式（1）和式（2）计算，拓补型泵叶轮外径为 336mm，比原型泵叶轮外径增加 14mm。二者水力相似度为 A1/A2＝92％。计算叶轮拓补量为 4.1％，拓补泵比转速为 116，查表 1 可知该叶轮拓补量在允许范围之内。

表 5	原型泵 KQL200/300S‑30/4（Z）与拓补型 KQL200/315S‑37/4（Z）性能参数对照表		
主要技术参数	0.75Q	设计点 Q	1.2Q
流量/(m³/h)	225	300	360
扬程/m（原型/拓补型）	—	27/32	—
节能效率/%（原型/拓补型）	—	84.0/83.8	—
必需汽蚀余量/m	—	≤4.0	
转速/(r/min)	1480		
泵比转速 N_s（原型/拓补型）	132/116		

该案例采用间接拓补法—保角变换法，也就是在原型泵叶片保角变换图上补出拓补型叶轮的叶片保角变换线，这里分别采用间接拓补法中的小补法和大补法完成拓补型泵 KQL200/315S‑37/4（Z）的水力设计。

间接拓补法的小补法是在原型泵 KQL200/300S‑30/4（Z）的保角变换方格网基础上（图5），补出拓补型叶轮出口部分缺失的叶片保角变换线，拓补后泵叶片的包角由原包角 125°增加到 130.5°，叶片出口角与原型泵叶片出口角相同，取 22.5°，拓补后泵 KQL200/315S‑37/4（Z）保角变换方格网（图6）。

间接拓补法的大补法是在原型泵 KQL200/300S‑30/4（Z）叶轮轴面流道基础上，拓补型叶轮包角取 130°，叶片出口角与原叶轮取相同大小 22.5°，然后重新计算并绘制叶片保角变换线（图7）。

从表 6 可以看出原型泵（比转速 N_s＝132）与拓补型泵（比转速 N_s＝116）设计参数无论采用小补法还是大补法，拓补前后设计参数基本一致，说明大小拓补法是等效的。

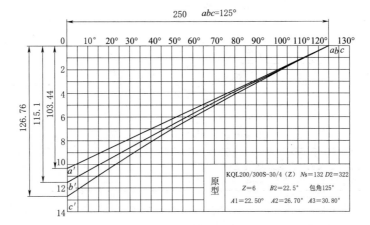

图 5　原型泵 KQL200/300S‑30/4（Z）保角变换方格网

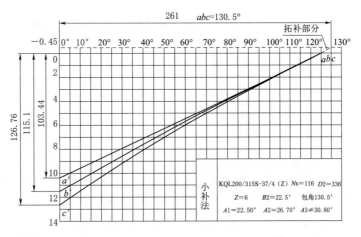

图 6　拓补型泵 KQL200/315S‑37/4（Z）（小补法）

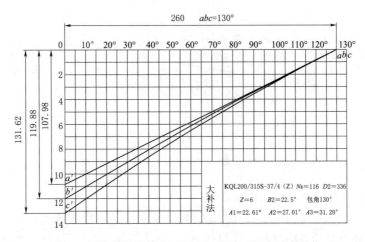

图 7　拓补型泵 KQL200/315S‑37/4（Z）（大补法）

表 6　　　　　　原型泵 $N_S=132$ 与拓补型泵 $N_S=116$ 参数对比表

主要参数	原型泵	小补法	大补法
流量/(m^3/h)	300	300	300
扬程/m	27	32	32
叶片流线 a/b/c 进口角/(°)	22.5	22.5	22.6
	26.7	26.7	27.0
	30.8	30.8	31.2
叶片出口角/(°)	22.5	22.5	22.5
叶片包角/(°)	125	130.5	130

图 8 为拓补型 KQL200/315S－37/4（Z）泵试验结果，表 7 是该泵的试验参数与设计参数对照表，可以看出拓补后泵的性能参数达到了设计要求。

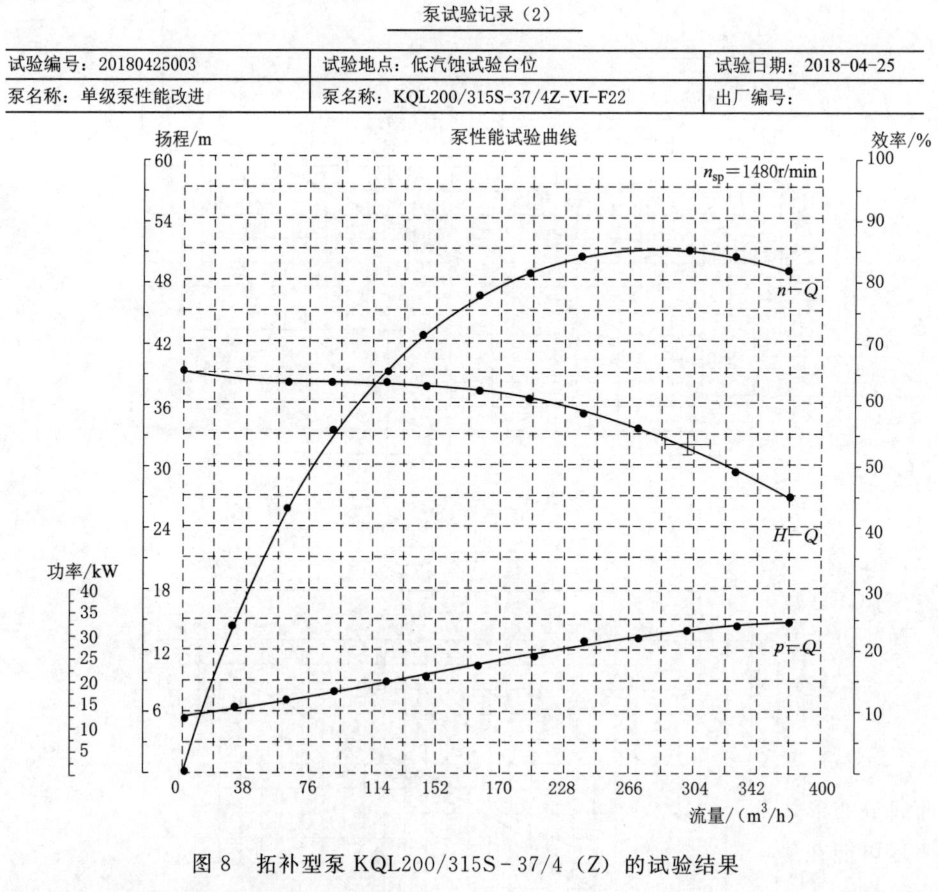

泵试验记录（2）
试验编号：20180425003
试验地点：低汽蚀试验台位
试验日期：2018-04-25
泵名称：单级泵性能改进
泵名称：KQL200/315S-37/4Z-VI-F22
出厂编号：
扬程/m
泵性能试验曲线
效率/%
n_{sp}=1480r/min
n—Q
H—Q
p—Q
功率/kW
流量/(m^3/h)

图 8　拓补型泵 KQL200/315S－37/4（Z）的试验结果

3.3　拓补法 CFD 数值分析对比应用案例

相似设计法作为水泵的主要设计方法之一，具有简单可靠的优点，因而得到广泛的应用。但是有时候现有优秀模型与设计泵的 N_S 并不相同，当二者相差不多时，就可以对模型泵加以修改，从而改变模型泵的 N_S 使其与实型泵 N_S 相等。修改模型泵的方法有两

表 7		拓补型泵（$N_s = 116$）设计参数与性能试验对比表	
主要技术参数	0.75Q	设计点 Q	1.2Q
流量/（m³/h）	225	300	360
扬程/m	—	32	—
实测扬程/m	—	31.42	—
节能效率/实测效率/%		83.8/84.9	

种：第一保持 D_2 不变改变流道宽度；第二是改变出口 D_2。本文对这两种方法做一个数值分析的对比。

以设计 KQL250/350S‑75/4，$N_s = 124$ 为例，模型泵使用 KQL200/300S‑30/4（Z），$N_s = 132$。

模型泵 KQL200/300S‑30/4（Z）与实型泵 KQL250/350S‑75/4 性能参数对比表（表 8），模型泵和实型泵的 N_s 相差不大，可以通过修改模型泵的方法，先修改模型泵的 $N_s = 132$ 至 $N_s = 124$ 再进行相似换算。

表 8		模型泵与实型泵性能参数对比表	
主要技术参数	0.75Q	设计点 Q	1.2Q
流量/（m³/h）（模型/实型）	225/375	300/500	360/600
扬程/m（模型/实型）		27/41	
节能效率/%（模型/实型）		84.0/84.7	
NPSHr/m（模型/实型）		≤4.0/≤5.5	
转速/（r/min）		1480	
泵比转速 N_s（模型/实型）		132/124	

（1）方案一：D_2 不变改变流道宽度，使模型泵 N_s 与实型泵相同，再相似换算。

（2）方案二：应用拓补法改变 D_2，使模型泵 N_s 与实型泵相同，再相似换算。

利用 CFD 软件对方案的性能进行预测，结果在设计流量点方案一的水力效率为 89.3%，方案二的水力效率为 89.8%，试验测试结果在设计点方案二效率比方案一高 0.3%，与 CFD 数值分析结果基本一致，说明使用拓补法修改模型再进行相似换算的方法更加合理，以下是两个方案的静压分布图（图 9、图 10）。

4 拓补法的几点说明

（1）拓补用原型泵的选取原则。所选取原型泵的流量‑扬程分布曲线形式与拓补泵的性能曲线分布形式基本相符；原型泵效率高且流量‑效率曲线高效区宽，所选取参数对应的效率尽可能在最高效率点附近；原型泵汽蚀性能好，即汽蚀比转速要大；原型泵技术资料齐全可靠。

（2）拓补型泵效率分析。不少泵专业书里都讲到，在泵的转速和流量不变的情况下，用增大叶轮外径的办法来提高扬程伴随而来的是圆盘摩擦损失急速增大，泵效率降低。拓补的泵虽然外径增加，但效率并没有降低，这种结果理论上讲似乎不能成立。分析出现这种情况的原因有两种可能：①实际运行时离心泵圆盘摩擦损失小于能量平衡试验所确定的

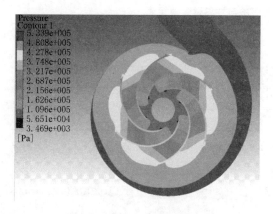
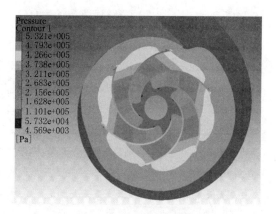

图 9　方案一：静压分布图 图 10　方案二：静压分布图

数值，也小于按现行估算式的计算值；②拓补型泵 KQL200/315S-37/4（Z）的蜗壳是根据拓补后叶轮的几何特征重新设计的泵体，其蜗壳和叶轮匹配关系更合适，见表 9。

表 9　　　　　　　　　　　　原型泵 $N_S=132$ 与拓补型泵 $N_S=116$ 对照表

泵　型　号	比转速 N_S	叶轮外径/mm	效率/%
原型泵 KQL200/300S-30/4（Z）	132	322	84.7
拓补型泵 KQL200/315S-37/4（Z）	116	336	84.9

5　结语

（1）叶轮拓补是叶轮切割的逆向过程，其计算公式与叶轮切割公式一致，且拓补量与切割量取值范围相同。

（2）叶轮拓补设计法关键在于找到性能参数优且性能曲线形状符合要求的原型泵。

（3）叶轮拓补无论采用直接拓补法还是间接拓补法，只要设计参数选取合理都可以设计出满意的实型泵。

（4）叶轮拓补设计法是一种广义的相似设计法，其实质是泵高比转速低用的水力设计法。

（5）叶轮拓补设计法通过实验验证和 CFD 分析均表明该设计法是可行的、合理的。

参　考　文　献

[1]　关醒凡. 泵的理论与设计 [M]. 北京：机械工业出版社，1987.

[2]　全国化工设备设计技术中心站机泵技术委员会. 工业泵选用手册 [M]. 2 版. 北京：化学工业出版社，2011.

[3]　江腊涛，徐砚，颜文军. 离心泵叶轮切割定律的试验研究 [J]. 水泵技术，2002，2：27-29，34.

[4]　卡拉西克 I. J，等. 泵手册 [M]. 关醒凡，等，译. 北京：机械工业出版社，1983.

[5]　离心泵设计基础编写组. 离心泵设计基础 [M]. 北京：机械工业出版社，1974.

[6]　陈强，李国玉，吴生盼，等. 离心泵圆盘摩擦损失浅析 [J]. 水泵技术，2009（1）：13-15.

多泥沙河流大型立式水泵选型设计

刘绍谦　沈珊珊

（黄河勘测规划设计研究院有限公司　河南　郑州　450003）

【摘　要】　某黄河引水工程，从黄河岸边直接取水。水泵在设计上须具备抽送高含沙黄河原水的能力，其设计性能特点直接影响到泵组长期安全稳定运行。本文从水泵型式（立式、单吸、单级离心泵）、水泵安装台数（多，运行检修灵活）、比转速（低，泥沙磨损小）、空蚀安全系数及安装高程（大，运行安全）等方面进行分析、阐述、比较，保证水泵长期高效安全稳定运行，为多泥沙河流取水的大型立式离心泵选型设计积累经验，也为今后其他多泥沙河流泵站水泵设计提供参考和借鉴。

【关键词】　多泥沙河流；水泵型式；比转速；空蚀安全系数

1　概述

1.1　工程概况

某工程从黄河干流取水，设计年引水量 2.9 亿 m^3，设计引水流量 27.0 m^3/s。工程以黄石沟沉沙调蓄水库为界，引水线路分为入库线路和出库线路两部分。入库线路长23.27km，经两级泵站提水，往西至黄石沟沉沙调蓄库。取水在黄石沟水库沉沙调蓄后，长约 78.66km 的出库线路经三级泵站提水，再经过四级、五级泵站提水加压至石峁水库。工程全长约101.93km。工程包括 5 级泵站、1 座沉沙调蓄库、隧洞、渡槽、暗涵、倒虹吸、压力管道等主要建筑物。

1.2　泵站基本参数

根据工程引水线路和泵站总体布置，两级泵站的特征参数见表1。

表 1　　　　　　　　　两级泵站特征水位和净扬程

序号	参　数　名　称	单位	一级泵站	二级泵站
1	进水池最高水位	m	785.09	892.40
2	进水池设计水位	m	779.89	891.90
3	进水池最低水位	m	779.80	889.70
4	出水池最高水位	m	894.01	1005.80
5	出水池设计水位	m	893.30	1005.00

序号	参 数 名 称	单位	一级泵站	二级泵站
6	出水池最低水位	m	890.77	1002.50
7	最大净扬程	m	114.21	116.00
8	设计净扬程	m	113.41	113.10
9	最小净扬程	m	105.68	110.10

1.3 水泵过机含沙量

根据统计数值，黄河日含沙量超过 20kg/m³ 的天数约为 11.9 天，日含沙量在 15～20kg/m³ 之间的多年平均天数为 9.3 天。由于取水口处地形限制，无法设置沉砂池，水泵机组过机平均含沙量 3.3kg/m³，最大含沙量 20kg/m³，过机泥沙含量较高。

对其他同类工程过机泥沙含量情况进行了统计，见表 2。

表 2　　　　　　　　　　　同类工程过机泥沙含量情况统计

工程名称	地点	装机规模/MW	多年平均过机泥沙含量/(kg/m³)	取水位置
牛栏江滇池补水工程干河泵站	云南	90	0.184	德泽水库
万家寨引黄工程总干一级泵站	山西	36	0.94	万家寨水库
山西中部引黄工程	山西	96	2.77	天桥水库
滇中引水工程石鼓泵站	云南	480	0.603	石鼓水库

其他同类工程基本均从水库取水，除山西中部引黄工程泥沙含量稍高外，其他工程平均过机含沙量较低。本工程与其他同类工程相比，过机泥沙含量相对较高，因此高含沙水流对水泵运行的影响，将是水泵参数选型设计中需要考虑的重要因素。

2　水泵选型设计

2.1 水泵型式

水泵运行扬程范围在 105.70～116.00m 之间，处于离心泵的理想工作范围之内。根据国内外水泵机组的设计、制造水平和发展趋势，结合目前国内、外已建和在建工程实践经验，本工程可采用立式单吸单级离心泵或卧式双吸单级离心泵两种型式。

立式离心泵泵房平面尺寸相对较小，但设备价格高，机电设备投资较大，且立式离心泵在检修维护时没有卧式离心泵简单方便。

卧式离心泵泵房平面尺寸较大，但设备价格相对较低，卧式离心泵土建投资相对较高；卧式离心水泵结构简单，便于拆装及后期现场的检修维护。由此可见，立式离心泵与卧式离心泵各有优缺点。

一方面，针对本工程水泵的设计参数，通过比较分析，采用卧式离心泵水泵叶轮出口的相对流速为立式离心泵叶轮出口相对流速的 1.68 倍，由于水泵叶轮泥沙磨蚀强度与叶轮出口相对流速的三次方成正比关系，因此卧式离心泵水泵叶轮的磨蚀强度为立式离心泵的 5 倍左右，在高含沙情况下，将加剧水泵叶轮出口处的泥沙磨蚀情况。另一方面，国内泵站卧式离心泵在黄河沿岸运行的实例较多，但磨蚀都非常严重。如夹马口北扩泵站（$Q=2.3\text{m}^3/\text{s}$，$H=156\text{m}$ 双吸双级卧式离心泵）、北赵提水泵站（$Q=2.6\text{m}^3/\text{s}$，$H=180\text{m}$ 双吸双级卧式离心泵）、南乌牛泵站（卧式单吸泵）等，它们水泵叶轮出口相对流速都不算高。但由于卧式离心泵的结构采用铸造工艺，流道与泵轮的过流表面较难打磨光滑，铸造误差也较大，流道拐弯多，流态不良，所以泥沙磨蚀严重。

因此，考虑到本工程取水含沙量大，为减小泥沙磨损对水泵的影响，一、二级泵站均采用立式、单吸、单级离心泵。

2.2 装机台数和水泵单机流量

经查阅相关资料，统计出国内外类似已建或在建大型泵站工程水泵机组主要技术参数。表3中位于黄河干流上的泵站，万家寨引黄工程为立式单级单吸离心泵；小浪底引黄工程地下泵站和山西中部引黄工程地下泵站均为立式多级单吸离心泵。从表3中可以看出，对高扬程立式离心泵，单泵流量在 $5.6\sim14.17\text{m}^3/\text{s}$ 之间，技术上均可行。结合本工程取水流量，本阶段选择4台（3+1）、6台（5+1）和8台（7+1）三种水泵安装台数方案，从水泵性能参数及泵站投资两方面进行经济技术比较。不同方案水泵主要技术参数见表4。

表3　　　　　　　　　国内外部分高扬程大型离心水泵主要参数

序号	项　　目	地点	流量 /(m³/s)	扬程 /m	转速 /(r/min)	功率 /kW	叶轮直径 /m	n_s 比转速 /(m·m³/s)	投产 年份
1	哈巴斯泵站	美国	14.17	251	514	44760	2.4/1.35	112	1982
2	小浪底引黄工程地下泵站	中国	5.6	247	—	18000	—	—	在建
3	滇中引水工程	中国	13.5	225.8	428.6	40000	3.0	98.7	—
4	牛栏江泵站	中国	8.12	223.32	600	22500	2.1	108	2013
5	中部引黄工程地下泵站	中国	5.89	200	500	16000	1.72	140	在建
6	加利福尼亚水资源管理局	美国	10.6	169.5	450	22000	2.42/1.42	114	1990
7	加利福尼亚水资源管理局	美国	15	159.7	360	26400	2.95/1.74	113	1992
8	08 年抽水灌溉项目	印度	7.00	150	500	13200	2.3/1.2	112	2008
9	Devadula 3	印度		147.6	600	31000	1.88	—	2012
10	万家寨泵站	中国	6.45	140.0	600	12000	2.0/1.0	137	2001
11	Thotapally	印度	10.67	103.0	600	15000	1.555	—	2011
12	大芝加哥都市卫生区供水工程三期	美国	9.35	101.0	360	13055	2.1/1.5	126	2007
13	印度灌溉项目	印度	23	86.0	333	30000	—	—	—

表4　　　　　　　　　不同方案水泵主要技术参数比较

序号	参　数　名　称	单位	方案一	方案二	方案三
1	水泵台数	台	3+1	5+1	7+1
2	水泵流量	m³/s	9.4	5.4	4.2
3	水泵扬程	m	116	116	116
4	水泵效率	%	91.1	91.0	91.2

序号	参　数　名　称	单位	方案一	方案二	方案三
5	水泵额定转速	r/min	375	428.6	500
6	设计扬程比转速	m·m³/s	118.73	102.85	105.81
7	转轮出口相对速度	m/s	16.36	16.30	16.09
8	必需汽蚀余量	m	12.5	11	12

（1）对比不同方案机组的设计制造能力，对于立式水泵，国内外水泵制造厂家均具备设计、制造和成功运行经验，各方案均可行。

（2）从水泵的磨蚀情况考虑，水泵叶轮出口的相对流速随着机组台数的增加而减小，对水泵叶轮的磨损减小。

（3）从泵站运行灵活性分析，水泵台数多，泵站灵活性高；但水泵台数增加，泵站土建尺寸增大，机电设备投资及泵站总投资增加。

综合分析，方案一水泵台数较少，泵站运行灵活性较差；方案三，水泵效率与水泵叶轮出口相对流速与方案二相差不大，泥沙磨损情况相当，但泵站总投资较方案二增加较多，因此，一、二级泵站均采用6台水泵方案，5用1备。

2.3　水泵转速和比转速

水泵的比转速是水泵重要的技术参数，其计算公式为

$$n_s = \frac{3.65n\sqrt{Q}}{H^{0.75}}$$

同一水力结构的水泵，采用高比转速有利于提高机组的运行效率，减小机组尺寸，降低设备造价和厂房布置尺寸，但水泵的空蚀性能将随水泵比转速的提高趋于下降，为保证水泵的安全运行，需要较大的泵站装置气蚀余量。

本工程直接从黄河干流取水，水泵机组过机含沙量较高，由于水泵叶轮泥沙磨蚀强度与叶轮出口相对流速的三次方成正比关系，水泵转速提高，水泵叶轮出口相对流速将相应增大，导致水泵叶轮的泥沙磨蚀情况加剧。因此，合理选择水泵转速和比转速，对水泵机组长期安全高效运行十分重要。

从表3看出，目前国内外类似项目水泵比转速基本在98.7～142.5m·m³/s之间，由此推算适合本工程水泵的转速有428.6r/min、500r/min和600r/min三种方案，各转速方案的比转速比较见表5。①从水泵性能上分析，水泵转速增大，水泵的效率增加，但水泵气蚀性能下降，泵房需要开挖加深；②从泵房尺寸考虑，水泵转速增大，水泵的尺寸和重量随之减小，泵房平面尺寸减小；③随着水泵转速增大，水泵叶轮出口的相对流速随之增加，考虑到叶轮的磨损强度与叶轮出口相对速度的三次方成正比，方案2和方案3的磨损强度分别为方案1的1.2倍和1.35倍。

综合上述分析，考虑到本工程过机含沙量较高，为尽量减小含沙水流对水泵过流部件的磨损，应适当降低水泵转速，使水泵叶轮出口相对速度适当减小；同时水泵转速降低，有利于水泵气蚀性能提高，减少气蚀与泥沙磨损对水泵叶轮和过流部件产生联合破坏，延

表5 不同转速方案主要技术参数比较

序号	参　　数	单位	方案1	方案2	方案3
1	水泵设计流量	m³/s	5.4	5.4	5.4
2	水泵设计扬程	m	116	116	116
3	水泵转速	r/min	428.6	500	600
4	水泵比转速	m·m³/s	102.85	119.98	143.98
5	水泵效率	%	91.0	91.7	92.3
6	必需气蚀余量	m	11	15.5	17.0
7	叶轮直径	mm	2046	1785	1560
8	水泵重量	t	52	46	39
9	叶轮出口圆周速度	m/s	45.9	46.7	49.0
10	叶轮出口相对流速	m/s	16.3	17.3	18.0
11	磨损强度	—	1倍	1.2倍	1.35倍

长水泵使用寿命，保证泵站长期安全可靠运行。因此，两级泵站水泵转速采用428.6r/min，比转速为102.85m·m³/s。

2.4　水泵安装高度

水泵安装高程确定时，一般按照水泵允许汽蚀余量来确定。

为保证水泵机组正常运行，不出现严重的振动和噪音，在水泵必需汽蚀余量 $NPSH_r$ 的基础上，考虑汽蚀余量安全修正系数 K 后，即为水泵允许汽蚀余量。

对于一般工程，空蚀安全系数 K 在1.1～1.2之间即可，但对于多泥沙河流取水泵站，在广泛分析已建或在建类似工程的运行实践经验，$K \approx 1.8 \sim 2.0$，可使水泵叶轮基本在无空蚀条件下运行，减小了空蚀与泥沙磨损的联合作用，延长了水泵运行时间。本工程 $K = 1.7$。

根据一、二级泵站水泵不同工况（最大扬程、最小扬程、设计扬程）分别计算水泵安装高程，取安装高程最低值结果，见表6。

表6 一、二级泵站水泵安装高程

序号	参　　数	单位	一级泵站	二级泵站
			最大扬程工况	最小扬程工况
1	水泵安装地点大气压力	mH₂O	9.48	9.36
2	饱和蒸气压	m	0.24	0.24
3	水泵必需汽蚀余量	m	11.12	11.16
4	空蚀余量修正系数		1.7	1.7
5	水泵允许汽蚀余量	m	18.90	18.97
6	水泵进水管水力损失	m	0.13	0.13
7	水泵安装高度	m	−9.80	−9.71
8	对应工况时进水池水位	m	779.78	889.37
9	水泵安装高程（计算值）	m	769.98	879.66
10	水泵安装高程（取值）	m	769	879

2.5 水泵主要参数

根据上述的详细分析，一、二级泵站水泵主要参数见表7。

表7 一、二级泵站水泵主要参数

序号	参数名称	单位	一级泵站	二级泵站
1	水泵型式		立式单级单吸离心泵	立式单级单吸离心泵
2	安装台数	台	5用1备	5用1备
3	水泵设计扬程	m	115.8	116.8
4	水泵设计流量	m³/s	5.4	5.4
5	水泵额定转速	r/min	428.6	428.6
6	水泵设计点效率	%	91.0	91.0
7	水泵必需汽蚀余量	m	13	13
8	水泵安装高程	m	769.00	879.00

3 结语

对于多泥沙河流大型立式水泵机组选型设计，在常规大型立式离心泵选型设计的基础上，在设计中应当充分考虑高含沙水流对水泵效率、运行时间及运行稳定性的影响，通过合理选择水泵设计参数，保证水泵长期安全、稳定、高效运行。

与其他同类工程相比，本工程取水泥沙含量较高，泥沙对水泵机组的磨损情况较为严重，因此，在水泵台数选择中充分考虑了泥沙磨损对水泵使用寿命和水泵运行效率的影响，适当减小单台水泵流量，也提高了泵站运行灵活性。

转速确定时适当降低水泵转速，减少水泵过流部件的泥沙磨损。同时，转速降低能使水泵获得较好的气蚀性能，防止泥沙磨损和气蚀的联合作用，对水泵寿命和效率产生不利影响。

对于多泥沙河流取水泵站，在广泛分析已建或在建类似工程的运行实践经验，安全系数 $K=1.8\sim2.0$，可使水泵叶轮基本在无空蚀条件下运行。

多泥沙河流取水大型水泵选型设计，可从水泵型式、单泵流量及台数、比转速及额定转速、空蚀安全系数及安装高程等方面综合比较分析，合理选择水泵设计参数，保证水泵长期高效安全稳定运行，为多泥沙河流取水的大型立式离心泵选型设计积累经验，也可为今后其他多泥沙河流泵站水泵设计提供参考和借鉴。

参 考 文 献

[1] 关醒凡. 现代泵理论与设计 [M]. 北京：中国宇航出版社，2011.

[2] 徐岩，高低比转速离心泵扬程探讨 [J]. 水泵技术，2004 (3)：11-14.

[3] 张世杰，万家寨引黄一期工程主机设备型式参数选择与国际招标 [J]. 水利水电工程设计，2003 (3)：16-20.

苏布雷生态电站水力机械设计特点

朱亚军　王　辉　陈向东

（中国电建集团成都勘测设计研究院有限公司　四川　成都　610072）

【摘　要】　苏布雷生态电站装设1台额定功率为5.31MW的灯泡贯流式机组，利用常年下泄的50m³/s流量进行发电，电站建成投产后机组运行稳定，其水力机械设计与国内传统电站相比有其独特之处，本文详细介绍苏布雷生态电站水轮机参数选择、水轮机结构设计、水轮机附属设备等水力机械设计内容，供同行参考。

【关键词】　灯泡贯流机组；辅助设备；生态电站，设计特点

1　电站概况

苏布雷项目位于科特迪瓦西南部，萨桑德拉河中下游河段纳瓦（Nawa）瀑布附近，为日调节电站，大坝全长4.5km，最大坝高约20m，由土石坝、混凝土溢流坝构成。项目分为2个电站，主电站装设3台额定功率为90MW混流式水轮发电机组；生态电站距主电站3.6km，布置于大坝溢洪道右侧，设置1台额定功率为5.31MW的灯泡贯流式机组，利用常年下泄的50m³/s流量进行发电。生态电站于2017年12月初投入商业运行，经历了各种试验、常规发电等全部运行工况的考验，运行情况良好。

2　水轮机技术参数及运行特点

2.1　机组运行特点及要求

（1）生态机组发电引用流量为生态放水量，要求水轮机在任何工况下运行，过流量均保持在50m³/s。

（2）电站水头变幅大，$H_{max}=13.0m$，$H_{min}=4.36m$，需重点研究水轮机在如此大的水头变化范围内泄放恒定50m³/s的流量能否安全稳定运行，鉴于可能发生的振动、空蚀，引起水轮机不稳定运行，需在水轮机选型设计上认真考虑。

（3）电站采用33kV一级电压接入苏布雷225kV变电站，并作为主电站厂用电备用电源，要求机组具有"孤网运行"功能，并具有良好的启动性以满足主电站"黑启动"要求。

2.2　原型水轮机技术参数及运行情况

苏布雷生态电站水头变幅大，过机流量恒定，业主对水轮机效率要求高。如何保证水

轮机具有较宽广的高效率区域和水力稳定性，以期在整个水头、尾水位和负荷变化范围内不产生有害振动和压力脉动，并获得较高的综合运行效率，是机组选型的难点。机电设计人员在详细初步设计过程中，和水轮机厂设计人员进行紧密配合，对生态电站水轮机的水力设计进行了充分的讨论和调整，最终生产的原型水轮机参数如下：

型号	GZ4B068－WP－268
转轮直径 D_1	2680mm
桨叶数量	4 个
最大运行水头	13.0m
额定水头	11.9m
最小运行水头	4.36m
额定水头泄放额定 $50 \mathrm{m}^3/\mathrm{s}$ 流量时出力	5.51MW
额定转速	214.3r/min
恒定过机流量	$50.0 \mathrm{m}^3/\mathrm{s}$
最大飞逸转速（协联/非协联）	483/671r/min
额定净水头额定出力时的效率	94.7%
最高效率	95.6%
额定水头，发额定出力时的比转速	719m·kW
吸出高度（对应最低尾水位）	－4.9m
活动导叶前最大水压上升值	25.0m
尾水管压力脉动值	8.0%（$\Delta H/H$）
尾水管进口最大真空度	小于 7.85m
机组速率最大上升率	65%
最大允许飞逸时间	30min

苏布雷项目水库为日调节水库，水头变化较大，生态机组自投产发电以来，在频繁负荷改变的情况下过流稳定，运行稳定良好，未出现超标振动和其他不正常情况。

2.3 水轮机结构设计主要特点

水轮机为灯泡贯流式，与发电机为同一根轴，水平布置，机组转动部分采用两支点结构。水轮机所有可拆卸的部件，包括转轮和导水机构等，可利用厂内桥式起重机从水轮机竖井拆卸，主轴可从发电机封水盖板处拆卸。

2.3.1 转轮

转轮直径为 2.68m，目前为国内设计生产的转轮直径最小的贯流转桨式水轮机，转轮由桨叶、桨叶枢轴、轮毂及泄水锥等组成。桨叶共 4 个，数控机床加工，材质为0Cr13Ni4Mo，桨叶端部临近转轮室处设有防空蚀裙边。轮毂外表面为不锈钢层，加工后不锈钢层厚度为 5mm，桨叶采用 XV 组合型密封结构，在不拆叶片情况下可更换密封。泄水锥用螺栓连接到轮毂的下游端，泄水锥拆卸后可检修轮毂内部的桨叶操作机构。

2.3.2 转轮室

转轮室分两瓣，分瓣结合面采用法兰连接，并有可靠的止漏措施。为避免间隙空蚀，转轮室过流球面段采用不锈钢板制造。转轮室采用钢板焊接结构，转轮室与外配水环采用法兰连接，结合面采用两道密封。转轮室与尾水管里衬之间设伸缩节，可调间隙不小于15mm。转轮室设有4个测量导叶后压力的不锈钢测头，沿圆周方向均布，侧头位置与模型试验一致。

2.3.3 主轴及主轴密封

主轴采用35A锻钢制造，带有锻制法兰。主轴与发电机转子及转轮采用法兰连接，主轴内腔为桨叶操作油管的通道。主轴保护罩采用钢板卷制，分成两瓣，采用法兰连接。

主轴密封型式为盘根式，设有密封压紧量的自动调整装置，密封材料为GOF纤维。主轴检修密封为充气围带式，检修密封的充气压力为0.5~0.7MPa。

2.3.4 径向轴承及轴承冷却系统

水轮机径向轴承为巴氏合金瓦的筒式轴承，轴承体分为两瓣，每瓣采用钢板焊接或铸钢整铸。轴瓦表面衬以巴氏合金材料。巴氏合金瓦衬通过楔形结合和采用分子黏合剂固定在轴瓦体上，轴瓦在制造厂与主轴轴承段的轴颈配装合格，不允许在工地安装时进行研刮。轴承设置高压油润滑顶起系统及润滑油系统，与发电机组合轴承共用。轴承高位油箱的装油量满足在油泵故障时机组各轴承能继续安全运行5min和完成机组事故停机时所需要的润滑油量，高位油箱布置于厂房屋顶。轴承回油箱与轴承冷却器布置在水轮机操作廊道内，轴承润滑油泵与高压润滑顶起油泵各设2台，互为备用，轴承冷却器选用2台板式热交换器，手动切换，互为备用。在连续运转条件下，冷却水设计温度35℃，轴瓦最高温度不超过65℃，最高油温不超过50℃，轴承冷却水中断后能继续安全运行30min。

2.3.5 导水机构

导水机构由内配水环、外配水环、导叶、导叶轴承、导叶操作环、重锤及连杆拐臂等组成。导叶采用20SiMn铸造，导叶轴颈的轴承为自润滑式，外配水环上的导叶轴承采用球铰结构。外配水环为分瓣结构，用钢板模压后焊接并退火。分瓣结合面采用法兰连接。内配水环采用钢板模压，其上游和下游侧均设有法兰。控制环采用焊接结构，控制环与外配水环之间采用滚动摩擦副，滚珠材料为高强度合金钢，干油润滑，控制环上设有悬挂重锤的吊环，重锤重量为15t，满足在无油压条件下使导叶从全开至全关。水轮机设置1个油压操作的直缸摇摆式接力器，布置在导水机构下方，接力器缸直径450mm，活塞杆直径110mm，行程545mm其额定操作油压为6.3MPa，最低操作油压5.0MPa。

2.3.6 受油器

受油器安装在发电机前面的灯泡头内，包括受油器支架、操作油管和传输桨叶位置的回复杆。受油器与发电机所有连接处都设置双重绝缘，防止轴电流及漏电。

2.3.7 支撑

机组支撑采用管形座为主支撑，发电机侧设辅助支撑。管形座由内管形壳、外管形壳、前锥体、上部竖井和下部竖井组成。内管形壳及外管形壳均采用分瓣结构。

2.3.8 尾水管

尾水管钢板里衬采用厚15mm的Q235A钢板焊接，供货至直锥段。尾水管进口及渐变段各设四个不锈钢测头，分别测量尾水管真空及压力值。

3 调速系统及调节计算

3.1 调速系统

调速器为 PID 双调节微机控制电液调速器，采用双 PLC 冗余容错自动调节系统，导叶及桨叶电液转换系统采用单通道配置，各设置 1 套伺服比例阀，主配压阀具有断电关机功能。导叶及桨叶主配直径均为 80mm。调速系统包括数字式控制单元、电液执行机构、反馈装置、测速系统、压力油罐、回油箱、油泵等，调速器的工作油压为 6.3MPa，机组设有一套 ALSTOM 生产的纯机械液压过速保护装置，当机械过速达到触点时，机械液压过速保护装置动作直接关闭重锤。调速器机械液压部分与油压装置采用组合式设计，主配压阀、事故配压阀、伺服比例阀等与回油箱一体式布置，机械柜、油泵及压力油罐均布置在回油箱顶部。调速器油压装置型号为 HYZ-1.0-6.3，回油箱容积 2.2m³，回油箱设置冷却系统，选用 2 台板式热交换器，互为备用，冷却水进水设计温度为 35℃，回油箱最高油温控制在 45℃。调速器压力油罐设计、制造、试验、验收均按 ASME 标准要求进行。

3.2 调节保证计算

生态电站引水系统流道形状较复杂，固定导叶前流道为矩形过渡成圆形，尾水流道由圆锥形渐变成矩形，管节参数表及流道简化图详见表 1、图 1。生态机组发电机 $GD^2 = 100t \cdot m^2$，水轮机及水体转动惯量为 13.5t·m²。导叶关闭规律采用 2 段关闭，第一段关闭时间 5s，导叶从 100% 开度关至 35% 开度；第二段导叶从 35% 开度全关至 0%，用时 10s。导叶前压力上升最高值为 20.0m，转速最大上升值为 55%，均发生在最大水头，发额定出力时的工况；在最大水头下机组飞逸时，关闭导叶时压力上升最高值为 21.0m。

表 1 引水系统管段参数表

节段	等效直径/m	长度	节段	等效直径/m	长度
1~2	3.83	13.4	5~6	6.53	4.32
3~4	4.3	5.83			

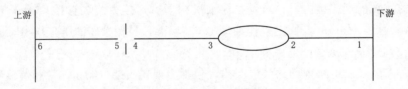

图 1 简化后的引水管路图

3.3 孤网运行调节特点

生态电站孤网运行供电对象为主电站、微型电站及大坝的厂用电设备，总负荷为 2810kW。在正常工作水头情况下，生态机组泄放 50.0m³/s 的流量，出力基本恒定，不满足孤网运行的要求。只有在溢洪道泄洪或其他特殊情况下，泄放流量可调节时，机组才可孤网运行供电。生态机组孤网运行时，电网中最大的单台运行设备为主电站制冷机，用电负荷为 258.0kW；最大单独甩负荷工况为主厂房检修、渗漏排水泵同时停泵，总功率为 470.0kW，考虑到生态机组转动惯性小，在最大甩负荷 470kW 时，调速器无法将电网频率波动控制在 ±5% 范围内，该工况可采用依次停泵的方式杜绝，经计算及现场试验，调速系统及机组转动惯量满足孤网甩最大单台设备负荷 258.0kW 时电网频率达标的要求。

4 厂房桥机选型及布置

生态电站为河床式厂房，厂房段与溢洪道共同组成拦截河床的挡水建筑物，进厂运输通道布置于厂房屋顶，厂房内全部机电设备进出均利用临时汽车吊通过屋顶 4.5m×4.0m 吊物孔起吊。生态电站未设置安装间，水轮发电机转子、定子、转轮等重大设备均在主厂房安装间安装完毕后运至生态电站，发电机定子起吊重量约 37t，是进出厂房最重件及最大件。生态电站厂房宽 10.0m，吊物孔占据屋顶一半宽度，招标时规定桥机整体宽度不超过 5.5m，以确保桥机完全避开吊物孔。为进一步扩大桥机大车运行范围，厂房两侧边墙开孔布置车挡。桥机起重量为 50/10t，跨度 10.5m，大小车运行机构及起升机构均能够变频无级调速，桥机整体及运行机构工作级别分别为 A3、M3，电动葫芦工作级别为 M4，桥机按照 FEM 标准进行设计制造。

5 辅助系统设备

5.1 机组技术供水系统

生态机组技术供水系统由开式回路和闭式回路两部分构成。生态电站工作水头为 4.36～13.00m，开式回路采用水泵供水方式，即自上游取水，经离心泵加压后流经水力旋流器，滤水器，再进入板式热交换器对闭式回路中机组和调速器各冷却器的热出水进行冷却，最后排至尾水。主轴密封主水源取自电站生活用水，备用水源取自开式回路滤水器出口管路，通过水泵加压及精密过滤器过滤后为主轴密封提供用水。闭式回路设计原理与水电站的传统循环冷却供水方式类似，区别在于采用室内板式热交换器代替传统的尾水热交换器，利用开式回路中的冷水与闭式回路中机组和调速器各冷却器的热出水在板片间进行热交换，以达到降低密闭循环冷却水的温度。机组和调速器各冷却器的热出水经管道泵加压后，进入板式热交换器进行热交换，再回到各冷却器。闭式回路的主要供水对象为组合轴承油冷却器、空气冷却器及调速器回油箱冷却器，总用水量为 84.0m³/h。闭式回路冷却水进/出板式热交换器的温度按 40℃/35℃ 设计，开式回路尾水进/出板式热交换器的温度按 28℃/33℃ 设计，开/闭式回路板间流量比例为 1∶1，并预留 20% 的换热裕量，最终选择的室内板式热交换器换热负荷为 576kW。采用的室内板式热交换器，相对于传统的尾水式热交换器，具有传热效率高、体积小、占地小、安装检修方便的优点，技术供水热交换器布置于技术供水泵房内，电站运行人员能直观检查设备的工作情况。开式回路、闭式回路及主轴密封供水均设计成两路并行、一主一备，以确保其中任何一路出现故障时另一路能及时、自动投入。闭式回路还设置了一个调节容积为 0.2m³ 的隔膜式膨胀水箱，作闭式回路补水及平压用，膨胀水箱通过电动阀与清洁水连接，清洁水也可对闭式循环回路进行冲洗。

5.2　检修渗漏排水系统

机组检修排水采用直接排水方式，流道内积水通过管路直接与水泵连接，经水泵加压后排至尾水，检修排水泵为 2 台 $Q=80.0\text{m}^3/\text{h}$，$H=35.0\text{m}$ 的立式离心泵，同时工作。流道积水全部排出后，为避免检修水泵的频繁启停，流道上、下游闸门的渗漏水经检修排水总管的旁通管路引至渗漏集水井，通过渗漏水泵排至下游，旁通管上安装电动阀，若集水井水位或流道内积水水位过高，电动阀自动关闭并启动检修排水泵，以防止水淹厂房并保证流道内检修人员的安全。

渗漏集水井为半敞开式，用于收集建筑物的渗漏水、主轴密封水、设备漏水和冷凝水等，生态电站渗漏水量较小，渗漏水泵的容量按闸门上下游渗漏水量选型设计，渗漏井内安装 2 台 $Q=80.0\text{m}^3/\text{h}$，$H=32.0\text{m}$ 的耦合式潜水泵，互为备用。集水井设置油、水分区，在集油区顶部安装 1 台全自动刮板式污油收集装置。

5.3　气系统

中压气系统主要供气对象为调速器油压装置，由 2 台 $1.0\text{m}^3/\text{min}$、7.5MPa 的中压空压机，1 台 1.0m^3、7.5MPa 的吸附式干燥机，1 只 1.6m^3、7.0MPa 储气罐，压力测量元件，管路阀门附件等组成。初次向油压装置供气时，2 台压空压机同时工作；正常运行充气时，1 台空压机工作，1 台备用。

低压气系统供气对象为机组制动用气、机组检修密封用气及风动工具吹扫用气。吹扫气罐与机组制动储气罐用管路连接，中间设置截止阀和止回阀，以充分利用吹扫气罐的气源，保证机组制动的安全。系统设置 2 台 $1.21\text{m}^3/\text{min}$、0.8MPa 低压空气压缩机，2 只 1.0m^3、0.8MPa 储气罐，1 只供机组制动与水轮机主轴检修密封用气，另 1 只供检修与吹扫等用气，并作为机组制动用气的备用气源；为保证制动用气质量，制动气罐进气口前设置 1 台 1.4m^3、0.8MPa 的吸附式干燥机。制动用气时，2 台空压机 1 台工作，1 台备用；检修用气时，2 台低压空压机同时工作。

中压储气罐及低压储气罐设计、制造、试验、验收均按 ASME 标准要求进行。

5.4　油系统

生态电站距主电站较近，未单独设置净油罐，仅设置 2 个 4.0m^3 的运行油罐，为满足透平油就近处理需要，全厂设有 2 台 2CY-2/3.3-1 型齿轮油泵，1 台 ZJCQ-1KY 型透平油过滤机和 1 台 LY-50 压力滤油机。生态电站未设置绝缘油系统。

6　结语

苏布雷生态电站设计充分考虑了国内的设计经验和业主的实际需求、生态机组选型及运行方式、桥机选型的要求及车挡布置型式，采用板式热交换器的循环技术供水系统及渗漏排水兼做检修排水等水力机械设计与国内传统电站相比具有其明显的特点。电站投产发电以来，机组运行稳定，各水力机械辅助系统均运行正常。苏布雷项目作为"象牙海岸"的"三峡工程"，其生态电站的水力机械设计可为今后同类国内外同类水电站建设提供很好的借鉴。

参 考 文 献

[1] 邹茂娟，胡卫娟，马伟栋. 老挝南欧江六级水电站水力机械设计 [J]. 水力发电，2016，42 (5)：77-80.

[2] 彭小东，葛静，李刚. 浅析某水电站生态机组选型设计 [J]. 四川水利，2011 (1)：25-27.

[3] 武赛波，顾叶荣，马雪梅. 天生桥一级水电站水力机械设计、招标及启示 [J]. 云南水力发电，2001 (2)：72-76.

[4] 刘峰，安刚. 波波娜水电站水力机械辅助设备系统的设计 [J]. 水电站机电技术，2016，39 (7)：65-67.

[5] 水电站机电设计手册编写组. 水电站机电设计手册 水力机械 [M]. 北京：水利电力出版社，1983.

某电站贯流转桨式水轮机双转速方案探讨

周庆大

（浙江富春江水电设备有限公司　浙江　杭州　311121）

【摘　要】　贯流转桨式水轮机广泛应用于低水头径流式电站。汛期电站上下游水位差比较小，低于水轮机的最小水头时，通常机组不能运行，而此时来水量大，但机组不能发电，弃水比较可惜。文中以某电站前期交流的基本数据为例，来探讨采用双转速水轮机，满足超低水头下高效、稳定运行的需求，可以为后续电站规划或老电站改造提供参考。

【关键词】　贯流式水轮机；双转速；转桨式；低水头

1　引言

径流式电站通常没有调节库容或者调节库容很小，发电受来水量影响非常明显，枯水期来流水量小要获得较大收益电站必须保持高水头运行，而汛期来水流量大，下游水位抬升比较大，同时为保证安全上游水位又不能提高，电站必然处于低水头，因而不少径流式电站的水头范围变幅都比较大。

表1为浙江富春江水电设备有限公司设计制造的部分贯流转桨式水轮机参数表，可以看出最大水头与最小水头之比超过3的项目占到了绝大多数，有些项目该比值甚至超过了5，这也从一个方面反映出转桨式水轮机适应水头变幅范围比较宽广和规划设计低水头发电的愿望。

表1　　　　　　　　　　部分贯流转桨式水轮机参数表

电　站	额定出力 /MW	额定转速 /(r/min)	最大水头 /m	额定水头 /m	最小水头 /m	最大水头 /最小水头
苍溪	22.7	75	9.00	6.10	3.50	2.57
桃园	20.62	78.95	9.70	5.60	2.00	4.85
湘祁	20.62	93.75	8.90	7.20	2.50	3.56
株溪口	19.07	93.75	9.50	6.10	3.50	2.71
浪石滩	12.38	100	8.50	5.70	3.00	2.83
凤仪	28.7	75	10.20	8.30	2.60	3.92
鱼梁	20.6	75	11.49	7.00	2.40	4.79

电 站	额定出力/MW	额定转速/(r/min)	最大水头/m	额定水头/m	最小水头/m	最大水头/最小水头
老口	30.77	78.9	15.32	9.00	2.70	5.67
陶岔	30.93	115.4	24.86	16.10	6.00	4.14
南欧江一级	46.2	107.1	22.00	16.00	6.00	3.67
南欧江二级	40.82	107.1	22.00	15.00	6.50	3.38
龙头山	30.9	71.4	15.00	7.50	3.80	3.95
井冈山	22.85	75	11.10	6.65	3.00	3.70
白河	46.2	88.2	21.02	13.35	6.65	3.16
孤山	46.2	93.8	19.16	13.30	5.50	3.48
犍为	56.98	83.3	17.40	12.50	4.00	4.35

贯流转桨式水轮机具有适应水头变幅大，流道平直顺畅，机组加权效率高的特性，因而广泛应用于低水头径流式电站。然而一些技术交流中的信息反映：仍然有一定数量的电站有利用更低水头发电，减少弃水、多获电量的意愿。某电站最大水头17.40m，该项目前期就曾经探讨过机组在2.50m以下超低水头下运行的可行性。

2 双转速机组

以上文某电站前期交流数据，对比单转速常规方案，探讨兼顾2.50m以下超低水头运行的双转速水轮机方案。

前期交流基本参数如下。

（1）最大水头：17.40m

（2）加权平均水头14.03m

（3）额定水头：12.00m

（4）最小水头：3.50m

（5）水轮机额定出力61.25MW

（6）最小水头3.50m是供讨论的参考值。

2.1 单转速方案

机组单转速方案，机组转速选择83.3r/min，转轮直径7.5m。

机组水头4m时对应模型单位转速为312.4r/min，水头3.50m对应单位转速为333.9r/min，按现有模型曲线选择运行范围如图1所示。

单转速方案水头3.50m时，单位转速已经超出现有模型曲线范围，难以保证机组安全运行，4m水头时对应单位转速已经能够落在模型曲线范围，因而从汛期低水头多发电，并结合机组自身稳定性方面考虑，建议4m作为机组最小水头。（该项目机组最终方案也选择了4m作为最小水头。）

因此单转速方案机组无法保证低于4m水头时能够安全运行，距离2.50m以下水头发电的期望相差较大。

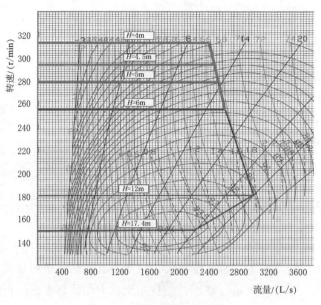

图 1　单转速方案运行范围

2.2　双转速方案

一套水轮机模型可以用于不同水头、不同出力的原型机，同样同一尺寸的原型机可以通过选择不同的同步转速，进而选择其在模型曲线上运行范围。

单位转速计算公式为

$$n_{11} = n D_1 / H^{0.5}$$

式中　n_{11}——单位转速；

D_1——转轮直径；

n——机组转速；

H——水头。

可以看出：转轮直径不变的情况下可通过改变机组转速来调整单位转速，也就是选择模型曲线上的运行范围，即原型机适应不同的运行水头。

机组转速选择首先保证高水头段处于优选运行区域，据此选择高水头段机组转速 83.3r/min，转轮直径 7.5m。高水头段运行范围如图 2 所示。

由于是同一台水轮机，因而高水头段确定的转轮直径，低水头段保持不变。选择低水头段机组转速 41.7r/min。可得到低水头段运行范围如图 3 所示。

从图中看出低转速下，水头为 6~1.5m，机组都能够处于优选的运行范围。即使水头取 1m 时，机组单位转速为 312r/min，也与单转速时 4m 对应的单位转速相当。

从图 2、图 3 看出机组高、低两个水头段均处运行高效、稳定区域。运行水头可以由单转速方案的 4m 下探至 1.5m，甚至 1m 水头。

（1）高水头段水轮机基本参数可确定为：

1）最大水头：17.4m。

2）额定水头：12.0m。

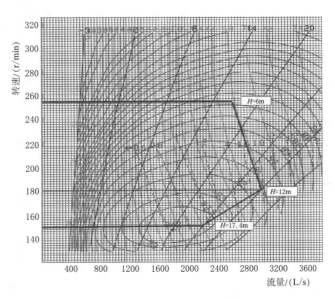

图 2　高水头段运行范围（转速 83.3r/min）

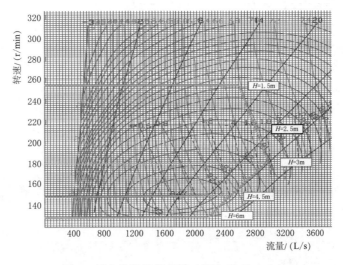

图 3　低水头段运行范围（转速 41.7r/min）

3）最小水头：6.0m（可选最小水头 4.5m）。

4）额定出力：61.25MW。

5）额定转速：83.3r/min。

6）转轮直径：7.5m。

（2）低水头段水轮机基本参数可确定为：

1）最大水头：6.0m（可选 4.5m）。

2）最小水头：1.5m（极限最小水头 1m）。

3）同步转速：41.7r/min。

4）转轮直径：7.5m。

由于是同一台机组，两个水头段的导叶转角范围、桨叶转角范围取值相同，本例中低水头段导叶、桨叶转角范围按高水头取段值。当机组水头为 4.5～6.0m 时可以选择高转速运行，也可以选择低转速运行。高转速下 6.0m 水头水轮机最大出力 18400kW，最高效率 86.8%，低转速下 6.0m 水头水轮机最大出力 17300kW，最高效率 92.2%。当水头在 4.5m 以下时低转速运行无论机组出力、效率还是稳定性都将优于高转速运行。因而在水头处于 4.5～6.0m 时，电站可根据来水情况决定采用满负荷大出力运行，还是高效率运行。为直观比较单转速与双转速方案运行水头范围，将单双转速方案主要参数见表 2。

表 2　　　　　　　　　　　　　单双转速方案基本参数对比

参　数	单转速方案	双转速方案	
		高水头段	低水头段
最大水头/m	17.4	17.4	4.5 或 6
额定水头/m	12	12	3
最小水头/m	4	6 或 4.5	1.5
额定转速/(r/min)	83.3	83.3	41.7
转轮直径/m	7.5	7.5	7.5
额定出力/MW	61.25	61.25	8.24

　　此电站初期参数状态下，从运行效率、稳定性方面考虑，6.0m 以下水头时可以选择低转速运行，最低运行水头可以选择 1.5m。从模型曲线上的运行范围看，原型机组甚至能够实现 1m 超低水头下运行，其效率、稳定性与单转速方案 4m 水头相当，仍然处于可以接受范围。

　　从模型曲线看，如图 3 所示，2.5m 水头对应单位转速 197.8r/min，模型最高效率为 91.8%，大范围处于高效稳定运行区域，因而采用双转速的水轮机，在 2.5m 水头可实现稳定高效的运行，能够满足电站 2.5m 水头发电的期望。

　　贯流式水轮机总体水头较低，水头变幅巨大，因而双转速机组选型时，低转速值选择高转速的一半，配套发电机转子的电磁极对数相差一倍，转子变极容易实现，且变极前后磁极间距均匀。

3　单双速方案优劣对比

　　(1) 单转速方案，广泛应用。

　　1) 优点在于：①常规设计，实际运行经验丰富；②配套常规发电机。

　　2) 不足在于：低水头运行稳定性差，适应运行水头范围相对稍小，无法满足一些电站超低水头运行需求。

　　(2) 双转速方案。

　　1) 优点在于：①相对单转速方案，运行水头范围更宽，可充分利用超低水头发电减少能源浪费；②低水头段采用低转速运行，机组效率高、稳定性好。

　　2) 劣势在于：配套发电机需要相应的变级设计，需增加一部分设备投资。

　　(3) 选择 4.5m 水头时进行对比。

1）单转速机组：最大出力 10500kW，效率 81.2%，单位流量 2457L/s。

2）双转速机组低转速时：最大出力 12100kW，效率 93.2%，单位流量 2467L/s。

可见同是 4.5m 水头、单位流量接近的情况下，低转速运行比高转速运行效率提高 12%，出力提高 1600kW。而 4m 水头以下的发电收益，则完全是单转速机组能力之外的，3m 水头下双转速水轮机仍有 8000kW 的发电能力。

4 结语

大多数径流式电站水头变幅比较大，更有不少项目期望更低水头下能够发电，减少汛期低水头下的弃水，以及多机组电站利用先期坝前低蓄水水位或围堰挡水发电，使更多水能转换成电能。事实上一些已建成电站的单转速机组，由于低水头下机组稳定性等原因，基本从未在设计最低水头运行过，从模型曲线上运行范围来看，这些低水头工况下水轮机也处于效率较低、压力脉动较大、稳定性较差的运行区域。双转速贯流式机组在低水头工况采用低转速运行，可以避免这种状况，实现更低水头高效稳定运行，例如前文所述项目，按前期交流数据对比分析，单转速机组最低运行水头 4m 时水轮机模型效率最高只有 78%，采用双转速机组低转速运行 4m 水头时模型最高效率达到 93.9%，1.5m 水头时模型效率仍有 86.7%。因而采用双转速水轮机有利于一些径流式水电站改善低水头运行稳定性、提高运行效率，实现超低水头运行的愿望。

对于已经运行的电站，如果有较长时间的低水头、超低水头工况发电需求，也可以通过发电机的及其相关设备的改造，实现低水头、低转速、高效率、高稳定性发电，减少弃水，避免能源浪费。

阿尔塔什水利枢纽工程水轮机主要参数选择

徐富龙

（水利部新疆水利水电勘测设计研究院 新疆 乌鲁木齐 830000）

【摘　要】 本文根据阿尔塔什水利枢纽工程特点，在已有研究资料的基础上开展电站水轮机研究，结合国内部分类似电站的水轮机选型设计，通过对初拟水轮机主要技术参数的计算和分析，以便合理地确定水轮机的主要参数，为水轮发电机组的经济、安全、稳定、长期运行奠定基础，为今后其他类似水轮机参数的选择提供参考。

【关键词】 比转速；比速系数；单位转速；单位流量；效率；空蚀系数；吸出高度

水电站通常根据工程水力结构的布置、动能计算、开发方式等来确定水轮机的参数，并参照国内外生产的水轮机的参数和制造商的生产水平，进行技术和经济比较。要求水轮机在整个运行范围内有最高的平均效率，并且安全、稳定地运行。应以积极的态度使用性能优良的产品，考虑技术、运行、经济性等因素，选择综合指标优良的水轮机。以下是针对阿尔塔什水利枢纽工程主电站进行水轮机主要参数的选择。

1 电站基本设计参数

1.1 概况

阿尔塔什水利枢纽工程位于新疆莎车县，是一座具有防洪、灌溉和发电等综合利用任务的水利枢纽工程。水库正常蓄水位为 1820.00m，总库容为 22.49 亿 m^3，调节库容为 12.60 亿 m^3，枢纽电站的总装机为 755MW（其中主电站 700MW，生态电站 55MW）。在电网中夏季承担系统腰荷和基荷，冬季承担系统峰荷。

1.2 电站基本参数

（1）电站水头。

最大水头：　　　　　　　　　　　　　　209.71m；

最小水头（按 200 年一遇）：　　　　　　147.39m；

加权平均水头：　　　　　　　　　　　　183.60m；

额定水头：　　　　　　　　　　　　　　176.00m。

（2）泥沙特性。

河道多年平均悬移质年输沙量：　　　　　2993 万 t；

河道多年平均输沙总量： 3388 万 t；

河道多年平均含砂量： 4.531 kg/m^3。

2 水轮机主要参数的选择

本工程原河道多年平均含沙量 4.531kg/m^3，因此，在选择水轮机的主要参数时，应充分考虑多泥沙条件下的运行要求。

2.1 比转速 n_s、比速系数 K 的初步选择

比转速 n_s 是衡量水轮机性能的重要指标，反映了水轮机的设计和制造水平，对于不同的水头段，转轮比转速的范围是不同的。比速系数 K（$K = n_s \times H^{0.5}$）反映了水轮机的技术发展水平。当水头相同时，选择具有较高比转速的水轮机，相应的水轮机具有较高的转速、较小的机组尺寸、较小的机组成本。但时，水轮机比转速的增加通常受许多因素的限制，例如水轮机运行稳定性、空化、磨蚀性能和强度。因此，应该根据电站的具体情况合理地选择比转速 n_s。

为了确定该电站的比转速和比速系数，对国内外比转速 n_s 与比速系数 K 经验公式和国内部分相近水头段大中型水电站转轮比转速 n_s 与比速系数 K 分别进行了统计，详见表 1 和表 2。

表 1 **国内外比转速 n_s 与比速系数 K 经验公式计算表**

序号	公式来源	公式	比转速 n_s	比速系数 K
1	美国 AC	$n_s = 2100 \mathrm{Hr}^{-0.5}$	158.29	2100
2	瑞典 KMW 公司	$n_s = 1600 \mathrm{Hr}^{-0.5}$	120.60	1600
3	国内统计	$n_s = 47406/(\mathrm{Hr} + 108.5)$	166.63	2210.59
4	美国垦务局	$n_s = 2000 \mathrm{Hr}^{-0.5}$	150.76	2000
5	日本 HEC	$n_s = 2356.5 \mathrm{Hr}^{-0.538}$	145.94	1936.15
6	日本 IEC-86	$n_s = 20000/(\mathrm{Hr} + 20) + 30$	132.04	1751.72
7	加拿大	$n_s = 1950 \mathrm{Hr}^{-0.5}$	146.16	1950
8	意大利 Siervo 统计值	$n_s = 3470 \mathrm{Hr}^{-0.625}$	137.05	1818.19
9	东方电机有限公司	$n_s = 50000/(H_{max} + 100)$	161.44	2337.89
10	日本日立公司	$n_s = 2281.5 \mathrm{Hr}^{-0.5}$	171.97	2281.50

表 2 **国内部分相近水头段大中型水电站转轮比转速 n_s 与比速系数 K 统计表**

序号	电站名称	单机出力 /MW	额定水头 /m	转速 /(r/min)	转轮直径 /m	比转速 /(m·kW)	比速系数
1	二滩	561	165.00	142.9	6.257	180.4	2317
2	李家峡	408.2	122.00	125	6.406	197	2176
3	和平河	306	152.40	150	5.4	155	1913
4	小浪底	306	112.00	107.1	6.356	162.6	1720.8

序号	电站名称	单机出力 /MW	额定水头 /m	转速 /(r/min)	转轮直径 /m	比转速 /(m·kW)	比速系数
5	水布垭	406	170.00	150	6.0	155.7	2030
6	龙羊峡	325.6	122.00	125	6	176	1944
7	天生桥二级	225	176.00	200	4.5	148	1963
8	下坂地	51.55	190.00	428.6	2.1	137.9	1991

（1）由表 1 经验公式得出，阿尔塔什水电站水轮机额定比转速 n_s 宜在 120.60～171.97m·kW，比速系数 K 值在 1600～2281.50 之间选取。

（2）由表 2 可以看出：额定水头与阿尔塔什水电站相近的机组比转速 n_s 在 137.9～197m·kW 之间，比速系数 K 值在 1720.8～2317 之间。

（3）本电站向国内四家大型水轮发电机组制造厂进行了参数咨询，其中三家比转速 n_s 在 139～141.5 m·kW 之间，比速系数 K 值在 1846～1879 之间，一家比转速 n_s 为 147.5 m·kW，比速系数 K 值为 1959。

（4）阿尔塔什水电站地处新疆南部，天然河道和过机的泥沙含量都很大，可通过降低机组参数来减少转轮的磨损，来便于机组的长期安全、稳定运行。

（5）中高水头段水轮机参数的选择时，应首先考虑水力稳定性，其次是能量特性，并且比速系数 K 值不宜选择太高。综合考虑和分析，比速系数 K 值初拟为 1650～1900，相应比转速范围为 113.94～143.22m·kW。

2.2 单位转速和单位流量的选择

单位转速的选择应符合比速系数的水平。从比转速计算公式 $n_s = 3.13n_1'(Q_1' \times \eta)^{1/2}$ 可以看出：比转速主要由单位转速、单位流量和效率三个参数决定。只有通过选择合适的单位转速和单位流量来达到最佳的匹配关系，才能获得水轮机最佳综合性能。n_1' 的增加可以减小发电机的整体尺寸、降低成本，并具有更大的经济效益；但 n_1' 的增加会增加水轮机涡轮流道的流速，离心力会增加，叶片应力也会增加，因此它受到转轮叶片强度、泥沙、空蚀、稳定性、材料等诸多因素的限制。增加 Q_1' 可以减小水轮机的尺寸，增加出力并降低成本；但是 Q_1' 的增加通常受到空蚀的限制。随着技术的进步，单位转速和单位流量有了很大的提高。

根据国内的转轮模型参数统计估算公式，当 n_s 在 113.94～143.22m m·kW 之间时，n_1' 在 63～66r/min 之间较为合适，由此计算出相应单位流量 $Q_1' = 0.36～0.53m^3/s$。

综上所述，结合本工程多泥沙的实际情况，认为 n_1' 和 Q_1' 在如下范围较为合理：

$$n_1' = 63～66r/min$$

$$Q_1' = 0.36～0.53m^3/s$$

上述确定了比转速 n_s 与比速系数 K 的范围，然后结合本工程多泥沙的特点，合理选择水轮机的最优单位转速和单位流量，寻求单位转速和单位流量的最佳匹配方案。统计国内部分 200.00～250.00m 水头段的水轮机模型转轮参数，见表 3。

表3   **国内部分 200.00～250.00m 内水头段水轮机模型转轮参数表**

转轮型号	使用水头 /m	导叶高度 b_0	最优工况			限制工况		
			n'_{10} /(r/min)	Q'_{10} /(m³/s)	η_{max} /%	Q'_{11} /(m³/s)	η /%	σ
D46	200.00	0.16	67.5	0.548	91.6	0.639	89.4	0.045
D79	200.00	0.20	68.5	0.553	92.4	0.672	90.2	—
A797	215.00	0.18	67.9	0.487	94.01	0.610	90.3	0.066
A575c	230.00	0.18	66.2	0.462	93.56	0.572	90.8	0.06
A338	230.00	0.16	65	0.480	92.5	0.563	89.8	0.08
A334	230.00	0.16	65	0.480	91.8	0.550	89.2	0.08
A691	230.00	0.18	62.5	0.45	93.2	0.568	89	0.06
A692	230.00	0.18	65	0.535	93.3	0.648	89.4	0.065
A339	230.00	0.16	67.5	0.48	92.7	0.580	89.5	0.08
A575C	230.00	0.18	65.4	0.48	93.1	0.565	89.7	0.067
P0833	230.00	0.18	67	0.490	92.5	0.585	89.6	0.07
JF1801	230.00	0.18	64	0.4048	94.93	0.608	87.4	0.055
JF1809	230.00	0.18	65	0.478	93.93	0.618	89.5	0.055
A-573	250.00	0.18	67.8	0.515	92.4	0.607	89.9	0.085
D191A5	250.00	0.18	66.0	0.534	93.5	0.640	91.8	0.073
D247	250.00	0.18	67.0	0.534	93.52	0.631	91.5	0.047
D2475	250.00	0.18	67	0.534	93.52	0.631	91.5	0.047
D136	250.00	0.18	65	0.538	90.5	0.644	87.7	0.055
D137	250.00	0.18	62.8	0.451	92.1	0.525	90.3	0.045
D191	250.00	0.18	66	0.534	91.5	0.640	89.8	0.073

从表3可以看出，国内200.00～250.00m水头段水轮机转轮模型的最优单位转速在62.5～68.5r/min之间，最优单位流量在0.4048～548m³/s之间，限制点单位流量在0.525～0.672 m³/s之间，初步选择的目标参数在此范围内，参数选择较为合理。

2.3 水轮机效率

水轮机效率直接影响电站的发电效益，是水轮机能量特性的重要指标，随着水轮机设计技术的飞速发展，现代化的制造手段及先进工艺被采用以不断提高水轮机效率。

本电站属于230.00m水头段，单机容量175MW，按目前的效率发展水平，模型转轮的最高效率不低于93%，真机效率按照Moody公式的2/3进行修正。真机额定效率不低于92.5%，最高效率不低于94.5%。

2.4 装置空化系数和吸出高度

机组的安全稳定运行、检查周期和使用寿命受水轮机抗气蚀性能的影响，由于空蚀造成水轮机效率降低、出力摆动或材料的破坏，因此，水轮机应具有良好的抗气蚀性能，并应合理选择水轮机空化系数和安装高程。原型水轮机的气蚀破坏还与制造和安装质量、运行条件等因素有关。

按统计公式计算的空化系数计算表（阿尔塔什电站水轮机的额定比转速 n_s 初拟定为 $113.94 \sim 143.22$ m·kW 之间）见表4。

表4   **空 化 系 数 计 算 表**

序号	公式来源	公式	σ_p 计算值	σ_s 计算值
1	美国应用水力学	$\sigma_p = 0.043\,(n_s/100)^2$	$0.056 \sim 0.088$	$0.031 \sim 0.049$
2	美国垦务局	$\sigma_p = 2.56 \times 10^{-6} n_s^{1.64}$	$0.060 \sim 0.088$	$0.034 \sim 0.049$
3	日本电气学会	$\sigma_p = 3.46 \times 10^{-5} n_s^2$	$0.045 \sim 0.071$	$0.025 \sim 0.039$
4	日本水轮机	$\sigma_p = 0.048\,(n_s/100)^{1.5}$	$0.058 \sim 0.082$	$0.032 \sim 0.046$
5	日本富士通公司	$\sigma_p = 3.3027 \times 10^{-5} n_s^{1.55}$	$0.051 \sim 0.073$	$0.028 \sim 0.040$
6	意大利公司	$\sigma_p = 7.54 \times 10^{-5} n_s^{1.41}$	$0.060 \sim 0.083$	$0.033 \sim 0.046$
7	瑞典 KMW	$\sigma_p = 8 \times 10^{-5} n_s^{1.4}$	$0.061 \sim 0.083$	$0.034 \sim 0.046$
8	奥地利 VOITH	$\sigma_p = 7.56 \times 10^{-5} n_s^{1.4}$	$0.057 \sim 0.079$	$0.032 \sim 0.044$
9	哈尔滨大电机研究所	$\sigma_p = 8 \times 10^{-6} n_s^{1.8} + 0.01$	$0.050 \sim 0.071$	$0.028 \sim 0.039$
10	我国电站统计	$\sigma_p = 4.56 \times 10^{-5} n_s^{1.54}$	$0.067 \sim 0.095$	$0.037 \sim 0.053$

注：$K_\sigma = 1.8$ 即 $\sigma_p = 1.8\sigma_s$。

从表4中看出，阿尔塔什水电站装置空化系数 σ_p 值在 $0.045 \sim 0.095$ 之间，临界空化系数 σ_s 值为 $0.025 \sim 0.053$，相应吸出高度为 $0.60 \sim -10.40$ m。向国内四家水轮发电机组制造厂商咨询的吸出高度为 $-4 \sim -12$ m，均值 -8.9 m，相差较大。

目前国内一些性能优良的转轮，水轮机临界空化系数已有较大幅度减少，考虑到阿尔塔什水电站泥沙含量较大，结合厂家咨询结果，阿尔塔什水电站装置空化系数 σ_p 取 0.108；根据公式 $H_s = 10 - \nabla/900 - \sigma_p H$，计算出相应的 $H_s = -10.3$ m。

2.5 模型转轮目标参数

本电站在 $147.39 \sim 209.71$ m 的水头范围内运行，采用混流式水轮机。

水轮机转轮的目标参数如下：

机组型式：   立轴混流式；
比转速： $113.94 \sim 143.22$ m·kW；
最优单位转速： $63 \sim 66$ r/min；
最优单位流量： $0.36 \sim 0.53$ m³/s；
装置空化系数： $0.045 \sim 0.11$。

2.6 水轮机安装高程

厂房下游设计尾水位及水轮机的吸出高度决定着水轮机安装高程。本电站装机四台，故按一台水轮机满发额定出力时的流量对应的下游尾水位为设计尾水位。根据电站厂房尾水位 H-Q 关系曲线，一台机发额定出力时的流量为 111.4 m³/s，其对应下游水位为 1610.629 m；吸出高度为 $H_s = -10.3$ m，初拟安装高程为 1600.35 m（导叶中心高）；经复核，在最小下泄流量时，尾水管顶板淹没深度大于 0.5 m。

3　水轮机主要参数

经综合分析，D807 转轮各特征参数均较优，与本电站各项目标参数较吻合，选用 D807 转轮进行设计，得出水轮机主要参数如下：

水轮机型号：　　　　　　HLD807 - LJ - 408.3；

转轮直径：　　　　　　　4.083m；

最大水头：　　　　　　　209.71m；

最小水头：　　　　　　　147.39m；

加权平均水头：　　　　　183.60m；

额定水头：　　　　　　　176.00m；

额定单位流量：　　　　　0.50m³/s；

额定流量：　　　　　　　110.05m³/s；

额定单位转速：　　　　　65.9r/min；

额定转速：　　　　　　　214.3r/min；

额定点效率（真机）：　　92.84%；

最高点效率（真机）：　　95.71%；

额定功率：　　　　　　　178.57MW；

比转速：　　　　　　　　141.27m·kW；

比速系数：　　　　　　　1874.11；

装置空化系数：　　　　　0.108；

吸出高度：　　　　　　　-10.3m；

安装高程：　　　　　　　1600.35（导叶中心高）m；

单台水轮机总重：　　　　431t。

4　结语

水轮机参数的选择直接影响电站建设的经济性以及未来运行的安全性和可靠性。在保证机组稳定性和可靠性的前提下，选择水轮机的主要技术参数时，应使水轮机的性能更加先进，符合国内外技术发展水平，参数之间达到总体的最优配合。

参 考 文 献

[1]　水电站机电设计手册编写组. 水电站机电设计手册：水力机械 [M]. 北京：水利电力出版社，1983.

[2]　沈克昌，钟梓辉. 水轮发电机组 [M]. 北京：水利电力出版社，1991.

[3]　刘大凯. 水轮机 [M]. 3 版. 北京：中国水利水电出版社，1997.

[4]　中华人民共和国国家发展和改革委员会. 水力发电厂机电设计规范：DL/T 5186—2004 [S]. 北京：中国电力出版社，2004.

结构设计及制造

超高水头水泵水轮机结构研究

曲 扬 孙 旺

（哈尔滨电机厂有限责任公司 黑龙江 哈尔滨 150040）

【摘 要】 介绍了我国首个 700.00m 水头段自主化研制项目敦化抽水蓄能电站水泵水轮机结构设计难点及策略。为确保敦化及后续超高水头抽水蓄能电站机组安全、可靠、稳定运行，哈电机公司针对敦化电站 3 号、4 号水泵水轮机进行了结构设计的研究和优化。

【关键词】 超高水头；水泵水轮机；转速；扬程；水头

1 引言

通常水电行业用 HD^2（最大扬程乘以高压侧转轮直径的平方）表示水泵水轮机的制造难度。敦化电站单机容量达 350MW，额定转速 500r/min，最高扬程 711.70m，水泵水轮机制造难度为 12873，因此敦化电站的水泵水轮机设计制造具有一定难度。

对于高转速超高扬程的水泵水轮机，不仅要有好的水力设计，优秀的结构设计同样重要。一方面机组转速高、水头高，结合制造厂在水泵水轮机整体结构设计方面的传统优势，对蜗壳座环、顶盖、底环、转轮等主要部件选择合理的结构，同时还在满足强度要求的基础上，进行了刚度复核计算分析、疲劳强度分析，并对主要部件进行了共振分析等；另一方面，水泵水轮机的细部结构也进行了重点考虑，对转轮上、下止漏环设计、转轮外沿与底环及顶盖间的间隙、导叶尾部厚度、导叶轴承结构、平压管路的布置、座环不等长地脚螺栓等刚度设计等细部结构都进行了相应研究。

水泵水轮机运行工况复杂、启停机频繁，结构的刚强度特性直接关系到机组运行的稳定可靠性，克服应力集中、预防机组共振、合理选择关键部位间隙、合理选择关键部件材料、合理选择关键管路材料与壁厚以及关键交变应力部件疲劳强度计算分析是超高水头水泵水轮机结构设计的难点与重点。敦化电站的水泵水轮机在结构设计中着重进行了以下分析研究：

（1）转轮刚强度计算及材料选择、止漏环结构及防止自激振荡的措施。

（2）从结构上考虑水泵水轮机轴向水推力的控制措施。

（3）转轮上腔压力分布及顶盖与座环把合螺栓的选取原则。

（4）尾水管、蜗壳等通流部件进人门及其他通流部件孔口的安全。

（5）顶盖、座环等重要结构部件的刚强度保证及顶盖安全防护装置的应用。

（6）主轴密封及其供水管路设计分析。

（7）水导轴承结构及径向力研究。

（8）充气压水及回水排气等管路系统设计。

（9）重要部位螺栓紧固措施研究。

（10）各部件错频措施。

2 基本参数

2.1 电站基本参数

上、下库水位、库容及电站毛水头见表1。

表1　　　　　　　　上、下库水位、库容及电站毛水头

序号	项　目	单位	参　数
一	上水库		
1	校核洪水位（$P=0.1\%$）	m	1392.05
2	设计洪水位（$P=0.5\%$）	m	1391.81
3	正常蓄水位	m	1391.00
4	正常蓄水位相应库容	万 m³	788.3
5	死水位	m	1373
6	死库容	万 m³	91
二	下水库		
1	校核洪水位（$P=0.05\%$）	m	717.40
2	设计洪水位（$P=0.5\%$）	m	717.00
3	正常蓄水位	m	717.00
4	正常蓄水位相应库容	万 m³	849.5
5	死水位	m	690.00
6	死库容	万 m³	96.2
三	电站		
1	装机容量	MW	1400
2	单机容量	MW	350
3	机组台数	台	4
4	最大毛水头	m	701.00
5	最小毛水头	m	656.00
7	额定水头	m	655.00
8	年发电利用小时	h	1673
9	年抽水利用小时	h	2231

2.2 机组参数

机组主要参数见表2。

表 2　　　　　　　　机组参数（俯视顺时针旋转为发电，逆时针旋转为抽水）

机　　组	3号、4号机组	机　　组	3号、4号机组
型　　式	立轴、单级、混流可逆式水泵水轮机	水泵最大入力	373MW
机组台数	2（电机公司一个水力单元）	安装高程	596.00m
转轮型号	A1278	蜗壳设计压力	1160m
转轮直径 D_1/D_2	4.25/2.016	最大瞬态飞逸转速	≤740r/min
额定转速 n_r	500r/min	稳态飞逸转速	≤720r/min
水轮机额定出力	357MW		

3　难点分析及解决策略

3.1　水泵水轮机总体结构

敦化水泵水轮机型式为立轴、单级、混流式，与发电电动机通过主轴法兰直接连接。机组采用上拆方式，水泵水轮机可拆卸部件如转轮、主轴、主轴密封装置、导轴承、顶盖、导叶、导叶操作机构、接力器、止漏环均可以利用厂房内的桥式起重机通过发电电动机定子内孔吊出和吊入。机坑内布置两个直缸接力器通过控制环操作导水部件。蜗壳工地打压且保压浇注，底环、座环、蜗壳、尾水管等部件均埋设在混凝土中，以减小机组的振动和噪声。

3.2　转轮刚强度计算及材料选择、止漏环结构及防止自激振荡的措施

转轮是水泵水轮机进行能量转换的核心部件，由上冠、下环和叶片铸焊而成。敦化电站3号、4号水泵水轮机转轮最大外径为4.325m，高度1.25m。转轮外缘最大圆周速度高达113.2m/s。3号、4号转轮结构示意图如图1所示。

转轮设计充分考虑材料使用环境及机组运行可能出现的各种工况，除刚强度分析外，还进行了交变应力作用下的疲劳强度计算，以选择合适的材料。

敦化电站的转轮为不锈钢铸焊结构，叶片、上冠、下环均采用AOD（氩氧脱碳法）精炼铸造，材料为超低碳马氏体铬镍不锈钢见表3，材料优点是机械强度高，延展性、可焊性好，在水中具有良好的疲劳强度和抗空蚀性能。

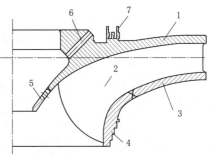

图1　3号、4号转轮结构示意图
1—上冠；2—叶片；3—下环；4—下止漏环；
5—泄水锥；6—排气孔；7—上止漏环

表3　　　　　　　　　　转 构 结 构 材 料 表

部件名称	材料牌号	材料的机械性能			设 计 应 力		
		极限强度/MPa	屈服强度/MPa	0°冲击功 AK/J	正常设计应力/MPa	正常安全系数	异常设计应力/MPa
转轮	ZG04Cr13Ni5Mo	≥780	≥580	≥100	≤116	≥5	≤232

敦化电站的转轮上冠、下环与顶盖、底环留有足够轴向距离，保证转轮止漏环前上下腔流态的稳定。转轮上冠和泄水锥设有足够数量的排气孔，保证与设在顶盖上的回水排气管相匹配，确保机组调相完成后迅速排气。

水泵水轮机上止漏环为梳齿型式，下止漏环为台阶型式，均为 6 级止漏，详见图 2。对应的固定止漏环采用材料 ZCuAl9Fe4Ni4Mn2 单独制造并通过螺栓把合于顶盖、底环上。上、下止漏环的第一道密封直径一致，上止漏环梳齿结构的减压效果与顶盖内平压管的流速进行联合理论计算，保证止漏环与顶盖内平压管相匹配，能有效减小转轮容积损失，合理降低向下的轴向水推力。

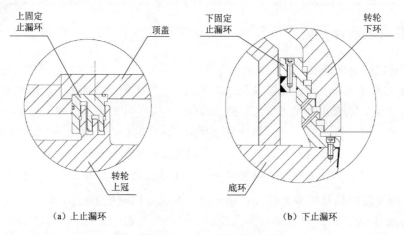

（a）上止漏环　　　　　　　　　　　　（b）下止漏环

图 2　转轮上、下止漏环基本结构

转轮上、下止漏环间隙的选取与止漏环计算相一致，并综合考虑了转轮径向变形、轴系挠度、水导轴承间隙等参数，保证转轮运行足够安全。敦化转轮上止漏环间隙 1.5mm，下止漏环间隙 1.8mm。上止漏环设计中，基于流体力学理论，考虑了与顶盖内平压管匹配计算。

止漏环为非接触式密封止水装置，用于减少通过转轮与固定部件之间的漏水量。依靠比较小的密封间隙产生的沿程损失和间隙进、出口的局部损失等形成的流动阻力来减少主水流的泄漏。

间隙不同，在止漏环进出口之间产生阻力就不同，通过间隙的流速和进入止漏的流量就不均匀，这就是迷宫止漏环产生压力脉动的能量来源。当固定止漏环与转动止漏环均为圆形并同心，迷宫止漏环间隙圆周均匀时，间隙中的压力场和速度场是轴对称的，流出间隙的流体也是圆周均匀的，作用在转轮上的径向力之和等于零。反之，如转动部分与固定部分存在偏心，圆周间隙不均匀，则作用在转轮上的径向力就不再为零。根据以上及有关文献技术分析，转轮受径向力的方向由小间隙指向大间隙，因此止漏环的每道迷宫间隙，运行时变化方向一致的密封结构有利于改善机组的振动，反之，如果在转轮偏心运行时迷宫间隙变化方向不一致（相反），则不利于改善机组的振动，还有可能会引起转轮交变受力而产生自激振动。由于密封间隙不一致会产生不平衡径向力，止漏环间隙长度不宜过长，为避免转轮运行中摆动引起较大的或方向相反的交变作用力而产生自激振动，止漏环间隙不宜过小。

另外，止漏环圆周间隙不均匀，从间隙流出的水体不均匀，也会在转轮旋转时在迷宫中和止漏环后引起涡流，产生压力脉动。设计时应尽可能减小压力脉动的水体，因此采用多道迷宫结构，减小和分散此部分脉动水体力的影响，并考虑止漏环布置在直径较小的位置，使止漏环后压力脉动影响的面积较小。

一般情况下，迷宫压力脉动的频率为转速频率，在平均间隙和间隙变化率不变的情况下，它的幅值随流量的增大而增大，也就是说，随迷宫进、出口压差的增大而增大。在转动部分发生自激回旋的情况下，迷宫间隙压力脉动的频率变为转动部分的一阶临界转速频率，其幅值也成倍地增大。

迷宫压力脉动的产生和机组转动部分（转轮）的摆度成正向比例，没有摆度就没有迷宫压力脉动。这个摆度也包括迷宫转动部件的不圆度。摆度的产生往往是转动部分的机械缺陷引起，也常出现几种机械缺陷耦合在一起的情况。

避免转轮迷宫止漏装置发生自激振荡的措施如下：

（1）合理设计迷宫装置的结构。

（2）采用多道迷宫结构，合理选取止漏环的密封间隙。在满足密封止漏效果的情况下缩短密封间隙的长度，同时可减小和分散脉动水体的影响。上止漏环单道密封外侧间隙大，内侧间隙小，利于防止止漏环发生自激振荡；下止漏环采用阶梯式结构，具有自调心功能。

（3）将止漏环布置在直径较小的位置，使止漏环后压力脉动影响的面积变小。

（4）上、下止漏环的每道迷宫间隙大小方向一致，保证水轮机运行时止漏环间隙变化大小方向一致，运行时变化方向一致的密封结构有利于改善机组的振动。

（5）提高制造及安装精度。

（6）运行上调整机组运行时的动态轴线姿态，降低水导摆度到最小限度，提高轴承的支撑刚度。

3.3 从结构上考虑水泵水轮机轴向水推力的控制措施

从止漏环结构型式、转轮安装高程、止漏环间隙及平压管的影响等方面的分析如下：

（1）止漏环结构型式及间隙。敦化电站的水泵水轮机上迷宫止漏环采用与下迷宫止漏环级数相同的方式，能保持上下止漏环基本一致的减压效果。止漏环结构尺寸初步确定后，进行止漏环间隙的复核。综合考虑转轮径向水力变形、水导轴承单边间隙、转轮至水导的轴系挠度等因素的影响，止漏环间隙满足动、静不干涉的要求。

（2）内外平压管的设置。水泵水轮机压力脉动最大的部位是活动导叶与转轮相接的无叶区部分，水流由固定部件导流稳定流经蜗壳和双列叶栅，突然进入高速旋转的转轮，必然引起非常强的动静干涉，也由此造成无叶区非常大的压力脉动。该压力脉动向四周传导，容易造成导叶部分的应力疲劳、顶盖振动过大、附近位置把合螺栓松动等一系列不利于机组稳定的现象。因此，在敦化电站的水泵水轮机设置了顶盖外平压管，在顶盖靠近无叶区部分与相应底环位置打孔并用管道相连，以期降低顶盖压力，增加机组稳定安全系数，并且用数值模拟和模型试验两种手段分析论证外平压管对顶盖压力和流道内部流态的影响，得出分析结果：①在水轮机和水泵两种工况下，设置外平压管对顶盖压力有影响，但影响较小；②转轮上冠、下环与顶盖、底环的立面间隙大小对顶盖的压力有影响，水轮机工况时，关闭外平压管时的顶盖压力不大于打开时的顶盖压力，水泵工况时的结论刚好相反；③水轮机工况和水泵工况，转轮上腔比下腔压力稍大，约 0.2% 左右。设置外平压管后，两个位置的压力都有所降低，但幅度小。

按东芝公司论述，认为设置外均压管可以在几乎不增加漏损损失条件下减小水推力，特别是当甩负荷、输入功率突然切断等过渡过程中，可以控制由上冠、下环各压力区的边界压力值的变化而引起的水推力的变化。防止高水头水轮机的过大水推力至关重要，因此在设置顶盖外平压管的同时在管路上还预留了节流孔板，可以根据调试和运行情况进行调整。

（3）转轮安装高程。转轮的中心高程与导水机构中心高程如不一致，在机组运行时会对轴向水推力产生一定的影响，因此在结构设计中顶盖底环流道侧与转轮上冠、下环外缘相对应处进行了倒圆处理，且上机架基础安装高程同时考虑了上机架、弹簧油箱的变形以及轴系的变形等因素。

3.4 转轮上腔压力分布及顶盖与座环把合螺栓的选取原则

采用流体动力学计算方法，对水泵水轮机转轮上冠压力分布研究，并对真机全流道进行数值模拟，对间隙流道进行分析计算，分析漏水量大小和迷宫止漏环、减压管的漏损系数，根据迷宫环结构及间隙大小等对漏损的影响，选择合理的结构及尺寸。研究过程中对敦化电站的蜗壳座环、顶盖、导叶、底环等过流部件的压力载荷及顶盖和底环的轴向水推力进行了计算。计算中主要考虑了水轮机正常运行、静水关闭、甩负荷、飞逸、水泵正常运行、水泵零流量等 6 种载荷工况。通过计算，得到各种工况下过流部件的压力分布及轴向水推力，这些载荷数值是各部件刚强度计算时的依据，也是各相对应管路设计的依据。

超高水头机组转轮上腔压力高，导致顶盖与座环联接螺栓受力非常大。在空间尺寸、螺栓材料等条件限制下，合理匹配连接件及被连接件的安全系数，以保证初次拉伸时螺栓最小断面应力小于材料屈服极限的 80%，螺栓的预紧应力不超过材料屈服极限的 60%。通过研究，得出以下结论：

（1）被联接件的安全可靠性：在任何工况下，被联接件接合面的夹紧力应大于 0.5 倍的工作载荷，或夹紧力安全系数大于 0.5。

（2）螺栓的安全可靠性：在任何工况下，螺栓最小断面应力的安全系数大于 1.25；断面疲劳安全系数大于 1.2 或疲劳寿命大于 50 年。

（3）螺栓预紧力系数的选取应在保证任何运行工况下都大于最低安全系数的前提下，尽量保证螺栓在频繁运行工况下具有较高的安全系数，这一点对于电站的安全尤为重要。推荐预紧力系数在飞逸工况大于 1.3、水轮机与水泵工况大于 2，零流量工况介于飞逸工况和正常工况之间。

3.5 尾水管、蜗壳进人门及其他通流部件孔口的安全

尾水管是水泵水轮机水力流道的一部分，水轮机工况下在水流通过转轮后，尾水管能承受尾水压力及压力脉动，以最小的水力损失引导水流进入尾水隧洞；水泵工况下，尾水管还能承受水泵断电时的反水锤压力。对于超高水头机组，尾水管的内水压力通常较高，

因此尾水管的设计应按压力容器考虑。敦化电站的水泵水轮机尾水管采用机舱式进人门和特殊的孔口补强方式，进人门的把合螺栓具有较高的安全系数并设置有防松垫片，以保证运行安全。

敦化电站蜗壳座环的设计压力已达 $1160\text{mH}_2\text{O}$，蜗壳进人门的安全更加重要。在对外开式进人门和内开式进人门进行分析比较后，选择了外开式进人门，着重对把合螺栓的刚强度进行计算，提高了安全裕度，并设计了蜗壳进人门备用防开结构。转轮上腔压力分布计算图如图 3 所示。

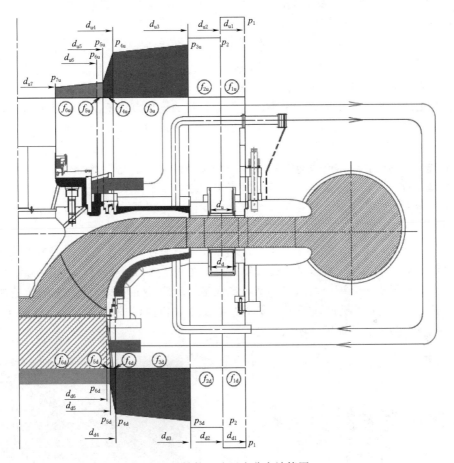

图 3 转轮上腔压力分布计算图

除尾水管和蜗壳进人门外，对于顶盖、底环、蜗壳、座环、尾水管等通流部件上的管路接口、测压接头及法兰座板等孔口也通过计算进行了特殊处理，对接口材料的选用、焊材的匹配度等进行研究分析，采取相应措施避免应力集中引起开裂。

3.6 顶盖、座环等重要结构部件的刚强度保证及顶盖安全防护装置的应用

3.6.1 顶盖

顶盖是水泵水轮机重要的结构部件，不仅要承受机组各种运行工况的水压力和水压力脉动，它还是导叶、水导轴承、主轴密封的支撑部件，它的刚度直接影响机组运行的稳定

性。敦化电站顶盖的设计内水压力不低于$1160\mathrm{mH_2O}$，采用下法兰焊接式箱型结构，下法兰采用厚锻件，有足够的强度和刚度，能在各种工况下安全工作并承受径向力和轴向水推力的作用，还充分考虑了顶盖振动、噪音和压力脉动的影响。

由于转轮结构及止漏环的设置位置影响，顶盖承受水压力的面积较大。顶盖通过法兰和80个M130的螺栓与座环连接。顶盖和座环之间有两道O形密封圈。顶盖过流表面设置了抗空蚀性能好的不锈钢抗磨板，用塞焊方式牢固固定到顶盖上，与顶盖连接缝全部进行封焊。顶盖上与转轮上止漏环相对应的位置，设有固定止漏环，材料为ZCuAl9Fe4Ni4Mn2。顶盖分2瓣，合缝法兰布置有25个不同直径的把合螺栓，其尺寸及分布经过有限元计算，各工况下能够达到刚强度要求。

顶盖计算考虑了水轮机正常运行、静水关闭、紧急停机、甩负荷、水泵正常运行和水泵零流量工况。各种工况载荷值均通过哈电机公司《水泵水轮机水压力及水推力计算程序》计算得到。通过有限元计算，得出顶盖在各种工况下的应力和变形分布。

顶盖各工况的最大局部应力、平均应力均在材料的许用应力范围内，能够满足顶盖的强度性能。变形也在允许范围内，能够满足顶盖的刚度性能。

3.6.2 顶盖安全保护装置的研究与应用

敦化电站水头较高，具有发电、抽水、调相等多种运行工况，因而在设计制造时，对结构部件本身的强度要求较高。与常规水电机组相比，在同等容量下，机组各部件所承受的动载荷、冲击力等均较大，故机组对各部件之间的连接螺栓要求较高，如螺栓性能、结构、预紧力等。

机组在运行时，顶盖下方有水流压力，顶盖受力后会向上抬起，此力完全由顶盖与座环的把合螺栓承受。超过一定限度，把合螺栓易发生疲劳破坏、断裂，造成顶盖与机组脱离，导致大量有压水从流道内涌入水车室，造成水淹厂房甚至危及人员生命安全的严重后果。因此敦化3号、4号机设置了顶盖安全保护装置。顶盖保护装置结构图如图4所示。顶盖保护装置安装示意图如图5所示。

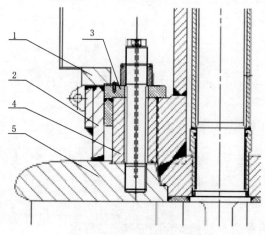

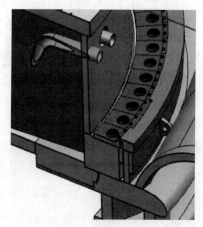

图4 顶盖保护装置结构图　　图5 顶盖保护装置安装示意图

1—固定环；2—上围板；3—移动环；

4—顶盖；5—座环上环板

110

顶盖安全保护装置，固定环设置在座环上，移动环与把合螺栓垫片做成一体，置于固定环台阶下，移动环上平面与固定环台阶面间有一定轴向间隙。顶盖和螺栓受力正常时，安全防护装置不起作用。当顶盖受力过大，向上抬起导致螺栓损坏失效时，安全防护装置开始作用，顶盖带动移动环向上移动与固定环台阶面接触，受固定环限制，顶盖不能继续向上移动，从而起到保护机组安全的作用。

3.6.3 座环蜗壳

座环作为水轮机的基础，是关键支撑部件，其直接承受顶盖、导水机构、轴承等部件的重量以及顶盖传递的轴向水推力、轴承的径向力等，对机组的安全稳定运行至关重要。蜗壳座环结构示意图如图 6 所示。

座环采用钢板焊接结构，蜗壳最大试验水压力 17.058MPa。蜗壳座环的计算载荷主要考虑水压力、顶盖和底环传递的拉力，不考虑机组、混凝土、蜗壳及水体的重力。固定导叶的翼形在水泵和水轮机工况时能避免水流冲击及由涡带激振引起的振动。由于水泵水轮机工况复杂，材料要进行相关冲击试验。

座环与基础用 60 个 M90 的地脚螺栓连接。座环的基础受力与机组的运行工况有关，在无水情况下，座环传递给混凝土的力为其上发电机、水轮机所有部件重量之和，此力垂直向下，通过座环的基础板传递给混凝土；在运行工况下，由于内水压力，

图 6 蜗壳座环结构示意图

作用在顶盖和底环上的合力垂直向上，靠地脚螺栓来平衡，传递给混凝土地基，对于不同长度的螺杆按等刚度方式进行预紧力的计算，以保证机组运行的稳定。

3.7 主轴密封结构及其供水管路设计分析

敦化水泵水轮机作为 700m 水头段和额定转速 500r/min 的机组，额定转速下密封块的线速度已达到 36.65m/s，计算得出最大被密封水压力在额定工况下为 1.54MPa，飞逸工况下为 1.94MPa。上述参数均为水轮机端面水压式密封应用以来最高运行参数。

根据敦化水泵水轮机运行特点，主轴密封结构设计如图 7 所示。主轴密封在水泵水轮机正常运行工况下的计算参数：密封块与抗磨环间的水膜厚度 0.06~0.08mm，密封腔与被密封水间压力差 0.06~0.08MPa，润滑水量 5.4L/s，排水量 4.9L/s。主轴密封在水轮机飞逸工况下的计算参数：密封块与抗磨环间的水膜厚度 0.05~0.09mm，密封腔与被密封水间压力差 0.06~0.09MPa，润滑水量 7.8L/s，计算排水量 6.8L/s。

经理论计算，机组在水轮机或水泵正常运行工况下，主轴密封计算水膜厚度 0.049~0.073mm，在飞逸工况下，计算水膜厚度不低于 0.043mm。在敦化机组所有运行工况下，保证主轴密封前供水压力，可使主轴密封在各工况下均有一定的流量和水膜厚度，保证主轴密封安全。

为保证机组主轴密封运行安全，设置两路水源，互为备用。目前运行电站最常用的方式是：一路水源取自机组技术供水；另一路水源取自上游压力钢管。由于敦化电站水头

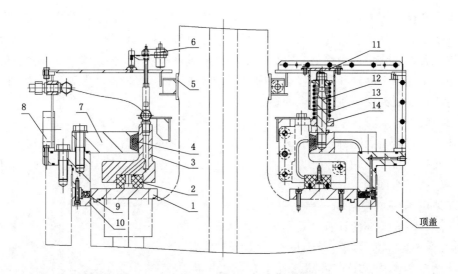

图7　3号、4号机组主轴密封基本结构

1—抗磨环；2—密封块；3—浮动环；4—U形密封；5—转环；6—位移测量装置；7—上盖；8—水箱；9—密封箱；
10—检修密封；11—检修密封座；12—弹簧护罩；13—弹簧支撑杆；14—弹簧；15—导向块

高、上游取高压水风险较大，故调整为两路均从下游取水，下游取水管路需要设置增压泵，为确保安全采用2个增压泵互为备用。

3.8　水导轴承结构及径向力研究

敦化电站的水泵水轮机作为700.00m水头段和额定转速500r/min的机组，在额定转速下主轴轴领处线速度达38m/s，计算额定工况最大平均压应力接近3MPa。上述参数均为水导轴承最高运行参数范畴。水导轴承采用稀油润滑分块瓦结构，润滑油冷却系统采用外循环冷却装置。在水导轴承动静不平衡产生的振动以及在考虑发电机下导轴承和转轮不平衡力的条件下，对水轮机水导轴承径向力进行了研究。为保证水导轴承和机组安全，水导轴承油冷却装置采取了以下措施：①循环油泵和冷却器均采用一主一备，并且油箱油量能保证冷却水中断15min不烧瓦；②循环油泵采用螺杆泵，保证循环油量稳定；③冷却器采用板式冷却器，具有高效换热比；④油管路设有油过滤装置，在油循环过程中能过滤杂质，保护轴瓦瓦面。

敦化电站的3号、4号机组水导轴承选定结构型式如图8所示。

根据敦化电站的水泵水轮机运行特点，水导轴承采用10块轴瓦，轴瓦采用中心支顶可倾瓦结构，瓦单边安装间隙0.25mm，预期运行间隙0.2mm。水导轴承在额定运行工况的计算参数为瓦温54℃、最小油膜厚度80μm、损耗263kW、油循环流量950L/min、油温升10℃、冷却水量900L/min、水温升5℃。水导轴承在额定工况下冷却水中断15min时计算参数为油箱油温75℃、瓦温84℃。水导轴承在飞逸5min时计算参数为瓦温56℃、最小油膜80μm、损耗525kW。

水导轴承瓦面采用小径瓦，瓦背用球面支顶。采用滑动轴承专业软件计算，在水轮机工况、水泵工况和飞逸工况下，水导轴承最小油膜80μm。机组正常运行范围最小油膜厚的应不低于40μm。在冷却水中断工况下，计算水导轴承最小油膜58μm，机组非正常运

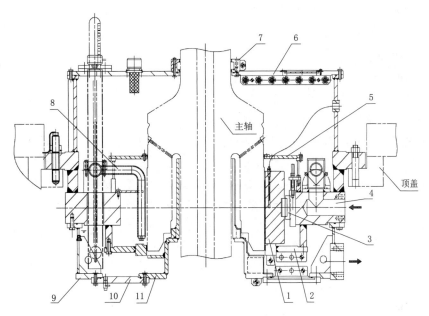

图 8　3 号、4 号机组水导轴承基本结构图

1—轴瓦；2—瓦座；3—轴瓦支顶装置；4—轴承体；5—稳流板；6—油箱盖；7—挡油装置；
8—供油管；9—下油箱；10—油箱底板；11—内油箱

行范围最小油膜厚的应不低于 20μm。敦化水导轴承的设计，能保证油膜厚度在各工况下均留有足够设计余量。

3.9　充气压水及回水排气等管路系统设计

　　管路系统是水泵水轮机的重要组成部分，通过管路布置及计算，不仅保证管路本身的设计合理和安全，同时关系到顶盖轴向水推力、转轮轴向水推力、主轴密封水压力和水导轴承冷却能力等计算，对机组性能和安装至关重要。充气压水管路系统设计主要包括了充气压水、回水排气、止漏环冷却、蜗壳尾水平压等多根管路系统的设计，对水泵水轮机的工况转换主要参数具有重要影响。水泵水轮机充气压水管路系统计算包括充气压水液位计算、进气管流量及管径计算、漏气量计算、回水排气管管径计算、止漏环冷却水量计算、蜗壳尾水平压管计算等；水气管路系统及计算包括主轴密封供水管计算、主轴密封排水管计算、平压管计算、水导轴承冷却水管计算、压力钢管和蜗壳排水管的流量及管径计算和管路减压措施等；水泵水轮机油管路系统计算包括轴承油循环管路计算、接力器开关腔管路计算等。

3.10　重要部位螺栓紧固措施研究

　　敦化电站水头高，具有发电、抽水、调相等多种运行工况，因而在设计制造时，对结构部件本身的强度要求较高。与常规水电机组相比，在同等容量下，机组各部件所承受的动载荷、冲击力等均较大，故机组对各部件之间的连接螺栓要求较高，如螺栓性能、结构、预紧力等。主要螺栓包括转轮与主轴联轴螺栓、主轴与发电机轴联轴螺栓、顶盖与座环把合螺栓、顶盖分瓣面把合螺栓、座环地脚螺栓、蜗壳及尾水管进人门螺栓等。

计算考虑了预紧力工况及考虑预紧力的水轮机正常运行、静水关闭、甩负荷、飞逸、水泵正常运行、水泵零流量及无水自重工况，各种工况载荷值。

3.11 各部件错频情况分析

敦化电站的机组启停频繁，运行水头高，机组转速高，所承受的脉动压力大，因此振动问题较常规水电站更为突出。除在厂房设计时利用厂房结构振动及动力分析计算成果作为厂房抗振设计的重要技术依据外，为避免各部件自振频率与机组的激振源有重叠，哈电机公司利用先进软件和计算方法，对水泵水轮机转轮、顶盖、底环、固定导叶、活动导叶等重要部件自振频率进行计算。顶盖振动计算关注轴向振型频率，自振频率主要避开转频、叶片个数及其倍频的干扰频率；固定导叶的翼形在水泵和水轮机工况时能避免水流冲击及由涡带激振引起的振动，固定导叶在空气中模态振型避开机组可能的激振源频率；活动导叶的固有频率避开机组的激振源；并考虑发电机上机架、定子、铁心等的振型，保证有错频 10% 以上，不会产生共振。主要部件主要频率范围示意图如图 9 所示。

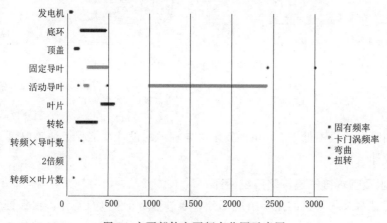

图 9   主要部件主要频率范围示意图

4   结语

敦化电站作为国内首批水头最高的蓄能电站，也是自主设计、制造至今水泵水头700.00m 以上单位容量最大的电站，哈电机公司对敦化电站各个结构、细节进行梳理和论证，并从中创新出许多设计方法，总结了大量的设计经验。水头 700.00m 350MW 级水泵水轮机的研发成功，可为后续抽水蓄能电站建设的机组提供指导。

参 考 文 献

[1] 梅祖彦. 抽水蓄能技术 [M]. 北京：清华大学出版社，1986.
[2] 梁维燕，邬凤山，饶芳权. 中国电气工程大典 [M]. 北京：中国电力出版社，2009.
[3] 田中宏. 日本高水头水泵水轮机的发展动向 [C]//国外水力蓄能电站水轮发电机组译文集，哈尔滨：大电机杂志社，1991.

大藤峡水利枢纽工程巨型轴流转桨式水轮机研制

凌成震　施旭明

（浙江富春江水电设备有限公司　浙江　杭州　311121）

【摘　要】 大藤峡水利枢纽工程共安装 8 台单机容量 200MW 轴流转桨式水轮发电机组。它是目前中国自主研发生产的单机容量最大的轴流转桨式水轮机。浙江富春江水电设备有限公司在已投运的大型轴流转桨式水轮机研发基础上，利用成熟可靠、先进的 CFD 水力分析、有限元分析、全三维结构设计以及高精度数控机床加工等技术，完成了水轮机设计制造研制工作。首台机组于 2020 年 4 月 30 日投产发电，水轮机各项指标优秀，稳定性好，得到业主认可和赞扬，标志着浙富公司在巨型轴流转桨式水轮机研制方面取得了圆满成功。

【关键词】 大藤峡；巨型；轴流转桨式水轮机；自主；研发

1　引言

大藤峡水利枢纽工程位于珠江流域西江水系黔江干流大藤峡驽滩上，地属广西桂平市，距桂平市彩虹桥 6.6km。工程任务为防洪、航运、发电、补水压咸、灌溉等综合利用。

电站总装机容量 1600MW，安装 8 台 200MW 的轴流转桨式水轮发电机组，其中左岸 3 台机组，右岸 5 台机组。

大藤峡水利枢纽工程安装有浙江富春江水电设备有限公司（以下简称浙富公司）自主研发生产的 8 台单机容量 200MW 的轴流转桨式水轮机，它是目前中国自主研发生产的单机容量最大的轴流转桨式水轮机，是完全中国知识产权大国重器。

大藤峡水轮机额定出力为 204.1MW，转轮直径 10.4m，为目前国内自主研发单机容量及制造难度系数最大（$D_1^2 H_{max} = 4100$）之轴流转桨式水轮机，并且水头变幅较大（$H_{max}/H_{min} = 2.93$），这不仅要求需高度重视水轮机水力及结构设计，还需重视机组的安全稳定运行，而且受机床加工尺寸、重量及精度的限制，需采用新的加工技术来克服制造过程中的困难。

浙江富春江水电设备有限公司（以下简称"浙富公司"）在已投运的大型轴流转桨式水轮机银盘（4×160MW）、深溪沟（4×165MW）、班多（3×120MW）和枕头坝（4×180MW）的研发基础上，采用成熟可靠、先进的 CFD 水力分析及有限元分析、全三维结构设计以及高精度数控机床加工等技术，完成了水轮机设计制造研制工作。在水轮机研制过程中，不仅对已投运的轴流转桨式水轮机存在问题进行了调研、分析研究，提出了解决方案，例如：桨叶密封处漏油、进水，通过改变桨叶密封结构形式和材料解决，密封结构由单向改为双向，材料由橡胶改为聚氨酯；导叶漏水量大导致停机时机组蠕动，通过有限元分析方法，对活动导叶出水边嗌合位置加工成斜平面来保证活动导叶整个立面有效嗌合，减小活动导叶立面漏水；传统结构的转轮在安装过程中需要翻身，通过改变转轮的结构实现转轮安装时不需翻身；受油器窜油严重及烧瓦，通过在操作油管外部增加套筒装置，让轴瓦仅受径向力作用，减小轴瓦磨损。而且大胆采用新结构、新工艺技术，例如转轮采用不需翻身安装结构、活动导叶采用便于制造结构、座环采用专机加工、水发联轴厂内同调等工艺。

2 大藤峡水轮机主要参数

(1) 水轮机型号：ZZ－LH－1040；

(2) 水轮机额定出力：204.1MW；

(3) 水轮机最大出力：233.3MW；

(4) 最大水头：37.79m；

(5) 额定水头：25.0m；

(6) 最小水头：12.91m；

(7) 转轮直径：10.4m；

(8) 额定转速：68.2r/min；

(9) 额定流量：890.34m³/s；

(10) 飞逸转速：195.1r/min。

3 水力设计和模型试验

浙江富春江水电设备有限公司于2015年5月开始进行本项目新模型的研发，结合工程实际，通过总结已投产的大型轴流转桨式水轮机水力设计经验，进行了水力损失分析、转轮间隙空化优化等全方位的大量 CFD 分析研究工作，开发出适合大藤峡工程的模型转轮。

浙江富春江水电设备有限公司于2016年3月至4月间，参与了在中国水利水电科学研究院水力机械研究室 TP3 试验台进行的大藤峡水轮机模型同台对比试验，与国内外著名厂商一起同台竞技。2016年7月中旬在浙富公司富安水力机械研究所 FTB2♯试验台进行了模型验收试验，验收试验结果表明：开发的模型转轮最优效率达93.54%，原型最优效率达95.70%，原型机加权平均效率达93.68%，均优于合同保证值。

机组在低水头运行时依然能保持较高的效率，尤其适合大藤峡电站水头变化幅度大的特殊情况。并且，机组最大出力达233.3MW 并能稳定运行，实现超发14.3%的设计要求。此外，大藤峡水轮机模型在正常水轮机运行范围内，均能保证 $\sigma_p/\sigma_i \geqslant 1.05$，$\sigma_p/\sigma_l \geqslant 1.25$ 的空化裕度要求，实现无空化运行。协联工况压力脉动峰-峰值均不超出合同要求。试验结果，表明由浙富公司开发的大藤峡水轮机模型的性能全面满足合同要求。

4 结构设计

水轮机为立式轴流转桨式，主轴与发电机直联，俯视顺时针方向旋转。主要由带钢衬混凝土蜗壳、座环、导水机构、转轮室、尾水管、受油器及操作油管、主轴、轴承、转轮等组成。

水轮机结构设计采用全三维设计，确保零部件间有足够安装空间，不发生干涉现象；零部件强度均采取经典算法计算，主要部件采取有限元计算方法进行应力与变形分析，确保安全可靠。水轮机重要零部件采用高精度数控机床加工，并在工厂进行预装和试验。

水轮机总剖面如图1所示。

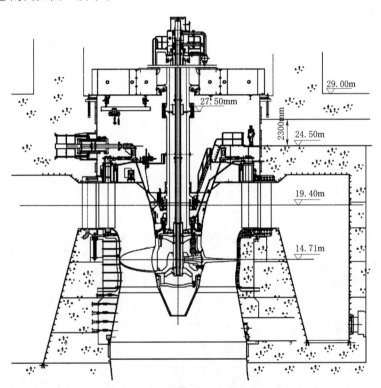

图1 水轮机总剖面图

4.1 转轮

转轮由转轮体、桨叶、枢轴、桨叶操作机构、桨叶接力器和泄水锥等组成。

转轮采用浙富公司专利不需翻身安装转轮结构。该结构在安装过程中不需要翻身，其操作方式采用油压力推动活塞，带动活塞杆及操作架移动，通过斜连杆操作拐臂及桨叶转动。桨叶接力器布置在转轮中心线以下，操作架及连杆机构布置在转轮中心线以上。

桨叶采用抗空化性能优良的 ZG06Cr13Ni4Mo 不锈钢，采用 VOD 精炼整铸而成。转轮体采用 ZG20SiMn 整铸，其过流面铺焊不锈钢，保证转轮体有良好耐磨及防空化性能。

桨叶密封采用双向多道 V 形密封。该结构简单、可靠、耐用，能有效防止轮毂油外漏以及流道水进入转轮。该结构在不拆叶片情况下更换密封元件，方便维护与检修。

转轮采用与主轴、支持盖整体起吊方式，不需在桨叶上开孔。

4.2 主轴

主轴采用20SiMn锻造而成，中空结构，两端分别与转轮、发电轴法兰联接。主轴与转轮采用螺栓连接，销套传递扭矩方式；与发电机轴采用铰制螺栓联接。

由于水轮机轴与发电机轴分别在不同工厂加工，为了保证联轴质量，发电机轴联轴螺栓孔留1mm余量，运至水轮机轴加工厂并采用同一数控机床进行联轴螺栓孔的精镗加工。同时，为尽量避免和减小温度对各孔位精度造成的影响，水、电机轴联轴螺栓孔的精加工均在同一时间段、温度相近下进行。

4.3 主轴密封

在水导轴承下方设有恒压自调节端面主轴工作密封。该密封装置严密、耐磨、结构简单、漏水量小，在不拆卸水导轴承情况下可以进行检查、调整和更换密封元件。该密封采用水润滑和水冷却，润滑冷却水水压为0.3～0.5MPa。

主轴工作密封的下方设有空气围带式检修密封，防止机组停机和检修主轴工作密封时漏水。

4.4 水导轴承

水导轴承采用稀油自润滑、巴氏合金分块瓦轴承，由抛物线曲面分块瓦和轴承体等组成。轴承体采用焊接结构，内置水冷式铜镍合金轴承冷却器。轴瓦表面衬有巴氏合金，轴瓦在厂内加工、装配，工地安装时不需刮瓦。

轴承配置完整、独立的润滑系统，润滑油通过旋转离心力作用实现自循环，该系统采取适当的消除甩油、油翻腾、油气逸出或渗气的措施。

4.5 导水机构

导水机构主要由活动导叶、顶盖、底环、支持盖、控制环及导叶操作机构等组成。

活动导叶采用浙富公司专利三支点焊接结构。导叶轴套采用DEVA自润滑材料，导叶端面密封采用聚氨酯材料，导叶立面密封采用刚性密封。

顶盖及底环均采用焊接结构。顶盖和底环过流面均设有可更换的不锈钢抗磨板。

支持盖采用焊接结构。支持盖上设有四只ϕ400mm真空破坏阀。与支持盖连接的导流锥下端面设有防抬机抗磨板，其允许抬机量为20mm。支持盖上安装了三台立式潜水泵，采用一主两备运行方式，用于排出主轴密封漏水。

导叶保护装置采用摩擦套加剪断销结构。每只活动导叶均设有此保护装置，并在全关和全开位置设有限位止动块。

每台水轮机设有两只油压操作的直缸接力器，操作油压为6.3MPa。在导叶全关位置，控制环上设有液压锁定装置。在导叶全开位置，接力器上设有机械锁定装置。

4.6 转轮室及座环

转轮室采用焊接结构，分为上、下环。其过流面为不锈钢材料。下环与尾水锥管里衬之间设有不锈钢段。

座环采用由上环、下环和24个固定导叶组成的整体式结构。座环分八瓣，分瓣件整体退火后进行机加工，组合面配有定位销，分瓣件通过螺栓联接后封焊。固定导叶采用轧制钢板制作，上、下环板采用抗撕裂钢板制作。

4.7 蜗壳

蜗壳为不对称 T 形断面混凝土蜗壳，包角 215°。蜗壳整个顶部、内侧立面和外侧立面均设有金属防渗衬板，以防厂房渗水。蜗壳上设有进人门，向内开启。进人门设有 O 形密封条，内表面与蜗壳的内表面齐平，并设置有检查积水的不锈钢球阀。

4.8 受油器及主轴操作油管

受油器采用浮动瓦结构。受油器及其装配部件有绝缘材料与轴隔离开，以防止轴电流。受油器上设有桨叶接力器活塞行程与其转角指示装置和位移传感器。

主轴中心孔内装有操作油管。操作油管与主轴内孔构成三腔，中心两腔分别接受调速器开启、关闭腔压力油，与转轮活塞上、下腔连通以控制转轮叶片，外层一腔为回油腔与轮毂相通，供转轮叶片操作机构润滑使用。为保证安装质量，机组安装时操作油管需参与盘车。

5 制造加工工艺技术

大藤峡水轮机主要部件不仅尺寸大，并且重量重，有些部件尺寸和重量已超过数控机床最大加工尺寸和重量以及行车起吊重量，例如座环、转轮，为了保证现场安装质量和机组稳定运行，采用了新的加工技术和方法。

5.1 座环加工

座环重量约为 420t，尺寸为 17.12m×17.12m×5.24m，为了便于运输，座环分八瓣并通过法兰螺栓联接。由于座环超宽、超高、超重，已无法采用常规数控车床整体加工，为了保证加工质量，我公司引进了座环加工专机，采用单瓣座环数控镗床粗加工、加工专机整体精加工的新加工技术，并取得了远远优于国家标准的加工精度。

5.2 转轮加工

1. 转轮叶片外圆整体车削

转轮总重约 480t，高度约 7.5m，转轮直径为 10.4m。受行车起吊重量限制，故对转轮的整体加工、装配方案进行反复论证，最终采用转轮装配完成后，将叶片全部拆除方式以减轻起吊重量，并设计吊装专用平衡梁，采用两台行车抬吊方式吊装转轮至立车上，再在立车上重新安装叶片，进行叶片外圆的整体车削。

2. 转轮体过流面堆焊

转轮体材质为 ZG20SiMn，最大直径约 4.7m，高约 4.2m，重约 150t，需要在整个过流面堆焊至少 8mm（其中 3mm 为加工余量）不锈钢层，不锈钢焊丝堆焊约 3t。考虑到堆焊量大、手工焊效率低下、焊接质量不稳定等因素，故将转轮体吊至滚轮台车上采用埋弧焊宽带自动焊技术堆焊，焊接质量和焊接效率显著提升，大大降低员工的劳动强度。

3. 叶片加工

单只叶片重量约为 22t，外形轮廓约为 3.7m×5m，叶片重，叶型面积大，加工校正时如何定位准确非常困难。叶片铸件回厂后，采用进口高精度手持式三维扫描仪进行扫描，并做好四个基准点位，五轴数控龙门铣床加工时以该点位作为粗定位基准。后续在叶型粗铣完成后，焊接翻身定位基准块，根据造型铣基准块平面，叶片翻身后将基准块放平即可校正叶片。

5.3 活动导叶加工

活动导叶总长约 6.4m，重约 10t，由于叶型进出水边侧大小不一，在卧车加工轴头时存在偏重现象，并且导叶重量重，旋转时产生不平衡转动惯量（离心力）较大，轴头形位公差较难满足。为了满足图纸要求，轴头车削时在叶型上设置配重块，使轴头两侧重量基本一致，较小偏重及消除部分不平衡转动惯量，留余量半精车轴头，精车时采用旋风加工的工艺技术，有效保证了轴头同轴度及椭圆度。

5.4 水发联轴厂内同调

水机轴长约 10m，重量约 135t，发电机轴长度约 6.2m，重量约 84t。联轴后长度约16.2m，总重约 220t，无法采用主轴卧放卧车联轴同调方式。若采用立式联轴方式，厂房、地面晃动易造成轴身不稳，从而导致测量不稳定，故设计制作了专用 5m×5m 整体浇铸的支撑平台，采用电机轴在上水机轴在下，从电机轴上法兰往下挂钢琴线，测量水机轴和电机轴的重要部位至钢琴线的距离。测量时，采用浙富公司专利声光测量仪取代耳机在钢琴线测量，测量精度高、使用方便、工作效率高。

6 设计、制造难点及解决方案

大藤峡水轮机作为目前国内自主研发单机容量及制造难度系数最大轴流转桨式水轮机，在研发过程中存在许多难点。浙富公司研发团队通过团结协作，勇于创新，攻克了以下关键技术：

1. 优秀的水力性能指标

（1）高效区域宽广。水轮机在整个运行范围内均处于高效率区，最高效率高于 95.6%。

（2）空化性能优秀。在整个运行范围内实现了无空化运行，并在首台机组运行一年（约 8000h）后通过停机检查得到验证。

（3）在水头变幅范围大的情况下，水轮机运行稳定。在额定工况时，水轮机导轴承摆度小于 0.06mm。

2. 500t 级整体焊接式座环

大型轴流转桨式水轮机座环一般采用支柱式结构，例如葛洲坝、乐滩、银盘等，采用整体焊接结构国内基本上没有。但合同要求采用整体焊接式座环，分瓣运输，分瓣面采用螺栓把合，过流面仅进行封水焊。为了满足合同及规范要求，浙富公司研发团队进行了多种方案设计包括公差要求、加工支撑、吊装方式等，召开多次专题会议，最终研发加工完成世界上最大、最重的整体式座环，其重量约为 420t，尺寸为 17.12m×17.12m×5.24m，分八瓣。座环采用加工专机加工完成。

加工完成后的座环，与导水机构配合面平面度小于 0.16mm，完全满足低于 0.6mm国标要求，深得业主好评。

3. 500t 级不需翻身安装轴流转桨式转轮

国内外大中型轴流转桨式转轮一般采用缸动式结构和常规活塞式结构，此结构转轮在装配后需要翻身再进行吊装。考虑到大藤峡转轮直径 10.4m，重约 480t，直径大、重量重、翻身难度极大、不安全、转轮安装工期紧等因素，最终采用了不需翻身安装转轮结构，成功地解决了常规结构转轮在装配后需要翻身再进行吊装的技术难题，为转轮安装和检修带来巨大的便利，节省了工期，保证了安全。

4. 活动导叶立面密封

大型轴流转桨式水轮机活动导叶立面一般采用刚性密封。大藤峡活动导叶高度为 3900mm，通过有限元分析计算发现：活动导叶全关时，在导叶预紧力和水压作用下，导叶出水边上半部分嗤合，下半部分有间隙，最下端间隙最大，超过设计规范要求。通过采用保证活动导叶出水边下端嗤合线先接触的方法解决，也就是将导叶出水边采用数控加工成斜平面（导叶出水边下端为零）。并进行上端削 0.5mm、0.7mm 及 1.0mm 三种方案有限元分析计算，计算结果表明上端削 1.0mm，导叶立面间隙最小，最终采用了上端削 1.0mm 的斜平面方案。

7 电站运行情况

大藤峡水利枢纽工程首台机组于 2020 年 4 月 30 日投产发电，左岸三台机组于 2020 年 6 月 30 日全部投产发电至今，水轮机各项指标优秀，稳定性好。在额定工况运行时，水导轴承摆度小于 0.06mm，顶盖垂直振动及水平振动均小于 0.01mm，尾水管进口压力脉动小于 3%，水导轴承轴瓦温度小于 53°，油温小于 45°，并且具有很强超发能力，在未达到额定水头 25.00m（约 24.50m）时，机组已满发 200MW。

自投产发电，一直到 2021 年 3 月 10 日才停机检查，运行时间约为 8000h。通过对转轮及转轮室外观检查，没出现空化现象，这说明水轮机实现了无空化运行，空化性能优秀。对叶片根部高应力区进行 UT 检查，未发现裂纹，说明机组运行稳定，稳定性好。

8 结语

大藤峡水利枢纽工程左岸三台机组投产发电已接近一年时间，水轮机运行稳定平稳、无空化。这标志着浙富公司在巨型轴流转桨式水轮机自主研发取得了成功。水轮机各项技术指标均超越国内外同类产品，经同行业专家鉴定达到国际领先水平，并获得了浙江装备制造业重点领域国际首台套产品认定。

参 考 文 献

［1］ 季定泉，宋木仿，代开峰. 银盘电站水轮发电机组主要参数及容量选择［J］. 人民长江，2008，39（4）：59-61.

［2］ 门飞，李树钢，都兴洋，徐志军. 大藤峡水利枢纽工程机组台数选择［J］. 东北水利水电，2018，12：8-10.

［3］ 卢进玉，邓键. 葛洲坝水电站水轮机转轮密封改造［J］. 水力发电，2007，33（12）：76-78.

［4］ 陆宝新. 广西乐滩水电厂水轮机转轮叶片密封漏油渗水探讨［J］. 沿海企业与科技，2010，2：149-151.

［5］ 单爱华，肖拥军，王辉斌. 轴流转桨式水轮机停机状态下异常啸叫故障处理［J］. 水力发电，

2013, 29 (9): 109 - 113.

[6] 刘胜柱，李昀哲. 轴流转桨式水轮机水力损失分析 [C] // 中国水力发电工学会水力机械专业委员会信息网. "一带一路"与中国水电设备水力机械信息网技术交流会论文集，北京：中国水利水电出版社，2018.

[7] 李昀哲，冯建军，刘胜柱. 轴流式水轮机转轮间隙空化的优化设计与模型试验 [C] // 中国水力发电工学会水力机械专业委员会信息网. "一带一路"与中国水电设备水力机械信息网技术交流会论文集，北京：中国水利水电出版社，2018.

[8] 浙江富春江水电设备有限公司. 一种轴流转桨式转轮不需翻身的安装结构：ZL202020145169.7 [P]. 2020 - 11 - 24.

[9] 浙江富春江水电设备有限公司. 一种方便制造的立式水轮机活动导叶：ZL202020144009.0 [P]. 2020 - 11 - 24.

[10] 浙江富春江水电设备有限公司. 用于水轮发电机组中心轴安装的声光测量仪：ZL201721027752.2 [P]. 2018 - 03 - 20.

河南天池抽水蓄能电站活动
导叶应力计算分析

靳国云 李青楠 董政淼 王一鸣

（河南天池抽水蓄能有限公司 河南 南阳 473000）

【摘 要】 水泵水轮机活动导叶可以通过控制机组流量从而调整机组出力，是水泵水轮机导水机构的重要组成部分，本文主要采用解析法和静态有限元分析法对河南天池电站水泵水轮机活动导叶进行应力计算和局部应力计算，复核活动导叶设计应力是否满足标准和合同要求。

【关键词】 活动导叶；有限元；应力分析

1 概述

河南天池抽水蓄能电站位于河南省南阳市南召县马市坪乡境内，属于长江流域唐白河水系。电站地理位置优越，距南召县城约 33km，南阳市 90km，距郑州市、洛阳市直线距离分别为 182km、116km，距南阳中 500kV 变电站 60km，电站为一等大（1）型工程，调节性能为周调节，电站安装 4 台单机容量为 300MW 的单级立轴单转速混流可逆式水泵水轮电动发电机组。

水泵水轮机导水机构由顶盖、底环、固定止漏环、抗磨板、控制环，导叶及导叶拐臂机构和接力器及连杆等组成。机组在运行状态下，通过接力器的开关来推拉控制环方向进行运动，控制环带动上下连杆、连接板一起运动，连接板通过由导叶臂等设备装置带动导叶一起开关，从而控制蜗壳中水的流量大小，达到对机组出力等运行参数进行调节的目的。水泵水轮机活动导叶的作用是控制机组流量从而调整机组出力，天池电站活动导叶由上海福伊特水电设备有限公司设计生产，活动导叶数为 20，高度 321.4mm，总长 2467mm。本文主要对河南天池抽水蓄能电站活动导叶进行解析法名义应力计算和静态有限元分析法局部应力计算，同时按照 ASME（2017）标准进行疲劳强度评估。

2 基本参数及计算工况

2.1 机械性能

天池电站活动导叶选用 ASTM A743 CA - 6NM 材料，其机械性能见表1。

表1 导叶材料机械特性

材 料	弹性模量/(N/mm²)	泊松比	密度/(kg/m³)	屈服强度/(N/mm²)	抗拉强度/(N/mm²)
ASTM A743 CA-6NM	205000	0.3	7700	550	755

2.2 许用应力

正常运行工况下，合金铸件材料的许用应力为 Y.S/3 与 U.T.S/5 的较小值。极端工况下，许用应力为屈服强度的 2/3。导叶轴颈处的扭转剪应力最大值为许用拉应力的 50%。采用有限元方法分析计算时，按《混流式水泵水轮机基本技术条件》（GB/T 22581—2008）要求，最大局部应力在正常运行工况下不得超过材料屈服强度的 2/3，极端工况下不超过屈服强度。许用应力值见表2。

表2 许 用 应 力

参数	正常运行工况/MPa	异常工况（剪断销破坏）/MPa	参数	正常运行工况/MPa	异常工况（剪断销破坏）/MPa
许用名义应力	151	367	许用局部应力	367	550
许用剪应力	75.5	183.5			

2.3 计算工况

工况1（停机）为最大水头下导叶关闭并压紧，球阀开启状态，被认为是正常运行工况。工况2（满负荷运行）为正常运行工况。工况3（剪短销破坏）安全装置反力矩作用于活动导叶为极端工况。详细参数见表3。

表3 不同工况下载荷相关参数

导叶载荷相关参数	水压差/mH₂O	导叶水力矩/(kN·m)	导叶上部两个轴承的摩擦力矩/(kN·m)	拐臂作用力/kN	导叶连杆作用力夹角/(°)
工况1	553	10	—	18.5	36.8
工况2	184.3	−31.8	—	−59	56.4
工况3	184.3	116	25.5/3	199.1	40.4

3 解析法应力计算

3.1 计算方法

采用福伊特水电公司的 LSB 计算程序进行活动导叶解析法应力计算。活动导叶采用横梁单元建模，考虑真实的轴颈和导叶横截面，模型包括：弹性轴、固定截面横梁、作用力和轴承。计算通过矩阵转换完成。活动导叶几何外形尺寸如图1所示。

3.2 名义应力的计算

对三种工况进行计算，分别计算出活动导叶上轴承1、轴承2、轴承3处应力，然后计算出活动导叶本体沿着轴线方向上最大弯应力；导叶轴颈处过渡区域和轴承2处导叶轴颈均存在扭转剪应力，分别计算取最大值。计算结果见表4。

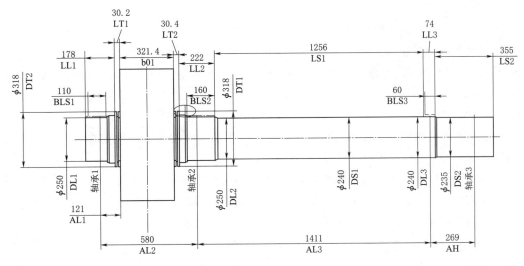

图 1　活动导叶主要外形尺寸（单位：mm）

表 4　　　　　　　　　　　　　　　解 析 法 计 算 结 果

应力 /MPa	弯 应 力		剪 应 力	
	最大弯应力	许用名义应力	最大扭转剪应力	许用剪应力
工况 1	100.6	151	3.7	75.5
工况 2	37.5	151	10.7	75.5
工况 3	29.7	367	71.6	183.5

4　静态有限元分析

　　为了研究活动导叶应力应变，对其进行静态有限元分析，采用详细的三维 CAD 模型，进行有限单元网格划分。分析采用 ANSYS 软件 17.2 版进行预处理、计算和后期处理。导叶 CAD 模型由 Solid Edge ST 9 软件通过 parasolid 界面导入。网格半自动生成，模型包含 100.5 万个节点和 69.6 万个网格单元。在应力集中区（如凹槽和圆弧区）进行精细的网格划分，如图 2 所示。

4.1　边界条件

　　径向轴承采用沿轴承表面的理想化的一条圆周线模拟，其中对上轴套进行轴向和径向约束，对中、下轴套进行径向约束，以避免模型轴向/垂直方向移动，同时允许导叶杆的受力弯曲。由于计算模型不包括导叶连杆和拐臂，对偏心的连杆作用力简化为作用在上轴颈的拐臂作用力和扭矩。

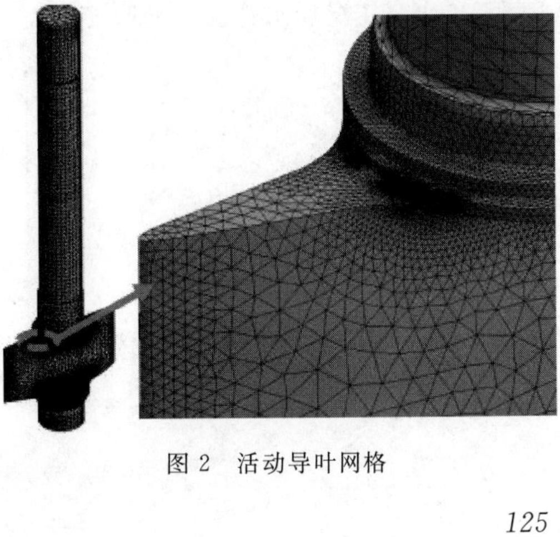

图 2　活动导叶网格

4.2 工况模拟

工况 1（停机导水机构关闭）考虑了导叶的周向对称，为了在模型里模拟相邻导叶间在关闭位置的接触，将导叶进水边的点复制到出水边，使进水边与出水边耦合。为了模拟相邻导叶间在关闭位置的接触情况，在进水边和出水边采用了点对点的接触单元（CONTA 178）。利用这些接触单元，可以模拟出相邻导叶进水边和出水边由于变形的不同而产生的间隙。

工况 2（满负荷运行）模拟的是导叶在开启位置，导叶的转动在上轴端为锁定。通过对轴端的远点位移控制来限制导叶的转动。

工况 3（剪短销破坏）模拟的是相邻的两个导叶被异物（例如树枝）卡住的情况。假定异物导致活动导叶出水边不能绕其圆柱坐标系的 Z 轴转动，拐臂作用力以及反力矩减去上边两个轴承摩擦力矩 MF 施加到连杆高度位置的上轴颈上。

4.3 有限元分析结果及评估

通过有限元计算，工况转换时最大的应力幅值出现在上轴颈与叶片的过渡区上，该应力值用于第五部分疲劳分析。有限元详细计算结果见表 5。

表 5　　　　　　　　有 限 元 计 算 结 果

不同部位应力	许用局部应力	上轴颈	下轴颈	叶片	上轴颈处节点
工况 1/MPa	367	331	309	166	331
工况 2/MPa	367	169	100	61.2	21.7
工况 3/MPa	550	519	497	359	465

5　疲劳计算

5.1　工况循环周期

水轮机和水泵工况的循环周期有非常相近的应力幅值，因此工况 2 "满负荷运行" 选作运行工况。压力钢管排水工况未考虑是因为整个寿命内发生次数极少，且从压力钢管排水到运行其应力幅值低。剪断销破坏工况也未考虑，因为发生概率低对疲劳破坏的影响很小。停机球阀关闭为中间过程，对应力幅值和导叶寿命没有影响。主要的工况循环周期如图 3 所示。水泵工况和水轮机工况均按 5 次/天计算，机组工作年限为 50 年。

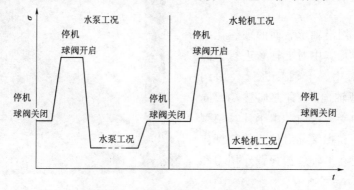

图 3　用于疲劳评估的工况变化

5.2 疲劳评估

基于 ASME 第Ⅷ卷第 2 册第 5.5.3 节标准进行疲劳评估。在轴颈与叶片的过渡区上存在最大应力幅值，如果此区域具有足够的安全余量，则活动导叶的其他区域也必定是安全的。该处在各工况下的局部应力值见表 6。

表 6　　　　　　　　　　　　　疲 劳 分 析 结 果

轴颈过渡区	5 次/天	5 次/天	D_f
	停机→水泵工况→停机	停机→水轮机工况→停机	$\sum_{k=1}^{i}(n_k/N_k)$
应力幅值 S_a/MPa	155	155	—
许用循环次数 N	483000	483000	—
运行循环次数 n	91250	91250	—
n/N	0.189	0.189	0.38

累计疲劳破坏系数为 $D_f = \sum_{k=1}^{2} \dfrac{n_k}{N_k} = 0.38(<1)$，所以轴颈过渡区在机组连续运行的情况下是安全的。因此活动导叶足够安全。

6　结语

（1）活动导叶名义应力及扭转切应力计算结果显示，所有应力均满足合同规定的许用应力。

（2）有限元计算结果表明导叶的局部应力均满足许用应力。

（3）疲劳分析计算的结果显示，在给定的工况循环周期条件和运行寿命条件下，活动导叶的累计疲劳破坏系数小于 1。

参 考 文 献

[1] 姜铁良，刘晶石. 基于 ANSYS 的水轮机活动导叶参数化建模与有限元分析 [J]. 东方电气评论，2016，30（4）：52-54，61.

[2] 郑峰成，汪小芳，刘旸. 高水头混流机活动导叶根部过渡圆角应力分析 [J]. 红水河，2018，37（5）：20-22.

[3] 刘晶石，吕桂萍，钟苏，庞立军. 基于 ANSYS 的轴流式水轮机空心活动导叶结构优化分析 [J]. 水力发电学报，2014，33（6）：215-219.

越南松萝 8A 电站灯泡贯流式水轮机设计

解再益

（湖南云箭集团有限公司　湖南　长沙　410100）

【摘　要】 越南松萝 8A 电站安装三台转轮直径 6.95m 的灯泡贯流式水轮发电机组，该机组由湖南云箭集团有限公司设计制造，属于大型灯泡贯流式机组。本文系统介绍该灯泡贯流式水轮机结构设计的特点，并总结在开发低水头电站的成功经验。

【关键词】 大型灯泡贯流式机组；水轮机；结构设计；转轮

1　概况

贯流式水轮机因转轮过流能力强、效率高，且电站土建开挖量少、建设周期短、总体投资省，是开发利用 30m 以下低水头水力资源的主要机型，具有良好的发展前景。

越南松萝 8A 电站位于中越边境的宣光省境内，是泸江流域梯级开发的大型灯泡贯流式水电站，该电站为河床式电站，其枢纽主要建筑物包括溢流坝段、两岸连接坝及电站厂房等。电站水库正常蓄水位 32.40m，发电消落水位 0.50m，三台机发电最低尾水位置 25.30m，最高尾水位 38.61m。电站最大水头 6.53m，额定水头 3.64m，最小水头 2.22m，额定流量 280.7m³/s。

2　水轮机基本参数

水轮机型号：GZY1250B－WP－695；

水轮机转轮直径：6.95m；

转轮叶片数：3；

最大水头：6.53m；

额定水头：3.64m；

最小水头：2.22m；

额定流量：280.7m³/s；

额定出力：9.375MW；

额定转速：57.5r/min；

飞逸转速：189r/min；

比转速：1111.2m·kW；

最大水推力（正/反）204/340T；

吸出高度：—6.5m；

机组转轮中心线高程：18.50m。

3 水轮机设计概况

3.1 设计思路

越南松萝8A电站水轮机是湖南云箭集团自行设计制造的第一个大型灯泡贯流式机组，在水轮机设计过程中，大量采用和吸收国内外厂家在灯泡贯流式水轮机设计制造方面的先进技术和成功经验，采用计算机辅助设计对松萝8A机组进行优化设计，在保证机组安全稳定运行的前提下，使机组的结构更加合理、工艺性更好，以便于电站安装检修及维护。

3.2 设计选型

通过对松萝8A电站基本参数的选型分析计算，最终选用三叶片的GZY1250B转轮，水轮机型号为GZY1250B－WP－695，该机型的各项技术指标先进，完全满足工程需要。

3.3 刚强度计算

针对性松萝8A机组尺寸大，特别对大型部件的刚度进行计算，应用ANSYS有限元分析软件，对水轮机关重部件进行了刚强度分析计算，对整机在空气中和水中的模态进行了计算分析，计算结果表明，松萝8A机组的结构刚强度完全能够满足机组长期安全稳定运行的要求。

4 水轮机主要结构特点

松萝8A电站的水轮机和发电机共用一根主轴，两端分别与转轮和转子相连接。转动部分由2个导轴承支撑。发电机被安置在完全密闭的灯泡体内，灯泡体成为水轮机流道的组成部分。

水轮发电机组剖面图如图1所示。其中高程单位为 m，其余尺寸单位为 mm。

4.1 机组支撑方式

内部装有发电机的灯泡体，在流道中承受各种交变应力，这种大型薄壳灯泡体的受力情况复杂，且布置在水轮机流道内，综合考虑水轮机的水力性能，与机组支撑的刚性和稳定性要求，本机组采用管型座的上下固定导叶作为主要支撑，灯泡头水平和垂直辅助支撑的方式。

支撑布置如下：管形座有垂直布置的上下两个固定导叶，穿过管形座外壳埋入流道外壁混凝土中，固定导叶几乎承受所有载荷。固定导叶还作为水轮机侧的进人口，检修廊道和机组油、气、水、电管路的进出口。灯泡头下方垂直布置两个成一定角度的球铰支撑，两侧水平方向各布置一个防震的球铰支撑。这三个球面辅助支撑允许灯泡体有轴向及径向的微量位移，确保机组具有足够的刚度和稳定性。

4.2 水轮机主要结构特点

水轮机主要由以下几个部分组成：①埋入部分：管型座、尾水管里衬、发电机流道盖

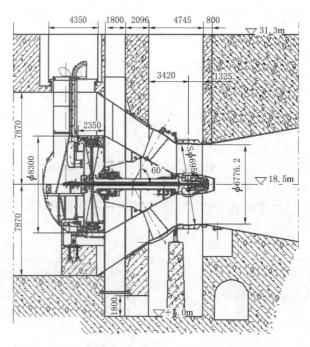

图 1 松萝 8A 电站水轮发电机组剖面图

板、导流板等；②固定部分：导水机构、转轮室等；③转动部分：转轮、主轴、水导水封、受油器等；④油、气、水辅助系统。

4.2.1 管型座

管型座为机组的主要受力部件，承受机组大部分重量，包含水的压力、浮力、正反向水推力、发电机扭矩等，并将这些负荷传递到混凝土基础中，因而应具有足够的强度、刚度。

图 2 管型座整体吊装图

管形座是整个机组的安装基础，水轮机的导水机构、发电机定子、组合轴承支撑等都固定在其法兰上，并以此为基础顺序安装。管型座整体吊装图如图 2 所示。

4.2.2 导水机构

导水机构的主要功能是使水流在进入转轮前产生环量，并根据机组功率的需要调节流量，水轮机停止运行时，导叶关闭切断水流。松萝 8A 机组的导水机构为圆锥形结构，即活动导叶呈锥形布置，其锥顶角为 60°，且导叶具有自关闭趋势，在调速系统油压消失或调速器失灵时，籍导叶水力矩及重锤的作用可以保证导叶自关闭。

导水机构整体结构与现场吊装如图 3 所示。

导水机构由两只接力器带动其动作，主要由内、外导环，16 只活动导叶，控制环及操作机构，重锤等组成。

由于松萝 8A 机组为大型灯泡贯流式机组，导叶内、外环之间的开档尺寸大，导叶内、外导环上的导叶轴孔采用数控精镗的加工工艺，可以克服导叶轴孔的同轴度超差等问题，以保证活动导叶在机组运行过程中转动灵活、可靠。取消传统大型灯泡贯流水轮机导水机构导叶上、下的轴颈处采用自动调心的自润滑向心关节轴承结构，取消了导叶下轴端排水盒结构，以解决电站因球轴承偏磨所造成的漏水问题。

在导叶连杆机构中设有可自动调心的自润滑关节轴承，保证活动导叶在机组运行过程中转动灵活。导叶的安全保护采用 V 形弯曲连杆机构，其结构简单，在导叶关闭时被异物卡住后产生弯曲变形，不影响其他导叶的正常关闭，同时发出报警停机信号，更换新的连杆后机组可正常运行。

图 3　导水机构整体结构与现场吊装

导叶内、外导环的球面及双曲面段钢板采用模压成型技术，用以代替常规设计的多段锥面拟和结构，这样就减少了环形焊缝的数量及焊后变形量，大大节约了生产制造周期。导叶内外导环与导叶全关时的配合面处设有 2mm 的环形凸台，这样可避免导叶在导叶内外环之间转动过程中发卡。

4.2.3　转轮装配

转轮是水轮机的重要部件，通过它将水流的能量转换为机械能。经主轴传给发电机转换为电能。转轮型号为 GZY1250B，转轮装配包括叶片、转轮体、转轮体芯、活塞缸和叶片传动机构等。转轮名义直径为 6.95m，缸动式结构，其轮毂比 0.3，工作油压 6.3MPa，有三只叶片，叶片可根据水头、负荷，通过调整至最佳位置，以保证水轮机在高效率工况下运行。

转轮采用活塞固定，接力器缸移动的方式，接力器缸布置在转轮中心线的下游侧。这种方式能够使操作油管不产生轴向运动。同时转轮接力器缸与缸盖装配一体，支撑于活塞杆，能够保证与活塞杆上的接力器活塞同轴度，避免转轮接力器缸研缸、桨叶发卡拒动的问题。

叶片密封结构形式为"K"形橡胶密封。"K"形密封结构在双重压力使其张紧，这样即使长期运行过程中产生磨损，也能保证与叶片密合。"K"形密封不但安全可靠，而且更换时不需拆下叶片，简单方便。转轮结构及在厂内整体预装图如图 4 所示。

4.2.4　主轴装配

主轴装配包括主轴及操作油管等。水轮机与发电机共用一根轴。主轴由 20SiMn 整体

图 4 转轮结构及在厂内整体预装图

锻造而成，为中空结构，主轴上带有发电机推力轴承镜板，主轴两端的连接法兰分别与水轮机转轮和发电机转子相连，法兰采用螺栓联接。发电机转子与主轴采用销套传扭，水轮机转轮与主轴采用径向销传扭。

主轴内操作油管由操作油管及反馈杆组成，与主轴内孔一起形成两个压力油腔和一个保压油腔，压力油腔用以控制转轮叶片的转动，保压油腔通过反馈杆中心孔连通转轮轮毂供油，用于转轮轮毂保压。反馈杆与转轮接力器缸相连接，并随其一起前后移动，然后通过安装于受油器端的传感器将转轮桨叶转动信号反馈给机组调速器系统。主轴及主轴实物图如图 5 所示。

图 5 主轴及主轴实物图

4.2.5 水导轴承

松萝 8A 水轮机导轴承采用径向分半筒式轴承，采用偏心加扇形板结构，该轴承为重载静压启动，轴承设有高压顶起装置，机组在启动及停机过程中由高压油顶起系统将机组的转动部分顶起，以形成油膜，防止轴瓦烧毁。轴承润滑油采用 L - TSA68 号汽轮机油。水导轴承如图 6 所示。

4.2.6 主轴密封

主轴密封是防止流道内压力水通过转动与静

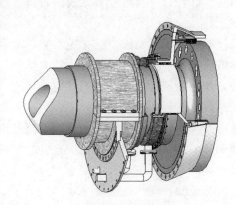

图 6 水导轴承

止部分之间的间隙漏至灯泡体内部，它由主轴工作密封及检修密封组成。

主轴工作密封采用盘根密封，盘根为碳素纤维材料，此材料具有优良的自润滑性能，弹性和柔软性良好。并将漏水通过水箱下部的排水管排至集水井。密封设有备用清洁润滑水孔。

检修密封采用空气围带式密封，停机检修时，围带内充入压缩空气使围带密封。防止流道内的水进入灯泡体内。

4.2.7　受油器

受油器采用旋转接头结构，旋转接头由内外动、静环构成，动、静环之间构建两个压力油通道，分别进入操作油管的两个压力油腔，转轮轮毂保压油源，通过操作油管中的反馈杆中心孔直接向转轮轮毂供油保压。旋转接头式受油器（图7）结构简洁，动环与操作油管同步旋转，反馈杆在操作油管内只作水平运行，静环外两端分别接保压进油腔和密封盖，所有泄漏油接回油箱，整个结构安全可靠，无整劲问题，已经在多个电站成功使用。

4.2.8　重力油箱系统

重力循环油系统由低位油箱、轴承轮毂集成式高位油箱、螺杆泵、油过滤器、油冷却器及相关附件组成。重力油箱系统包括轴承高位油箱、轴承供油泵、轴承回油箱、油冷却器、高压顶起油泵、液压操作阀及轴承流量调节器、自动化元件等组成。轴承润滑油系统提供导轴承和推力轴承所需的润滑油，轴承为外循环润滑方式。

图7　旋转接头式受油器

高位油箱主要用于提供机组转轮轮毂、水导轴承及发电机组合轴承润滑油。润滑油从高位油箱自流至导轴承内表面，对轴瓦进行润滑并带走主轴旋转所产生的热量，然后流入低位油箱，低位油箱通过增压泵、过滤器、冷却器将润滑油泵入高位油箱，如此往复循环。润滑油流量在机组调试时通过手动阀控制，保证经济性、安全性。

5　结语

越南松萝8A电站一号机，在2020年9月26日顺利通过72h试运行，因电站坝前蓄水位未达到设计值，水轮机工作净水头仅为2.40m，此时机组运行在额定转速57.7r/min，导叶开度98.1%，桨叶开度75.8%的工况下，机组出力6560kW，此时机组稳定运行，机组的各项技术指标如下：水导轴承摆度0.03mm，受油器摆度0.1mm，组合轴承轴向振动0.04mm，组合轴承径向振动0.04mm，泡头振动0.02mm，各轴承的轴瓦温度均低于35℃。

至2021年1月15日，由我公司设计制造的越南松萝8A电站三台机组全部并网发电，机组的各项性能指标完全达到或超过国家相关标准要求，深受业主与安装单位的一致好评。

湖南云箭集团有限公司首次设计制造转轮直径 6.95m 的灯泡贯流式水轮发电机组，在技术开发和市场开拓方面是一次成功的突破，目前越南松萝 8A 电站三台机组已经过半年多的商业运行，机组性能均表现优秀。

参 考 文 献

[1]　孙媛媛，罗远红. 桥巩水电站 57MW 灯泡贯流式水轮机设计 [G] // 抽水蓄能电站工程建设论文集，2009.

[2]　彭云龙，林长宏. 大洑潭电站灯泡贯流式水轮发电机机组技术开发 [J]. 东方电气评论，2013，27 (105)：12-20.

水力发电设备转子中心体优化设计

刘思靓　余永清　章焕能　何其东　刘晓慧

（浙江富春江水电设备有限公司　浙江　杭州　311121）

【摘　要】 转子中心体是水力发电设备最重要的部件之一，装载磁轭和磁极，在机组运行时旋转发电。为避免电磁过热，中心体幅板上需均布一定面积的通风孔，以保证足够的冷却风量。通风面积一定时，通风孔的位置会直接影响转子中心体运行时的应力状态和转动力矩，因此如何确定通风孔位置是转子中心体设计重点之一。本文以某机组 T 形转子中心设计为例，使用有限元分析软件 ANSYS 对幅板通风孔位于不同位置的结构刚强度进行了对比分析，探寻其应力影响规律，明确转子中心体的设计优化方向。

【关键词】 转子中心体；贯流机组；水轮发电机；通风孔；幅板；优化；ANSYS

1　引言

转子是水轮发电机转动部分的关键部件，其由转子中心体、磁轭和磁极组成，在机组运行时旋转发电。转子中心体的支架圆盘上开设有通风孔，为机组通风散热提供风路。通风孔普遍呈梯形设计，四角倒圆，通风孔在分布圆幅板均布，梯形夹角根据通风孔数量选取，以保证开孔周向均匀。通风孔面积一定时，其分布位置会影响支架圆盘结构的应力分布和转子整体的转动惯量，特别是通风孔缘的应力集中，会随通风孔分布有较大变化。通风孔分布示意如图 1 所示。

T 形转子中心体因构造简单，加工方便，运行稳定，成为贯流机组的设计首选。其主要由单层幅板和磁轭圈组成，幅板上开有通风

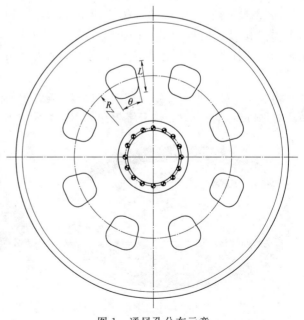

图 1　通风孔分布示意

孔，磁极通过螺栓把合在磁轭圈上。本文以某典型贯流式机组 J 的 T 形转子为例，详细计算了 J 机组转子中心体通风孔分布圆位置对幅板应力集中和转动惯量的影响，通过对比计算，确定通风孔最优分布位置。T 形转子中心结构示意如图 2 所示。

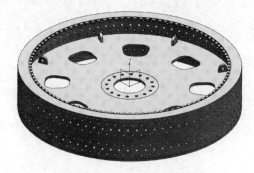

图 2　T 形转子中心体结构示意

2　计算参数

2.1　机组设计参数

发动机额定容量：22.2MW；幅板厚度：80mm；
额定电压：10.5kV；通风孔数量：8；
额定电流：1354.5A；通风面积：3.859m^2；
额定转速：75r/min；通风夹角：21°；
飞逸转速：198r/min；通风孔倒角半径：250mm；
磁极数量：80。

2.2　材料及许用应力

转子中心体材料为 Q355，屈服极限不低于 275MPa。根据国标《水轮机基本技术条件》（GB 15468—2006）规定，有限元计算时，正常工况下最大应力不得超过 2/3 屈服强度，即 183.33MPa；特殊工况下最大应力不得超过屈服强度。

3　有限元模型及载荷边界

转子在飞逸工况极大的离心力作用下，产生的应力最大，因此本文主要计算机组飞逸时，通风孔在不同分布圆位置对幅板应力集中的影响。

J 机组 T 形转子中心体，幅板厚 80mm，磁轭圈厚度 150mm，均布 8 个通风孔，每个通风孔保证面积为 0.48m^2，通风孔夹角 21°，四角倒圆。根据模型对称性，建立转子 1/4 模型，模型包含两个通风孔。使用带中节点六面体单元划分转子中心体计算模型。

约束幅板法兰把合处轴向和切向位移，施加转速和磁极及制动环离心力，剖切面施加循环对称边界。转子中心体三维模型如图 3 所示，有限元计算模型如图 4 所示。

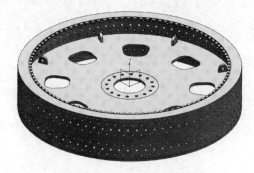

图 3　转子中心体三维模型　　　　图 4　有限元计算模型

4 结构优化对比计算

4.1 风孔几何参数计算

J机组T形转子中心幅板厚80mm，磁轭圈厚度150mm，通风孔为梯形孔。要保持通风孔面积 A 不变，分布圆半径 R 减小时，风孔长度 L 就要相应增长，反之分布圆半径变大时，风孔长度就要相应缩短。如图5所示，当 $R2>R1$ 时，$L2<L1$。

首先需要确定不同分布圆对应的风孔长度。风孔面积为图6所示扇状梯形减去四角阴影面积。

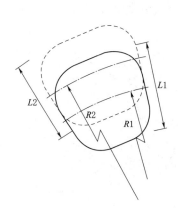

图5 风孔长度随分布圆变化示意图

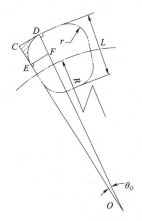

图6 阴影部分计算示意图

阴影面积计算如下：

$$S_{CDE} = S_{OCD} - S_{OEF} - S_{DEF}$$

其中，

$$OC = OD = R + \frac{L}{2}, \quad DF = EF = r = 250\text{mm}$$

$$S_{OCD} = \frac{1}{2}\theta_O\left(R + \frac{L}{2}\right)^2, \quad S_{OEF} = \frac{1}{2}r^2\cot\theta_O$$

$$S_{DEF} = \frac{1}{2}\left(\frac{\pi}{2} + \theta_O\right)r^2, \quad \theta_O = \arcsin\frac{r}{R + L/2 - r}$$

整理得阴影面积：

$$S_{CDE} = \frac{1}{2}\left(R + \frac{L}{2}\right)^2\arcsin\frac{r}{R + L/2 - r}$$

$$- \frac{r}{2}\sqrt{\left(R + \frac{L}{2}\right)\left(R + \frac{L}{2} - 2r\right)}$$

$$- \frac{r^2}{2}\left(\frac{\pi}{2} + \arcsin\frac{r}{R + L/2 - r}\right)$$

用同样的方法求得所有阴影面积后，得到风孔面积、分位置与风孔长度关系为

$$S = \frac{21}{360}\pi\left[\left(R + \frac{L}{2}\right)^2 - \left(R - \frac{L}{2}\right)^2\right]$$

$$-\left(R+\frac{L}{2}\right)^2\arcsin\frac{r}{R+L/2-r}+r\sqrt{\left(R+\frac{L}{2}\right)\left(R+\frac{L}{2}-2r\right)}$$

$$+r^2\left(\frac{\pi}{2}+\arcsin\frac{r}{R+L/2-r}\right)-r\sqrt{\left(R-\frac{L}{2}\right)\left(R-\frac{L}{2}+2r\right)}$$

$$+\left(R-\frac{L}{2}\right)^2\arcsin\frac{r}{R-L/2+r}+r^2\left(\frac{\pi}{2}-\arcsin\frac{r}{R-L/2+r}\right)$$

4.2 不同风孔分布计算

本文在机组可能的布置范围内，对通风孔在不同分布圆的 J 机组 T 形转子中心体进行一系列计算，根据对风孔几何参数进行建模，显而易见风孔分布圆半径越大，风孔越扁平，如图 7 所示。

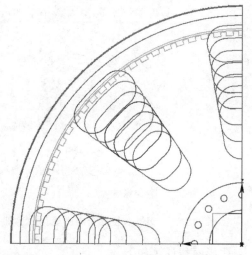

通过计算可以看出，风孔靠近幅板内径时，最大应力集中在风孔内径倒圆处，随着风孔向外径移动，应力集中逐渐减小，靠近外径侧时，最大应力集中移动到风孔外径倒圆处，若进一步向外径磁轭圈靠拢，应力集中将显著增大。不同位置通风孔应力云图如图 8～图 11 所示。

4.3 不同风孔分布对结构影响小结

通风孔分布除了对转子应力集中有一定影响，也影响结构的 GD^2（转动力矩）。通风孔分布圆在可能范围内移动，幅板的 GD^2

图 7　通风孔不同分布圆示意图

在 393914kg·m^2 至 328945kg·m^2 之间变化，变幅达到 16.5%。

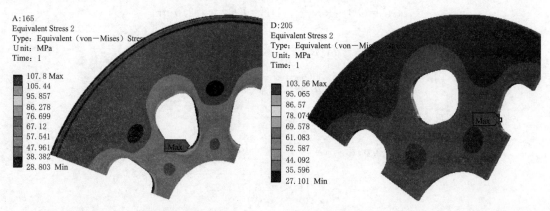

图 8　分布圆半径 1650mm 时幅板等效应力　　图 9　分布圆半径 2050mm 时幅板等效应力

但转子其他结构不应通风孔移动而改变，制动环 GD^2 为 69910kg·m^2，磁轭圈 GD^2 为 1276080kg·m^2，磁极 GD^2 为 1732900kg·m^2，且磁极磁轭相对幅板，对整体 GD^2 影响较大，因此通风孔移动对转子结构 GD^2 影响十分轻微。

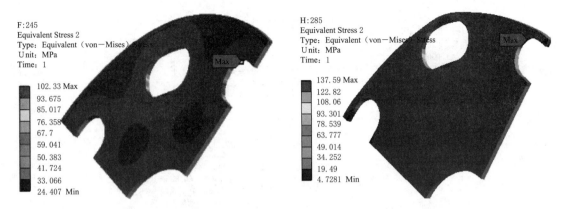

图 10　分布圆半径 2450mm 时幅板等效应力　　图 11　分布圆半径 2850mm 时幅板等效应力

通风孔不同位置对应力和 GD^2 影响汇总于表 1，影响趋势如图 12 和图 13 所示。

表 1　　　　　　　　不同风孔分布转子中心体结构计算结果汇总

序号	R /mm	位置比	L /mm	σ_{max} /MPa	应力增幅	幅板 GD^2 /(kg·m²)	幅板 GD^2 增幅	转子 GD^2 /(kg·m²)	转子 GD^2 增幅
1	1650	0.51	885.5	107.8	—	393914.1	—	3472804	—
2	1850	0.57	790.4	103.99	−3.53%	385762.3	−2.07%	3464652	−0.23%
3	2050	0.63	713.5	103.56	−0.4%	376496.2	−2.4%	3455386	−0.27%
4	2250	0.69	650.3	103.15	−0.4%	366158.9	−2.75%	3445049	−0.3%
5	2450	0.76	597.2	102.33	−0.8%	354777.3	−3.11%	3433667	−0.33%
6	2650	0.82	552.2	112.04	9.5%	342368.6	−3.5%	3421259	−0.36%
7	2850	0.88	513.4	137.59	22.8%	328944.4	−3.9%	3407834	−0.39%

注：表中位置比为分布圆半径与幅板外径比值。

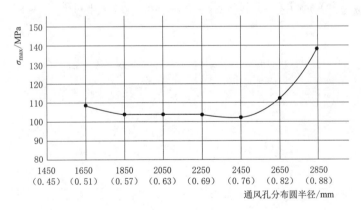

图 12　转子最大应力集中随分布圆位置变化

5　结语

通过以上的优化设计对比分析可知：T 形转子的最大应力集中随着通风孔分布圆半径

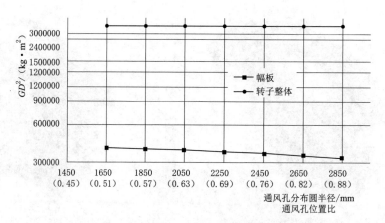

图 13　转子结构 GD^2 集中随分布圆位置变化

的增加先变小后增加，最大应力集中有最小值，本例中约出现在分布圆半径与幅板外径比值为 0.76 处，且在比值 0.57～0.76 之间，最大应力集中都处于相对较低水平；而转子 GD^2 几乎不随风孔位置变化而改变。

本文中 T 形转子中心体应力和 GD^2 随通风孔分布的变化规律的计算分析方法，在双圆盘结构和 π 形结构转子中同样适用，为确定转子通风孔位置提供了简便可行的优化方法。

参　考　文　献

［1］　白延年. 水轮发电机设计与计算［M］. 北京：机械工业出版社，1982.
［2］　陈锡芳. 水轮发电机结构运行监测与维修［M］. 北京：中国水利水电出版社，2008.
［3］　西田正孝. 应力集中［M］. 北京：机械工业出版社，1986.
［4］　张向东，等. ANSYS 有限元分析超级手册［M］. 北京：机械工业出版社，2014.

犍为水电站超大型灯泡贯流式
水轮发电机设计

郑觉平　吴金水

［东芝水电设备（杭州）有限公司　浙江　杭州　310020］

【摘　要】 犍为水电站装有 9 台单机容量为 55.6MW 的超大型灯泡贯流式水轮发电机组。本文对东芝水电承接的二标段机组设计进行总结和说明，希望能给超大型灯泡贯流式水轮发电机设计提供借鉴和参考。

【关键词】 灯泡贯流式水轮发电机；结构设计

1　引言

岷江犍为航电枢纽工程位于岷江下游乐山市犍为县境内，是规划的岷江乐山至宜宾 162km 长河段航电梯级开发的第 3 级航电枢纽。总装机容量 500MW，装设 9 台灯泡贯流式机组，单机容量 55.6MW。

工程开发任务为以航运为主、结合发电，兼顾供水、灌溉，并促进地方经济社会发展。枢纽主要建筑物包括船闸、泄洪冲砂闸、发电厂房、混凝土重力坝、开关站、鱼道和库区防洪堤等。本项目招标划分为两个标段：一标段 4 台机组；二标段 5 台机组。

二标段机组由东芝水电设备（杭州）有限公司设计、制造。本文主要介绍其设计特点。

2　发电机主要技术参数

（1）型号：SFWG55.6-72/8200。

（2）额定容量：61.78MVA/55.6MW。

（3）额定电压：10.5kV。

（4）额定电流：3397A。

（5）额定功率因数：0.9（滞后）。

（6）额定频率：50Hz。

（7）额定转速：83.3r/min。

（8）飞逸转速：275r/min。

（9）飞轮力矩：$\geqslant 7700\text{t} \cdot \text{m}^2$。

（10）额定励磁电压：398V（130℃）。

（11）额定励磁电流：960A。

（12）冷却空气温度：40℃。

（13）定子绕组：条式波绕组，星形连接，2支路。

（14）发电机冷却方式：强迫通风、水-水二次冷却。

（15）励磁方式：自并激可控硅静止励磁。

3 总体结构

犍为发电机为三相同步、卧轴灯泡贯流式水轮发电机。机组轴系采用双导、双悬臂支撑结构。作为国内最大功率等级的灯泡机组之一，在发电机通风冷却，导轴承载荷，转子支架，定子刚强度等方面有很大的难度。

发电机主要由定子，转子，组合轴承，通风冷却系统，灯泡头、中间环，辅助支撑，流道冷却器，自动化系统及其他辅助部件组成，机组总体结构如图1所示。

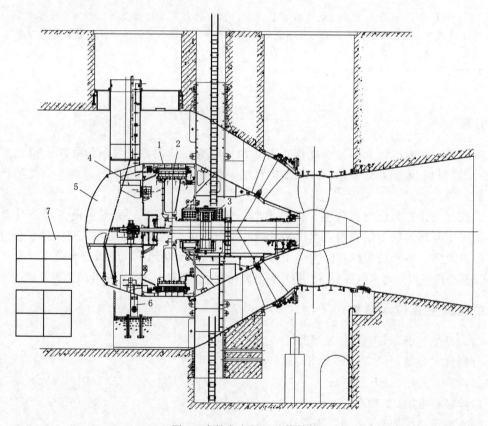

图1　水轮发电机组总体结构

1—定子；2—转子；3—组合轴承；4—通风冷却系统；5—灯泡头、中间环；6—辅助支撑；7—流道冷却器

4 通风冷却系统设计

发电机采用常压、强迫轴向及径向通风、密闭循环、二次冷却方式。

犍为电站为单机容量为55.6MW，为目前国内最大容量采用二次冷却方式的灯泡贯流式机组。如果二次冷却采用常规的冷却锥作为水-水冷却器进行设计，冷却锥的设计难度非常大，很难实现。犍为机组二次冷却采用流道冷却器方式。流道冷却器安装于机组上游流道壁上，可以根据设计需要，设置更大的热交换面积，确保在河水温度在30℃的情况下，空冷器冷却进水温度不大于35℃，空冷器冷风温度不大于40℃。

流道冷却器热交换面采用爆破工艺制造的不锈钢复合钢板，材料为Q235＋06Cr19Ni10，复合钢板的设计厚度不得小于（10＋1）mm，其中不锈钢厚度部不小于1mm。流道冷却器布置于机组进水口流道壁上，设计需考虑有足够的强度承受水流冲击、异物撞击和紧急停机时的压力脉动。为确保河水的流态与计算流态一致，冷却器安装后每片冷却器的间隙和冷却器与混凝土流道壁的间隙需用钢板封盖。

经过计算，犍为每台机组布置了24只表面约2000mm×3000mm的流道冷却器，以满足机组运行需要。

空气冷却器、轴承油冷却器、调速器油冷却器的冷却水系统采用同一套循环冷/热水交换系统，冷却水通过水泵的驱动进行循环冷却。冷却水循环水泵系统布置在框架盖板上，由水泵、过滤器及附件组成，如图2所示。二次冷却时，冷却水系统注入的水是经软化和防腐处理过的清洁水。

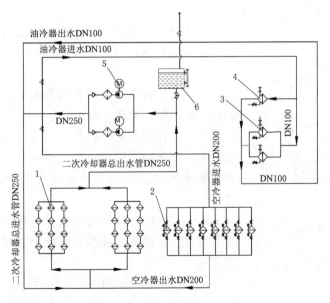

图2　冷却水循环水泵系统布置示意图

1—流道冷却器；2—空气冷却器；3—轴承油冷却器；4—调速器油冷却器；5—水泵组；6—均衡水箱

通风冷却系统主要由空冷器、风道、风机、挡风板等组成。冷却风的循环路径为：风机—转子圆盘孔—磁轭风孔、气隙—定子通风沟—定子机座孔—空冷器风道—风机。

5　组合轴承设计

犍为电站组合轴承设计难点在于机组单机容量大，转速低，水推力和导轴承负荷大。

正向水推力 700t，发电机导轴承负荷 220t。因此轴承润滑设计存在较大难度，根据我公司的以往业绩对轴承进行优化设计，并利用专用润滑计算程序对轴承设计进行了详细检讨，最终得到满意的结构尺寸，以满足合同要求。轴承主要计算结果见表1。

表1 <span></span> **轴承主要计算结果表**

序号	项目	正 推	反 推	发 导
1	基本尺寸/mm	$\phi1370/\phi2450$	$\phi1370/\phi2450$	$\phi1250\times1050$
2	负荷/t	700	700	220
3	轴瓦数	12	12	1
4	长宽比	0.76	0.76	0.84
5	面压/(kg/cm²)	28.96	28.96	16.61
6	最小油膜厚度/μm	55.7	55.7	89.6
7	总损耗	130	26	21

犍为电站水轮发电机组采用双导、双悬臂支撑结构。对水轮发电机组来讲，轴系稳定关系到机组的安全，合同要求一阶临界转速不小于 1.25 倍飞逸转速。犍为机组飞逸转速为 275r/min，经过有限元分析计算得出犍为一阶临界转速为 446.5r/min≥1.25×275＝343.75r/min，可保证机组安全稳定运行。

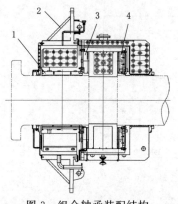

图 3 组合轴承装配结构
1—发导轴承；2—轴承支架；3—反向
推力轴承；4—正向推力轴承

犍为轴承支架为碟形圆盘式焊接件。轴承支架的轴承部位向上游伸出靠近定转子中心，以减轻发电机导轴承的负荷并减小大轴的挠度。

发电机导轴承采用的是刚度高、稳定性好的圆筒型刚性支承结构，瓦面为巴氏合金。

正、反推力轴承分别由 12 块扇形瓦组成，均为巴氏合金瓦。正向推力轴承由推力轴承座、板弹簧支撑。装于导轴承座的反向推力轴承由导轴承座的刚性支柱来支撑。

正、反向推力轴承均采用强迫循环冷却的润滑方式进行润滑，通过高位油箱的压差直接将冷油打入正、反推力瓦。

组合轴承装配结构如图 3 所示。

6 定子设计

定子由定子机座、铁芯、定子线圈等部件组成，如图 4 所示。

机座为焊接式结构，设有上、下游大法兰，中间环和大齿压板。上、下齿压板的压指均采用不导磁材料。机座内腔加工成一定的倾斜角，以保证定、转子上下游侧气隙均匀。机座中间各层环板之间通过立筋相连，环板上开有通风孔，形成轴向通风道。定子机座分两瓣运至工地，组圆焊接后装筋、叠片、下线。

定子机座设计时需要对定子机座的刚强度度进行计算和确认，确保定子机座在运行、

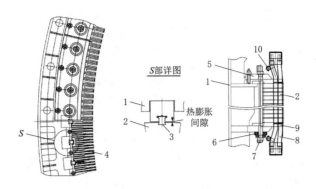

图 4　定子设计示意图

1—定子机座；2—定子铁芯；3—双鸽尾键；4—通风槽板；5—齿压板；

6—碟簧；7—拉紧螺杆；8—定子线棒；9—压指；10—端箍

整体翻身及起吊时不产生有害变形。

定子各部件主要承受的是静应力作用，应力计算时注意安全系数的选取。犍为定子机组外径达 9000mm，设计时需要特别关注机座刚度。

机座的刚性系数（不含法兰）计算公式为

$$刚性系数 = LD_i^2/(GN)$$

式中　L——机组容量，$kVA \times 1.25 \times \cos\phi$；

D_i——定子铁芯内径，cm；

G——定转子气隙，对卧式机 $\times 0.8$cm；

N——机组额定转速。

犍为定子机座刚性系数计算值为 6.18×10^8，如图 5 所示。

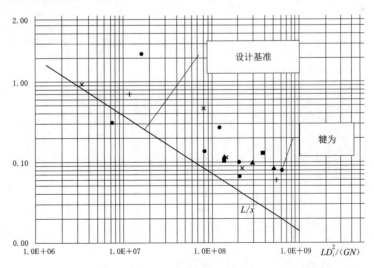

图 5　犍为定子机座刚性系数计算示意图

依据设计基准，刚性系数对应的机座惯性矩比值 2I/J 的最小值为 0.02。而犍为定子机座实际惯性矩比值 2I/J（不含法兰）为 0.08，见表 2。

145

表2　　　　定子机座刚度判据对比表

项　目	定子机座刚度判据	
	LD_1^2/GN	$2I/J$
基准值（不含法兰）	$\geqslant 0.9 \times 10^7$	$\geqslant 0.02$
设计值（不含法兰）	6.18×10^8	0.08

根据比较键为定子机座刚度设计值比设计基准值有较大余量，总体刚度合适，可保证机组运行安全。

定子冲片采用低损、优质冷轧硅钢片50DW250，采用单片一叠，1/2搭接方式，冲片双面涂覆F级绝缘漆。铁芯用双鸽尾键定位且设计了一定间隙，用拉紧螺杆进行压紧，充分考虑了灯泡机的定子在水中运行的特殊性，适应铁芯与机座间的热胀冷缩等影响，可保证发电机长期运行后铁芯不松动。

铁芯压紧采用的是非穿心螺杆式结构，如图4所示。该结构利用铁芯上下端的大、小齿压板和拉紧螺杆对铁芯进行压紧，结构简单，安装方便。

另外，由于拉紧螺杆和鸽尾筋与定子铁芯之间无法形成有效的感应电流回路（图6），拉紧螺杆不设置绝缘，简化了压紧结构，同时减少了现场工作量和缩短了定子安装周期，避免了拉紧螺栓在安装环节发生相关绝缘问题。

定子采用条式波绕组，星形连接，2支路，绝缘等级为F级。定子线圈绝缘采用VPR-发电机定子线圈真空液压多胶绝缘系统。

整个定子通过其下游侧的法兰与水轮机管形座内壳体把合支撑，机座上游侧法兰与灯泡头中间环连接，形成一个浸于水中的发电机泡体连接处采用可靠的双O形密封圈式密封，并在两道密封圈之间设有检测槽，用于在安装过程中检查确认密封状况。

7　转子设计

转子由转子支架、磁极、制动环板等部件组成。转子装配如图7所示。

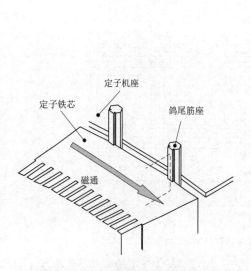

图6　铁芯压紧结构磁通回路示意图

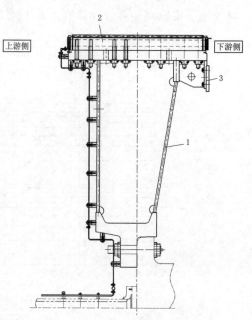

图7　转子装配

1—转子支架；2—磁极；3—制动环板

146

转子支架为 π 形断面整体结构，由磁轭圈、圆盘、主轴法兰连接座等部件焊接组成。发电机转子设计时，根据 GD^2 和运输条件，选择转子结构形式，犍为电站运输条件优越，转子支架选择了磁轭圈结构，磁轭圈由厚钢板卷焊而成，并与圆盘焊成一体，为整体加工结构，相对现场叠片磁轭结构具有安装工期短、圆度好等优点。

转子作为转动部件，转子支架承受自身和磁极离心力、重力、磁拉力等动应力作用，受力情况比较复杂，设计之初就应对各种工况下应力进行计算和确定，犍为电站利用有限元对转子支架在额定和飞逸转速下进行了强度计算和校核。

转子中心体应力分布如图 8 所示。

（a）额定工况　　　　　　　　　　　　　　（b）飞逸工况

图 8　转子中心体应力分布

计算结果汇总见表 3。

表 3　　　　　　　　　　　　计 算 结 果 汇 总　　　　　　　　　　单位：MPa

工　况	磁　轭　圈		圆　盘	
	实际应力	许用应力	实际应力	许用应力
额定转速	31.0	95	29.8	112
飞逸转速	148.3	190	156.6	223

磁轭圈和圆盘材料均为 Q345，磁轭圈厚度 140mm，屈服应力为 285MPa，圆盘厚度为 40mm，屈服应力为 335MPa。

设计要求除主轴外的转动部件：在额定工况，一般应力不超过屈服应力的 1/3，在飞逸工况，一般应力不超过屈服应力的 2/3。

根据以上评价基准，转子中心体的应力均能满足机组长期安全稳定运行的要求。

国内有部分大型灯泡机转子支架出现裂纹缺陷，影响电站的安全运行，设计时需要特别注意。由于灯泡机的结构特殊性，转动部件的交变应力容易产生疲劳破坏，从而产生裂纹，因此在设计之初会对转子支架进行有限元优化设计及疲劳解析，避免集中应力过大，引起疲劳。

磁极铁芯由优质 DJL350 硅钢片冲片叠成，并用穿心芯棒压紧焊接而成。

磁极线圈由紫铜排焊接制成。线圈铜排表面有凸出的散热匜，以增加散热面积，降低线圈的温升。线圈匜间垫以 F 级 NOMEX 绝缘纸，与铜排热压成一体。线圈对地绝缘除了极身绝缘和绝缘法兰外，还在极身四周角部设置角绝缘，以增加绝缘的可靠性。该磁极线圈为可靠的封闭式绝缘结构，现场安装时无需脱出线圈清扫，开箱后可直接挂装。

磁极挂装采用螺栓把合方式，在磁极铁芯内插入含螺纹的芯棒，通过螺栓将磁极把紧在磁轭圈上。这种把合方式简单，易操作，降低了电站的运行、维护成本，并能满足飞逸转速下强应力的需要。

转子通过转子中心体法兰与水轮机大轴连接。用联轴螺栓进行把紧，采用定位键方式传递扭矩。扭矩键为矩形键与圆柱销合二为一的组合结构。

扭矩键一端的圆柱销与被装配的大轴法兰外圆柱面上的销孔配合，配合紧密但又可以相对转动。其中一端的矩形键的侧面为楔形面，可以通过两侧的楔形键，与对应装配工件上的键槽楔紧。扭矩键放入大轴的销孔后，如果因为上述角度的差异销子微小转动，或是安装调整而引起扭矩键上的矩形键与转子支架上的键槽两侧的间距不同，可以通过两侧楔形键的打入长度进行调整楔紧。

扭矩键结构，使得转子中心体相对于大轴在半径方向上可以自由滑动，从而在飞逸工况下，转动部件的巨大离心力全部由转子中心体自身承受，不会作用到扭矩键上，保证了机组的安全稳定运行。

扭矩键结构，提高了适用性，降低了加工成本，降低了加工和安装调整的难度，提高了的工作效率，缩短了工期。

8 结语

犍为水电站发电机的设计结合东芝技术，充分考虑到本机组自身的特性，在保证机组安全稳定运行的情况下，对发电机安装、调试及维护检修的方便性也给予了充分考虑。

电站二标段机组分别于 2020 年 5 月、2020 年 9 月、2020 年 11 月、2021 年 4 月并网运行。各机组自投运以来运行稳定，发电机定转子、轴承温升均满足设计要求，比合同保证值均有较大的裕度，得到了用户的高度评价。

犍为水电站发电机设计，通过选取合理的电磁参数，并进行结构优化，使该发电机设计在性能方面达到了同类机组的先进水平，为客户创造了丰富的价值。

犍为发电机的成功设计也表明东芝水电在超大型灯泡贯流式发电机设计上拥有一定的优势，得到了用户的认可。

参 考 文 献

[1] 田树棠，段宏江，于纪幸，樊洪刚，苑连军，等. 贯流式水轮发电机组实用技术：设计·施工安装·运行检修 [M]. 北京：中国水利水电出版社，2010.

[2] 董彩新，吴金水. 清水塘水电站发电机结构设计 [C] // 水电设备的研究与实践（第 17 届中国水电设备学术讨论会论文集）. 北京：中国水利水电出版社，2009.

10.5kV 级水轮发电机超薄主绝缘定子线棒研制

张海杰

（浙江富春江水电设备有限公司　浙江　桐庐　311504）

【摘　要】　针对增容改造的某国外发电机定子线棒主绝缘及附加绝缘减薄、端部短的特点，对定子线棒的绝缘结构、制造工艺进行了研发。目前国内定子线棒主绝缘厚度与国外先进水平相比，存在着一定差距。减薄线棒主绝缘，有利于改善绕组散热性能，增加发电机功率，减小电机尺寸，同时减薄主绝缘也标志着设计和工艺制造的提升。因此，本次采用国产少胶的绝缘体系，对 10.5kV 级水轮发电机超薄主绝缘定子样棒进行前期研究开发，为该机组真机线棒的制造提供了依据。

【关键词】　减薄绝缘；高场强；国产云母带

1　引言

定子绕组是发电机的重要部件，定子线棒绝缘是重中之重。绝缘结构的可靠性直接影响发电机的性能。由于发电机运行过程中会产生大量热能，对定子线棒造成损伤，为减小定子线棒的温升，减薄主绝缘厚度来提高热传导效率是一种途径。同时提高电机的槽满率，也增大了电机效率。为使线棒主绝缘达到国外先进水平，在原改造机组槽形不变的情况下，对定子线棒绝缘结构的减薄以及端部短而造成的电晕结构的影响，进行了定子样棒的开发研究，试验成果已应用于该机组产品中。

2　样棒结构及样棒特点

定子样棒结构包含电磁线、换位绝缘、换位填充、排间绝缘、内均压层、对地绝缘、防晕层、附加绝缘。直线部与端部截面如图 1 所示。

样棒特点：

（1）端部长度短。

（2）采用真空压力浸渍 VPI 绝缘系统（F 级绝缘）。

（3）换位绝缘减薄。

（4）排间绝缘减薄。

（5）线棒电压等级为 10.5kV，要求单边绝缘厚度减薄，工作场强高。

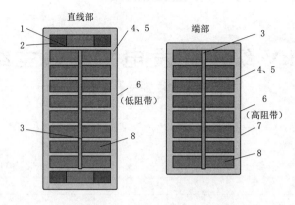

图 1　VPI定子线棒直线部与端部截面

1—换位绝缘；2—换位填充；3—排间绝缘；4—内均压层；5—对地绝缘；
6—防晕处理；7—附加绝缘；8—电磁线

3　制作工艺

3.1　换位编织

设定好节距、股数，换位编织及自动进行换位编织。电磁线换位编花时，由于机械弯曲过程对换位处电磁线本身会造成损伤，为避免导线股间短路发生，需要在换位处垫一定厚度的绝缘材料。换位绝缘采用的是薄膜复合型材料，两片通用厚度为0.6mm，本次设计要求厚度为0.5mm，减薄了换位材料。采用的减薄绝缘材料进行测量，实测10组薄膜复合型材料厚度，每组平均厚度见表1。制作的样棒没有股间短路现象，验证了该厚度的换位绝缘是可行的。

表 1　　　　　　　　　薄膜复合型材料实测厚度　　　　　　　　　单位：mm

0.204	0.203	0.205	0.208	0.206
0.207	0.204	0.206	0.203	0.205

3.2　垫排间绝缘

将两排电磁线分开，垫入排间绝缘。排间绝缘宽度尺寸为端部线棒宽度。通用厚度为1mm，本次设计要求厚度为0.6mm。排间绝缘采用了环氧多胶玻璃毡预浸料，效果良好。同时对减薄的排间绝缘也进行了材料试验，结果见表2。

表 2　　　　　　　　　环氧多胶玻璃毡预浸料材料测试

	样（1）	样（2）		样（1）	样（2）
净重/g	6.214	5.384	胶含量/%	69.75	65.53
干燥后重量/g	6.158	5.326	玻璃布含量/%	41.55	42.54
灼烧后重量/g	1.863	1.836	毛毡含量/%	58.45	57.46
挥发物含量/%	0.90	1.01			

150

3.3 换位填充

换位编织后,线棒窄面不是平整的,为保证后序主绝缘包扎各处厚度一致,达到均匀电场,需对导线不平处采用换位填充材料将其填充饱满平整。由于环氧腻子效果不如半导体胶条,故窄面采用半导体胶条填充。半导体胶条量不能蔓延至宽面过多。半导体胶条的长度尺寸在线棒的换位长度与槽部直线段长度之间。

3.4 主绝缘包扎

本次试验样棒单边绝缘厚度 2.12mm,与原绝缘厚度相比,减少了 9.8%,达到了国外先进水平。相应的工作场强与原来相同电压等级的场强相比,提高了 15.5%。

VPI绝缘系统如果应用国外进口的少胶粉云母带,存在着成本高、采购周期长等缺陷,因此选用国产少胶粉云母带,达到了降低成本、缩短采购周期、得到更好的售后服务等目的。该少胶粉云母带柔软、不掉粉、不反粘、包绕敷贴,是一种含有机金属盐促进剂的云母带,单面玻璃布补强,采用玻璃布干法上环氧树脂黏接胶。

与传统的多胶体系相比,少胶 VPI 绝缘的优势在于少胶绝缘云母含量较高,增强了绝缘耐电寿命。浸渍树脂进入绝缘层,绝缘层得到了有效的填充,比多胶绝缘更密实。使用的常规国产少胶云母带技术要求见表3。

表 3   国产少胶云母带技术要求

序号	试 验 项 目	单位	技 术 要 求
1	厚度	mm	0.13 ± 0.02,个别偏差 0.03
2	宽度	mm	25 ± 1
3	长度	mm	粉云母带的带盘外径为 155 ± 5mm
4	边缘弯曲度	—	粉云母带的弯曲度不超过 1mm
5	云母含量	g/m²	160 ± 13
6	胶含量	%	$5\sim11$
7	玻璃布含量	g/m²	23 ± 3
8	挥发物含量	%	$\leqslant0.5$
9	干燥材料单位面积总质量	g/m²	190 ± 16
10	击穿电压	V	$\geqslant1500$

根据目前产品中使用的少胶粉云母带的压缩量及主绝缘厚度进行折算,计算出包扎层数,再依据生产出来的产品实际尺寸进行包扎尺寸微量调节,从而达到设计尺寸。为了介损增量小,尝试了在胶化棒体先包多胶云母带的方式,与不包多胶云母带的线棒进行对比,介质损耗值有所改善,参见第4项中的电气试验。包多胶云母带有利于内压层与胶化棒体之间更好的接触,减少相互间的气隙,使介质损耗降低。

3.5 防晕层包扎

在规定条件下,施加在被测样棒上开始产生持续电晕的最低电压值,采用在黑暗环境条件下的目测。定子线棒端部高阻防晕层包扎示意图如图2所示。在槽部包低电阻防晕带一层,高阻防晕层包扎时与低阻防晕带进行搭接,搭接长度视不同机组及试品电晕情况而

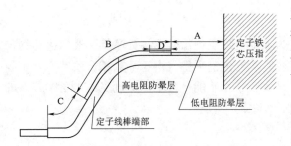

图 2　防晕层包扎示意图

A—铁芯压指端面至高阻防晕层起始位置尺寸；B—端部高
阻防晕层长度；C—高阻防晕层末端至绝缘
末端尺寸；D—高低阻搭接范围

定；高阻防晕带的叠包量按指定方式进行，再外覆保护带一层。依据各机组线棒不同等级要求，包扎方式与位置有所调整。

按照国家标准规定，起晕值不得低于1.5倍额定电压，那么电压等级10.5kV的定子线棒起晕值为15.75kV。样棒的起晕值不仅可达到这个标准，甚至高于这个标准，起晕值接近耐压值，绝大多数线棒无起晕。通过上述防晕结构，解决了端部短容易产生放电的问题。

3.6　真空浸渍

真空压力浸渍（VPI）可以降低定子线棒主绝缘内部的气隙率，从而降低线棒的介质损耗，增加主绝缘的电气强度。我公司已引进稳定的真空压力浸渍（VPI）系统，目前技术已成熟，拥有VPI定子线棒自主产权核心技术。VPI工艺流程如图3所示。

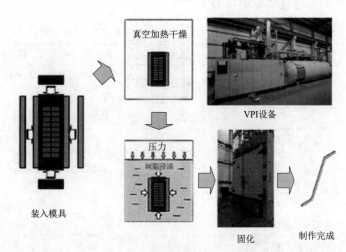

图 3　VPI工艺流程图

VPI浸渍漆使用的是环氧酸酐型浸渍树脂，符合环保要求，对使用者健康没影响。该浸渍漆能与目前使用的少胶粉云母带融合，生产的线棒电气性能优良，尤其是介质损耗小。根据各机组线棒电压等级不同，绝缘厚度有所区别，针对不同的产品需要对浸渍时间进行调整。同时对浸渍胶的黏度要进行检测，根据黏度的变化，来调整浸漆温度。

4　电气试验

4.1　表面电阻率

根据水轮发电机高压定子条式线圈成品质量分等标准要求，优等品表面电阻率在$1 \times 10^3 \sim 1 \times 10^5 \Omega$之间。用万用表双面均等测量10点，样品表面电阻率测试结果见表4。

表 4　　　　　　　　　　　　样品表面电阻率测试结果

样品号	表 面 电 阻 率/kΩ									
样 013	2.2	2.8	5.7	2.7	4.1	5.1	5.7	8.6	1.0	3.6
样 008	1.8	1.2	5.2	2.5	4.3	6.6	7.8	6.5	3.6	3.6
样 002	2.6	3.1	2.9	7.2	4.3	4.5	3.2	3.1	1.8	1.3
样 020	4.0	2.3	3.8	2.6	4.2	3.7	5.4	3.8	5.7	3.8
样 010	4.6	5.0	7.1	3.0	4.8	7.0	3.6	4.3	5.6	14
样 011	5.9	1.7	2.3	1.6	16	2.4	3.4	14	9	16
样 003	7.3	7.0	5.5	4.0	6.3	7.1	7.0	7.6	5.9	6.8
样 007	3.0	6.1	4.0	4.2	7.5	10	13	6.8	3.6	6.4
样 015	5.5	6.2	9.0	7.7	5.6	15	6.8	8.4	11	16
样 014	3.9	16	3.9	8.0	5.0	7.6	3.7	7.5	2.9	2.4

4.2　常态介损

依据分等标准优等品规定，常态介损初始值 $0.2U_N$ 时 tanδ％≤1，样品常态介损初始值如图 4 所示。$0.2U_N \sim 0.6U_N$ 样品常态介损增量 Δtanδ％≤0.5，如图 5 所示。

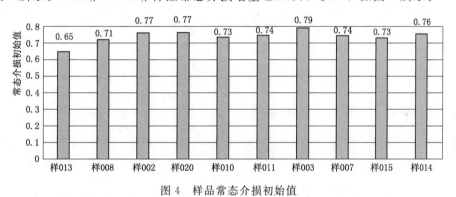

图 4　样品常态介损初始值

图 5　样品常态介损增量

其中，样 002、样 010、样 011、样 003、样 007 直线段均是包多胶云母带，介损增量都不大于 0.35％；比优等品的标准还要小。

4.3　热态介损

将样 013 和样 008 两根样棒用来做热态介损，样 013 热态介损初始值为 3.93％，样 008 热态介损初始值为 3.88％；达到分等标准优等品标准。

4.4 工频耐压及起晕

标准规定 10.5kV 电压等级定子线棒工频耐压试验电压 35.4kV，耐压 1min；起晕值不低于 15.75kV。样品工频耐压及起晕见表 5。

表 5　　　　　　　　　　　　　　　　　样品工频耐压与起晕

样品	样 013	样 008	样 002	样 020	样 010	样 011	样 003	样 007	样 015	样 014
耐压（35.4kV）	通过	通过	通过	通过	通过	通过	通过	通过	通过	通过
起晕电压/kV	＞35.4	31	＞35.4	31	＞35.4	＞35.4	＞35.4	＞35.4	＞35.4	＞35.4

4.5 局部放电试验

样品局部放电如图 6 所示。

4.6 瞬间工频击穿电压试验

击穿试验在常温下变压器油中进行，平均升压速度 1000V/s，10.5kV 电压等级的定子线棒瞬时工频击穿电压要求 ≥70kV。选了四根样棒进行击穿试验，结果如图 7 所示。

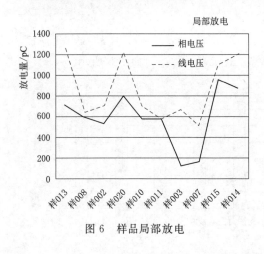

图 6　样品局部放电

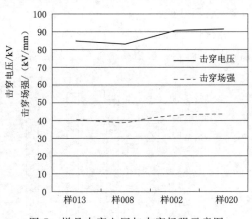

图 7　样品击穿电压与击穿场强示意图

4.7 瞬间工频击穿场强

$$场强 = \frac{瞬时工频击穿电压}{单边绝缘厚度}$$

标准要求 10.5kV 的定子线棒瞬时工频击穿场强 ≥25kV/mm。那么 4.6 中的样棒击穿场强如图 7 所示。样棒的击穿场强远远超过标准规定。

5　结语

通过本次样棒的研发，验证了减薄后的定子线棒绝缘结构和制造工艺的可行性；减薄绝缘的样棒不仅常规电气试验性能方面达到国家优等品的标准，甚至击穿场强高达 43.27kV/mm，满足该国外机组定子线棒设计需求；同时也证明在设计和工艺制造能力上接近于国外先进水平。

参 考 文 献

[1] 毛继业. 高场强的定子线棒绝缘材料结构及工艺研究: 第十届绝缘材料与绝缘技术学会交流会论文集 [C], 2008.

[2] 皮如贵, 梁智明, 漆临生, 等. 发电机定子导线换位绝缘结构的分析 [J]. 东方电机, 2012 (4): 1-6.

VPI 定子线圈模具设计探讨

李 燕

（浙江富春江水电设备有限公司　浙江　桐庐　311504）

【摘　要】 本文简要介绍了制作 VPI 绝缘系统圈式线圈工装模具及工艺过程，因该定子直径比较大，受浸渍设备尺寸的限制，无法采用线圈在定子中下线完后，与定子一起整体放入浸渍罐中浸渍的工艺方式。为了解决该问题，本文改变工艺方式，采用设计工装模具代替定子，线圈装入模具中脱离定子浸渍的方式。

【关键词】 尺寸控制；形状控制；成本控制

1　引言

湘江长沙综合枢纽工程为河床式电站，电站厂房设置 6 台单机容量为 9.5MW 的灯泡贯流式水轮发电机组，总装机容量 57MW。其定子绕组为 F 级绝缘，线圈设计为 VPI 绝缘系统的圈式绕组线圈，此类型的绕组线圈为浙江富春江水电设备有限公司第一例 VPI 浸渍系统绕组线圈。该发电机为该公司自主设计，其两端部节距、跨距都比较小，成形困难，在工艺、模具上都无生产经验。对于最关键的工序 VPI 浸渍，经调研后了解到，一般采用绕组线圈在定子内下好线之后，与定子一起整体浸渍的方式。受设备和场地的影响，此工艺方式不宜采用，需调整工艺方案，并制作相应的工装模具，以适应公司的生产状况。

2　圈式 VPI 线圈的结构特点及工艺流程

2.1　圈式线圈结构的结构特点

（1）电磁线硬度大，截面厚度尺寸大，节距、跨距都比较小，成形困难。

（2）该线圈跨距短，无法用包带机进行绝缘包扎，采用手工包扎，手工包扎无法保证包扎张力一致，并且在拉扯过程中会导致已经成形的线圈形状产生变形，不同人员的包扎水平不一，会造成线圈包扎质量不统一。

（3）VPI 绝缘结构的线圈硬度大，此机组线圈的节距又小，必须保证端部尺寸统一，才能保证在下线的过程中互不干扰。

2.2　VPI 圈式线圈制作工艺流程

VPI 圈式线圈制作工艺流程如图 1 所示。

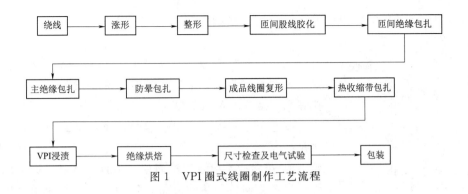

图 1　VPI 圈式线圈制作工艺流程

3　VPI 线圈制造关键工艺所对应的工装

3.1　覆型模

由于 VPI 线圈电磁线比较厚，材质相对较硬，必须保证端部结构柔软，才能降低成型的难度。绕组线圈的材质与结构导致棒体硬度大，在涨型完后，需要对涨型好的线圈进一步调整形状，若涨形不到位，线圈形状无法统一，影响后续绕组线圈下线。因此需要增加覆型模，并且对覆形模的强度、精度有严格的要求。覆型模装置示意图如图 2 所示，直线段支撑可以先焊接牢固，覆型完后检查线圈尺寸，尺寸不合格调整端部支撑位置，位置定好之后与底板焊接牢固，装千斤顶将线圈形状压出。

3.2　胶化模

采用具有成熟工艺的全自动圈式模压机，因此胶化模只需做出直线部位的型腔压块即可。

3.3　冷压模

覆形之后因为采用手工包扎，会对线圈形状尺寸产生影响，因此需要在线圈主绝缘包扎之后，VPI 浸渍之前，对线圈进行冷压，目的是调整主绝缘包扎产生的形状变化，减少后续 VPI 浸胶装模的困难，为此制作了冷压模（为实现成品线圈形状统一，其形式与覆型模一致，在尺寸上空出绝缘层厚度），其结构如图 3 所示。

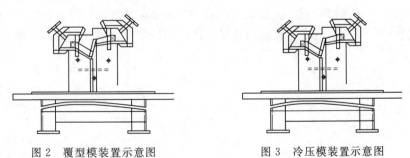

图 2　覆型模装置示意图　　　　　图 3　冷压模装置示意图

3.4　VPI 浸胶模

VPI 浸胶模是最关键的一步，最初制订过以下三个方案：

（1）因 VPI 浸渍系统绝缘模式的圈式线圈无以往制作经验，对装模系统进行了一系列的考察后，考虑做一个模拟定子，绕组线圈在模拟定子中装好，整体浸胶后烘焙。因我公司浸渍罐尺寸的原因，用模拟定子装模后线圈无法浸入灌浸渍，且模拟定子加工成本大，此方案未被采用。

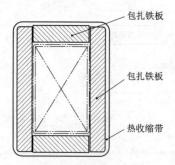

图4 四周包扎铁板方案

（2）考虑在绝缘包扎完之后，采用四周包冷轧钢板，并以热收缩带缠绕，以达到控制线圈截面尺寸的目的，包扎好后直接浸入VPI浸渍罐，包扎方案如图4所示。

在这个方案线圈试制过程中，模具方面存在以下几点问题：

1）虽然此类模具结构简单，但是成本高。需使用到的材料为冷轧钢板和热收缩带，均为不可重复使用材料。冷轧钢板和热收缩带使用量大，材料费约为模具制作费的2倍。

2）为了验证此方案的可行性，采用手工包扎钢板试制7模，结果尺寸都偏大。受热收缩带性能的限制，其受热后产生的拉力不足以将截面尺寸挤压到位。

3）为保证包扎钢板平整度，需选用冷轧钢板。因其用量大，为减少加工成本，采用激光机切割，t5mm包扎铁板激光切割质量不稳定，切割过程中合格率不高，再加上冷轧钢板价格比较贵，相对来说比较耗费财力和物力。

综合以上三个原因，首先排除采用模拟定子的结构方式。采用四周包冷轧钢板来控制线圈截面尺寸的模具方案，即使能成功，也会出现包扎人员因疲劳的人为因素，无法保证线圈截面尺寸，线圈合格率会大大降低。并且由于包扎铁板切割质量不稳定，包扎用铁板会出现不可控的报废率，增加生产成本，因此包扎铁板方案也未被采用。

（3）结合多胶绝缘系统模压圈式线圈的热压方式和VPI绝缘系统浸胶模机械压紧结构，利用一个严格控制型腔尺寸的压铁，采用机械压紧式，通过塞尺检查合模情况，以达到截面尺寸要求，设计并制作了单根线圈试制浸渍模具，模具图如图5所示。

按此种装模浸胶方式，进行了单根线圈的试制，未出现之前所担心线圈浸胶浸不透现象。浸胶后线圈尺寸以及电气性能试验均能满足要求，因此确定了此种模具结构，并且对其进行了改进。单根线圈浸胶，因模具占空间，一次浸渍产量低，借鉴条式定子线棒VPI浸胶模多层叠装的结构，形成了紧凑型批量生产线圈浸胶模，模具图如图6所示。

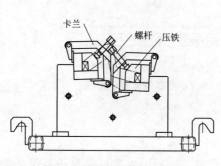

图5 线圈试制模具示意图

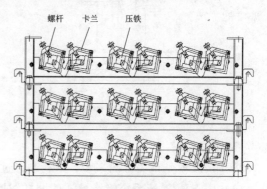

图6 浸胶模结构示意图

4　结语

　　长沙枢纽圈式 VPI 线圈模具主要有覆型模、冷压模和 VPI 浸胶模，最突出的难点为 VPI 浸渍模具，既要求其能保证制作出来的线圈质量合格，又要求其保证产量。该 VPI 浸渍模具采用机械压紧的方式，以塞尺检查合模情况，可以提前避免尺寸不合格问题，保证产品质量的稳定性。最大限度利用 VPI 浸渍罐的容积，以及工厂其他设备的生产能力，采用一模装多根线圈的模具结构，模具制作费用与包扎铁板产生费用，减少将近一半，在保证线圈质量稳定，满足产量要求的同时，减少了生产成本。长沙枢纽项目绕组线圈作为本公司第一例圈式 VPI 线圈，其研制成功有力增强了公司的市场竞争力。

灯泡贯流式水轮发电机防潮除湿改进及需注意的问题探讨

杨言启　张　麟　李冬翠

（浙江富春江水电设备有限公司　浙江　桐庐　311504）

【摘　要】 灯泡贯流式水轮发电机由于其环境特殊，内部容易受潮，影响机组的安全稳定运行，因此，采取有效的防潮除湿措施是非常有必要的。本文提出了改进措施及需注意的问题，供探讨及参考。

【关键词】 灯泡贯流式水轮发电机；防潮除湿；除湿机；电加热装置

1　防潮除湿的重要性

灯泡贯流式水轮发电机由于其特殊环境，厂房内及机组内部的空气湿度比较高。同时，发电机浸在流道水中，机组运行时，内部空气与流道河水的温差比较大。当内部空气接触到低温的过流部件内表面，空气温度降低，当降至露点温度后，就会形成结露。在机组高负荷运行、水温比较低的情况下，最易形成结露。

灯泡贯流式水轮发电机的防潮除湿如处理不好，可能会影响机组的安全稳定运行。比如，有的灯泡贯流式机组长时间停机后因定子绕组受潮，绝缘电阻值满足不了标准或规范的要求，导致无法正常启机；四川某电站因竖井内壁结露滴水，导致发电机主引出线发生绝缘击穿事故。因此，灯泡贯流式水轮发电机的防潮除湿需引起重视。

2　常用的防潮除湿措施

防潮除湿的根本是降低发电机内部空气的水分，保持空气干燥，并防止形成结露水。国内外对灯泡贯流式水轮发电机常用的防潮除湿措施主要如下：

2.1　涂刷防结露漆

在灯泡头、中间环（或冷却锥）、竖井内表面涂刷防结露漆，防结露漆具有多孔特性，有很强的吸水能力。当其表面温度达到空气露点温度后，附近空气会析出水分，在其表面形成结露，但由于防结露漆具有很强的吸水能力，不易形成结露水滴、水流，用手触摸其表面，明显能感觉到潮湿。当空气温度升高，防结露漆吸附的水分将向空气中释放，防结露漆表面将变得干燥，如此循环。

2.2 设置电加热装置

电加热装置的功能就是加热发电机，将发电机内部空气温度控制在一定的范围及提高空气的饱和湿度。通常，灯泡贯流式水轮发电机被挡风板分割成灯泡头腔及定转子腔，当然，这两个腔通过小间隙也是相互连通的。分别在灯泡头腔设置电加热器，在定转子腔设置电加热器或电加热管。

2.3 设置除湿机

除湿机的作用是将空气中的水分凝结成水排出，保持空气干燥。冷凝水通过管路接至发电机舱底部排水管路，排至渗漏排水井。有的灯泡机只在灯泡头腔设置除湿机，通常安装在检修平台上靠上游侧位置处；有的在灯泡头腔及定转子腔都设置了除湿机，定转子腔的除湿机安装在挡风板下游侧冷风区合适位置。

3 改进措施

目前灯泡机组除湿机、加热装置通常的控制为：机组运行，除湿机、加热装置退出；机组停机，除湿机、加热装置投入。

机组停机，发电机冷却风机也相应停止投入运行，定转子腔的空气是静止的。而除湿机只能对其附近一定范围内的空气进行除湿，难以有效对整个腔体的空气进行除湿干燥。特别是灯泡外径大的机组，除湿效果更差。灯泡头腔通常不设置风机，原因也是如此。

常规的防潮除湿措施，腔体的空气不能循环流动，因此，需要进行改进。改进措施有：在灯泡头腔设置防潮除湿专用风机；定转子腔可利用部分通风冷却风机作为防潮除湿专用风机，当然也可另外设置防潮除湿专用风机。

4 其他需注意的问题

灯泡贯流式水轮发电机的防潮除湿，还应注意如下问题：

4.1 保持腔体良好的密闭性

保持发电机腔体良好的密闭性，对于防潮除湿效果来说是比较重要的。结构上需采取措施使发电机腔体与外界隔离。例如，在发电机竖井口设置密封盖板，管路、电缆等，从竖井及内壳体引出开孔处也进行密封处理，采取措施防止潮气通过定子机座底部的渗漏排水管进入发电机腔。

4.2 定转子腔的有效除湿

有的灯泡机只在灯泡头腔设置了除湿机，认为灯泡头腔与定转子腔通过小间隙也是连通的，灯泡头腔的除湿机可以对定转子腔的空气进行除湿，实际上，定转子腔的除湿效果并不理想。

定转子腔里装设的是定子、转子重要的电气部件，相对而言更为重要。因此，需在定转子腔设置除湿机，使除湿更有效。

4.3 相匹配的除湿容量

除湿机的除湿容量主要根据腔体的空气体积及空气湿度进行选取。在湿度一定的情况下，空气体积越大，除湿机的除湿容量也应越大。如果除湿机的除湿容量过小，难以有效减少腔体中空气的水分。

4.4 除湿机对环境温度的适应

国内常规的工业除湿机，其使用的最高环境温度（即空气温度）要求一般为 38℃ 左右，某些定制应用在水轮发电机上的除湿机，其使用的最高环境温度要求为 45℃ 左右。通常除湿机最佳的除湿环境温度范围为 30～40℃。

灯泡头腔除湿机安装所在位置的最高环境温度一般在 35～38℃，采用冷却锥方式的二次冷却比一次冷却略高；而定转子腔除湿机安装所在位置的环境温度一般在 40～48℃（冷风温度），同样，采用二次冷却比一次冷却略高。

如环境温度超过除湿机适用的最高限定温度，开启除湿机运行，压缩机的工作电流比较大，发热比较严重。为了保护压缩机，除湿机自身设置了保护继电器，当其断开后，需手动进行复位。由于结构原因，安装在定转子腔的除湿机是否工作，不特别注意的话，是难以发现的，以为除湿机是在正常工作，实际上并没有投入运行，从而影响除湿效果。

除湿机接通电源不正常工作的情况下，应能够向监控系统发出报警信号，提示其是否正常工作。

5 结语

灯泡贯流式水轮发电机由于其特殊环境，内部容易受潮，因此，采取有效的防潮除湿措施是非常有必要的。

浙富公司已供货国内外灯泡贯流式水轮发电机组总计一百多台，至今没有电站反馈机组因防潮除湿不良而出现问题、发生事故。本文总结我公司经验及国内一些灯泡机组防潮除湿的情况，提出改进措施及需注意的问题，供探讨及参考。

枕头坝一级水电站水轮发电机通风计算与试验

王　铭　许学庆　严科伟　方露梦　刘佐虎

（浙江富春江水电设备有限公司　浙江　杭州　311121）

【摘　要】 本文以枕头坝一级水电站水轮发电机通风系统为例，通过网络法经典计算和真机试验相结合的方式验证了理论计算的准确性。本文的研究成果对今后的通风系统设计具有一定的参考意义，在工程应用中具有实用价值。

【关键词】 水轮发电机；通风系统；网络分析；真机试验

1　引言

　　水轮发电机是一种将水的势能转换成电能的能量转换设备，在运行过程中水的势能并非完全转换为电能，其中一部分能量以电磁损耗和机械损耗等形式在发电机内部产生并最终转换成热能，引起了绕组、铁芯和机械部件的温度升高，危及发电机的安全运行。因此需要通过发电机通风计算来准确求解风量的分配规律，确保有足够的风量来带走电磁损耗热和机械损耗热，使机组得到良好的冷却效果，从而保证绕组、铁芯和机械部件的安全。

　　发电机通风结构非常复杂，特别是磁轭和定子内部有密集的通风槽，几何尺度变化大，再加上转子的高速旋转，使得空气在发电机内处于一种复杂的流动状态。近年来发电机研究领域引入CFD技术这种新的分析方法，其强大的分析能力能够为产品开发提供强有力的支持，但也存在软硬件资源需求大，对使用者要求高，计算周期长等不足。因此，在技术迅速发展的今天，发电机的通风计算仍然主要依赖于传统的网络分析方法，它能在耗用时间和资源不大的条件下比较准确地对发电机通风系统进行计算，以获得合理的通风结构，具有重要的实际意义。

2　发电机通风系统计算

　　枕头坝一级水电站位于四川省乐山市金口河区的大渡河中游干流上，电站装设有4台单机180MW的大型轴流转桨式水轮发电机组，主要技术参数见表1。

　　该电站发电机采用的是无风扇双路端部回风密闭自循环通风系统，其特点是结构简单可靠、风量分布均匀、运行维护方便。整个循环系统的风压主要由转子支架、磁轭和磁极自身旋转的离心力产生。在转子磁轭上、下端和定子铁芯内径之间安装旋转挡风板，同时在转子支架上、下圆板上都开有适当数量和大小的风孔。冷风从空冷器流出，冷却定子线

表 1		发电机主要技术参数	
参　数	数值	参　数	数值
额定容量/MW	180	转子外径/mm	13452
功率因数	0.9	定子内径/mm	13500
额定频率/Hz	50	定子外径/mm	14220
额定转速/(r/min)	83.3	定子铁芯长/mm	1794
级数	72	定子风沟数	49

圈端部后，在转子风扇功能产生的离心力驱动作用下，从转子支架圆盘上的风孔吸入转子支架，依次经过磁轭通风道、磁极间隙、定转子气隙、定子铁芯通风沟，在定子背部汇集后，热空气将发电机损耗热传递给空气冷却器，与空气冷却器中的冷却水完成热交换后，冷空气重新分上、下两路流经定子线圈端部进入转子支架，开始新的循环。

发电机通风网络法就是把发电机的实际通风路径等效成一个网络图，如图1所示。空气流经网络图中的每个支路后流体的压力都会产生局部损失和沿程损失。流道面积和角度的变化等阻力引起局部损失，流体与壁面的摩擦引起沿程损失。在发电机通风系统中，局部损失远大于沿程损失。

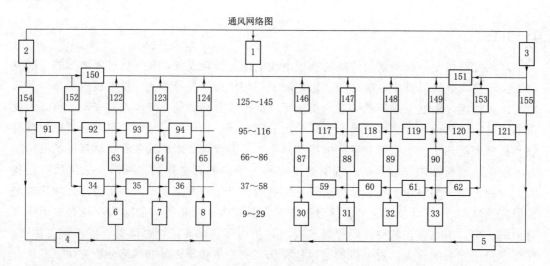

图 1　通风网络图

1—空冷器；2，3—定子机座通风孔；4，5—转子支架通风孔；6～33—磁轭部；34～62—下部极间轴向；
63～90—磁极径向；92～120—上部极间轴向；91，121—旋转挡风板漏风；122～149—定子
通风槽；150，151—上、下侧齿压板背部间隙；152，153—线棒端部固定
挡风板通风孔；154，155—上、下刨线棒端部与挡风板间

网络图中的每个等值风路代表发电机的某一段实际风路结构，由特征参数对其表征。发电机的通风网络与电路相似，对发电机通风系统可以通过解方程的方法进行计算，从而在发电机设计阶段就能对风量和风量分配有比较准确的掌握和优化。

根据质量守恒定律，同一风路中流入和流出任一节点的冷却空气其质量应相等。因此，对于网络图中的每个节点都应满足式（1），即

$$\sum Q_i = 0 \tag{1}$$

同时，根据能量守恒原理，对于网格图中的每个闭合回路，空气的压力变化总和为零，即

$$\sum P_j = 0 \tag{2}$$

枕头坝一级电站发电机按空气温升 25.9K 考虑时需要通过空冷器的总风量为 93m³/s。采用通风网络法对枕头坝一级电站发电机进行计算，计算结果如图 2 和表 2 所示，发电机的总风量为 114.6m³/s，满足设计要求，且各部位的风量分配均匀、合理，能够满足机组长期稳定安全运行的需要。

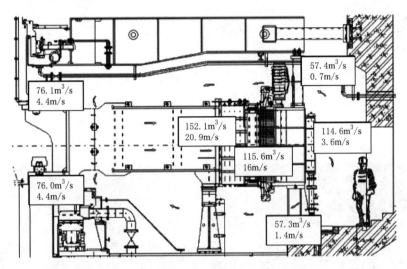

图 2　通风计算结果

表 2　　　　　　　　　　　　　　主要部位风量和百分比

位　置	风量/(m³/s)	百分比/%	位　置	风量/(m³/s)	百分比/%
转子支架非驱动侧	76.1	50	转子驱动侧漏风	15.7	10
转子支架驱动侧	76.0	50	定子铁芯通风沟	115.6	76
转子支架	152.1	100	空冷器	114.6	76
转子磁轭通风沟	152.1	100	非驱动侧回风	57.4	38
转子非驱动侧漏风	15.7	10	驱动侧回风	57.3	38

3　通风试验

水轮发电机内温度的变化对流体的物性参数影响不大，不会使气流速度和压力发生显著变化，实际发电机在空转和负载工况下的通风量保持一致，研究通风冷却系统时可以略去温度影响。因此发电机通风试验可以在空载状态下进行。

对于枕头坝一级电站 1F 机组，在转速为额定转速 83.3r/min 下，测量了图 3 中的 C2，C5，C9，C11 这 4 个位置空冷器出口处的风速和 C8 位置的空冷器进出口压差。

本次试验采用网格法来测量空冷器出口平均风速：在 C2，C5，C9，C11 号空冷器出

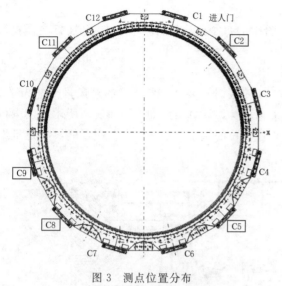

图 3 测点位置分布

风口安装口字形的木质框架，木质框架固定在空冷器上，并用棉线将出风面平均分为 25 个矩形，如图 4 所示。在每个矩形的形心位置测量每个网格单元的风速，由于所有矩形的面积均相等，根据权重法计算平均风速可以简化为直接计算通过所有网格单元的平均风速。

$$\sum_{i=1}^{25} \frac{V_i A_i}{\sum A_i} = \sum_{i=1}^{25} \frac{V_i}{25} \quad (3)$$

则通过每个空冷器的风量为

$$Q = \overline{V} S \quad (4)$$

式中　$\overline{V}$——所测四个空冷器的总平均出风速度；

S——所测空气冷却器的有效出风面积。

图 4　辅助工具安装图

整个机组的总循环风量为 12Q。

四处空冷器的通风测试结果见表 3，并由此计算了发电机总的冷却风量。其中 C11 位置空冷器出口的风量比其他位置略小，可能是由于受到了外围引出线挡风效果的影响。空冷器外形示意图如图 5 所示。

通过以上试验测得的风速可以求得发电机总循环风量为 119.3m³/s，网络法计算得到的总循环风量为 114.6m³/s，通风测试的结果比计算值大 4.1%，说明水轮发电机通风系统总风量的计算精度很高，通风系统满足冷却要求。

表3   空冷器出口风量

内 容	C2 空冷器	C5 空冷器	C8 空冷器	C11 空冷器
每个空冷器的平均风速/(m/s)	3.8	3.9	3.9	3.5
总的平均风速/(m/s)	3.8			
空冷器出风口总面积/m²	31.4			
通过十二台空冷器的总风量/(m³/s)	119.3			

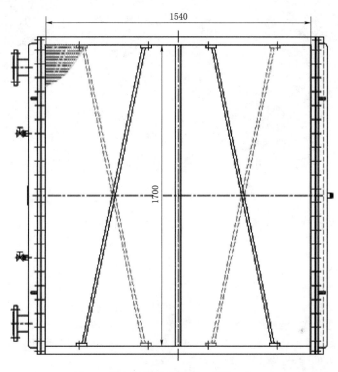

图5 空冷器外形示意图（单位：mm）

  为了测量定子机座内的风压，拆除了 C8 位置的热风温度计，然后在原位置装上压力变送器，压力值通过外接数显装置引至人员容易到达的位置并固定，如图6所示。

  压力开关测得的数值是空冷器进出口的压差，如果值为正，则说明测量位置的压力大于空冷器出口处的环境压力。

  机组停机时，压力值读数为零，此时空冷器进出口压差为零。当机组运行至额定转速 83.3r/min 时，空冷器进出口压差为 113Pa，说明空冷器运行多年后状态依然良好，通风流畅没有发生堵塞现象，上文中的通风测量结果与理论计算值具有可比性。

4 结语

  经典网络法具有占用资源少、计算效率高的优势，具有极大的实用性，被广泛运用于水轮发电机通风系统的计算。枕头坝一级水轮发电机组真机测试的总风量为 119.3m³/s，与计算的总风量 114.6m³/s 之间有 +4.1% 的偏差，验证了理论计算具有较高的准确性。

图 6　压力测量

这种方法在今后水轮发电机通风系统的设计和优化工作中将继续发挥作用。

参 考 文 献

[1]　白延年. 水轮发电机设计与计算 [M]. 北京：机械工业出版社，1982.

[2]　丁舜年. 大型电机的发热与冷却 [M]. 北京：科学出版社，1992.

[3]　李伟力，陈玉红，霍菲阳，等. 大型水轮发电机转子旋转状态下磁极间流体流动与温度场分析 [J]. 中国电机工程学报，2012，32（9）：132 - 139.

[4]　张群峰，严锦丽，王铭，陈志祥. 大型水轮发电机通风特性的数值模拟研究 [J]. 空气动力学学报，2013（4）：503 - 510.

[5]　王铭，严锦丽，陈志祥. 潘口水电站通风散热的数值模拟 [J]. 水电与新能源，2014（1）：19 - 21.

[6]　陈卓如，王洪杰，刘全忠. 工程流体力学 [M]. 北京：高等教育出版社，2004.

[7]　迟速，刘彤彦，刘双，梁彬，李净. 大型水轮发电机通风系统二维流场数值计算 [J]. 黑龙江电力，2000，22（1）：16 - 21.

[8]　刘聿拯，张曙明，袁益超，沈嘉祺. 发电机通风计算解法研究 [J]. 大电机技术，2005（2）：5 - 9.

谢攀 EGAT 高转速大容量发电机设计特点

黄剑奎 宗日盛

（浙江富春江水电设备有限公司 浙江 杭州 311121）

【摘 要】 老挝谢攀水电站 EGAT 发电机为额定转速 600r/min 及额定容量 148MVA 的高转速发电机，针对高转速大容量发电机的难点及类似项目的问题点，我们进行了全面的总结和技术攻关。本文结合 EGAT 发电机重要部件的设计难点及结构特点对高转速大容量发电机的注意要点进行了说明，可为今后高转速大容量水轮发电机的结构设计提供借鉴。

【关键词】 水轮发电机；高转速；大容量；结构设计

1 引言

谢攀水电站位于老挝南部占巴塞省的波罗高原，电站最高水头 689.6m，采用压力管道引水（1 管 4 机），安装有 3 台单机 148MVA、额定转速 600r/min 的大容量高转速立轴混流式水轮发电机组（EGAT）及 1 台 48MVA、额定转速 500r/min 的大型卧式冲击式水轮发电机组（EDL），两种机型的机组分别于 2019 年 7 月及 2019 年 12 月顺利投入商业运行。本文重点说明立轴混流式机组 EGAT 发电机的结构特点。

高转速大容量发电机很容易出现因轴刚度或轴系支撑刚度不足导致机组振动偏大、轴摆度超差和转动部件强度不足，从而导致转子部件发生有害变形并产生裂纹、轴承和定转子温度过高等发电机重大技术问题。谢攀 EGAT 发电机的设计充分吸取了国内外高转速大容量发电机这些方面的经验，尤其是浙江富春江水电设备有限公司秘鲁 Q 项目的成功经验，通过技术攻关，采用先进手段对核心部件的刚强度、模态、轴系、通风及温度等进行了全面的有限元分析，最终顺利地解决了困扰高转速大容量发电机的这些技术难题。

2 发电机主要技术参数及总体结构

发电机主要由定子、转子、上/下机架、推力轴承、上/下导轴承、径向防振支撑及轴向风扇等部件组成，发电机断面图如图 1 所示。发电机主要技术参数见表 1。EGAT 发电机为三相凸极同步发电机，采用了立轴悬式轴承布置、密闭循环自通风的空气冷却方式。

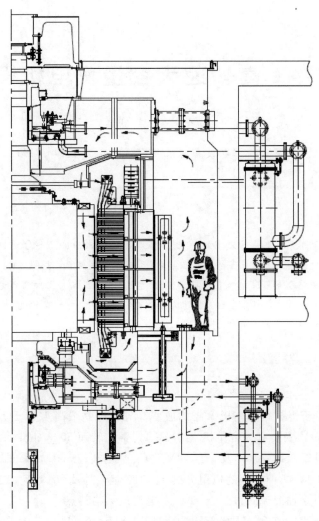

图 1　发电机断面图

表 1 发 电 机 主 要 参 数

项　目	单位	数值	项　目	单位	数值
发电机型号		SF124－10/4800	额定电压	kV	15.75
额定容量	MVA	148	额定电流	A	5411
额定频率	Hz	50	额定转速	r/min	600
飞逸转速	r/min	1000	励磁方式		自并激可控硅静止励磁
定子铁芯内径	mm	3650	定子铁芯长度	mm	2300
发电机 GD^2	t·m²	≥1142	旋转方向		俯视顺时针

3　发电机结构设计难点及特点

EGAT 发电机的设计难度,可以用发电机结构设计的难度指数 K 来说明,即 $K=$

$S_N \times n_R^2 \times 10^{-6}$，式中 S_N 为发电机的额定容量（MVA），n_R 为机组最大飞逸转速（r/min）。K 值越大，表明发电机的设计及制造难度也越大。2000 年以后国内厂家比较典型的常规高转速大容量发电机的 K 值情况见表 2，从表 2 中不难看出，EGAT 发电机的结构设计和制造难度远超其他常规高转速发电机。

表 2　　　　高转速大容量常规水轮发电机结构设计难度指数统计表

电站名	型式	额定容量/MVA	额定转速/(r/min)	飞逸转速/(r/min)	K	投运年份
（柬）达岱河	SU	96	375	650	41	2014*
（秘）Q	P	66	720	1330	117	2015*
（厄）德尔西	P	67	450	840	47	2018*
（老）EGAT	P	148	600	1000	148	2019*
（老）南俄 3	SU	183	300	520	50	2021*
古瓦	P	77	429	756	44	2019*
周宁	P	139	429	707	70	2004
硗碛	P	89	600	960	82	2006
（缅）瑞丽江	P	118	429	680	55	2008
大盈江	SU	200	300	542	59	2009
毛尔盖	P	156	300	550	47	2011
溪古	P	92	500	920	78	2015

注：标记 * 的为浙富公司产品；SU 为半伞式；P 为悬式。

3.1　发电机转子

EGAT 发电机飞逸下的转子外周速高达 191m/s，和浙江富春江水电设备有限公司设计制造的秘鲁 Q 发电机处于相同水平，这样的周速水平在当前国内厂家中处于前列。由于 EGAT 发电机容量远超秘鲁 Q 发电机容量，发电机转子结构设计面临的难题也大大超过秘鲁 Q 发电机。

EGAT 发电机转子结构设计总体上借鉴了秘鲁 Q 的转子结构，磁极线圈外径侧引线的引出采用了我公司最新研制的结构。该结构更简单地直接引出结构，相比秘鲁 Q 磁极的线圈结构及传统的极间引出采用拉紧螺杆加强的方式，其制作及安装工艺更简单，引线引出支撑更可靠，通过近两年的机组运行，这种引线引出的结构得到了充分考验。

为确保轴系刚强度的需要，发电机设计采用了上、下端轴和整体锻造磁轭构成的轴系刚度大的轴系结构。磁轭由高强度合金钢整锻而成，重达 80t，该材料屈服强度高达 690MPa。EGAT 磁轭具有重量大、加工精度要求高等特点，磁轭的加工难度非常大。磁轭结构如图 2 所示。

磁极铁芯采用带侧板的结构，以减少磁极压板分担的离心力，从而将磁极压板的最大应力降低在一个合理水平。另外，由于结构强度的需要，磁极铁芯采用了 45°双鸽尾固定结构，这种结构具有：①相对 60°常规单鸽尾结构，双鸽尾的承载能力大；②相对双"T"尾结构，磁极固定部位的尺寸大大缩短，同等条件下，能有效减小磁轭的应力。这种磁极的固定结构特别适用于高转速大容量的发电机，尤其是需要考虑疲劳设计的正反向旋转的发电机。

为防止磁极线圈离心力导致的线圈变形而引起磁极线圈甩出的重大事故，在磁极线圈极间设置了支撑，具体如图3所示。EGAT发电机的磁极线圈结合通风方式采用了轴向风阻小、支撑结构简单可靠的抱箍支柱式支撑结构。

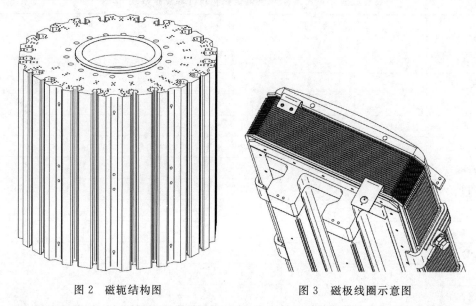

图2　磁轭结构图　　　　　　　图3　磁极线圈示意图

3.2　发电机定子

EGAT发电机定子总体上采用了浙江富春江水电设备有限公司成熟的传统结构，与秘鲁Q发电机定子结构类似：

（1）定子机座采用了2分瓣螺栓把合的十二边形结构。该结构具有现场组装精度高、刚度大及安装工期短等特点。

（2）定子铁芯现场整圆叠装。这种整体结构的定子铁芯无接缝、圆度好、刚度大、运行振动小。为了减少铁芯端部漏磁导致的过热，端部铁芯齿部还采取了开槽等措施加以应对。另外，定子铁芯的压紧防松采用了高强度碟簧压紧结构，以对铁芯漆膜的收缩进行补偿，发电机长期运行后铁芯仍可保持一定的安全面压，可保证发电机定子铁芯长期运行后不松动。

（3）定子铁芯的定位采用的结构如图4所示。这种结构在铁芯外缘侧是圆形的定位孔，较普通的鸽尾定位槽有更强的抗翘曲能力。该结构装键定位简单、叠片精度高，且铁芯在径向可自由膨胀，能有效解决铁芯热变形引起的铁芯与机座间热应力问题。

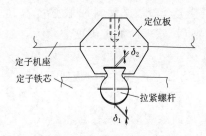

图4　定子铁芯定位结构

高转速大容量发电机的定子线圈端部尺寸通常都比较长，EGAT线圈端部采用了双端箍固定结构，以减少线圈端部电磁冲击力对线圈造成的损伤。压紧定子线圈的槽楔采用了成对的楔形槽楔＋楔下波纹垫条结构，该结构不仅槽楔打紧简单方便，还能借助波纹垫条的预紧弹力，确保机组长期运行后槽楔对线圈仍能保持有足够的压紧力，防止线棒松动。

3.3 发电机轴承及机架

EGAT 发电机额定工况运行时推力轴承的重心周速高达 38.78m/s，额定转速时的 pv 值高达 152MPa·m/s（700kg/cm²·m/s）的传统经验设计值。另外，飞逸转速时轴承重心周速更是达到了 65m/s，这样的高周速对采用镜板泵结构的推力轴承来说，油槽内壁的结构及油面高度的设计非常重要，设计不当极易导致镜板泵性能在转速上升过程中失效而导致推力轴承发生烧瓦的事故。

另外，由于轴承镜板的高周速运行，必然导致油雾量非常大，因此，防油雾对策需要有特别的措施应对，EGAT 轴承油槽的防油雾密封采用了浙江富春江水电设备有限公司成熟有效的迷宫＋铜带梳齿＋电动吸油雾的组合防油雾逸出结构。EGAT 发电机上机架为负荷机架，下机架为径向承载机架，上下机架均采用了浙江富春江水电设备有限公司典型的六支臂结构，同时在支臂末端通过防振支撑与机坑内壁的基础相连。EGAT 发电机上机架如图 5 所示。

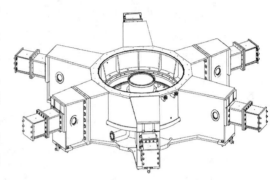

图 5　EGAT 发电机上机架

高转速大容量悬式发电机上机架的主要问题在于上机架的轴向和径向刚度。由于 EGAT 机组的飞逸转速很高，通过对轴系及上下机架的 FEM 解析计算，对上下机架及径向防振支撑的结构进行了必要的优化设计，以确保上下机架的水平振动和上机架的垂直振频均能有效避开机组的转频，避免轴承机架发生有危害的剧烈振动。

上、下机架的防振支撑对高转速发电机来说也是非常重要的，这是提高上、下导轴承径向支撑刚度的有效措施，尤其是 EGAT 这种转速高容量大的水轮发电机组。

在针对有效减小径向和轴向振动的对策上，上机架采用了承载能力大、刚度高的盒形支臂，同时上下机架均采用了具有阻尼特性的径向防振支撑，这种支撑可有效减少热膨胀对混凝土基础产生的径向热应力。

在秘鲁 Q 发电机成功应用了浙江富春江水电设备有限公司最新研制的阻尼式径向防振支撑后，EGAT 也成功应用了该结构，运行效果非常好。电站的振摆运行数据见表 3，结果表明 EGAT 发电机运行稳定，各部位振动均在设计范围内。

表 3　　　　　　　　　　　　　　2 号机组振摆运行数据

测量部位	单位	测量值	测量部位	单位	测量值
上机架垂直振动	mm/s	0.55	下机架水平振动	mm/s	0.20
上机架水平振动	mm/s	0.57	上导滑转子摆度	μm	88.90
下机架垂直振动	mm/s	0.21	下导滑转子摆度	μm	68.60

推力轴承布置有12块巴氏合金推力瓦，由结构简单的弹性圆盘支承，弹性圆盘与瓦坯呈环形面接触，可有效减少瓦面受力后的机械变形及热变形的叠加，具体结构如图6所示。弹性圆盘和各推力瓦由工厂加工保证精度，现场不需作推力瓦受力调整及推力瓦刮瓦。

EGAT推力瓦的瓦面粗糙度要求比较高，除高顶油室需要人工铲刮外，推力瓦瓦面首次采用直接机加工到位的方式制造，取消了人工铲刮这一制造工序，这一制造技术在EGAT推力轴承上的成功应用为今后推力瓦的制作开启了一种新的加工方式。推力轴承结构如图6所示。

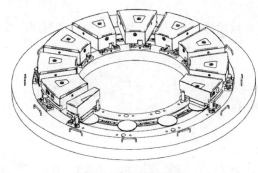

图6 推力轴承结构

EGAT推力轴承虽然根据合同要求设置了高压油顶起装置，但根据浙江富春江水电设备有限公司的设计基准，EGAT推力轴承可以不设高顶装置，在后来的实际运行中，因其他原因正好验证了不设高顶推力轴承可以安全运行的结论。

EGAT推力头采用了可防止发电机轴电流产生的绝缘结构，并首次在推力头上引入了双重绝缘结构，该结构可方便测量推力头的绝缘性能。由于绝缘推力头不受润滑油及油雾污染，提高了绝缘的可靠性，这种绝缘推力头可终身免维护。

推力轴承及上导轴承油槽的润滑油采用了浙江富春江水电设备有限公司典型的镜板泵外循环方式，冷却循环油的油压由镜板径向斜孔产生，镜板泵抽出的润滑油冷却上导轴承后，通过管路压入外置的油冷器进行冷却，冷油再经管路流回到推力轴承油槽，冷却推力轴承。另外，在油槽内还采取了有效的导油措施，以改善油的循环路径，使推力瓦和上导瓦均能得到充分的冷却。这种油循环由于是自泵方式，不仅提高了可靠性，还因无外加泵而简化了设备及维护；同时油冷器采用外置式也简化了油槽的结构，油冷器的检修维护也变得非常简单、方便。

下导轴承根据客户要求首次引入了滑转子镜板泵外循环技术，为满足下油槽油冷器外置的需要我们研究开发了具有浙富特色的滑转子镜板泵外循环结构，该结构在EGAT机组上的成功应用，进一步丰富了浙江富春江水电设备有限公司单独导轴承的润滑油冷却方式。

EGAT发电机推力轴承及各导轴承运行温度见表4，各轴承温度完全符合设计预期并满足了限制温度要求。

表4　　　　　　　　　　　　　　2号机组轴承温度运行数据

测量部位	单位	测量值	要求值
推力轴承瓦温度	℃	59.2	≤65
上导轴承瓦温度	℃	53.1	≤60
下导轴承瓦温度	℃	54.6	≤60

3.4 发电机通风结构

发电机定子铁芯高度高达 2.3m。为了确保轴向风扇通风结构下的定、转子各部位风量的合理分配，EGAT 进行了通风 CFD 分析计算，同时也进行必要的温度分布计算。其计算结果用于指导发电机风扇和各风路结构的合理设计。

为了进一步提高风扇的效率，EGAT 发电机首次采用了浙江富春江水电设备有限公司最新研制的高效可调式翼型轴向风扇，该风扇相对之前秘鲁 Q 的焊接式轴向风扇具有通风效率高、风量可调及结构强度高等优点。风扇如图 7 所示。

经过近两年的机组运行考验，发电机定子运行温度数据见表 5，结果表明定子运行稳定。

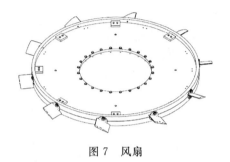

图 7　风扇

表 5　　2 号机组定子温度运行数据

测量部位	单位	测量值
定子线棒温度	℃	86.5
定子铁芯温度	℃	66.2

4　结语

EGAT 水轮发电机是业内为数不多的设计难度很高的高转速大容量常规发电机，在轴系、转子、轴承、通风及上下机架防振等方面均需要克服众多超过设计界限的难题。

通过对发电机结构的优化、创新及导入新的分析验证手段来提高发电机的可靠性，避免了高转速大容量发电机容易出现的上下机架振动偏大、轴摆度超差、转动部件强度不足及轴承温度和定转子温度过高等问题的发生。3 台机组投产后，发电机运行稳定，各性能参数、温度及振动等指标均满足设计规范及合同要求，其设计经验可以为更高转速、更大容量的水轮发电机设计提供借鉴。

参　考　文　献

[1] 黄剑奎，刘俊杰，赵志强. EDL 高转速大型卧式水轮发电机设计特点 [J]. 水电站机电技术，2021，44（2）：1-4，120.

[2] 魏炳漳，姬长青. 高速大容量发电电动机转子的稳定性——惠州抽水蓄能电站 1 号机转子磁极事故的教训 [J]. 水力发电，2010，36（9）：57-60.

[3] 郭伟文. 周宁水电站高转速发电机的结构特点及存在问题的处理 [J]. 水电站设计，2008（1）：102-105.

[4] 罗有德，查荣瑞. 缅甸瑞丽江一级电站机组振动问题分析处理 [J]. 水电站机电技术，2010，

33 (2)：59 - 61.

[5] 黄剑奎，赵志强. 秘鲁 Quitaracsa 电站高转速大容量发电机设计特点 [J]. 水电站机电技术，2019，
42 (1)：1 - 5，71.

[6] 白延年. 水轮发电机设计与计算 [M]. 北京：机械工业出版社，1990.

单只圈式定子线圈 VPI 工艺研究

卢宝玲

（浙江富春江水电设备有限公司　浙江　桐庐　311504）

【摘　要】　针对长沙枢纽项目，通过收集相关资料和技术交流，制定了单只圈式定子线圈 VPI 的绝缘工艺，并对制作过程中所遇到的问题和难点进行了研究、分析。

【关键词】　圈式定子线圈；吊把线圈；线圈形状；端部固化；VPI 浸渍；电气性能

1　引言

长沙枢纽项目的圈式定子线圈合同要求采用少胶 VPI 绝缘固化，目前国内小型机组一般采用的是在厂内将定子线圈下线完成后，再进行整机 VPI 浸渍。但是此项目的定子铁心直径较大（超过 6m），无法采用先下线再整机 VPI 浸渍的工艺方案。因此，提出对单只线圈先进行 VPI 处理，再在工地进行下线。这样就需对圈式单只线圈 VPI 的工艺流程进行研究。

同时采用单只线圈 VPI 绝缘工艺时，直线、端部、鼻部绝缘完全固化后，工地下线时难度很大，并且槽部主绝缘容易机械损伤，鼻端部主绝缘容易开裂，并且此项目定子线圈的端部短、截面较大、线圈刚性好，线圈上层边基本没有吊把的可能，因此必须另外制作部分吊把线圈，并对吊把线圈的制作工艺和方案进行讨论、确定。

2　定子线圈制作工艺流程

单只定子线圈 VPI 制作流程是将电磁线绕成梭形线圈后，对其整形、主绝缘包扎后，再进行真空 VPI 浸渍。具体工艺流程如图 1 所示。

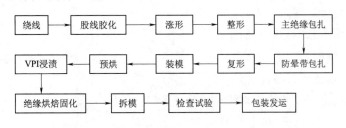

图 1　单只定子线圈 VPI 工艺流程图

3 定子线圈制作难点

3.1 定子线圈整形

长沙枢纽项目的圈式定子线圈要求在工地进行下线，并且直线和端部均完全固化，所以线圈形状尤为重要。另外，此项目定子线圈的跨距小，电磁线硬度大，复型时特别容易造成股线错位、扭曲等现象，所以需对复型模和复型工具、工艺进行改进。因此将复型时传统使用的木榔头改为了千斤顶进行加压，同时采用端部垫覆环氧板的方法，解决了端部股线错位、扭曲等问题。整形过程如图2所示。

3.2 端部引线间隙控制

由于长沙枢纽定子线圈的端部引线间间隙偏小（理论值约0.85mm），并且端部绝缘是全固化的，所以会给今后工地下线带来极大困难。为增大线圈端部引线间间隙，制作工艺在线圈端部追加夹板工装，使之线圈端部间隙增至3mm以上，这将大大减小今后工地下线难度。图3为成品定子线圈端部引线间隙图。

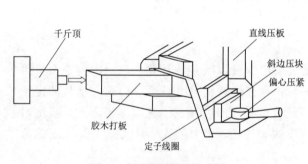

图2 定子线圈整形示意图

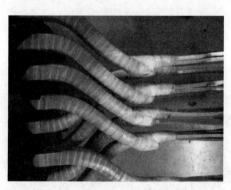

图3 定子线圈端部引线间隙图

3.3 股线胶化

圈式定子线圈股线直线胶化的目的是保证线圈槽部槽形、主绝缘厚度均匀及胶化线圈直线部分机械强度。目前行业内通常的做法是线圈涨形、整形完成后，采用双边压型机加热加压固化成型，每次完成一根线圈直线胶化，生产效率低。

为了提高生产效率，降低制造成本，通过工序调整，在线圈涨形之前采用一模多压的方式完成线圈直线部分股线固化成型，一模完成6根线圈直线固化成型，并且胶化线圈的直线表面平整，排间粘结好，截面尺寸满足图纸要求，同时极大地提高了生产率。股线直线胶化一模多压示意图如图4所示。

3.4 吊把线圈的制作

3.4.1 吊把线圈制作的必要性

长沙枢纽项目定子线圈的端部短、截面较大、线圈刚性好，吊把线圈下线验证时，线圈上层边基本上没有吊把的可能。因此必

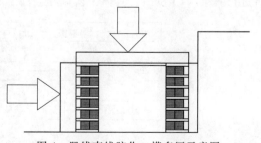

图4 股线直线胶化一模多压示意图

须另外制作吊把线圈。

3.4.2 吊把线圈制作方案

（1）方案一。定子线圈整形后，包匝间绝缘前，在鼻部将线圈切开，分为上下层两瓣，线圈分为上下层两瓣后分别包匝间绝缘、对地绝缘，然后进行 VPI 浸渍；下线时，需采用对接焊将两瓣线圈焊接连接为一个整体，焊接部分清理后再手包匝间绝缘和对地绝缘，室温或烘焙固化。方案一如图 5 所示。

（2）方案二。定子线圈整形后，包扎匝间绝缘、对地绝缘时，线圈鼻部暂时不包。悬把下线后，再将鼻部手包匝间绝缘及对地绝缘，室温或烘焙固化。方案二如图 6 所示。

经讨论，方案二更有利于工地下线，操作性较好，因此决定采用方案二进行制作吊把线圈。经试制，吊把线圈主绝缘、匝间绝缘包扎、VPI 及绝缘烘焙皆正常进行，试下线后，鼻端部匝间绝缘包扎、主绝缘包扎及室温固化皆能顺利进行。

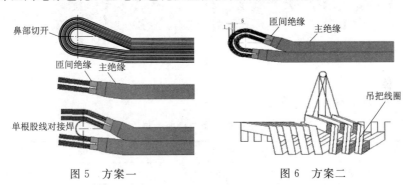

图 5　方案一　　　　　　　　　图 6　方案二

3.4.3 吊把线圈制作工艺流程

线圈梭形线圈绕线、直线股线胶化、涨形及整形工序与普通线圈相同，但匝间绝缘、对地绝缘包扎时，线圈鼻部暂时不包。线圈下线后，鼻部手包匝间绝缘及对地绝缘，室温或烘焙固化。

3.5　定子线圈 VPI 浸渍

圈式单只定子线圈 VPI 工艺，与多胶模压不同，要求满足线圈直线、鼻部、端部绝缘完全固化，VPI 主绝缘浸渍、固化工艺要求批量进行。经过改进工装模具，可完成 9 根线圈浸漆、烘焙固化，满足了 VPI 批量线圈制造及 VPI 系统的使用效率，提高了生产效率，同时在后续进行的长沙枢纽项目生产过程中，成品线圈的升高、节距和斜边间隙均满足图纸要求，并且线圈形状的一致性好，截面尺寸合格率达 100%，保证了产品质量。成品线圈模胎放置情况如图 7 所示。

4　成品定子线圈的电气性能

4.1　试验设备

绕组匝间冲击电压试验仪，工频耐压试验系统，高精度电容、电感和介质测试电桥，智能型工频耐压试验系统，TD 特型电热恒温试验干燥箱。

4.2　电气性能试验结果

为验证单只定子线圈 VPI 工艺制作的成品线圈绝缘性能，抽取了两只线圈进行了电

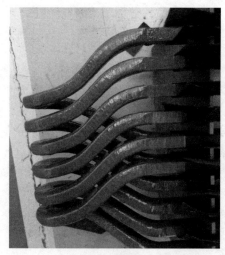 

(a) 端部一　　　　　　　　　　　　　　(b) 端部二

图 7　成品线圈两端部模胎放置示意图

气性能检测，试验结果见表 1。

表 1 　　　　　　　　　　　　**成品线圈的电气试验结果**

试　验　项　目	标　准	线棒号（001）	线棒号（002）
匝间耐电压	30.6kV 不击穿	不击穿	不击穿
起晕电压	≥15.75kV	无起晕	无起晕
工频耐压	35.4kV，1min 不击穿	1min 耐压通过	1min 耐压通过
瞬时工频击穿电压	≥70kV	上层边：98kV 下层边：73kV	上层边：86kV 下层边：94kV
瞬时工频击穿场强	≥28kV/mm	上层边：39.2kV/mm 下层边：29.2kV/mm	上层边：34.4kV/mm 下层边：37.6kV/mm
常态介损 $\tan\delta$/%（$0.2U_N$）	≤2%	1.17%	1.04%
常态介损增量 $\Delta\tan\delta$/%（$0.2U_N$） $[\Delta\tan\delta=\tan\delta(0.6U_N)-\tan\delta(0.2U_N)]$	≤1%	0.24%	0.19%
热态介损 $\tan\delta$/%（$0.6U_N$）	≤8%	4.88%	4.28%

从表 1 可以看出，成品定子线圈的匝间耐电压、起晕电压、工频耐压、瞬时工频击穿电压、瞬时工频击穿场强、常态介损、常态介损增量以及热态介损的电气试验数据均满足图纸及行业标准要求。

5　结语

（1）单只圈式定子线圈 VPI 制造工艺已成功用于长沙枢纽项目的水轮发电机定子线圈制造。

（2）单只圈式定子线圈 VPI 工艺的开发成功，为后续同类型机组的招标投标提供了坚实的技术支持。

（3）单只圈式定子线圈 VPI 工艺的研究成果，为公司今后同类型机组的制造提供了丰富的制作经验，也在业界内提高了公司的履约能力和制造能力。

参 考 文 献

[1] 毛继业. 国产化高压电机单只 VPI 定子线棒绝缘系统开发与研究 [C]//水电设备的研究与实践——第十七次中国水电设备学术讨论会论文集. 北京：中国水利水电出版社，2009.

[2] 吴晓蕾. 660MW 20kV 汽轮发电机定子线圈 VPI 应用研究 [J]. 绝缘材料，2009，42（1）：25-32.

水轮发电机空载电压波形计算与实测对比

宗日盛[1]　黄亿良[1]　曹登峰[2]

(1. 浙江富春江水电设备有限公司　浙江　杭州　311121;
2. 北京中水科水电科技开发有限公司　北京　100038)

【摘　要】 水轮发电机的电压波形是电能质量的关键指标之一，本文采用二维瞬态场有限元法对老挝谢攀水电站148MVA水轮发电机的空载电压波形进行仿真计算，并将计算结果与实测值进行了对比，两者吻合度较高，对实际工程设计应用具有一定指导意义。

【关键词】 水轮发电机；空载；电压波形；有限元

1　引言

　　水轮发电机的电压波形是电能质量的关键指标之一，发电机空载电压波形的好坏直接影响电能质量。由于谐波电动势的存在，使发电机电压波形变坏，降低了供电的电能质量，并使发电机本身的杂散损耗增大、效率下降、温升增高。同时，输电线中的谐波电流所产生的谐波电磁场，对邻近电讯线路的正常通信将产生有害干扰。因此在设计发电机时，对发电机电压波形的准确计算及谐波的有效抑制显得尤为重要。

　　老挝谢攀水电站位于老挝南部占巴塞省的波罗高原，电站最高水头689.60m，采用压力钢管一管四机引水。电站装有3台大机和1台小机，其中大机为单机容量148MVA、额定转速600r/min的大容量高转速立轴混流式水轮发电机组，简称EGAT；小机为单机容量48MVA、额定转速500r/min的大型卧式冲击式水轮发电机组；两种机型的机组已分别于2019年7月及2019年12月顺利投入商业运行。

　　本文重点阐述采用二维瞬态场有限元法对大机EGAT的空载电压波形进行仿真计算，并与实测值相比较的过程。

2　计算模型及求解方程

2.1　计算模型

　　EGAT发电机主要基本参数见表1。

　　对于大型电机的电磁场有限元计算模型，通常简化为一个单元电机，可节省计算时间，提高计算精度。对于EGAT水轮发电机，简化的单元电机模型如图1所示，计算时模拟电机的实际运行情况，将转子按设定的时间步长进行旋转，每次旋转后对定转子间运动气隙重新进行网格剖分，由此可计算出每个时步的瞬态场值，网格剖分图如图 2 所示。

表 1   EGAT 发电机主要基本参数

参　　数	设计值	参　　数	设计值
额定容量/MVA	148	额定功率因数	0.84（滞后）
额定电压/kV	15.75	频率/Hz	50
额定转速/(r/min)	600	槽数	144

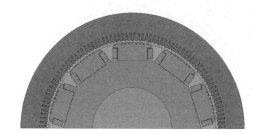　　　　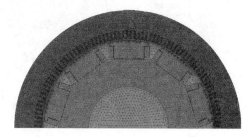

图 1　计算模型图　　　　　　　　图 2　网格剖分图

2.2　求解方程

电磁场的分析和计算通常归结为求微分方程解的问题，对于偏微分方程，使其解成为唯一需给定相应的边界条件，对于该项目计算边界条件为：边界线 ab 为磁力线平行属于第一类边界条件，$A_z = 0$，oa 和 ob 满足半周期边界条件：

$$A_{oa} = -A_{ob} \qquad (1)$$

$$A_{ab} = 0 \qquad (2)$$

定、转子绕组中电流密度的分布确定后，可根据求解域内矢量磁位 A_z 的准泊松方程进行求解：

$$\frac{\partial}{\partial x}\left(\nu \frac{\partial A}{\partial x}\right) + \frac{\partial}{\partial y}\left(\nu \frac{\partial A}{\partial y}\right) = -J_z \qquad (3)$$

式中　A——矢量磁位；

　　　J_z——轴向电流密度；

　　　ν——介质磁阻率。

通过施加不同的励磁电流，得到一组励磁电流与空载电压的关系曲线，即发电机空载特性曲线，再由曲线找出额定电压时对应的励磁电流，此电流即为空载励磁电流。得到了空载励磁电流后，便可对空载额定电压工况点进行磁场分布、电压波形等仿真计算。

3　计算结果

基于 ANSYS MAXWELL 二维瞬态场计算模块，对 EGAT 水轮发电机空载电压波形进行仿真计算。根据 IEC60034 中对电压波形畸变率计算的要求，谐波次数需考虑至第100 次，由傅里叶分解规律可知，每个周期需达 200 个采样点才能分解得到 100 次谐波，由此设置计算时间步长为 0.0001s，计算至 0.025s。0.005s 时的空载磁力线与磁密分布图分别如图 3 及图 4 所示。

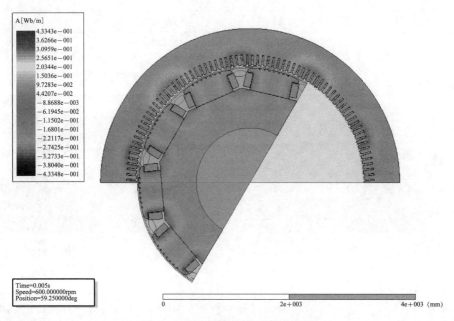

图 3　0.005s 时空载磁力线分布图

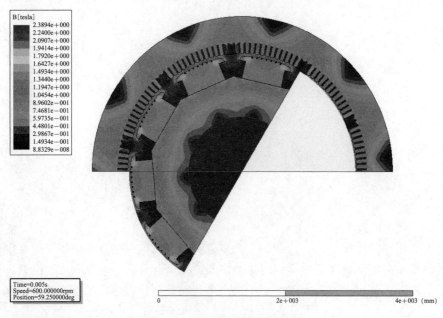

图 4　0.005s 时空载磁密分布图

一个周期内的空载线电压 U_{AB} 波形图如图 5 所示。

对一个周期内的 U_{AB} 波形进行 FFT 谐波分析结果如图 6 所示。

根据 IEC 60034 及 GB/T 1029—2005 等相关标准规定，线电压波形的全谐波畸变因

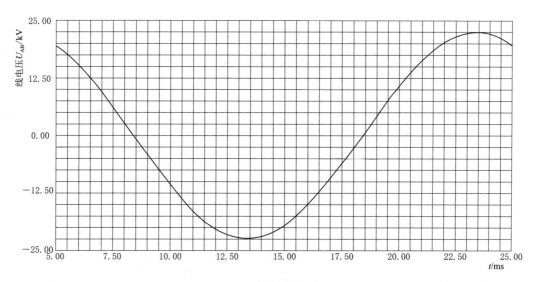

图 5　空载线电压 U_{AB} 波形图

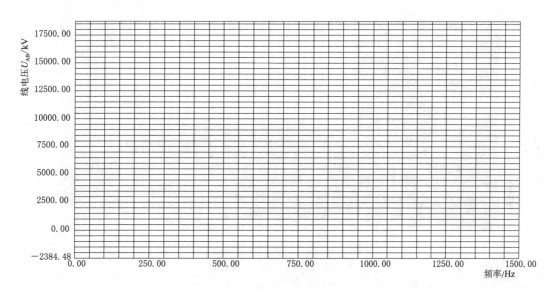

图 6　空载线电压 U_{AB} 谐波分析结果

数及电话谐波因数计算公式如下：

线电压波形的全谐波畸变因数

$$THD = \frac{\sqrt{U_2^2 + U_3^2 + U_4^2 + \cdots + U_n^2}}{U_1} \times 100\% \qquad (4)$$

电话谐波因数

$$THF = \frac{100}{U} \sqrt{\sum_{i=1}^{n} (E_i \lambda_i)^2} \times 100\% \qquad (5)$$

式中　U——线电压有效值，V；

　　　E_i——i 次谐波电压的有效值，V；

　　　λ_i——对应 i 次谐波频率的加权系数；

　　　n——计算谐波的最高次数，$n=100$。

由式（4）和式（5）计算得 EGAT 空载线电压波形的全谐波畸变因数 $THD=0.3798\%$，电话谐波因数 $THF=0.1149\%$。

4　实测与对比

EGAT 机组的空载电压波形由中国水利水电科学研究院采用专用设备进行记录与分析，专用设备的配套软件中集成了实测波形 THD 和 THF 的计算功能，能够方便快捷地查看实测波形的分析计算结果，EAGT 的实测计算结果如图 7 所示。

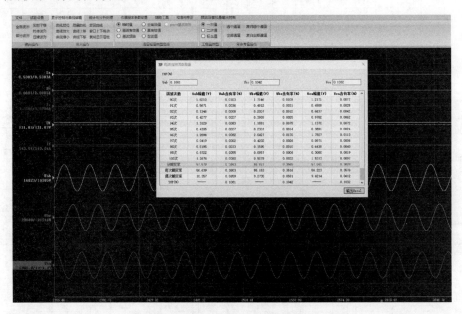

图 7　空载线电压波形实测结果

空载电压波形中的主要谐波含量计算值与实测值对比见表 2，由对比可知，计算值与实测值总体吻合度较好。

表 2　　　　　　　　　　　　主要谐波含量占基波百分比计算与实测对比表

谐波次数	计算值/%	实测值/%	谐波次数	计算值/%	实测值/%
1	100	100	13	0.0057	0.0069
5	0.2173	0.2096	17	0.0193	0.0163
7	0.3103	0.2841	19	0.0059	0.0079
11	0.0113	0.0151	23	0.0048	0.0056

空载线电压 THD 及 THF 计算值与实测值对比见表 3。

表 3		空载线电压 *THD* 及 *THF* 计算值与实测值对比表	
物理量	计算值/%	实测值/%	偏差/%
THD	0.3798	0.3663	3.7
THF	0.1149	0.1081	6.3

5 结语

由上述结果可知，采用二维瞬态场有限元法对 EGAT 水轮发电机空载线电压波形仿真计算得到全谐波畸变因数 $THD = 0.3798\%$，实测值为 0.3663%，均满足并优于 IEC60034 标准中 $THD \leqslant 5\%$ 的要求。该机组电压波形优、谐波含量小，为顾客提供了优质的电能质量。

THD 计算值与实测值偏差为 3.7%，THF 计算值与实测值偏差为 6.3%，两者吻合度较好，验证了该计算方法的准确性。采用该方法能够有效地分析空载线电压波形质量、各次谐波含量，从而在工程设计实践中发挥积极作用，设计制造出更优质的产品。

参 考 文 献

[1] 黄剑奎，刘俊杰，赵志强. EDL 高转速大型卧式水轮发电机设计特点 [J]. 水电站机电技术，2021 (2)：1－4.

[2] 汤蕴璆，梁艳萍. 电机电磁场的分析与计算 [M]. 北京：机械工业出版社，2010.

[3] 白延年. 水轮发电机设计与计算 [M]. 北京：机械工业出版社，1982.

[4] 中华人民共和国国家质量监督检验检疫总局，中国国家标准化管理委员会. 三相同步电机试验方法：GB/T 1029—2005 [S]. 北京：中国标准出版社，2006.

[5] 国家市场监督管理总局，国家标准化管理委员会. 旋转电机定额和性能：GB 755—2000 [S]. 北京：中国标准出版社，2004.

[6] Rotating electrical machines—Part 1：Rating and performance：IEC 60034-1—2017 [S]. 2017.

试 验 研 究

混流式水轮机高部分负荷压力
脉动模型试验研究

徐洪泉[1]　李铁友[1,2]　廖翠林[1,2]　赵立策[1,2]　王武昌[1,2]　何　磊[1,2]

(1. 中国水利水电科学研究院　北京　100038；

2. 北京中水科水电科技开发有限公司　北京　100038)

【摘　要】 高部分负荷压力脉动是混流式水轮机比较常见且突出的运行稳定性问题之一，对电站稳定运行造成很大危害，引起广泛重视，开展了大量研究。本文介绍了混流式水轮机高部分负荷压力脉动模型试验的方法及结果，并结合对上直下弯尾水管涡带形状及高部分负荷压力脉动频率、幅值特性的分析，探讨了该压力脉动形成机理，总结发现了许多新规律。综合分析高部分负荷压力脉动幅频特性和尾水管空化及涡带观测结果，发现所有出现高部分负荷压力脉动的工况均出现在"上直下弯涡带"区域，且涡带松散；高部分负荷压力脉动频率随单位流量增加而增加，随单位转速增加而降低，随空化系数降低而降低。根据其涡带形状及频率特点，本文发现并论证了高部分负荷压力脉动成因：该涡带"上直"部分由叶片数股细绳状涡带缠绕组成，是其在尾水管环境高低压影响下膨胀—收缩（或溃灭）循环产生了大于转频的高部分负荷压力脉动。

【关键词】 混流式水轮机；高部分负荷；压力脉动；上直下弯涡带；频率

1　引言

高部分负荷压力脉动过去曾被称为"特殊压力脉动"，是指发生在混流式水轮机负荷小于最优工况的压力脉动幅值陡升现象，是一种严重危害混流式水轮机运行稳定性的技术难题。

高部分负荷压力脉动最早由瑞士的 Dorfler 于1990年在水轮机模型试验中发现，并在其他模型及真机上进行了验证，认为其属于不同于部分负荷压力脉动的"特殊压力脉动"，其频率高很多（为2～3.5倍转频），水轮机进口及尾水箱振幅很大（部分工况压力脉动幅值高达试验水头的30%），并将该压力脉动区域称为"冲击波区域"。Dorfler 认为，该压力脉动起源于尾水管涡带（且为螺旋形涡带），发生在特定流量范围内（单位流量 Q_{11} 与最优单位流量 Q_{110} 之比约为 0.9）。

1996年，Jakob 根据某电站真机的试验结果，首次将该现象命名为"高部分负荷压力脉动"，以区别于部分负荷时出现的偏心螺旋形涡带压力脉动。Jakob 认为，该压力脉机理还不清楚，似乎与沿尾水管涡带表面的压力波传递有关。

国内对高部分负荷压力脉动的早期试验研究多结合三峡水电站水轮机的设计开发研究进行。哈尔滨电机厂有限责任公司、东方电气集团东方电机有限公司、中国水利水电科学研究院等单位围绕其工况范围、幅值特性、频率特性及形成机理等开展了大量的研究探索，总结和发现了许多新规律。

在近些年发表的水力稳定性专著中，都对高部分负荷压力脉动高度关注。特别是文献

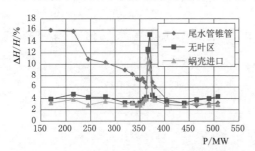

图 1　高部分负荷压力脉动的陡升陡降现象

[6] 对该压力脉动的幅频特性进行了深入的分析和总结，指出了高部分负荷压力脉动的陡升（图 1）、工况范围（$70\%\sim90\%$ 最优流量 Q_{opt}）及随空化系数的变化陡降特性（图 2）。其频率特性主要包含：①高部分负荷压力脉动的频率范围为 $1\sim5$ 倍转速频率 f_{n}（以下简称"转频"）；②随单位流量 Q_{11} 增加其频率 f 增加（图 3），随单位转速 n_{11} 增加 f 降低（图 4），随空化系数

σ 增加 f 增加（图 2）。

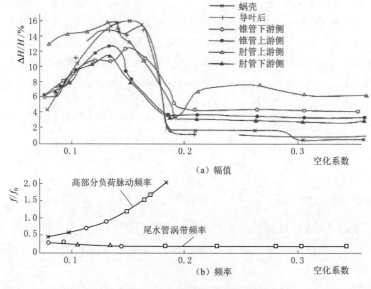

(a) 幅值

(b) 频率

图 2　幅值和频率随空化系数的变化特性

在所有这些研究中，或没有涉及其发生机理，或认为其机理不清，个别的认为由所谓的水体共振引起。总体而言，高部分负荷压力脉动的产生机理有待深入研究。因此，本文进行了混流式水轮机高部分负荷压力脉动模型试验研究，证实、补充了其幅值、频率、涡带形状及信号同步性特征，首次指出该压力脉动处于"上直下弯涡带"区，并以其频率特性为突破口，发现该压力脉动源自组成大涡带的"细绳状涡带"的膨胀—收缩（溃灭）循环。

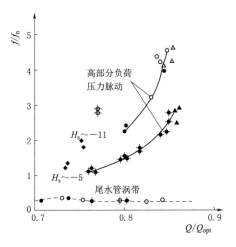

图 3　频率随单位流量变化特性

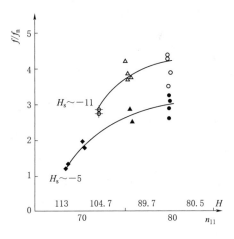

图 4　频率随单位转速变化特性

2　模型试验方法及结果

2.1　试验设备及方法

（1）试验台及模型机简介。混流式水轮机高部分负荷压力脉动模型试验研究于 2019 年 8—9 月在中国水利水电科学研究院水力机械实验室 3 号高水头试验台进行。

试验模型机是一低水头混流式模型水轮机，其主要参数如下：

模型转轮进水边直径：$D_1 = 0.3609\text{m}$　　　　导叶高度：$B_0 = 0.1128\text{m}$

导叶分布圆直径：$D_0 = 1.17877D_1$　　　　活动导叶数：$Z_0 = 24$

尾水管高度（至导叶中心线）：$h = 3.12D_1$　　转轮叶片数：$Z_r = 14$ 或 13

蜗壳进口直径：$\Phi = 0.4794\text{m}$　　　　蜗壳包角：$\varphi = 345°$

（2）压力脉动试验方法。试验水头为 20m，试验过程中对尾水管涡带及空化状况进行观测拍照。流道中共布置 9 个测点，测量点位置说明见表 1。采集频率为 2560Hz，对各测点试验数据进行 FFT 分析。压力脉动幅值 ΔH 为实测压力脉动按 97％置信概率计算的混频峰峰值，H 为相应的试验水头。

表 1　　　　　　　　　　　　压力脉动测量点位置说明

通道号	测量点位置	符号
1	蜗壳进口	HC
2	无叶区上游侧，距机组中心半径 $R = 186\text{mm}$	HVS1
3	无叶区上游侧，距机组中心半径 $R = 166\text{mm}$	HVS2
4	顶盖上游，与 $+Y$ 方向俯视逆时针夹角 30°	HHCT1
5	顶盖下游，与 $-Y$ 方向俯视逆时针夹角 30°	HHCT2
6	锥管上游侧，距转轮出口 $0.4D_2$	HD1
7	锥管下游侧，距转轮出口 $0.4D_2$	HD2
8	锥管上游侧，距转轮出口 $0.7D_2$	HD3
9	锥管下游侧，距转轮出口 $0.7D_2$	HD4

2.2 常规压力脉动试验结果

常规压力脉动试验在定单位转速 n_{11}、定空化系数（$\sigma = 0.25$）条件下进行，试验了 $n_{11} = 70\text{r/min}$、77.5r/min、85r/min、92.5r/min、100r/min 等 5 个单位转速，在 3 个单位转速（$n_{11} = 77.5\text{r/min}$、$85\text{r/min}$、$92.5\text{r/min}$）的高部分负荷压力脉动"易发区"发现压力脉动尖峰（陡升陡降），分别如图 5～图 7 所示。

该 3 个单位转速压力脉动幅值尖峰工况点的单位流量 Q_{11p} 及其与最优单位流量 Q_{110} 的比见表 2，$Q_{11p}/Q_{110} \approx 0.87$。很显然，这些尖峰工况均靠近最优流量，和前述高部分负荷压力脉动统计规律比较一致，说明这些尖峰工况属于高部分负荷压力脉动。

表 2　　　　　　　　　A 转轮压力脉动尖峰工况参数及与最优单位流量比较

$n_{11}/(\text{r/min})$	尖峰工况单位流量 $Q_{11p}/(\text{L/s})$	最优单位流量 $Q_{110}/(\text{L/s})$	Q_{11p}/Q_{110}
77.5	912	1045	0.873
85	972	1120	0.868
92.5	1066	1230	0.867

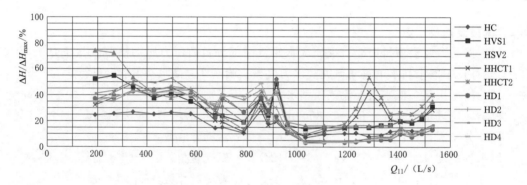

图 5　A 转轮压力脉动幅值随单位流量变化曲线（$n_{11} = 77.5\text{r/min}$）

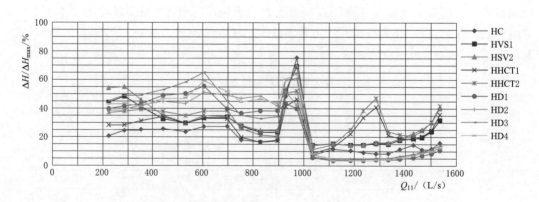

图 6　A 转轮压力脉动幅值随单位流量变化曲线（$n_{11} = 85\text{r/min}$）

2.3 变空化系数压力脉动试验结果

变空化系数试验在定单位转速 n_{11}、定单位流量 Q_{11} 条件下进行，图 8 和图 9 是 8 个试

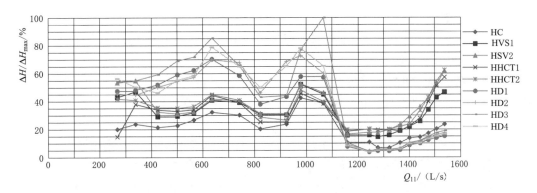

图7　A转轮压力脉动幅值随单位流量变化曲线（$n_{11}=92.5 \text{r/min}$）

验工况中的两个。其中图8（a）、图9（a）是这两个工况下压力脉动幅值随空化系数变化状况，而图8（b）、图9（b）是两个工况下压力脉动主频随空化系数变化状况。

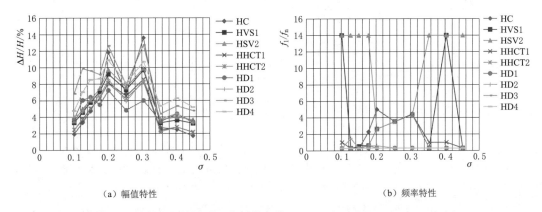

（a）幅值特性　　　　　　　　　　　　　　　　（b）频率特性

图8　A转轮幅频特性随空化系数变化（$n_{11}=77.5 \text{r/min}$，$Q_{11}=900 \text{L/s}$）

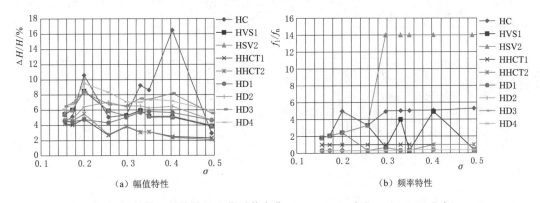

（a）幅值特性　　　　　　　　　　　　　　　　（b）频率特性

图9　B转轮幅频特性随空化系数变化（$n_{11}=77.5 \text{r/min}$，$Q_{11}=900 \text{L/s}$）

3　高部分负荷压力脉动幅频特性及涡带特征

3.1　高部分负荷压力脉动频率特性

（1）高部分负荷压力脉动频率范围。高部分负荷压力脉动的主频和常见的偏心螺旋形涡带频率明显不同。螺旋形涡带主频通常小于转频，多为 0.2～0.5 倍转频；但引起高部分负荷压力脉动的主要频率 f_h 不仅高于螺旋形涡带频率 f_L，通常还高于转速频率 f_n，4 个转轮测得的 f_h 约为转频的 1.1～5.3 倍。

需要说明的是，虽然引起高部分负荷压力脉动的主要频率是 f_h，但其并非唯一频率，其至少是 f_h 和 f_L 之组合。在高部分负荷压力脉动发生工况，有的工况 f_h 是主频，也有的 f_L 是主频，并非所有工况均以 f_h 为主频。

（2）f_h 随单位流量 Q_{11} 变化规律。A、D 两个转轮高部分负荷压力脉动频率 f_h 随 Q_{11} 变化的规律分别如图 10 和图 11 所示。很显然，在 8 个单位转速曲线中，除 D 转轮 n_{11}＝88r/min 一个单位转速外，其余 7 个单位转速的 f_h 均随 Q_{11} 增大而增高。

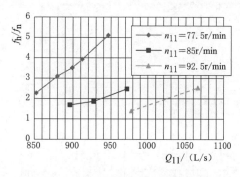

图 10　A 转轮 f_h 随 Q_{11} 变化曲线

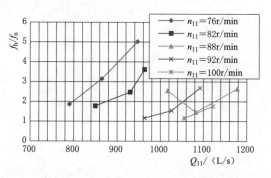

图 11　D 转轮 f_h 随 Q_{11} 变化曲线

（3）f_h 随单位转速 n_{11} 变化规律。高部分负荷压力脉动频率 f_h 随单位转速 n_{11} 变化试验只在 A 转轮的 Q_{11}＝900L/s 条件下进行，试验结果如图 12 所示。很显然，随着 n_{11} 增加，f_h 逐渐降低。在图 10 和图 11 中，也可发现与图 12 类似规律。

（4）f_h 随空化系数 σ 变化规律。高部分负荷压力脉动频率 f_h 随空化系数 σ 变化试验采用 A、B、C 等 3 个转轮进行试验，试验结果分别如图 13、图 14 及图 15 所示。很显然，随着 σ 降低，f_h 逐渐降低。

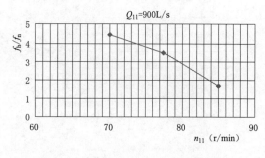

图 12　A 转轮 f_h 随 n_{11} 变化曲线

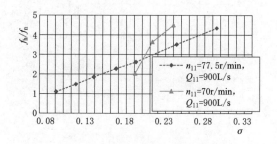

图 13　A 转轮 f_h 随 σ 变化曲线

3.2　高部分负荷压力脉动涡带特征

在高部分负荷压力脉动试验的全过程中，均在尾水管进行了拍摄，发现在该类工况的涡带形态比较独特，有两个显著特征：一是涡带"上直下弯"，既不同于低负荷的偏心螺旋形涡带，也不同于大负荷的直涡带，而类似于这两种涡带的混合；二是涡带比较松散，表面粗糙疏松，不光滑，如图16所示。

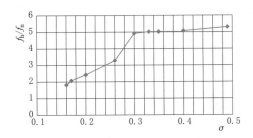

图 14　B 转轮 f_h 随 σ 变化曲线
（$n_{11}=77.5\text{r/min}$，$Q_{11}=900\text{L/s}$）

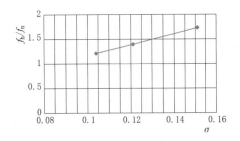

图 15　C 转轮 f_h 随 σ 变化曲线
（$n_{11}=70\text{r/min}$，$Q_{11}=820\text{L/s}$）

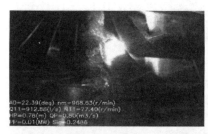

$n_{11}=77.5\text{r/min}$，$Q_{11}=913\text{L/s}$，$\sigma=0.25$

$n_{11}=85\text{r/min}$，$Q_{11}=972\text{L/s}$，$\sigma=0.25$

$n_{11}=92.5\text{r/min}$，$Q_{11}=1066\text{L/s}$，$\sigma=0.25$

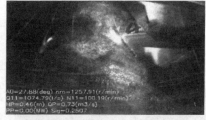

$n_{11}=100\text{r/min}$，$Q_{11}=1075\text{L/s}$，$\sigma=0.25$

$n_{11}=77.5\text{r/min}$，$Q_{11}=897\text{L/s}$，$\sigma=0.178$

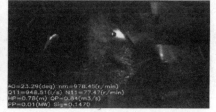

$n_{11}=77.5\text{r/min}$，$Q_{11}=949\text{L/s}$，$\sigma=0.147$

图 16　A 转轮高部分负荷压力脉动尾水管涡带照片

3.3　高部分负荷压力脉动同步性分析

在许多文献中，将高部分负荷压力脉动定义为"同步压力脉动"，是说该压力脉动没有相位区别，在不同的相位波形都具有相似性。在本试验中，顶盖及尾水管均在＋Y 及－Y 对称布置了测点（顶盖内的 HHCT1 和 HHCT2，尾水管 $0.4D_2$ 处的 HCD1 和 HCD2，尾水管 $0.7D_2$ 处 HCD3 和 HCD4），可通过这些对称位置的波形及频谱分析检查这些信号的同步性。

　　为检查对称位置压力脉动信号的同步性，将高部分负荷压力脉动工况两个对称位置的信号绘在同一幅图上，如图 17 所示。在顶盖内，2 组信号都保持高部分负荷压力脉动的周期性，同步性也非常好；但是，在尾水管，受低频涡带压力脉动的影响，两个对称位置压力脉动信号的同步性较差。

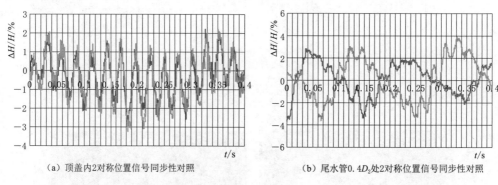

（a）顶盖内 2 对称位置信号同步性对照　　　　　（b）尾水管 $0.4D_2$ 处 2 对称位置信号同步性对照

图 17　对称位置压力脉动信号同步性对照（A 转轮，$n_{11}=77.5$r/min，$Q_{11}=852$L/s）

4　高部分负荷压力脉动成因探讨

4.1　细绳状涡带对高部分负荷压力脉动影响

　　对尾水管涡带的细致观测可发现，不管是低负荷的螺旋形涡带（图 18），还是大负荷的直涡（图 19），或者是高部分负荷的上直下弯涡带（图 20），涡带除存在一整体的涡带空腔外，所有的涡带表面都凹凸不平，许多还存在倾斜的"沟槽"或"螺纹"。

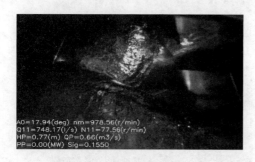

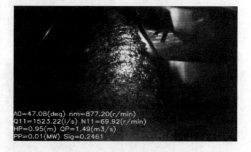

图 18　螺旋形涡带照片　　　　　　　　　图 19　直涡照片

　　究其原因，是因为受转轮叶片扰流等影响，转轮出口压力沿圆周分布并不均匀，在转轮泄水锥周围的圆柱（或圆锥）面上形成一个有 Z_r（转轮叶片数）个压力高低变化环绕的压力场。该旋转的压力场除推动涡带公转外（主要是尾水管外围环量），还会带动涡带空腔自转。而涡心空腔属"气相"，空腔周围的水体属"液相"，在尾水管形成气液两相流。"液相"水体在转轮出口环量的带动下绕涡带空腔"气相"自转，并借助两相不同介质之间的摩擦力牵动涡带空腔自转，其自转速度是该半径处转轮叶片出口流速的环向分量 C_u。

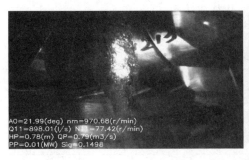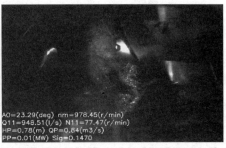

图 20 上直下弯涡带照片

如假定涡带空腔外围半径为 r，该半径两个相邻叶道之间的圆周距离 $L_h = 2\pi r/Z_r$，则环向分量 C_u 完成每个 L_h 距离运动的周期 T_h 为

$$T_h = \frac{2\pi r}{Z_r \cdot C_u} \tag{1}$$

如设转频 $f_n = U/2\pi r$（其中 U 为圆周速度），并将每股空化空腔膨胀-收缩循环衍生的压力脉动频率定义为 $f_h = 1/T_h$，则

$$\frac{f_h}{f_n} = \frac{Z_r \cdot C_u}{U} \tag{2}$$

4.2　尾水管环量分布特性

如前所述，高部分负荷压力脉动工况处于离无涡区较近的工况，转轮叶片出口环量比较小，属正环量（和转轮旋转方向相同）。在这些工况，涡带直径比较小，通常都小于泄水锥直径。在小于泄水锥直径的区域内，涡旋流属自由涡，$C_u \cdot r = \text{const}$。

如假定涡带空腔半径为 r，泄水锥上部半径为 r_0，并假定 $r = r_0$ 处环向流速 $C_u = C_{u0}$，则在 $0 < r \leqslant r_0$ 范围内，$C_u \cdot r = C_{u0} \cdot r_0$。在涡带空腔半径 r 处，水流环向流速 $C_u = C_{u0} \cdot r_0/r$。由于 $f_n = U/(2\pi r)$，而 $U = 2\pi\omega \cdot r$（式中 ω 为角速度），则 f_h 和 f_n 之比可表示为

$$\frac{f_h}{f_n} = \frac{Z_r \cdot C_{u0} \cdot r_0}{2\pi\omega \cdot r^2} \tag{3}$$

4.3　高部分负荷压力脉动频率形成机理

综合上述分析，不难弄清高部分负荷压力脉动频率的形成机理：

（1）频率随单位流量变化机理。单位流量 Q_{11} 增加，工况点离无涡区更近，转轮出口环量减小，即 C_{u0} 减小，涡心流速相应降低，旋涡内压力增高，造成涡带空腔直径 r 变小；在式（3）中，r^2 影响大于 C_{u0} 影响，会造成 f_h/f_n 增高，和图 10 及图 11 的试验规律一致。

（2）频率随单位转速变化机理。单位转速 n_{11} 增加，转轮出口环量增大，即 C_{u0} 增大，涡心流速增高，旋涡内压力降低，涡带空腔直径 r 变大，与 Q_{11} 增加产生的变化相反，故可造成 f_h/f_n 降低，和图 12 的试验规律一致。

（3）频率随空化系数变化机理。空化系数 σ 降低，涡带变粗，即 r 增大；σ 降低，还会使涡带空腔表面变得松散、粗糙，"气相"和"液相"之间的摩擦力增大，从而造成涡带空腔周围水体环向流速 C_u 减小；无论是 r 增大还是 C_u 减小，都会使得式（3）计算的

f_h / f_n 减小，和图 13～图 15 及表 3 反映的变化规律一致。

表 3 　　　　高部分负荷压力脉动高频 f_h 和低频 f_L 随空化系数变化规律

（B 转轮，$n_{11} = 77.5\text{r/min}$，$Q_{11} = 900\text{L/s}$）

σ	0.49	0.40	0.35	0.33	0.30	0.26	0.20	0.17	0.16
f_h / f_n	5.296	5.065	5.020	5.018	4.923	3.275	2.425	2.062	1.810
f_L / f_n	0.385	0.398	0.313	0.320	0.320	0.301	0.313	0.313	0.313
$14 f_L / f_n$	5.39	5.572	4.382	4.48	4.48	4.228	4.382	4.382	4.382
$f_h / (14 f_L)$	0.983	0.909	1.146	1.120	1.099	0.775	0.553	0.471	0.413

在表 3 中，列出了高部分负荷压力脉动频率 f_h 及试验中同时存在的低频压力脉动频率 f_L（螺旋形偏心涡带压力脉动频率），并将两个频率进行了比较。在大空化系数工况（$\sigma = 0.3 \sim 0.49$），$f_h / (14 f_L)$ 多在 1 附近波动，说明 f_h 基本上是 f_L 的叶片数倍。在低空化系数工况（$\sigma = 0.16 \sim 0.26$），随着空化系数降低，$f_h / (14 f_L)$ 单调快速下降；究其原因，是因为在该阶段涡带在变粗的同时变得越来越蓬松，空化空腔和周围水流之间的摩擦力变大，f_h / f_n 降低。

5　结语

综上所述，可得如下主要结论及建议：

（1）发生在靠近无涡区、单位流量小于最优工况流量的高部分负荷压力脉动产生于"上直下弯型"尾水管涡带，"上直"部分的多股细绳状涡带空腔在外围压力变化影响下的膨胀-收缩循环产生该"高频"压力脉动。

（2）在高部分负荷压力脉动工况，转轮出口环量很小，涡带空腔直径通常小于泄水锥直径，在此范围内涡旋流属自由涡，并据此提出了高部分负荷压力脉动频率与转频比值的计算公式。

（3）高部分负荷压力脉动频率随单位流量增加而增加，其原因是单位流量增加会造成涡带空腔直径及环向流速降低，是涡带空腔半径的减小造成该频率增加。

（4）高部分负荷压力脉动频率随单位转速增加而降低，是因为单位转速增加会造成涡带空腔直径及环向流速增加，造成该频率降低。

（5）高部分负荷压力脉动频率随空化系数降低而降低，是因为空化系数降低会造成涡带空腔直径增大并使空腔变松散，两相流之间摩擦力的增加造成空腔外围水体环向流速降低，使该频率降低。

参　考　文　献

[1] Jakob T，刘诗琪. 混流式水轮机压力脉动的探讨和数据处理 [J]. 国外大电机，1998（3）：60-67.

[2] Jakob T，王贵. 混流式水轮机压力脉动——模型和真机试验结果 [J]. 国外大电机，1998（5）：65-72.

[3] 刘光宁，陶星明. 高比速混流式水轮机稳定性问题 [C]//本书编委会. 第一届水力发电技术国际会

议论文集. 北京：中国电力出版社，2006.

[4] SHI Qinghua. Experimental investigation of upper part load pressure pulsations for three gorges model turbine [C]//IAHR 24th Symposium on Hydraulic Machinery and Systems，2008.

[5] 吴培豪. 高部分负荷压力脉动 [C]//中国电机工程学会水电设备专业委员会，中国水力发电工程学会水力机械专业委员会，中国动力工程学会水轮机专业委员会，全国水利水电水力机械信息网，青海省水力发电工程学会，第十五次中国水电设备学术讨论会论文集. 西宁：青海人民出版社，2004.

[6] 李启章，张强，于纪幸，等. 混流式水轮机水力稳定性研究 [M]. 北京：中国水利水电出版社，2014.

[7] 黄源芳，刘光宁，樊世英. 原型水轮机运行研究 [M]. 北京：中国电力出版社，2010.

关于水泵水轮机顶盖座环联接螺栓相对刚度的研究

李海玲　姜明利　　陈　柳

（中国水利水电科学研究院　北京　100048）

【摘　要】　本文介绍了联接螺栓相对刚度与螺栓附加力的关系，并以国内某抽水蓄能电站水泵水轮机组为例，对不同结构的顶盖、座环和联接螺栓整体结构进行有限元分析计算，得到的联接螺栓相对刚度计算值与设计值存在差异。通过对比，探讨相对刚度的合理取值，为实际应用中准确判断顶盖、座环联接螺栓受力情况及联接螺栓的设计、优化提供参考。

【关键词】　水泵水轮机；顶盖联接螺栓；相对刚度；有限元分析

1　引言

水泵水轮机的顶盖和座环通常采用多个高强度螺栓连接，螺栓沿圆周分布，并在液压拉伸器的作用下预紧，以保证连接有效性。由于水泵水轮机工况复杂、启停频繁，在工作状态下，螺栓承受的动态水压力更加复杂，在设计时需对螺栓的疲劳强度进行重点考虑和复核。动载荷的大小与螺栓和被联接件的相对刚度直接相关，该参数通常在螺栓选型设计时按照推荐值进行选取，机械设计手册推荐取值为 $0.2\sim0.3$。随着抽水蓄能机组容量不断增大，水头不断升高，顶盖联接螺栓的尺寸也逐渐增大，数量增多，且强度也较高。相对刚度的推荐值是否适用新的应用情况，值得探讨。本文通过对不同顶盖型式的整体连接结构开展有限元计算，对比螺栓相对刚度值的差异，探讨相对刚度的合理取值，以期对水泵水轮机的顶盖螺栓连接设计、优化和实际应用提供理论依据和参考。

2　顶盖联接螺栓的受力特性

水泵水轮机的顶盖和座环的联接螺栓受力分析示意图如图 1 所示，可以简单地将螺栓（联接件）看作是拉力弹簧，顶盖、座环（被联接件）看作是压力弹簧，在图中简称为板。

初始状态时，螺栓和顶盖、座环之间无直接关系。

在预紧过程中采用液压拉伸器进行拉伸预紧。螺栓被拉伸，产生变形位移 f_{SM}，受到了预紧力 F_M。顶盖和座环被压缩，相应产生了变形位移 f_{PM}，顶盖和座环受到了夹紧力 F_K。在预紧完毕时，预紧力 F_M 和夹紧力 F_K 相等。

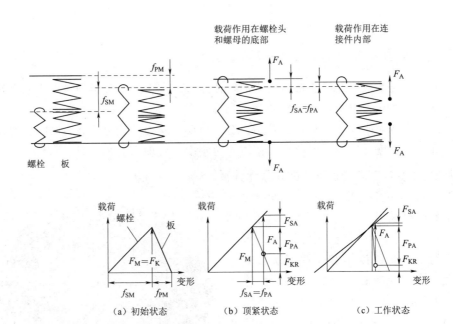

图 1　顶盖和座环的联接螺栓受力分析示意图

在实际工作状态下，工作载荷 F_A 施加在整体连接结构上，导致螺栓产生了附加力 F_{SA} 及顶盖和座环结构的板附加力 F_{PA}。则有

$$F_A = F_{SA} + F_{PA} \tag{1}$$

顶盖在受到向上轴向载荷时，原本受压缩状态的顶盖和座环发生回弹，顶盖和座环的接合面上的夹紧作用相应减弱，初始的夹紧力 F_K 减小为工作状态下的夹紧力 F_{KR} 正是由于工作载荷导致顶盖和座环发生形变而产生的板附加力削弱了夹紧作用。则有

$$F_K = F_{PA} + F_{KR} \tag{2}$$

初始夹紧力 F_K 变为工作状态下的夹紧力 F_{KR}，由于 $F_M = F_K$，则有

$$F_M = F_{PA} + F_{KR} \tag{3}$$

螺栓附加力 F_{SA} 和板附加力 F_{PA} 的计算为

$$F_{SA} = F_A \cdot \varphi \tag{4}$$

$$F_{PA} = F_A \cdot (1 - \varphi) \tag{5}$$

其中

$$\varphi = \frac{K_b}{K_b + K_f} \tag{6}$$

式中　φ——螺栓的相对刚度；

　　　K_b——螺栓的刚度；

　　　K_f——被连接件的刚度。

由式（4）和（5）可知，整体结构在受到轴向工作载荷时，轴向工作载荷按比例分配给螺栓和顶盖、座环，形成了螺栓的附加力 F_{SA} 和板附加力 F_{PA}。螺栓附加力作用于螺栓产生动态应力。循环的动态应力多次重复作用于螺栓，在其局部易产生形变，从而产生裂纹并最终断裂，即产生了疲劳破坏。相对刚度通常根据机械设计要求在推荐值 0.2～0.3

之间选取，对螺栓的疲劳强度进行复核。

3 不同顶盖型式的整体连接结构有限元计算

本文采用顶盖、座环和联接螺栓构成的整体连接结构作为计算模型，以水泵水轮机典型运行工况下的水压力分布作为工作载荷，充分考虑了结构之间的相互影响。在这种情况下，得到的螺栓相对刚度值能够更加真实、合理地反映螺栓的受力状态。同时，对比不同顶盖型式和不同强度特性螺栓的组合，探讨相对刚度的合理取值及其影响因素。

3.1 双法兰顶盖与座环连接整体的有限元计算

双法兰结构顶盖是目前国内大部分抽水蓄能电站机组采用的形式。本文考虑了4个典型工况，分别为水轮机正常运行、水泵正常运行、水泵零流量和飞逸工况。双法兰顶盖、座环及螺栓的材料和力学性能见表1，计算模型如图2所示。网格采用六面体网格，座环与混凝土接触的部分设定为固定约束，顶盖与座环、螺母与顶盖的接触面采用接触单元连接。

双法兰顶盖结构下的计算结果见表2，不同工况下的螺栓相对刚度总体保持在0.1左右，并随着工作载荷的增大在逐渐增大。

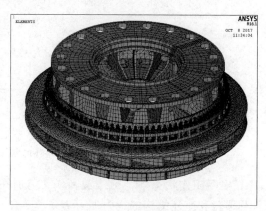

图2 双法兰顶盖结构计算模型网格划分图

这与机械设计推荐值0.2~0.3存在明显差异，也将直接影响螺栓受到的动态载荷及总载荷的大小。

表1 双法兰顶盖、座环及螺栓的材料和力学性能

序号	名称	材料	屈服极限/MPa	强度极限/MPa
1	螺栓	42CrMo	675	860
2	顶盖	Q345C	345	470
3	座环	S500Q – Z35	440	540

表2 双法兰顶盖结构下的联接螺栓相对刚度

双法兰顶盖与座环连接结构	工况	水轮机运行	水泵运行	水泵零流量	水轮机飞逸
	相对刚度	0.1003	0.1005	0.1030	0.1102

3.2 单法兰顶盖与座环连接整体的有限元计算

维持座环结构不变，更换顶盖为单厚法兰型式，在这种组合方式下，为保证连接的安全有效，同时采用了更高强度的联接螺栓，其尺寸和数量不变。单厚法兰顶盖、座环及螺栓的材料和力学性能见表3，计算模型如图3所示。采用同种网格划分方式、边界设置和计算条件。

表 3		单厚法兰顶盖、座环及螺栓的材料和力学性能			
序号	名称	材料	屈服极限/MPa	强度极限/MPa
1	螺栓	34CrNi3Mo	960	1100
2	顶盖	ASTM A668 class D	260	470
3	座环	S500Q – Z35	440	540

单厚法兰顶盖结构下的计算结果见表4，各工况下的螺栓相对刚度基本在0.06～0.07。同样随着工作载荷的增大而增大。

可见，在充分考虑了结构部件之间的相互影响，对顶盖、座环和联接螺栓整体结构开展有限元计算，得到的相对刚度值较设计推荐值有明显的不同。对于本模型而言，螺栓受到的动应力更小。按照相对刚度推荐值进行螺栓的选型设计，螺栓的动应力相对偏大，在疲劳强度复核及疲劳破坏分析时无疑进一步增大了安全裕度。虽然能够充分保证结构部件的运行安全，

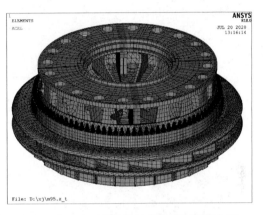

图3　单法兰顶盖结构计算模型网格划分图

但设计的优化空间也相应地受到了限制。依据更加接近真实受力状态下的计算结果，可以进一步指导、优化螺栓的选型设计。

表 4		单厚法兰顶盖与座环连接螺栓相对刚度			
单厚法兰顶盖与座环连接结构	工况	水轮机运行	水泵运行	水泵零流量	水轮机飞逸
	相对刚度	0.0647	0.0649	0.0659	0.0679

4　结论及建议

通过对水泵水轮机不同结构顶盖、座环和联接螺栓的整体结构有限元计算结果分析，得出以下结论：

（1）顶盖螺栓的相对刚度数值在各工况下不是定值，随着工作载荷的增大而增大，且与顶盖结构有关。

（2）整体结构的有限元计算充分考虑了顶盖、螺栓和座环各部件的相互影响，螺栓受力状态更接近真实状态，相对刚度值更加合理，与传统的设计推荐值存在明显差异，相对偏小。

（3）由于本文仅采用同一蓄能电站机组模型开展分析研究，建议后续针对不同水力特性机组顶盖连接结构继续开展研究，以期总结水泵水轮机组中顶盖螺栓相对刚度值的取值规律，对螺栓的选型设计提供指导和参考。

参 考 文 献

[1] 成大先. 机械设计手册：第二卷 [M]. 北京：化学工业出版社，2016.

[2] 王俊华，陈振，高翔，等. 法兰连接螺栓疲劳分析方法的探讨 [J]. 港口装卸，2014（2）：4-6.

白鹤滩左岸电站水轮机固定导叶强化分析与试验

方晓红[1]　李海军[2]　曹春建[1]　方　杰[1]　邓金杰[3]

(1. 中国电建集团华东勘测设计研究院有限公司　浙江　杭州　311122;

2. 中国长江三峡集团公司　四川　成都　610094;

3. 东方电气集团东方电机有限公司　四川　德阳　618000)

【摘　要】 座环是混流式水轮发电机组的基础承载部件,又是机组过流部件的重要组成部分,不仅需要有足够的强度和刚度,还应具有优良的水力性能。白鹤滩水电站机组单机容量达到1000MW,应将安全放在首位。白鹤滩左岸电站水轮机模型验收试验完成后,在对座环刚强度复核分析中发现,固定导叶尾部局部应力偏高。为确保座环具有足够的安全裕度,需要在设计期间对固定导叶进行强化。本文从白鹤滩左岸电站水轮机固定导叶强化设计,刚强度分析及模型试验验证等方面进行分析说明。

【关键词】 水轮机;固定导叶;加强优化;白鹤滩左岸电站

1　引言

座环是混流式水轮发电机组的基础承载部件,机组轴向载荷及座环以上厂房部分混凝土的重量均由座环承受并传递至基础,同时座环又是机组过流部件的重要组成部分。因此,座环不仅需要有足够的强度和刚度,还应具有优良的水力性能,其设计质量将直接影响机组的能量指标和稳定性能。

近年来,一些水电站发生了水轮机固定导叶出现裂纹的情况,究其原因大多是由于刚强度不足引起的。白鹤滩水电站机组单机容量达到1000MW,位居世界第一,必须将安全放在首位。白鹤滩左岸电站水轮机模型验收试验完成后,在对座环刚强度复核分析中发现,固定导叶尾部局部应力偏高,为防止固定导叶产生裂纹等不良现象,确保座环具有足够的安全裕度,因此对固定导叶进行了强化。由于水轮机模型验收试验已经完成,重新制作新设计的模型座环,需要对水轮机主要性能重新进行模型试验验证。

2　座环固定导叶加强优化设计方案

2.1　座环结构简述

座环采用带直过渡板的组焊结构,本体高度约3.7m,最大高度4.3m,外径

14.16m，分4瓣，如图1所示。上、下环板采用SXQ500D–Z35高强度抗层状撕裂钢板，23只固定导叶采用SXQ550D钢板，座环与蜗壳之间设置过渡连接板，其材料与蜗壳材料一致，均为800MPa级高强度钢板，座环本体总重约470t。

2.2 固定导叶加强优化设计

固定导叶加强优化设计的原则是在保证座环具有足够安全裕度的前提下，尽量减小对水力性能的影响。具体优化方案为：保持原固定导叶叶型，将固定导叶分三组（23#～5#、6#～13#、14#～22#），每组固定导叶按不同比例适当放大，并保持固定导叶原有布置和安放角，使固定导叶的进、出口水流角度不变，布置方式如图2所示。

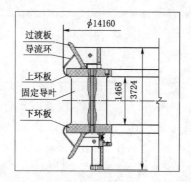

图1 白鹤滩水电站左岸机组座环结构图

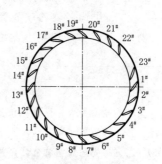

图2 固定导叶布置图

3 CFD模拟和水轮机模型验收试验结果

3.1 CFD模拟结果

采用全流道CFD进行分析计算，对电站运行范围内的高水头部分负荷、最优工况点、额定工况点、低水头大负荷等典型工况进行重点分析比较。由于加强固定导叶对转轮和尾水管的影响甚微，因此分析计算主要针对固定导叶及其上下游的蜗壳与活动导叶内流场进行分析比较。计算结果表明，水轮机水力模型在各工况下的效率对固定导叶加强前后变化甚微；水轮机引水部件流道内的压力、流速分布的差异微小，水力损失值也非常接近，加强固定导叶仅微小增加固定导叶本身的水力损失，对水轮机的内部流动特性和其他水力特性基本无影响。

3.2 水轮机模型验收试验成果

2016年7月，对固定导叶加强优化后水轮机模型重新进行验收试验，验收试验严格按照合同文件要求和确定的试验大纲进行，试验主要内容包括主要测量设备标定检查、效率试验、压力脉动试验、模型尺寸检查等。

主要测量设备的标定结果，验证模型测量数据的准确性。验收试验表明模型试验台效率综合误差为±0.243%，满足合同不大于±0.25%的要求。模型效率重复测试误差小于±0.10%，满足验收试验各参数测量精度的要求。模型与原型水轮机的比尺为1:20。

效率试验水头 $H=30$m，水轮机最优效率点试验在高空化系数下进行，其他效率试验在电站空化系数 σ_p 下进行，空化系数计算参考面为导叶中心线。试验结果表明，除原型水轮机最优效率（仅相差 0.05%）略低于合同保证值外，水轮机其他效率值均满足合同要求。

压力脉动试验水头 $H=30\mathrm{m}$，在电站空化系数 σ_p 下进行，对 5 个水头（159.0m、163.9m、175.0m、202.0m、243.1m）进行了压力脉动测量。压力脉动试验结果表明：①尾水锥管距转轮出口 0.3D_2（转轮出口直径）、导叶后转轮前压力脉动试验值满足合同要求，蜗壳进口个别压力脉动值略超合同保证值；②试验中未发现高部分负荷高频压力脉动。

4 固定导叶加强优化后刚强度对比

通过有限元法对蜗壳、座环进行刚强度分析计算，有限元法计算的应力分布其中包括局部应力集中，该应力可采用有限元计算考核标准进行考核，常用的考核标准为 ASME 标准。蜗壳、座环的材料及许用应力见表1。

表 1   蜗壳、座环的材料及许用应力

部 位	材料名称	材料性能		合同许用应力/MPa	按 ASME 标准确定许用应力/MPa		
		屈服强度 $R_{p0.2}$/MPa	抗拉强度 R_m/MPa		$S_\mathrm{m}*$	$P_1*+P_\mathrm{b}*$ $<1.5S_\mathrm{m}$	$P_1+P_\mathrm{b}+Q*$ $<3.0S_\mathrm{m}$
蜗壳	SX780CF	670	750	223.3	250	375	750
固定导叶	SXQ550D	470	590	156.7	196.7	295	590
座环上下环板	SXQ500D－Z35	420	540	140	180	270	540

注：$S_\mathrm{m}* = \min(R_\mathrm{m}/3, 2*R_{p0.2}/3)$，$P_1$ 为一次局部薄膜应力，P_b 为一次弯曲应力，Q 为二次应力，在结构不连续部位的缺口应力。

在正常运行工况、停机工况和紧急关机工况下座环、固定导叶应力计算成果对比，见表2、表3，座环、固定导叶位移计算成果对比，见表4，固定导叶加强前后等效应力云图如图3所示。

表 2   座环应力计算成果对比

工 况	$P_\mathrm{m}*$/MPa		P_1+P_b/MPa		$P_1+P_\mathrm{b}+Q$/MPa	
	加强前	加强后	加强前	加强后	加强前	加强后
正常工况	104.2	97.44	164.5	148.0	208.6	192.4
停机工况	104.6	92.7	165.9	150.9	194.8	189.6
紧急关机	119.0	105	197.3	177.2	277.1	275.2

注：$P_\mathrm{m}*$ 为一次总体薄膜应力，为有限元法得到的名义应力。

表 3   固定导叶应力计算成果对比

工 况	P_m/MPa		P_1+P_b/MPa		$P_1+P_\mathrm{b}+Q$/MPa		中间横断面平均应力/MPa	
	加强前	加强后	加强前	加强后	加强前	加强后	加强前	加强后
正常工况	139.6	94.8	203.2	183.2	319.7	272.4	76.94	66.19
停机工况	116.0	89.6	161.5	137.4	177.8	165.3	61.49	55.21
紧急关机	132.7	119.9	220.4	193.2	273.5	234.6	71.28	67.23

表 4	座环、固定导叶位移计算成果对比			
工 况	最大综合位移/mm		最大 Z 向位移/mm	
	加强前	加强后	加强前	加强后
正常工况	2.178	1.671	2.133	1.504
停机工况	1.999	1.652	1.924	1.304
紧急关机	2.750	2.269	2.646	1.783

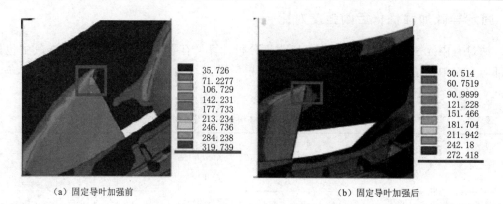

（a）固定导叶加强前   （b）固定导叶加强后

图 3   固定导叶加强前后等效应力云图

从上述计算成果可见，固定导叶加强后，座环、固定导叶的应力、变形量有明显下降，座环的刚强度得到了明显改善。由此说明，上述固定导叶加强优化是有成效的，得到了预期结果。

5   结语

固定导叶是水轮机重要部件，其结构影响着机组的性能和安全，设计中应考虑留有足够的安全裕度，防患于未然，为机组的安全稳定可靠运行提供保障。

参 考 文 献

[1]   王泉龙. 水轮机座环固定导叶裂纹问题研究 [J]. 国外大电机，1993 (4)：54 - 63.

[2]   夏伟，潘罗平，周叶，等. 混流式水轮发电机组固定导叶裂纹原因分析 [J]. 大电机技术，2016 (3)：36 - 40.

[3]   文劲，崔苗，郭楠，等. 鲁地拉电站座环固定导叶疲劳断裂分析 [J]. 云南水力发电，2020，36 (3)：53 - 56.

泵装置模型试验水压力脉动测量
及相对值计算讨论

闫　宇　张　驰　张弋扬　何成连　蔡俊鹏

（中水北方勘测设计研究有限责任公司　天津　300222）

【摘　要】　本文介绍了一种按照阶跃压力法设计研制的用于标定动态压力传感器的装置，并且主要针对水泵装置模型试验中压力脉动传感器的选择、标定、安装、测点设置及相对值计算进行了讨论和阐述。总结了低扬程大流量泵装置模型及双吸离心泵水压力脉动测点建议位置，给出了水泵模型试验水压力脉动幅值取值和相对值计算方法，供水泵模型试验及相关标准制定参考，对水力机械模型水压力脉动测试和分析具有参考意义。

【关键词】　泵装置模型；水压力脉动；测点设置；相对值计算；标定装置

1　引言

近年来水泵机组稳定性受到行业内越来越多的关注和重视。水压力脉动测试在水泵装置模型试验中是评价装置水力稳定性的重要方法。谢丽华对 15°斜式轴流泵装置的压力脉动测试结果进行了分析，得出斜式轴流泵压力脉动在导叶出口、出水弯管和出水流道内明显偏高，且在出水流道隔墩两侧出现了高低不同的现象，频率以 60%～70%转频为主。陈超通过试验测试和数值模拟相结合分析了不同扬程和空化状态下某低扬程轴流泵装置的压力脉动特性。赵振江以大寨河双向流道泵装置为研究对象，测试了 3 个叶片安放角下叶轮进口压力脉动及泵出口喇叭出口压力脉动，得出了双向流道泵装置压力脉动整体规律符合常规轴流泵水压脉动规律的结论。

目前行业内对水泵装置压力脉动的研究主要采用数值模拟与试验测试相结合的方式，对各装置的压力脉动峰值、频率特性等进行分析。但对于规范泵装置模型压力脉动测点的设置问题以及时域分析中的取值方法相对值计算方面并没有统一明确的说明，因此会出现不同的装置模型试验应用的压力脉动传感器不同，取值方法不同，进而对压力脉动数据的评定出现偏差，无法相互借鉴和比较。

本文结合多年来对水泵装置模型压力脉动试验测试和数据分析，对压力脉动传感器的选择、标定、安装、测点布置及压力脉动取值和相对值计算进行了总结与阐述，为泵装置模型压力脉动测试技术的统一提升改进和标准化工作提供参考。

2 试验台与试验装置

中水北方勘测设计研究有限责任公司水力模型通用试验台于 2004 年 7 月 20 日通过了由水利部组织的技术鉴定，2018 年 5 月完成试验台升级改造，进一步对试验台品质和能力进行了提升。试验台能够进行南水北调工程、大中型泵站更新改造工程及其他泵站适用的各类水泵装置模型试验，包括立式、卧式、斜轴、贯流等模型装置。试验台三维布置图如图 1 所示。

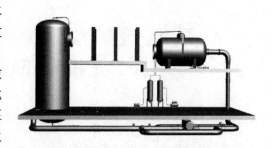

图 1　试验台三维布置图

2.1 压力脉动传感器的选择

水泵模型压力脉动应采用动态压力传感器进行测量。中水北方公司水力模型通用试验台采用 PCB 公司生产的 ICP 型压电式动态压力传感器。传感器参数如下：传感器型号：113B28，量程：0～344.7kPa，分辨率：0.007kPa，动态时间≤1μsec，频率响应范围：0.5～100kHz，非线性度≤1%Fs。并配有多通道信号调理仪 483C15 为传感器提供电流激励，具有 8 个信号调理通道，每个通道有×1，×10，×100，3 种信号增益供选择，传感器与调理仪通过专用缆线连接，测得压力信号经调理仪调理后输出至信号采集仪。

2.2 标定装置与方法

压力传感器的特性可分为静态特性和动态特性，一般压力传感器只校准静态特性，认为其固有频率足够大且本身无阻尼，但存在传感器不能很好地追随输入压力的快速变化，动态响应性能不能满足使用要求。同时，参照关于水泵模型试验对于水压脉动测量的要求，在试验前需对传感器及测量系统进行动态标定，确定压力信号和输出电信号的传递函数并验证传感器的完好性。因此动态压力传感器标定装置和标定方法为压力脉动试验结果可靠的必要条件。

针对水力机械压力脉动测试中使用的动态压力传感器，本文按照阶跃压力法设计研制了一套传感器的标定装置，该装置由压力控制器，储压罐，快速阀，信号采集仪等单元组成。

标定设备采用空气作为工作介质，快开阀将高压室和低压室隔开，高压室容积远大于低压室，待测动态压力传感器安装在低压室。检定时通过快速打开阀门使低压室压力突然升高，加载在被标定的压力传感器上。开阀前，高压室压力通过压力控制器准确控制。传感器测量不确定度主要取决于数字压力控制器的准确度等级。快开阀动态压力标准检定压力传感器装置如图 2 所示。

在模型压力脉动测试中，采用该自主研制集成的阶跃压力动态传感器标定系统，可以对 PCB 型压力脉动传感器的灵敏度系数进行原位标定。

3 压力脉动测点布置

压力脉动传感器的工作压力应能承受被测部位可能出现的最高压力或负压，应采用传

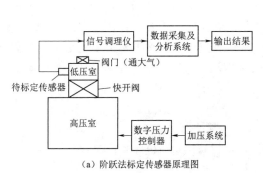
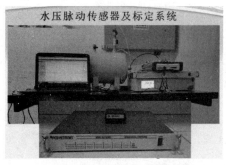

（a）阶跃法标定传感器原理图　　　　　　　（b）压力脉动传感器及阶跃法标定装置

图 2　标定装置

感器测头与流道内壁齐平方式安装传感器，以避免连接管的共振及阻尼的影响。下面根据不同类型泵装置模型的压力脉动测点布置进行讨论。

3.1　水泵模型压力脉动测点设置

低扬程大流量水泵模型：转轮进口测点布置在转轮进口，转轮叶片在最大叶片转角时，距叶片外缘 $0.3D$ 处；转轮与导叶之间（无叶区）测点布置在转轮叶片在最大叶片转角时，导叶外缘与转轮叶片外缘中间两个相邻导叶中间处；导叶出口测点布置在两个相邻导叶中间，距导叶外缘 20mm 处；出水流道出口两侧测点布置在出口两侧中间处。某竖井贯流泵装置模型压力脉动测点布置如图 3 所示，测点安装位置见表 1。

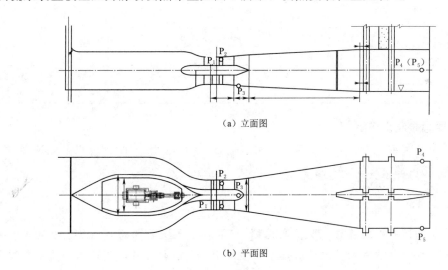

（a）立面图

（b）平面图

图 3　竖井贯流泵装置模型压力脉动测点布置

表 1　　　　　　　　　竖井贯流泵装置模型压力脉动测点安装位置表

序号	测量位置	符号	序号	测量位置	符号
1	转轮进口	P_1	4	出水流道（进水方向左侧）	P_4
2	转轮与导叶之间	P_2	5	出水流道（进水方向右侧）	P_5
3	导叶出口	P_3			

对于带蜗壳、进水肘管的泵装置模型来说，安装位置如图 4 所示，测点的符号和位置见表 2。表中 P_1、P_2、P_3、P_5 等关键位置通常为必须测量的位置点；P_4 是推荐测量位置点，在条件许可的条件下要尽量测量；P_6 和 P_7 两个位置点一般情况下不需要测量，但是如果怀疑进水肘管水管和出水管路对压力脉动有较大的影响，可以根据情况确定是否需要测量。

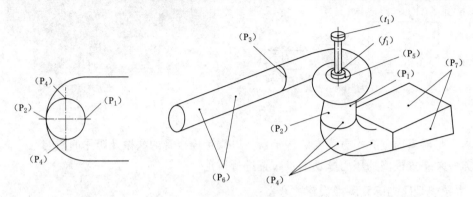

图 4　压力脉动传感器测点

表 2　　　　　　　　　　　　　压力脉动传感器测点描述

测点符号	测 点 位 置 描 述	重要程度
P_1	进水管锥管下游侧距转轮进口 0.3 倍转轮直径	关键
P_2	进水管锥管上游侧距转轮进口 0.3 倍转轮直径	关键
P_3	蜗壳出口	关键
P_4	进水管锥管与 P_1、P_2 水平旋转 90°或进水管肘管	推荐
P_5	转轮和导叶之间的无叶区	关键
P_6	出水管路上	补充
P_7	进水管路	补充

3.2　双吸离心泵测点布置

双吸式离心泵水压力脉动测点布置在水泵进口、出口法兰侧面、进水泵壳顶部（2 个点）、出水泵壳顶部，总计 5 个测点。

4　相对值计算

水轮机模型试验采用混频 97% 置信度峰-峰值表示水压力脉动值 ΔH，相对值采用其相对于试验扬程百分数表示。水轮机模型试验采用恒定试验水头，变转速的试验方法，模型试验水头 H 基本为定值，压力脉动值与相对值曲线走势相同。而水泵模型试验采用固定转速，变扬程的试验方法，则相对值计算中，不同试验工况，压力脉动值相同，扬程低则其相对值大。低扬程大流量水泵装置模型试验范围：零流量到零扬程，在接近零扬程工况下，压力脉动相对值巨大，而零扬程工况则无解（压力脉动相对值无穷大），因此这种压力脉动相对值表达方法存在问题。

本文结合多年水泵装置模型压力脉动试验及分析，针对压力脉动相对值表达存在的问题，提出相对扬程选用水泵模型试验相对固定的特征点即最优效率点扬程，则问题得到解决，即用 $\Delta H / H_{\eta max} \times 100\%$ 表达，$H_{\eta max}$ 为最优效率工况点扬程。相对值表达的曲线走势与采用绝对值相同，如图 5 所示。

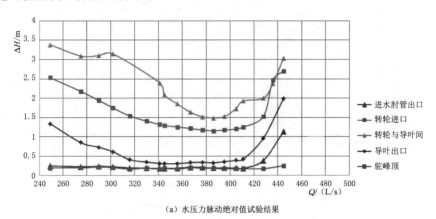

（a）水压力脉动绝对值试验结果

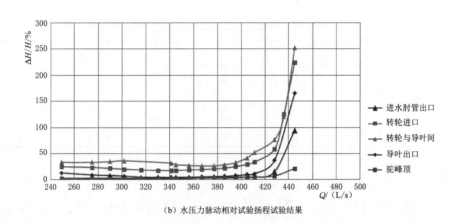

（b）水压力脉动相对试验扬程试验结果

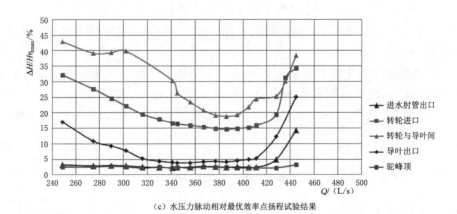

（c）水压力脉动相对最优效率点扬程试验结果

图 5　某低扬程大流量装置模型水压力脉动试验结果

立式泵装置模型水压力脉动测点布置如图 6 所示。

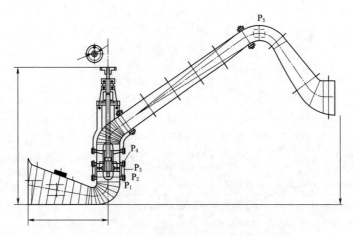

图 6　立式泵装置模型水压力脉动测点布置

立式泵装置模型水压力脉动测点安装位置表见表 3。

表 3　　　　　　　　　　立式泵装置模型水压力脉动测点安装位置表

序号	安装位置	符号	序号	安装位置	符号
1	进水肘管出口	P_1	4	导叶出口	P_4
2	转轮进口	P_2	5	驼峰顶	P_5
3	转轮与导叶之间	P_3			

5　结语

（1）本文研制的 PCB 动态压力标定装置结构简洁可靠，操作简单。给定传感器的阶跃压力波形正常，压力上升时间满足要求，信号峰值捕获可靠。标定出的传感器灵敏度值和线性误差与厂家给定结果一致，满足 PCB 型压力脉动传感器标定要求。

（2）给出了常见泵型的压力脉动测点布置方法，可供规范水泵装置模型试验的压力脉动测点参考。

（3）水泵模型试验单位参数表达和计算方法的提出与原来水轮机模型试验标准不冲突。水轮机模型试验采用固定水头进行，所有工况试验水头均与最优效率点相同，不涉及以前数据修正问题，使水轮机、水泵关于模型水压力脉动相对值计算方法得以统一。

参　考　文　献

[1]　谢丽华，王福军，何成连，等. 15 度斜式轴流泵装置水动力特性实验研究 [J]. 水利学报，2019，50（7）：798 – 805.

[2]　陈超，李彦军，裴吉，等. 多工况空化条件下混流泵装置压力脉动试验研究 [J]. 中国农村水利水电，2019（1）：158 – 163.

［3］ 赵振江，石磊，蒋红樱，等. 大寨河双向流道泵装置模型试验及压力脉动分析［J］. 治淮，
2020（6）：24 - 26.

［4］ 吴醒凡. 大中型低扬程泵选型手册［M］. 北京：机械工业出版社，2019.

［5］ 王刚. 压力传感器校准和测控系统研究［D］. 成都：四川大学，2005.

海外项目贯流机组的现场试验记录与借鉴

毛华匡　　傅校平

（浙江富春江水电设备有限公司　浙江　杭州　311121）

【摘　要】 本文主要介绍了老挝某项目贯流机组（以下简称老挝项目）现场试验的内容以及试验结果，详细介绍国内不常做的试验项的内容、目的以及试验方法，本文可为国外业主的贯流机项目现场调试提供一些参考，对于国内的贯流机组现场试验也有借鉴作用。

【关键词】 贯流机组；现场试验方法；现场试验数据

1　概况

老挝项目位于老挝中部地区。电站装机容量为 18.28MW，利用上游电站的排水进行发电，兼有调节作用。本项目业主方涉及日本、泰国相关公司。整个试验要求按照日本的电气协同研究会的现场试验指针去执行，与国内常规试验有些区别。

现场试验的目的在于验证机组的质量，为正式并网运行创造条件。老挝项目于 2019 年结束全部试验投产发电，目前运行稳定。现将在老挝项目试验中，国内常规交接试验没有涉及的内容进行介绍。

2　现场试验

老挝项目的现场试验主要分为无水调试验（机组转机前试验）和有水试验（机组转机后的试验）两大部分。

2.1　无水调试验（机组转机前试验）

（1）无水调试验分为水轮机相关试验、压力油系统试验、压缩空气系统试验、冷却水系统试验、排水系统试验、润滑油系统试验、发电机相关试验等几大块。

水轮机部分的无水试验包括导叶接力器行程与导叶开度关系测量、桨叶接力器行程与桨叶角度关系测量、导叶接力器行程与桨叶角度关系测量、导叶开启与关闭力矩的测量、桨叶开启与关闭力矩的测量、导叶开启与关闭时间的测量、桨叶开启与关闭时间的测量、转轮接力器与受油器的漏油量测量等。其中导叶开启与关闭力矩的测量为国内不常做的试验项目。

导叶开启与关闭力矩的测量目的是测量导叶开度与操作力的关系，在无水条件下确认导叶操作机构的摩擦力，由此确认操作力是否足够。

测量方法：①压力传感器安装在导叶接力器开/关腔的压力油管路上；②导叶接力器

通过负荷限制装置，从全关到全开运行，导叶的行程开关和压力传感器接入录波器，录制波形曲线（注意导叶开启，中途不要停止，不要出现反向动作）；③导叶接力器通过负荷限制装置，从全开到全关运行，导叶的行程开关和压力传感器接入录波器。录制波形曲线（注意导叶关闭，中途不要停止，不要出现反向动作）。

现场试验时记录的数据见表1。

表1 　　　　　　　　　　　　导叶开启与关闭力矩试验数据

	导叶开度/%	0	10	20	30	40	50	60	70	80	90	100
打开方向	接力器开腔油压 P_o/MPa	0.15	4.00	4.01	4.02	4.02	4.00	4.00	4.05	4.01	4.05	6.25
	接力器关腔油压 P_c/MPa	6.15	2.89	2.90	2.88	2.85	2.86	2.88	2.91	2.95	3.00	0.35
	差压 P_o-P_c/MPa	—	1.11	1.11	1.14	1.17	1.14	1.12	1.14	1.06	1.05	—
	操作力 F_o/kN	—	145	145	149	153	149	148	149	139	137	—
关闭方向	接力器关腔油压 P_c/MPa	0.35	3.68	3.65	3.61	3.60	3.58	3.55	3.51	3.50	3.48	6.00
	接力器开腔油压 P_o/MPa	6.25	4.45	4.44	4.38	4.35	4.32	4.30	4.29	4.25	4.23	0.35
	差压 P_c-P_o/MPa	—	−0.77	−0.79	−0.77	−0.75	−0.74	−0.75	−0.78	−0.75	−0.75	—
	操作力 F_c/kN	—	−101	−103	−101	−98	−97	−98	−102	−98	−98	—
摩擦力 $T_f=(F_o+F_c)/2$/kN		—	22	21	24	27.5	26	25	23.5	20.5	19.5	—

（2）压力油系统无水试验包括压力油泵油流量测量、压力油泵连续运行试验、压力油泵自动控制程序试验、压力油泵油安全阀操作试验、减荷系统操作试验、压力油罐内压力与油位关系测量、压力油罐的漏油量和漏气量的测量、压力油罐安全阀试验、压力油罐容量试验、压力油罐油位自动控制试验、压力油耗油量测量、测量压力油系统从大气压升到最大操作压力的充油和充气时间、漏油泵油流量测量、漏油泵连续运行试验、漏油泵自动控制试验。抽选以下测量进行典型分析：

1）压力油泵油流量测量。测量目的：验证压力油泵的实际流量是否大于等于油泵的设计流量。测量方法：①把压力油泵控制打到切除位置，通过手动阀把压力油罐的压力调整到启油泵压力；②在油泵启动前，记录压力油箱上的油压和回油箱上的油位；③手动控制油泵，通过秒表测量油泵工作时间；④根据回油箱的油位变化、回油箱的底面积、油泵的工作时间，计算油泵流量；⑤每台油泵单独进行多次试验并记录数据。（同时记录油泵运行电压、电流）。

表2为现场试验时记录1号油泵的数据。

2）压力油泵连续运行试验。测量目的：确认连续运行过程中，无温度、振动、声音等异常。测量方法：①将压力油罐中的油压和油位设定为正常工作范围；②按照记录表中的说明，在电机油泵上标注出需要测量温度的测点；③每隔10分钟记录一次测点温度、运行电流、运行电压等数据；④操作手动阀把压力油罐的压力调整在正常工作范围；⑤连续运行，直到温度稳定；⑥每台油泵单独试验。

3）减荷系统操作试验。测量目的：验证减荷系统是否在设置值下正常运行。测量方法：①将压力油罐中的油压和油位设定为正常工作范围；②1号油泵作为主用泵进行自动控制，2号油泵设到切除位置；③打开压力油罐手动排放阀，调节开度，控制减荷时间为

表 2 压力油泵油流量测量数据

试 验 次 数			1	2	3	平均值
压力油罐	油压	初始/MPa	5.90	5.90	5.90	5.90
		结束/MPa	6.34	6.34	6.34	6.34
		差压/MPa	0.44	0.44	0.44	0.44
	油位	初始/mm	425	426	427	426
		结束/mm	535	537	537	536
		液位差/mm	110	111	110	110
体积/L			124.3	125.4	124.3	124.7
时间/s			36.0	36.0	35.9	36.0
流量/(L/min)			207.2	209.1	207.7	208
油温/℃			31.2	31.5	31.6	31.4
电机	电压/V		400	401.5	401.3	400.9
	电流/A		60.40	63.30	63.20	60.30

约 5min；④测量压力油罐的油位上升时间、油位、油压；⑤把 2 号油泵设为主用油泵并进行自动控制，把 1 号油泵设为切除状态；⑥对 2 号油泵进行同样的测试。

表 3 为现场试验时记录 1 号油泵的数据。

表 3 减荷系统操作试验数据

试验次数	1		2		3		平均值	
	加载	减载	加载	减载	加载	减载	加载	减载
工作时间/s	00	34	00	34	00	34	00	34
油压/MPa	5.9	6.3	5.9	6.3	5.9	6.3	5.9	6.3
压力油罐油位/mm	400	500	400	500	400	500	400	500
回油箱油位/mm	565	545	563	541	562	545	563	544

4）压力油罐内压力与油位关系测量。测量目的：确认压力油罐中的油压和油位之间的关系符合设计标准。测量方法：①将压力油罐中的油压和油位设定为正常工作范围的最大值；②关闭除压力表表阀和油位计以外的压力油罐上的所有阀门，把油泵打到切除位置；③缓慢打开压力油罐手动排放阀，测量压力油罐中油压和油位之间的关系；④由于压力油罐上的油位计可能会滞后响应，应再测量回油箱油位，可将回油箱油位转化为压力油罐的油位。所以需要记录压力油罐油压、压力油罐油位、回油箱油位、油温等数据。

5）压力油罐的漏油量和漏气量的测量。测量目的：确认压力油罐以及相关管路的油、气泄漏量符合设计标准。测量方法：①将压力油罐中的油压和油位设定为正常工作范围的最大值；②关闭压力油罐上除压力表表阀和油位计以外的所有阀门，把油泵控制切换到切除位置；③经过 12h 后（本试验经过了 24h），测量压力油罐的油压和回油箱的油位。

表 4 为现场试验时记录的数据。

表 4

测　量　时　间			h	24
压力油罐	压力	试验前	MPa	6.30
		试验后	MPa	6.23
	回油箱油位	试验前	mm	555
		试验后	mm	570
	温度	试验前	℃	24.7
		试验后	℃	24.5
总漏油量			L	70.6
每小时漏油量			L/h	2.94
总漏气量			L	47
每小时漏气量			L/h	1.96
压降比			%	0.55

6）测量压力油系统从大气压升到最大操作压力的充油和充气时间。测量目的：确认压力油系统充油和气的时间。测量方法：①打开压力油罐进油阀，关闭手动排放阀；②手动控制压力油泵，使压力油罐油位上升到最低允许值（510mm）；③关闭压力油泵进油阀；④空压机保持在自动控制状态，确保有足够的高压气进入压力油罐；⑤缓慢打开自动补气装置的旁通阀。测量补气到压力油罐达到 6.3MPa 所需的时间。

7）漏油泵油流量测量。测量目的：验证漏油泵的实际流量是否大于等于油泵的设计流量。测量方法：①停止调速系统操作，确保试验时没有外部油排入漏油箱，记录漏油箱油位；②手动控制启动漏油泵，测量漏油箱油位变化并计时；③根据漏油箱油位变化和所需的时间，计算漏油泵排油量。

表 5 为现场试验时记录的数据。

表 5　　　　　　　　　　　漏油泵油流量测量数据

试　验　次　数	1	2	平均值
试验前油位/mm	165	145	155
试验后油位/mm	145	125	135
油量/L	17	17	17
试验时间/s	17.49	14.68	16.09
流量/（L/min）	58.3	69.5	63.9
电机电压/V	407.0	407.1	407.1
电机电流/A	2.40	2.41	2.41

（3）压缩空气系统无水试验包括空压机排气量测量试验、空压机连续运行试验、空压机安全阀操作试验、气罐安全阀操作试验、减压阀操作试验、测量压缩空气系统从正常大气压到最大运行压力的充气时间、气罐和相关管路的漏气量测量。选择以下测量进行典型分析：

1）空压机排气量测量。测量目的：确保空压机排气量大于设计的要求。测量方法：①空压机控制保持在手动位置；②关闭除气罐进气口、压力开关、压力表等测量元件表阀以外的所有气罐上的阀门；③手动启动一台空压机，往气罐里充气；④测量 2～6.8MPa，5～6.8MPa 的压力和经过所需时间，计算空压机排气量；⑤另一台空压机按同样的方法试验。

2）空压机连续运行试验。测量目的：检测空压机在连续运行期间有没有温度、振动、声音等异常。测量方法：①气罐压力达到正常运行压力后，缓慢打开排气阀，使气罐压力保持在最大工作压力；②在开始前和连续运行过程中记录温度、振动声音等数据，应每10min 进行一次记录，直到每个测量的温度稳定；③对另一台空压机进行同样试验。

表 6 为现场试验时记录 1 号空压机的数据。

表 6 　　　　　　　　　　　空压机连续运行试验数据

		时间/min	0：10	0：20	0：30	0：40	0：50	1：00	1：10	1：20	1：30	1：40	1：50	2：00
空压机	压力/MPa	一级压缩出口	0.24	0.24	0.24	0.23	0.23	0.23	0.23	0.23	0.24	0.24	0.24	0.24
		二级压缩出口	0.95	0.95	0.95	1.00	1.00	1.05	1.05	1.10	1.12	1.15	1.15	1.17
		中压气罐	2.54	2.89	3.20	3.59	3.94	4.25	4.59	4.95	5.25	5.65	6.00	6.34
	温度/℃	中压气罐	26.5	27.7	28.8	29.2	29.2	29.8	29.7	30.7	30.0	31.4	32.5	32.3
		外壳温度/℃	34.4	44.5	52.4	57.2	61.8	65.8	67.8	69.1	70.5	72.8	73.7	
		一级气缸	56.7	70.0	76.3	79.4	80.9	82.3	82.4	82.9	84.4	82.9	86.0	86.1
		二级气缸	87.4	105.6	117.5	117.9	116.4	123.4	125.2	123.2	128.8	131.9	132.1	129.7
		三级气缸	110.5	132.5	142.3	154.4	163.4	168.8	180.2	184.1	188.6	192.2	208.8	212.1
		三级冷却器出口	39.0	42.3	44.2	42.6	46.4	43.5	46.7	48.2	48.5	48.2	50.2	51.4
电机		外壳温度/℃	35.6	39.4	42.8	46.1	47.4	47.5	48.7	51.4	52.2	53.1	58.1	59.7
		电压/V	403.3	405.0	405.0	404.5	403.5	404.0	404.0	402.5	403.0	402.5	403.5	400.0
		电流/A	10.09	17.85	19.20	19.90	20.10	19.60	19.80	21.00	21.20	21.40	21.50	22.15

3）减压阀操作试验。测量目的：验证气从中压气罐通过减压阀补充到低压气罐。测量方法：①低压气罐内的气压在正常工作范围内；②关闭低压气罐的进气阀；③通过低压气罐的放气阀把低压气罐的压力降低到 0.65MPa，关闭放气阀；④打开低压气罐的进气阀，通过减压阀给低压气罐充气，测量从 0.65MPa 充气到 0.7MPa 的时间。

表 7 为现场试验时记录的数据。

表 7 　　　　　　　　　　　减压阀操作试验数据

减压阀编号	开始补气时压力/MPa		停止补气时压力/MPa	
	设定值	测量值	设定值	测量值
1 号	0.65±0.05	—	0.70±0.05	0.73
2 号	0.65±0.05	—	0.70±0.05	0.73

4）气罐和相关管路的漏气量测量。测量目的：确认气罐的漏气符合设计标准。测量方法：①保持气罐的气压达到正常压力的最大值，并在法兰上缠绕乙烯基胶带。然后在乙

烯基胶带顶部打一个针孔。②喷涂泄漏检测剂或者肥皂水，检查针孔漏气，如果检测到漏气，则在测试前处理漏气问题。③关闭气罐除压力表表阀以外的所有阀门。④保持12h，通过气罐的压降以及温度变化，计算漏气量。（压降比在12h的试验期内气罐应小于3%）。

表8为现场试验时记录的数据。

表8　　　　　　　　　　　　气罐和相关管路的漏气量测量数据

测　量　项　目			单位	气罐
测量时间			h	13
气罐	压力	试验前	MPa	6.80
		试验后	MPa	6.74
	温度	试验前	℃	29.0
		试验后	℃	26.4
环境温度		试验前	℃	27.5
		试验后	℃	26.4
漏气量			L/h	0.0041
压降比			%	0.0082

（4）冷却水系统无水试验包括：冷却水泵排量测量、冷却水泵连续运行试验、冷却水泵自动控制顺序试验、滤水器自动控制顺序试验、水流量调整和测试。例如：

1）冷却水泵排量测量。测量目的：确保冷却水泵排量大于设计的要求。测量方法：①断开未测试水泵和过滤器的电源；②手动控制测试水泵，检查水泵的进/出口压力，确认无异常泄漏或振动。根据水泵的$Q-H$特性测量泵的流量；③被测过滤器应采用手动控制方式，并测量在过滤器运行过程中的排放量（如有排污动作）。

表9为现场试验时记录的1号冷却水泵排量测量数据。

表9　　　　　　　　　　　　　　　冷却水泵排量测量数据

测　量　项　目		单位	正常情况	过滤器排水阀打开
泵	进口压力	MPa	0.046	0.046
	出口压力	MPa	0.470	0.350
	压差	MPa	0.424	0.304
	流量	m³/min	177.0	199.6
电机	电压	V	398.7	399.8
	电流	A	46.2	51.0

2）冷却水泵连续运行试验。测量目的：确认冷却水泵在连续运行过程中无温度，振动，声音等异常。测量方法：①把2号水泵和过滤器控制切换到切除位置，确保试验时2号水泵和过滤器不动作；②在电机和水泵上做好温度测点标记；③在启动前和连续运行期间，每隔10min记录一次数据；④在额定工况下连续运行，直至各温度稳定；⑤2号水泵都进行同样的试验。

表 10 为现场试验时记录的 1 号冷却水泵数据。

表 10   冷却水泵连续运行试验数据

试验时间/时：分			0：0	0：10	0：20	0：30	0：40	0：50	1：00	1：10
泵进口压力/MPa			0.046	0.046	0.046	0.046	0.046	0.046	0.046	0.046
泵出口压力/MPa			0.45	0.45	0.45	0.45	0.45	0.46	0.46	0.46
电机	电压/V		403.8	401.5	402.4	400.8	400.5	402.5	402.4	400.5
	电流/A		48.3	48.80	48.70	48.10	48.10	47.90	46.30	46.20
温度	泵轴承/℃		23.5	23.3	25.5	25.6	26.2	26.3	26.3	26.1
	电机	电机轴承/℃	24.1	24.6	28.2	31.1	32.1	33.3	33.7	33.9
		连轴/℃	24.5	23.3	25.2	26.2	26.9	26.9	27.0	26.8
	电机散热片/℃		25.1	28.1	31.5	34.5	36.0	36.3	36.6	36.6
	环境温度/℃		23.4	23.4	23.4	23.4	23.4	23.4	23.4	23.4
试验时间/时：分			1：20	1：30	1：40	1：50	2：00	2：10	2：20	2：30
泵进口压力/MPa			0.046	0.046	0.046	0.046	0.046	0.046	0.046	0.046
泵出口压力/MPa			0.46	0.46	0.46	0.46	0.46	0.46	0.45	0.45
电机	电压/V		400.1	402.4	402.5	400.6	401.2	401.2	400.7	400.7
	电流/A		46.4	48.20	48.20	48.40	48.30	48.40	48.10	48.30
温度	泵轴承/℃		25.3	24.9	25.1	25.1	15.6	25.6	25.6	25.6
	电机	电机轴承/℃	33.8	33.7	33.4	33.7	33.9	34.0	34.2	34.2
		连轴/℃	26.4	26.2	26.2	26.6	26.6	26.7	26.8	26.8
	电机散热片/℃		37.1	37.5	37.8	38.3	38.4	38.4	38.5	38.5
	环境温度/℃		23.4	23.4	23.4	23.4	23.4	23.4	23.4	23.4

（5）排水系统无水试验包括排水泵排量测量、排水泵连续运行试验、排水泵自动控制顺序试验、水位传感器操作试验、厂房漏水量测量等。例如：

1）排水泵排量测量。测量目的：确保排水泵排量大于设计的要求。测量方法：①在试验过程中，断开未测试水泵的电源；②打开机组放水阀，把水排入到集水井，让集水井水位达到最高允许水位；③如果有漏水量，应事先测量好漏水量；④启动一台排水泵，将排水泵压力调整至规定值，调整后测量电机电压和电流等；⑤排水泵启动后，当水位开始下降时，开始测试排水时间；⑥通过从开始水位到最低水位差消耗的时间，计算泵的排量；⑦对每台排水泵进行同样的试验。

表 11 为现场试验时记录的数据。

2）厂房漏水量测量。测量目的：检查水轮机主轴密封等各装置到集水井的排水量以及厂房渗漏水情况。测量方法：①将各排水泵切换到手动控制状态；②手动启动冷却水泵，模拟机组运行，测量集水井内水位变化；③根据水位变化以及经过的时间，计算漏水量。

表 12 为现场试验时记录的数据。

224

试验次数	1号排水泵			2号排水泵			紧急排水泵		
	1	2	平均数	1	2	平均数	1	2	平均数
排水压力/MPa	0.34	0.34	0.34	0.34	0.34	0.34	0.35	0.35	0.35
试验前集水井水位/mm	900	500	700	800	800	800	1000	600	800
试验后集水井水位/mm	500	100	300	400	400	400	700	300	500
水量/L	21040	21040	21040	21040	21040	21040	15780	15780	15780
试验时间/s	396	400	398	394	398	396	684	687	684
排水量/(L/min)	3187.9	3156.0	3172.0	3204.1	3171.9	3187.9	1390.3	1378.2	1384.2
电机电压/V	400.8	399.3	400.1	401.2	401.8	401.5	401.0	399.8	400.4
电机电流/A	61.7	62.0	61.9	61.5	61.7	61.6	27.0	26.5	26.7

表 11　　　　　　　　　　　　　　排水泵排量测量数据

表 12　　　　　　　　　　　　　　厂房漏水量测量数据

项　　目	测量（充水前）	测量（充水后）
天气	晴	晴
试验开始时集水井水位（L1）/m	145.90	145.82
试验结束时集水井水位（L0）/m	146.00	146.09
水位变化/m	0.10	0.27
试验经过时间/min	2880	120
厂房漏水量/(m³/min)	0.0016	0.1046

（6）润滑油系统无水试验包括润滑油泵排量测量、润滑油泵连续运行试验、润滑油泵自动控制顺序试验、润滑油泵泄压阀操作试验、轴承供油流量测量、轴承高位油箱最大充油时间测量、轴承高位油箱最大排油时间测量。例如：

1）轴承高位油箱最大充油时间测量。测量目的：通过操作润滑油泵检查轴承高位油箱从空箱状态到油溢出的经过时间。测量方法：①排空轴承高位油箱，然后关闭排油阀门；②手动控制启动1台润滑油泵，直到轴承高位油箱润滑油液位达到溢出高度，测量经过的时间；③对另外一台润滑油泵进行同样的试验。

现场试验时记录的数据：①只启动1号润滑油泵，所需时间：8分23秒；②只启动2号润滑油泵，所需时间：8分14秒。

2）轴承高位油箱最大排油时间测量。测量目的：检查轴承高位油箱从溢出转台到排空状态所经过的时间，并设置高位油箱的油位开关。测量方法：①手动控制润滑油泵，让高位油箱油位保持在溢出状态；②停止润滑油泵，打开主供油阀，测量轴承高位油箱油位下降时间。

表13为现场试验时记录的数据。

（7）发电机部分无水试验包括极性检查、绕组电阻测量、绝缘电阻测量、转子耐压试验、定子耐压试验、介质损耗测量、局部放电试验（电晕试验）、直流吸收比试验、制动器操作试验、主轴绝缘电阻测量、转子分担电压的测试、中性点接地装置电阻测量、机组加热器试验、除湿器性能试验、空冷器风机风量测量。例如：

表 13　　　　　　　　　　　**轴承高位油箱最大排油时间测量数据**

状　　况	试验经过时间/s	备　注
溢油口位置	0	
停泵液位位置	—	33QBU - 1
启动主泵液位位置	0~13	33QBU - 2
启动备用泵液位位置	0~54	33QBU - 3
低油位报警油位位置	4~17	33QBU - 4
低油位停机油位位置	7~22	33QBU - 5

　　1) 制动器操作试验。测量目的：检测制动器是否符合实际要求。测量方法：①检查制动块与制动环之间的间隙；②通过制动投入和制动复归信号反馈时间来测量制动的投入和复归的操作时间，制动器操作测试应重复 3 次以上。

　　表 14 为现场试验时记录的数据。

表 14　　　　　　　　　　　　　　　**制动器操作试验数据**

测点	制 动 器 编 号			
	1 号	2 号	3 号	4 号
a	10.4	10.2	9.8	10.5
b	10.3	9.7	9.7	10.5

　　2) 机组加热器试验。测量目的：机组加热器性能测试。测量方法：①在接线端子箱处检查接线是否正确、牢固；②试验前后测量绝缘电阻；③测量机组加热器的电路电阻；④进行干燥试验（连续运行）。

　　表 15 为现场试验时记录的数据。

表 15　　　　　　　　　　　　　　**机组加热器试验数据**

持续时间/h		0.0	7.0	13.0	25.0	37.0	49.0	61.0	73.0
电压/V		229.8	228.6	231.0	229.6	230.9	230.7	232.4	230.0
电流/A		26.6	26.4	26.5	26.7	26.7	26.8	26.9	26.9
定子线圈温度/℃	U	30.1	30.3	30.4	30.6	30.7	30.9	31.0	31.1
	V	34.9	35.6	35.9	36.2	36.4	36.5	36.5	36.6
	W	29.0	29.2	29.3	29.6	29.6	29.8	29.9	30.0
内部温度/℃		28.0	27.9	26.9	29.5	29.6	29.8	29.8	29.8
内部湿度/%		52	49	51	50	49	46	50	47
外部温度/℃		22.3	25.9	25.1	23.1	24.3	23.0	24.3	22.8
外部湿度/%		64	58	64	69	63	71	66	68

　　3) 除湿器试验。测量目的：除湿器性能测试。测量方法：①在接线端子箱处检查接线是否正确、牢固；②试验前后测量绝缘电阻；③测量机组除湿器的电路电阻；④进行连续运行试验。

表 16 为现场试验时记录的数据。

表 16　除 湿 器 试 验 数 据

	0.0	7.0	13.0	25.0	37.0	49.0	61.0	73.0
持续时间/h	0.0	7.0	13.0	25.0	37.0	49.0	61.0	73.0
进气温度/℃（发电机室除湿器）	34.5	37.3	34.5	39.6	40.4	44.3	42.5	43.9
出风口温度/℃（发电机室除湿器）	42.2	49.2	50.6	50.6	44.4	48.9	49.2	48.9
进气温度/℃（灯泡头除湿器）	24.4	22.9	25.9	23.1	31.8	29.3	32.4	30.2
出风口温度/℃（灯泡头除湿器）	41.2	45.2	46.6	47.3	43.6	41.8	43.9	46.4
内部温度/℃	28.0	27.9	26.9	29.5	29.6	29.8	29.8	29.8
内部湿度/%	52	49	51	50	49	46	50	47
外部温度/℃	22.3	25.9	25.1	23.1	24.3	23.0	24.3	22.8
外部湿度/%	64	58	64	69	63	71	66	68

绝缘电阻/MΩ	定子绕组	511	582	556	561	543	570	513	480
	转子绕组	185	197	185	192	183	192	162	179
	无刷励磁	316	304	297	299	293	304	290	293

4）空冷器冷却风机风量测量。测量目的：测试空冷器冷却风机的风量。测量方法：①选择对称的 2 台风机作为测试风机，本次试验选用 2 号和 5 号风机做试验；②每台风机出口设置 9 个测点，用风速计测量 9 个测点的实时风速；③根据公式计算风量。

表 17 为现场空冷器冷却风机风量试验数据。

表 17　空冷器冷却风机风量测量数据

测点	2 号空冷器风机风速/(m/s)	5 号空冷器风机风速/(m/s)
1	6.72	6.92
2	5.51	6.56
3	6.94	6.95
4	5.73	6.16
5	6.28	6.23
6	5.08	6.95
7	5.87	6.77
8	6.54	6.54
9	7.66	7.10
平均值	6.26	6.69
2 号和 5 号风机风速的平均值为 6.47m/s		

2.2　有水试验（机组转机后的试验）

有水试验分为并网前试验和并网后试验。并网前试验包括水轮机相关试验、发电机相关试验、发电机整体试验。并网后试验包括控制保护设备试验、发电机整体试验等。

（1）水轮机部分并网前的试验包括主轴密封漏水量测量、导叶漏水量测量、充水最大时间测量、最大排水时间测量。

(2) 发电机部分并网前的试验包括制动操作试验、无制动停机试验、空载饱和特性试验、轴电压测量试验、相序测试、残压测量、电压波形测量、三相短路试验、单相短路试验、同期装置试验、空冷器风机流量测量、轴承供油调整、过速试验。例如：

1) 制动操作试验。测量目的：验证制动器的动作情况。测量方法：①转速低于30%额定转速的时候（42.9r/min）投入制动，开始计时；②转速到0时，停止计时，测量经过的时间；③检查制动块和制动环的状况，检查制动器行程开关的状况。

表18为现场试验时记录的数据。

表 18   制 动 操 作 试 验 数 据

项 目		测量值
气压/MPa		0.71
操作试验	投制动转速/(r/min)	42.9
	总制动时间/s	33.6
	位置开关操作	正常
	制动条件	正常
目视检查	制动块状况	正常
	制动环状况	正常

2) 无制动停机试验。测量目的：记录机组在不投制动器情况下的停机状况。测量方法：①拆除投制动开出继电器，确保在停机过程中不会自动投入制动器；②手动启动高压顶起油泵；③机组保持在额定转速；④机组停机，开始记录数据，每间隔10s记录一次。需要记录转速、轴承温度，冷却水流量，轴承振动等数据；⑤如果超过1min，机组转速还未下降到30%以下，或者超过40min机组还未停稳，需要投入制动器。

表19为现场试验时记录的数据。

表 19   无制动停机试验数据

时 间	s	0	10	30	60
转速	r/min	142.9	92.1	34.8	0.0
水导温度	℃	34.5	34.5	34.5	34.6
发导温度	℃	35.2	35.2	35.2	35.2
正推力温度	℃	36.3	36.3	36.3	36.2
反推力温度	℃	34.5	34.5	34.6	34.7
水导轴承振动（X）	μm	0.66	1.33	0.71	0.08
水导轴承振动（Y）	μm	0.59	1.24	0.72	0.05
水导轴承振动（V）	μm	0.35	0.82	0.54	0.08
组合轴承振动（X）	μm	0.27	0.65	0.41	0.07
组合轴承振动（Y）	μm	0.24	0.61	0.41	0.05
组合轴承振动（V）	μm	0.25	0.69	0.53	0.11
灯泡头振动（X）	μm	0.76	1.42	0.84	0.10
灯泡头振动（Y）	μm	0.51	1.27	0.86	0.07
水导摆度（X）	μm	0.07	0.09	0.06	0.03
水导摆度（Y）	μm	0.06	0.08	0.05	0.02

3）轴电压测量试验。测量目的：测量机组的轴电压情况。测量方法：①在空转状态下测量；②在空载状态下测量；③需要测量交流分量和直流分量；④需要测量受油器和绝缘板之间电压、受油器支撑座和绝缘板之间电压，受油器和水导之间大轴段的电压。轴电压测量点示意图如图1所示。

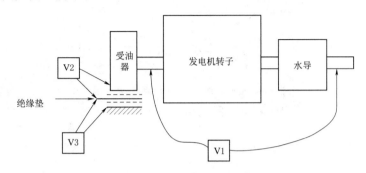

图 1　轴电压测量点示意图

表 20 为现场试验时记录的数据。

表 20 轴电压测量试验数据

电　压　测　点		空转/V	空载/V
V1	AC	0.002	0.044
	DC	0.001	0.001
V2	AC	0.004	0.017
	DC	0.204	0.203
V3	AC	0.003	0.014
	DC	0.183	0.181

4）发电机整体试验。并网前的试验包括所有保护和保护继电器的检验和校准、首次手动启动、瓦温试验、动平衡试验、发电机绝缘测试、自动开/停机试验、相序检测、假同期试验、调速器扰动试验等。

5）控制保护设备并网后的试验包括控制电源中断试验、远程监控试验、远程控制和现地控制之间切换试验等。

6）发电机整体试验。并网后的试验包括带负荷试验、增/减负荷试验、甩负荷试验、调速器相关试验、AVR试验、紧急停机试验、动水关闸门试验、负荷试验（正常负荷下热运行）、发电机效率试验等。

3　结语

老挝项目贯流机组的辅助设备相对较多，整个电站的安全运行维护对辅助设备的可靠性提出更高的要求。此项目在无水试验期间的试验项目做得非常详细，确保了辅助设备的性能可靠性，为后续的有水调试打下了坚实的基础，使有水试验全部一次性通过。现场调试记录的一些数据对后期的运维和检修都会起到一定的参考作用。例如风机风量的测量等，这些实测数据不仅能对维护起到参考作用，还可以为其他项目的冷却设计提供借鉴。

国内水电站事业已经发展得非常成熟，试验也很规范，但是，我们也非常有必要了解国外的一些试验侧重点。对于国外的项目，由于各国的标准不一样，在履约过程中，现场试验这一块的要求也越来越高，通过该项目的全面试验，可以为以后的国外业主、国外咨询公司的项目电站现场试验提供借鉴作用。

参 考 文 献

[1] 国家能源局. 水电厂机组自动化元件（装置）及其系统运行维护与检修试验规程：DL/T 619—2012 [S]. 北京：中国电力出版社，2012.

海外水电工程中水轮机性能及验收试验重难点分析

周　叶　曹登峰

（中国水利水电科学研究院　北京　100038）

【摘　要】　近年来，中国水电企业承担了大量海外水电工程的设计、制造、安装调试及运营工作，在水电工程验收移交前，需要开展水轮机性能及验收试验，如水轮机效率试验、水轮机出力测定等，这些试验国内开展的不多，但按照国际标准要求却必须开展，并据此进行性能指标评价，以证明其满足合同保证值要求，否则将遭受巨额罚款，甚至导致工期推迟或拒绝接受移交等严重后果。笔者根据近些年在二十多个国家开展的水电机组性能验收试验实践，总结了水轮机性能验收试验中可能遇到的问题，以及需要关注的重难点和技术要求。考虑到论文篇幅，并不对试验方法的技术细节做过多的描述，论文侧重如何选择试验方法、如何规避履约风险、如何提前开展试验准备以缩短试验工期、如何避免实施可能具有危害性的试验等。论文主要介绍了水轮机性能试验的基本原理和常见方法，以及其适用性和开展中可能遇到的问题，如多水头加权效率的测量、试验水头的要求、出力不达标情况的处理等。本文提到的重难点分析及解决方案，依据来源于 IEC 国际标准，具有一定的应用价值，对行业在国际水电工程验收过程中遇到的类似问题起到一定的指导和借鉴作用。

【关键词】　海外水电工程；水电机组；性能试验；验收试验；水轮机效率；发电机效率

1　引言

近年来，中国水电企业承担了大量海外水电工程的设计、制造、安装调试及运营工作，在水电工程验收移交前，需要测定机组性能参数，以确定其满足合同保证要求。这些试验国内开展的不多，但按照国际规程要求，在海外工程中必须开展，并据此进行性能指标评价，以证明其满足合同保证值要求，否则将遭受巨额罚款，甚至导致工期推迟或拒绝接受移交等严重后果。

部分水电工程由于设计初期的疏忽或合同技术协议编写经验不足，导致水轮机性能验收试验需要开展时遇到大量的困难，甚至部分试验并不具备开展条件，给水电工程项目的验收造成阻碍。因此，笔者根据实际试验测试经验，总结提出水轮机性能试验中可能出现的问题，并基于 IEC 国际标准的条款给出解决办法和建议。

2 水轮机效率试验

2.1 试验基本原理

水轮机出力及效率试验是水轮机性能试验的主要内容，其采用的标准为 IEC 60041—1991，对等国标为《水轮机、蓄能泵和水泵水轮机水力性能现场验收试验规程》（GB/T 20043—2005）。

考虑到水轮机效率主要源于水轮机的水力比能与水轮机出力的转换过程，公式为

$$\eta_t = \frac{P_t}{P_h} = \frac{P_t}{\rho Q g H} \tag{1}$$

式中　P_t——水轮机输出功率，可根据发电机出力和发电机效率推算得到，kW；

　　　P_h——水轮机输入功率，kW；

　　　ρ——水的密度，可根据水温和绝对压力在 IEC 60041 附录 E 中查得，kg/m³；

　　　Q——水轮机流量，m³/s；

　　　g——当地重力加速度，根据现场纬度和海拔计算得出，m/s²；

　　　H——水轮机工作水头，m，其中静水头可采用压差传感器或者进出口压力传感器测量。

因此其绝对效率的测量与计算，主要取决于水轮机流量 Q 的测量。

2.2 常用绝对效率测量方法

按照 IEC 60041 的要求，常见的水轮机流量、效率测量方法见表 1。

表 1　　　　　　　　常见水轮机流量、效率测量方法以及技术特点

方　法	适　用　性	特　点
流速仪法	适用性强，可应用于多种型式机组，尤其是低水头轴贯流及冲击式机组	精度较高，通常为 1.2%～1.5%； 可获得流道断面流速分布； 安装工作量较大，试验数据计算量大
压力时间法	需要机组进口前有较长直管段	设备安装简单，但计算复杂，对数据处理要求较高； 多负荷下多次制造水锤，易对机组造成损坏； 实际应用较少
热力学法	规程规定适用于 100m 及以上水头	精度较高，通常为 1.2%～1.5%； 除非初期设计考虑，否则安装工作复杂； 对设备精度要求高，测温元件精度为 0.001K
指数法（Winter - Kennedy 法）	IEC 规定不可用于性能考核，但可用于最优协联曲线校准	实施较简单，精度较低； 可根据绝对流量标定提高准确性，并扩展绝对效率试验范围
超声波法	适用于已预装多声道流量计的机组	精度与安装和校准关系较大； 需满足严格的安装要求； 位于 IEC 标准的附录中，非正文内容方法，除非双方一致同意，否则当前不能作为合同考核

常见几种方法试验照片如图 1 所示。

对于 100m 水头以下的机组，通常采用流速仪法，即在过流断面布置一定数量的流速

|（a）流速仪法 | （b）热力学法 | （c）超声波法 | （d）蜗壳压差法 |

图 1　现场流量测量照片

仪，测量该断面多个点的流速，再通过积分得到过机流量。对封闭压力钢管而言，需要在内部焊接流速仪支架，信号线缆引出可采用蜗壳进人门打孔方式。对于开放型上游水渠，可采用定制闸门框安装流速仪的方式。此外，也可在尾水出口闸门框处安装流速仪及支架。由于闸门框固定在闸门槽中，相比直接在管道内部焊接安全性更好，但材料及加工成本也比较高。

对 100m 水头以上机组，水轮机效率测量优先采用热力学法，对国内当前投运较多的高水头抽蓄机组来说，热力学法也是较好的选择。但由于热力学法需要测量蜗壳进口和尾水出口两个断面的水温，因此，最好在主机设计制造初期予以考虑，例如预置压力钢管开孔（外接阀门和法兰），以及预埋尾水廊道引线管路等。此外，IEC 标准中规定，对于低压侧断面测量，需比较通过 4～6 个测温点分别计算得到的效率误差，如误差相差过大，则热力学法不适用。因此，如何在尾水测量断面布置多个测温点，且能独立测量和比较效率测量结果，是热力学法的技术难点之一。

超声测流技术近年来发展较为迅速，部分超声波流量计声称已达到 0.5% 的测量精度，但其测量方法位于 IEC 60041 的附录中，非正文内容，依据笔者与外方监理沟通的经验，除非双方一致同意，否则不能作为合同考核。但如果工程建设期已要求安装超声波流量计，则可尝试与业主和监理沟通，是否能采用超声波法进行水轮机绝对效率试验。此外，超声波流量计精度与现场安装及校准关系较大，如业主不同意采用该方法，则可考虑采用流速仪法或热力学法开展试验。

压力时间法又称吉普森法，即通过在上游压力管路后关闭导叶或球/蝶阀，产生水锤效应并进行积分计算流量。根据 IEC 标准要求，水轮机性能试验曲线需要至少 6 个工况点，最好采用 8～10 个工况点，这意味着压力时间法需要在 8～10 个工况下进行紧急停机甩负荷；为了避免随机误差，每个工况点如果做 1～3 次重复试验，整个效率试验导致机组数十次甩负荷，容易对机组造成不可逆转的损伤，试验后也需仔细检查和彻底检修，确认机组没问题后方可继续运行，因此，该方法并不推荐在实际工程中开展应用。

2.3　指数法及多水头加权效率测量

指数法对于转桨机组来说，可以通过固定桨叶角并改变活动导叶的方式，获得其不同桨叶角对应的效率最高点以及最优协联调节方式。但 IEC 60041 中明确指出，指数法无法作为合同保证值的考核手段，但可以与其他绝对效率试验方法结合，例如经过其他方法标定后，可扩展其他试验方法的范围。

如部分水电工程合同中要求考核机组在多个水头下的加权效率值，而现场试验时如无法满足多个水头的调节要求时，则可通过标定 Winter - Kennedy 系数，在完成绝对效率试验后，在其他水头具备条件时，以指数法开展其他水头的绝对效率试验，最终计算加权效率值。水轮机流量与蜗壳压差关系曲线如图 2 所示，水轮机蜗壳压差平方根与水轮机流量曲线如图 3 所示。

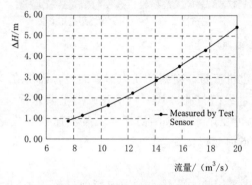

图 2　水轮机流量与蜗壳压差关系曲线　　　　图 3　水轮机蜗壳压差平方根与水轮机流量曲线

总体而言，国内水电工程通常采用开展水轮机模型效率试验进行水轮机性能考核，并基于模型效率试验结果换算的原型效率和 Winter - Kennedy 系数进行机组运行调节。实际上根据笔者经验，由于现场蜗壳条件、机电设备的安装与流道的设计存在一定的不同，最终真机 Winter - Kennedy 系数与模型换算值有一定出入，基于该系数进行真机效率或流量的校核误差较大，精度和数据本身无法满足合同保证值的考核要求。

2.4　效率试验水头要求

部分水电工程在移交验收前并不具备额定水头发电的条件，因此，对水头要求比较严格的水轮机效率试验，通常业主或承包方不得不推迟开展。实际上 IEC 标准明确给出了不同水头下的机组效率换算方法和要求，具体方法参见 IEC60041 6.1.2.2 节。

简而言之，对大多数固定转速的机组来说，当试验水头与指定水头满足如下关系式，试验效率值可不修正

$$0.99 \leqslant \frac{\sqrt{H_{sp}}}{\sqrt{H}} \leqslant 1.01 \tag{2}$$

式中　H_{sp}——指定水头，如额定水头，m；

　　　H——试验水头，m。

当试验水头与指定水头不满足式（2）却满足下式时，可通过水轮机综合特性曲线进行试验效率值的修正

$$0.97 \leqslant \frac{\sqrt{H_{sp}}}{\sqrt{H}} \leqslant 1.03 \tag{3}$$

以上两种情况下，流量和出力都根据水头进行转换，转换公式为

$$\frac{Q}{Q_{E}}=\left(\frac{E_{sp}}{E}\right)^{\frac{1}{2}}$$

$$\frac{P_{E_{sp}}}{P_{E}}=\left(\frac{E_{sp}}{E}\right)^{\frac{3}{2}} \tag{4}$$

式中　Q——试验流量，m^3/s；

　　　Q_E——转换到指定水头后的流量，m^3/s；

　　　$P_{E_{sp}}$——转换到指定水头后的出力，MW；

　　　P_E——试验出力，MW；

　　　E_{sp}——指定水力比能，该处用指定水头，m；

　　　E——试验水力比能，此处用试验水头，m。

以额定水头 600.00m 的某机组为例，当试验水头位于 588.06～612.06m 时，水轮机效率试验均可以进行，且效率无须修正；当试验水头位于 564.54～636.54m 时，水轮机效率试验仍可进行，不过测量和计算得到的水轮机效率需要通过水轮机综合特性曲线进行修正。但该修正方法是 IEC60041 提供且认可的，因此可用于现场实际测量。而对额定水头 600.00m 的该机组而言，上下相差接近 40m 的水头条件都可以开展试验，而无须延迟等待满足额定水头条件。

3　水轮机出力试验

水轮机出力是水轮机性能考核的常规指标，其测量相对简单，通常采用发电机机端出力和发电机效率反推得出。但存在部分水电工程项目中，由于试验条件的限制，水轮机试验出力出现未达到实际出力要求的情况。

由于水轮机出力及效率与流量和水头有密切的关系，因此，如果在特定水头下并未达到机组额定出力，可以计算当前出力与流量的关系，继而通过拟合曲线和方程推算得到额定流量下的出力，以判断是否到达合同保证值要求。额定水头下的出力与流量见表 2，最大工况下水轮机出力 70.35MW，未达到额定出力 71.4MW 的要求，但由于此时流量为 65.64m³/s，偏离额定流量 68m³/s。

表 2　　　　　　　　　　　　　额定水头下的出力与流量表

参数/测程	1	2	3	4	5	6	7	8
水轮机出力/MW	35.27	41.46	49.72	53.83	59.69	63.58	66.88	70.35
过机流量/(m³/s)	35.52	40.70	47.52	50.76	55.80	59.16	62.21	65.64

因此，可得到拟合曲线如图 4 所示。

继而得到额定流量下水轮机出力 73.71MW，大大超过合同保证值 71.4MW 的要求。

4　水轮机飞逸试验

经常会在水电工程的合同条款中看到，水轮机需要开展飞逸试验，以检查最大稳态飞逸转速保证值不超过合同中规定条件下的规定值。GB/T 20043—2005 中有提到，通常建

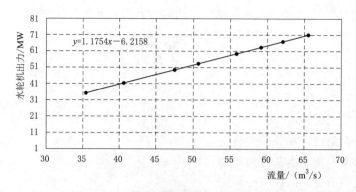

图 4　流量与水轮机出力关系曲线

议避免进行这种试验。但要说服外方监理或者业主避免进行这种破坏性的试验，需要援引 IEC 60041—1991 中的描述。

IEC 60041—1991 中的 7.1.2.2 节规定，除非同意，否则不建议开展该项试验。IEC 60994 中也指出，为了获取振动或压力脉动等信息的特别试验（如稳态飞逸试验）不应该开展；如果一定要开展，则需要业主、厂家和测试单位签署特别声明，以涵盖可能发生的风险。

以笔者的经验，基于国际标准依据，完全可以说服业主或监理，避免开展该项试验。

5　空蚀损坏检测

水轮机验收试验规程中，对水轮机空蚀损坏检测提到的内容不多，其具体的测量方法和要求可以参见 IEC 60609—1：2004，根据开机运行频次和时长的不同，通常保证期限是实际运行 8000h 或 3000h，对空蚀磨损保证量主要是重量（体积）和深度。

因此，在工程验收或者移交期，并不适合开展此项检测工作。另外如果保证期限达到后，检修时并未发现严重空蚀，则该项可视作达标或完成。

如果目测产生较为严重的空蚀，通常可采用敷重法进行空蚀体积和重量的评定。考虑到在机组投运和验收时，并不需要开展此项检测，因此，建议将该项试验作为质保期的考核指标，而非验收移交的指标。

6　结语

水轮机性能试验较为复杂，安装工作量大，建议工程建设单位在投标和设计初期充分考虑性能试验的管路、线缆和设备布置需求，进行管路的预留和走线的预敷设，这将大大缩短试验准备周期，通常一次 20 天左右的水轮机效率试验周期，考虑到安装时停机排水等工作，如果提前做好预埋和相关准备，可缩短到 5 个工作日左右，这个时间段在后期移交验收前非常珍贵。

水轮机还有一些其他性能试验，如评价运行稳定性的水导摆度、水压脉动、顶盖振动测定等，在如今电站大量安装了振摆状态监测系统的情况下，如果业主批准，在传感器经过校验，且检定证书仍在有效期的基础上，可采用这些系统代替离线试验。

总体而言，随着"一带一路"倡议的推行和实践，我国水电行业越来越多地参与或主持了国际水电工程的建设，同时，工程验收的检测和性能试验对国内的中立试验单位也是巨大的挑战。我们需要了解性能试验过程的重点、难点，同时规避不必要的风险，只有基于 IEC/ISO 等国际标准的严格要求，才能在国际项目中把握技术的话语权。本文希望能对我国在国际水电工程验收过程中遇到的问题起到一定的指导和借鉴作用。

参 考 文 献

[1] 单鹰，唐澍，蒋文萍. 大型水轮机现场效率测试技术 [M]. 北京：中国水利水电出版社，1999.

[2] 孙宜宝. 流速仪法在大型轴流泵现场效率试验中的应用 [J]. 江苏水利，2000 (11)：34-38.

[3] 周叶，潘罗平，曹登峰. 基于流速仪法的水轮机绝对效率试验研究 [J]. 大电机技术，2019 (3)：48-52.

[4] Dengfeng Cao，Ye Zhou，Luoping Pan and Junjie Wang. Efficiency measurement on horizontal Pelton turbine by thermodynamic method [J]. IOP Conf. Series：Earth and Environmental Science，2021 (774).

[5] Zhou Ye，PanLuoping，Cao Dengfeng. Turbine Efficiency Measurement by Thermodynamic Test Method [J]. International Journal of Fluid Machinery and Systems，2019，12 (4)：261-267.

国外某水电站发电机三相突然短路试验探讨

何武根　　傅校平

（浙江富春江水电设备有限公司　浙江　杭州　311504）

【摘　要】 发电机三相突然短路试验测量发电机参数，并验证发电机抗短路故障的能力，目前国内水电站很少在现场进行发电机三相突然短路试验。本文依据规范的试验方法，对本水电站的发电机组进行三相突然短路试验，并计算相关发电机参数。

【关键词】 发电机；突然短路试验；发电机参数

1　引言

国外某水电站共安装了 3 台混流式水轮发电机组，发电机没有安装出口断路器，发电机的同期点设置在主变高压侧，采用一机一变的单元接线方式。根据合同要求，需要通过发电机突然短路试验来确定发电机的参数（发电机直轴瞬态电抗 X_d'，直轴超瞬态电抗 X_d''，直轴电枢短路时间常数 T_a，直轴瞬态时间常数 T_d'，直轴超瞬态时间常数 T_d''）。并且发电机三相突然短路试验也验证了发电机的抗短路故障的能力，发电机发生突然短路时，高温和热量会造成壳体烧穿现象。目前国内水电站很少在现场进行发电机三相突然短路试验。本文依据《三相同步电机试验方法》（GB/T 1029—2005）中提供的方法，对本水电站的发电机组进行三相突然短路试验，并计算相关发电机参数，试验需要在发电机额定转速下进行。

为了求得对应电机非饱和状态下的参数，应在 0.1～0.4 倍额定值下的几个不同电枢电压下完成本试验。本电站是在 0.2 倍，0.4 倍额定电枢电压下完成本试验，每次试验都求出发电机各种参数，绘制出对它们的交流瞬态和交流超瞬态电枢电流初始值的关系曲线并求得额定电枢电流时所需的各种参数。

在试验前退出发电机差动、发电机过流等发电机保护。

把发电机机端电流、发电机机端电压、励磁电流、励磁电压连接到记录仪上准备记录。

试验参数及断路器要求如下：

1）发电机视在功率：$S_\mathrm{n}=148\mathrm{MVA}$；

2）额定电压 $U_\mathrm{n}=15.75\mathrm{kV}$；

3）使用额定电压时的分断电流：$I_\mathrm{n_1}=107\mathrm{kA}$；

4) 试验电压：$0.4U_n$；

5) 试验电压使用时短路电流：$I_{k_1}=0.4\times107=42.8kA$；

6) 稳定电流：$I_{k_2}=0.4I_{n_2}=2170A$；

7) 额定电流：$I_{n_2}=5425A$。

短路后应连续记录不小于9s（设计值为2.82s），并记录稳定值。

2　试验步骤

发电机三相突然短路试验原理如图1所示，试验步骤为：

(1) 根据图1进行线路接线检查所有连线，完成准备工作，分开断路器。

(2) 在第1次试验前，仔细检查发电机转子和定子，应固定牢固，无松动。

(3) 退出发电机差动、发电机过流等发电机保护，确保在试验过程中，不因保护动作而停机。

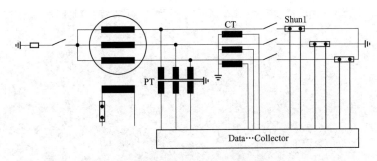

图1　三相突然短路试验原理图

(4) 启动机组至空转，发电机励磁装置切换到手动模式，考虑到试验的安全性，首先手动将电枢电压提高到$0.2U_n$；在此值检查功率分析仪的测量和励磁电流的测量是否正确；检查记录仪上电压是否正确；启动记录仪后立即闭合短路断路器；测量所有三相电枢电流和励磁电流；测量后发电机去励磁并分开短路断路器和断开外部励磁电源。

(5) 在0.4倍额定电压下以同样的方法重复此试验。

3　发电机参数的计算

3.1　$0.2U_n$下发电机参数的计算

$0.2U_n$下三相突然短路试验录取的有效值趋势和瞬时值趋势波形如图2和图3所示；

其中U_{ab}，U_{bc}，U_{ca}分别表示发电机端线电压；I_a、I_b、I_c分别表示发电机电枢电流；U_f，I_f分别表示励磁电压和励磁电流。

周期性电枢电流分量曲线如图4所示，其中，$\Delta I_k'+\Delta I_k''$表示周期性电枢电流分量减去持续短路电流I_∞；$\Delta I_k'$表示电枢电流瞬态分量；$\Delta I_k''$表示电枢电流的超瞬态分量。

根据图4，计算出如下参数

$$\Delta I_k'(t)=A_1\exp(-B_1x)$$
$$A_1=5073.8503, B_1=1.1368$$

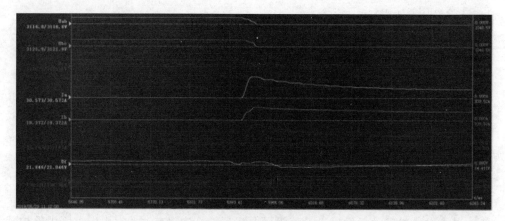

图 2　有效值时域图

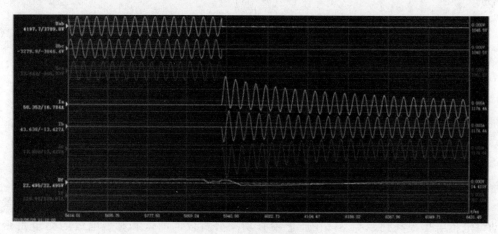

图 3　瞬时值时域图

$$\Delta I_k''(t) = A_2 \exp(-B_2 x)$$
$$A_2 = 943.9986, B_2 = 27.0539$$

$$X_d' = \frac{U_0}{\sqrt{3}[I_\infty + \Delta I_k'(0)]} = \frac{4450}{\sqrt{3}[1100 + 5073.8503]} = 0.4161\Omega$$

$$x_d'(\text{p. u.}) = 0.2483$$

$$X_d'' = \frac{U_0}{\sqrt{3}[I_\infty + \Delta I_k'(0) + \Delta I_k''(0)]} = \frac{4450}{\sqrt{3}[1100 + 5073.8503 + 943.9986]} = 0.3609\Omega$$

$$x_d''(\text{p. u.}) = 0.2153$$

$$T_d' = \frac{\ln(1/e)}{-B_1} = \frac{-1}{-1.1368} = 0.8797s$$

$$T_d'' = \frac{\ln(1/e)}{-B_2} = \frac{-1}{-27.0539} = 0.0370s$$

式中　X_d'——直轴瞬态电抗，Ω；

X_d''——直轴超瞬态电抗，Ω；

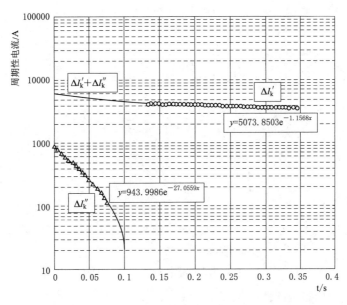

图 4 周期性电枢电流分量示意图

U_0——突然短路前三相平均电压，4450V；

I_∞——突然短路后三相平均持续短路电流，1100A；

T'_d——直轴瞬态短路时间常数，s；

T''_d——直轴超瞬态短路时间常数，s。

非周期性电流分量示意图如图 5 所示。

其中 I_{a-A}、I_{a-B}、I_{a-C}，A、B、C 相电枢电流的非周期分量为：

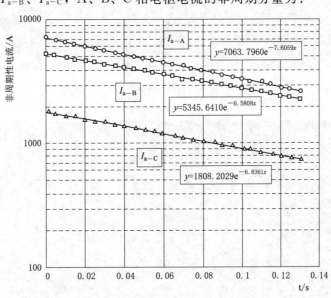

图 5 非周期性电流分量示意图

$$I_{a-A}(t)=A_3\exp(-B_3x),A_3=7063.7960,B_3=7.6069$$
$$I_{a-B}(t)=A_4\exp(-B_4x),A_4=5345.6410,B_4=6.5808$$
$$I_{a-C}(t)=A_5\exp(-B_5x),A_5=1808.2029,B_5=6.8361$$

$$T_{a-A}=\frac{\ln(1/e)}{-B_3}=\frac{-1}{-7.6069}=0.1315s$$

$$T_{a-B}=\frac{\ln(1/e)}{-B_4}=\frac{-1}{-6.5808}=0.1520s$$

$$T_{a-C}=\frac{\ln(1/e)}{-5}=\frac{-1}{-6.8361}=0.1463s$$

$$T_a=(T_{a-A}+T_{a-B}+T_{a-C})/3=0.1432s$$

式中　T_{a-A}、T_{a-B}、T_{a-C}——A、B、C相电枢短路时间常数，取它为各相电枢电流非周期性分量自初始值衰减到 $1/e\approx0.368$ 初始值时所需时间的平均值；

T_a——电枢短路时间常数，取三相的平均值。

3.2　$0.4U_n$ 下发电机参数的计算

$0.4U_n$ 三相突然短路试验录取的有效值趋势和瞬时值趋势波形如图 6 和图 7 所示。

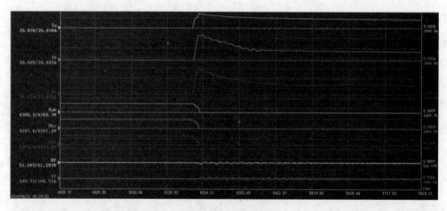

图 6　有效值时域图

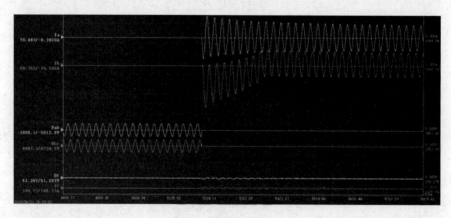

图 7　瞬时值时域图

周期性电流分量如图8所示。

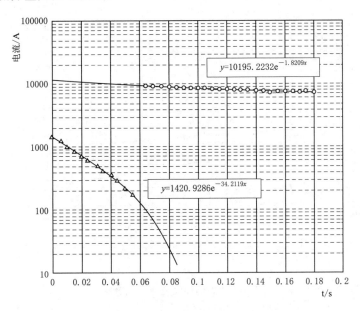

图8 周期性电流分量示意图

另外有

$$\Delta I'_k(t) = A_1 \exp(-B_1 x)$$
$$A_1 = 10195.2232 \quad B_1 = 1.8209$$
$$\Delta I''_k(t) = A_2 \exp(-B_2 x)$$
$$A_2 = 1420.9286 \quad B_2 = 34.2119$$
$$X'_d = \frac{U_0}{\sqrt{3}[I_\infty + \Delta I'_k(0)]} = \frac{9010}{\sqrt{3} \times [3280 + 10195.2232]} = 0.3860\Omega$$
$$x'_d(\text{p.u.}) = 0.2302$$
$$X''_d = \frac{U_0}{\sqrt{3}[I_\infty + \Delta I'_k(0) + \Delta I''_k(0)]} = \frac{9010}{\sqrt{3} \times [3280 + 10195.2232 + 1420.9286]} = 0.3492\Omega$$
$$x'_d(\text{p.u.}) = 0.2083$$
$$T'_d = \frac{\ln(1/e)}{-B_1} = \frac{-1}{-1.8209} = 0.5492s$$
$$T''_d = \frac{\ln(1/e)}{-B_2} = \frac{-1}{-34.2119} = 0.0292s$$

电枢电流非周期性分量曲线如图9所示。

$$I_{a-A}(t) = A_3 \exp(-B_3 x)$$
$$A_3 = 8812.6662, B_3 = 5.6498$$
$$I_{a-B}(t) = A_4 \exp(-B_4 x)$$
$$A_4 = 15923.8117, B_4 = 9.0037$$
$$I_{a-C}(t) = A_5 \exp(-B_5 x)$$

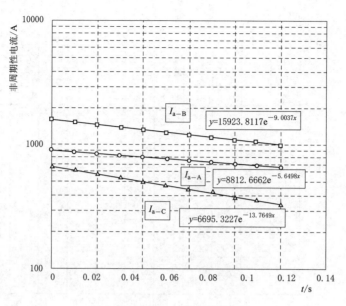

图9 非周期性电流分量示意图

$$A_5 = 6695.3227, B_5 = 13.7649$$

$$T_{a-A} = \frac{\ln(1/e)}{-B_3} = \frac{-1}{-5.6498} = 0.1770s$$

$$T_{a-B} = \frac{\ln(1/e)}{-B_4} = \frac{-1}{-9.0037} = 0.1111s$$

$$T_{a-C} = \frac{\ln(1/e)}{-5} = \frac{-1}{-13.7649} = 0.0726s$$

$$T_a = (T_{a-A} + T_{a-B} + T_{a-C})/3 = 0.1202s$$

3.3 参数汇总

$0.2U_n$ 和 $0.4U_n$ 时分别计算出来的发电参数见表1。

表1   **$0.2U_n$ 和 $0.4U_n$ 时的发电参数**

发电参数	$0.2U_n$	$0.4U_n$	发电参数	$0.2U_n$	$0.4U_n$
X_d'	0.2483	0.2302	T_d''	0.0370	0.0292
X_d''	0.2153	0.2083	T_a	0.1432	0.1202
T_d'	0.8797	0.5492			

4 结语

通过对发电机三相突然短路试验而计算出非饱和状态下发电机直轴瞬态电抗 X_d'，直轴超瞬态电抗 X_d'' 和电枢短路时间常数 T_a，直轴瞬态时间常数 T_d'，直轴超瞬态时间常数 T_d''。测得的发电机参数有助于验证发电机设计性能指标，也可以进行发电机结构性能参数进行验证。本电站在现场顺利通过了发电机三相突然短路试验，证明了发电机的抗短路

244

故障的能力符合要求。

<h1 style="text-align:center">参 考 文 献</h1>

[1]　中华人民共和国国家质量监督检验检疫总局，中国国家标准化管理委员会.三相同步电机试验方法：GB/T 1029—2005［S］.北京：中国标准出版社，2006.

[2]　International electrotechnical commission. Methods for determining electrically excited synchronous machine quantities from tests：IEC 60034 - 4—2018［S］，2018.

导叶摩擦保护装置试验过程与总结

伍家亮

（杭州杭发发电设备有限公司　浙江　杭州　311251）

【摘　要】　导叶摩擦保护装置的优点在于：当导叶受阻时剪断销剪断报警，摩擦衬套产生滑移使传递受力零部件不承受过大负载，衬套摩擦力阻止导叶自由摆动。本文通过厂内实际摩擦试验进行数值分析与总结，对类似结构的摩擦试验有一定指导意义。

【关键词】　导叶；摩擦试验；结构；分析与总结

1　引言

水轮机导水机构一般由接力器、控制环、连接板、导叶臂、导叶构成一个传动部件来进行力的传递。水轮发电机组发电时，不可避免会有异物流入流道。若异物卡在活动导叶间或者活动导叶与固定导叶间时，此时开启或者关闭导水机构，连接板和导叶臂受阻力矩会因异物卡阻而急剧上升，接力器的操作力矩迅速向被卡住导叶分配。传统机组采用的大多是破断元件保护，当达到预设的负载时破断并报警，以隔断力传递方式来实现保护。然而在破断元件断裂后，导叶因失控可自由旋转，作用在失控导叶及相邻导叶上的水力矩比正常力矩大许多倍（尤其在大开度），失控导叶的角加速度和动能较大，严重时可撞断顶盖的限位块，并引起相邻导叶保护装置连续破坏，甚至导叶碰撞到高速旋转的转轮，造成巨大的经济损失和安全事故。这些潜在的危险要求导水机构结构设计时考虑更为可靠的保护装置。

2　导叶摩擦保护结构

水轮机液压接力器所施加在控制环上的力，通过连板 1、连板销 2 与导叶副连板 5 连接，导叶臂 6 与副连板 5 小端设置有破断装置即剪断销 4 并配置自动报警元件 3，副连板 5 内径处设置有摩擦轴衬 10，副连板 5 尾部为开口结构，通过对螺栓 11 和螺母 12 施加预紧力使副连板尾部变形夹紧摩擦轴衬 10。由此摩擦轴衬 10 与导叶臂 6、副连板 5 之间产生柱面压力和静摩擦力矩，使三者抱紧形成由预设摩擦力矩控制的整体，且与控制主体活动导叶 8 通过锥销 7 连接。当导叶卡阻由外界施加到副连板端部的力矩，大于轴衬摩擦环和剪断销预设力矩时，剪断销 4 错位剪断并由报警元件 3 报警，摩擦轴衬产生相对滑移，保护连板、活动导叶等零件不会过载。产生滑移后的轴衬摩擦环间的预设摩擦力矩大于导叶最大水力矩，故导叶不会随水流摆动。活动导叶端部设置有调节导叶端面间隙的螺钉9。主要结构如图1所示。

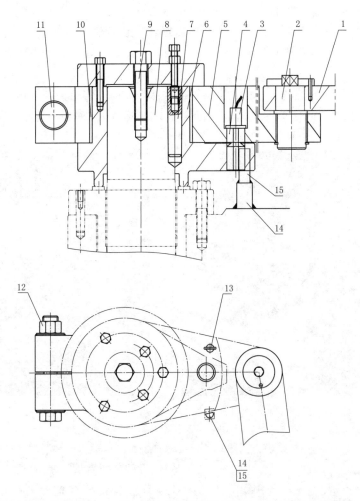

图 1　导叶摩擦保护装置

1—连板；2—连板销；3—报警元件；4—剪断销；5—副连板；6—导叶臂；
7—锥销；8—活动导叶；9—螺钉；10—摩擦轴衬；11—螺栓；12—螺母；
13—限位销；14—限位块；15—限位块

3　结构优点

该结构的优点：①当导叶间有异物后，剪断销可剪断并报警，力的传递主要由摩擦衬套来完成，其摩擦力矩由设计确定，确保活动导叶不会因受水力矩而摆动，当负载超过预设值时产生滑移，避免传动零部件过载而受损；②采用摩擦轴衬装置，一旦出现导叶臂与副连板位移后，工作人员进行复位预紧，更换剪断销和信号器即可，运行维护方便。

4 导叶摩擦保护试验流程

导叶摩擦保护试验流程如下：

（1）前期准备工作，主要包括导叶摩擦装置和工装零部件的清洗、主要部件结构尺寸进行测量复核（拉紧螺栓初始长度，如图 2 所示）、试验仪表工具准备，操作人员掌握试验所需的工艺步骤。

（2）导叶摩擦保护试验安装调试工作，主要包括：试验工装的安装定位、导叶摩擦装置与工装的装配，拉紧螺栓的预紧并测量其伸长量，工装连板销孔水平中心高度的测量（图 3）。

图 2　前期准备工作

图 3　测量高度

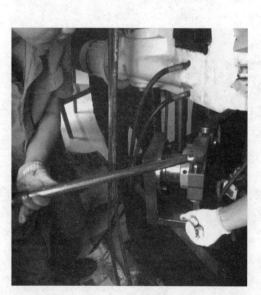

图 4　施加预紧力

（3）导叶摩擦试验的正式过程：测量并记录摩擦装置把合螺栓的初始长度及编号，然后利用预紧扳手施加计算所需的预紧力（图 4），记录预紧后螺栓伸长量，夹百分表，画刻度线（肉眼观察摩擦环相对位移所需参考线），利用液压万能试验机对导叶连板施加力，直到百分表匀速转动，记录此值为试验有效打滑力。泄压后继续升压对连板施加压力直至百分表匀速转动，记录数据，重复上述步骤。

（4）换导叶臂、摩擦环和把合螺栓，按（2）～（3）操作步骤共作 3 只摩擦装置。以上过程中，如若出现同一导叶摩擦装置滑移力矩不一致的情况，可调整联接螺栓预紧力矩的大小，并重复试验过程，直至满足要求，记录最终的联接螺栓预紧力矩值。

5 导叶摩擦保护试验结果

导叶摩擦保护的试验结果见表 1，3 次试验曲线如图 5～图 7 所示。

表 1   导叶摩擦保护试验结果

编号	螺栓未预紧 L_1/m	螺栓预紧后 L_2/m	螺栓伸长 ΔL/m	把合螺栓预紧力/(N·m)
1	128.65	128.76	0.11	146.4
2	128.65	128.765	0.115	146.4
3	128.685	128.794	0.109	146.4

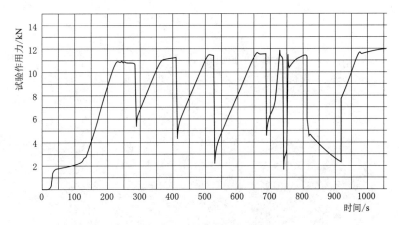

图 5　试验力-时间曲线 1

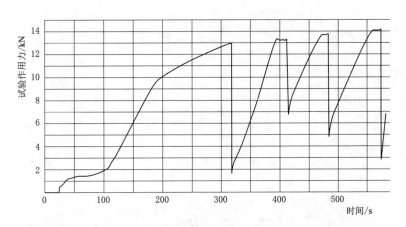

图 6　试验力-时间曲线 2

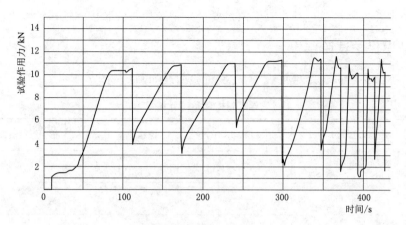

图 7　试验力-时间曲线 3

参　考　文　献

［1］　程良骏. 水轮机［M］. 北京：机械工业出版社，1981.

［2］　哈尔滨大电机研究所. 水轮机设计手册［M］. 北京：机械工业出版社，1976.

高水头混流式水轮机蜗壳水压试验过程

伍家亮

（杭州杭发发电设备有限公司　浙江　杭州　311201）

【摘　要】　本文结合某高水头混流式水轮机蜗壳厂内水压试验，对整个试验过程主要节点进行了梳理，介绍了蜗壳水压试验的流程及关键节点，对后期工地蜗壳水压试验和保压浇筑有一定的指导意义。

【关键词】　高水头；蜗壳；水压试验

1　引言

高水头混流式水轮机的蜗壳通常要做水压试验，水压试验包括厂内水压试验和工地水压试验。蜗壳厂内水压试验的目的：①检查蜗壳、座环焊接质量，主要看焊缝是否会漏水；②检查蜗壳、座环、顶盖的刚度，分析其变形是否在允许范围内；③消除蜗壳的焊接内应力。工地做蜗壳水压试验的目的是保压浇筑混凝土，取消弹性层，钢蜗壳采用充水加压浇筑钢蜗壳外围混凝土，以便充分发挥钢蜗壳自身承担内水压力的能力，减轻内水压力对钢蜗壳外围混凝土的作用力，从而可减少混凝土中的配筋量，节省工程投资，方便施工，更好保障混凝土浇筑质量。充水保压蜗壳相较于垫层蜗壳，钢衬及外围混凝土受力更加均匀，运行时的钢蜗壳能紧贴外围混凝土，增加蜗壳机组的刚性，利于机组的稳定运行。

2　蜗壳进口结构型式

蜗壳水压试验，蜗壳进口可设计成法兰式，利用钢制闷盖、螺栓把合、密封条密封结构（图1）；也可采用闷头焊接式结构（图2），利用标准的封头进行焊接，焊接后焊缝进行探伤检查。

3　蜗壳水压试验情况

蜗壳水压试验分两种情况：一种是与导水机构装在一起整体进行试验，与常规的座环加密封环方法相比，这种试验使蜗壳座环的受力情况及水压后的变形与实际运行时一致，且与导水机构整体试验，在检查蜗壳、座环及变形量的同时也能检查导水机构整体的强度和密封性能。同时水压试验记录的数据可用于蜗壳工地保压浇筑混凝土时参考，确保工地

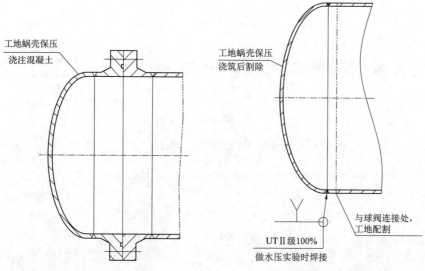

图1　密封条密封结构　　　　　　图2　闷头焊接式结构

安装顺利和水轮机本体的运行可靠性。另外一种是不带导水机构，密封环直接与座环密封，作法简洁，适合于小机组。另外如果高水头机组蜗壳与座环不能整体运输到工地，那么可采取蜗壳与座环厂内整体制作完成后，并进行水压试验，水压试验合格后再割开部分蜗壳，工地进行焊接，为检查此蜗壳焊缝质量，也需按相关标准中1.5倍工作压力的水压试验。

4　蜗壳厂内水压试验设备参数和设备

以下为单机6.1万kW的蜗壳闷头焊接式结构的厂内水压试验，打压密封设备参数见表1。打压管路设备包括电动试压泵、主供水管、辅助供水管、排水管等。测量、预紧设备包括百分表、力矩扳手等。

表1　　　　　　　　　　　　打 压 密 封 设 备 参 数

序号	设备名称	外形尺寸/mm	重量/t	备注
1	封水环	$\phi2505*470$	2.5	
2	闷头	$\phi1800*475$	1.3	

5　蜗壳厂内水压试验流程

蜗壳水压试验包括打压闷头、封水环的组装及安装、焊接，打压管路设备的安装，蜗壳充水，升压试验，降压试验，闷头、封水环拆除等工作。

水压试验流程如图3所示。

6　蜗壳厂内水压试验流程关键节点展示

蜗壳进口节和闷头的焊接如图4所示。蜗壳进口节和闷头的焊缝UT探伤检查如图5所示。蜗壳试验前的位置调整及加固如图6所示。底环的吊装就位如图7所示。活动导叶

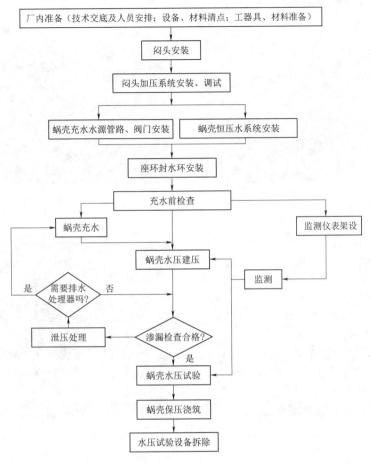

图 3　水压试验流程

安装就位于底环轴套内，如图 8 所示。试压圆筒的安装及准备，如图 9 所示。顶盖（带导叶套筒）的安装，如图 10 所示。顶盖与座环的把合螺栓预紧，如图 11 所示。蜗壳座环检测变形量的百分表架设，如图 12 所示。按设计要求进行逐步加压并测量记录百分表变化值，再按要求进行逐步降压、泄水，如图 13 所示。

图 4　蜗壳进口节和闷头的焊接

图 5　蜗壳进口节和闷头的焊缝 UT 探伤检查

图 6　蜗壳试验前的位置调整及加固

图 7　底环的吊装就位

图 8　活动导叶安装就位于底环轴套内

图 9　试压圆筒的安装及准备

图 10　顶盖（带导叶套筒）的安装

图 11　顶盖与座环的把合螺栓预紧

　　注意事项：在台阶式打压曲线中，压力的上升与下降相间进行，且上升与下降有明确的速度规定，并在多个压力下保持一定的时间。这种打压方式使蜗壳及座环的受水压力在反复中逐步增加，是为了金属蠕动有足够时间，有利于金属材料的塑性变形。同时也可减小或消除蜗壳管节因热加工和焊接产生的残余应力。为确保水压试验的安全性，因此蜗壳的水压升降速度、保压时间、压力值都应严格按照压力曲线进行，不得随意调整。

图 12　蜗壳座环检测变形量的百分表架设　　　　　图 13　逐步加压、降压、泄水

7　结语

本文对高水头混流机组的蜗壳水压试验目的、结构、试验准备和试验过程作了概述，结合厂内蜗壳水压试验过程并配以图片做了详细介绍，对后期工地蜗壳水压试验和保压浇筑有一定的指导意义。

参 考 文 献

[1]　程良骏. 水轮机 [M]. 北京：机械工业出版社，1981.
[2]　哈尔滨大电机研究所. 水轮机设计手册 [M]. 北京：机械工业出版社，1976.

水力发电系统稳定可靠运行的总体研究

许义群 邹 锐 王 超 刘殿程 苏广福 占乐军

（华能澜沧江水电股份有限公司 云南 昆明 650214）

【摘 要】 我国近三十年来在水轮机转轮预防卡门涡共振分析及对策方面逐步完善，基本解决了预防卡门涡诱发共振导致转轮裂纹、机组异常噪声及厂房振动等典型问题，我国水电机组的运行稳定性及稳定运行区域已能满足电网调度的总体要求。新近投产的大华桥水电站及丰满水电站重建工程水电机组已无明显的运行振动区域，这是水力机械领域的跨越式技术进步。但受专业细分的限制，我们对水电站水力发电系统总体运行稳定及可靠性的总体研究较少，本文重点对引水发电系统金属结构、引水压力钢管、水轮机座环固定导叶、转轮、锥管里衬、尾水管里衬及技术供水典型案例进行分析研究并提出总体对策。

【关键词】 水力发电系统；转轮；机组轴系；固定导叶；卡门涡；取水口；拦污栅；压力钢管

1 引言

卡门涡诱发共振及转轮叶片裂纹的分析处理在大朝山水电站工程实践中取得的成功是水力机械领域在卡门涡形成机理上的一次革命性认识，其成果对后续投产的水轮机转轮预防卡门涡共振提供了成熟的借鉴方案，基本避免了混流式水轮机转轮卡门涡共振问题。分别于 2018 年、2019 年投产的大华桥水电站水轮机及丰满水电站重建工程水轮机已无明显的运行振动区，机组重要指标振动值在 0.04mm 内、摆度值进入个位数（不超过 0.1mm）时代，新近投产的白鹤滩水电站百万千瓦级水电机组主要振摆指标均在个位数以内，以上成绩是我国近三十年来的大规模水电建设在水力机械领域取得的跨域式技术进步，我国混流式机组的研发、设计、制造、安装调试引领世界先进水平。我们对水电科技进步的探索是无止境的，尽管我们在水轮机本体技术上取得了瞩目的成绩，但投产的水电机组及配套设备上仍不时出现典型的卡门涡共振，造成影响机组运行稳定及可靠性的顽疾。近二十年来，我国水电站水力发电系统出现多起转轮叶片卡门涡诱发振动及裂纹，部分中高水头大容量混流式水轮机高负荷振动及异常噪声，固定导叶卡门涡诱发的机组/厂房振动及异常噪声、转轮止漏环/迷宫环间隙过小或偏心造成的动静干涉激振及材料性能降低，机组轴系异常，锥管进人门处钢衬与混凝土分离，尾水管压力脉动造成的钢衬撕裂脱落，进水口拦污栅共振断裂，引水压力钢管/钢岔管失稳，技术供水取水口拦污栅断裂，技术供水取水口布置不当导致湍流诱发机组及厂房振动等案例，涵盖了水力机械、金属结构、水道系统及混凝土接触灌浆等专业方向。受专业细分及分工限制，没有组织梳理上述典型问题的总体对策，上述问题很难由水力机械一个专业就能解决。这反映出我们对水力发电系统的总体运行稳定性及可靠性研究是不足的，在水电工程建设可研阶段就应列出典型技术难题清单，面向用户，开展专项研究并提出解决方案，避免上述问题的出现，这对保障水力发电系统的整体安全稳定及可靠运行是非常必要的。

2 卡门涡及卡门涡激振强度

2.1 卡门涡的判断及频率计算

通过长期的工程实践，可以认为卡门涡一般在机组 70% 以上的额定负荷时开始出现，随着负荷增加到额定负荷，其激振强度达到最大。卡门涡出现在大流量、大负荷工况，此时出水边速度达到一定数值且比较均匀，形成强大的"步调一致"的统一激振力，产生共振。卡门涡频率与机组部件在水中的固有频率接近产生共振，此时机组及厂房振动突变增大，机组摆度也同时加大，并伴随规律性的尖锐金属轰鸣声。

卡门涡频率计算公式为

$$F = S \times (V/D) \tag{1}$$

式中　F——卡门涡频率；

　　　S——斯特罗哈数，对水轮机取大值 0.24（±15% 偏差）；

　　　V——漩涡的旋转速度；

　　　D——叶片出水边厚度。

2.2 部件固有频率计算

把固定导叶部件当作梁结构计算其固有频率，非常实用，为

$$f_a = \frac{\lambda^2}{2\pi b^2} \sqrt{\frac{E \cdot I}{\rho \cdot A_I}} \tag{2}$$

$$f_h = \alpha \times f_a \tag{3}$$

式中　f_a——部件空气中固有频率，Hz；

　　　f_h——部件水中固有频率预期值，Hz；

　　　α——部件在水中附加质量带来的固有频率的衰减比率系数；

　　　λ——固定导叶部件两端的支撑条件决定常量；

　　　b——固定导叶两端长度，m；

　　　A_I——固定导叶截面积，m^2；

　　　E——杨氏模量；

　　　ρ——材料密度；

　　　I——振动区域惯性矩，m^4。

$$I = \frac{1}{12} HB^3 \tag{4}$$

$$A_I = H \times B$$

式中　H——翼形长度；

B——翼形长度。

2.3 卡门涡激振强度

卡门涡振动强度为

$$I = \pi \times D \times V \qquad (5)$$

式中　I——卡门涡振动强度；

　　　D——叶片出水边厚度；

　　　V——漩涡的旋转速度。

根据以上公式，卡门涡频率与出水边厚度成反比关系；卡门涡振动强度与出水边厚度成正比关系，通过提高卡门涡频率来降低卡门涡振动强度是解决问题关键因素，修型减薄出水边厚度形成尖锐角是解决卡门涡共振的保险方法。

彼得·德夫勒博士等及帕特里克·陈对卡门涡诱发的激振强度进行了研究统计，总结得出各种出水边翼形的卡门涡相对强度，如图1所示，出水边修型成单侧 $30°\sim45°$ 所对应的卡门涡激振强度是非常低的。大电机研究所的庞立军等人也研究得出相似的结果，如图2所示。

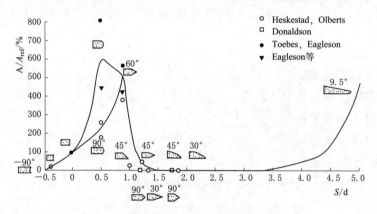

图1　出水边翼形对应的卡门涡激振强度

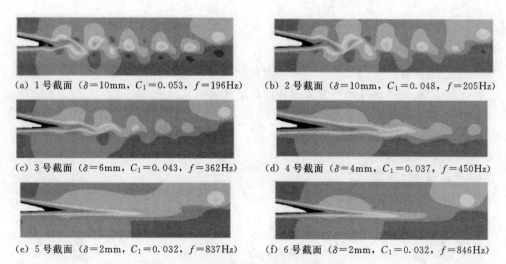

(a) 1号截面（$\delta=10\text{mm}$，$C_1=0.053$，$f=196\text{Hz}$）　　(b) 2号截面（$\delta=10\text{mm}$，$C_1=0.048$，$f=205\text{Hz}$）

(c) 3号截面（$\delta=6\text{mm}$，$C_1=0.043$，$f=362\text{Hz}$）　　(d) 4号截面（$\delta=4\text{mm}$，$C_1=0.037$，$f=450\text{Hz}$）

(e) 5号截面（$\delta=2\text{mm}$，$C_1=0.032$，$f=837\text{Hz}$）　　(f) 6号截面（$\delta=2\text{mm}$，$C_1=0.032$，$f=846\text{Hz}$）

图2　固定导叶出水边形状对应的卡门涡街

3 水力发电系统异常振动及噪声典型案例分析

3.1 水轮机转轮高负荷区振动

NZD水电站单机容量650MW，额定水头187m，水轮机在大负荷580MW以上运行区振动大，当导叶开度86％以上时，压力脉动上升，顶盖垂直振动随之上升，顶盖振动平均值93μm，瞬时最高值大270μm，并伴有补气现象；导叶开度小于86％后，振动超标基本消失，而同一电站另一个制造厂提供的机组顶盖垂直振动值仅30μm。NZD水电站组织前往存在类似问题的GPT水电站进行调研学习，NZD水电站运行水头、单机容量、转轮直径与GPT水电站接近。借鉴GPT水电站通过切割转轮叶片靠上冠侧出水边解决大负荷振动大的成功经验，在NZD水电站增加转轮出口靠上冠侧开口，改善大流量区压力脉动上升问题，在叶片出水边进行切割，切割量82mm，见图3，切割完成后对出水边进行修型，在切割区与非切割区、上冠处进行过渡处理，机组切割修型投运后大负荷振动已明显下降，处理是基本成功的。

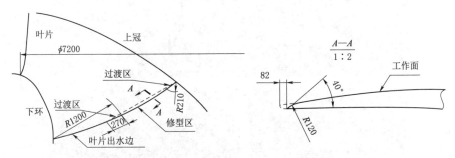

图3 NZD水电站水轮机转轮高负荷振动的修型方案

3.2 卡门涡激振造成的进水口拦污栅裂纹及断裂

LD水电站、WNL水电站投产1年多的时间，进水口拦污栅栅条断裂，多数集中在拦污栅底部第二节流速最快的部位，将其吊出检修，对拦污栅条进行补强焊接，如图4～图6所示。

图4 LD水电站拦污栅断裂冲走及修复处理

GGQ水电站也出现进水口拦污栅栅条断裂，并进行加固，如图7所示。

鉴于这三个电站都是同一设计院设计，进水口拦污栅条出水边均为对称半圆头结构，

图 5　WNL 水电站拦污栅条断裂冲走及补强处理

图 6　GGQ 水电站拦污栅断裂冲走及补强处理

对应的是相对最大的卡门涡激振强度，这不是偶然现象。

目前对 LD、WNL、GGQ 三个水电站拦污栅栅条断裂均采用加固处理，提高刚度避开共振区。此前国内王甫洲电站（属低水头 7.5m，大流量 420m³/s，灯泡贯流式机组）、葛洲坝二江电厂、江口水电站、大朝山水电站（图 7），也出现拦污栅栅条断裂并进行加固处理的案例。

图 7　大朝山水电站拦污栅条断裂

综合分析上述 7 个电站出现的拦污栅栅条断裂，拦污栅的结构设计通常注重考虑其静力承载能力，而对动水引发的共振问题基本不考虑。水电站拦污栅栅条是在大流量工况下，在流速最快的拦污栅第二节开始出现栅条断裂，原因是栅条的结构自振频率与卡门涡水力激振频率发生共振而造成的。提高拦污栅栅条的自振频率避开卡门涡共振频率及消除卡门涡结合起来解决栅条断裂问题，此外由于拦污栅表面会附着漂浮物，加大正压力，在高速水流作用下产生颤振，需加强栅条刚强度。LD、WNL、GGQ 三个电站进水口拦污栅条出水边采用的对称半圆头结构对应最大卡门涡激振强度，简单的对策就是对栅条出水边进行单侧尖锐角修型防止卡门涡出现，降低结构自振频率，避开共振，卡门涡修型倒角 $R2$，如图 8 所示。

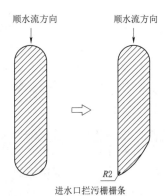

图 8　进水口拦污栅栅条预防卡门涡激振改进修型图

今后水电站的拦污栅设计需开展动应力特性及大流量工况下防卡门涡激振专题研究，并制定预防措施。

3.3　技术供水取水口拦污栅条断裂冲走

WNL 水电站机组技术供水取水口位于蜗壳进口段斜上 45°位置，检修发现取水口拦污栅圆钢条从焊缝根部断裂冲走，进行焊接补强修复，这又是一起卡门涡激振产生焊缝裂纹导致拦污栅条冲走的案例，如图 9 所示。

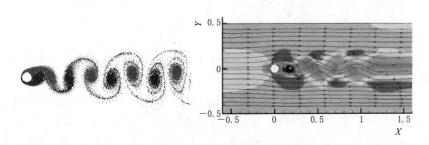

图 9　WNL 水电站机组技术供水取水口拦污栅条断裂照片

对称圆柱体是形成卡门涡的典型结构，要避免应用圆柱体栅条，如图 10 所示，栅条冲走是栅条后的卡门涡频率与圆钢条在水中固有频率接近产生共振造成断裂，今后需对类似取水口拦污栅条进行强度加强及防卡门涡设计，如图 11 所示。

图 10　圆柱体典型卡门涡图片

3.4 固定导叶卡门涡诱发机组振动及异常噪声

3.4.1 WNL水电站固定导叶卡门涡共振

WNL水电站单机容量247.5MW，额定水头81m，1号、2号机组投产以来，在接近额定负荷（210～247.5MW）区间存在异常金属蜂鸣声音并随负荷增加逐步增大，机组及厂房振动急剧增加，在2号机组上尤其明显，但均未出现裂纹。在发电机层、水机室、蜗壳进人门处出现异常金属蜂鸣声，在蜗壳进人门处异常金属常蜂鸣声最明显，用手触摸进人门有明显麻手的感觉；尾水锥管进人门处声音正常、用手触摸进人门无异常，基本排除转轮叶片卡门涡共振的情况。电厂安排进行测试，在声频方面在247Hz存在峰值，进一步的测试显示机组在200MW负荷运行时一切正常，在210～247.5MW负荷运行时，出现异常金属蜂鸣声及高频振动，如图12及图13所示。

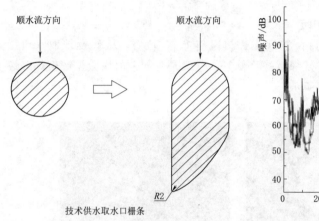

图11　技术供水取水口拦污栅条预防卡门涡设计

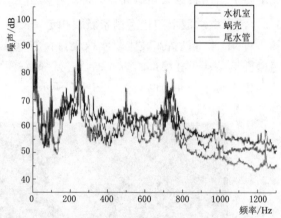

图12　WNL水电站2号机组额定负荷工况下噪声谱

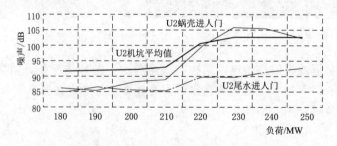

图13　WNL水电站机组噪声测量

根据测试分析：水轮机固定导叶与卡门涡频率接近产生共振，固定导叶刚度不满足要求，导致产生颤振，这就是异常金属蜂鸣声产生的原因。在3号机组试运行前对固定导叶修型，防止出现卡门涡并在机组充水试运行期间验证成功后，再对其他机组固定导叶进行修型。

修型处理方案如下：对在蜗壳尾端的10个（总共23个导叶）固定导叶出水边进行防卡门涡修型处理，如图14及图15所示。

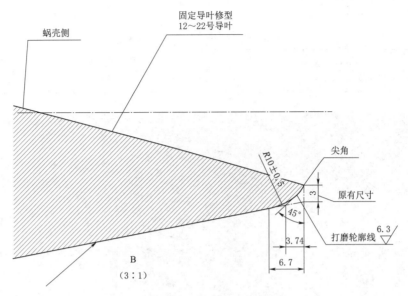

图 14　WNL 水电站固定导叶出水边修型成 45°的尖锐角

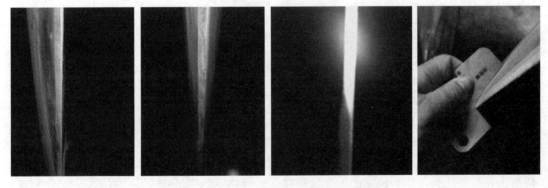

图 15　WNL 水电站固定导叶修型后检查

根据卡门涡频率与出水边厚度成反比关系，卡门涡振动强度与出水边厚度成正比关系，通过提高卡门涡频率来降低卡门涡振动强度是解决问题关键因素，修型减薄出水边厚度形成尖锐角解决了卡门涡共振。

经过在 3 号机组验证，水轮机异常蜂鸣声消失，机组过流部件未出现振动，蜗壳进人门、尾水锥管进人门处声音正常，无颤振现象，各部位声音正常。3 号机组处理成功后，申请 2 号机组停机对固定导叶进行修型处理，处理后机组投运声音正常，无异常振动现象，同样处理成功，卡门涡共振问题得到解决。

WNL 水电站座环及固定导叶的刚度在设计联络会上即已经发现其有限元分析结果局部异常，固定导叶最大峰值应力 252.3MPa 超出国标规定最大允许值 247MPa 的要求，见表 1 及图 16，刚度指标不满足要求，要求制造厂改进，但实际运行所反映出的固定导叶卡门涡共振并没有根本改善。原设计中有 2 个固定导叶设置排水孔，制造厂提出加工难度大且耗时较长，取消排水孔，得到同意，如加工这 2 个孔，这 2 个固定导叶极有可能在卡门涡共振时出现裂纹。

表1   WNL 水电站固定导叶计算结果

名　称	材料	FEA 有限元计算的最大峰值应力/MPa	许用应力/MPa
固定导叶	S460N	252.3	247

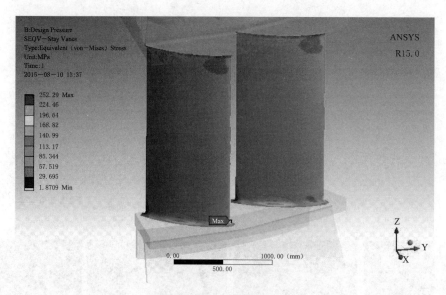

图16　WNL 水电站等效应力图

3.4.2　GGQ 水电站固定导叶卡门涡共振断裂

GGQ 水电站（单机容量 225MW，额定水头 58m）与 WNL 水电站水轮机异常振动及伴随的金属嘶鸣声音基本相同，GGQ 水电站固定导叶根部出现裂纹断裂。机组尖锐的金属蜂鸣声在 97%额定容量 220MW 负荷时出现，在 206MW 负荷时消失，机组运行随着负荷加大在蜗壳进人门及水机室出现金属般撞击的蜂鸣声且振动逐步加大，这是典型的卡门涡特征。但制造厂得出结论没有发生卡门涡共振，固定导叶裂纹断裂是固有频率存在接近蜂鸣发生源头的顶盖自激振频率，这种振动由转轮和顶盖的耦合振动而产生的，振动从顶盖传向座环，从而激发固定导叶的振动（这一分析有些牵强），此外固定导叶进口部位及出口部位焊缝根部附近变形较大，水平方向易产生裂纹，而且排水管部位固定导叶的裂纹发生很大的斜向变形，因此裂纹很容易斜向发生，水轮机固定导叶根部断裂，固定导叶刚度不足，固有频率较低，固定导叶与活动导叶相对位置变化，产生水力颤振，产生自激振，在固定导叶进出水边附近的上、下角焊缝产生高循环疲劳，是发生断裂的原因。采取焊接外包钢板加强固定导叶的方案，改变耦合振动频率避开共振区，如图 17 所示。此办法尽管解决了固定导叶共振裂纹问题，但这种分析是不被认可的，没有触及根本原因。实际上 GGQ 水电站固定导叶裂纹断裂是典型的卡门涡共振造成的，GGQ 水电站表现出来的振动、尖锐的金属蜂鸣声及部位与 WNL 水电站完全相同。今后的水轮机设计制造要对此进行专题研究，一般来说防卡门涡修型成 30°或 45°的尖锐角及尾尖 R2 是比较保险的，可避免出现卡门涡共振问题。

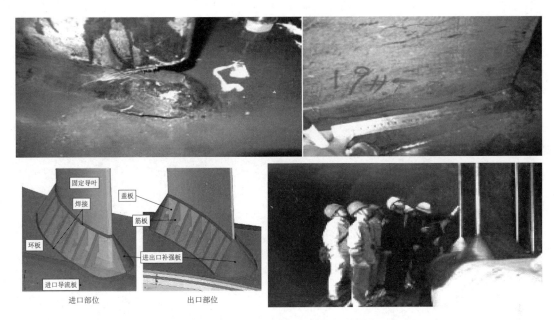

图 17　GGQ 水电站固定导叶卡门涡断裂及处理方案

3.5　技术供水取水布置引起的机组及厂房共振

技术供水自蜗壳取水是经典设计，在技术供水设备出现较大损坏时停机并关闭进水口检修门时，便于进行设备检修或更换。取水口的布置方位对机组及厂房振动将产生影响，没有切身的工程实践经历，容易忽视这点的。主流的蜗壳取水方位在蜗壳进口段斜上半部45°位置，如图 18（a）所示，其优点是不会引起蜗壳内较大紊流，绝大多数水电站技术供水采取这种布置。少部分水电站技术供水设两个取水口位于蜗壳第三象限下半部，就近布置供水设备，见图 18（b）所示，MW 水电站技术供水分别取自蜗壳及坝前，由于坝前取水安全隐患大，已经封堵，目前 MW 水电站技术供水取自蜗壳第三象限下半部，如图19（a）所示。JH 水电站技术供水取水口位于第三象限，如图 19（b）所示，造成机组及下游副厂房在低负荷区运行振动较大，水电站投产初期在非稳定区运行时，机组振动大并传至下游副厂房及尾水平台产生共振，人站在尾水平台上都能感受到振动，取水口布置在蜗壳下半部还造成异物进入，如聚酯涂料进入滤水器堵塞，如图 20 所示，目前 JH 水电站机组一直带基荷运行，不存在异常振动，但这一问题始终存在。HD 水电站技术供水采用自蜗壳第三象限设 2 个取水口［见图 19（b）布置］及顶盖取水两种方式，在采用蜗壳取水作为技术供水时，水轮机振动异常增大并与厂房产生共振，切换至顶盖取水方式后，机组及厂房振动恢复正常，机组运行正常；通过比较，技术供水采用蜗壳取水的布置方位应选择在蜗壳进口段斜上半部 45°布置的设计方案，其优点是对蜗壳水流产生紊流的影响降到最小，并起到防止异物进入供水管路的作用，水力机械辅助设备布置应遵守这一原则。

JH 水电站运行初期，技术供水系统滤水器堵塞，滤水器工作异常，检修发现滤水器内部充斥大量聚酯材料，聚酯材料为进水口过流面底部涂刷的聚酯涂层与混凝土分离后冲

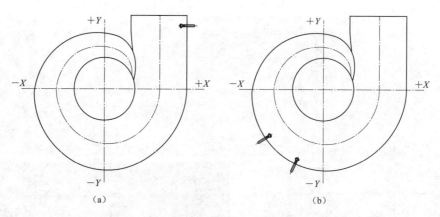

图 18　水电站技术供水蜗壳取水布置两种方式比较图

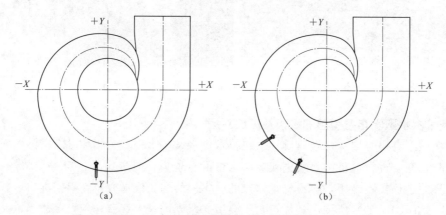

图 19　MW、JH、HD 水电站技术供水蜗壳取水口布置方位

至蜗壳技术供水取水口进入滤水器造成堵塞，如图 20 所示。

图 20　聚酯材料从进水口冲至蜗壳三象限下端技术供水取水口进入滤水器造成堵塞

　　JH 水电站技术供水二个取水口按就近设备的原则分别布置在蜗壳第二、第三象限下半部位，是造成杂物进入技术供水系统滤水器内的原因，技术供水取水口位置在布置在蜗

壳进口段斜 45°上半部位，则不会出现此情况。

HD 水电站机组投产初期，技术供水采用自蜗壳第三象限取水，顶盖与厂房发生共振，站在水机室、水机层、发电机盖板上明显感觉到较大的振动，水车室噪声高达 106dB，超出公司其他电站平均噪声 10dB。把技术供水切换为顶盖取水方式后，机组振动、厂房振动处于正常水平，水车室噪声降至 93~95dB，噪声降低 12dB 左右。顶盖取水方式下，水轮机顶盖各测点及取水管各测点振动值小于蜗壳取水方式，顶盖垂直振动值最大相差 0.03mm；取水管振动值最大相差 0.96mm，如图 21 及图 22 所示。通过分析，认为 HD 水电站技术供水二个取水口布置在蜗壳第三象限下端形成的湍流是造成共振及噪声异常增大的主要因素。

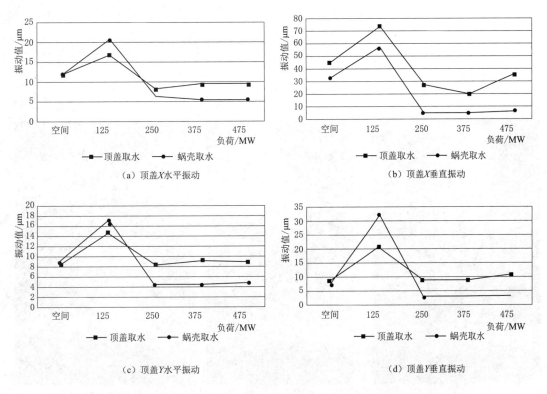

（a）顶盖 X 水平振动　　　　　　　　　（b）顶盖 X 垂直振动

（c）顶盖 Y 水平振动　　　　　　　　　（d）顶盖 Y 垂直振动

图 21　HD 水电站技术供水第三象限取水与顶盖取水方式下的顶盖振动比较

3.6　尾水管里衬撕裂脱落

吉林台二级、冗各、金龙潭、丰满、漫湾等水电站分别出现不同程度的尾水管及锥管钢衬撕裂脱落，2006 年漫湾水电站 6 号机尾水肘管底部出现钢衬撕裂脱落，面积 180m²，在撕裂处出现混凝土空洞，如图 23 所示，分析其原因是钢衬背面混凝土脱空在尾水管压力脉动诱发造成的，耗时近 1 个月完成处理。

2016 年 11 月，MW 水电站 2 号机组在弯肘段及基础环部位出现钢衬脱落和翻卷，锚筋整体拉出的情况，如图 24 所示，总的脱落影响面积达 94.76m²。此次钢衬脱落的原因为机组在低负荷运行时间较长，真空涡带长时间运行造成的，在锥管进人门处能感受到低

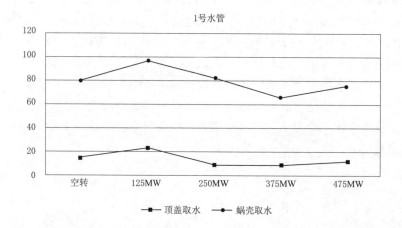

图 22　HD 水电站技术供水第三象限取水与顶盖取水方式下取水管振动比较

图 23　MW 水电站 2006 年 6 号机组尾水管钢衬撕裂、混凝土脱空及环氧灌浆处理

负荷运行时的真空涡带像钢鞭一样大力抽打在弯肘段，与丰满机组尾水管弯管段钢衬脱落相似，真空涡带诱发振动造成弯肘段钢衬疲劳撕裂而脱落。

丰满水电站水轮机尾水管钢板里衬也曾数次出现撕裂脱落情况，原因和漫湾电站尾水管钢衬脱落相似，如图 25 所示。

针对新建水电站采取的应对措施：尾水钢衬背面锚筋数量每平方米不少于 8 个，如图 26 所示，浇筑完混凝土，检查混凝土密实性，脱空面积 $0.2m^2$ 以上及脱空深度 5mm 以上的区域需灌浆；尽量避免机组在低负荷区运行。

采取以上措施后，近 15 年投产的新机组均未出现尾水管钢衬撕裂的情况。

图 24　MW 水电站 2 号机尾水管弯肘段钢衬脱落区域

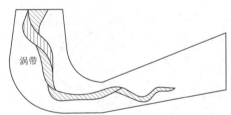
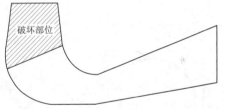

图 25　丰满水电站机组尾水管涡带及弯肘段钢衬破坏部位

图 26　水电站尾水管钢衬背面每平方米锚筋不少于 8 个

3.7 锥管进人门处里衬与混凝土分离

部分水电站尾水锥管进人门处存在振动、变形及钢衬与混凝土分离的情况，这是在此部位刚度不够，长时间在低负荷运行压力脉动造成的，这一问题很少被关注，今后的设计制造需对这一特殊部位按单一受力设计补强。

3.8 影响水轮机运行稳定关键预埋部件的接触灌浆

水力发电系统关键预埋部件蜗壳、座环、基础环、锥管、尾水肘管、引水压力钢、钢岔管的接触灌浆质量对防止钢衬失稳起重要作用，对钢衬结构及机组的运行稳定性非常重要。

机组关键预埋部件的灌浆质量对机组运行稳定性的影响容易被水力机械设计、制造领域的工程师们所忽略，而用户对这一问题却非常关注，这一问题处理不好，将导致钢衬在恶劣工况下变形失稳、撕裂脱落，或在动静干涉下发生剐碰，处理起来难度大、费用高且非常耗时。蜗壳、座环、基础环、尾水锥管、尾水肘管、引水压力钢管、钢岔管的接触灌浆是重点部位，如图 27 及图 28 所示。接触灌浆应采用预埋灌浆管路系统的方式进行，不应采用预留灌浆孔或钻孔灌浆的方式进行，因为灌浆孔的封堵焊接是闭环焊缝，应力得不到释放，易产生延迟裂纹，导致钢衬管内水渗出形成外压，内水泄漏至钢管外形成失稳隐患。针对蜗壳阴角部位、基础环底部及侧面混凝土浇筑密实度对机组稳定运行的同样重要，专门设计布置接触灌浆系统及监测系统确保密实、不脱空，推荐使用同位数中子法进行混凝土密实度检查确认。

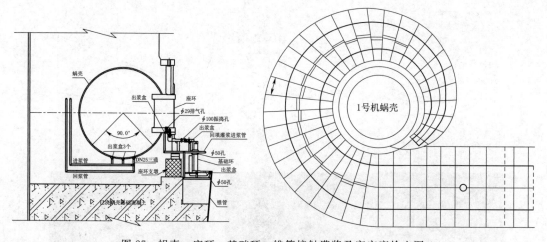

图 27　蜗壳、座环、基础环、锥管接触灌浆及密实度检查图

3.9 水轮发电机组安装精度对机组运行稳定的影响

机组轴系安装精度对机组运行稳定有重要作用，现有安装规范对两个关键部位的间隙偏差标准（或气隙）较宽松，分别是转轮与止漏环/迷宫环间隙、发电机定/转子气隙（起关键作用的是定/转子直径及圆度偏差值）；对转子挡风板与转子之间的气隙偏差未做规定，应提高精度要求；对座环开口、导水机构开口及转轮进水边开口中心高程线三者之间的偏差未做严格规定。制造领域对转子分离转速及转子热打键的计算还存在偏差，基本上

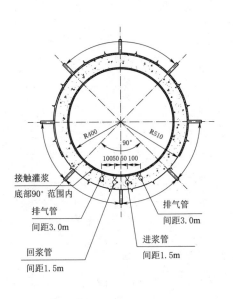

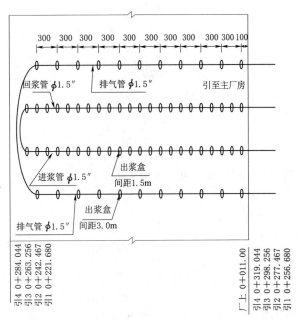

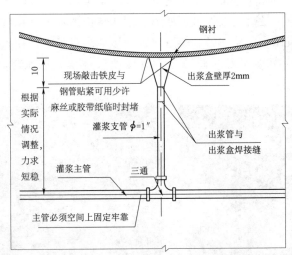

图 28 压力钢管预埋灌浆系统布置图

存在机组过速后不能复原的情况，工程统计存在半径方向 0.2mm 的偏差，往往造成定/转子气隙偏小，加大不平衡磁拉力。

3.9.1 水轮机转轮与止漏环/迷宫环间隙过小及安装偏差对机组运行稳定性的影响

转轮与迷宫还、止漏环间隙不足或间隙安装偏差将造成流量及水压力的不平衡，达到临界点将形成自激式弓状回旋振动，引起机组振动。安装间隙偏差产生压差流和速度流，根据哈根·泊肃叶方程可知：

压差流流量为

$$Q_1 = \frac{\Delta p b h^2}{12 \eta l} \tag{6}$$

式中　Δp——间隙两端压差；

　　　　b——间隙过流长度，对旋转机组 $b=2\pi r$；

　　　　h——间隙宽度；

　　　　η——流体黏性系数；

　　　　l——间隙过流面宽度。

速度流流量为

$$Q_2 = \frac{ubh}{2} \tag{7}$$

式中　u——两运动平板相对运动速度，$u=\pi rn/30$；

　　　　n——机组转速。

总流量为

$$Q = Q_1 + Q_2 = \frac{\Delta p \pi r h^2}{6\eta l} + \frac{\pi^2 r^2 nh}{30} \tag{8}$$

由式（8）可知总流量分别与间隙的一次方、二次方成正比关系，间隙安装偏差大，两边的流量差越大，相应的水压力相差就大，产生不平衡力就大，超过临界值将引起机组振动；如总体间隙偏小又出现间隙偏差的情况下，甚至发生擦碰，曾经在抽水蓄能机组上出现转轮与铜迷宫环间隙不足引起温度过高变形而刮坏烧损迷宫环，在现场进行加工处理的情况；总体间隙设计值偏小，易在另一侧造成脱流形成高温气泡，在机组运行中形成冷热交替，在转轮该部位整圈及固定部件局部造成锈蚀或烧蓝，加速材料失效，如图 29 所示。

图 29　转轮、顶盖抗磨板上部流体脱流产生的"生锈"及烧蓝现象

根据广泛的调查研究，转轮与止漏环/迷宫环的总间隙宜控制在 $0.001D \sim 0.002D$（D 为转轮直径）之间，高转速机组取小值，但总间隙不宜小于 3mm，中低转速机组取 $0.0015D \sim 0.002D$ 之间，适当加大间隙将抵消安装相对偏差带来的不平衡力。

3.9.2　发电机转子动静干涉共振

LKK 水电站发电机转子挡风板与转子磁极软连接气隙值偏小，在运行过程中产生共振造成磁极软连接叠压铜片裂纹断裂内卷甩出，如图 30 所示，通过数年的观察及专门测试研究，找出动静干涉共振原因，采用刚性连接铜板替代，避开共振频率解决了此问题。

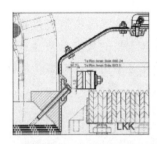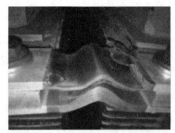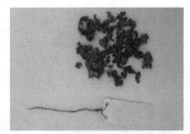
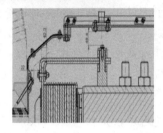

图 30　LKK 水电站转子动静干涉导致磁极软连接断裂甩出及处理

3.9.3　发电机定、转子气隙不均或气隙偏小产生低频振动的处理

XW 水电站定、转子气隙不均造成磁拉力不平衡，引起斜元件结构定子低频振动，澜沧江公司在全国首次独创性在现场机加工磁轭鸽尾槽，增大磁极接触面及磁极紧量，保证转子直径及圆度的一致性，保持定转子气隙均匀，减小磁拉力不平衡，定子振动从修前的 $110\mu m$ 降至 $60\mu m$，成功解决了定子低频振动，消除了困扰多年的机组运行安全隐患。磁轭鸽尾槽现场机加工技术可推广到机组安装工作中。

3.9.4　座环开口、顶盖/底环开口、转轮进水边开口中心线偏差造成的振动

从制造到安装重视的是座环上环板的水平度，对座环开口高度尺寸及周向开口高度偏差重视不够，座环开口高度受焊接变形影响，控制难度极大，要特别关注，曾经出现座环开口高度与顶盖/底环开口高度偏差达到 9mm 的情况，如图 31 所示，造成座环开口中心高程、导水机构开口中心线高程、转轮进水开口中心线高程错位尺寸偏差大，影响水轮机运行。

3.10　引水压力钢管及钢岔管 CFD 数值模拟

钟秉章教授剖析了响水水电站压力钢管失稳事故，研究得出机组过速试验，开停机频繁，开机负水锤与突然停机正水锤叠加形成异常水锤，远超出正常设计水锤，造成引水钢管发生脆性断裂的事故。因此对压力钢管及钢岔管进行极端工况如过速试验、100%甩负荷、动水关闭、一键落门

图 31　某水电站座环开口、顶盖/底环开口、
转轮进水边开口偏差

及飞逸转速情况下的 CFD 数值分析及 FEA 有限元分析是非常必要的。

彼得·德夫勒博士等研究了中高水头水电站压力钢管三岔管中的旋涡破裂造成水轮机水头损失导致负荷波动的情况。在我国没有查到类似的例子，我国未来的大容量特高水头水电机组建设中，水道系统初拟设计大量应用钢岔管，要充分研究这种情况，对整个流道系统及钢岔管进行 CFD 分析，必要时开展三岔管水力模型试验验证，提出对策。

4　结语与展望

水力发电系统中的某一个部件出现薄弱都会对机组运行稳定性及可靠性造成隐患，应将工程设计、机组研发设计制造及金属结构设计、机组安装所牵涉到的各专业重点问题融合梳理，提出整体解决办法，打造出运行稳定、可靠、坚强的水力发电系统，保障水电机组的长周期安全运行。

4.1　结语

（1）对水力发电系统水轮机、进水口金结、水道系统、钢衬接触灌浆进行总体研究，防止出现薄弱部位，影响机组的运行稳定性及可靠性。

（2）避免出现卡门涡仍然具有挑战性，水力发电系统所有过流部件应进行预防卡门涡专题分析并提出对策。

（3）中高水头大容量混流式机组高负荷振动应在水力开发阶段解决，模型试验验证。

（4）技术供水在蜗壳上取水位置不当将造成机组与厂房共振，工程设计和水力机械研发设计应协调采取措施。

（5）修订《水轮发电机组安装技术规范》（GB/T 8564—2003）时，提高轴系关键部位转轮与止漏环/迷宫环间隙、定/转子气隙的精度要求，将正负偏差改为正偏差，提高定/转子中心线高程精度，有效预防脱流、间隙不均造成动静干涉及磁拉力不平衡引起的机组运行稳定性问题，对转子挡风板间隙、座环开口、顶盖/底环开口、转轮进水边开口中心线高程偏差做出严格规定。

（6）水力发电系统压力钢管、蜗壳、基础环、尾水锥管/弯肘管的接触灌浆密实对防止钢衬失稳要特别予以关注。

（7）尾水管钢衬背面每平方米设置不少于 8 个锚钩，尾水锥管进人门处的刚强度需按单一受力进行设计加强，防止在不利工况变形。

4.2　展望

（1）工程设计开展水力发电系统所有过流部件在机组甩负荷及飞逸转速工况下的 CFD 数值分析、FEA 有限元分析计算及应力经典公式计算。

（2）研发制造无明显运行振动区的水轮机转轮。

参　考　文　献

［1］　李启章. 大朝山电站转轮叶片的卡门涡共振［J］. 水电站机电技术，2005，28（4）：76-79.

［2］　尹述红. 大朝山♯1 水轮机转轮裂纹原因分析及处理［J］. 水利水电技术，2002（12）：39-40.

［3］　潘罗平. 卡门涡诱发的水电机组振动特性研究［J］. 长春工程学院学报（自然科学版），

2010 (3)：134-137，154.

［4］ 魏先导. 涡列引起的水轮机叶片振动 [J]. 水力发电学报，1989 (4)：77-85.

［5］ 宋承祥，德宫·键男，杉下·怀夫. 水轮机卡门涡诱发振动分析研究 [J]. 红水河，2012 (2)：38-41，47.

［6］ 彼得·德夫勒，米尔哈姆·施克，安德烈·库都. 水力机械中流动诱导的脉动和振动 [M]. 方玉建，张金风，译. 镇江：江苏大学出版社，2015.

［7］ 庞立军，吕桂萍，钟苏，刘晶石. 水轮机固定导叶的卡门涡街模拟与振动分析 [J]. 机械工程学报，2011 (11)：159-166.

［8］ 邵国辉，赵越，易吉林，王治国. 构皮滩水电站1号水轮机高负荷异常振动的解决及其现场试验分析 [J]. 水力发电，2013 (11)：38-41.

［9］ 王振宇. 王甫洲水电站进水口拦污栅条的损坏原因分析与处理 [J]. 水电站设计，2012 (3)：118-120.

［10］ 赵锡锦. 葛洲坝二江电站机组进水口拦污栅条断裂原因分析 [J]. 人民长江，1992 (6)：16-19.

［11］ 王永刚，谢晓刚. 江口水电站进水口3号拦污栅下横梁断裂处理 [J]. 江西电力，2005 (5)：9-10，15.

［12］ 杨波. 大朝山水电站进水口拦污栅条断裂原因分析处理 [J]. 云南水力发电，2014 (3)：150-151.

［13］ 许义群，赵利锋，苏广福，冯绍彬，占乐军. 华能澜沧江二十年水电机组稳定性研究实践 [C]//第二十二次中国水电设备学术讨论会论文集，2019.

［14］ 陈宇，陆伟. ♯2机组尾水管补偿段、锥管金属里衬脱落原因分析与处理 [J]. 电工技术运行维护，2017 (10A)：104-105，110.

［15］ 陈革强. 丰满水电站3♯水轮机尾水管钢板里衬脱落分析 [J]. 海河水利，1999 (1)：12-14.

［16］ 马剑滢. 安装过程中水轮机转轮迷宫间隙的调整 [C]//水轮发电机组稳定性技术研讨会论文集，2007.

［17］ 钟秉章. 响水水电站压力钢管事故剖析 [C]//第六届全国水电站压力管道学术论文集，2006.

［18］ 洛基 K J，马元琬. 采用CFD模拟水流在固定导叶处引发的振动 [J]. 水利水电快报，2007 (9)：21-23，27.

振动磨损及空蚀

高水头混流式水轮机泥沙磨损与抗磨设计

宫让勤　刘玉明　张美琴　张树邦

（哈尔滨电机厂有限责任公司　黑龙江　哈尔滨　150040）

【摘　要】 对于高水头、高转速、高过机泥沙含量的混流式水轮机，导叶区和转轮的泥沙磨损是制约机组检修周期和运行维护成本的决定因素，在现有的技术水平下，仅通过机组的低参数、水力设计优化、抗泥沙磨损的设计和表面喷涂，只能延长机组的大修周期。电站运行表明，通过水工措施，减小机组的过机含沙量可以起到事半功倍的效果。根据混流式机组的特点和水轮机抗磨设计的运行结果及经验，提出了 250.00～450.00m 高水头混流式水轮机允许的过机泥沙含量，从水力、结构、制造工艺、质量控制方面探讨了水轮机抗磨设计中的设计理念，为多泥沙高水头混流式水轮机的安全、经济、稳定运行提供了较好的保证。

【关键词】 高水头；混流水轮机；过机含沙量；泥沙磨损；抗磨设计

1　引言

水轮机的泥沙磨损是一个水力机械方面的世界难题，大量的研究和电站实际运行证明，水轮机的泥沙磨损与流速的 3～3.5 次方成正比，水头越高，流速越大，磨损越严重。过机泥沙含量是引起机组泥沙磨损的另一个重要的因素，通过水工方法减小过机泥沙含量，对降低机组的泥沙磨损至关重要。低水头水轮机的泥沙磨损主要发生在转轮区域，中水头水轮机的泥沙磨损主要发生在导叶、转轮、均压管、止漏环和与其对应的顶盖及下固定止漏环区域，导叶和转轮的磨损程度基本相同，250.00～450.00m 高水头混流式水轮机，由于导叶区的流速约为 50～65m/s，导叶区的流速高于转轮叶片出水边，其磨损最严重的部位为活动导叶、上下抗磨板、止漏环、转轮的进水边下部、转轮的出水边。对于高水头多泥沙的混流式水轮机在前期的水工建筑物的设计、水轮机参数的选择、无空化运行、抗磨水力和结构设计、相关部位的抗泥沙磨损表面处理等方面如不进行关注，水电站投运以后，在很短的时间内，甚至运行一个汛期后，机组就会出现导叶严重磨损、端面间隙增大、导叶漏水量超标、导叶关闭后机组无法正常停机、打开进水阀的旁通阀后无法平压、机组按正常设计流程无法顺利开机、转轮叶片出水边磨薄、转轮出现裂纹或掉块、机组效率下降、出力降低、运行稳定性变差。

2 泥沙磨损电站运行情况

2.1 A电站

A电站为混流式水轮机,额定水头 289 米左右,额定转速 300r/min,年利用小时数 5377,水轮机主要参数见表 1,该电站水轮机为合资公司制造,转轮、导叶等均未进行喷涂,转轮采用了长短叶片结构,长短叶片分别为 15 片,转轮叶片、上冠和下环均采用抗泥沙和空蚀性能优越的 ZG06Cr16Ni5Mo 材料制造,导叶数 24 个,采用大圆盘结构型式,属高水头、高泥沙含量、高转速的电站。2009 年,电站 4 台机组全部投产,2010 年进行了机组大修,导叶磨蚀现象严重。2011 年,该电站对 1 号、2 号机组大修时,发现了转轮损伤情况非常严重,遂运到某电机厂进行修复,并邀请喷涂厂家对转轮进行全喷涂。至 2012 年检修时对已修复并喷涂的机组转轮进行检查、评估,状态良好。但 3 号、4 号机组转轮异常损伤情况严重,还出现了多块叶片断边等情况,已无修复的可能而报废,并且 4 套导叶也同时报废。

表 1　　　　　　　　　　　A电站水轮机主要参数

名　称	单位	数值	名　称	单位	数值
最高水头	m	331.00	转轮进口直径 D_1	mm	3800
最低水头	m	285.00	转轮出口直径 D_2	mm	2510
额定水头	m	289.00	吸出高度	m	-8.0
额定出力	MW	178.6	转轮出口圆周速度	m/s	39.4
额定转速	r/min	300	平均泥沙含量	kg/m³	0.446
额定流量	m³/s	68.0	水库调节性能		无调节
额定比转速	m·kW	106.4			

2.2 B电站

B电站位于国外,也为混流式水轮机,电站装有 6 台单机容量为 100MW 立轴混流式机组,设计平均发电量为 40 亿 kWh,年利用小时为 6722h。2008 年 9 月 5 日,第一台机组投入发电,2009 年 4 月 29 日,最后一台机组实现投产。机组设备由国内公司提供。额定水头 299.00m,额定转速 428.6r/min,水轮机基本参数见表 2,该电站转轮、导叶等均进行喷涂,转轮采用了长短叶片结构,长短叶片分别为 15 片,转轮叶片、上冠和下环均采用 ZG06Cr13Ni5Mo 材料制造,导叶数 24 个,采用大圆盘结构型式。从机组历次大小修情况来看,转轮喷涂部位除下环受气蚀因素影响容易脱落外,其他部位基本保持完好,未喷涂部位磨蚀情况较为严重,特别是 2011 年后,磨蚀情况更为明显,冲蚀、磨损现象进一步加剧,不仅上冠、下环迎水边出现整圈较严重的锯齿形冲蚀坑,叶片流道内出现较多的冲蚀沟槽。长叶片磨蚀加剧,导致叶片变薄,出现开裂和裂纹扩展,严重时引起叶片断裂脱落。根据测量数据,经过 3 年的运行,叶片已近磨损 3~4mm。B电站水轮机主要参数见表 2。

表 2			**B 电站水轮机主要参数**		
名　称	单位	数值	名　称	单位	数值
最高水头	m	331.00	转轮进口直径 D_1	mm	2800
最低水头	m	299.00	转轮出口直径 D_2	mm	1869.1
额定水头	m	299.00	吸出高度	m	−6.0
额定出力	MW	102	转轮出口圆周速度	m/s	41.9
额定转速	r/min	428.6	平均泥沙含量	kg/m³	0.76
额定流量	m³/s	37.6	水库调节性能		无调节
额定比转速	m·kW	110.1			

2.3　C 电站

改造前投运初期，4 号机运行 2400h 后，3 号机运行 3250h 后，由于导叶端面、立面间隙增大，导叶上、下轴颈压环、L 型密封损坏，使机组无法正常停机。基本上运行一个汛期，必须大修。空蚀、磨损的主要部位是导叶上、下端面与立面，以及底环、顶盖上与导叶端面相对应的表面。机组改造后，转轮直径由原 2100mm 改为 2150mm，叶片由原常规改为长短叶片，长短叶片数分别为 15 片，转轮叶片、上冠和下环均采用 0Cr13Ni4 制造，其中叶片采用钢板模压，导叶数从原设计的 16 个改为 20 个，也采用大圆盘结构型式。改造后 3 号机组运行良好，运行 3 个汛期后，球阀仍能平压，球阀开启过程中，未出现机组转动的情况，水轮机的抗磨损能力大大提高，水轮机的磨蚀状况已有较大的好转，机组的大修周期已可延长至 4 年。水轮机转轮的破坏已不是很大问题，但导叶磨损的防护仍有待于改进与解决。

表 3			**C 电站水轮机主要参数**		
名　称	单位	数值	名　称	单位	数值
最高水头	m	318.00	转轮进口直径 D_1	mm	2150
最低水头	m	265.00	转轮出口直径 D_2	mm	1417
额定水头	m	290.00	吸出高度	m	−3.5
额定出力	MW	45.8	转轮出口圆周速度	m/s	37.1
额定转速	r/min	500	平均泥沙含量	kg/m³	0.603
额定流量	m³/s	17.3	水库调节性能		日调节
额定比转速	m.kW	89.4			

3　抗泥沙磨损的设计

3.1　允许过机泥沙量

250.00～450.00m 高水头混流式水轮机，由于流速高、转速高、机组尺寸相对较小，含沙水流通过水轮机过流部件时，相对流速高加速度大，在同样过机含沙量时，部件遭到破坏程度更严重。由于高水头水轮机的特点，仅靠机组的设计和采取必要的抗磨措施，无法很好的解决该水头段混流式水轮机的泥沙磨损问题，特别是降低泥沙磨损给水轮机运行带来的严重危害。电站运行表明,降低过机含沙量对高水头水轮机的磨损可以起到事半功倍的作用,必须从水库和水电站沉砂设施的合理设计和运用入手,采取综合技术措施达到这一目的。

对于高水头混流式水轮机应采取必要的水工措施,尽可能地减小泥沙粒径大于 $0.2\sim$ 0.4mm 的泥沙通过水轮机,高水头取小值,低水头取大值。根据国内外多泥沙电站的运行情况的统计,按导叶和转轮磨损 $2\sim3$mm 需 A 修考虑,250.00m、300.00m、350.00m、400.00m、450.00m 水头段的混流式水轮机,允许等效莫氏硬度大于等于 4 的过机泥沙含量应分别不大于 0.095g/L、0.090g/L、0.085g/L、0.078g/L、0.068g/L,如果过机泥沙超过上述要求,需对水轮机进行特殊的抗泥沙磨损设计。如果对上述不同水头段,莫氏硬度大于等于 4 的过机泥沙含量分别大于 0.20g/L、0.18g/L、0.17g/L、0.16g/L、0.15g/L 时,应采取必要的水工措施,降低过机含沙量,对无调节或日调节水库考虑建造沉沙池。

3.2　比转速的选择

比转速是反映机组的参数水平和经济性的一项综合参数。在相同水头下,比转速的高低,反映了机组的参数水平和经济性。随着科技的进步和发展,比转速也经历了逐步提高的过程。多个电站的运行实践,使人们清楚地认识到,比转速的提高受许多因素制约,如效率水平、空化性能和运行稳定性等。

随着比转速的提高,机组的尺寸可以做得更小,从而降低机组造价,提高经济效益。但比转速过高在技术上存在一定的难度和风险。对于多泥沙河流上的电站水轮机,宜选择较低的比转速,能有效降低相对速度,水轮机尺寸也相应增大,有利于提高部件的相对耐磨能力,根据国内外多泥沙电站的运行情况的比转速的统计回归,对高水头、多泥沙的混流式水轮机建议的最大水头与比转速的关系为 $N_s = 5.4575 \times 10^{-4} H_{max}^2 - 0.4743 H_{max} + 180.73$,由于水轮机的磨损与流速的 $3.0\sim3.8$ 次方成正比,转轮出口的圆周速度越高,转轮出口的相对流速也就越高。对多泥沙电站,在单机容量确定后,应进行多方案的比较,建议转轮出口的圆周速度不宜大于 38m/s,不应超过 40m/s。

3.3　吸出高度的确定

国内曾在专门的混水试验台上进行过多次水轮机清、混水性能对比试验,结果表明挟沙水流对水轮机的效率、运行工况和压力脉动几乎没有影响,但对初生空化有影响,随泥沙含量的增加,初生空化系数有增大趋势。因此,在确定多泥沙电站吸出高度时应留有较大裕度。

由于水轮机空蚀破坏和泥沙磨损,其相互影响有加剧恶化的破坏作用。从这个意义上说,适当降低水轮机安装高程,增加吸出高度,能减少发生空化,也就有利于降低泥沙磨损。

对于多泥沙电站,建议装置空化系统与初生空化系数的比值宜大于 1.2,装置空化系统与效率下降 1% 的临界空化系数的比值宜大于 2.0。水轮机应运行在无空化状态下,避免空化和泥沙磨损的联合作用引起过流部件的严重破坏。

3.4　转轮的设计及质量控制

电站运行表明混流式水轮机转轮遭受破坏较严重的部位有叶片进水边、叶片出水边及下环内表面处，其主要原因是这些部件表面流速相对较高，甚至有旋涡和脱流产生，从而导致严重的泥沙磨损。大量的研究表明，相对流速的大小对磨损的影响最大。尤其局部流速增大将会造成局部损失增加。为提高转轮的抗磨蚀性能，从解决局部磨损出发，应降低叶片表面的流速，优化压力场的分布。

采用特殊的进水边，能显著降低转轮进水边的初生空化，尽可能避免在运行区内出现脱流和叶片流道内的二次流。特别是在低水头运行时因进口边正面脱流往往导致剧烈紊流，会给含沙水流中运行的转轮造成严重磨蚀。利用最先进的 CFD 分析软件对水轮机转轮进行优化设计，可以在水头变幅比较大的范围内运行时，最大限度减小翼型空蚀。转轮最严重的磨损区域发生在转轮的下环和叶片出水边的正面，要减小这一区域的磨损，必须减小其中的相对流速，与此同时，还必须使机组的效率和空化性能较好。在转轮的出水边，圆周速度对相对速度的影响巨大，减小转轮的出口直径，可以降低转轮出口圆周速度，但与此同时其空蚀性能变坏，且转轮和尾水管的效率将有所改变。为延长水轮机的抗磨寿命，转轮叶片的出水边设计得比常规要厚实。

转轮叶片采用五轴数控铣床加工，进水边 $0.1D_1$ 和出水边 $0.15D_1$ 范围的叶片表面粗糙度不低于 Ra1.6，其他部位为 Ra3.2～Ra6.3，低水头取大值，高水头取小值，如表面进行了喷涂处理，应对喷涂表面进行打磨，其表面粗糙度不低于 Ra3.2，从而降低了泥沙磨蚀程度。

3.5　止漏型式

正确选择混流式水轮机上漏环的位置，对减轻磨损十分重要，必须避免泥沙颗粒聚集在止漏环的进口和出口，并防止在离心力作用下，使泥沙颗粒堆积量增加。上转动止漏环可以设置在转轮上冠上面，在可能的情况下，尽可能地靠近转轮中心，采用台阶式密封环，便于硬喷涂。下转动止漏环设置在下环的外侧，如果止漏环的位置带来不平衡的轴向力，则要由均压管或推力轴承来补偿，在设计止漏环的间隙时，均压管的流速宜小于 3.0m/s，均压管的拐弯应尽可能地大于 90°，材料宜为耐磨损抗空蚀的不锈钢。

3.6　导叶区的设计

导叶端面密封位于顶盖、底环上，它只在导叶关闭时起作用，可以减少导叶端面间隙漏水，同时减少相邻部件的磨损，但密封本身会遭受磨损，寿命有限，密封的寿命应能维持至大修时，并容易更换。对于中高水头的混流式水轮机，设置导叶端面密封后，由于密封的凸起，在机组正常运行时，对顶盖和底环附近的流态造成一定的扰动，会加速其磨损和空蚀，不建议设置导叶端面密封。顶盖应采用预应力技术，在不充水的情况下，导叶的端面间隙几乎为零，只有在充水的情况下，才允许操作导叶开关。导叶立面接触密封采用不锈钢金属接触式密封。导叶宜采用大圆盘结构，导叶轴径和顶盖及底环之间设置密封，并能防止泥沙污物进入轴承摩擦表面，密封环的材料必须是不锈钢或喷涂不锈钢。

3.7　表面抗磨涂层

根据电站的实际泥沙特点，对主要过流部件转轮、活动导叶过流面和上下端面、顶盖、底环过流面、基础环过流面采取碳化钨高硬度材料热喷涂，哈电公司在南亚河、渔子溪、瑞丽江、响水、索普多拉、NJ 等多个电站使用碳化钨喷涂，效果良好。该项技术是把喷涂材料的粉末状态注入高速喷射的火焰形成少孔隙，低氧化，高粘合力，低残余应力的高质量涂层，由于高速运动的颗粒与基材表面是物理结合，其特点是：基材表面温度低于150℃，基材不发生任何变形，有很高的表面硬度（1100～1300HV），其耐空蚀性能为不锈钢的1.55倍，抗泥沙磨损性能是不锈钢的4～5倍。

对蜗壳、固定导叶表面和尾水管进口段过流面也可采取聚脲聚氨酯弹性软喷涂，减少泥沙磨损的失重，延长机组的寿命。

4 结语

（1）本文根据已运行电站的运行情况，提出了250.00～450.00m高水头混流式水轮机按清水设计的允许过机泥沙含量，提出了应采取水工措施的过机泥沙含量限值。

（2）转轮出口的圆周速度与水轮机的泥沙磨损有很大的相关性，对于中高水头混流式水轮机，建议转轮出口的圆周速度不宜大于38m/s，对多泥沙电站，在参数选择时，应适当降低水轮机的比转速。

（3）减少过机泥沙含量是减缓高水头混流式水轮机泥沙磨损的最重要的措施，为电站经济安全运行，电站的设计者应尽可能地在水工上采取必要的措施，尽可能地减小过机泥沙含量。

（4）含沙量高电站的水轮机安装高程应满足水轮机在含沙水流中无空化运行的要求。

（5）现有技术水平下，碳化钨喷涂是延长机组大修周期和使用寿命的最有效措施。

参 考 文 献

[1] 中华人民共和国国家质量监督检验检疫总局，中国国家标准化管理委员会. 反击式水轮机泥沙磨损技术导则：GB/T 29403—2012 [S]. 北京：中国标准出版社，2012.

[2] 朱兴旺. 小浪底水电站多泥沙条件下的水轮机选型设计 [J]. 水力发电，2004（4）：42-44.

[3] 野崎次男，关于考虑水轮机泥沙磨损的沉沙池容量及其断面的确定 [G]// 全国水机磨蚀试验研究中心，甘肃省水力发电工程学会，甘肃省电力科学研究院. 国外水轮机泥沙磨损译文集. 北京：水利电力出版社，1992.

[4] 佐藤譲之良. 含有固体颗粒的空化破坏—浑水中的空蚀 [C]// 全国水机磨蚀试验研究中心，甘肃省水力发电工程学会，甘肃省电力科学研究院. 国外水轮机泥沙磨损译文集. 北京：水利电力出版社，1992.

高水头混流式水轮机泥沙磨损特性研究

李文锋[1]　章焕能[1]　刘胜柱[1]　冯建军[1,2]　罗兴锜[1,2]

(1. 浙江富安水力机械研究所　浙江　杭州　311121;

2. 西安理工大学水利水电学院　陕西　西安　710048)

【摘　要】 本文采用固液两相流的方法对高水头混流式水轮机在含泥沙水条件下的额定工况进行了数值模拟,分析研究了不同过机含沙量下水轮机的效率特性以及水轮机内部的流动特性,结果表明:水轮机的水力效率随着含沙量的增加而降低,随着含沙量的增加过流部件的磨损面积也随之增大。对水轮机各个过流部件的磨损强度进行了预估,研究发现固定导叶的头部、活动导叶靠中间与顶盖连接的位置以及长叶片背面出水靠近下环的区域是磨损较为严重的部位,当机组运行一年后,活动导叶磨损深度最大,达到2.5mm,叶片磨损深度约为0.74mm,会严重影响水轮机的稳定运行。对水轮机磨损强度及磨损位置的科学预估为确定机组的运行状态及检修必要性提供了可靠且可量化的依据。

【关键词】 高水头水轮机;固液两相;数值模拟;磨损预估

1　引言

我国是一个多泥沙河流的国家,水轮机泥沙磨损问题不容忽视。黄河是我国泥沙含量最大的河流,最高含沙量达到 $920kg/m^3$,严重影响黄河流域内水电站的稳定运行。三门峡电站是黄河上建成最早的电站之一,由于处于黄河下游,大量的泥沙和岩石颗粒侵入河道,使三门峡电站的泥沙含量远远高于上游电站,因此水轮机磨损也是最为严重的,导叶和叶片均出现了大面积的磨损,造成了巨大的经济损失。因此,对高泥沙含量电站的水轮机泥沙磨损防护和治理技术的研究对提高我国泥沙水电站的运行管理水平有着重要意义。

随着CFD技术的日益发展,数值模拟技术也为水轮机磨损研究提供了一定的理论基础。田长安等通过数值模拟和试验相结合对渔子溪电站水轮机转轮在不同工况和不同浓度下的泥沙磨损进行研究,实现在典型运行工况不同泥沙含量下水轮机转轮磨损程度(磨损率)的预测模拟,为电站稳定运行提供了依据。王宇等对多泥沙河流上的高水头长短叶片混流式水轮机的内部流动特性进行了数值预测,通过模拟预测了转轮叶片的磨损情况。黄剑峰等基于欧拉-欧拉法对混流式水轮机在小开度工况条件下进行了三维全流道固液两相流数值模拟,分析研究了水轮机内部泥沙磨损的部位与程度,模拟结果与实际情况相符,对解决工程实际问题有较大的意义。田文文等采用标准 $k-\varepsilon$ 湍流模型和Particle模型,在小流量工况下开展了水轮机导叶流体域的固液两相流数值模拟,分析其内部流动特性,并结合该模型水轮机单流道泥沙磨损试验得到导叶磨损的主要部位和磨损程度。

2 计算模型与方法

2.1 电站基本参数与泥沙条件

以某电站的高水头混流式水轮机为研究对象，电站水头范围为 $152.04 \sim 200.92\text{m}$，其中额定水头为 177.00m，共装设 2 台 35MW 立式混流水轮发电机组，年利用小时数 2593h。根据电站实测资料统计，电站所在河流多年平均输沙量为 2.37 亿 t，多年平均含沙量达 140kg/m^3，其中，7 月和 8 月平均含沙量最高分别为 310.0kg/m^3 和 297.7kg/m^3。经过水库运用，推算的机组年平均过机含沙量为 31.48kg/m^3，每年 7 月和 8 月过机含沙量分别为 78.54kg/m^3 和 102.22kg/m^3。泥沙颗粒中立直径为 0.018mm。悬移质泥沙硬度高的石英、斜长石等的成分占 60%，密度 $\rho_s = 2650\text{kg/m}^3$。

2.2 固液两相流动控制方程

采用欧拉—欧拉方法进行两相流动数值模拟。欧拉—欧拉方法也可称为颗粒相拟流体模型。它把颗粒相处理为具有连续介质特性的、与连续介相互渗透的拟流体，流体连续相和颗粒相都在欧拉坐标系下进行求解，仿造单相流动对颗粒湍流脉动进行模拟，应用颗粒动力学理论以及分子运动论使方程组封闭。该模型的最大优点是可以全面地考虑颗粒相的输运特性，能进行大规模地工程问题计算。控制方程如下：

固相连续方程

$$\frac{\partial \phi_s}{\partial t} + \frac{\partial}{\partial x_i}(\phi_s V_i) = 0 \tag{1}$$

液相连续方程

$$\frac{\partial \phi_l}{\partial t} + \frac{\partial}{\partial x_i}(\phi_l U_i) = 0 \tag{2}$$

固相动量方程

$$\frac{\partial}{\partial t}(\phi_s V_i) + \frac{\partial}{\partial x_k}(\phi_s V_i V_k) = -\frac{1}{\rho_s}\phi_s \frac{\partial P}{\partial x_i} + \nu_s \frac{\partial}{\partial x_k}\left[\phi_s\left(\frac{\partial V_i}{\partial x_k} + \frac{\partial V_k}{\partial x_i}\right)\right] - \frac{B}{\rho_s}\phi_l \phi_s (V_i - U_i) + \phi_s g_i \tag{3}$$

液相动量方程

$$\frac{\partial}{\partial x_i}(\phi_l U_i) + \frac{\partial}{\partial x_k}(\phi_l U_i U_k) = -\frac{1}{\rho_l}\phi_l \frac{\partial P}{\partial x_i} + \nu_l \frac{\partial}{\partial x_i}\left[\phi_l\left(\frac{\partial U_i}{\partial x_k} + \frac{\partial U_k}{\partial x_i}\right)\right] - \frac{B}{\rho_i}\phi_l \phi_s (U_i - V_i) + \phi_l g_i \tag{4}$$

式中 V_i——固体相速度任意方向分量；

    U_i——液体相任意方向速度分量；

    ρ——材质密度；

    ν——运动黏性系数；

    P——压强；

    g_i——重力加速度分量；

    x_i——坐标分量；

B——相间作用力系数，$B = 18(1 + B_0)V_1\rho_1/d^2$；

d——颗粒直径；

B_0——颗粒属性、雷诺数大小等有关，具体的计算采用不同的值；

ϕ_1 和 ϕ_s——液相和固相体积分数且 $\phi_1 + \phi_s = 1$。

2.3　计算模型及边界条件

计算对象为该电站原型混流式水轮机从蜗壳进口到尾水管出口的整个全流道，包含 16 个固定导叶、24 个活动导叶和 15 对长短叶片，如图 1 所示。基本参数为：额定水头 177.00m，转轮直径为 2.6m，额定转速为 333.3r/min，额定流量为 22.07m³/s。为了准确模拟水轮机内部的流动特性，对各个过流部件分别进行了六面体网格划分，如图 2 所示。

经网格无关性验证后，确定计算域总网格数为 900 万个。采用 CFX 软件进行固液两相流数值模拟，湍流模型采用 SST 模型，

图 1　计算模型

(a) 蜗壳　　　　　(b) 导叶　　　　　(c) 转轮　　　　　(d) 尾水管

图 2　各过流部件网格

水轮机旋转通过多参考坐标系模型模拟，其中蜗壳、导水机构和尾水管部件在静坐标系下求解，转动区域在动坐标系下求解，静止部件与旋转部件通过设置为"Frozen Rotor Stator"实现数据传递。采用全流道数值模拟，水进口采用压力进口边界条件，出口则采用质量流量出口边界条件。流道固壁面则设置为无滑移边界条件。

计算时，将颗粒属性设置为离散的固体颗粒，并给定相应的粒径 d_g 为中立直径，即 $d_g = 0.018$mm，考虑到浮力的影响，将水的密度设置为浮力参考密度。在蜗壳进口处，需给定液相和固相的体积分数，其中固相体积分数 $\varphi_s = P/\rho_s$（P 为过机含沙量，ρ_s 为颗粒密度为 2650kg/m³），液相体积分数 $\phi_1 = 1 - \phi_s$。

2.4　磨损强度计算公式

与水轮机磨损强度有关的因素包括：固体颗粒直径 d、泥沙颗粒形状、泥沙颗粒的硬度、泥沙过机含量 P、水轮机材质及水轮机内部流动形态及相对速度。水轮机磨损强度的计算公式为

$$I = \lambda \beta V^z \tag{5}$$

式中　I——水轮机磨损强度，mm/h；

　　　λ——水轮机形态系数，一般混流水轮机取 $\lambda = 0.4532 \times 10^{-7}$；

　　　V——泥沙颗粒在通道内的相对速度，m/s；

　　　z——相对流速的修正系数，一般 $z = 3$。

β 为特性系数为

$$\beta = P^x \cdot d_0^y \cdot k_1 \cdot k_2 \cdot k_3 \tag{6}$$

式中　P——过机含沙量，kg/m³；

　　　x——含沙量的修正系数，通常取值 $x = 1$；

　　　d_0——相对颗粒直径，以 0.05mm 为基准（$d_0 = d_g / 0.05$）计算中 $d_g = 0.018$mm；

　　　y——颗粒直径的修正系数，通常取 $y = 1$；

　　　k_1——泥沙粒径系数；

　　　k_2——泥沙硬度系数；

　　　k_3——水轮机抗磨系数。

k_1 的取值通常跟沙粒形状有关系，由于在计算中假设泥沙为球形，因此该值 $k_1 = 1$。关于 k_2 的取值，根据一些试验研究结果得到硬度 3 以上，$k_2 = 1.0$；硬度在 0~3 之间，$k_2 = $ 硬度/3。由于本电站悬移质泥沙主要为石英和斜长石等成分，硬度在 3 以上，所以取 $k_2 = 1$。k_3 的取值跟水轮机材料有关，本水轮机材料为 13Cr4Ni，$k_3 = 1.0$。

综上所述，最终水轮机磨损强度为

$$I = 0.163 P V^3 \times 10^{-7} \text{(mm/h)} \tag{7}$$

磨损深度为

$$h_I = I \times \text{年利用小时数(mm)} \tag{8}$$

2.5　计算工况

以水轮机额定工况作为计算工况，相应的参数如下：额定水头 $H_r = 177$m，额定流量为 $Q = 22.06$m³/s。

3　计算结果与分析

3.1　外特性分析

水轮机过机泥沙量对水轮机外特性有一定的影响，根据清水工况和不同含沙工况计算了各个工况下的水轮机效率，如图 3 所示。从图中可以看到泥沙含量越大对水轮机效率影响越明显。当泥沙含量增加到 102.22kg/m³ 时，水轮机的效率相对于清水降低了 3.8%。

3.2　内部流场分析

为了研究泥沙颗粒对水轮机内部

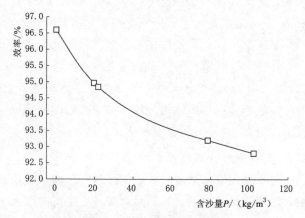

图 3　不同含沙量效率曲线

流场的影响，对三种不同含沙量的情况进行了分析。图 4 为额定工况下，过机含沙量分别为 $31.48kg/m^3$、$78.54kg/m^3$ 和 $102.22kg/m^3$ 的蜗壳壁面颗粒固相体积分数图。对比三种浓度下蜗壳壁面颗粒体积分数分布图发现，蜗壳壁面泥沙浓度随着进口含沙量的增加而增加，即泥沙含量越大，泥沙颗粒越容易在蜗壳壁面聚集从而引起磨损。

图 5 为三种不同泥沙含量下导叶表面固相体积分数图，图中显示，随着泥沙含量由 $31.48kg/m^3$ 增大到 $102.22kg/m^3$，导叶表面泥沙固相体积分数明显增大。一般来说，含泥沙水流工况下，固定导叶的头部与背面、活动导叶的头部与正面是泥沙含量聚集较多位置。研究表明：泥沙含量的增加会加剧导叶的磨损。

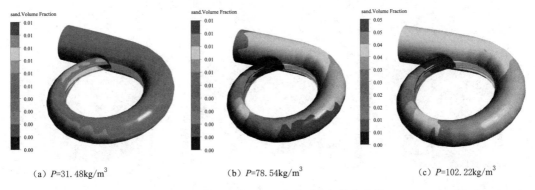

(a) $P=31.48kg/m^3$　　　　　　(b) $P=78.54kg/m^3$　　　　　　(c) $P=102.22kg/m^3$

图 4　不同泥沙含量下蜗壳表面固相体积分数

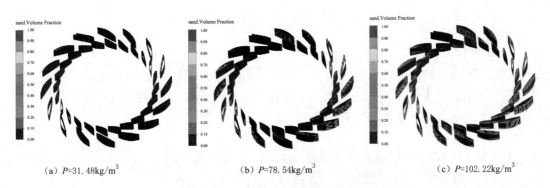

(a) $P=31.48kg/m^3$　　　　　　(b) $P=78.54kg/m^3$　　　　　　(c) $P=102.22kg/m^3$

图 5　不同泥沙含量下导叶表面固相体积分数分布

图 6 为不同泥沙含量下叶片表面固相体积分数分布图，图中可知，当含沙量为 $31.48kg/m^3$ 时，在短叶片出水边附近有泥沙颗粒聚集，而长叶片表面上几乎没有泥沙颗粒聚集。当含沙量增加至 $78.54kg/m^3$ 时，短叶片背面泥沙聚集范围扩大，长叶片背面中间位置也有少量泥沙聚集。当泥沙含量继续增加至 $102.22kg/m^3$ 时，短叶片和长叶片泥沙聚集的范围进一步扩大，将会引起较大的磨损。

由式（7）可知，水轮机磨损强度与泥沙颗粒的相对速度成三次方关系，因此它是影响水轮机磨损的重要因素之一。图 7 给出了不同泥沙含量下转轮内部流线图，对比三种泥沙含量下转轮流道内泥沙颗粒速度分布发现，泥沙颗粒在转轮内部相对速度差别不大，最大位置均发生在叶片出水边区域，说明转轮磨损最严重的部位是在叶片出口边附近。

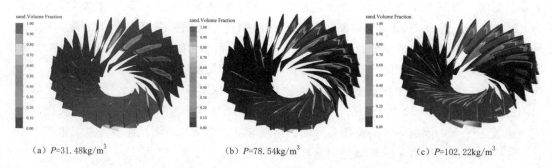

（a）P=31.48kg/m^3 （b）P=78.54kg/m^3 （c）P=102.22kg/m^3

图6　不同泥沙含量下叶片表面固相体积分数分布

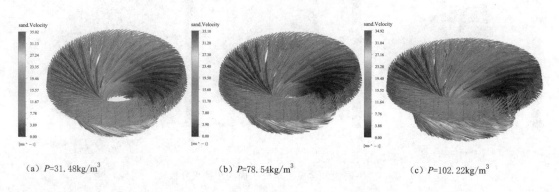

（a）P=31.48kg/m^3 （b）P=78.54kg/m^3 （c）P=102.22kg/m^3

图7　不同泥沙含量下转轮内部流线图

3.3　导叶磨损预估

对式（7）运用CFX CEL自编语言，对额定工况下过机含沙量为31.48kg/m^3（年平均）的情况进行了磨损预估。为了便于分析各个导叶磨损情况，将导叶依次按顺时针编号，如图8所示。

图9为各个固定导叶磨损强度预估分布图。从图10中可以看出，16号特殊导叶磨损较大，磨损部位位于导叶头部。图11为各个活动导叶磨损强度预估分布图，从图12中可以看出，24号活动导叶磨损较大，磨损部位位于导叶中间部位与顶盖连接处。

3.4　转轮磨损预估

根据上述预估结果进行平均计算，即可得到各个过流部件的平均磨损强度（图13和图14），从而计算得到磨损的深度，见表1。从表1中可知，活动导叶内的磨损强度最大，该水轮机满一年运行后，活动导叶最大磨损深度约为2.5mm，而叶片最大磨损深度约为0.74mm。

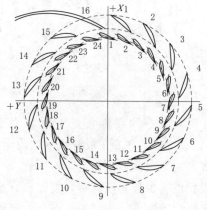

图8　导叶布置图

图 9　固定导叶磨损强度分布图

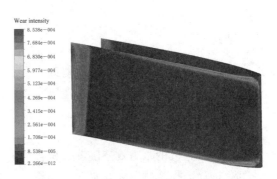

图 10　16 号特殊固定导叶磨损强度分布图

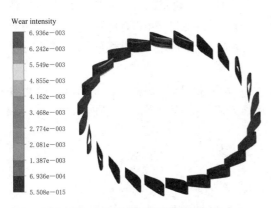

图 11　固定导叶磨损强度分布图

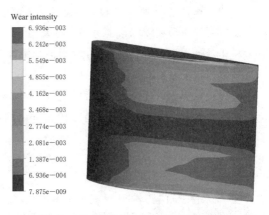

图 12　24 号固定导叶磨损强度分布图

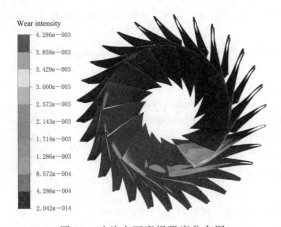

图 13　叶片表面磨损强度分布图

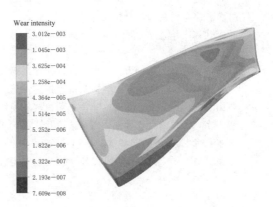

图 14　长叶片背面磨损强度分布图

表 1　　　　　　　　　　　　　　　　　导叶平均磨损计算表

位　　置	编号	平均磨损强度/(mm/h)	年利用小数/h	磨损深度/mm
固定导叶	16	6.03×10^{-5}	3593	0.215
活动导叶	24	6.97×10^{-4}	3593	2.5
转轮叶片	—	2.06×10^{-4}	3593	0.74

4 结语

本文采用固液两相流的方法对高水头混流式水轮机在含泥沙水条件下的额定工况进行了数值模拟，分别研究不同含沙量下水轮机内部的流动特性，分析了水轮机在年平均过机含沙量条件下各个过流部件表面的磨损强度，并预估了一年运行期内水轮机导叶和叶片的磨损深度，主要结论如下：

（1）水轮机的水力效率随着过机含沙量增加而逐渐降低，过机含沙量越大，水轮机过流部件表面磨损范围越大，水轮机容易发生磨损部位主要发生在固定导叶头部、活动导叶与顶盖连接处以及叶片出水边下侧三角区域。

（2）预估了在年平均过机含沙量下水轮机运行一年后水轮机的磨损强度，得到固定导叶最大磨损深度约为 0.215mm，活动导叶最大磨损深度约为 2.5mm，叶片最大磨损深度约为 0.74mm，此量级的磨损量不但影响水轮机的稳定运行，而且会缩短导叶和转轮的使用寿命。

（3）计算结果表明，水轮机受泥沙的磨损量与转轮内部的流速呈三次方关系，因此通过对转轮叶片的优化设计来降低转轮进出口的流速是降低泥沙磨损的重要手段。

参 考 文 献

[1] 石永伟. 三门峡水电厂水轮机泥沙磨蚀及其防护的研究 [D]. 南京：河海大学，2006.
[2] 于维峰，程书官. 三门峡水电站运行四十年水轮机过流部件防磨蚀材料总结 [C] // 中国水力发电工程学会水轮发电机组稳定性技术研讨会论文集，2007.
[3] 布什曼，李际清. 中德合作-三门峡电站抗磨研究与技术改造 [C] // 中国水力发电工程学会上海希科水电设备研讨会论文集，1997.
[4] 李建伟. 水轮机抗泥沙磨损用高速喷镀新技术的试验研究 [J]. 电气技术，2008，2（329）：10 - 12，16.
[5] 张广，魏显著，刘万江. 水轮机抗泥沙磨损技术分析 [J]. 黑龙江电力，2015，37（1）：61 - 64.
[6] 李国梁. 水轮机的泥沙磨损及抗磨措施 [J]. 水力发电学报，1983（3）：115 - 125.
[7] 田长安. 多泥沙河流长短叶片水轮机转轮泥沙磨损研究 [D]. 成都：西华大学，2020.
[8] 王宇，朱乔琦，李佳楠，等. 长短叶片混流式水轮机转轮内部流场数值模拟研究 [J]. 中国农村水利水电，2020，449（3）：184 - 190.
[9] 黄剑峰，张立翔. 水轮机泥沙磨损两相湍流场数值模拟 [J]. 排灌机械工程学报，2016，34（2）：59 - 64.
[10] 田文文，刘小兵，袁帅，等. 多泥沙高水头水电站混流式水轮机导叶泥沙磨损数值研究与试验 [J]. 热能动力工程，2019（8）：57 - 62.

复杂水道系统水力激振预判软件的研发及应用

李高会　吴旭敏　陈顺义　崔伟杰　陈益民　杨　飞　杨绍佳

（中国电建集团华东勘测设计研究院有限公司　浙江　杭州　311122）

【摘　要】　复杂水道系统发生水力共振的原因在于水道系统特征频率与扰动源频率相等或接近，扰动频率可由试验测得，水道系统的特征频率需要通过频率域模型计算。本文从复杂水道系统频率域计算数学模型为基础，介绍水力共振软件的开发界面及相关功能，并以某实际工程为案例，利用该软件进行复杂水道系统水力共振的分析，说明软件能够较好地水力共振分析的需要。

【关键词】　水道系统；水力共振；软件开发；工程应用

水力激振是一种流量变幅较小、压力变幅较大、频率较高的周期性振荡的非恒定流现象，分为自激振荡和水力共振。当振源频率与水道特性频率相同或相近时会诱发水道系统水力共振。对于水电站、引调水工程输水系统，发生水力共振不但会影响机组的运行效率，而且会对机组、水工建筑物的结构产生不利影响，发生严重破坏事故，危及电站安全。所以，对于大型复杂水道系统的设计，水力共振分析也是同样不可忽略的一部分。

要分析电站水道系统是否存在发生水力共振的可能性，就有必要研究水道系统的频率特性。通过采用水道系统频率域数学模型，中国电建集团华东勘测设计研究院有限公司开发了复杂水道系统特征频率计算软件，结合振源频率，用于分析水力共振。

1　计算原理及方法

1.1　水道系统频率域数学模型

对于求解水道系统的特征频率的频率域数值模型建立路线可以理解为：以水道系统非恒定流偏微分方程组为基础，通过拉氏变换，转换为含拉氏算子的常微分方程组并求解。

一维简单管道简化的水击基本方程组可写为

$$\frac{\partial Q}{\partial x}+\frac{gA}{a^2}\frac{\partial H}{\partial t}=0 \tag{1}$$

$$\frac{\partial H}{\partial x}+\frac{1}{gA}\frac{\partial Q}{\partial t}+\alpha Q^2=0 \tag{2}$$

$$\alpha=f/(2gDA^2)$$

式中　Q——流量；

H——测压管水头；

g——重力加速度；

A、D——计算管段断面积和直径；

a——管道计算水锤波速；

f——水损系数。

对式（1）、式（2）进行线性化无量纲处理，并对时间 t 拉氏变换，可得到方程组为

$$\frac{\partial q}{\partial x}+\frac{gA}{a^2}\frac{H_0}{Q_0}sh=0 \tag{3}$$

$$\frac{\partial h}{\partial x}+\frac{Q_0}{gAH_0}(s+k)q=0 \tag{4}$$

$$q=\frac{\Delta Q}{Q_0}$$

$$h=\frac{\Delta H}{H_0}$$

$$k=\frac{2\alpha Q_0^2}{H_0}$$

式中　s——拉普拉斯算子。

对上述方程组求解，可写出 h 和 q 的通解表达式为

$$h=c_1\mathrm{e}^{\frac{z}{a}x}+c_2\mathrm{e}^{-\frac{z}{a}x} \tag{5}$$

$$q=\frac{gH_0A}{aQ_0}\frac{s}{z}(c_1\mathrm{e}^{\frac{z}{a}x}-c_2\mathrm{e}^{-\frac{z}{a}x}) \tag{6}$$

$$\lambda_1=\frac{z}{a}$$

$$\lambda_2=-\frac{z}{a}$$

式中　c_1、c_2——与边界条件相关的系数。

假设定义某管道元素的边界如图1所示。

根据图1对式（5）和式（6）应用边界条件并整理后得：

$$h_i=h_j\cosh\left(\frac{z}{a}L\right)+z_c\frac{Q_0}{H_0}q_j\sinh\left(\frac{z}{a}L\right) \tag{7}$$

$$q_i=-q_j\cosh\left(\frac{z}{a}L\right)-\frac{H_0}{z_cQ_0}h_j\sinh\left(\frac{z}{a}L\right) \tag{8}$$

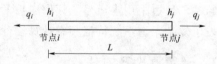

图1　管道元素边界符号定义

其中，$z_c=\frac{a}{gA}\frac{z}{s}$。

将式（7）、式（8）整理并写成矩阵形式可得到

$$\begin{bmatrix}\dfrac{-s}{2\rho z\tanh\left(\dfrac{z}{a}L\right)} & \dfrac{s}{2\rho z\sinh\left(\dfrac{z}{a}L\right)} \\[4mm] \dfrac{s}{2\rho z\sinh\left(\dfrac{z}{a}L\right)} & \dfrac{-s}{2\rho z\tanh\left(\dfrac{z}{a}L\right)}\end{bmatrix}\begin{bmatrix}h_i \\ h_j\end{bmatrix}=\begin{bmatrix}q_i \\ q_j\end{bmatrix} \tag{9}$$

其中，$\rho = \dfrac{aQ_0}{2gAH_0}$。

同理，可以计算出调压室元素的矩阵方程为

$$\left[-\frac{A_s H_0}{Q_0} s \right][h_i] = [q_i] \tag{10}$$

式中　A_s——调压室断面面积。

水库元素的矩阵方程为

$$\left[-\frac{1}{\mu} \right][h_j] = [q_j] \tag{11}$$

$$\mu = \frac{2\beta Q_0^2}{H_0}$$

式中　β——局部水头损失系数。

1.2　计算原理

本软件系统采用的基本方法是结构矩阵法，将复杂水道系统中各元素矩阵按节点压力、流量等边界条件写成结构总矩阵的型式，该方法的优点是在编程时更为便捷且模块化更容易实现。结构矩阵法流程如图 2 所示，结构矩阵法可将复杂系统分解为简单元素的矩阵，并建立起表达元素数学模型的全系统矩阵。

1.3　计算方法

对频率域数学模型进行求解即可得到水道系统的特征频率。频率响应法是经典控制理论中频率域分析方法中的一个重要组成部分，其响应原理如图 3 所示。

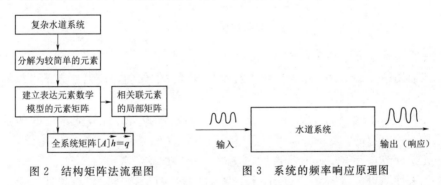

图 2　结构矩阵法流程图　　　　图 3　系统的频率响应原理图

由于频率响应法是建立在线性系统分析的理论基础上，所以对水道系统应用频率响应法分析时，需对系统做必要的线性化处理，而线性化处理的理论依据就是对波动幅值作小波动假定。

对于水道系统而言，这个输入、输出量一般取水头或压力。设输入激励为流量 $\tilde{Q}$，公式为

$$\tilde{Q} = Q_{in} \sin(\omega t) \tag{12}$$

输入不同频率的流量变化，通过水道系统会输出不同波动幅值的水头 $\tilde{H}$，公式为

$$\tilde{H} = H_{out} \sin(\omega t + \phi) \tag{13}$$

输出量幅值的大小与水道系统的布置有关，可反映出水道系统的频率特性。

2 复杂水道系统频率域计算软件开发

2.1 软件开发平台及主要架构

软件采用 Microsoft Visual studio 软件开发系统作为开发的平台,采用 VB. net 编程语言进行软件编制。综合 GDI+图形设备接口、COM Interop 桥接技术、ADO 数据库技术和 OLE Automation 技术来管理计算结果数据、图形输出以及 HTML 文件帮助系统服务于整个软件系统的开发。其特点为:程序编译执行软件后,可以脱离开发环境独立运行。软件架构与华东院自主研发水力过渡过程仿真软件 Hysim 相似,如图 4 所示。

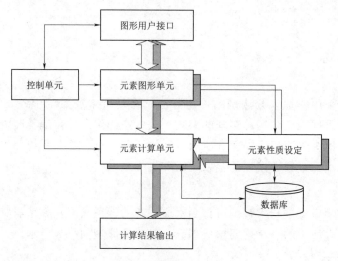

图 4　软件结构架构图

软件各模块功能介绍如下:

(1) 图形用户接口(GUI)为用户进行系统设计提供便利,使设计方案可以储存,调用,修改。

(2) 元素图形单元(ElmConrols)建立了图形元素和实际计算元素之间的接口,它们的关系是一一对应的。

(3) 元素计算单元(ElmentLibrary)是仿真计算的核心部分。

(4) 元素性质设定(PropertyForms)为用户提供图形接口用以设置计算元素的初值及边界条件。

(5) 数据库(TurbDllNew)为运算元素提供部分数据。

(6) 控制单元(GWMain)为主程序,协调各单元,完成仿真计算功能。

(7) 计算结果输出(Excel/Txt output)为运算输出部分,既可以以 Excel 窗口输出,也可以文本方式输出。

2.2 软件开发界面

软件主界面在布置上采用了与华东勘测设计研究院开发的水力-机械一体化过渡过程仿真软件 Hysim 类似的布局,其主界面如图 5 所示,界面简介,布局清晰,操作方便。

软件对输水系统常用的元素进行了开发,主要包括水库、有压管道、调压室等。其

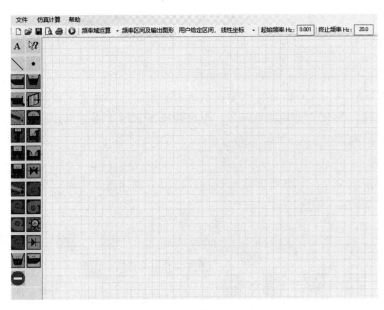

图 5　软件主界面

中，为了满足模型搭建及计算要求，设置了盲端元素，其主要作用是满足结构矩阵法计算的要求。

2.3　建模元素

在复杂系统频率特性分析中，常有必要对系统的某一个局部进行分析，以判断系统中的多个特征频率的形成。因此，为了达到分拆水道系统分析的目的，在计算元素中增加了盲端元素■。盲端元素并非一个真正的水道元素，而是一个建模辅助元素。

盲端元素只有一个参数，那就是流出盲端流量。如果在该盲端的实际流量是流进，那么流量为负值，如图 6 所示，确保节点流量的连续性。

2.4　计算参数

软件计算采用频率响应分析方法，只有存在一个激励信号时，系统才会有响应，因此，激励信号的输入点就是系统中的某个节点。用于水力激振分析的典型节点选法是信号输入点和响应输出点选同一个点。虽然是同一个点，但输入的是流量波动而输出的是压力波动。

在进行隔离机组的管道频率特性分析时，需要根据计算工况给定参考水头和参考流量。

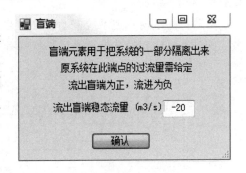

图 6　盲端元素参数对话框

2.5　软件主要功能

本软件通过水电站复杂水道系统可视化建模，计算水道系统频率特性，得到水道系统的特征频率，进行水电站水力激振可能性分析判断。

3 实例应用 A

3.1 工程概况

某水电站装机容量 16000MW，输水系统共有 8 个水力单元，其中引水系统为单洞单机布置、尾水系统为一洞两机布置；输水系统由进水口、引水上平段、引水竖井、引水下平段、尾水支管、尾水支管事故闸门井、尾水调压室、尾水隧洞以及尾水隧洞检修闸门井及下游出水口组成。

3.2 软件建模

对于水道系统而言，考虑震源来自机组，所以分别建机组上游水道系统和下游水道系统模型，如图 7～图 9 所示。

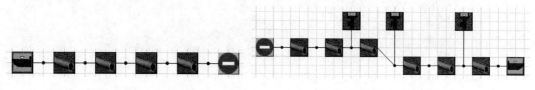

图 7　上游水道系统软件建模　　　　　图 8　下游水道系统软件建模

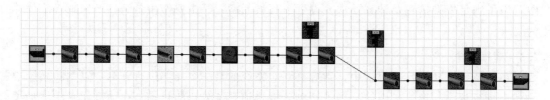

图 9　整体水道系统软件建模

3.3 计算结果及分析

3.3.1 计算结果

对分拆的上游水道系统模型、分拆的下游水道系统模型进行计算，分别得到上游水道系统的频率响应特性和下游水道系统的频率响应特性，如图 10、图 11 所示。

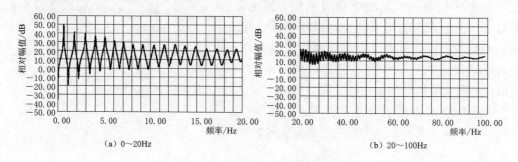

（a）0～20Hz　　　　　　　　　　（b）20～100Hz

图 10　上游水道系统 h/q 频率响应特性

对整体水道系统模型进行计算，得到机组上游侧和下游侧频率响应特性，如图 12、图 13 所示。

298

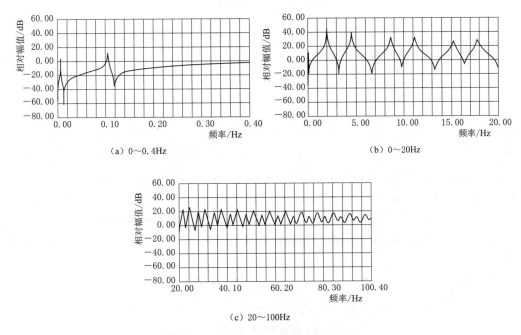

（a）0～0.4Hz　　　　　　　　　　　　（b）0～20Hz

（c）20～100Hz

图 11　下游水道系统 h/q 频率响应特性

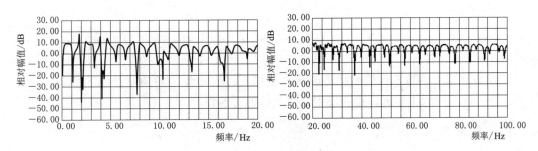

图 12　机组上游侧 h/q 频率响应特性

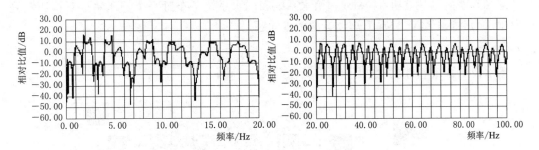

图 13　机组下游侧 h/q 频率响应特性

　　根据计算结构，对幅值峰值处对应的频率进行统计分析，当频率高于一定数值时，其频率响应值比较小，不进行统计，见表 1。

序号	上游水道系统	下游水道系统	整体水道系统	
			机组上游侧	机组下游侧
1	0.62Hz	0.0065Hz	0.55Hz	1.00Hz
2	1.75Hz	0.105Hz	1.70Hz	1.80Hz
3	2.93Hz	2.06Hz	2.63Hz	2.35Hz
4	4.01Hz	4.54Hz	3.88Hz	3.95Hz
5	5.04Hz	8.64Hz	4.66Hz	4.63Hz

表 1　　水道系统频率响应峰值点统计

3.3.2　扰动源频率预测

一般在没有试验实测数据的情况下，可根据经验预测可能的振源频率，主要有：

（1）尾水管涡带扰动频率，在没有测试数据的情况下可近似取 $0.278fn$（fn 为机组转频）。

（2）大轴及转子的转频摆振，其约等于机组的转频或倍数。

通过预测电站的可能的振动源频率见表 2。

表 2　　振动源频率预测

名　　称	频率/Hz	名　　称	频率/Hz
雷根思涡带振荡	0.515	转频摆振	3.704（2 次谐波）
转频摆振	1.852（基波）		5.556（3 次谐波）

3.3.3　水力激振可能性分析

由震源频率与水道系统频率响应曲线峰值对比可以看出，转频基波 1.852Hz 与上游水道 1.75Hz 特征频率接近，存在发生水力共振的可能性。

4　实例应用 B

4.1　工程概况

某抽水蓄能电站装机 340MW，引水系统和尾水系统各布置一个调压室。双调压室是否发生水力共振是本工程水力学设计的关键问题之一。

4.2　软件建模

输水发电系统软件建模如图 14 所示。

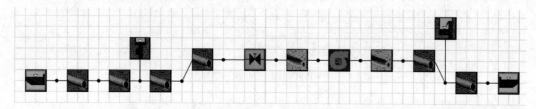

图 14　输水发电系统软件建模

4.3 计算结果及分析

选取最低水头下，机组最大出力工况，并进行系统频率响应曲线计算，计算结果如图15所示。由计算结果可以看出，频率特性曲线上出现两个尖峰，所对应的频率分别为0.0351rad/s、0.0444rad/s，对应尖峰高度分别为－7.05dB、－6.24dB。

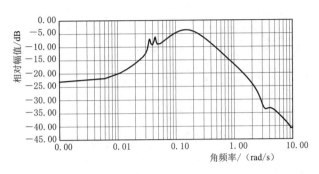

图 15　系统频率响应特性

计算在排除下游调压室影响后，其他条件不变情况下的频率响应特性，计算结果如图16所示。由计算结果可以看出，上游调压室所对应尖峰频率为0.0351rad/s，对应尖峰高度为－7.51dB，频率特性曲线上的下游调压室尖峰消失。

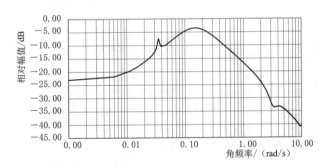

图 16　排除下游调压室影响后的频率响应特性

计算在排除上游调压室影响后，其他条件不变情况下的频率响应特性，计算结果如图17所示。由计算结果可以看出，上游调压室所对应尖峰频率为0.0443rad/s，对应尖峰高度为－6.36dB，频率特性曲线上的上游调压室尖峰消失。

对比以上计算结果可以看出，上下游调压室间几乎无影响，排除发生水力共振的可能性。

5　结语

通过建立复杂水道系统的频率域数学模型，基于频率响应法开发出水道系统频率特性的计算分析软件，可得到复杂水道系统的特征频率，以分析水力共振发生的可能性，为工程的水道系统水力共振分析提供了可靠的分析工具，具有推广价值。

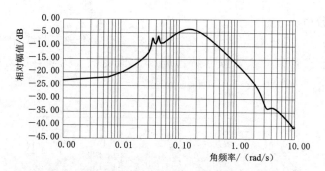

图 17　排除上游调压室影响后的频率响应特性

参 考 文 献

[1]　索丽生，周建旭，刘德有. 水电站有压输水系统的水力共振 [J]. 水利水电科技进展，1998（4）：12-14.

[2]　周建旭，索丽生，郭锐勤. 水电站水力振动实例分析 [J]. 水力发电学报，1998（4）：50-55.

[3]　Wylie E B，Streeter V L. Fluid Transients [M]. MeGRAW - HILL International Book company，1980.

[4]　侯靖，李高会，李新新，等. 复杂水力系统过渡过程 [M]. 北京：中国水利水电出版社，2019.

水轮发电机组盘车对机组稳定
运行影响案例分析

姜明利　李海玲　陈　柳

（中国水利水电科学研究院　北京　100048）

【摘　要】　水轮发电机组的安装质量，直接关系机组的安全稳定运行，通过对某电站水轮发电机组稳定性测试中振动和摆度数据、机组盘车数据分析，反映出机组的盘车和稳定性存在一定关联，轴系的调整水平对机组的安全稳定运行具有重要的影响。

【关键词】　水轮发电机组；振动；摆度；盘车；稳定性

1　引言

　　水轮发电机组盘车，是机组安装过程中一项重要工作或工序，机组盘车和机组振动有密切关系，机组盘车数据能很直观地反映出机组轴系状态和轴系的安装质量，盘车数据不可靠可导致各机组上导轴承、下导轴承、水导轴承不同心，导致大轴弯曲或别劲，从而产生附加的激振力，影响大轴的摆度和机组的振动。

　　水轮发电机组的安全稳定运行，与机组设计水平、制造以及安装质量密切相关。其中，机组轴系调整水平是影响机组安全、稳定运行的关键因素之一。

　　在对某电站进行机组稳定性测试试验过程中，发现机组的水导摆度和水轮机顶盖振动存在明显的偏大问题，通过对机组的盘车数据和机组稳定性测试数据分析，反映出该机组的盘车和运行稳定性存在一定关联。

2　机组主要参数

　　某水电站装有 3 台单机出力 15MW 的水轮发电机组，截至 2020 年，3 台机组运行已近 30 年，由于受到当时水轮机转轮水力设计水平的限制和运行多年来转轮的损耗，机组的运行状态已不能满足日益提高的电网安全稳定运行要求。电站自 2020 年开始逐年更新改造水轮机转轮，首台转轮改造后，进行了机组稳定性测试。

　　改造后机组主要参数见表 1。

水轮机型号	JF3017E-LJ-225	最大水头/m	47.00
发电机型号	TS550/79-28	额定水头/m	43.00
额定容量/kVA	18750	最小水头/m	33.00
功率因素	0.8	额定流量/(m³/s)	40.5
额定电压/V	10500	转轮叶片数	14
额定电流/A	1032	固定导叶数	8
额定功率/MW	15.7	活动导叶数	24
额定转速/(r/min)	214.3		

3 机组盘车数据分析

根据电站提供的机组盘车数据(表2),对机组安装盘车数据进行分析,如图1、图2所示。

表 2   机 组 盘 车 数 据   单位:0.01mm

方向	1	2	3	4	5	6	7	8	方向	1	2	3	4	5	6	7	8
上导 X	0	0	0	0	0	1	1	1	上导 Y	0	0	0	0	0	0	0	0
下导 X	−8	−13	−7	−5	−2	0	−1	0	下导 Y	−7	−8	−3	−2	4	7	4	0
水导 X	23	16	19	15	−1	0	2	16	水导 Y	6	8	8	−2	0	−3	−6	2

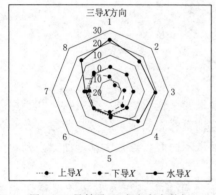 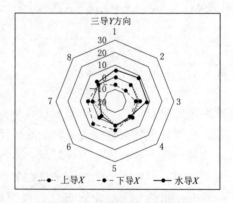

图 1   三导轴承 X 方向盘车数据   图 2   三导轴承 Y 方向数据

从上面的数据和图形分析认为:

(1) 盘车单个数据整体不大,基本能满足水轮发电机组安装规范的要求。

(2) 上导和下导基本处于同一中心位置,下导中心向2号测点位置偏移。

(3) 机组三导轴心明显不在同一直线,说明机组轴系条件不好,存在三导不同心问题。

(4) 对于盘车数据出现的上述情况,可能的原因是主轴与水轮机转轮连轴调整问题。

4 稳定性测试分析

4.1 测点布置

改造后机组稳定性测试,测点布置见表3。

4.2 稳定性测试工况

机组稳定性测试工况主要为变转速工况、变励磁工况和变负荷工况。

表3　　　　　　　　　　　　　　　　　测点布置

序号	测点类型	测点名称/安装位置	传感器类型
1	摆度	上导摆度+X	电涡流传感器
2		上导摆度+Y	电涡流传感器
3		下导摆度+X	电涡流传感器
4		下导摆度+Y	电涡流传感器
5		水导摆度+X	电涡流传感器
6		水导摆度+Y	电涡流传感器
7	振动	上机架+X	位移振动传感器
8		上机架+Y	位移振动传感器
9		上机架+Z	位移振动传感器
10		下机架+X	位移振动传感器
11		下机架+Y	位移振动传感器
12		下机架+Z	位移振动传感器
13		顶盖+X	位移振动传感器
14		顶盖+Y	位移振动传感器
15		顶盖+Z	位移振动传感器
16	压力脉动	尾水锥管进口压力	压力传感器
17		蜗壳进口压力	压力传感器

4.3　稳定性测试数据分析

对机组稳定性测试数据进行整理，三个工况下机组振动、摆度及压力脉动曲线如图3～图6所示。

从上面的数据分析看出：

（1）随着机组转速的上升，上导摆度、下导摆度、上机架径向振动、下机架径向振动的变化比较平缓，说明机组不存在明显的质量不平衡力。

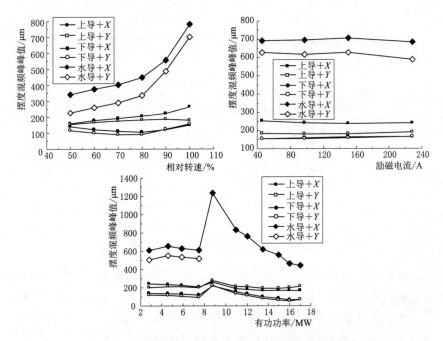

图3　摆度随机组转速、励磁、负荷变化趋势

305

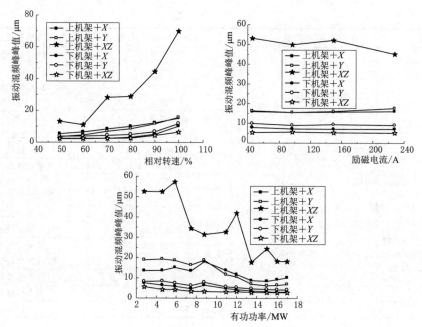

图 4　上下机架振动随机组转速、励磁、负荷变化趋势

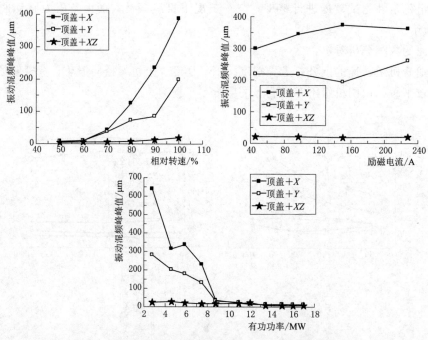

图 5　水轮机顶盖振动随机组转速、励磁、负荷变化趋势

（2）随着机组转速的上升、机组流量的增大，水力因素的影响逐渐强烈，顶盖径向和垂直振动、上机架垂直振动、尾水锥管进口压力脉动的变化相对显著，符合混流式水轮机的典型运行特性；水导摆度的幅值相对较大，且增势明显，需要进一步深入分析。

（3）根据变励磁工况试验数据，机组不存在明显的电磁不平衡力。

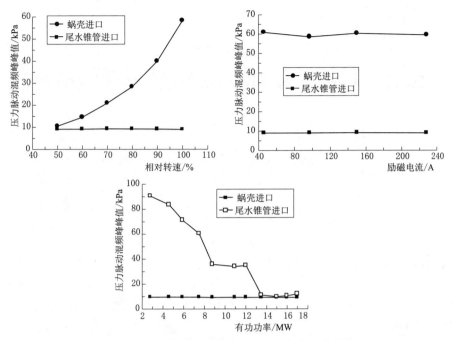

图 6 压力脉动随机组转速、励磁、负荷变化趋势

（4）变负荷工况机组上导、下导的摆度水平优良，水导摆度峰峰值超标严重，需要深入分析其中原因。

（5）随着负荷的增大，三导摆度在 8.79MW 工况出现全局峰值，上导、下导的摆度水平比较优良，水导摆度峰峰值超标严重。

（6）随着负荷的增大，上机架、下机架、顶盖的振动峰峰值总体呈现出下降态势和收敛状态，当负荷不低于 9MW 时，顶盖径向振动水平相对较小，机组可以平稳运行。

（7）随着负荷的增大，蜗壳进口压力脉动峰峰值变化平缓，尾水锥管进口压力脉动峰峰值呈现出显著的下降态势和收敛状态，表明转轮改造后机组内部的流态优良。

5 结语

根据机组盘车数据和机组稳定性试验数据，蜗壳进口压力脉动和尾水锥管进口压力脉动说明机组水力性态良好，转轮改造后机组内部的流态优良，水轮机的水力因素不是造成本机组振动、摆度超标的主要原因。

该电站水轮发电机组的水导摆度和顶盖振动超标与机组盘车有直接关系，轴系中上导轴承、下导轴承以及水导轴承三导轴承不同心是造成机组振动和摆度超标的主要原因之一。建议对机组轴系进行调整，使上导轴承、下导轴承、水导轴承三导轴承中心，处于同一直线。

通过上面案例，水轮发电机组的安装质量，直接关系机组的安全稳定运行，机组轴系的安装质量是机组安全稳定运行的重要条件之一。

参 考 文 献

[1] 李启章，于纪幸，张强，等.水轮发电机组振动研究［M］.北京：中国水利水电出版社，2019.

白山电站一期进水口振动特性分析

姜明利[1] 乔 木[2] 许亮华[1]

(1. 中国水利水电科学研究院 北京 100038;

2. 白山发电厂 吉林 吉林 134399)

【摘 要】 本文通过现场试验等手段,对电站机组、厂房、大坝等进行测试,综合分析在典型发电运行工况下的振动特性,分析振动原因和机理。本文结合白山电站一期厂房和进水口的振动测试结果,分析了白山一期电站厂房和进水口振动特性,摸清振源和传递途径,为电站安全稳定运行提供数据支撑。

【关键词】 振动;频率;厂房;进水口

1 引言

白山电站一期工程发电进水口在发电运行工况下,存在较为明显的进水口结构振动现象,所连接的坝体结构也有一定程度的振感,在 3 台机组同时发电时振动特别明显,对电站长期稳定运行存在安全隐患。

通过现场试验等手段,对电站机组、厂房、大坝等进行测试,综合分析在典型发电运行工况下的振动特性,分析振动原因和机理,分析白山一期工程进水口结构振动特性,摸清了振源和传递途径,为电站安全稳定运行提供数据支撑。

2 工程概况

白山发电厂位于第二松花江干流上游,吉林省桦甸市红石镇白山社区。工程以发电为主,兼有防洪、养殖等综合效益。电站装机总装机容量为 1800MW(其中常规机组 1500MW,抽水蓄能机组 300MW),多年平均发电量 20.37 亿 kWh;在东北电力系统中担负调峰、调频和事故备用,为系统中的大型骨干电站。

枢纽区建筑物主要有:拦河大坝、河床坝段泄洪建筑物、右岸全地下式厂房、左岸地面式厂房、左岸全地下式厂房和开关站等。

白山一期水电站的进水口位于右岸上游岸坡,安装 3 台 300MW 机组,机组具体参数见表 1。根据初期发电的要求,确定 2 号进水口底坎高程为 340m,1 号及 3 号进水口底坎高程为 355m,3 个进水口共设 8 个拦污栅孔及分水墩,其中 2 号进水口 4 个孔与 1 号、3 号进水口各有两孔分别重叠,呈倒"品"字形。3 个进水口分设外露式圆筒闸门井,井筒高 53.50m，井壁厚 1.0m，井筒内径 13m，井内各设一道检修门槽和事故门槽，3 孔共用一扇 7×10m 的检修平板钢闸门，由启闭机室 200 吨桥机启闭，3 孔各设一扇 7×10m 事故平板钢闸门，由 300/600 吨油压启闭机快速启闭。3 个进水口与 3 条引水道相接，其中 1 号引水道长 292.31m，2 号引水道长 255.53m，3 号引水道长 216.90m。

表 1　　　　　　　　　　白山一期机组水轮机主要技术参数

参　数	数值	参　数	数值
转轮叶片数	15	额定水头	112m
固定导叶数	12	最大水头	126m
活动导叶数	24	最小水头	81m
额定转速	125r/min	飞逸转速	260r/min

3　现场测试及数据分析

3.1　测试工况

3 号机组进行变负荷运行，机组负荷分别为：90MW、120MW、150MW、180MW、210MW、240MW、270MW、300MW。

3.2　白山电站厂房振源频率特性

对于水电站的厂房振动而言，其振源有三种，即水力振源、机械振源和电磁振源，且一般以水力振源为主。

3.2.1　水力振源频率

（1）蜗壳以及无叶区脉动压力。蜗壳以及无叶区的脉动压力的频率可能会有两种成分：

第一种频率为机组转频与转轮叶片数的倍数（即过流频率的倍频）。白山一期电站机组转轮叶片数为 15，正常转速为 125r/min（即 2.083Hz），两者乘积为 31.25Hz，其 2 倍频为 62.5Hz，3 倍频为 93.75Hz，以此类推。

第二种频率成分为动静干涉频率，机组转频与导叶叶片数的倍数（即过流频率的倍频）。白山一期电站机组固定导叶数为 12，转频 2.083Hz，两者乘积为 25.0Hz；活动导叶数为 24，转频 2.083Hz，两者乘积为 50.0Hz。

（2）尾水管内低频涡带以及中高频涡带引起的脉动压力：尾水管内低频涡带的主频一般为 0.1～0.5 倍转频，中高频涡带一般为 1 倍转频。白山电站机组的转频为 2.083Hz，因此，尾水管内低频涡带引起流道内脉动压力主频应为 0.208～1.042Hz，中高频涡带引发脉动压力主频应为 2.083Hz。

3.2.2　机械振源频率

机械振源即为机组旋转部分安装偏心引起的偏心力，其频率一般为机组的转频（白山一期电站为 2.083Hz）。随着机组安装工艺的不断提升，机械振源所占比重不断下降。

3.2.3　电磁振源频率

电磁振源主要为不平衡磁拉力，其频率为 50Hz 及其倍频（100Hz 等），其振动能量相对水力振源较小。

3.3 厂房测点布置

白山一期厂房振动的测点布置示意图如图1所示。测点都布置在水轮机层，在1号和3号机组的水轮机层的上游侧各布置两个测点。其中1号L测点位置在1号机组水轮机层上游的左侧（进水管上方）和1号R测点位置在1号机组水轮机层上游的右侧（蜗壳管上部）。3号L测点位置在3号机组水轮机层上游的左侧（进水管上方）和3号R测点位置在3号机组水轮机层上游的右侧（蜗壳管上部）。厂房测点位置表见表2。

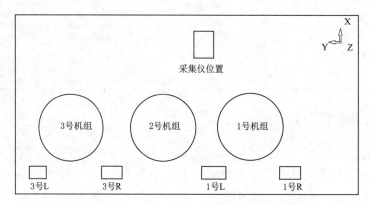

图1 白山一期厂房振动测试水轮机层测点布置示意图

表2 厂房测点位置表

序号	厂房振动测点位置	测点方向		
		上下游方向	厂房纵向	竖直方向
1	水轮机层 1号机组上游左侧	1号L-X	1号L-Y	1号L-Z
		进水管上方		
2	水轮机层 1号机组上游右侧	1号L-X	1号L-Y	1号L-Z
		蜗壳管上方		
3	水轮机层 3号机组上游左侧	3号L-X	3号L-Y	3号L-Z
		进水管上方		
4	水轮机层 3号机组上游右侧	3号R-X	3号R-Y	3号R-Z
		蜗壳管上方		

3.4 进水口、坝顶、EL340廊道测点布置

白山一期进水口振动测试的测点布置示意图如图2所示。

进水口振动测试的测点布置在进水口闸室内，在1号和2号进水口闸门中间的闸室内地面上布置Jin1-2测点。在2号和3号进水口闸门中间的闸室内地面上布置Jin2-3测点，测点位置表见表3。

3.5 厂房振动响应分析

3.5.1 时程分析

对厂房测点的各负荷工况下的振动响应进行统计分析。结果表明，机组在各负荷段稳态运行时，由90MW上升到150MW负荷，振动响应随负荷增大呈递减趋势；在180~

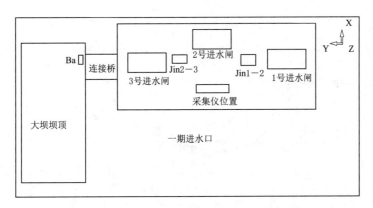

图2 白山一期进水口振动测试测点布置示意图

表3　　　　　　　　　　　　进水口、坝顶、EL340廊道测点位置表

序号	进水口振动测点位置	测点方向		
		水流方向	水闸室纵向	竖直方向
1	进水口1号和2号闸门中间	Jin1-2-X	Jin1-2-Y	Jin1-2-Z
2	进水口2号和3号闸门中间	Jin2-3-X	Jin2-3-Y	Jin2-3-Z
3	进水口附近大坝顶部	Ba-X（坝纵向）	Ba-Y（坝上下游）	Ba-Z
4	大坝340高程廊道	EL.340-X（坝上下游）	EL.340-Y（坝纵向）	EL.340-Z

210MW负荷段振动相对最小，当负荷由210MW上升到300MW时，振动响应则随负荷增大呈增加趋势。机组不同发电负荷下厂房加速度均方值见表4，测点不同方向加速度振动响应变化曲线如图3～图5所示。

表4　　　　　　　　　　　　机组不同发电负荷下厂房加速度均方值

负荷 测点	3号 90MW	3号 120MW	3号 150MW	3号 180MW	3号 210MW	3号 240MW	3号 270MW	3号 300MW
3号L-X	4.487	3.362	1.947	1.659	1.830	2.336	2.602	2.859
3号R-X	5.363	3.856	1.985	1.758	1.667	2.222	2.574	2.923
1号L-X	5.046	4.327	3.438	2.536	2.558	2.488	2.843	3.140
1号R-X	4.101	3.718	3.020	2.023	2.118	1.995	2.303	2.414
3号L-Y	7.053	5.335	2.800	2.706	3.328	3.740	3.974	4.424
3号R-Y	5.323	3.902	2.139	1.841	1.894	2.481	2.839	3.153
1号L-Y	5.726	5.408	4.216	3.121	3.150	3.031	3.486	3.759
1号R-Y	8.150	8.636	6.995	5.066	5.128	5.043	5.527	5.804
3号L-Z	7.807	5.875	3.435	2.859	3.055	4.085	4.564	4.876
3号R-Z	5.139	3.806	2.373	1.609	1.686	2.335	2.720	3.089
1号L-Z	9.191	8.592	6.889	5.103	5.003	4.900	5.968	6.732
1号R-Z	9.804	10.663	8.874	6.567	6.700	6.635	7.357	7.759

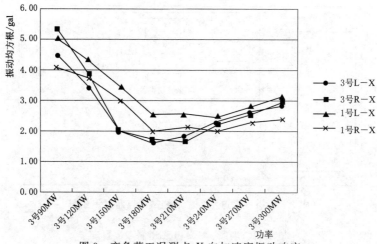

图 3 变负荷工况测点 X 向加速度振动响应

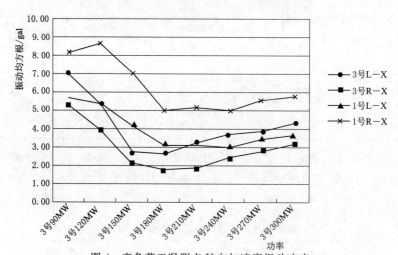

图 4 变负荷工况测点 Y 向加速度振动响应

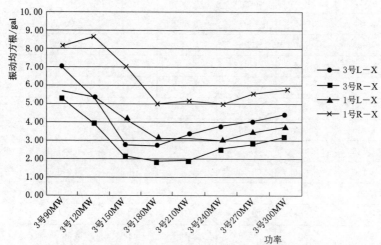

图 5 变负荷工况测点 Z 向加速度振动响应

3.5.2 频谱特征分析

(1) 从振动频谱图上看，机组在不同负荷下运行，厂房水轮机层振动速度响应的低频段主频主要在 0.32～0.45Hz，该频率与尾水管低频涡带产生的脉动压力主频一致。另外，振动速度响应中还有 50Hz、100Hz 动静干涉频率和 31.25Hz（15 倍转频）水流过流频率，23 倍转频 47.9Hz 频率。

(2) 从振动频谱图上看，频谱中 0.33～0.45Hz 主频在不同负荷区间均有较明显的峰值，表明尾水管涡带引起的低频脉动压力是白山一期厂房振动主要振源之一。频谱中 0.33～0.45Hz 左右的主频，在 180～210MW 负荷区间，响应幅值最小，表明 3 号机组在 180～210MW 负荷段，尾水管涡带影响最小。

(3) 不同负荷下过振动频率特性有不同特点。3 号 L 测点在水轮机层，测点位置下方为 3 号机组进水管。

(4) 3 号 L 测点 X 向（厂房上下游方向）：振动频谱中主要优势频率是 0.38Hz 和 50Hz。主频随负荷变化的特征如下：90～120MW 发电负荷下，幅值最大优势频率是 0.38Hz，表明此时厂房振动 X 向响应主要振源是由尾水涡带产生的脉动压力；120～300MW 时，动静干涉 50Hz 谐波主频成为另外一个优势频率；特别是 150～240MW 负荷发电时，动静干涉 50Hz 谐波振动成为振动响应中幅值最大优势频率，其他频谱主峰值很小。

(5) 3 号 L 测点 Y 向（厂房纵向）：振动频谱中主要优势频率是 0.38Hz 和 31.25Hz、50Hz、100Hz。3 号 L 测点 Y 向振动频谱随负荷变化特征如下：90～150MW 发电负荷下，幅值最大优势频率是 0.38Hz；在 120～300MW 负荷间，振动响应优势频率出现 31.25Hz 的过流振动频率特征和 50Hz、100Hz 的动静干涉振动频率特征。而 150～240MW 负荷间，频谱中为 31.25Hz 的过流振动的频率和 50Hz、100Hz 的动静干涉振动频率特征比较突出。

(6) 3 号 L 测点 Z 向：振动频谱随负荷变化特征如下：90～120MW 发电负荷下，水力脉动 Z 向也没有明显的谐波振动特征，频谱特征主要体现为一个较宽频谱的振动；150～300MW 发电负荷区间时，随负荷增加，31.25Hz 的过流振动的频率特征越来越明显。另外，还有较小 100Hz 和 50Hz 动静干涉振动频率特征，以及 2 倍（62.5Hz）的过流振动特征；在 180～270MW 发电负荷区间时还有一个 23 倍转频的振动频率。

(7) 3 号 R 测点在水轮机层，测点位置下方为 3 号机组蜗壳，与 3 号 L 测点的频谱相似，略有不同，3 号 R 测点 X 向振动频谱中优势主频有：50Hz、100Hz 的动静干涉振动频率、31.25Hz 过流振动频率外，还有个 47.9Hz（23 倍转频）振动频率。

综上所述，3 号机组发电状态下，厂房振源主要为尾水管涡带产生的脉动压力以及动静干涉引起的脉动压力。

3.6 进水口、坝顶、EL340 廊道振动响应特征分析

3.6.1 时程分析

(1) 对 3 号机组变负荷工况下进水口和坝顶测点的振动进行统计分析，这些点的振动响应随 3 号机组发电负荷变化规律与厂房振动响应随 3 号机组发电负荷变化的规律类似，机组发电在 120～210MW 负荷区间时，负荷升高振动减小，在 210～300MW 负荷区间

时，随负荷升高振动增大。总体上在3号机组平稳发电时进水口和进水口附近坝顶的振动响应不大，随负荷变化的振动响应变化量较小。变负荷工况进水口、坝顶测点X、Y、Z向振动响应的最大值、均方根如图6～图11所示。

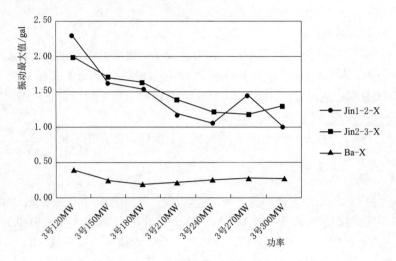

图6 变负荷工况进水口、坝顶测点X向振动响应（最大值）

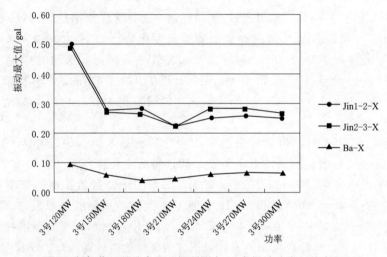

图7 变负荷工况进水口、坝顶测点X向振动响应（均方根）

（2）坝体EL340廊道里的测点加速度振动响应最大加速度在40gal，振动响应随3号机组负荷变化的变化量很小，各个发电负荷工况下的该点的振动量基本差别不大。

3.6.2 频谱特征分析

对3号机组变负荷工况下进水口和坝顶测点的振动响应进行频谱分析，其中，Jin1-2和Jin2-3频谱特征相似，变负荷工况进水口Jin1-2测点、Jin2-3测点X、Y、Z向频谱如图12～图17所示。对比相同点在不同工况下的频谱特性有以下规律：

进水口测点Jin1-2和Jin2-3的X向（顺流向）：在3号机组各发电负荷下的振动响

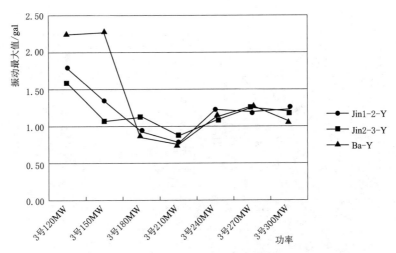

图 8　变负荷工况进水口、坝顶测点 Y 向振动响应（最大值）

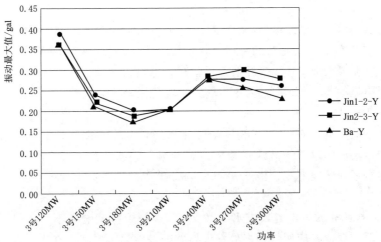

图 9　变负荷工况进水口、坝顶测点 Y 向振动响应（均方根）

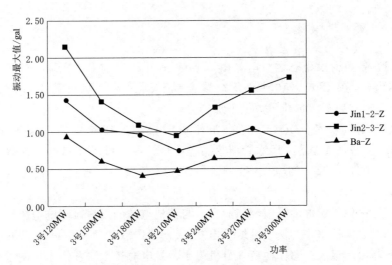

图 10　变负荷工况进水口、坝顶测点 Z 向振动响应（最大值）

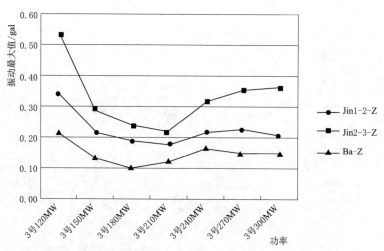

图 11　变负荷工况进水口、坝顶测点 Z 向振动响应（均方根）

应频谱主频都是 8.7Hz 左右。

进水口测点 Jin1-2 和 Jin2-3 的 Y 向：在 3 号机组 120～180MW 发电负荷时，振动响应优势频率主要为 9.5Hz 左右的频谱主频；在 3 号机组 180～210MW 发电负荷区间时，振动响应频谱有明显的 2.63Hz 的峰值频率；在 3 号机组 240～270MW 发电负荷区间时，振动响应出现明显的 45.8Hz（22 倍机组转频）优势频率；满负荷时，进水口 Y 向频谱主频是 2.63Hz 的振动。

进水口测点的 Z 向，在 120～180MW 时有 9.5Hz 和 14.7Hz（7 倍机组转频）的优势频谱峰值，频谱响应的卓越频谱区间是 9～20Hz 频带。机组发电在 210～300MW 负荷之间时，卓越频谱频带区间变宽，由 9～20Hz 频带扩成在 9～65Hz 频带之间，高频分量成分有所增加。

总之，3 号机组正常发电时，进水口以及坝顶、廊道振动响应不大，但进水口附近振动属于低频振动，振动响应优势频率处在人体共振敏感频率区间，在进水口闸室附近人体可能会感觉到振动比较明显。

4　结语

（1）机组在各负荷段稳态运行时，由 90MW 上升到 150MW 负荷，振动响应随负荷增大呈递减趋势；在 180～210MW 负荷段振动相对最小，当负荷由 210MW 上升到 300MW 时，振动响应则随负荷增大呈增加趋势。

（2）机组在不同负荷下运行，厂房水轮机层振动速度响应的低频段主频主要在 0.32～0.45Hz 左右，其振源为尾水管低频涡带产生的压力脉动。另外，振动速度响应中还有 50.0Hz、100Hz 动静干涉频率和 31.25Hz（15 倍转频）水流过流频率，23 倍转频 47.9Hz 频率。

（3）就厂房水轮机层振动响应幅值而言，与其他电站的厂房振动响应幅值相比，白山一期厂房振动属于偏低水平。3 号机组发电在 120～210MW 负荷区间时，进水口测点的振动随负荷升高振动增大；总体而言 3 号机组平稳发电时进水口和进水口附近坝顶的振动

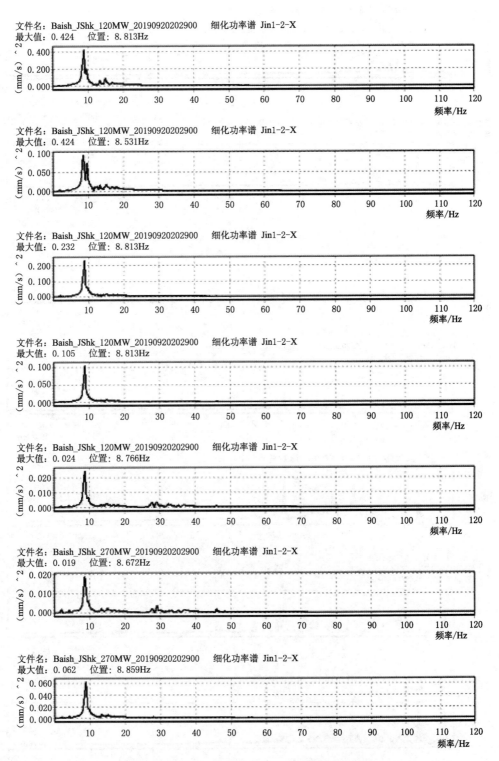

图 12 变负荷工况进水口 Jin1 – 2 测点 X 向频谱

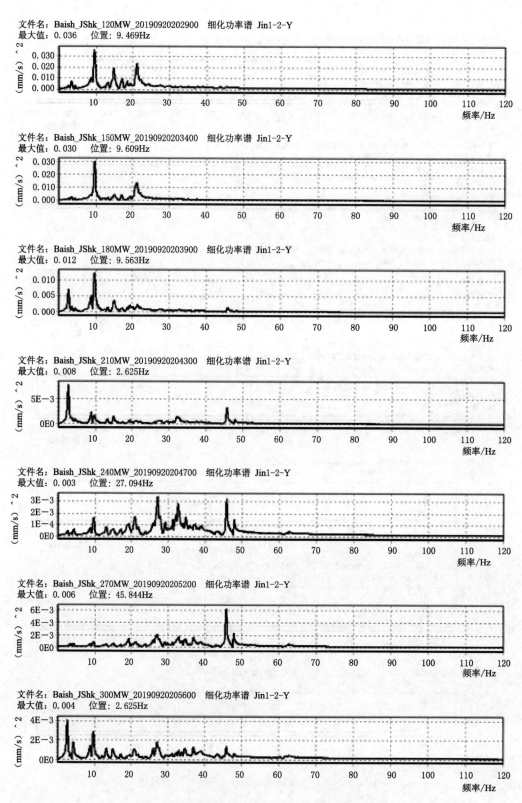

图 13　变负荷工况进水口 Jin1 - 2 测点 Y 向频谱

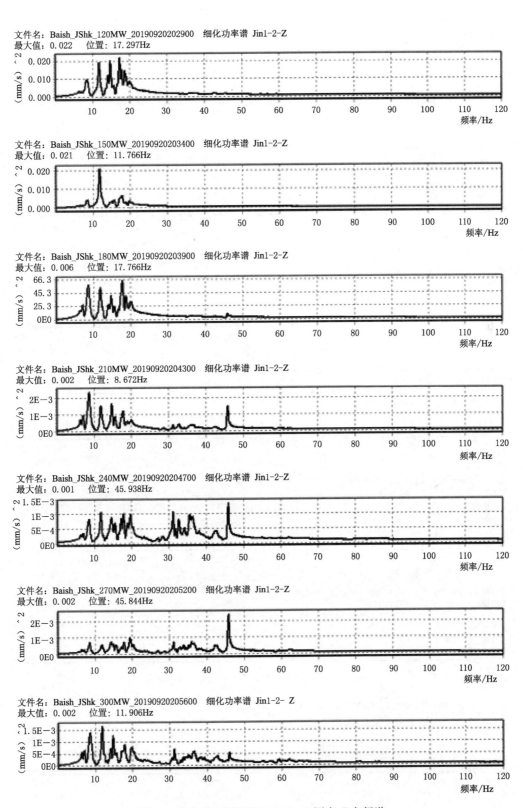

图 14　变负荷工况进水口 Jin1－2 测点 Z 向频谱

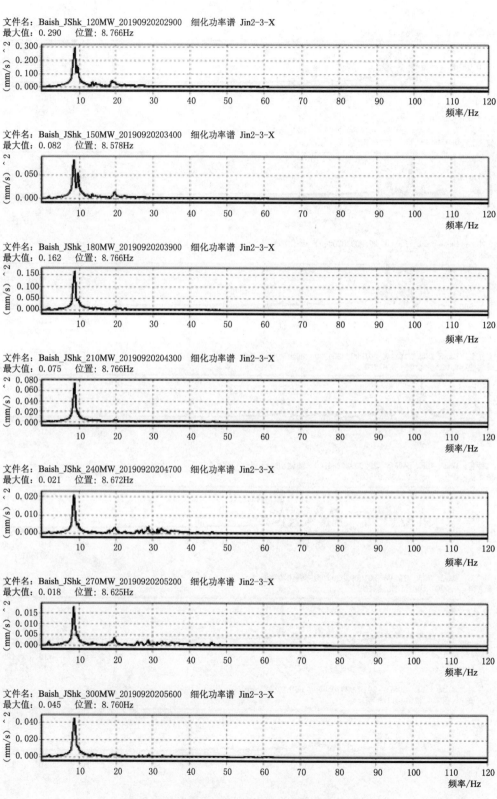

图 15　变负荷工况进水口 Jin2-3 测点 X 向频谱

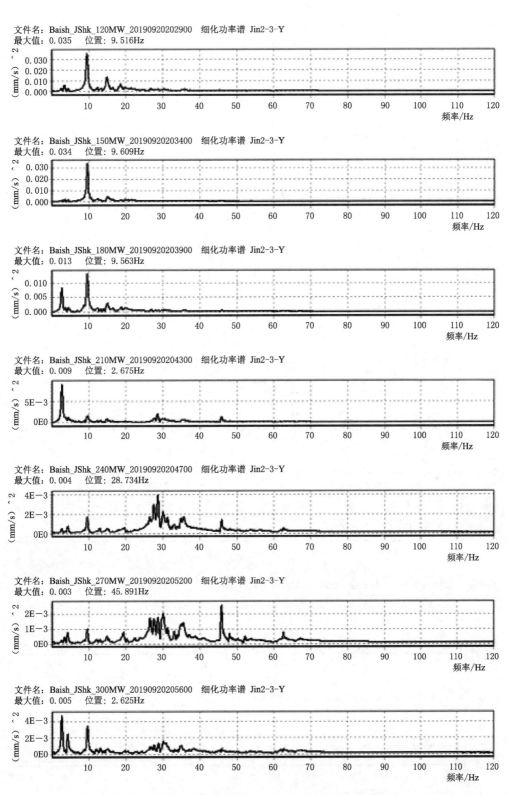

图 16　变负荷工况进水口 Jin2 - 3 测点 Y 向频谱

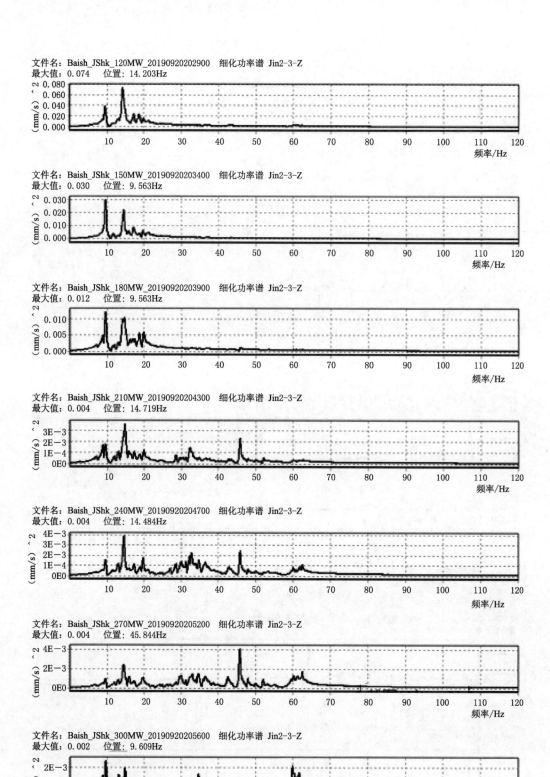

图 17　变负荷工况进水口 Jin2 - 3 测点 Z 向频谱

响应不大，随负荷变化的振动响应变化量较小。

（4）进水口 X 向（顺流向）振动响应主频为 8.7Hz 左右，其 Y 向和 Z 向均为混频振动。坝体 EL340 廊道里的测点加速度振动响应最大加速度在 40gal，振动响应随 3 号机组负荷变化的变化量很小，各个发电负荷工况下的该点的振动量基本差别不大。坝顶测点三个方向振动响应均低于 20gal，大坝振动的振源主要来自机组脉动压力。

（5）大坝廊道内测点振动响应约为 40gal，其卓越主频不明显，基本属于随机振动响应，受机组压力脉动影响的受迫响应不明显。白山一期电站厂房和进水口区域的振动处于安全范围之内。

参 考 文 献

[1] 李启章，于纪幸，张强，等. 水轮发电机组振动研究［M］. 北京：中国水利水电出版社，2019.
[2] 中华人民共和国住房和城乡建设部. 建筑工程容许振动标准：GB/T 50868—2013［S］. 北京：中国计划出版社，2013.
[3] 国家市场监督管理总局，国家标准化管理委员会. 水轮机基本技术条件：GB/T 15468—2020［S］. 北京：中国标准出版社，2020.
[4] 中华人民共和国国家质量监督检验检疫总局. 水轮发电机组安装技术规范：GB/T 8564—2003［S］. 北京：中国标准出版社，2003.
[5] 中华人民共和国国家质量监督检验检疫总局，中国国家标准化管理委员会. 水力发电厂和蓄能泵站机组机械振动的评定：GB/T 32584—2016［S］. 北京：中国标准出版社，2016.

防止水轮机顶盖气蚀的研究与实践

吴孟洁 吴封奎 曾阳麟

(华能澜沧江水电股份有限公司小湾水电厂 云南 大理 675702)

【摘 要】 顶盖作为水轮机重要过流部件,与底环一起构成过流通道,防止水流上溢,并支撑导叶、导水机构、导轴承以及附属设备,顶盖气蚀严重影响着机组安全稳定运行。小湾电厂机组顶盖吊出后发现顶盖泄压管进口部位均存在较为严重的气蚀,彻底消除顶盖气蚀,对机组安全稳定运行尤为重要。本文对顶盖气蚀产生的原因进行分析,并通过顶盖泄压管过流面型线修型、过流面碳化钨喷涂等方法彻底消除顶盖气蚀。经过长时间运行考验,证明这些消除顶盖气蚀的方法具有明显的改善效果,可以起到一定的指导意义。

【关键词】 顶盖;碳化钨喷涂;节流板

1 引言

小湾电厂水轮机顶盖最大外径 9490mm,高 1859mm,制造材料为 ASTMA516 Gr70。顶盖共有 4 个分瓣面,总重 216t,顶盖分瓣面用直径 10mm 的橡胶圆条密封。顶盖上留有补气孔,用于需要时强制补气,并设有 4 个内径为 300mm 转轮上腔泄压管。顶盖作为水轮机的重要过流部件,在运行时受到高速水流的冲刷,极易出现气蚀情况。小湾电厂机组顶盖吊出后,均发现不同程度的气蚀现象,若不采取措施彻底消除顶盖气蚀,对机组安全稳定将造成重大影响。

2 缺陷情况

6 号机组检修顶盖吊出机坑后对顶盖气蚀进行了检查,检查发现上止漏环未见损伤迹象,顶盖泄压管进口处、顶盖底部内圆面等处均存在气蚀情况。第一、第四象限较为严重,第一象限顶盖泄压管进口处气蚀面约 $18 \times 25 \text{cm}^2$,最大深度约 2.3cm;第二象限顶盖泄压管进口处未发现明显气蚀;第三象限顶盖泄压管进口处气蚀面约 $18 \times 5 \text{cm}^2$,最大深度约 0.3cm;第四象限顶盖泄压管进口处气蚀面约 $16 \times 20 \text{cm}^2$,最大气蚀深度约 2cm。顶盖 $-X$ 方向分瓣面气蚀面约 $57 \times 8 \text{cm}^2$,最大气蚀深度约 0.5cm。顶盖底部内圆面局部地区均存在不同程度的气蚀,如图 1 所示。

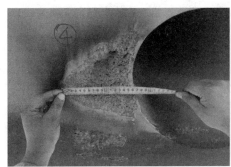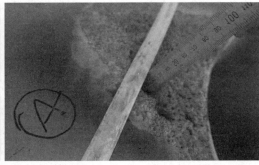

图 1　顶盖泄压管进口气蚀情况

3　原因分析

针对具体问题进行深入分析，导致顶盖气蚀产生的原因有顶盖材质抗气蚀性能较差、顶盖泄压管进口型线不顺滑、顶盖泄压管内水流脱流空化严重。

3.1　顶盖材质抗气蚀性能差

对顶盖材质进行化验分析后得知该材质抗气蚀性能较差，在水流脱流空化下长时间运行容易产生气蚀。

3.2　顶盖泄压管进口型线不顺滑

经过对顶盖泄压管进口处型线检查发现，顶盖泄压管进口过渡段与底部平面部分角度较大，有的区域接近 90°，较为垂直，导致该区域受到严重气蚀。

3.3　顶盖泄压管内水流脱流空化严重

水轮机在转轮上冠设置四根 DN300 的泄压管，将进入上冠的水排至机组尾水，及时排除顶盖水压，减小轴向水推力。在运行中发现在部分工况下水轮机顶盖内泄压管出现异常振动和撞击噪声，且与机组负荷、尾水位有关。经过多次试验发现，顶盖泄压管排水口位于尾水锥管，在部分负荷下尾水锥管处的压力脉动引起泄压管路的共振；且泄压管口从转轮上冠引出口后管路直径偏大，水流没有完全充满管路引起脱流空化，经多个弯头和转向造成冲击和碰撞，形成无规律的异常振动和噪声。

根据以上分析得出引起顶盖气蚀的主要原因为顶盖材质抗气蚀性能差、顶盖泄压管进口型线不顺滑，次要原因为顶盖泄压管内水流脱流空化严重。对于顶盖材质抗气蚀性能差采取在顶盖过流面进行碳化钨喷涂的方法，使顶盖过流面覆盖一层保护层。对于顶盖泄压管进口型线不顺滑，通过对顶盖泄压管进口区域进行型线修型，使顶盖泄压管进口段平滑过渡。对于顶盖泄压管内水流脱流空化严重，考虑在顶盖泄压管与顶盖之间加装节流板，减少顶盖内水流压力脉动，消除水流脱流空化。

4　处理过程

4.1　顶盖气蚀处理

顶盖吊出机坑后，对顶盖抗磨板与导叶接触部位的研伤情况、顶盖泄压管进口气蚀情况进行探伤检查，检查后对轻度气蚀部位进行打磨、抛光；对气蚀情况较为严重的区域用氩弧焊填充、盖面，打磨、抛光后进行无损检查。具体处理工艺如下：

（1）采用打磨的方法将气蚀区域清除干净。

（2）采用火焰预热方式，预热温度至少为80℃，预热范围为气蚀区域外侧100mm以内。

（3）氩弧焊补焊应采用小规范焊接电流进行焊接，过程中应严格控制层间温度，层间温度不能超过180℃。

（4）在最终焊层表面用氩弧焊焊接回火焊道，以增加热影响区的韧性。

（5）打磨气蚀处理区域表面至光滑且与母材平齐，并将气蚀区域抛光至粗糙度与原表面一致。

（6）对气蚀处理区域表面进行着色检测，若仍存在缺陷，必须返工处理直至验收合格为止。

4.2 顶盖过流面碳化钨喷涂

顶盖气蚀修复后，对顶盖过流面进行碳化钨喷涂。顶盖过流面碳化钨喷涂采用超音速火焰喷涂技术，喷涂设备为美国进口 sulzer-metco "超音速火焰喷涂系统"。采用的喷涂材料为具有优异抗气蚀、磨损性能的金属陶瓷粉末。该材料由具有抗空蚀的金属相以及抗磨损的高硬度陶瓷相构成。粉末粒度为 $10\sim45\mu m$，粉末为团聚烧结粉末。顶盖过流面碳化钨喷涂对顶盖进行抗气蚀表面防护，能显著提高顶盖抗气蚀性能并具有较高的抗磨损性能，减少修后气蚀出现及发展的进程，延长水轮机顶盖的使用寿命，在后续的维护中也只需对部分磨损的碳化钨涂层进行修复。

4.2.1 碳化钨喷涂区域

顶盖碳化钨喷涂区域为顶盖过流面内锥面和内圆面以及顶盖泄压管进口过渡段与底部平面区域。

4.2.2 碳化钨喷涂前部件型线修型

通过对顶盖泄压管过流面检查发现，进口过渡段与底部平面区域角度较大，有的区域接近90°，较为垂直，导致该区域受到严重气蚀。喷涂前对过渡段垂直区域进行修型，获得与底部平面平滑过渡的曲面，如图2所示；另外，底部斜面区域不要出现高点，这样可提高涂层和顶盖的服役时间。

4.2.3 喷涂施工工艺

现场抗气蚀涂层的工艺流程包括除油清洗、宏观检查、防护、喷砂、喷涂、抛光等，具体工艺流程及措施如下：

（1）油漆打磨及修型。针对喷涂区域的油漆进行打磨，并根据顶盖喷涂区域的气蚀损伤情况进行局部修型，消除台阶，使平滑过渡，如图3所示。

（2）油污清洗。采用丙酮对顶盖待喷涂区域进行清洗，去除待喷涂区域表面的油污。

（3）宏观检查。进行宏观检查，表面无大于0.5mm孔径的孔洞，无夹渣气孔现象等焊接、铸造缺陷，无腐蚀和侵蚀现象。若存在明显的宏观缺陷，应通知相关人员进行修复。

（4）防护。喷砂前防护的目的是：①防止喷涂、喷砂过程中的粉尘飞扬对施工地点周

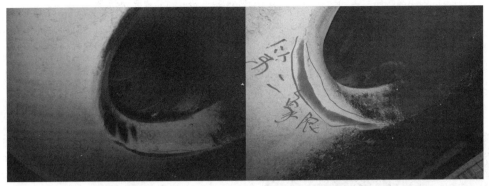

（a）修型前角度较垂直　　　　　　　　（b）修型后平缓过度的曲面

图 2　顶盖泄压管进口修型前后对比

图 3　油漆铁锈打磨及局部台阶修磨

围电气设备以及发电机造成损伤或磨损等影响；②针对顶盖在喷涂和喷砂过程中可能受到的影响，对不需要喷涂的区域进行防护，防护材料选择高温胶带或薄铁皮等。粉尘防护及设备防护如图 4 所示。

图 4　粉尘防护及设备防护

（5）喷砂。采用压力喷砂机对需喷涂区域进行喷砂，喷砂后表面应达到在光照条件下，任何角度都不产生金属反光现象。

（6）喷砂粉尘清理。喷砂完成后，采用压缩空气清理喷涂部件表面的粉尘。

（7）粉末烘烤。为保证喷涂过程中粉末的流动性，在喷涂之前，将喷涂材料粉末在烘箱中进行 120℃/2h 烘干。

（8）机器人喷涂编程。喷砂完成后，将工具置于喷涂工位，采用机器人进行喷涂，程序设计时，应保证喷枪与喷涂表面垂直。

（9）喷砂后检查。对泄压孔周围金属进行喷砂后检查，对发现的焊接缺陷如气孔、夹杂等缺陷（对涂层质量产生弱化效果的缺陷）进行焊接修复处理，如图 5 所示。

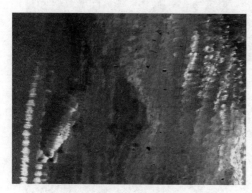

图 5　喷砂后缺陷检查处理

（10）粉末烘烤。为保证喷涂过程中粉末的流动性，在喷砂之前，将喷涂材料粉末在烘箱中进行 120℃/2h 烘干。

（11）机器人喷涂编程。喷砂完成后，将工具置于喷涂工位，采用机器人进行喷涂，程序设计时，应保证喷枪与喷涂表面垂直。

（12）预热。为保证喷涂质量，在喷砂完成后，1 小时内应进行预热与喷涂。采用超音速火焰喷枪进行预热，预热表面温度不低于 80℃。

（13）喷涂。采用超音速火焰喷涂技术对顶盖进行喷涂。喷涂过程中严格按照预定工艺进行喷涂。（喷涂涂层厚度为 0.3mm±0.04mm；喷涂时工件的温度≤100℃，部件不会出现变形）。

（14）喷涂后涂层质量验收。采用涂层测厚仪针对喷涂涂层进行厚度测量。涂层厚度测量采用无损测量方法，用电磁感应原理直接测量，或用同步挂片试样进行测量。

（15）顶盖清洁。喷涂完毕后针对顶盖的管道内部、顶盖顶部、中间层以及底部喷涂区域和抗磨板等进行粉尘清理，并由后续单位进行顶盖卫生检查，经打扫后，顶盖粉尘清理应符合要求。

4.3　顶盖节流板加装

经研究决定在顶盖上环板与泄压管连接处增加节流稳流孔板，设置 4 个节流孔，每个孔直径为 75mm，有效减小泄压管内水流速，稳定水流态，减少了顶盖无叶区压力脉动与尾水锥管内压力脉动对泄压管的相互作用，消除了异常振动和冲击噪声，进而减轻顶盖泄压管进口部位的气蚀。

未加装节流板前每条顶盖泄压管路通径为 300mm，实际过流面积为 70650mm²，加装节流板后每条顶盖泄压管的实际过流面积仅为 17671mm²，是原过流面积的 25%。顶盖节流板加装如图 6 所示。

5　结语

6 号机在 2012—2013 年大修期间已开展顶盖碳化钨喷涂和顶盖节流板加装工作，经过 5 年的运行，6 号机顶盖于 2018 年 1 月 21 日吊出机坑对顶盖气蚀情况进行了检查，顶

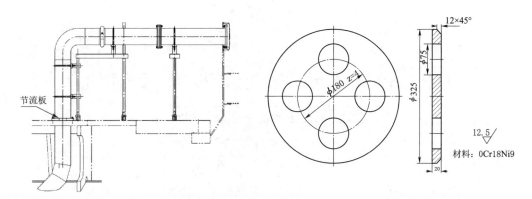

图 6　顶盖节流板加装

盖表面未发现气蚀现象。另外，顶盖泄压管节流板加装后，顶盖取水试验证明，各机组在额定水头以上带 700MW 负荷连续稳定运行时，顶盖泄压管内压力脉动减轻且异常振动和撞击噪声明显减弱，说明加装顶盖节流板对消除顶盖泄压管内水流脱流空化具有良好的效果。通过两种处理手段有效解决了顶盖气蚀问题，从而保证了机组的安全稳定运行，现在其他机组顶盖气蚀处理中采用同样方法，对水电机组顶盖气蚀类似问题均具参考及推广价值。

参　考　文　献

[1]　包国强.太平江水电站水轮机磨损处理及新技术应用［J］.水电站机电技术，2018，41（1）：41 - 44，50.

IEC 62364 水轮机泥沙磨损预估模型介绍与应用

王 龙 苑连军 王艳妮

（中国电建集团西北勘测设计研究院有限公司 陕西 西安 710065）

【摘 要】 在含沙河流中运行的水轮机不可避免地会面临泥沙磨损问题。水轮机泥沙磨损是我国水电站运行和管理过程中影响机组稳定、经济运行的重要因素。本文简要介绍 IEC 62364 泥沙磨损预估模型、泥沙磨损预估经验公式，并对某水电站水轮机大修间隔 TBO 计算介绍 IEC 泥沙磨损预估经验公式的应用。本文可为水轮机磨损评估和预测提供一定参考。

【关键词】 水轮机；转轮；泥沙磨损；预估

1 引言

我国许多河流的泥沙含量较高，水轮机泥沙磨损问题十分突出。在含沙河流中运行的水轮机不可避免地会面临泥沙磨损问题。长时间的泥沙磨损将导致过流部件表面的材料流失、过流条件及特性的改变，最终将导致机组效率及稳定性下降，此类问题一直是我国水电站运行和管理过程中影响机组稳定、经济运行的重要因素之一。在水电站规划过程中冲排沙设施设计、水轮机参数选择与结构设计、运行方式选择、运行后泥沙磨损防护措施的选择以及检维修策略制定等过程中，磨损评估和预测结果是上述过程的重要技术依据。目前，在理论研究和工程应用领域，主要通过磨损模拟试验进行泥沙磨损预估。本文简要介绍 IEC 62364 泥沙磨损预估模型、泥沙磨损预估经验公式，并对某水电站水轮机大修间隔时间 TBO 计算介绍 IEC 泥沙磨损预估经验公式的应用。

2 水轮机泥沙磨损预估模型介绍

2.1 水轮机泥沙磨损预估模型假设

根据 IEC 62364，水轮机的泥沙磨损预估模型建立有以下假设为基础。

（1）假定水轮机泥沙磨损过程中不存在磨损和空蚀的联合作用。空蚀与磨损的相互影响引起的破坏比单独磨损及空蚀之和还要大，但磨蚀联合破坏的定量关系还不清楚。因此，水轮机的泥沙磨损预估模型暂不考虑磨损和空化的联合作用。

（2）水轮机泥沙磨损预估模型不考虑大的固体物撞击到水轮机部件表面而产生的破

坏。大的固体物（例如石头、木头、冰、金属部件等）可能随着水流撞击到水轮机部件表面而产生破坏，这些破坏会加强水流的紊乱而加速磨损破坏。抗磨涂层的局部表面也可能因大固体物的撞击而遭到破坏。因此，水轮机的泥沙磨损预估模型不考虑大的固体物撞击到水轮机部件表面的特殊情况。

（3）水轮机的泥沙磨损与泥沙速度、含沙浓度、泥沙物理特性、流态、水轮机材料特性等密切相关，假定各变量因素之间是相对独立的，互不影响。基于以往的文献研究与经验积累，可以认为各变量因素相互独立对水轮机是适用的。

（4）泥沙速度与 K_f 值（流动系数）在水头与流量变化不大的情形下可以近似假定为常数。

2.2 泥沙磨损模型介绍

国际电工委员会/水轮机技术委员会（IEC/TC4）为阐释各关键因素对水轮机磨损率的影响规律，引入泥沙磨损率、泥沙速度、含沙浓度、泥沙物理特性、流态、水轮机材料特性等因素的计算公式为

$$\mathrm{d}S/\mathrm{d}t = f_{(泥沙速度)} \times f_{(含沙浓度)} \times f_{(水轮机材料特性、泥沙物理特性)} \times f_{(泥沙物理特性)}$$
$$\times f_{(流态)} \times f_{(水轮机材料特性)} \times f_{(其他因子)} \tag{1}$$

$$f_{(泥沙速度)} = (泥沙速度)^n$$

$$f_{(流态)} = K_f/RS^p \tag{2}$$

$$f_{(泥沙物理特性)} = f_{(泥沙颗粒粒径、形状、硬度)} = f_{(颗粒粒径)} \times f_{(颗粒形状)} = K_{size} \times K_{shape} \tag{3}$$

式中　　　　　　　　n——指数，IEC62364 建议 $n=3.4$；

$f_{(泥沙浓度)}$——取值为泥沙浓度 C，kg/m³；

$f_{(水轮机材料特性、泥沙物理特性)}$——取值为 $K_{hardness}$，$K_{hardness} = $ 泥沙硬度/材料硬度；

K_f——常数，其值取决于不同的水轮机部件；

RS——水轮机基准尺寸，m；

p——尺寸指数，其值取决于不同的水轮机部件；

K_{size}——取值为泥沙颗粒的中值粒径 dP_{50}，mm；

K_{shape}——取值为 $f_{(颗粒棱角)}$，一般认为，颗粒的不规则度愈高，K_{shape} 值愈大。从规则的圆形颗粒到具有尖锐棱角的颗粒，其 K_{shape} 值的变化范围为 1～2，圆形颗粒为 1，亚棱角颗粒为 1.5，棱角颗粒为 2；

$f_{(水轮机材料特性)}$——取值为 K_m，含 13% 铬和 4% 镍的马氏体不锈钢 $K_m=1$，碳钢 $K_m=2$。设有防护涂层的部件 K_m 一般小于 1；

$f_{(其他因子)}$——取值为 1。

对各个因素赋值后泥沙磨损公式为

$$\mathrm{d}S/\mathrm{d}t = (泥沙速度)^{3.4} \times C \times K_{hardness} \times K_{size} \times K_{shape} \times K_f \times K_m/RS^p$$

3　水轮机泥沙磨损预估公式介绍

3.1　水轮机泥沙磨损深度公式

对式（1）时域进行积分，即对泥沙磨损率进行时域积分。可得水轮机泥沙磨损深度

计算公式为

$$S = W^{3.4} \times PL \times K_m \times K_f / RS^p \tag{4}$$

$$W_{run} = (0.25 + 0.003 \times n_s) \times (2 \times g \times H)^{0.5} \tag{5}$$

$$PL = \int_0^T C(t) \times K_{size}(t) \times K_{shape}(t) \times K_{hardness}(t) dt \tag{6}$$

$$\approx \sum_{n=1}^N C_n \times K_{size,n} \times K_{shape,n} \times K_{hardness,n} \times T_{s,n}$$

式中　S——被泥沙磨损掉的金属层深度，mm；

　　　W——特征速度，m/s；根据水轮机主要的数据和尺寸计算得到；

　　PL——泥沙负载，$kg \times h/m^3$；

　　K_m——表征材料特性与磨损率关系的系数，含13％铬和4％镍的马氏体不锈钢 $K_m=1$，碳钢 $K_m=2$；

　　K_f——表征每个部件水流与磨损率关系的系数，$\dfrac{mm \times s^{3.4}}{kg \times h \times m^\alpha}$，$K_f$ 为常数，其值取决于不同的水轮机部件；

　　RS——水轮机基准尺寸，m，对混流式水轮机，基准尺寸为转轮公称直径 D，对冲击式水轮机，基准尺寸为水斗斗内宽度 B；

　　　p——尺寸指数；

　　　C——含沙浓度，kg/m^3；

　K_{size}——表征泥沙粒径大小与磨损率关系的系数，取中值粒径 dP_{50}（mm）；

　K_{sharp}——表征泥沙形状与磨损率关系的系数，从规则的圆形颗粒到具有尖锐棱角的颗粒，其 K_{shape} 值的变化范围为 $1 \sim 2$；

$K_{hardness}$——表征泥沙硬度与磨损率关系的系数；

　　　T——时间，h；

　W_{run}——水轮机转轮特征速度，m/s；

　　　n_s——比转速，$m \cdot kW$；

　　　g——重力加速度，m/s^2；

　　　H——水轮机工作水头，m，取水轮机额定水头；

　　　n——取样次数。

3.2　水轮机大修间隔 TBO 计算公式

IEC 62364 采用对比法计算目标水轮机大修间隔 TBO，目标水轮机大修间隔 TBO 计算公式为

$$\frac{TBO_{target}}{TBO_{ref}} = \frac{W_{ref}^{3.4}}{W_{target}^{3.4}} \times \frac{PL_{ref}}{PL_{target}} \times \frac{K_{m,ref}}{K_{m,target}} \times \frac{K_{f,ref}}{K_{f,target}} \times \frac{RS_{target}^P}{RS_{ref}^P} \tag{7}$$

根据式（4），式（7）转换为

$$TBO_{target} = \frac{W_{ref}^{3.4}}{W_{target}^{3.4}} \times \frac{PL_{ref}}{PL_{target}} \times \frac{K_{m,ref}}{K_{m,target}} \times \frac{K_{f,ref}}{K_{f,target}} \times \frac{RS_{target}^P}{RS_{ref}^P} \times TBO_{ref} = \frac{S_{ref,calc}}{S_{target,calc}} \times TBO_{ref} \tag{8}$$

根据式（6），参考转轮和目标转轮泥沙负载比值为

$$PL_{\text{ref}}/PL_{\text{target}} = C_{\text{ref}}/C_{\text{target}} \times K_{\text{shape,ref}}/K_{\text{shape,target}} \times K_{\text{size,ref}}/K_{\text{size,target}} \times K_{\text{hardness,ref}}/K_{\text{hardness,target}}$$

$$\tag{9}$$

在上述等式中，下标为 ref 符号为参考转轮相关参数，下标为 target 的符号为目标转轮相关参数，IEC 对相关参数有关值定义为

冲击式水轮机：
$$\frac{K_{\text{f,ref}}}{K_{\text{f,target}}} = \frac{z_{\text{jet,ref}} \times z_{2,\text{target}}}{z_{\text{jet,target}} \times z_{2,\text{ref}}} \tag{10}$$

式中 $z_{\text{jet,ref}}$、$z_{\text{jet,target}}$——参考水轮机、目标水轮机的喷嘴数量；

$z_{2,\text{ref}}$、$z_{2,\text{target}}$——参考水轮机、目标水轮机的水斗数量。

对混流式和轴流式水轮机，有

$$\frac{K_{\text{f,ref}}}{K_{\text{f,target}}} = 1 \tag{11}$$

4 水轮机泥沙磨损预估计算示例

本文以某水电站水轮机大修间隔 TBO 计算介绍 IEC 泥沙磨损预估经验公式的应用。某水电站拟安装 3 台 85.1MW 的冲击式水轮发电机组，共 255.3MW，枢纽建筑物包括溢流坝、取水口、沉砂池、引水隧洞，调压井，地下厂房，水轮机工作水头 422～450m，水轮机转轮直径 2.83m，多年平均泥沙 0.0523kg/m³，莫氏硬度大于 7 以上的泥沙含量约 78%，合同要求水轮机转轮采用 HOVF 喷涂。该水电站目标水轮机大修间隔 TBO 计算示例见表 1。

表 1　　　　　　　　　　　　水轮机大修间隔 TBO 计算示例

	符号	单位	参考水轮机	目标水轮机
水轮机类型			冲击式	冲击式
有涂层/无涂层			有涂层	有涂层
转速	n	r/min	720	300
水斗宽度	B_2	mm	700	781
喷嘴数	Z_{jet}		1	6
水斗数	z_0		21	20
平均泥沙浓度	C	kg/m³	0.220	0.0523
莫氏硬度 5～5.4 的泥沙百分比		%	0	0
莫氏硬度 5.5～5.9 的泥沙百分比		%	22	5
莫氏硬度 6～6.9 的泥沙百分比		%	0	3
莫氏硬度 7～7.9 的泥沙百分比		%	40	78
莫氏硬度大于 8 的泥沙百分比		%	0	0
形状因子（圆形为 1，亚棱角为 1.5，棱角为 2）	K_{shape}	—	1	1.5
特征速度（转轮）	W_{run}	m/s	67	45
中值粒径	K_{size}	mm	0.025	0.017
大修间隔时间	TBO	h	13600	19714

根据式（7）～式（9）目标水轮机转轮大修间隔 TBO 的计算公式为

$$TBO_{target} = S_{ref,calc} / S_{target,calc} \times TBO_{ref} \qquad (12)$$

$$S_{ref,calc} / S_{target,calc} = W_{ref}^{3.4} / W_{target}^{3.4} \times PL_{ref} / PL_{target} \times K_{m,ref} / K_{m,target} \times K_{f,ref} / K_{f,target} \times B_{2,target} / B_{2,ref}$$
$$= 3.87 \times 2.11 \times 1 \times 0.159 \times 1.116$$

其中，$W_{ref}^{3.4} / W_{target}^{3.4} = 3.87$

$$PL_{ref} / PL_{target} = C_{ref} / C_{target} \times K_{shape,ref} / K_{shape,target} \times K_{size,ref} / K_{size,target} \times K_{hardness,ref} / K_{hardness,target}$$
$$= 2.11$$

$$C_{ref} / C_{target} = 4.21$$

$K_{shape,ref} / K_{shape,target} = 0.67$，目前阶段，示例电站无泥沙形状资料，泥沙形状因子 $K_{shape,target} = 1.5$。

$$K_{size,ref} / K_{size,target} = 1.47$$

$K_{hardness,ref} / K_{hardness,target} \approx 0.51$，由于两个转轮均为有涂层，仅有莫氏硬度大于 7 的颗粒含量被计入。

$K_{m,ref} / K_{m,target} = 1$，在本例中，目标转轮和参考转轮两者均为有涂层。

$$K_{f,ref} / K_{f,target} = [z_{jet,ref} / z_{2,ref}] / [z_{jet,target} / z_{2,target}] = 0.159$$

$$B_{2,target} / B_{2,ref} = 1.116$$

$$TBO_{target} = 1.449 \times 13600h \approx 19714h$$

该水电站的年利用小时数为 5804h，水轮机大修间隔 TBO_{target} 与水电站的年利用小时数的比值 $TBO_{target} / 5804 = 3.34$ 年，与《水电工程水力机械抗泥沙磨蚀技术导则》等相关标准比较，满足泥沙磨损严重的水轮机 A 级检修间隔不低于 3 年的要求。

5 结语

在含沙河流中运行的水轮机不可避免地会面临泥沙磨损问题。水轮机泥沙磨损是我国水电站运行和管理过程中影响机组稳定、经济运行的重要因素。在理论研究和工程应用领域，主要通过磨损模拟试验进行泥沙磨损预估。IEC 泥沙磨损预估模型假定不存在磨损和空蚀联合作用、不考虑大的固体撞击到水轮机部件表面而产生破坏、影响泥沙磨损各变量因素相互独立以及泥沙速度近似常数。本文简要介绍了 IEC 62364 泥沙磨损预估模型、泥沙磨损预估经验公式，对某水电站水轮机大修间隔 TBO 计算来介绍 IEC 泥沙磨损预估经验公式应用。水轮机泥沙磨损预估结果可作为电站规划过程中冲排沙设施设计、水轮机参数选择与结构设计、运行方式选择、运行后泥沙磨损防护措施的选择以及检维修策略制定等过程中重要技术依据。

通过计算，示例电站水轮机大修间隔 TBO_{target} 计算值为 19714h（约 3.34 年），满足泥沙磨损严重的水轮机 A 级检修间隔不低于 3 年的要求。本文可为其他水电站水轮机磨损评估和预测提供一定参考和借鉴。

参 考 文 献

[1] 中华人民共和国国家质量监督检验检疫总局，中国国家标准化管理委员会. 反击式水轮机泥沙磨损

技术导则：GB/T 29403—2012 ［S］. 北京：中国标准出版社，2012.

［2］ 陆力，刘娟，易艳林，等. 白鹤滩电站水轮机泥沙磨损评估研究 ［J］. 水力发电学报，2016，35（2）：67－74.

［3］ 刘娟，陆力，朱雷，等. 冲击式水轮机过流部件泥沙磨损的试验研究 ［C］∥第十九次中国水电设备学术研讨会论文集. 2013.

［4］ 姚启鹏. 平面绕流泥沙磨损试验及水轮机磨损预估 ［J］. 水力发电学报，1997，（3）：70－79.

［5］ Hydraulic machines－Guide for dealing with hydro－abrasive erosion in Kaplan, Francis, and Pelton turbines：IEC 62364 ［S］，2019.

高水头大流量离心泵泥沙磨损
特性数值模拟研究

陈门迪[1] 刘德民[2] 谭 磊[1] 罗永要[1] 樊红刚[1]

(1. 清华大学水沙科学与水利水电工程国家重点
实验室 能源与动力工程系 北京 100084；
2. 东方电气集团东方电机有限公司 四川 德阳 618000)

【摘 要】 泥沙磨损是常规水泵运行中不可避免的问题，严重时可造成巨大的经济损失。本文基于欧拉-拉格朗日方法对离心泵内水沙两相流动进行数值模拟，采用 Finnie 模型对离心泵过流部件磨损特性进行预测。根据实测数据选取泥沙参数（浓度及粒径），开展高水头大流量离心泵泥沙磨损特性数值模拟，研究不同扬程和泥沙参数对离心泵磨损特性的影响规律。结果表明：离心泵磨损较为严重的区域主要集中于叶片尾缘、蜗壳隔舌以及进水段弯管处；随着扬程降低而流量增大，离心泵过流部件表面的磨损面积和磨损强度增大；随着泥沙粒径增大，离心泵过流部件表面的磨损面积减小，磨损强度增强；随着泥沙浓度增大，离心泵过流部件表面的磨损面积和磨损强度都增大。

【关键词】 离心泵；泥沙浓度；泥沙粒径；磨损特性；数值模拟

1 引言

我国多泥沙河流，年平均输沙量在 1000 万吨以上的河流有 115 条。水流含沙量高，水力机械过流部件磨损严重，特别是叶片和转轮的泥沙磨损问题突出，导致机组出力不足，寿命缩短，效率下降，运行可靠性降低。水力机械泥沙磨损严重威胁着我国水电站和泵站的安全经济运行，是解决的关键技术难题。

目前，水沙两相流研究多采用欧拉-拉格朗日方法，重点关注泥沙颗粒的运动特性。许洪元等采用欧拉-拉格朗日方法模拟了毫米级固体颗粒在离心泵叶轮内的运动状态，得出了颗粒运动的主要影响因素有密度、粒径、叶轮的转速和叶片角等。李仁年等分别采用双流体模型、DDPM 稠密离散相模型模拟了小尺寸固体颗粒在螺旋离心泵内部的流动，研究了颗粒粒径和体积分数对离心泵内部流动及过流部件磨损的影响。钱忠东等采用离散相模型模拟双吸式离心泵内的水沙流动，得出了叶片不同工作面的磨损特性。汪家琼等使用 CFX 的颗粒轨道模型模拟了离心泵内固-液两相流动，发现颗粒直径的增大导致过流部件内固相颗粒的滑移速度增大，颗粒会向叶片工作面偏移。在磨损预估方面，基于经验模型发展出了多种磨损预估模型，如 Finnie 模型、Grant 模型、Tabakoff 模型、Elkholy 模型等。Adnan等使用CFD模拟离心泵泵壳的泥沙磨损，发现泥沙磨损程度随颗粒冲击速度、质量浓度和粒径的变化而变化。黄先北等基于Tabakoff磨损模型和两相流颗粒轨道模型分析了不同泥沙条件下的固相颗粒运动轨迹及磨损规律。

水沙两相流及磨损预测已发展出了多种方法并被广泛应用于水力机械，但由于固液两相间作用机理复杂，壁面磨损特性由于运行工况、水流条件及泥沙物性的复杂多变而无法定量分析，水力机械泥沙磨损相关的理论分析、数学建模和试验研究仍然十分复杂和困难。

本文将基于欧拉-拉格朗日方法和Finnie模型对离心泵过流部件磨损特性进行预测，研究不同扬程和泥沙参数对离心泵过流部件磨损特性的影响规律，为离心泵磨损特性的优化设计奠定基础。

2　计算模型

2.1　物理模型及计算域

本文研究的离心泵参数如下：额定转速为428.6r/min，设计扬程为225.80m，设计流量19.257m^3/s，叶轮叶片数为9，导叶叶片数为14。其数值计算域由入口延伸段、叶轮域、导叶域及出口延伸段四部分组成。计算域几何模型如图1所示。

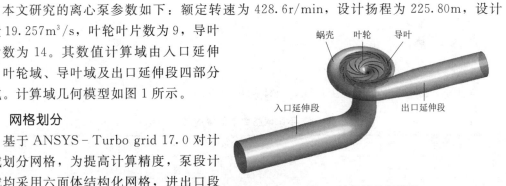

图1　计算域几何模型

2.2　网格划分

基于ANSYS-Turbo grid 17.0对计算域划分网格，为提高计算精度，泵段计算域均采用六面体结构化网格，进出口段采用四面体非结构网格，并在叶片附近进行局部加密以捕捉精细的流动特征，如图2所示。

（a）整体网格

（b）叶轮及导叶网格

（c）局部网格细节

图2　计算域网格划分

2.3　数值计算方法

本文采用ANSYS CFX 17.0对离心泵水沙两相流进行求解。求解内部流场时湍流模型采用 RNG $k-\varepsilon$ 模型，边界条件采用压力入口边界及压力出口边界，壁面采用 Scalable 壁面函数进行求解。为了耦合转动部分和静止部分，进水段与旋转域、旋转域与静止域之间采用冻结转子方法建立交界面进行连接。

计算输送含沙水工况时，固液两相流模型采用欧拉-拉格朗日模型，将液相视为连续相，颗粒相视为离散相，分别求解液相和固相的控制方程。采用 Finnie 模型对过流部件的磨损情况进行求解。该模型中，过流部件壁面由颗粒的撞击效应造成的磨损是关于颗粒冲击、颗粒及壁面属性的函数，模型表达式为

$$E = c\,\frac{m_p}{VHN}v_p^2 f(\alpha)$$

式中　E——单位面积单位时间内物体表面的体积磨损率（对应磨损深度）；

　　　c——颗粒切削材料的理论系数，一般取 $c=0.5$；

　VHN——磨损件表面的维氏硬度；

　　m_p——单位时间内撞击单位面积的颗粒质量；

　　v_p——颗粒在物体表面的速度；

　　α——颗粒冲角；

$f(\alpha)$——颗粒冲角函数。

2.4　网格无关性验证

采用 4 套网格进行无关性验证，具体网格数见表 1。

表 1　　　　　　　　　　　　　　　不同网格数下的泵效率

网格	网格 1	网格 2	网格 3	网格 4
网格数/10^6	6.7	7.1	7.5	8.1
效率/%	83.7	86.9	87.8	87.9

从表 2 可以看到，随着网格数的增加，离心泵的效率趋于稳定，综合考虑计算资源的计算精度，最终选取网格 3，网格数为 7.53×10^6 进行数值模拟。

3　计算结果和分析

3.1　转轮内部流场特征

在泥沙浓度为 $0.745\mathrm{kg/m^3}$ 和泥沙粒径为 $0.0153\mathrm{mm}$ 的工况下，离心泵内部压力场分布如图 3 所示。对比清水工况，结果发现叶轮及导叶内部压力分布无明显变化，这是因为泥沙体积分数小于 0.05%，泥沙含量很低，泥沙对流场影响微小。因此，在泥沙含量较低时，泥沙对离心泵内部流场影响并不明显，减少水泵进口泥沙含量是保证其长期稳定运行的关键。

3.2　扬程对离心泵磨损特性的影响

在给定泥沙粒径 $0.0153\mathrm{mm}$、泥沙浓度 $0.745\mathrm{kg/m^3}$ 的工况下，分析不同扬程对离心泵磨损特性的影响。图 4 给出了三种扬程下离心泵叶轮及导叶的磨损特性。三种工况下，磨损区域都主要集中在叶片吸力面出口处，且随着扬程的下降磨损面积增大。主要原因是

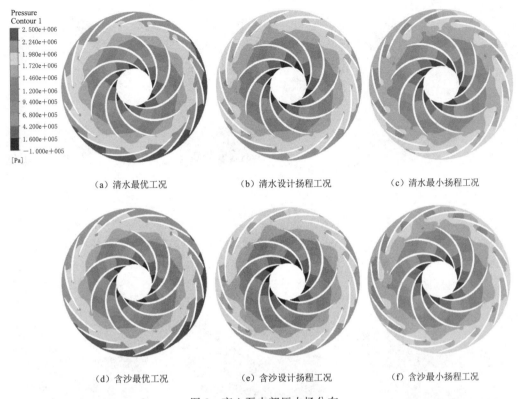

（a）清水最优工况　　　　　　（b）清水设计扬程工况　　　　　　（c）清水最小扬程工况

（d）含沙最优工况　　　　　　（e）含沙设计扬程工况　　　　　　（f）含沙最小扬程工况

图 3　离心泵内部压力场分布

扬程下降而流量增加，使得更多颗粒撞击至叶片表面，导致叶片磨损面积增大。同时，流量增加导致流速加大，颗粒撞击叶片表面的速度增大，而磨损强度与速度平方正相关，磨损强度增大。因此，为减少泥沙对过流部件的磨损，应避免水泵长期在大流量区运行。

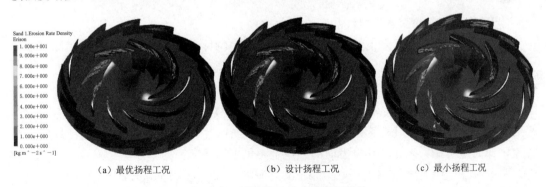

（a）最优扬程工况　　　　　　（b）设计扬程工况　　　　　　（c）最小扬程工况

图 4　离心泵叶轮及导叶的磨损特性

图 5 给出三种扬程下离心泵蜗壳的磨损特性。由图可知，蜗壳的磨损主要集中于蜗壳外侧，且隔舌处最为严重。这是由于含沙水流流经蜗壳时，泥沙撞击蜗壳外侧导致磨损，扬程下降而流量增加，使得最小扬程工况下磨损最为严重。隔舌处由于过流面积小而流速大，磨损相对严重。

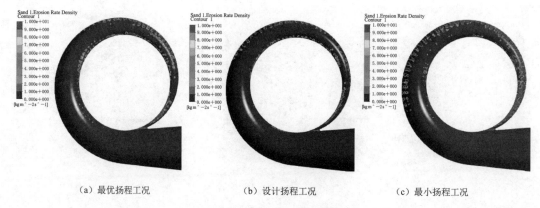

(a)最优扬程工况　　　　　　　　(b)设计扬程工况　　　　　　　　(c)最小扬程工况

图 5　离心泵蜗壳的磨损特性

　　图 6 给出三种扬程下离心泵进水段的磨损特性。进水段的磨损主要集中在弯管内侧，其原因是弯管处的二次流使得沙粒作用于内侧壁面，产生较强磨损。随着流量增大，流速增大，弯管内侧磨损加重。

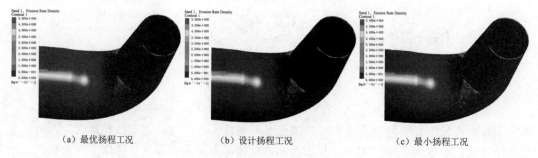

(a)最优扬程工况　　　　　　　　(b)设计扬程工况　　　　　　　　(c)最小扬程工况

图 6　离心泵进水段磨损特性

3.3　泥沙参数对离心泵磨损特性的影响

　　泥沙参数如泥沙浓度和泥沙粒径将对离心泵磨损特性产生影响。图 7 给出了泥沙浓度为 $0.745 kg/m^3$，泥沙粒径为 $0.005 mm$、$0.0153 mm$、$0.05 mm$ 的工况下叶片吸力面磨损分布。由图可知，给定泥沙粒径下随着粒径增大叶片磨损面积减小，磨损强度增强。这是因为在相同的泥沙浓度下，粒径的增大使得沙粒数量减少，与叶片表面碰撞的次数减小，磨损面积减小。泥沙在叶轮区由于离心力的作用，与叶片吸力面发生碰撞并造成磨损，在叶片尾部尤为明显，因此叶片吸力面的磨损主要集中于尾部。

　　图 8 给出了泥沙粒径为 $0.005 mm$，泥沙浓度为 $0.08 kg/m^3$、$0.745 kg/m^3$、$1.23 kg/m^3$ 的工况下叶片吸力面磨损分布。由图可知，泥沙粒径较小时，磨损区域分布呈现类梯形状，靠近叶片出口处磨损面积较小，靠近叶片中部磨损面积较大。随着泥沙浓度的增加，叶片表面的磨损面积显著增大，且磨损强度也显著增强。由此可知，泥沙浓度对叶片表面磨损特性的影响要大于泥沙粒径，是影响离心泵内磨损特性的主要因素。

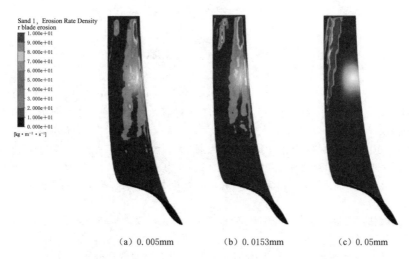

（a）0.005mm　　　　　　（b）0.0153mm　　　　　　（c）0.05mm

图 7　泥沙浓度 0.745kg/m³ 下不同泥沙粒径的叶片磨损分布

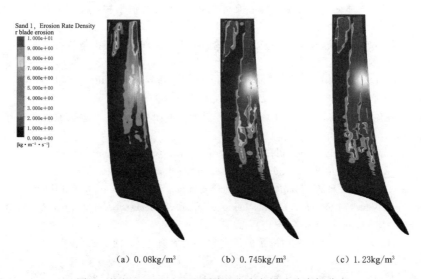

（a）0.08kg/m³　　　　　　（b）0.745kg/m³　　　　　　（c）1.23kg/m³

图 8　粒径 0.005mm 下不同泥沙浓度的叶片磨损分布

4　结语

本文基于欧拉-拉格朗日方法和 Finnie 模型对离心泵过流部件磨损特性进行了数值模拟，研究了不同扬程、不同泥沙浓度和不同泥沙粒径下离心泵磨损特性的变化规律，结论如下：

（1）泥沙浓度较低时，离心泵内部压力分布与清水工况下几乎相同，低浓度泥沙对离心泵内部压力影响较小。

（2）随着扬程降低而流量增大，离心泵过流部件表面的磨损面积增大，磨损强度增强，为减少磨损应避免水泵在大流量工况下运行。

（3）随着泥沙粒径增大，离心泵过流部件表面的磨损面积减小，磨损强度增强。随着泥沙浓度增大，离心泵过流部件表面的磨损面积和磨损强度都增大。

参 考 文 献

[1] 王志高. 我国水机磨蚀的现状和防护措施的进展 [J]. 水利水电工程设计，2002 (3)：1-4.

[2] 梁武科，罗兴锜，廖伟丽. 含沙水流中金属材料磨蚀机理分析 [J]. 陕西水力发电，1996，12 (3)：42-46.

[3] 胡少坤. 我国水机磨蚀的现状及防护材料的发展 [J]. 水科学与工程技术，2009 (1)：55-56.

[4] 顾四行. 我国有关水机磨蚀研究和防护措施 [J]. 水力发电学报，1991 (3)：27-38.

[5] 许洪元，吴玉林，高志强，等. 稀相固粒在离心泵轮中的运动实验研究和数值分析 [J]. 水利学报，1997 (9)：13-19.

[6] 李仁年，韩伟，刘胜，等. 小粒径固液两相流在螺旋离心泵内运动的数值分析 [J]. 兰州理工大学学报，2007 (1)：55-58.

[7] 李仁年，辛芳，韩伟，等. 基于 DDPM 的螺旋离心泵磨蚀特性分析 [J]. 兰州理工大学学报，2017，43 (3)：54-60.

[8] 钱忠东，王焱，郜元勇. 双吸式离心泵叶轮泥沙磨损数值模拟 [J]. 水力发电学报，2012，31 (3)：223-229.

[9] 汪家琼，蒋万明，孔繁余，等. 固液两相流离心泵内部流场数值模拟与磨损特性 [J]. 农业机械学报，2013，44 (11)：53-60.

[10] Noon A A，Kim M H. Erosion wear on centrifugal pump casing due to slurry flow [J]. Wear，2016，364-365：103-111.

[11] 黄先北，杨硕，刘竹青，等. 基于颗粒轨道模型的离心泵叶轮泥沙磨损数值预测 [J]. 农业机械学报，2016，47 (8)：35-41.

[12] Thapa B S. Optimizing runner blade profile of Francis turbine to minimize sediment erosion [J]. IOP Conference Series：Earth and Environmental Science，2012，15 (3).

[13] Gautam S，Neopane H P，Thapa B S，et al. Numerical Investigation of the Effects of Leakage Flow From Guide Vanes of Francis Turbines using Alternative Clearance Gap Method [J]. Journal of Applied Fluid Mechanics，2020，13 (5)：1407-1419.

[14] 张敬斋，汪军，杨骏. 固液两相流泵的研究现状及展望 [J]. 能源研究与信息，2014，30 (1)：1-6，17.

[15] 路金喜，杜贵荣. 泥沙对水泵性能参数的影响研究 [J]. 排灌机械，2003 (3)：13-16.

[16] Shun Y K，Tan C S，Cumpsty N A. Impeller diffuser interaction in a centrifugal compressor [J]. Journal of Turbo Machinery，2000，122 (4)：777-786.

过 渡 过 程

河南天池抽水蓄能电站导叶关闭规律浅析

王胜军[1]　董政淼[1]　陈顺义[2]　李高会[2]

(1. 河南天池抽水蓄能有限公司　河南　南阳　473000；

2. 华电勘测设计研究院有限公司　浙江　杭州　310000)

【摘　要】 鉴于抽水蓄能机组水头高、工况转换频繁及输水系统双向水流等特性，为保证水泵水轮机大波动调节过程中流道内压力波动以及机组转速上升满足设计规定的限制值，保证机组的长期安全可靠运行，需分别在水轮机工况和水泵工况下对导叶关闭规律进行合理优化。本文在该电站供货主机设备厂家经过过渡过程计算推荐导叶关闭规律的前提下，以第三方计算成果验证主机厂家选取导叶关闭规律的合理性。同时，对同类型电站不同工况下导叶关闭规律的选取及优化也有指导意义。

【关键词】 抽水蓄能电站；导叶关闭规律；甩负荷；水轮机工况；水泵工况

1　电站概况

河南天池抽水蓄能电站位于河南省南阳市南召县马市坪乡境内，属一等大（1）型工程，调节性能为周调节，其地下厂房布置 4 台单机容量 300MW 的单级立轴单转速混流可逆式水泵水轮电动发电机组，额定转速 500r/min，水轮机工况额定水头为 510m。枢纽工程主要由上水库、下水库、引水系统和地下厂房等 4 部分组成，上、下库之间的水平距离约 3376m，距高比 6.6。引水系统采用一管两机布置型式，管线总长度约 3200m；尾水系统采用单洞单机布置型式，管线长度约 460m。

2　计算背景

该电站主机设备由福伊特水电公司设计制造，根据其转轮模型特性曲线，该电站水泵水轮机 "S" 区比较陡峭，引水系统水流惯性时间常数 T_w 较大。福伊特水电公司水力过渡过程计算报告中明确：为避免关机规律复杂导致失效而引起严重事故，采取一段线型关机规律模式，水轮机模式下采用 30s 关机规律，水泵模式下采用 15s 关机规律。

该计算成果由瑞士联邦理工学院（洛桑）和伊特水电公司共同开发的 SIMSEN 3.0.1 版软件分析得出，其引水系统压力脉动引起的压力上升按甩前净水头的 5% 选取，计算误差按压力上升值的 10% 选取；尾水系统涡流引起的压力下降按甩前净水头的 2% 选取，计算误差按尾水管进口压力下降值的 7% 选取。

另外，该电站设计单位对厂家推荐的导叶关闭规律也进行了复核并认同。

3 导叶关闭规律

该电站水力过渡过程第三方复核由华东院采用复杂系统水力过渡过程仿真计算软件 Hysim 进行，通过仿真计算软件，分别在水轮机工况和水泵工况下选取典型计算工况，在厂家推荐导叶关闭规律的基础下合理扩大计算分析范围，从而对厂家推荐的导叶关闭规律进行合理优化。

3.1 水轮机工况导叶关闭规律

根据水力过渡过程分析，抽水蓄能机组水轮机工况下导叶关闭规律主要影响机组蜗壳最大压力、尾水管进口最小压力以及机组转速最大上升率，正常设计工况下极端情况为同一水力单元双机同时甩负荷，；考虑到同一水力单元双机相继甩负荷在电站机组运行过程中也可能发生，故两种工况均需进行计算分析。根据厂家推荐水轮机工况 30s 直线关机规律，此次两种工况计算分析分别取 20s、25s、30s、35s、40s 一段直线关闭规律进，工况及计算结果见表1，如图1～图3所示。

表 1 水轮机工况导叶关闭的代表性工况

工况编号	上库水位/m	下库水位/m	负荷变化	工 况 说 明	计算工况
T_1	1063.00	510.00	1台→2台→0	上库正常蓄水位，下库死水位，最大水头，同一水力单元一台机组额定出力运行，另一台机组开启至满负荷后，在调压室水位最高时，两台机突甩全负荷，导叶正常关闭	设计工况
T_2	1063.00	510.00	2台→1台→0	上库正常蓄水位，下库死水位，最大水头，同一水力单元两台机组额定出力运行时，相继甩负荷，导叶正常关闭	校核工况

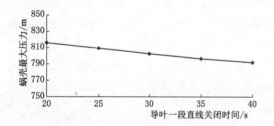

图 1 工况 T_1 蜗壳最大压力随导叶关闭规律变化

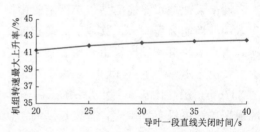

图 2 工况 T_2 机组转速最大上升率随导叶关闭规律变化

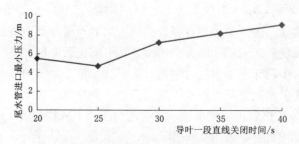

图 3 工况 T_2 尾水管进口最小压力随导叶关闭规律变化

3.2　水泵工况导叶关闭规律

根据水力过渡过程分析,水泵工况导叶关闭规律主要影响尾水管最大压力值和机组反转最大转速。根据水泵设计工况及校核工况,最极端条件为设计工况中同一水力单元两台机组水泵运行过程中同时甩负荷情况,此时尾水管进口压力会随之上升,同时,机组可能产生反转情况。因此,根据厂家推荐水泵工况 15s 直线关机规律,此次工况计算分析分别取 10s、15s、20s、25s、30s 一段直线关闭规律进,工况及计算结果见表 2,如图 4、图 5 所示。

表 2　　　　　　　　　　水泵导叶关闭规律优化的代表性工况

工况编号	上库水位/m	下库水位/m	负荷变化	工况说明	计算工况
T3	1020.00	537.50	2 台→0	上库死水位,下库正常蓄水位,最小扬程,两台机组正常工作时突然断电,导叶正常关闭	设计工况

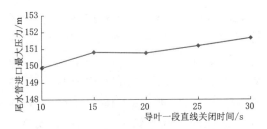

图 4　尾水管最大压力随导叶关闭规律变化

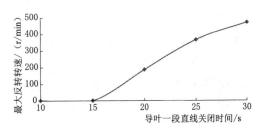

图 5　机组最大反转转速随导叶关闭规律变化

4　对比分析

4.1　计算控制值

(1) 机组蜗壳最大压力上升率不大于 30%(相当于初始静水压 816.40m 水头),在任何情况下 816.40m 水头。蜗壳压力不大于 880m 水头。

(2) 设计工况,尾水管进口最小压力计算值在考虑压力脉动和计算误差后应不低于 0m 水头。校核工况,尾水管进口最小压力计算值在考虑压力脉动和计算误差后应不低于 -8m 水头。

(3) 机组最大转速上升率 $\zeta_{max} \leqslant 45\%$。

4.2　水轮机工况

由图 1～图 3 可知,水轮机工况下,随着导叶关闭时间的增长,蜗壳最大压力呈下降趋势,机组最大转速上升率呈上升趋势,尾水管进口最小压力经下降后逐步上升。

当导叶关闭时间取 20s 时,机组蜗壳压力达到 815.85m 水头,接近蜗壳最大压力控制要求,且尾水管进口最小压力达到 5.32m 水头,考虑到尾水涡流引起的压力下降及计算误差,尾水管进口最小压力经修正后不满足控制要求,水轮机工况导叶 20s 直线关闭规律不可取;当导叶关闭规律取 25s 时,两种工况蜗壳最大压力控制均满足要求,设计工况下尾水管进口最小压力裕度也较大,但校核工况下尾水管进水口最小压力 4.40m 水头,经修正后不满足要求，水轮机工况导叶 25s 直线关闭规律也不可取；当导叶关闭时间取 30s、35s、40s 时，蜗壳最大压力控制、机组最大转速上升率、尾水管进口最小压力控制均满足要求，但考虑到随着导叶关闭时间的延长，压力脉动影响带来的不可预知因素会增大。鉴于上述分析，水轮机工况 30s 一段直线导叶关闭规律最合理，此结果与厂家推荐方案吻合。

4.3 水泵工况

由图 4 和图 5 得知，水泵工况下随着导叶关闭时间的增长，尾水管进口最大压力变化幅度不大，当导叶关闭时间小于 15s 时，机组未发生反转。

当导叶关闭时间取 10s 时，尾水管进口最大压力位 141.99m 水头，经修正后为 155.81m 水头，对比于 15s、20s、25s、30s 导叶关闭时间，尾水管进口最大压力最小，且机组未发生反转；20s、25s、30s 导叶关闭时间尾水管最大压力 143.49m 水头，经修正后 151.66m 水头，均满足尾水管进口最大压力控制要求。同时，对于抽水蓄能机组，发生反转对机组的影响有限。因此，水泵工况下 10s、15s、20s、25s、30s 导叶一段直线关闭规律均满足控制要求，10s 导叶一段直线关闭规律各项数据最好，15s 导叶一度直线关闭规律各项数据次之。但考虑导叶接力器的动作特性，10s 导叶一段直线关闭时间过快，导叶接力器可能无法满足。同时，厂家推荐的水泵工况导叶 15s 导叶一段直线关闭规律也满足各项指标控制。所以，水泵工况仍采用厂家推荐的 15s 一段直线导叶关闭规律。

另外，导叶关闭规律明确后，中国电建集团华东勘测设计研究院有限公司根据电站输水系统布置、转轮模型特性曲线，利用仿真软件 Hysim 对水泵水轮机设计工况、校核工况、水力干扰分别计算分析并与厂家计算结果对比，最终结果与厂家过渡过程计算结果吻合，验证了厂家水力过渡过程计算分析的合理性。

5 结语

在水力机械参数确定的情况下，水力过渡过程特性主要取决于导叶关闭规律。对于抽水蓄能电站而言，因其承担电网调峰、调频及事故备用等任务，工况转换尤为频繁，导叶关闭规律的合理优化对机组水力过渡特性至关重要。因此，水力过渡过程研究水泵水轮机各种过渡过程特性，找出合理可靠的调节方法，选取合适的水泵水轮机导叶关闭规律，保证水泵水轮机大波动调节过程中流道内压力波动及机组转速上升满足设计规定的限制值，对抽水蓄能的稳定高效和经济运行有重要意义。

参　考　文　献

[1] 余雪松，李高会. 某抽水蓄能电站甩负荷试验与仿真计算分析 [J]. 水电能源科学，2016，34 (1)：163 - 165.

[2] 李高会，周天驰，潘文祥. 多机一室长廊型调压室水力过渡过程数值仿真研究 [J]. 水电能源科学，2019，37 (12)：127 - 131.

[3] 唐拥军，喻冉. 洪屏抽水蓄能电站水泵方向导叶关闭优化处理 [J]. 水电与抽水蓄能，2019，5 (1)：78，79 - 83.

地下式厂房、具有复杂引水系统水电站的调节保证分析计算

赵　燕　沈钊根　章焕能　王　林

（浙江富春江水电设备有限公司　浙江　杭州　311121）

【摘　要】 本文针对地下式厂房、具有复杂引水系统的水电站，对机组大波动、小波动、水力干扰和导叶关闭规律进行数值仿真计算，为同类型水电站的调节保证分析计算提供参考，为水轮发电机组安全、稳定运行提供依据。

【关键词】 过渡过程；关闭规律；大波动；小波动；水力干扰；压力上升；转速上升

1　引言

近年来中国水电工程快速开发建设，受地理环境的限制影响，许多大型电站采用地下式厂房且输水管线较长，系统较为复杂，调节保证也相对复杂。本文以某水电站为例，根据水轮机模型试验结果，采用计算机数字模拟仿真计算方法，对水轮发电机组各种不同甩负荷过渡过程工况进行仿真分析计算，优化导叶关闭规律，计算各设计工况和校核工况的压力上升值、转速上升值、尾水管压力值以及尾水调压室的涌浪水位；并采用数值计算方法对小波动、水力干扰工况进行计算，判断小波动收敛性和水力干扰对机组运行的影响。

2　过渡过程分析计算方法

本文应用特征线法编程计算，计算水轮机管道中水流的瞬变流态。在假定条件下建立流量变化和压力波动间的基本方程。

方程应用于压力钢管中某一断面时，此断面由 x 坐标轴定位（由水流的反方向测定）。在时间 t 时，考虑到水流速度远小于波速，可建立如下方程

动态方程：
$$\rho \frac{\partial V}{\partial t} = -\frac{\partial P}{\partial x} \Leftrightarrow \frac{\partial H}{\partial x} = -\frac{1}{g}\frac{\partial V}{\partial t} = -\frac{1}{gs}\frac{\partial Q}{\partial t} \tag{1}$$

质量守恒方程：
$$\frac{\partial P}{\partial t} = -E\frac{\partial V}{\partial x} \Leftrightarrow -\frac{a^2}{g}\frac{\partial V}{\partial x} = -\frac{a^2}{gs}\frac{\partial Q}{\partial x} \tag{2}$$

管路内流态假定为理想一元流动，由于时间 t 和坐标 x 的连续性，式（1）和式（2）可变为

$$H_{(x,t)} = f_{1(x-at)} + f_{2(x+at)} \tag{3}$$

$$Q_{(x,t)} = \frac{sg}{a} \left[f_{1(x-at)} - f_{2(x+at)} \right] \tag{4}$$

f_1 和 f_2 是自变量 "$x+at$" 和 "$x-at$" 的任意函数。由此，沿着管线坐标轴分布的任意一点的压力 H 和流量 Q（在时刻为 t 时，位置为 x）由上述两式叠加求解可得。

本过渡过程程序是采用逐步迭代的数值近似法将上述两基本方程求解编制而成的。

以长度 $\Delta x = a \Delta t$ 为单位将压力钢管分段，各段两端为节点，求解各节点处压力 H 和流量 Q。

3 水电站工程概况

某水电站采用坝式开发，发电厂房采用地下式，厂内安装 4 台容量 500MW 的立轴混流式水轮发电机组，采用"单机单管供水"及"两机一室一洞"的布置格局，引水发电建筑物主要包括进水口、压力管道、主厂房、地下副厂房、主变室、尾水调压室、尾水隧洞、尾水塔、地面 GIS 开关站和地面副厂房。

3.1 水电站的水库特性

水电站的水库特性见表 1。

表 1　　　　　　　　　　水 电 站 的 水 库 特 性　　　　　　　　　　单位：m

上 游 水 位		尾 水 位	
校核洪水位	2504.42	下游校核洪水位	2264.99
设计洪水位	2501.44	正常尾水位	2253.07
正常蓄水位	2500.00	两台机运行尾水位	2251.12
		一台机运行水位	2249.39

3.2 水轮发电机组主要参数

水轮发电机组主要参数见表 2。

表 2　　　　　　　　　　水轮发电机组主要参数

水轮机型号	HL－LJ－580	超发出力 N_{max}/MW	567
水轮机结构型式	立轴混流式	额定/飞逸转速 n_r/n_f/(r/min)	166.7/320
转轮直径 D_1/m	5.8	发电结构型式	立轴半伞式
最大/额定/最小水头 $H_{max}/H_r/H_{min}$/m	251.4/215.0/161.6	发电机转动惯量 GD^2/(t·m²)	≥70000
机组容量（MW）×台数	500×4	水轮机＋水体转动惯量 GD^2/(t·m²)	≥2500
水轮机额定出力 N_r/MW	510		

4 调节保证计算

4.1 管路特性

4.1.1 管路粗糙率

（1）钢筋混凝土衬砌段，糙率 $n=0.012\sim0.016$，平均糙率 $n=0.014$。

（2）钢板衬砌段，糙率 $n=0.011\sim0.013$，平均糙率 $n=0.012$。

4.1.2 引水管路系统计算简图

为便于计算，引水发电系统布置图简化为如图 1 所示的输水管路系统简化示意图。

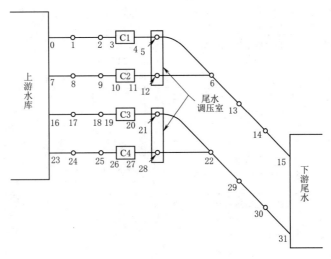

图 1　输水管路系统简化示意图

上游压力引水管为单管单机，在尾水管建有尾水调压室，在尾水调压室后将两台机组尾水管汇总为一个尾水隧洞引出到下游，因此只需计算同一输水系统两台机组的大波动过渡过程即可。

4.2　大波动过渡过程计算

4.2.1　计算工况

大波动过渡过程计算工况见表 3。

表 3　　　　　　　　　　大波动过渡过程计算工况

工况编号	工况说明	上游水位 /m	尾水位 /m	水轮机运行状态 /MW		备注
设计工况						
DT1	上游较低蓄水位，下游四台机组运行尾水位，四台机组额定工况运行，同一输水单元两台机组同时甩全负荷	2471.00	2253.07	1号	510↓0	
				2号	510↓0	
				3，4号	510—	
DT2	上游正常蓄水位，下游两台机组运行尾水位，另两台机组停机。同一输水单元两台机组额定功率运行同时甩全负荷	2500.00	2251.12	1号	510↓0	
				2号	510↓0	
				3，4号	停机	
DT3	上游合适蓄水位，下游两台机组运行尾水位，同一输水单元，一台机组额定负荷运行，另一台机组由空载增至额定负荷。尾水调压室水位最低时同时甩全负荷	2469.05	2251.12	1号	510↓0	
				2号	0→510↓0	
				3，4号	停机	
DT4	上游设计洪水位，下游设计洪水尾水位，同一输水单元，一台机组额定负荷运行，另一台机组由空载增至额定负荷，当流出调压室流量最大时，两台机组同时甩全部负荷	2501.44	2263.2	1号	510↓0	
				2号	0→510↓0	
				3，4号	停机或运行	

工况编号	工 况 说 明	上游水位/m	尾水位/m	水轮机运行状态/MW		备注
校核工况						
CT1	上游较低蓄水位，下游四台机组运行尾水位，四台机组额定工况运行，同一输水单元两台机组同时甩全负荷，一台机组导叶拒动	2471.00	2253.07	1，2号	510↓0	
				3，4号	510—	
CT2	上游设计洪水位，下游两台机组运行尾水位，另两台机组停机。同一输水单元两台机组额定功率运行同时甩全负荷	2501.44	2251.12	1，2号	510↓0	
				3，4号	停机	
CT3	上游合适蓄水位，下游两台机组运行尾水位，另两台机组停机。两台机组超出力运行同时甩全负荷	2484.40	2251.12	1，2号	567↓0	尾调最低涌波
				3，4号	停机	
CT4	上游合适蓄水位，下游两台机组运行尾水位，同一输水单元，两台机组超出力运行，一台机组甩全负荷，尾水调压室水位最低时第二台机组甩全负荷	2484.40	2251.12	1，2号	567↓0	最大转速
				3，4号	停机	
CT5	上游校核洪水位，下游校核洪水尾水位，同一输水单元，一台机组额定负荷运行，另一台机组由空载增至额定负荷，当流出调压室流量最大时，两台机组同时甩全部负荷	2504.42	2264.99	1号	510↓0	最高蜗压，尾调最高涌波
				2号	0→510↓0	
				3，4号	停机或运行	
CT6	上游较低蓄水位，下游一台机组运行尾水位，另三台机组停机，该机组由空载增负荷至最大出力运行，当调压室水位最低时，机组事故停机	2481.60	2249.39	1号	0→567↓0	最低尾压
				2，3，4号	停机	

4.2.2 调速器关闭规律的选择

导叶关闭采用直线关闭方式，关闭规律曲线如图2所示。

4.2.3 计算结果汇总

经过对多种不同关闭时间的计算，发现关闭时间 $T_s = 10 \sim 12s$ 时，计算结果均能满足要求，考虑到一定的余量，推荐采用 $T_s = 11s$ 的直线关闭规律。不同工况下甩负荷计算结果见表4。

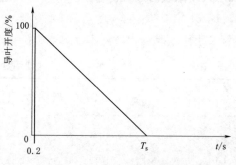

图2 导叶直线关闭规律曲线

表4　　　　　大波动过渡过程计算结果汇总 （$T_s = 11s$）

计算工况	机组编号	水头 H/m	出力状态 N/MW	转速上升率 β/%	蜗壳压力值/m	尾水管压力/m	调压室最高/最低涌浪水位/m
DT1	1号	215.00	510↓0	42.7	270.2	4.0	2258.8/2243.8
	2号	214.90	510↓0	42.7	270.2	4.1	
DT2	1号	246.70	510↓0	34.1	306.6	4.0	2256.4/2243.1
	2号	246.60	510↓0	34.1	306.6	4.1	
DT3	1号	215.70	510↓0	43.0	268.8	−0.2	2257.6/2240.9
	2号	217.40	0→510↓0	42.2	269.0	0.3	

计算工况	机组编号	水头 H/m	出力状态 N/MW	转速上升率 $\beta/\%$	蜗壳压力值 $/m$	尾水管压力 $/m$	调压室最高/最低涌浪水位/m
DT4	1号	236.50	510↓0	36.6	305.8	10.9	2269.9/2252.8
	2号	237.80	0→510↓0	37.8	305.7	10.6	
CT1	1号	215.00	510↓0	42.5	270.3	6.2	2257.5/2247.1
	2号	214.90	510↓0	71.4	238.9	6.4	
CT2	1号	248.10	510↓0	33.9	308.2	4.1	2256.4/2243.1
	2号	248.10	510↓0	33.9	308.2	4.2	
CT3	1号	230.00	567↓0	46.9	285.3	1.1	2257.0/2241.5
	2号	230.00	567↓0	46.9	285.3	1.3	
CT4	1号	230.00	567↓0	46.7	285.5	3.4	2256.2/2243.5
	2号	230.00	567↓0	48.2	286.3	−3.0	
CT5	1号	237.70	510↓0	36.2	309.1	12.8	2271.7/2254.6
	2号	239.00	0→510↓0	37.3	308.9	12.5	
CT6	1号	230.00	0→567↓0	44.1	283.8	−3.6	2255.6/2241.6
	2号	—	停机	—	—	—	
过渡过程控制值				≤50	≤320	≥−5.5	2274.0/2232.5

4.2.4 大波动过渡过程极值工况结果曲线

大波动过渡过程极值工况结果曲线如图3～图8所示。

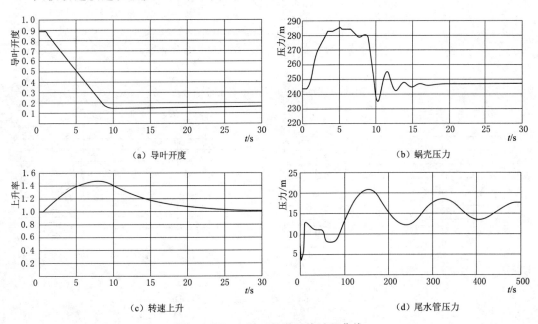

（a）导叶开度

（b）蜗壳压力

（c）转速上升

（d）尾水管压力

图3 CT4工况1号机过渡过程曲线

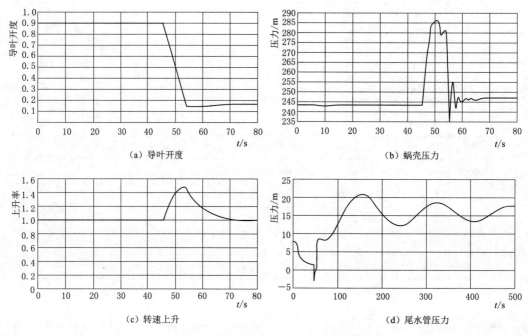

（a）导叶开度

（b）蜗壳压力

（c）转速上升

（d）尾水管压力

图 4　CT4 工况 2 号机过渡过程曲线

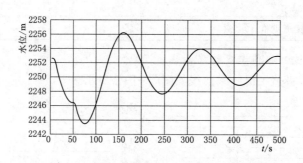

图 5　CT4 工况 0 号调压室水位曲线

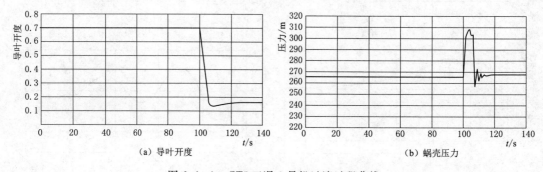

（a）导叶开度

（b）蜗壳压力

图 6（一）　CT5 工况 1 号机过渡过程曲线

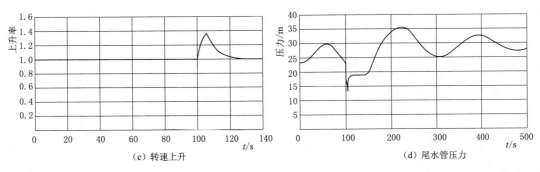

（c）转速上升   （d）尾水管压力

图 6（二）　CT5 工况 1 号机过渡过程曲线

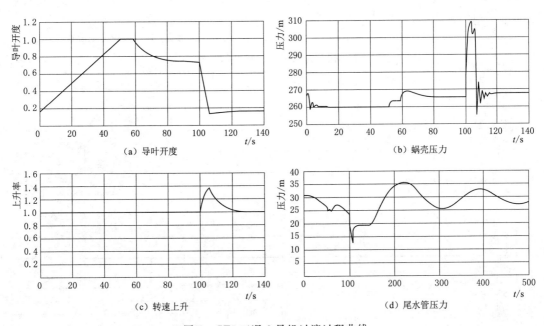

（a）导叶开度   （b）蜗壳压力

（c）转速上升   （d）尾水管压力

图 7　CT5 工况 2 号机过渡过程曲线

4.3　小波动过渡过程计算

4.3.1　计算工况

小波动过渡过程计算工况见表 5。

4.3.2　计算结果汇总

计算中利用多组不同的 PID 参数进行计算，最终选用 PID 参数值如下：$K_P = 1.0$，$K_i = 0.18$，$K_d = 0.0$，$b_p = 0.04$，$b_t = 1.0$，$T_d = 5.6s$，$T_n = 0.0s$。小波动过渡过程计算结果汇总见表 6。

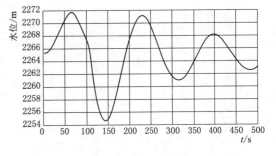

图 8　CT5 工况 0 号调压室水位曲线

4.3.3　小波动过渡过程曲线

同一水里单元两台机组小波动过渡过程完全相同，给出 1 号机组相应曲线，如图 9～图 11 所示。

表 5 小波动过渡过程计算工况

序号	工况说明	上游水位/m	尾水位/m	机组编号	波动前状态
SF1	上游合适蓄水位，下游四台机组运行尾水位，四台机组额定水头附近运行，同一输水单元两台机组由空载同时增负荷10%	2471.00	2253.07	1、2号	0→51MW
				3、4号	510MW
SF2	上游合适蓄水位，下游四台机组运行尾水位，四台机组额定水头运行，同一输水单元两台机组由额定功率同时减负荷10%	2471.00	2253.07	1、2号	510→459MW
				3、4号	510MW
SF3	上游合适蓄水位，下游四台机组运行尾水位，四台机组额定水头运行，同一输水单元两台机组由90%负荷同时增负荷10%	2471.00	2253.07	1、2号	459→510MW
				3、4号	510MW

表 6 小波动过渡过程计算结果汇总

工况	机组编号	相对频率 n_1/Hz	n_1 发生时间/s	相对频率 n_2/Hz	n_2 发生时间/s	最大转速偏差/%	调节时间/s	振荡次数	衰减度/%
SF1	1号	−0.63	2.62	−0.1	11.66	1.26	11.66	0.5	86.3
	2号	−0.63	2.62	−0.1	11.66	1.26	11.66	0.5	86.3
SF2	1号	+2.37	9.0	+0.1	30.32	4.54	30.32	0.5	91
	2号	+2.37	9.0	+0.1	30.32	4.54	30.32	0.5	91
SF3	1号	−2.28	8.72	−0.1	35.12	4.56	35.12	0.5	91
	2号	−2.28	8.72	−0.1	35.12	4.56	35.12	0.5	91
小波动过渡过程控制值						—	≤40.8	2	≥80

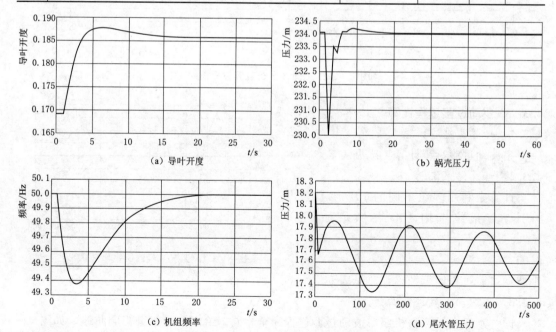

图 9　SF1工况1号机组小波动过渡过程曲线

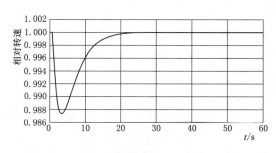

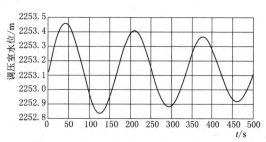

图10 SF1工况1号机组小波动过渡过程
转速变化相对值曲线

图11 SF1工况0号调压室水位曲线

4.4 水力干扰工况过渡过程计算

4.4.1 水力干扰工况说明

水力干扰工况见表7。

表7　　　　　　　　　　水 力 干 扰 工 况

序号	工 况 说 明	上游水位/m	尾水位/m	机组编号	波动前状态
HDT1	上游合适蓄水位，下游四台机组运行尾水位，四台机组额定水头附近运行，同一输水单元两台机组一台机组甩全负荷，另一台机组正常运行	2471.00	2253.07	1号	510MW↓0
				2号	510MW
				3号	510MW
				4号	510MW

4.4.2 水力干扰工况计算结果

水力干扰过渡过程计算结果汇总见表8。

表8　　　　　　　　水力干扰过渡过程计算结果汇总

工况	机组编号	初始出力/MW	最大出力/MW	最小出力/MW	出力摆动幅度/MW	最大出力与额定出力比值	单个周期内超过额定出力持续时间/s
HDT1	1号	510	甩负荷，此处不记录数据				
	2号	510	531.4	500.6	30.8	1.04	92

5 过渡过程计算结论

5.1 大波动过渡过程计算结论

当额定水头为 $100\sim300m$ 时，蜗壳最大压力升高率保证值宜为 $25\%\sim30\%$；当机组容量占电力系统工作容量的比重较大，转速上升宜小于 50%；甩负荷时，尾水管进口断面的最大真空度保证值不应大于 $0.08MPa$。

项目要求，调节保证计算控制值如下：最大转速上升 $\beta\leqslant50\%$；最高蜗壳压力 $\leqslant320m$；尾水管最小压力 $\geqslant-5.5m$。

调压室最高涌波以上的安全超高，设计工况不小于 $1.0m$，校核工况不少于 $0.5m$。

常规水电站下游调压室最低涌波水位与尾水管顶部之间的安全高度，设计工况不低于 2.0m，校核工况不低于 1.0m。

综合考虑，尾水调压室涌浪水位控制值要求如下：调压室最高涌浪水位≤2274.00m（设计工况与校核工况均预留 1m 安全超高）；调压室最低涌浪水位≥2232.50m（调压室底部预留 1m 安全水深）。

通过计算分析，某水电站过渡过程计算值如下：导叶采用直线关闭规律，机组转速升高最大值为 48.2%，出现在 CT4 工况；蜗壳最高压力为 309.1m，出现在 CT5 工况；尾水管最低压力为 −3.6m，出现在 CT6 工况；尾水调压室最高涌波水位为 2271.70m，最低涌波水位为 2240.90m。

通过大波动计算结果分析，导叶关闭时间 T_s＝11s，机组的各个工况的转速上升、压力上升、尾水管真空度、尾水调压室涌浪均满足保证值要求。

5.2 小波动过渡过程计算结论

参照相关规定小波动过渡过程计算控制值要求如下：调节时间≤1.7×24＝40.8s，衰减度≥80%，超调量≤10%，振荡次数≤2。

本项目机组带尾水调压室，由于机组频率变化的尾波与主波难以明显区分，调节时间控制值以 40.8s 为准。本文采用了多组 PID 参数对比计算，根据计算结果进行比较选择。

通过小波动计算结果分析，调节时间≤35.12s，振荡次数≤0.5，衰减度≥86.3%，满足设计要求。

5.3 水力干扰计算控制结论

水力干扰过渡过程主要评价指标为功率摆动。功率摆动主要表现为电流随时间的变化，功率摆动时定子过电流倍数与相应的允许过载时间参照相关规定，详见表 9。

表 9　　　　　　　　　　　　　定子过电流倍数与相应的允许过载时间

定子电流/定子额定电流	允许过载时间/min	
	定子绕组空气冷却	定子绕组水内冷
1.10	60	
1.15	15	
1.20	6	
1.25	5	
1.30	4	
1.40	3	2
1.50	2	1

水力干扰计算：机组的功率摆动幅度不超过 7%，波动趋势是收敛的，机组稳定性好。

6　结语

本文通过对某地下式厂房、复杂引水系统水电站的过渡过程进行大波动、小波动和水力干扰工况计算，合理协调了导叶关闭时间、转速上升、压力上升的关系。计算结果符合相关设计标准，验证了该水电站的输水系统设计合理，为机组的稳定性行运行提供了有力的计算保证，为其他类似机组的调保计算提供了相关数据。

参 考 文 献

[1] 沈祖诒. 水轮机调节 [M]. 3 版. 北京：中国水利水电出版社，2008.

[2] 中华人民共和国国家发展和改革委员会. 水力发电厂机电设计技术规范：DL/T 5186—2004 [S]. 北京：中国电力出版社，2004.

[3] 国家能源局. 水电站调压室设计规范：NB/T 35021—2014 [S]. 北京：中国电力出版社，2014.

[4] 中华人民共和国国家质量监督检验检疫总局，中国国家标准化管理委员会. 水轮发电机基本技术条件：GB/T 7894—2009 [S]. 北京：中国标准出版社，2015.

明满流交替下水力发电系统安全运行
仿真分析

张 振[1] 杜 森[2]

(1. 青海黄河上游水电开发有限责任公司工程建设分公司 青海 西宁 810000；
2. 中国电建集团西北勘测设计研究院有限公司 陕西 西安 710065)

【摘 要】 本文通过特征线法求解有压非恒定流基本方程和明渠非恒定流方程，并结合边界条件建立起"两机一洞一室"的水力发电系统的过渡过程计算模型，使用薄板样条插值法提取全特性曲线数据。在仿真模拟中，选取特定工况对 GD^2 进行敏感性分析，在此基础上对压力水头及尾水隧洞的明满流进行计算及验证，最终完成整体的仿真计算并验证了其正确性。

【关键词】 水力发电系统；明满流；过渡过程；尾水系统

1 引言

明满流过渡过程的研究，以有压流和明渠非恒定流理论为主要基础。对于变顶高尾水洞的理论与技术的研究，主要有两个方面：一个是变顶高尾水洞中出现的明满流现象将对机组调节保证参数产生的影响，另一个是变顶高尾水洞因为明满流从而引起的有压段的长度变化以及明流段的水位波动将对机组运行稳定性及系统调节品质产生的影响。

本文建立了包含引水系统和尾水系统的水力发电系统模型，并采用特征线法来求解有压非恒定流基本方程组和一维明渠非恒定流方程组，以实现对明满流交替运行下水电站安全运行的仿真计算。同时，由于水轮机模型综合特性曲线数据有限，为获取水轮机全特性数据必须对特性曲线进行插值延展，比对了多种插值方法后，本文使用了精度更高的薄板样条插值法，以提高结果的可靠性。

为了确保大波动过渡过程计算能够顺利进行，本文在对稳定工况进行数值仿真的基础上结合优化结果，对明满流交替运行下水电站安全运行稳定性进行了计算及验证。

2 模型建立

2.1 引水系统管道模型

从流体力学可知，有压管道内非恒定流可以用偏微分方程描述，即

$$\begin{cases} L_1 = \dfrac{\partial v}{\partial t} + v\dfrac{\partial v}{\partial x} + g\dfrac{\partial H}{\partial x} + \dfrac{fv|v|}{2D} = 0 \\ L_2 = \dfrac{\partial H}{\partial t} + v\dfrac{\partial H}{\partial x} + \dfrac{a^2}{g}\dfrac{\partial v}{\partial x} + v\sin\alpha = 0 \end{cases} \tag{1}$$

式中 v——流速，m/s；

  H——测压水头，m；

  x——自上游端开始计算之距离，m；

  D——管道直径，m；

  g——重力加速度，m/s^2；

  f——摩擦系数；

  α——管道轴线和水平线夹角，rad。

C^+ 和 C^- 的特征线方程为

$$C^+ : \begin{cases} \dfrac{dH}{dt} + \dfrac{a}{g}\dfrac{dv}{dt} + v\sin\alpha + \dfrac{a}{g}\dfrac{fv|v|}{2D} = 0 \\ \dfrac{dx}{dt} = v + a \end{cases} \tag{2}$$

$$C^- : \begin{cases} -\dfrac{dH}{dt} + \dfrac{a}{g}\dfrac{dv}{dt} - v\sin\alpha + \dfrac{a}{g}\dfrac{fv|v|}{2D} = 0 \\ \dfrac{dx}{dt} = v - a \end{cases} \tag{3}$$

进行积分计算，可得

$$\begin{cases} v_p = \dfrac{C_M - C_N}{C_{aA} + C_{aB}} \\ H_p = C_M - C_{aA}\dfrac{C_M - C_N}{C_{aA} + C_{aB}} \end{cases} \tag{4}$$

可知，每一时刻的计算都需要用到上一时刻结果来充当已知量。所以只要给定初始时刻的结果就可以通过循环不断求解下去，直到设定截止时间。以上就是利用特征线积分求解有压瞬变流管道的水击计算的特征线法。

2.2 尾水系统管道模型

2.2.1 明渠非恒定流方程

明渠非恒定流的计算可以用圣维南方程来进行描述。

连续方程为

$$\dfrac{\partial h}{\partial t} + \dfrac{A}{B}\dfrac{\partial v}{\partial x} + v\dfrac{\partial h}{\partial x} = 0 \tag{5}$$

运动方程为

$$\dfrac{\partial v}{\partial t} + g\dfrac{\partial h}{\partial x} + v\dfrac{\partial v}{\partial x} + g(S - \sin\alpha) = 0 \tag{6}$$

式中 x——计算点所在的位置；

  t——时间；

v——流速；

h——水面高程；

g——重力加速度；

S——能量坡度；

α——明渠底坡和水平面的夹角；

A——过流断面的面积；

B——过流断面的宽度。

明渠非恒定流方程同样可以应用特征线法进行求解。首先设水面波速为

$$c=\sqrt{\frac{gA}{B}} \tag{7}$$

联立方程进行积分计算即可求得 P 点的水面高程和流速为

$$\begin{cases} h_{\mathrm{p}}=\dfrac{h_{\mathrm{B}}c_{\mathrm{A}}+h_{\mathrm{A}}c_{\mathrm{B}}+c_{\mathrm{A}}c_{\mathrm{B}}\left[\dfrac{v_{\mathrm{A}}-v_{\mathrm{B}}}{g}-\Delta t\left(S_{\mathrm{A}}-S_{\mathrm{B}}\right)\right]}{c_{\mathrm{A}}+c_{\mathrm{B}}} \\[4mm] v_{\mathrm{p}}=v_{\mathrm{A}}-\dfrac{g\left(h_{\mathrm{p}}-h_{\mathrm{A}}\right)}{c_{\mathrm{A}}}-g\left(S_{\mathrm{A}}-\sin\alpha\right)\Delta t \end{cases} \tag{8}$$

2.2.2 尾水管模型

水流从上游水库流出，经过三条引水管道后进入水轮机推动水轮机运转，然后经水轮机流入尾水管，其尾水管模型的简化等效电路如图 1 所示。

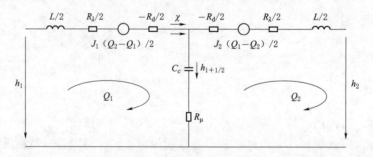

图 1 尾水管模型等效电路

$$\begin{cases} L=\dfrac{\delta_{\mathrm{x}}}{gA}R_{\lambda}=\dfrac{\lambda\delta_{\mathrm{x}}}{2gDA^{2}}Q \\[3mm] R_{\mathrm{d}}=\dfrac{\delta_{\mathrm{x}}K_{\mathrm{x}}}{gA^{3}}QC_{\mathrm{c}}=\dfrac{gAL_{\mathrm{p}}}{a^{2}}K_{\mathrm{x}}=\dfrac{\partial A}{\partial x} \\[3mm] J=\dfrac{Q}{gA^{2}}R_{\mu}=\dfrac{\mu''}{\rho gA\delta_{\mathrm{x}}} \end{cases} \tag{9}$$

式中 L——流体惯性；

R_{λ}——能量损失；

R_{d}——几何耗散；

J——对流项；

R_{μ}——由于水的膨胀黏度引起的耗散；

δ_{x}——基本长度，m；

g——重力加速度，m/s²；

A——横截面积，m²；

λ——局部水头损失系数；

D——管道直径，m；

L_{p}——管道长度，m；

a——水击波速，m/s；

ρ——水的密度，kg/m³；

μ——膨胀黏度，Pa·s。

水轮机的出口处通常接上的是一段尾水管，通常可以将尾水管的模型等效成一个电路图。因为尾水管中间各段之间的等效电路类似，故只需要分析其中一个模块的等效电路即可。图 1 便是只取其中一个模块的简化等效电路，由 KVL 可得

$$\begin{cases} \dfrac{\mathrm{d}Q_1}{\mathrm{d}t} = \dfrac{2}{L} \left\{ h_1 - h_{1+1/2} - \left[\dfrac{1}{2}(R_\lambda - R_\mathrm{d} - J_1) + R_\mu \right] Q_1 - \left(\dfrac{J_1}{2} - R_\mu \right) Q_2 \right\} \\ \dfrac{\mathrm{d}Q_2}{\mathrm{d}t} = \dfrac{2}{L} \left\{ h_{1+1/2} - h_2 - \left(\dfrac{J_2}{2} - R_\mu \right) Q_1 - \left[\dfrac{1}{2}(R_\lambda - R_\mathrm{d} - J_2) + R_\mu \right] Q_2 \right\} \end{cases} \quad (10)$$

又由电容的特性可知，流入或流出电容两端的电流等于电容两端电压随时间的变化率，由此可得

$$\frac{\mathrm{d}h_{1+1/2}}{\mathrm{d}t} = \frac{Q_1 - Q_2}{C_c} \quad (11)$$

联立即可求解尾水管模型。

对于两条尾水洞的连接处，若先知道一条尾水洞的水深，就可按下述方法由能量方程计算出另一条尾水洞的控制水深为

$$h_{i,n} + (1-\xi)\frac{v_{i,n}^2}{2g} = Z_i + h_{i+1,1} + \frac{v_{i+1,1}^2}{2g} \quad (12)$$

式中　Z_i——变顶高尾水洞连接处洞底高程的变化值；

　　　ξ——连接处的局部阻尼系数。

联立，可求得

$$\begin{cases} Q_{\mathrm{PA}} = -\dfrac{aQ_\mathrm{p} \, |Q_\mathrm{p}|_{t-\Delta t} + c}{b} \\ Q_{\mathrm{PB}} = -\dfrac{aQ_\mathrm{p} \, |Q_\mathrm{p}|_{t-\Delta t} + c}{b} \\ H_{\mathrm{PA}} = H_\mathrm{A} + \dfrac{C_\mathrm{A}}{gA_\mathrm{a}} Q_\mathrm{A} - \dfrac{C_\mathrm{A}}{gA_{\mathrm{Pa}}} Q_{\mathrm{PA}} - c_\mathrm{A}(S_\mathrm{A} - \sin\alpha_\mathrm{A})\Delta t \\ H_{\mathrm{PB}} = H_\mathrm{B} - \dfrac{C_\mathrm{B}}{gA_\mathrm{b}} Q_\mathrm{B} + \dfrac{C_\mathrm{B}}{gA_{\mathrm{Pb}}} Q_{\mathrm{PB}} + c_\mathrm{B}(S_\mathrm{B} - \sin\alpha_\mathrm{B})\Delta t \end{cases} \quad (13)$$

式（13）中 a、b、c 满足方程

$$\begin{cases} a = \dfrac{1-\xi}{2gA_{pa}^2} - \dfrac{1}{2gA_{pb}^2} \\[3mm] b = -\left(\dfrac{c_A}{gA_{pa}} + \dfrac{c_B}{gA_{pb}} \right) \\[3mm] c = H_A - H_B + \dfrac{c_A}{gA_a}Q_A + \dfrac{c_B}{gA_b}Q_B - c_A(S_A - \sin\alpha_A)\Delta t - c_B(S_B - \sin\alpha_B)\Delta t \end{cases} \tag{14}$$

3 模型优化

3.1 插值方法优化

为了能够通过过渡计算来对实际情况进行分析，人们通常是使用插值法来对全特性曲线进行数据的提取。本文对全特性曲线进行处理得到图 2。

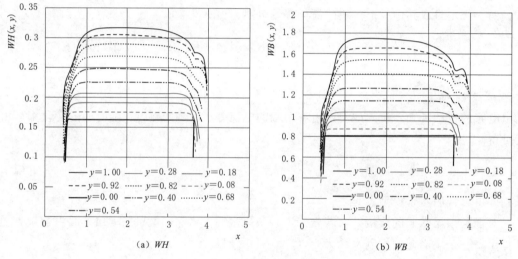

图 2 全特性曲面图

对于图 2 中曲线使用多项式插值可以得到比原来更加精确的数值。但是在曲线两侧还是存在曲线间隔小甚至出现交叉重叠现象。针对上述问题，本文利用薄板样条插值来解决。样条曲线插值在每个间隔中使用低阶多项式，并选择多项式来使得它们平滑地吻合在一起。通过上述方法得对全特性曲线数据进行处理后可得图 3。

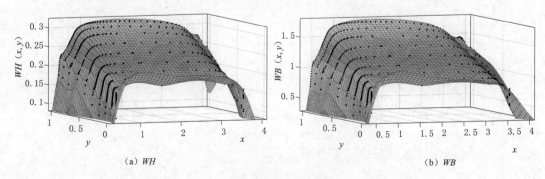

图 3 薄板样条插值拟合曲面

图 3 中 WB 和 WH 分别是单位流量和单位力矩关于单位转速和开度的函数的中间变量函数。由图 3 可以看出，不同开度的曲线分别分布在三维坐标空间不同的地方。此时曲线已经不存在交叉或者重叠的问题，也不用担心曲线之间的间隔较小导致的插值困难。所以薄板样条插值很好地解决了上述存在的问题。

3.2 GD^2 敏感性分析

选取工况 DT2 作为分析工况，计算 GD^2 在 300000t・m² 基础上 ±10％ 变化，GD^2 对蜗壳最大动水压力、尾水管最小压力和机组转速升高率的影响，计算结果见表 1。

表 1 GD^2 敏感性分析计算结果

GD^2 的变化值 /％	GD^2 /(t・m²)	机组号	蜗壳最大压力 /m	尾水管进口最小压力 /m	机组转速最大上升率 /％
10	330000	3	299.9	1.4	27.46
		4	299.9	1.4	27.46
0	300000	3	300.4	1.4	29.73
		4	300.4	1.4	29.73
−10	270000	3	300.9	1.4	32.40
		4	300.9	1.4	32.40

由计算结果可知，GD^2 对蜗壳最大动水压力、尾水管最小压力和机组转速升高率影响都不大。GD^2 ±10％ 变化时，蜗壳最大动水压力和尾水管最小压力变化只有 0.5m 左右；机组最大转速上升率变化大一些，3％ 左右，但距离 45％ 还有一定裕度。

4 结果分析

本文的计算工况选定了涵盖增负荷、甩负荷和先增后甩等多种情况下的水轮机工况，并对其结果进行分析。

4.1 水轮机工况极值

根据上文选定的水轮机设计工况，通过本文所建立的模型进行过渡过程计算得到的调保参数极值结果见表 2。

表 2   水轮机设计工况极值

调保参数	极值	控制标准
机组最大转速升高率/％	43.2	45.00
蜗壳最大压力/m	302.2	302.85
尾水管进口最小压力值/m	0.4	−8.00

由上述结果可知，在水轮机设计工况中，机组转速上升率极值与控制标准相差 1.8％；尾水管进口最小压力极值与控制标准相差 8.4m。蜗壳最大压力极值与控制标准相差 0.65m。

4.2 尾水系统沿管轴线水位计算结果

根据运行工况的不同，将会形成有压流和无压流交替；明流段均为无压流。在选定的相继甩负荷工况下，尾水隧洞的最高水位变化如图 4 所示，最低水位变化如图 5 所示。

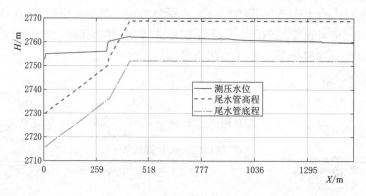

图 4　尾水隧洞最高水位变化图

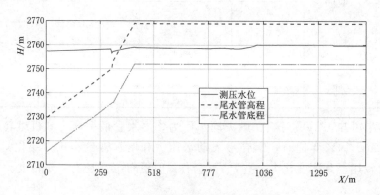

图 5　尾水隧洞最低水位变化图

图 4、图 5 中 X 表示计算断面到尾水隧洞入口的距离，H 表示计算断面的测压水头或水面高度及尾水洞的底程和高程。由图 4、图 5 可知，尾水隧洞的测压水头或水面高度变化趋势满足上述要求。在缓坡段测压水头均高于尾水隧洞高程，故均为有压流且都有足够的裕度；在陡坡段水位均高于尾水隧洞底程，部分高于尾水隧洞高程而部分低于尾水隧洞高程，故为有压力流和无压流交替变化；在明流段水位均高于尾水隧洞底程，但低于尾水隧洞高程，故均为无压流即明流。

需要重点关注的为陡坡段的明满流交界面的变化情况，由图 4、图 5 可知尾水隧洞的陡坡段中明满流交界面在整个过渡过程的计算中会在距离尾水隧洞入口 351～378m 这一范围的交替变化。

4.3　大波动过渡过程计算结论

机组最大转速升高率、蜗壳最大动水压力、尾水管进口最小压力最低涌浪和阻抗调压井的最高和最低涌浪都满足控制标准，且有一定裕度。机组上游侧引水管道水系统各断面的最大压力的最小值为 21m 及最小压力的最小值为 7.73m，即管线各点均有大于 2m 水柱高的裕度，满足控制标准的要求。尾水隧洞中三段中，缓坡段恒为有压段且具有足够的裕度；陡坡段为明满流交替变化；明流段恒为无压段，但都具有一定水深裕度，因此尾水隧洞也满足控制标准。

5 结语

本文建立了具有变高顶尾水隧洞的发电系统的过渡过程计算模型，对系统从上游到下游的过渡过程进行了计算及验证。

通过计算对典型工况中进行导叶关闭规律的优化，选定导叶以 20s 的时间直线关闭；对 GD^2 进行了敏感性分析，选定 GD^2 为 300000t·m²。最后，选定的多个水轮机工况涵盖了增负荷、甩负荷和先增后甩等多种情况，并进行了明满流交替运行下水力发电系统安全运行计算分析，得到如下结论：

机组最大转速升高率、蜗壳最大动水压力、尾水管进口最小压力最低涌浪和阻抗调压井的最高和最低涌浪都满足控制标准，且有一定裕度。机组上游侧引水管道水系统各断面的最大压力的最小值满足控制标准的要求。尾水隧洞也满足控制标准。由上可知，本文所做的仿真计算全部满足要求，可验证其正确性。

参 考 文 献

[1] 郭文成，杨建东，王明疆. 基于 Hopf 分岔的变顶高尾水洞水电站水轮机调节系统稳定性研究 [J]. 水利学报，2016，47（2）：189-199.

[2] Martinez-Lucas G, Perez-Diaz J I, Chazarra M, et al. Risk of penstock fatigue in pumped-storage power plants operating with variable speed in pumping mode [J]. Renewable Energy, 2018, 133 (APR.): 636-646.

[3] 潘锦豪. 双引水隧洞发电系统尾水隧洞明满流过渡过程特性研究 [D]. 杭州：浙江大学，2016.

[4] Alligne S, Nicolet C, Tsujimoto Y, Avellan F. Cavitation surge modelling in Francis turbine draft tube [J]. Journal of Hydraulic Research，2014，52（3）：399-411.

几内亚苏阿皮蒂水电站水力过渡过程仿真分析

沈珊珊 刘绍谦

(黄河勘测规划设计研究院有限公司 河南 郑州 450003)

【摘 要】 苏阿皮蒂水电站装有 4 台单机容量为 112.5MW 的立轴混流式水轮发电机组,电站额定水头为 87.00m,最大水头 99.98m,最小水头为 72.52m。本文根据苏阿皮蒂水电站主机厂试验台的水轮机模型试验结果,对苏阿皮蒂水电站水轮发电机组各种不同甩负荷过渡过程工况进行仿真,详细分析了大波动过渡过程计算结果,获得压力管道沿线最大最小水锤压力、机组转速上升率等调保参数,确保调保参数满足规范要求,为电站的安全稳定运行提供保障,也为其他类似类型工程提供了参考。

【关键词】 过渡过程计算;仿真分析;苏阿皮蒂水电站

1 工程概况

苏阿皮蒂水电站位于几内亚共和国西南部 KONKOURE 河中游,总库容为 74.89 亿 m³,工程开发任务以发电为单一目标,电站为单管单机布置,引水系统采用 4 条坝后背管(明管),厂房为坝后式地面厂房。电站装有 4 台单机容量为 112.5MW 的立轴混流式水轮发电机组。电站下游为已建的凯乐塔水电站,为日调节电站,苏阿皮蒂水电站建成后,将大大提高凯乐塔电站的保证出力和发电量。

2 电站基本参数

上游水库极端高水位 214.60m,校核洪水位为 213.56m,正常蓄水位为 210.00m,死水位为 185.00m;下游校核尾水位($P = 0.2\%$)为 116.41m,正常尾水位为 110.47m。

电站全年加权平均水头为 92.19m,汛期加权水头为 93.10m,非汛期加权水头为 91.22m,水轮机最大水头为 99.98m,额定水头为 87.00m,最小水头 72.52m。

水轮机转轮直径 3915mm,额定转速 187.5r/min,额定流量 143.7m³/s,额定出力 114.8MW,安装高程 105.00m,$GD^2 = 11000$t・m²。

3 数学模型和计算方法

3.1 数学模型

3.1.1 水锤基本方程

有压管道中的水击可用一维弹性水击偏微分方程组加以描述，即

运动方程

$$\frac{\partial V}{\partial t} + V\frac{\partial V}{\partial x} + g\frac{\partial H}{\partial x} + \frac{f|V|V}{2D} = 0 \tag{1}$$

连续方程

$$\frac{\partial H}{\partial t} + V\frac{\partial H}{\partial x} + V\sin\theta + \frac{a^2}{g}\frac{\partial V}{\partial x} = 0 \tag{2}$$

式中 H——从基准面算起的断面测压管水头；

V——断面平均流速；

x——沿水流方向的管段距离；

g——重力加速度；

f——管道沿程阻力系数；

D——管道直径；

a——水击波速；

t——时间；

θ——管道各断面形心的连线与水平面所成的夹角。

3.1.2 特征线方程和特征方程

式（1）和式（2）是一组拟线性双曲形偏微分方程，可采用特征线法将其转化为两个在特征线上的常微分方程，即

$$C^+ : \begin{cases} \dfrac{\mathrm{d}H}{\mathrm{d}t} + \dfrac{a}{g}\dfrac{\mathrm{d}V}{\mathrm{d}t} + \dfrac{a^2 A_X}{g\,A}V - V\sin\theta + \dfrac{aS}{8gA}f V|V| = 0 \\ \dfrac{\mathrm{d}x}{\mathrm{d}t} = V + a \end{cases} \tag{3}$$

$$C^+ : \begin{cases} \dfrac{\mathrm{d}H}{\mathrm{d}t} + \dfrac{a}{g}\dfrac{\mathrm{d}V}{\mathrm{d}t} + \dfrac{a^2 A_X}{g\,A}V - V\sin\theta + \dfrac{aS}{8gA}f V|V| = 0 \\ \dfrac{\mathrm{d}x}{\mathrm{d}t} = V + a \end{cases} \tag{4}$$

这两式分别为 C^+ 和 C^- 的特征方程和相应的特征线方程。将特征方程沿特征线 C^+ 和 C^- 积分，其中摩阻损失项采取二阶精度数值积分，并用流量代替断面流速，经整理得

$$C^+ : Q_P = QCP - CQP \cdot H_P \tag{5}$$

$$C^- : Q_P = QCM + CQM \cdot H_P \tag{6}$$

$$CQP = \frac{1}{(C - C3)/A_P + C(C1 + C2)}$$

$$CQM = \frac{1}{(C + C3)/A_P + C(C4 + C5)}$$

$$QCP = CQP\left[Q_L\left(\frac{C + C3}{A_L} - C \cdot C1\right) + H_L\right]$$

$$QCM = CQM\left[Q_R \cdot \left(\frac{C-C3}{A_R} - C \cdot C4\right) - H_R\right]$$

$$C = \frac{a}{g} \qquad C1 = \frac{a(A_P - A_L)}{2A_P(aA_L + Q_L)}$$

$$C2 = \frac{\Delta t S_P |Q_L|}{8A_L A_P^2}f \qquad C3 = \frac{1}{2}\Delta t \sin\theta$$

$$C4 = \frac{a(A_P - A_R)}{2A_P(aA_R - Q_R)} \qquad C5 = \frac{\Delta t S_P |Q_R|}{8A_R A_P^2}f$$

式（5）和式（6）为二元一次方程组，十分便于求解管道内点的 Q_P 和 H_P。计算中时间步长和空间步长的选取，需满足库朗稳定条件 $\Delta t \leqslant \dfrac{\Delta x}{|V+a|}$，否则计算结果不能收敛。

3.1.3　主要边界条件

在甩负荷过渡过程计算中，水轮发电机组的边界条件包括 9 个方程，即

$$Q_P = Q_S \tag{7}$$

$$Q_P = Q_1' D_1^2 \sqrt{(H_P - H_S) + \Delta H} \tag{8}$$

$$Q_P = QCP - CQP \cdot H_P \tag{9}$$

$$Q_S = QCM + CQM \cdot H_S \tag{10}$$

$$n_1' = nD_1/\sqrt{(H_P - H_S) + \Delta H} \tag{11}$$

$$Q_1' = A_1 + A_2 \cdot n_1' \tag{12}$$

$$M_1' = B_1 + B_2 \cdot n_1' \tag{13}$$

$$M = M_1' D_1^3 (H_P - H_S + \Delta H) \tag{14}$$

$$n = n_{t-\Delta t} + 0.1875(M + M_{t-\Delta t})\Delta t/GD^2 \tag{15}$$

$$\Delta H = \left(\frac{\alpha_P}{2gA_P^2} - \frac{\alpha_S}{2gA_S^2}\right)Q_P^2$$

式中　　　D_1——转轮直径；

　　　　　n——转速；

　　　　　M——水轮机力矩；

Q_1'，n_1'，M_1'——单位流量、单位转速、单位转矩；

　　　　GD^2——机组转动惯量；

　下标 P、S——转轮进出口侧计算边界点；

　下标 $t-\Delta t$——上一计算时段的已知值。

　　式（12）和式（13）是以直线方程的型式分别代表水轮机瞬时工况点的流量特性和力矩特性。

　　令：$X = \sqrt{(H_P - H_S) + \Delta H}$

　　　$C_1 = QCP/CQP + QCM/CQM$

　　　$C_2 = 1/CQP + 1/CQM$

　　　$C_3 = \alpha_P/(2gA_P^2) + \alpha_S/(2gA_S^2)$

$$E = 0.1875\Delta t/GD^2$$

上述 9 个方程可以化成

$$F_1 = (A_1^2 C_3 D_1^4 - 1)X^2 + A_1 D_1^2 (2A_2 C_3 D_1^3 n - C_2)X + A_2 D_1^3 n(A_2 C_3 D_1^3 n - C_2) + C1 = 0$$

(16)

$$F_2 = B_1 D_1^3 E X^2 + B_2 E D_1^4 n X - n + n_{t-\Delta t} + E M_{t-\Delta t} = 0$$

(17)

用牛顿辛普生方法解上述两个方程。求出 X，n 后，将其回代，可依次求出各未知变量。

在增负荷过渡过程中，机组转速已知且不变，式（16）简化为一元二次方程，用求根公式得出 X 后，将其回代，再求出各未知变量。

3.2 计算方法

（1）直接采用厂家提供的特性曲线 $Q_1' = f_1(\tau, n_1')$ 和 $M_1' = f_2(\tau, n_1')$ 形式进行计算，不须做特性曲线的变换，保证了计算精度。

（2）机组边界方程组转化一元三次或四次方程进求解，加快了机点计算速度，并应用一系列判据杜绝了非物理解的出现。

4 仿真计算

4.1 计算控制条件

根据《水力发电厂机电设计规范》DL/T 5186—2004 和《水电站机电设计手册——水力机械》规定，结合主机合同规定的数值，两者应取要求最高者。本电站调保参数保证值为：①机组甩负荷时最大转速升高率 $\beta < 40\%$；②机组甩负荷的蜗壳最大压力升高率 $\xi < 28.57\%$；③机组突增或突减负荷时，压力输水系统全线各断面最高点处的最小压力不应低于 $0.02\mathrm{MPa}$，不得出现脱流和负压现象；④甩负荷时，尾水管进口断面最大真空保证值不应大于 $7.0\mathrm{mH_2O}$。

以上参数定义为

$$\beta = \frac{n_{\max} - n_r}{n_r}$$

$$\xi = \frac{H_{\max} - H_0}{H_0}$$

式中　n_r——额定转速；

　　$n_{\max}$——最大转速；

　　$H_{\max}$——蜗壳最大压力；

　　H_0——蜗壳静水压力，即水库水位与机组安装高程之差。

4.2 大波动过渡过程计算分析

4.2.1 计算工况及条件

根据本电站在水头大于额定水头时要超出力的要求，特列出表 1 所示计算工况。通过计算，确定本电站的控制工况和参数。

表 1 大波动过渡过程计算工况

工况类别	工况编号	上下游水位/m	负荷变化	工 况 描 述	工况类型	计算目的
单一工况	DD1	199.80 110.47	1台→0	额定工况，机组甩100%负荷，导叶8.5s关闭	单一设计不可控	最大转速上升率，拟定导叶关闭规律
	DD2	202.90 110.47	1台→0	水头90.0m，机组发105%负荷，全甩，导叶8.5s关闭	单一设计不可控	最大转速上升率，拟定导叶关闭规律
	DD3	213.56 116.41	1台→0	水库校核洪水位，机组在校核工况最小水头下发105%出力，全甩，导叶关闭(7.55s)	单一校核不可控	蜗壳最大压力
	DD4	214.60 116.41	1台→0	水库极端洪水位，机组在该工况可能的水头下发105%出力运行，全甩，导叶关闭(7.37s)	单一校核不可控	蜗壳最大压力
	DD5	202.45 110.02	1台→0	下游最低水位，水头90.0m，机组发105%负荷，全甩，导叶8.5s关闭	单一设计不可控	尾水管最小压力

4.2.2 计算条件

本计算拟定导叶为直线关闭规律，机组转动惯量取 $GD^2=11000\text{t}\cdot\text{m}^2$。为了使蜗壳压力上升和机组转速上升均得到控制，导叶启闭时间和规律需优化。本方案导叶关闭规律是根据试算确定的，其基本原则是：在满足水锤压力上升率的前提下，尽量减小蜗壳压力上升值。额定工况下机组甩额定负荷以及机组启动到额定负荷的具体开度参数见表2。两者 BC 段、FG 段的斜率均相同。

表 2 导叶启闭时间和规律

折点编号	导 叶 关 闭			导 叶 开 启	
	A	B	C	F	G
开度/%	85.33	85.33	0	14.03	85.33
时间/s	0	0.15	8.5	0	15

注：100%相对开度对应于模型特性中开度 $a=30\text{mm}$。

4.3 计算结果

4.3.1 大波动过渡过程计算初始参数

为了便于集中分析计算结果，统一将所有计算工况的初始参数列于表3。

表 3 大波动过渡过程计算初始参数表

工况号	上下游水位/m	导叶初始开度/%	机组初始引用流量/(m³/s)	机组初始工作水头/m	机组初始出力/kW	工作点单位流量/(m³/s)	工作点单位转速/(r/min)	工作点单位转矩/(kg·m)
DD1	199.80 110.47	85.33	143.03	87.06	114.81	1.00	78.67	114.09
DD2	202.90 110.47	85.33	145.81	90.07	120.96	1.00	77.34	116.19
DD3	213.56 116.41	75.67	135.95	95.10	120.59	0.91	75.27	109.71

工况号	上下游水位/m	导叶初始开度/%	机组初始引用流量/(m³/s)	机组初始工作水头/m	机组初始出力/kW	工作点单位流量/(m³/s)	工作点单位转速/(r/min)	工作点单位转矩/(kg·m)
DD4	214.60 116.41	94.33	134.56	98.29	120.89	0.895	74.85	108.74
DD5	202.45 110.02	85.33	145.81	90.07	120.96	1.00	77.34	116.19

注：导叶100%相对开度对应于模型特性中开度 $a=30mm$。

4.3.2 大波动过渡过程控制工况及参数

表4是上述工况的调保参数详细结果。本工程采用直线关闭规律，表5是导叶关闭时间为8.5s时大波动过渡过程控制工况和参数汇总。

表4   大波动过渡过程计算结果

工况号	上下游水位/m	蜗壳最大压力/m	尾水管最小压力/m	最大转速上升率/%
DD1	199.80 110.47	111.39	−2.24	38.88
DD2	202.90 110.47	115.77	−2.63	39.71
DD3	213.56 116.41	126.31	4.16	35.33
DD4	214.60 116.41	127.53	4.31	34.66
DD5	202.45 110.02	115.32	−3.07	39.71

表5   大波动过渡过程各控制参数汇总表

参数	控制工况	控制值	评价与说明
蜗壳最大压力	DD4	127.53m	$\xi_{max}=21.45\% < 28.57\%$
尾水管进口最小压力	DD5	−3.07m	大于−7.0m
最大转速上升率	DD2	39.71%	$\beta_{max}<40\%$

5 结语

本文基于特征线法建立了电站过渡过程的数学模型，并结合苏阿皮提项目特点进行了大波动过渡过程仿真计算，分析结果表明：在推荐的额定工况甩负荷导叶关闭时间8.5s的条件下，蜗壳最大压力值为127.53m，对应压力上升率21.45%，满足规定要求的28.57%；最大转速上升率39.71%，满足相关标准规定的40%。尾水管最小压力为−3.07m，满足要求的−7.0m。

通过仿真计算可确定最优的导叶关闭时间及关闭规律，并能得到管道沿程任一断面水力要素的瞬变规律和水轮机动态工况参数的瞬变规律，为水电站的设计及安全稳定运行提供技术支持，同时对相似电站也具有一定的参考价值。

参 考 文 献

［1］　杨开林. 电站与泵站中的水力瞬变及调节 ［M］. 北京：中国水利水电出版社，1999.

［2］　魏先导. 水力机组过渡过程计算 ［M］. 北京：水利电力出版社，1991.

［3］　Wylie E B and Streeter V L. Fluid Transients ［M］. McGraw - Hill International Book Company，1978.

［4］　沈祖诒. 水轮机调节 ［M］. 北京：中国水利水电出版社，2008.

［5］　水电站机电设计手册编写组. 水电站机电设计手册—水力机械分册 ［M］. 北京：水利电力出版社，1983.

用飞逸转速设计替代调压井在高水头长引水水电站的应用浅析

王　庆[1]　手塚光太郎[2]

[1. 东芝水电设备（杭州）有限公司　浙江　杭州　310020；
2. 东芝能源系统株式会社　横滨（日本）　2300015]

【摘　要】 为了简化电站的工程、减少电站对周边环境的影响，并减少电站的工程量和投资，本文提出了在长压力引水系统水电站布置中不设调压井的设想。东芝公司根据长期的研究成果及丰富的实践经验，实现了这一设想。主要方法就是减缓甩负荷时导叶的关闭速度，即适当延长调速器的关机时间，当机组甩负荷时，允许机组转速上升到飞逸转速，以慢关机的方式来降低引水系统的水压上升以达到不设调压井的目的。本文将对东芝公司的高水头高转速长引水系统水电站的机组采用飞逸转速设计而不设调压井的实例进行说明介绍。希望能为国内类似项目今后的发展与建设提供借鉴和参考。

【关键词】 飞逸转速；调压井；高水头；长引水系统；BOGONG 水电站

1　引言

目前国内外限制长压力引水系统水电站的水压升高的办法主要有设置调压室、装设调压阀、延长导叶关闭时间提高转速上升允许值、增大机组的 GD^2、加大管径等。一般来说，对于高水头电站，宜首先考虑设置调压室来调节引水管路的水锤压力，但建造调压室所受制约因素较多，尤其受地质、地形条件限制，往往会导致水电站的工程量和投资增加。对于一些引水道较长而不担任调频任务和对电能质量要求不高的中小型低水头水电站而言，与调压室方案比较，在机组蜗壳进口附近布置调压阀是相对经济合理的方案，但目前设计出的水轮机调压阀应用水头也仅在 250m 以下的中小型水电站，高水头水电站基本没有试验业绩。增大机组的 GD^2、加大管径只能在一定程度上解决问题。而装设调压阀的水电站需要考虑调压阀拒动的工况，在发生拒动时，为了控制水压上升，机组最终还是要采取延长导叶关闭时间，缓慢关闭导叶的措施，即减缓导叶的关闭速度、适当延长调速器的关机时间，允许机组转速上升到飞逸转速，并在飞逸转速下持续运转一段时间，以降低引水系统的水压上升。

通常，水力发电站为了确保其机组的安全稳定运行，会事先确认机组在甩负荷时的最大水压上升 ΔP 和最大转速上升 ΔN，并以此作为基本设计条件。在机组甩负荷时，一般采用导叶一段快关或两段关闭的方式，来确保 ΔP 和 ΔN 在合理的允许值范围内。"飞逸转速设计"的概念就是：在某些特殊情况下，为了将 ΔP 控制在允许值范围内，以达到取消调压井的目的，就采取放宽对 ΔN 的限制值，甚至可以使 ΔN 成为飞逸转速的方针进行机组设计。这类机组在甩负荷时，一般采用导叶缓慢关闭的方式。与常规机组不同的是，虽然常规机组也是按飞逸转速进行刚强度设计，但发生飞逸是极端情况，实际运行中极少甚至几乎不会发生；而采用飞逸转速设计则意味着每次甩负荷后，机组都有可能接近飞逸或进入飞逸工况，简而言之，就是把机组飞逸作为一种常态的设计模式，因此机组设计须有专门的对应措施。

本文将对高水头高转速长压力引水系统机组采用缓慢关闭导叶的措施，允许机组甩负荷时的转速上升到飞逸转速以降低水压不设调压井的可行性进行浅析论证，同时对应用实例进行介绍。BOGONG 电站水轮发电机机组采用了这种设计，并于 2010 年 4 月开始投产发运。

2 采用飞逸转速设计的机组应注意转速上升、稳态飞逸转速和瞬态飞逸转速的区别

水轮发电机组在正常运行情况下，水轮机出力与电力负荷相互平衡，这时机组以额定转速运行，但在实际运行过程中，常会遇到各种事故导致机组突然与系统解列，把负荷甩掉的情况。此时无论调速系统是否正常工作，机组转速都将从额定转速上升，若调速系统工作正常，转速上升到某一转数后，随着调速系统的作用会自动回复下降，一般把这种情况下的称为转速上升。而通过水轮机模型试验确定的最大水头下，导叶最大开度时的空载转速，称为稳态飞逸转速，也就是通常所说的机组飞逸转速。一般情况下，水力过渡过程中的转速上升值通常要低于稳态飞逸转速，因此不能把甩负荷工况和飞逸工况等同起来。甩负荷后的速度上升应该通过导叶关闭规律的控制限制在某一较低的数值上。

对于一管多机水力系统的机组，发生上述各种事故跳闸的时候，其中某台机组调速系统也发生事故不能关闭导叶（即导叶不动作的情况），此时相邻的导叶正常关闭的机组引起水压上升会造成导叶拒动的机组瞬间进入飞逸工况，这种情况下所达到的转速上升峰值称为瞬态飞逸转速，此转速可能高于稳态飞逸转速，因此要通过水力过渡过程进行计算校核。采用飞逸转速设计的机组必须要考虑和满足稳/瞬态飞逸转速下机组的强度设计要求。

3 甩负荷后机组的安全问题

机组甩负荷后，限制机组转速上升在一定的范围内，是为了防止由于过速引起的超过设计强度而产生的破坏和振动；以及当骨干机组甩掉大部分负荷（发电机出口开关未跳开）后，确保所带剩余负荷的供电质量。但过度限制转速上升会使压力引水系统水压上升增大，需付出设置调压井或增大压力钢管、蜗壳钢板厚度等代价。机组甩全负荷时，发电机开关已经断开，机组励磁开关一般情况也断开，此时机组过速运转与电气已经无关，且甩负荷后的转速上升随着导水叶的继续关闭和调速系统的共同作用，机组转速很快就会降低到额定转速以下。对于发电机开关不断开的机组的突增突减负荷，由于调速系统和未被甩掉负荷设备的共同作用，机组转速上升也不会过大，且实际机组运行中，占机组容量比

重较大的突增突减负荷实例较少。因此，机组甩负荷后的转速上升通常不会对机组的结构强度带来任何安全问题。只要水轮发电机组设计能满足飞逸转速而不发生有害变形或振动，机组的任何情况下转速上升的安全性就能满足。

4　机组采用飞逸转速设计的可行性和相关设计措施

机组在运行过程中，对其强度最大的考验就是飞逸状态。若当机组发生飞逸事故时，只有通过进水口的快速闸门或进水阀等在短时间内使机组退出飞逸工况。为了确保机组在飞逸状态下运转的绝对安全，世界各国的水轮发电机组均按最大飞逸转速设计其结构强度。我国的国家标准《水轮发电机基本技术条件》（GB/T 7894—2009）明文规定水轮发电机和与其直接联接的辅机，应能在最大飞逸转速下运转 5min 而不发生有害变形和损坏。《水轮机基本技术条件》（GB/T 15468—2006）也同样规定，水轮机允许在最大飞逸转速下持续运行时间应不小于配套发电机允许的飞逸时间，并保证水轮机转动部件不产生有害变形。如此看来，飞逸转速并不是水轮发电机的危险速度和破坏速度，而是转子结构强度和刚度的限定转速。

国家标准要求机组能在飞逸转速下安全运行，制造安装技术和电站实际运行中也实现了机组在飞逸转速下安全运转。因此，水轮发电机组的飞逸运转是安全的，其转子的结构强度和刚度可以适当地加以利用，允许机组的转速上升值放宽，这也为水电站无人值班、不设调压井等技术问题得以实现提供了基础条件。

当然在这些基础条件的前提下，针对性的设计措施也是必不可少的。比如采用飞逸转速设计的机组，其旋转部件在机组甩负荷时将承受更大的离心力和轴向水推力，因此除了要考虑常规设计所需的强刚度和疲劳计算，还要确保旋转部件具有足够的疲劳强度。另外，由于每次甩负荷后，机组的转速上升都有可能接近飞逸或进入飞逸工况，因此还要确保机组轴承及其支撑的刚强度，以及油冷却器具有良好的性能，以保证机组飞逸运转时轴承温升不会太高。对于这类机组的主轴密封，也有特别的设计对策，以确保机组高速运行时减少磨损，提高安全稳定性。

5　BOGONG 电站采用飞逸转速设计替代调压井的应用实例

BOGONG 电站位于澳大利亚东南部维多利亚州凯瓦河的上游流域（Kiewa Valley），该地也正处在阿尔卑斯国家公园（Alpine National Park）内，公园占地约 65 万 hm^2，是当地比较有名的滑雪和度假胜地。由于电站特殊的地理位置，对保护环境的要求极高，不允许在户外建造大型人工设备。虽然引水管道长约 7km，但由于不能在户外建造调压井，因此对于 400 多米水头 600r/min 的高水头高转速的 BOGONG 电站来说，机组采用飞逸转速设计，允许机组在甩负荷时转速上升到飞逸转速成了能抑制甩负荷时水压上升的最有效和最经济的对策。当然这也要得益于 BOGONG 电站的发电量占当地电网所占的比重较小，年平均甩负荷次数较少。BOGONG 电站在当地电网中主要担任调峰任务，在夏季用电高峰时，可为维多利亚州 12 万用户提供充足的电力。该水电工程没有新建水坝，且恢复了东凯瓦河（East Kiewa River）的 Pretty 河谷的支流，在电站建成提供经济效益的同时为保护自然环境也做出了很大的贡献，因此 BOGONG 电站水力发电项目在 2010 年被

Ecogen 评为"最杰出的清洁能源项目"。该电站为的主要参数如下：

型式：立轴、单级、混流式水轮发电机。

水轮机主要参数：74.1MW－419.26m－600r/min。

发电机主要参数：82MVA－13.8kV－600r/min－50Hz。

飞逸转速：1080r/min。

机组甩负荷时允许的转速上升：≤1080r/min。

图1　BOGONG电站1号、2号发电机

BOGONG 电站1号、2号发电机如图1所示。

BOGONG 电站上游水库正常蓄水位1068.00m，下游水库正常蓄水位644.00m，引水系统为一洞两机布置型式，从上库进/出水口至岔管中心线长约7054.877m，引水隧洞内径为 2.8～5.0m；岔管后支管长约26～36m，内径约2.0m；尾水系统长约85.13m，洞径4.2m。BOGONG 电站输水系统计算模型如图2所示。

BOGONG 电站长压力引水系统不设调

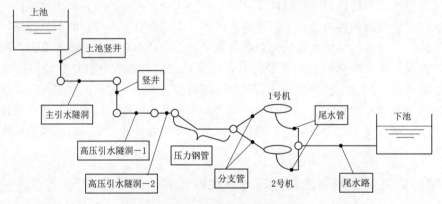

图2　BOGONG电站输水系统计算模型

压室，为了控制住甩负荷时引水道中产生的水压上升值，最终采取放宽对机组转速上升 ΔN 的限值，使转速上升 ΔN 成为飞逸转速的方针进行机组设计。通常机组在甩负荷时的转速上升 ΔN 的上限与最大稳/瞬态飞逸转速均无关，但采用飞逸转速设计的机组，甩负荷时的转速上升 ΔN 不能超过最大瞬态飞逸转速，即用最大瞬态飞逸转速作为甩负荷时转速上升 ΔN 的上限值。而像 BOGONG 电站这种采用飞逸转速设计的机组，与根据其模型水轮机的飞逸特性换算得到的真机最大稳态飞逸转速相比，甩负荷时的最大转速上升还有可能更高。因此，如果确定最大稳态飞逸转速的话，不能只对模型机的飞逸特性进行计算，还要实施水力过渡过程计算，复核机组的最大转速上升和最大瞬态飞逸转速。

根据 BOGONG 电站模型水轮机的飞逸特性进行换算得到的真机最大水头最大开度下的最大稳态飞逸转速为 991r/min，而机组最大飞逸转速的保证值最终确定为 1080r/min，这是由于对机组的最大转速上升和最大瞬态飞逸转速进行了复核计算。根据复核计算结果，在考虑一定的安全余量后，BOGONG 电站的最大飞逸转速最终确定为 1080r/min，同时要求甩负荷时的转速上升率 ΔN 要保证不能超过该值。对于发电机来说，这个值也是检验旋转体强度和轴系稳定性的设计标准。

BOGONG 电站水轮机模型的验收试验于 2007 年 4 月在日本东芝公司顺利完成，各项指标均满足合同的要求。采用该模型的最终完全特性数据及东芝公司自己开发的计算程序，对水力过渡过程现象进行了再次计算。水力过渡现象的保证值分别为：压力钢管末端最大水压不超过 558.2m（5.474MPa），机组最大转速上升不超过额定转速的 80%，即 1080r/min。通过对控制工况的多种关闭规律下的甩负荷过渡过程的计算及结果比较分析，确定了采用导叶一段缓慢关闭规律，可以有效抑制蜗壳末端的最大水压上升。BOGONG 电站导叶关闭规律如图 3 所示。

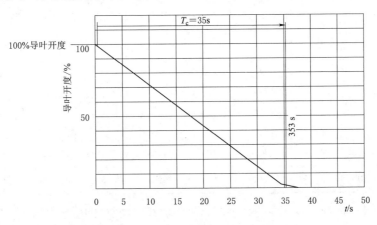

图 3　BOGONG 电站导叶关闭规律

2010 年 4 月，BOGONG 电站进行了 2 台机同时甩满负荷的现场试验。试验前，东芝公司根据现场甩负荷条件进行了再次计算，计算条件和结果见表 1、表 2。

表 1　　　　　　　　　　　　　甩 负 荷 计 算 条 件

上库水位 /m	下库水位 /m	毛水头 /m	水轮机额定流量/(m³/s)	电站过机流量/(m³/s)	水头损失 /m	有效净水头/m	导叶开度 /%
1068.00	644.00	424.00	19.6	39.2	18.62	405.38	92.5

表 2　　　　　　　　　　　　两台机同甩满负荷计算结果

项目	蜗壳末端最大水压/m			机组最大转速上升/(r/min)		
	计算值	预想值	保证值	计算值	预想值	保证值
1 号机	543.3 (5.328MPa)	557.3 (5.465MPa)	—	996.1 (66.0%)	1015.9 (69.3%)	—
2 号机	543.6 (5.331MPa)	557.6 (5.468MPa)	558.2 (5.474MPa)	996.5 (66.1%)	1016.3 (69.4%)	1080 (80%)

注：预想值为计算值计入计算误差/余量后的最终结果。

现场甩负荷试验结果表明，2台机组蜗壳末端水压的最大值较接近，与计算结果在数值上相当，波形变化趋势一致。转速上升峰值与计算值接近，较预想还有一定裕度。所有参数指标均在模拟计算所控制的理论极限区间之内，现场机组轴承温升正常，各部件检查无异常。现场试验数据见表3。

表3　　　　　　　　　　　　　两台机同甩负荷现场试验结果

机组	测试编号		1	2	3	4	5
1号机	发电机端出力/MW		34.59	53.45	69.81	70.48	70
	转速上升	甩前/(r/min)	600	600	600	600	600
		最大转速/(r/min)	750.0	870.0	961.8	966.0	966.0
		ΔN/%	25.0	45.0	60.3	61.0	61.0
	蜗壳水压上升	最大水压/MPa	5.1537	5.3080	5.3687	5.3987	5.3937
	关闭时间 T_c/s		17.5	25.1	34.8	35.2	35.2
2号机	发电机端出力/MW		34.56	55.55	60.64	64.61	69.84
	转速上升	甩前/(r/min)	600	600	600	600	600
		最大转速/(r/min)	750.6	876.0	906.0	937.2	963.6
		ΔN/%	25.1	46.0	51.0	56.2	60.6
	蜗壳水压上升	最大水压/MPa	5.1587	5.3237	5.3687	5.4037	5.3980
	关闭时间 T_c/s		18.0	25.9	28.3	31.2	34.8

为了更直观地进行比较，在确认了两台机组曲线衰减趋势几近一致的前提下，随机选取了同甩最大负荷时的试验结果和解析结果进行对比，如图4所示。

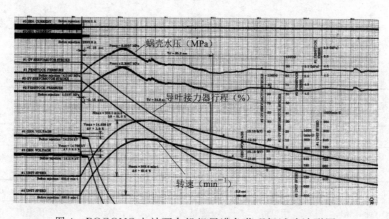

图4　BOGONG电站两台机组甩满负荷现场试验波形图

在和现场试验同样的条件下，通过解析计算捕捉到的模拟波形和现场测定的波形的振动周期、波形衰减趋势均良好吻合，计算结果均满足合同保证值要求。

BOGONG电站2台机组甩满负荷时1号机的计算结果波形图如图5所示。

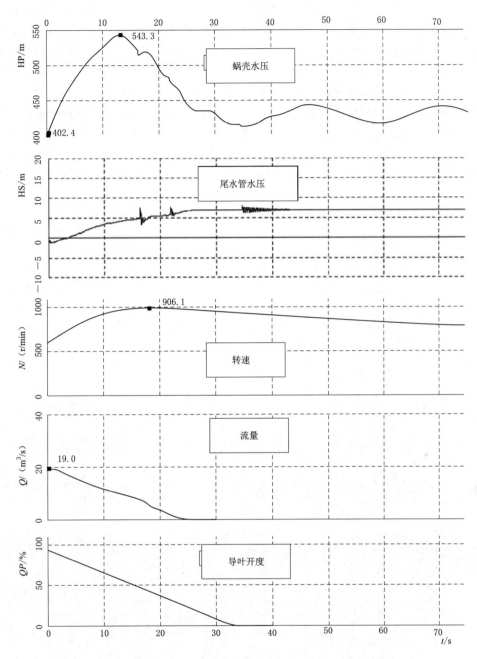

图 5　BOGONG 电站 2 台机组甩满负荷时 1 号机的计算结果波形图

6　结语

BOGONG 电站 2 台机组成功通过双机同甩负荷试验和各项性能试验，于 2010 年 4 月开始投产运行。运行 9 年来，机组全部指标满足要求、稳定性优越。表明了高水头高转速长压力引水系统电站的机组采用飞逸转速设计而不设调压井得到了成功的应用，也验证了

BOGONG 电站的水轮发电机组的实体质量能够经受住严格的考验。该水电工程不设调压井首先满足了保护环境的极高要求，同时采用飞逸转速设计也是对机组的极高考验。在节省了调压井投资的情况下电站的成功运行又创造了稳定的经济效益，还为保护自然环境做出了巨大贡献。

该电站机组成功采用飞逸转速设计，为国内外类似高水头高转速的长压力引水系统电站采用飞逸转速设计取代调压井的布置形式提供安全实例，为今后机组的设计提供实践依据，将对今后水电站的工程建设产生深远的影响。

参　考　文　献

[1] 佟文敏. 国外长压力引水系统水电站不设调压井的动态综述 [J]. 四川水力发电，1984，12 (2)：96 - 104.
[2] 郭勤. 水电站并列运行非调频机组数量上升初探 [J]. 水利水电技术，1994 (5).
[3] 郭勤. 水轮发电机组飞逸及转速上升新探 [J]. 水利技术监督，1998，6 (4)：11 - 13.
[4] 王庆，陈维勤，德宫健男. 功果桥机组调节保证计算及甩负荷试验结果分析 [J]. 大电机技术，2014 (5)：39 - 44.
[5] 王庆，陈泓宫，德宫健男，黑川敏史. 抽水蓄能电站-洞四机同时甩负荷的研究与试验结果的分析 [J]. 水电与抽水蓄能，2017，3 (1)：75 - 81.

水泵水轮机甩负荷过程压力脉动
特征信号分离研究

陈　源[1]　冯绍彬[2]　李　立[1]　伍志军[1]　郑　源[3]

(1. 中国电建集团中南勘测设计研究院有限公司　湖南　长沙　410014;

2. 华能澜沧江水电股份有限公司　云南　昆明　650000;

3. 河海大学　江苏　南京　210000)

【摘　要】 水泵水轮机在甩负荷过程中,动水压力是一种非线性、非平稳的复杂过程。提取实测动水压力信号中的均值压力和脉动压力对于验证由数学模型计算得到的水击压力的准确性和确定压力脉动的范围具有重要的意义。本文针对三种自适应信号分解方法进行比较研究,即利用经验模态分解(empirical mode decomposition,EMD)、离散小波变换(discrete wavelet transform,DWT)、变分模态分解(variational mode decomposition,VMD)三种方法对水泵水轮机甩负荷过渡过程进行均值压力和脉动压力的提取。分析比较了各种方法提取结果的相关性、信噪比和频域特性;结果表明,VMD在提取水泵水轮机甩负荷过渡过程均值压力具有较好的自适应性,利用变分方法使各模态和中心频率不断更新调整,在避免模态混叠以及减少信号失真取得相对较优的结果。

【关键词】 水泵水轮机;信号分解;甩负荷;过渡过程;均值压力;压力脉动

1　引言

水泵水轮机在甩负荷过渡过程中的动水压力为复杂的非线性非平稳过程,其中压力脉动幅值变化较大。由一维数模模型过渡过程计算得到的水击压力为均值压力,目前对真机还不能进行压力脉动的准确计算。通常按经验取值对计算的均值压力进行压力脉动修正。因此提取实测动水压力信号中的均值压力和脉动压力对于我们验证由数学模型计算得到的水击压力的准确性和确定压力脉动的范围具有重要的意义。目前,相关研究人员已采用多种方法对甩负荷实测压力信号进行研究,如:林雯婷、张克危利用小波变换处理水轮机尾水管压力脉动信号;杨桀彬、杨建东等利用EMD方法分解水轮机甩负荷过渡过程实测压力信号提取均值压力;杨华、陈云良等应用VMD-HHT方法对水电机组启动过渡过程振动信号进行分析研究。不同的分析方法有不同的适用场景,针对水泵水轮机甩负荷过程压力实测信号,在众多分析方法中是否存在某种较优的方法是工程实际需要面对的问题。基于此,本文利用EMD,DWT、VMD三种常用于处理非线性非平稳信号的方法对水泵水轮机甩负荷过渡过程实测动水压力进行分解,提取均值压力和脉动压力并对结果进行比较分析，以期回答这一问题。

2 实测压力信号分解

2.1 EMD（经验模态分解）

经验模态分解（EMD）以经验的方式将压力信号逐级分解为有限个固有模态函数 imf 作为主要模式和余量。其过程时间序列 $s(t)$ 可以表示为：

$$s(t) = \sum_{i=1}^{N} imf_i(t) + r(t)$$

式中　N——固有模态函数 imf 的个数；

$r(t)$——余量。

该过程首先找出中 $s(t)$ 的所有的极大值点，通过三次样条插值函数拟合出极大值包络线 $e_+(t)$，同理找出极小值点，以同样的方法拟合出极小值包络线 $e_-(t)$。将上下包络线均值定义为 $m(t) = [e_+(t) + e_-(t)]/2$。则原始信号 $s(t)$ 去除均值后的细节分量为：$h(t) = s(t) - m(t)$。通常细节分量 $h(t)$ 在迭代转换过程中得到细化直到达到停止标准，那么细节分量 $h(t)$ 被提取出来作为 $imf_1(t)$；而剩下的余量作为 $r(t)$ 被用来计算定义下一个 $imf_2(t)$，这个迭代过程一直持续到余量 $r(t)$ 变得很小或者余量为一单调函数。此时 EMD 分解过程结束。式中 $r(t)$ 为趋势项，代表信号的平均趋势或均值。

实测压力信号 $s(t)$ 经 N 次分解后，将得到的余量 $r_n(t)$ 作为均值压力，脉动压力 $MD(t) = s(t) - r_n(t)$。

2.2 DWT（离散小波分解）

离散小波分解（DWT）将非线性非平稳的压力信号逐级分解成若干个近似序列和细节序列。每经过一次分解近似序列被分解为更低一级的近似序列和细节序列，数据总量保持不变；以此实现信号的逐级分解。其重构时间序列 $s(t)$ 可以表示为

$$s(t) = \sum_{i=1}^{N} d_i(t) + a_N(t)$$

离散小波分解（DWT）利用通过多组高通-低通滤波器库进行多分辨率分析，提高了计算效率。根据实际分析要求选择合适的分解层数，对试验实测数据进行多级小波分解得到相应的低频近似系数 a_i 和高频细节系数 d_i。最后需要保留的数据最低一级的近似系数和所有的高级细节系数。

实测压力信号 $s(t)$ 经 N 次分解后，将保留的最后一级的近似系数 $a_n(t)$ 作为均值压力，将所有的细节系数 $d_i(t)$ 之和作为脉动压力 $MD(t)$，即 $MD(t) = \sum_{i=1}^{n} d_i(t)$。

2.3 VMD（变分模态分解）

变分模态分解（VMD）将压力信号 $s(t)$ 分解成 K 个具有特定稀疏度的子信号 u_k，每一个子信号的稀疏性被选作成为该频域的带宽，也就是说我们假设每一次模式 K 绝大部分围绕中心频率 ω_k。为了评估每一个模式 u_k 的带宽，给出如下条件：①每一个 u_k 进行希伯尔变换出一个相应的解析信号以得到一个单边频谱；②加入指数项调整各自的中心估计频率，将各个模式的频谱转移到"基带"；③通过高斯平滑指数估计带宽。由此得到

的变分约束模型表达式为

$$\min_{\{u_k\},\{\omega_k\}}\left\{\sum_k\left\|\partial_t\left[\left((\delta_t)+\frac{j}{\pi t}\right)*u_k(t)\right]\mathrm{e}^{-j\omega_k t}\right\|_2^2\right\}$$

其过程时间序列可以表示为：

$$\sum_{i=1}^k u_i(t)=s(t)$$

为避免约束问题，该模型中引入二次惩罚因 a 和 Lagrange 乘子 λ，使得最终结果具有更好的收敛性。其中，惩罚项的权重与信号中噪声水平呈反比关系；在无噪声环境中，惩罚项的权重必须足够大，以保证信号不失真。

算法 1：ADMM（交替方向乘法）

初始化 $\{u_k^1\},\{\omega_k^1\},\lambda^1,n\leftarrow 0$

Repeat

$n\leftarrow n+1$

for $k=1:K$ do

更新 u_k：

$$u_{k+1}\leftarrow\underset{u_k}{\arg\min}L(\{u_{i<k}^{n+1}\},\{u_{i>k}^n\},\{\omega_i^n\},\lambda^n)$$

end for

for $k=1:K$ do

更新 ω_k：

$$\omega_k^{n+1}\leftarrow\underset{\omega_k}{\arg\min}L(\{u_i^{n+1}\},\{\omega_{i<k}^{n+1}\},\{\omega_{i>k}^n\},\lambda^n)$$

end for

更新 λ：

$$\lambda^{n+1}\leftarrow\lambda^n+\tau\left(s(t)-\sum_k u_k^{n+1}\right)$$

直到收敛：$\sum\|u_k^{n+1}-u_k^n\|_2^2/\|u_k^n\|_2^2<\varepsilon$

实测压力信号 $s(t)$ 经 K 次分解后，$u_1(t)$ 此将作为均值压力 $x(t)$，脉动压力 $MD(t)=\sum_{i=2}^n u_i(t)$。

3 比较方法

3.1 相关性

$$R=\frac{\sum x(t)s(t)-\sum x(t)s(t)/T}{\sqrt{[\sum x(t)^2-\sum(t)^2/T][\sum s(t)^2-\sum s(t)^2/T]}}$$

为表示提取的均值压力 $x(t)$ 与实测压力信号 $s(t)$ 的相关性强弱，可以用皮尔逊相关系数表示：T 表示时域上采样的点数；R 在 0～1 之间，R 越大表示均值压力 $x(t)$ 与实测压力信号 $s(t)$ 的相关性越强。

3.2 信噪比

$$SNR=10\times\lg10\left\{\left[\sum_{i=1}^T x(t)\right]/\left[\sum_{i=1}^T s(t)-x(t)\right]\right\}^2$$

SNR 代表了信号的含噪程度，SNR 越大，表示获得的均值压力 $x(t)$ 有效成分越多，含噪越小。

4 实例分解结果对比分析

本文以某抽水蓄能电站甩负荷试验采集的蜗壳进口实测动水压力数据为例，图 1 为机组甩负荷过渡过程中蜗壳进口实测动水压力波形图。为对比三种方法的分解性能，分别对信号进行分解，得到成 5 个固有模式分量，并利用 FFT 方法对其进行频谱分析，如图 2～图 4 所示。

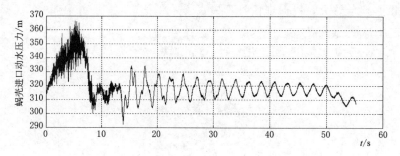

图 1 机组甩负荷过渡过程中蜗壳进口实测动水压力

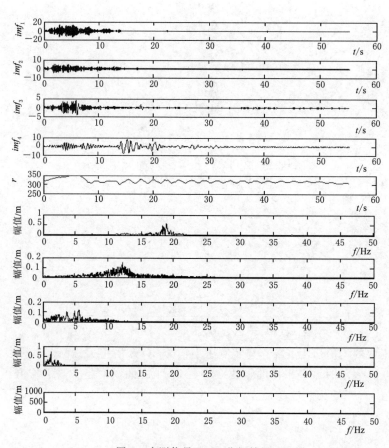

图 2 实测信号 EMD 分解结果

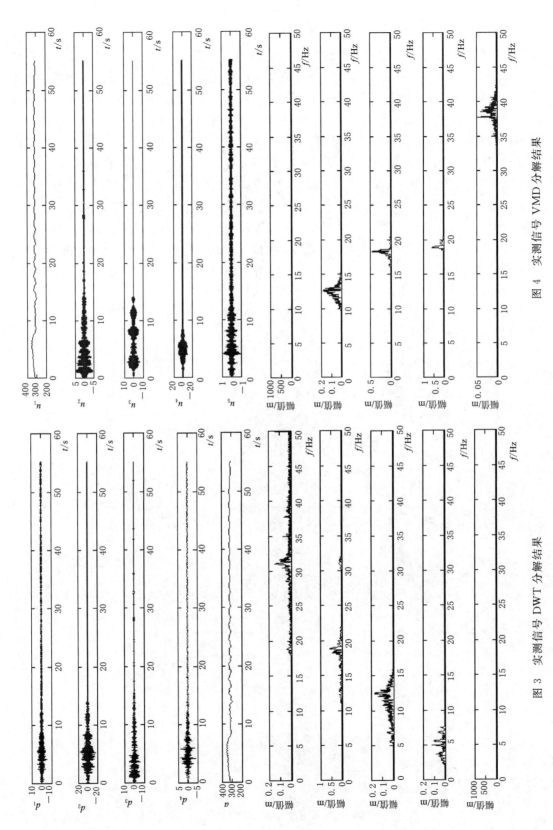

图 3 实测信号 DWT 分解结果

图 4 实测信号 VMD 分解结果

通过以上压力信号分解结果及分量频谱图可知，EMD、DWT、VMD 都可用于提取水泵水轮机甩负荷过程动水压力的均值压力。三者提取的均值压力 r、a、u_1 在波形图上变化趋势基本一致，都反映了机组甩负荷过程水击压力随时间的变化趋势：水击压力先逐渐增大直至极值点后，压力开始减小随后慢慢收敛于某一压力值附近上下波动。在分解过程中，EMD 和 DWT 分解得到的分量局部特征并不明显，并且在 $imf_1 \sim imf_4$、$d_1 \sim d_4$ 的主频附近有较多的旁瓣，造成了较为严重的模态混叠现象。VMD 分解过程中，u_1 反映了机组甩负荷过渡过程中水击压力变化趋势，在 u_2、u_3、u_4 分量中出现了具有一定规律性的"纺锤形"信号，主频能量较为集中，反映了压力脉动的主要频率成分；u_5 为高频分量，主要为干扰噪声。通过 FFT 频谱可以发现，EMD、DWT 的分量频率聚集度相对 VMD 较差（VMD>EMD>DWT）。由于我们所要提取的均值压力能够反映甩负荷过渡过程中的水击压力变化趋势，这种趋势在实测压力信号中主要表现为低频成分。相对于 VMD 分解，EMD 和 DWT 分解出来的分量 $imf_2 \sim imf_4$，$d_3 \sim d_4$ 包含了一部分低频成分，导致了其低频分量含有较多的虚假成分，影响了均值压力的提取精度，不利于信号的准确分析。

为进一步直观地观察均值压力的提取质量，将所获得的均值压力同原压力信号波形图进行对比，如图 5 所示。

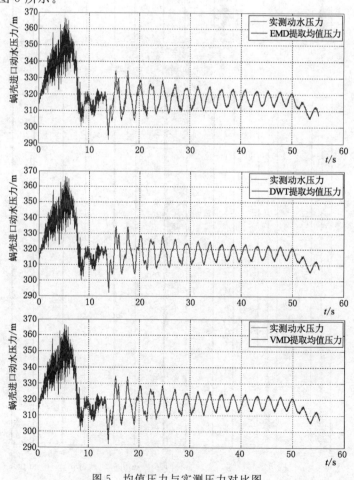

图 5　均值压力与实测压力对比图

计算三种分解方法提取的均值压力和实测压力信号的相关系数及信噪比进行比较，验证均值压力提取的有效性。通过图 5 和表 1 可知，EMD、DWT、VMD 提取的均值压力与实测动水压力信号具有极高的相似性，说明了 3 种方法提取均值压力均具有较好的效果。EMD 分解得到的均值压力具有较好的平滑性，相关性和信噪比相比于 DWT 和 VMD 略有偏弱，均值压力曲线在 14～22s 段存在一定的偏移，丢失了一部分有效成分；DWT 分解得到的均值压力具有最强的相关性和信噪比，与原信号吻合度最好，但是均值压力曲线的平滑性相对较差，存在一定的局部跳动，包含了一些噪声干扰。VMD 分解得到的均值压力曲线与原信号吻合度较好，同时具有较高的相似性和信噪比。

为直观观察机组甩负荷过程中的压力脉动幅值随时间的变化趋势，将 EMD，DWT、VMD 三种方法获得的脉动压力波形进行比较，并分别对脉动压力进行时频分析，如图 6～图 9 所示。

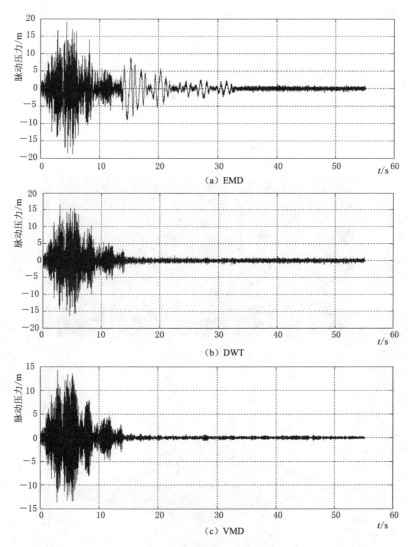

图 6 三种方法获得的脉动压力变化过程

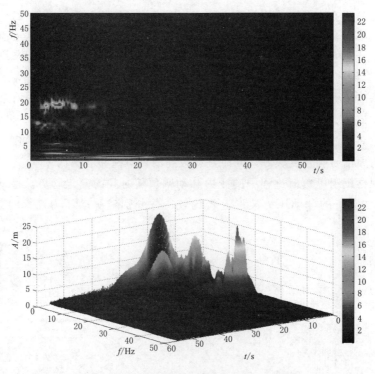

图 7 脉动压力频谱图（EMD）

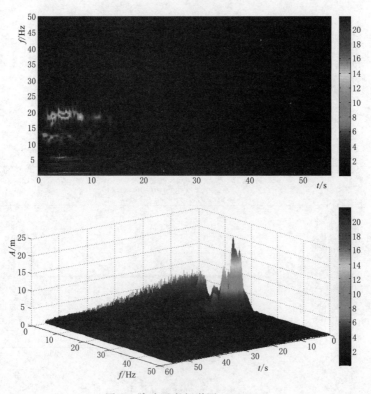

图 8 脉动压力频谱图（DWT）

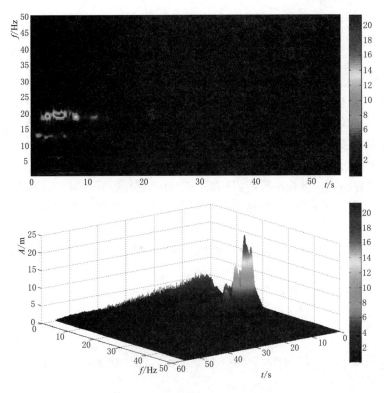

图 9　脉动压力频谱图（VMD）

水泵水轮机机组甩负荷后导叶关闭，随着导叶开度减小，流量减小，机组转速升高，机组工况点轨迹线将穿过飞逸线，进入水轮机制动工况区，甚至在过渡过程中短暂地进入反水泵工况区。压力脉动幅值在水轮机工况最小，进入制动区后随着机组转速逐渐升高，流量减少，工况到达飞逸转速点附近，由于转轮叶轮叶片与水流撞击加剧引起的能量损耗，压力脉动幅值增大，当流量接近于零的时候，压力脉动幅值出现小幅度降低，当机组运行在反水泵区，压力脉动幅值随流量的增加迅速增大；从水轮机区到制动区再到反水泵区，压力脉动幅值都是先增大后减小；这种变化趋势在脉动压力波形图上和脉动压

表 1　均值压力相关系数、SNR 对比

均值压力	相关系数	SNR/dB
EMD	0.9598	41.0526
DWT	0.9735	42.8326
VMD	0.9700	42.2520

力频谱图上主频 18.87Hz 时域上依次的 3 个幅值波峰均得到了验证。由脉动压力波形图可知，EMD、DWT、VMD 三种方法所得到脉动压力均较好地反映了压力脉动幅值随时间的变化，变化趋势的特点基本吻合，如图 9 所示，DWT 和 VMD 方法获得的脉动压力主频成分较为接近，约为 18.87Hz，次频约为 12.57Hz；EMD 方法获得的脉动压力主要频率成分除了 18.87Hz，12.57Hz，还有一个约为 1.2Hz 的幅值波峰，与之对应的脉动压力波形图在约 14s 之后，工况轨迹从反水泵区进入制动区后出现了一个旁瓣，是由于均值压力提取时丢失了一部分有效成分；这与 DWT 和 VMD 方法所得的脉动压力有明显的差别。VMD 方法所得的脉动压力幅值总体略小于 EMD 和 DWT 方法，原因是

VMD在分解的过程中自动滤去了白噪声干扰部分，剔除了部分试验采集数据条件影响的干扰因素。

5 结语

通过水泵水轮机甩负荷过程压力脉动特征信号提取比较研究，EMD 和 DWT 在分解过程中模态混叠现象较为严重，频率集中程度较差。对于复杂信号容易影响 EMD 分解时包络线计算，造成误差；DWT 方法受硬宽带限制，对小波基函数和分解层数有一定要求；VMD 利用变分方法使各模态和中心频率不断更新调整，能够较好地避免 EMD、DWT 的模态混叠问题，准确地反映实际机组甩负荷过渡过程中均值压力和脉动压力随时间的变化趋势，但对于 alpha、K 值的选择还有待进一步的研究和完善。

参 考 文 献

[1] 杨桀彬. 杨建东. 王超. 基于空间曲面的水泵水轮机机组数学模型及仿真 [J]. 水力发电学报，2013，32 (5)：244 - 250.

[2] 林雯婷. 张克危. 小波变换及其在水轮机水压脉动信号处理中的应用 [J]. 大机电技术，2002. (6)：47 - 53.

[3] 杨桀彬，杨建东，王超，等. 水泵水轮机甩负荷过渡过程中脉动压力的模拟 [J]. 水力发电学报，2014 (4)：286 - 294.

[4] 杨华，陈云良，徐永，等. 基于 VMD - HHT 方法的水电机组启动过渡过程振动信号分析研究 [J]. 工程科学与技术，2017 (2)：92 - 99.

[5] N. E. Huang, Z. Shen, S. R. Long, M. C. Wu, H. H. Shih. The Empirical Mode Decomposition and the Hilbert Spectrum for Nonlinear and Non - Stationary Time Series Analysis [J]. Proceedings of Royal Society of London A，1998，454：903 - 995.

[6] Rilling G., Flandrin P., Gon P., D. Lyon. on Empirical Mode Decomposition and Its Algorithms [J]. IEEEE URASIP Workshop on Nonlinear Signal and Image Processing NSIP，2003，3：8 - 11.

[7] Aron Feher. Denoising ECG Signals by Applying Discrete Wavelet Transform [C]. International Conference Optimization of Electrical and Electronic Equipment，2017.

[8] K. Dragomiretskiy, D. Zosso. Variational Mode Decomposition [J]. IEEE Transactions on Signal Processing，2014，62 (3)：531 - 544.

[9] 张健. 郑源. 抽水蓄能发电技术 [M]. 南京：河海大学出版社，2011.

[10] Awang N. I. Wardana. A comparative study of EMD, EWT and VMD for detecting the oscillation in control loop [C]. International eminar on Application for Technology and Communication，2016.

[11] 赵磊. 朱永利. 高艳丰，等. 基于变分模态分解和小波分析的变压器局部放电去噪研究 [J]. 电测与仪表，2016 (11)：13 - 18.

[12] 张飞，王宪平. 抽水蓄能机组甩负荷试验时尾水锥管压力 [J]. 农业工程学报，2020，36 (20)：93 - 101.

[13] 曹林宁，蒋磊，陈忠宾，倪海梅. 基于 VMD 的甩负荷试验尾水管压力分析及预测 [J]. 中国农村水利水电，2020，4 (2)：148 - 152.

安装与运行

三维激光测量技术在巨型水轮机安装中的应用

陈 端 马玉葵 王献奇

[中国三峡建工（集团）有限公司 北京 101100]

【摘 要】 随着金沙江下游乌东德、白鹤滩、溪洛渡和向家坝等四座巨型水电站的开发建设，我国大容量水轮发电机组的自主设计、设备制造、安装、运行管理等能力和水平得到了显著提升。同时对机组安装标准要求不断提高，传统的安装测量方式已经不能满足现在高精度的需求。进而，提出采用三维激光测量技术来实现导水机构预装和转轮与主轴同心度的测量。本文介绍了三维激光测量技术在乌东德水电站机组安装过程中的应用，并取得了良好的效果。

【关键词】 三维激光测量；巨型水轮机组；导水机构预装；转轮；同心度

1 引言

导水机构是水轮发电机组的重要部件之一，通过改变活动导叶的开度大小，使得流量发生变化来调整机组出力。对于反击式水轮机，其导水机构一般由底环、顶盖、活动导叶及其操作机构等部件组成。导水机构预装是安装过程中十分重要的环节，其目的主要有：提前发现安装中的问题，确定顶盖与底环的同心度，调整顶盖相对于底环的方位角，测量过流面高程值，钻铰顶盖与座环定位销钉，其中参与预装的活动导叶主要起定位导向作用，粗略确定顶盖方位。对于不同电站，导水机构的预装方式略有不同。例如亭子口电站采用调整垫来调节底环和顶盖的高程和水平。对于中小型机组的导水机构预装过程中多采用内径千分尺和水准仪测量底环和顶盖的中心、圆度以及水平度。而对于大型或巨型机组具有尺寸大、质量重、结构复杂、安装质量要求高等特点，若采用常规测量方法，难以保证测量精度，且耗费人工。

目前，激光测量已在各种领域得到了广泛的应用。对于水力发电机组安装，王保成等介绍了三维激光测形测距在转轮叶片、底环、顶盖等部件的加工制造方面的应用，实现了表面测量与三维模型重构的智能化以及自动化。王献奇等提出可采用激光跟踪测量技术应用于水轮发电机组安装中，以逐渐替代传统的测量方法。李林伟等利用 AT901-LR 激光跟踪仪测量方法对水轮机部件、发电机定子组装过程测量，结果表明其具有较高的精度。但是，在水电机组安装中，激光测量技术仍未实现大规模和系统性的应用。因此，本文以乌东德水电站左岸机组导水机构预装为例，详细地介绍三维激光跟踪测量技术在导水机构预装过程中的应用。

2　工程概况

乌东德电站位于金沙江下游，是目前世界上在建的第二大水电站，共装有 12 台混流式水轮发电机组，单机容量为 850MW。该机组的导水机构由底环、顶盖、活动导叶（28 片）、导叶轴承及密封、控制环、拐臂和接力器等部件组成，上下止漏环均为阶梯式，其具体结构如图 1 所示。

3　三维激光测量原理

乌东德电站机组安装过程中，采用 Leica 公司生产的 AT402 三维激光跟踪仪进行测量，辅助并检验导水机构的最终安装结果，AT402 激光跟踪测量系统包括激光跟踪仪、控制器、计算机、反射器（靶镜）及测量附件等组成，其技术参数见表 1。

基本测量过程及原理如下：在测量目标点处放置靶球（反射器），跟踪仪发出的激光射到靶球上，又返回到跟踪仪，用来测算目标的空间位置。以跟踪仪为圆点建立极坐标系，得到测量点与圆心的距离及方位角度，然后将极坐标转化为三维直角坐标 (x, y, z)，如图 2 所示。

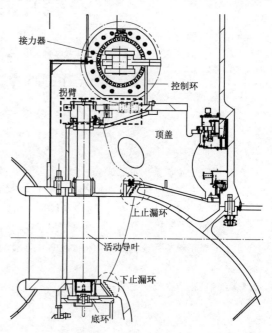

图 1　导水机构结构图

表 1　　　　　　　　　　　　　　激光跟踪仪 AT402 技术参数

参　数	数值	参　数	数值
最大测量距离	320m	重复性	$7.5\mu m + 3\mu/m$
水平方向有效测量范围	360°	水平定位精度（2σ）	1s
垂直方向有效测量范围	±145°	距离分辨率	$0.1\mu m$
加速度	360°/s	精度	$10\mu m$
旋转速度	180°/s	重复性	$5\mu m$
角度分辨率	0.07 角秒		

则可得到测量点 P 的坐标为 (x, y, z)，即

$$x = l\cos\beta\cos\alpha \tag{1}$$

$$y = l\cos\beta\sin\alpha \tag{2}$$

$$z = l\sin\beta \tag{3}$$

式中 l——激光跟踪仪到测量点 P 的距离；

α、β——线段 l 与水平面和垂直平面的夹角。

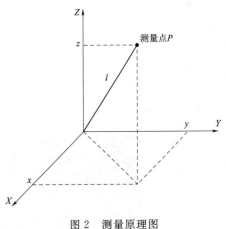

图 2 测量原理图

4 导水机构预装

导叶水机构预装的任务主要有：调整底环的中心和水平；调整顶盖止漏环与底环止漏环同心度；调整导叶中轴套与下轴套同轴度、导叶端部总间隙等。对于底环（顶盖）中心调整一般采用架设求心器，利用耳机电测法等传统方法来测量上（下）止漏环的中心和圆度。但是，由于左岸机组的上、下止漏环为阶梯式（下止漏环为 8 环，上止漏环为 6 环），若用传统方法测量，耗时较长，同时测量上止漏环时需要搭设两层脚手架，具有一定的危险性；另外，对于巨型机组的底环和顶盖尺寸较大，测杆扰度对测量数据的准确性也有一定的影响。因此，本文提出采用三维激光跟踪技术进行测量并且可在调整过程中起到监测作用，以确保导水机构预装的高效性和准确性。

4.1 底环安装

底环为 4 瓣到货，进场后进行清扫检查组合面，将底环组圆后，根据图纸方位要求，确定轴线方位，最后调整水平后进行吊装。待底环吊入机坑内进行止漏环圆度测量以及中心和水平调整。在调整底环中心时，采用三维激光跟踪仪进行测量，具体步骤如下：首先将跟踪仪放置在机坑中间处，以定子上 24 点拟合一个圆心 O_1，然后在固定导叶上留有 8 个控制点标记，方便后续直接建立以定子为中心的坐标系，如图 3 所示。

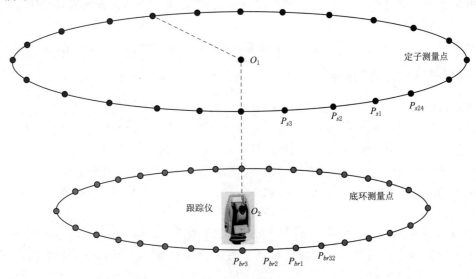

图 3 底环测量原理图

首先调整底环中心，以止漏环为测量面，均布 32 个测量点，得到所有测量点的三维坐标（x_n，y_n，z_n）（$n=1$，2，…，32），通过拟合底环圆心坐标 O_2，并以 O_1 为基准得到底环的中心偏差，利用液压千斤顶进行调整。待中心调整满足要求后，进行底环水平测量，以底环抗磨板面为测量面，同样均布 32 个测量点，用激光仪测量内外圈水平及高程，如图 4 所示。若不符合要求进行处理，接着再利用三维激光跟踪仪复测中心、圆度和水平，若满足标准要求，便可以对称拉紧所有螺栓，进行验收。

图 4　底环抗磨板面水平度测量

4.2　顶盖吊装及调整

顶盖为 4 瓣到货，现场组圆后进行吊装。顶盖吊装后一是需要调整顶盖与底环的同心度，既以底环中心为基准，调整顶盖中心满足同心度要求；二是顶盖与底环的方位调整，通过耳机电测法测量中轴套与下轴套的同心度。在预装时，留有 8 个活动导叶未进行安装（轴线及夹角方向），便于测量调整，确保轴套的同心度满足 0.30mm 优良标准要求。

5　转轮与轴同轴度的测量

导水机构预装完后，便可钻绞定位销钉孔，然后调出顶盖，完成附件（检修密封）安装。之后，便可准备进行转轮吊装调整和转轮连轴等工作。在此之前，可在机坑外用三维激光测量转轮上、下止漏环同心度和转轮与水轮机轴的同心度。

转轮进场清洗后，用三维激光测量仪器测量上止漏环（6 环）和下止漏环（8 环），每环测量 15 个点，并以各自拟合圆心为原点，以 01 号点为 +X 方向，法线方向为 +Z 方向建立独立右手坐标系，如图 5 所示。测量点的坐标可以用（x_{ij}，y_{ij}，z_{ij}）表示，其中下标"i"表示止漏环的环数，从上止漏环最上端开始编号（$i=1$，2，…，14）；下标"j"表示第 i 环的第 j 个测量点。通过坐标计算可以得到止漏环各环的拟合圆心坐标（x_i，y_i）以及各环测量点到圆心的距离 R_{ij}。以止漏环最下端第 14 环圆心坐标（x_{14}，y_{14}）为基准，计算得到其余 13 环的同心度。

接着用利用激光跟踪仪进行水轮机轴的参数测量及计算，在测量过程中，以水轮机轴上下端外圆拟合中心连线为 Z 轴，各自圆的拟合中心为原点，01 号螺栓孔中心为 X 轴方向，建立独立坐标系，如图 6 所示。分别对上下端面进行测量，则上端面和下端面的坐标分别用（x_{ui}，y_{ui}，z_{ui}）和（x_{li}，y_{li}，z_{li}）表示，其中 $i=1,2,\cdots,24$。则水轮机轴长 L_{turb} 为

$$L_{turb} = \frac{\sum_{i=1}^{24} z_{ui}}{24} - \frac{\sum_{i=1}^{24} z_{li}}{24} \tag{4}$$

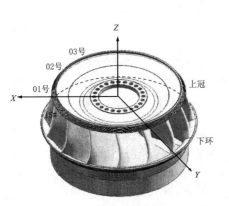

图 5　转轮测量示意图

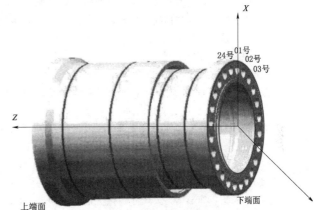

图 6　水轮机轴测量示意图

此外，可以利用坐标计算得到水轮机轴上下法兰面的平面度、圆度等参数。最后，可以结合前面转轮的测量数据，进行坐标转换，以转轮下止漏环最下端（即 $R14$）的圆心坐标为基准，便可分别得到水轮机轴与转轮的同心度。此外，还可用同样的方式测量发电机轴的相关数据，进一步得到转轮、水轮机轴和发电机轴的同心度。

6　结语

本文所采用的三维激光测量技术在巨型水轮机导水机构预装过程中取得良好的效果，与传统测量手段相比，具有显著的优势。

（1）对于巨型水轮机大尺寸的特点，三维激光测量将被测部件坐标化，通过坐标转化和计算可以快速准确得到设备的圆度、同心度、平面度、水平度等重要参数，同时比传测量方式的准确性更高，便于设备在安装过程中调整，满足机组安装时高标准要求

（2）对测量数据较多，安装调整较复杂的情况下，三维激光测量技术所带来效率优势得到了充分的体现，减少了施工人员安装以及监理验收的时间，大幅缩短了水轮机的安装工期。

（3）对于转轮上、下止漏环同心度和转轮与水轮机轴和发电机轴同心度测量，若采用传统钢琴线测量法难以实现以上的测量要求应用三维激光测量技术后，可以通过跟踪仪转站和坐标转换计算等先进技术，得到转轮与轴的同心度和主轴的长度，为后续机组轴线调整和高程链计算提供了参考。

随着以后对水轮发电机组安装要求的精度越来越高，三维激光测量等先进技术的应用会逐渐深入到机组安装的各个方面，在乌东德水电站机组安装中的应用为后续大型机组的安装测量提供了参考依据。

参 考 文 献

［1］ 刘大恺. 水轮机［M］. 3 版. 北京：中国水利水电出版社，1997.

［2］ 中国葛洲坝集团公司. 三峡 700MW 水轮发电机组安装技术［M］. 北京：中国电力出版社，2006.

［3］ 徐俊红. 小型立式混流式机组导水机构预装及调整［J］. 电站系统工程，2016，32（2）：80 - 82.

［4］ 孙红武. 亭子口水利枢纽电站水轮机导水机构预装［J］. 水力发电，2013，39（6）：33 - 35，57.

［5］ 杜宁，李采文. 对水轮机导水机构预装与安装工艺技术的探讨［J］. 水电站机电技术，2017，40（10）：8 - 9.

［6］ 李新阳. 水轮机导水机构预装与安装工艺技术的研究［J］. 黑龙江科技，2018，9（18）：48 - 49.

［7］ 李林伟，朱罗平，孟鹏. 精密激光测量技术在大型水轮发电机组安装中的应用［J］. 水电能源科学，2016，34（11）：156 - 159.

［8］ 刘昌霖. 三维激光扫描测量技术探究及应用［J］. 科技信息，2014，5：61，35.

［9］ 肖正伟. 三维激光扫描测量技术在工程测量的应用［J］. 工程设计，2020，6：101 - 102.

［10］ 李方，邹进贵，杨义辉. AT960 激光跟踪仪在大型设备安装检测中的应用［J］. 测绘通报，2018（S1）：129 - 133.

［11］ 李晶，宋暖，李君等. 大尺寸测量关键技术研究［J］. 科技创新与应用，2018，6：46 - 47，50.

［12］ 王保成，丁晓红，张永柱. 激光检测在水轮发电机大部件制造上的应用［J］. 人民黄河，2019，41：267 - 270.

［13］ 王献奇，张翠萍. 激光跟踪测量在大型水轮发电机组安装工程中的应用［J］. 水电与新能源，2017，2：22 - 25.

灯泡贯流式水轮发电机组常见问题探讨

幸 智 时天富

（中国电建集团成都勘测设计研究院有限公司 四川 成都 610072）

【摘 要】 灯泡贯流式机组的结构受流道尺寸限制，发电机布置在空间狭窄的灯泡体内，定子线棒和转子磁极的通风冷却困难，同时转子等部件的重力与离心力的合力随转动位置而变化，容易产生疲劳断裂，因此灯泡贯流式机组在设计、制造、安装、运行及检修方面遇到的问题比立式机组更为突出。随着近年来大型数控机械加工设备的投入及贯流式机组技术经验的积累，这些问题得到了较好的解决。

【关键词】 贯流式机组；疲劳；刚度；强度；有限元

1 引言

随着贯流式机组单机容量和运行水头的不断提高，大型灯泡贯流机组的应用得到了极大发展。我国贯流式机组技术引进相对较晚，20 世纪 60 年代末重庆水轮机厂首次引进贯流机组技术（单机 1600kW），70 年代末，大型灯泡贯流机组在我国才开始起步，20 世纪富春江水电设备总厂与日本富士集团合资设计制造了广西百龙江水电站的贯流机组（单机容量 32MW），21 世纪法国阿尔斯通设计生产了青海尼那水电站的贯流机组（单机容量 40MW）。目前，国内外运行水头较低的 3 叶片灯泡贯流机组有黑龙江大顶子山水电站（单机容量 11MW、运行水头 2.00m～5.23m～8.7.0m）和四川苍溪水电站（单机容量 22MW、运行水头 3.50m～6.10m～9.00m）；4 叶片灯泡贯流机组有金银台水电站（单机容量 40MW、运行水头 3.00m～13.00m～15.90m）；运行水头较高的 5 叶片贯流机组有湖南洪江水电站（单机容量 45MW、最高水头 27.3m）和柬埔寨桑河二级水电站（单机容量 50MW，最高水头 27.20m）；转轮直径较大的灯泡贯流式机组有峡江水电站（装机容量 9×42MW，$D_1 = 7.8$m）和美国雷辛水电站（装机容量 2×24.6MW，$H_r = 6.23$m，$D_1 = 7.7$m）；世界上最大单机容量的贯流式机组是巴西杰瑞电站（装机容量 44×75MW，$D_1 = 7.9$m），东方电气集团设计制造了其中的 22 台机组，这也标志着我国灯泡贯流式机组的设计水平与世界知名厂家并驾齐驱。

贯流式机组的结构受流道尺寸限制，发电机卧式布置在空间狭窄的灯泡体内，定子线棒和转子磁极的通风及冷却更为困难，同时转子及其各部件的重力与离心力的合力随转动位置而变化，容易产生疲劳断裂，因此灯泡贯流式机组在设计、制造、安装、运行及检修方面比其他立式机组表现出更多质量问题。随着近十年来计算机技术的迅猛发展和大型数控机加设备的不断涌现，贯流机存在的这些质量问题和经验教训得到了更加全面的总结、改进和完善。本文简单介绍灯泡贯流机组在设计、制造、安装、运行及检修等方面常见的质量问题和国内外主要水电设备制造商针对这些问题而采取的处理措施。

2 转子支架疲劳断裂问题

贯流机组是横轴布置，转子重力与离心力的合力随转动位置而变化，转子支架承受交变应力，在转子支架应力集中区域容易产生疲劳断裂，国内外主要水电设备制造厂主要采取以下措施：

（1）增加转子支架支臂数量和厚度，以增加转子支架刚强度。

（2）采用有限元计算方法计算分析应力集中区域，对应力集中区域和易发生断裂部位采用变截面或圆弧形状分散应力分布，降低应力水平。

（3）转子支架所有焊缝进行光滑磨圆处理以分散应力分布。

（4）磁轭与转子支架采用螺杆拉紧的连接结构，确保所有支臂与磁轭连接受力均匀，避免个别支臂受力集中造成断裂。

3 集电环碳刷温度过高问题

贯流机组是一个封闭的密封体，集电环又靠近定转子，温度较高、空间狭小、密闭不通风的环境使得集电环和碳刷温度较高。为避免集电环和碳刷温度过高问题，目前主机厂基本采取以下措施：

（1）设计时增大集电环直径，有效增加集电环散热面积。

（2）采用高质量进口碳刷、刷握。

（3）设置碳粉吸收装置，便于碳粉收集和增加空气流动，便于通风冷却。

（4）转子支架倾式斜支臂后倾风扇作用，通风效率高，有利于径向风路通风。

（5）采用双路进风的挡风板结构，避免了轴向温差大，降低了定子铁芯及线棒的温度。

4 铁芯叠片绝缘破坏、铁芯温升超标问题

贯流式机组的灯泡体尺寸较大，受到流道中水流冲击和外水压力，同时也受到机组运行的磁拉力和开停机时温度应力的交互作用，其定子铁芯和线棒可能发生铁芯叠片绝缘破坏、铁芯温升超标，甚至定子线棒烧穿等现象。国内外主要水电设备制造商一般采取以下措施：

（1）机座采用"V"形筋结构，其在径向上具有一定的弹性，避免发电机运行铁芯翘曲变形。

（2）定子铁芯采用绝缘穿心拉紧螺杆、碟形弹簧压紧结构，并采用液压拉伸器最终压装，铁芯受力均匀，拉紧螺杆不承受扭矩。

（3）定位筋设计采用双鸽尾结构，机座与铁芯具有 1.5mm 间隙铁芯能径向自由膨胀，消除热膨胀内应力，避免铁芯翘曲。

（4）定子硅钢片采用进口的硅钢片或低铁损高磁性硅钢片。绝缘漆采用自动涂漆机涂制，漆膜均匀，附着力高。

（5）定子下线采用液压裹包嵌线专有技术或定子线棒换位技术，线棒受力和在槽内紧度均匀，保证定子绕组槽电位低。

5 伸缩节密封问题

贯流式水轮机的转轮室为大型环形薄壁的悬臂结构，刚性较差，并在运行过程中受水力振动的影响，不易保证下游伸缩节处的密封压缩量，可能出现漏水情况。为解决该问题，厂家基本采取以下措施：

（1）在转轮室与伸缩节配合段设置两道橡胶条密封，在尺寸布置允许的前提下适当增大橡胶条直径，以加大其压缩量，保证密封效果。

（2）在两道密封之间设置集水环槽及排水孔，排水管上设置阀门（根据伸缩节处实际漏水情况决定阀门是否开启），以保证伸缩节处无泄漏。

6 改善机组主要部件受力条件和刚度、强度

为改善机组各主要部件受力条件和刚度、强度，目前主机厂基本采取以下针对性措施：

（1）增加管型座立柱钢板的壁厚及加强筋数量，在内外壳之间增加水平辅助支撑，以增强管型座刚度、强度和改善其受力状况。

（2）定子机座采用"V"形筋支撑结构，在保证定子机座刚度、强度的同时利于发电机通风散热。

（3）转子支架采用后倾式斜支臂（板）结构，将常规转子支架支臂所受弯曲应力改为拉应力，改善受力条件，提高刚度、强度，以保证发电机在各种工况下定、转子间空气隙的均匀性。

（4）在满足运输条件及 GD^2 要求下，转子磁轭首选磁轭圈方式，叠片式磁轭采用轴、径向螺栓拉紧。

（5）水轮机和发电机共用同一根轴，提高机组轴系的刚度、强度和安装精度。

（6）推力头中心接近转子中心体，改善轴系受力条件。

（7）采用有限元法对主要受力部件进行应力、变形、疲劳强度计算，并对转子、定子及主要过流部件进行振动频谱分析；分析其固有频率计算，降低转轮室振动，避开水流通过叶片时的水力激振频率，保证机组安全、稳定运行。

（8）采用钢板模压成型技术制造大型薄壁环形部件，保证复杂曲面薄壁部件的形状位置公差及机加精度。

（9）当机组单机容量较大或运行水头较高，水轮发电机设计制造难度和发电机设计制造难度较大时，合理选择水轮机和发电机参数。机组惯性时间常数 T_a 宜不大于 3s，水轮机比速系数 K 一般控制在 2800～3400 之间。为改善发电机通风冷却条件，贯流式机组的灯泡比一般不大于 1.3。为避免水轮机效率降低，可适当加长进水流道和尾水管长度，优化流道流态；适当提高高水头贯流式水轮机的轮毂比，改善桨叶受力条件，降低机组设计

制造难度。

7 安装、检修问题

安装及运行单位针对贯流机组安装、检修及运行过程中积累的问题也提出了不少针对性措施，主要有以下方面：

（1）水轮机导轴承采用径向自调心分半卧式的筒式轴承结构，调整、装拆方便，降低机组整体制造安装成本；发电机径向轴承采用可倾分块瓦技术，瓦块尺寸、重量小，变形小，制造难度低，制造质量易保证，避免了轴承拆卸时需解体整个发电机部分。

（2）进人孔设置自动升降电梯，方便人员进出进行机组检查维护；泡头设计进人孔方便机组检修时人员进入水机流道；为方便进入转轮室在其进人门下方设置平台和爬梯。

（3）设计不同类型检修吊装工具，不吊转子即可拆装磁极和定子线棒，方便机组检修。

（4）针对贯流式水轮机桨叶与轮毂连接处漏油现象，采用无油转桨式转轮，即轮毂体内充清洁水，利用高压油操作接力器。

8 结语

我国的水电资源居世界第一，低水头径流式水电站的装机容量约占水电总装机容量的16％。近年来，水电建设已开始从中、高水头水电站的开发，转到了对低水头径流式水电站及潮汐电站的开发。从2000年到现在，对大型灯泡贯流式机组的需求进一步扩大，更大直径、更大单机容量的机组也不断出现。通过对国内外贯流式机组技术经验教训的不断总结，本文所述大多问题已经减少或消除，大多数贯流机组运行情况良好，我国贯流机组在设计、制造、安装、运行及检修维护等方面的技术水平已达到世界先进水平，为今后我国低水头的水电资源开发打下了坚实的基础。

参　考　文　献

[1]　田树棠，等．贯流式水轮发电机组实用技术——设计·施工安装·运行检修（上、下册）［M］．北京：中国水利水电出版社，2010.

浅析抽水蓄能机组盘车过程

宗红举

（河南天池抽水蓄能有限公司　河南　南阳　473000）

【摘　要】 轴线竖直度与轴瓦间隙直接影响机组的安全平稳运行，若轴线不竖直，极易发生与轴瓦摩擦过度，引起轴瓦瓦温过热，油温过热报警，严重时甚至发生烧瓦事故，为避免此类事故的发生，机组安装调试和日常大修中的盘车工作至关重要。以某电站盘车过程为例，通过对轴线测量，盘车测量、数据分析与计算，确定最佳轴线调整方案，优化轴线调整工艺，为同类型机组轴线调整提供参考。

【关键词】 轴承；盘车；轴线调整；悬式机组

1　机组概况

某抽水蓄能电站装设 4 台单机容量 300MW 的机组。主机设备为立轴单级混流可逆式水泵水轮机和三相、50Hz 空冷可逆式同步发电电动机，由东方电机有限公司独立成套设计、制造和供货。安装高程 201.00m，额定转速 428.6r/min，额定水头 430m，额定流量 79.16m³/s。

2　结构特点

机组整体结构为悬式结构。机组轴系由上端轴、主轴、转子、下端轴、水轮机轴和转轮相互连接而成，其中上端轴长 3195mm，转子高 3210mm，下端轴长 3560mm，水轮机轴长 5545mm，转轮高 1278mm，下导轴承到卡环的距离为 6.4m，水导轴承到卡环的距离为 12.7m，整个轴系重量为 553t，机组通过推力头和镜板将转动部分重量传递给上机架，由上机架承受整个机组重量以及运行时产生的轴向水推力。轴系结构图如图 1 所示。

3　盘车目的

轴线测量和调整，其主要检测方法就是盘车。盘车指借助外力转动机组的转动部分，通过在各轴颈位置架设百分表

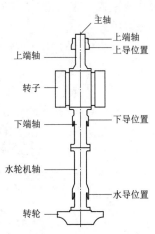

图 1　某抽蓄机组轴系结构图

等监测转动过程中各导轴承的摆度和机组转动部分与固定部分间隙均匀度，实际上即各导轴承同心度的检查，保证各导轴承与旋转中心线同心。确定轴与轴之间、轴与转子之间、转子与推力头之间的同轴度（摆度）通过稳定中心使各部油槽内挡油桶及轴瓦间隙满足要求，确保机组带负荷运行后，摆度及瓦温满足各项技术指标。各部位摆度应符合表1所允许的范围。

表 1   机组轴线允许的摆度值

轴 名	测量部位	摆度类别	轴转速 $n/(r/min)$				
			$n<150$	$150 \leq n < 300$	$300 \leq n < 500$	$500 \leq n < 750$	$n \geq 750$
发电电动机轴	上、下轴承处轴颈及法兰	相对摆度/(mm/m)	0.03	0.03	0.02	0.02	0.02
水泵水轮机主轴	导轴承处轴颈	相对摆度/(mm/m)	0.05	0.05	0.04	0.03	0.02
发电机轴	集电环	绝对摆度/(mm/m)	0.50	0.40	0.30	0.20	0.10

内控要求下导摆度≤0.10mm，水导摆度≤0.20mm 为合格。

4 机组盘车

4.1 施工准备

（1）使用主轴密封拆卸专用工具，将主轴密封支持环、浮动环、密封环等顶起，使密封环与抗磨板脱开。

（2）将上导轴承盖、挡油板拆除，保留互相垂直方向的 4 块瓦（+Y、+X 方向瓦拆除，要架百分表），调整楔形块使瓦与轴领间隙为 0.02mm，其余上导瓦拆除。

（3）将下导轴承盖、挡油板拆除，保留互相垂直方向的 4 块轴瓦（+Y、+X 方向瓦拆除，需要架设百分表），将楔子板拆除，下导瓦向外侧移动，保证瓦与轴领有 3mm 以上间隙；其余下导瓦拆出靠后放置于下导抗重环板。

（4）将下导接油槽、挡油圈拆除，若检查与轴间隙大于 0.5mm，可不拆除。

（5）将水导轴承盖、挡油板拆除，保留互相垂直方向的 4 块瓦（+Y、+X 方向瓦拆除，要架百分表），楔子板拆除，将瓦向外移，保证瓦与轴领有 3mm 以上间隙；其余水导瓦拆除。

（6）将轴电流测量装置拆除。

（7）顶盖内测量上迷宫环四个方向单边间隙对称差值需小于 0.2mm，不满足要求时通过起高压油减载装置，抱上导瓦推大轴使转动部分平移，使其间隙满足要求。

（8）确认定转子之间无异物，风闸已全部落下。

（9）安装好盘车工具（推力头装拆工具加 4 根钢管，盘车通过推力头装拆工具上的 8 个 M36×80 的螺杆上紧来传递力矩）。

（10）确认人员到岗到位，安全防护措施完善。

4.2 测量准备

（1）上、下、水导轴承均在 +Y、+X 处架设两块百分表，表座吸于轴承座上，表头与轴领圆弧切线方向垂直，指针大针对准 0，小针指向 5。各处 +Y、+X 表垂直方向分别均在一条直线上，水平方向互为90°。表头垂直于镜板上平面架设一块百分表，用于测量镜板跳动值，也可作为顶落转子时的监视。

（2）据卡环上的编号，在推力头上同一方位做好记号1～8（逆时针），盘车将1号点转到+Y方向，下导、水导轴领处按照+Y方向为1，逆时针等距作记号1～8，通过盘车检查上、下、水导处相同记号点是否同时到达+Y、+X表处。

4.3 盘车过程

（1）每块百分表安排两人监视，一人读数，一人记录，盘车前检查各表大针对准0，小针指向5。

（2）在统一指挥下，由多人推动机组转动部分，使转动部分缓慢转动，每次均需准确地停在各等分测点。为减小测量与读数误差，读数前匀速预盘车一到两圈，由指挥人员通知各个导轴承记录人员从某点开始读数，依次记录各测点通过百分表时的读数，读数记录三圈完整的读数，且至少两次读数基本一致。因为最后一圈推力瓦与镜板间的油膜比较均匀，故以最后一圈百分表读数为依据进行轴线分析。

4.4 数据分析

盘车数据记录见表2。

表 2 盘 车 数 据 记 录

测量数据单位 0.01mm	测量部位	测 量 编 号							
		1	2	3	4	5	6	7	8
百分表读数	上导位置	−4	−4	−4	−3.5	−4	−4	−3.5	−3
	下导位置	−12	−8	3	13	18	15	4	−7
	水导位置	−14	2	27	46	50	36	11	−10
相对点		1～5		2～6		3～7		4～8	
全摆度	上导位置	0		0		−0.5		−0.5	
	下导位置	−30		−23		−1		20	
	水导位置	−64		−34		16		56	
净摆度	下导位置	−30		−23		−0.5		20.5	
	水导位置	−64		−34		16.5		56.5	

（1）盘车数据准确性判断。同一轴线测量位置在同一圈盘车过程中，排除测量位置圆周方向局部突变、百分表测量精度、百分表架设及读数问题，测量数据应有以下几个特点：

1）精确回零，偏差小于0.05mm。

2）以测量值为纵轴，以等分点为横轴，绘制出的曲线接近正弦曲线，且过渡平滑、无明显位移，数据分布曲线如图2所示。

可见，盘车数据较为准确。

（2）调整量计算。由表2数据可知，下导位置最大净摆度为0.30mm；水导位置最大净摆度为0.64mm，且下导位置和水导位置最大摆度点均在5号测点附近，故卡环5号点

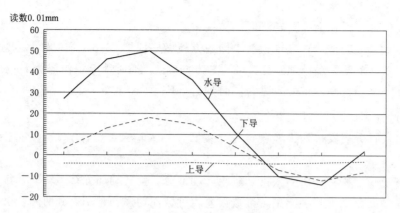

图 2　盘车测量数据分布曲线

为最高点。

已知：卡环与轴肩接触面外圆直径：$D=870mm$

上导瓦中心至卡环上平面：910mm

镜板下平面至卡环上平面：1235mm

下导瓦中心至卡环上平面：$L_1=7640mm$

发电机下端轴下法兰至卡环上平面：9725mm

水导中心至卡环上平面：$L_2=13965mm$

以下导 5 号点计算卡环最大刮削量为

$$P=\frac{\Delta \times D}{2\times L_1}=\frac{0.3\times 0.87}{2\times 7.64}=0.0171(mm)$$

以水导 5 号点计算卡环最大刮削量为

$$P=\frac{\Delta \times D}{2\times L_2}=\frac{0.64\times 0.87}{2\times 13.965}=0.0199(mm)$$

则卡环应在 5 号点处打磨下去 0.02mm 左右。

4.5　卡环分区打磨

需在最高点 5 号点卡环打磨 0.02mm，则卡环与轴肩接触的圆面上应该逐级减少打磨量至 5 号对侧的 1 号点为 0，使卡环的刮削面为一斜面。

将卡环分区，分区方法为：在卡环与轴肩接触面的 1 号和 5 号点连线，连线长为 870mm，将 870mm 连线 5 等分后依次在卡环接触面上做过 4 个等分点的垂线，垂线将卡环分为 5 个区，从 5 号点到 1 号点的 5 个区分别打磨 0.02mm、0.015mm、0.010mm、0.005mm、0mm。相邻两个区刮削深度差应小于 0.005mm，使相邻两个区的台阶高度差尽可能小，刮削面尽可能接近于平面。

卡环分区打磨示意图如图 3 所示。

刮削卡环前先用 75～100mm 的外径千分尺测量卡环凸台到卡环底面的厚度，测量点沿凸台面圆周分布，相

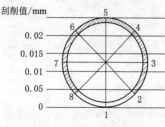

图 3　卡环分区打磨示意图

邻测点间距约 10cm，并在测点位置用记号笔作记号并记录厚度值，用于检查卡环刮削量。

根据计算的刮削深度进行刮削，可采用刮刀多次来回刮削和油石外包砂布打磨的方法进行，油石外包砂布是用砂布包住油石，按压油石使砂布与卡环凸台面均匀受力进行来回磨削，来回磨削 10 次更换一张砂布，根据刮削深度估计磨削次数，反复用外径千分尺测量，避免刮削过多。

4.6　重新盘车检车测量

盘车验收数据见表 3。

表 3　　　　　　　　　　盘 车 验 收 数 据 记 录

测量数据单位 0.01mm	测量部位	测 量 编 号							
		1	2	3	4	5	6	7	8
百分表读数	上导位置	0	0	0.5	0.5	0.5	0	0.5	0.5
	下导位置	0	−2	−3	−3	−1	0.5	1.5	1
	水导位置	0	5	8	7	3	−2	−5	−5
相对点		1～5		2～6		3～7		4～8	
全摆度	上导位置	0		0		−0.5		−0.5	
	下导位置	−0.5		0		0		0	
	水导位置	1		−2.5		−4.5		−4	
净摆度	下导位置	−3		7		13		12	
	水导位置	−0.5		0		0		0	

下导、水导摆度均符合内控要求，同时规范要求。

5　结语

抽水蓄能机组多为悬式结构，由于推力轴承安装在转子上方，水导轴承到推力轴承的轴线距离较长，摆度较难调整。同时引起摆度偏大的原因有多种，需要具体问题具体分析。机组安装及检修过程中，盘车工作工序复杂、精度较高、耗时较长，需要检修及运维人员谨慎认真，充分借鉴以往经验，打破常规的思维模式，通过试验研究、判断分析，寻找问题根源所在，妥善解决问题。

春堂坝电站下导轴承烧瓦事故
原因分析及处理方法

杨 书 王德明 唐 菲

(四川小金川水电开发有限公司 四川 小金 624200)

【摘 要】 详细描述春堂坝电站混流式水轮发电机下导轴承烧瓦事故过程,阐述了机组导轴承瓦温升超标导致烧瓦的常见因素,分析导致烧瓦事故的原因并提出技术改造方案,对其他混流式水轮发电机有类似事故提供参考。

本文通过对春堂坝电站2号机组下导轴瓦烧瓦事故原因分析及采取的技改措施阐述,希望对有类似情况的水电站有一定的参考和帮助,共同提高水电站主机设备运行的安全性。

【关键词】 混流式机组;导轴瓦;导轴承结构;烧瓦;处理检修

1 概况

春堂坝水电站位于四川省阿坝州小金县沃日河流域梯级开发的第四级电站。电站采用引水式开发,正常蓄水位 2449.8m,死水位 2447.80m,水库总库容 85.4 万 m^3,死库容为 59.8 万 m^3,可调节库容 25.6 万 m^3,属于日调节性水库;引水隧洞长 13.1226km,利用落差 130m,设计引用流量 47.1m^3/s,电站装机容量 3×18MW,年发电量 2.38 亿 kWh,年利用小时数 4405h。

2 机组导轴承结构及材料

春堂坝水电站采用立轴混流式水轮发电机组,水轮发电机组共有三部导轴承,上导与推力轴承共用一油槽,位于上机架位置,其中上导轴瓦由 8 块抗重支柱式巴氏合金分块瓦组成,推力瓦由 8 块抗重螺栓式弹性金属塑料瓦构成;下导和水导位置各布置一部导轴承,下导轴承也为支柱式巴氏合金分块瓦结构,水导轴承为两分辨巴氏合金筒式瓦结构,上、下、水导轴瓦均采用 ChSnSb11-6 锡基巴氏合金材料。

3 事故发生过程

2018 年 12 月 19 日,春堂坝电站 2 号机组在完成冬季 C 级检修工作后,首次以纯手动方式启动机组,在启动过程中分别在 25%、50%、75%额定转速时各停留 1min,直至机组达到 100%额定转速,在此过程中机组运行状态未出现异常。12 月 19 日 10:17 开始进行机组考瓦温试验，至 10：23 发电机监控下导轴瓦温度报警（下导轴瓦温度在检修前一直保持在 45～50℃ 之间），观察测温制动柜单表温度已达到 65.3℃，随后机组立即启动了事故停机流程，机组停机过程中及停机后下导瓦温度仍然还在缓慢上升，下导轴瓦单表显示最高升达到了 82.1℃。停机后打开基坑盖板，检查发现机坑内有焦糊味，并且排查至下导轴承位置处时气味较重，后打开下导轴承轴承盖检查发现下导轴承 8 块导轴瓦的巴氏合金被磨损挤压至瓦的出油边，并结成条状附着在下导轴颈处，瓦面有焦糊状，瓦面已硬结，同时发现下导油槽油位并未淹没至设计瓦中心，下导油盆槽内有大量巴氏合金磨损后烧毁粉末。

4 原因分析

事故前 2 号机组完成了常规冬季 C 修工作，手动开机至空转态过程中运行工况良好，振动摆渡摆度装置显示各部数据无异常，冷却水压力及示流计显示的流量都正常，但当机组运行 7min 后下导轴瓦单表显示温度突然升高达到报警值，随后因温度上升速度过快到达轴瓦温度停机值启动事故停机流程，烧瓦事故已不能避免，结合春堂坝电站 2 号机组启动事故停机过程，及拆卸下来的轴瓦检查掌握的数据来看，引起机组轴瓦烧毁主要有以下原因：

（1）轴瓦及其结构。混流式水轮发电机导轴承瓦面普遍采用 ChSnSb11－6 锡基巴氏合金材料，这种材料已在现代水电行业中得到了成熟应用。此种材料的轴瓦结构常见的有分块瓦和筒式瓦，其中分块瓦支撑方式有点支撑和轴向线支撑方式，混流式机型普遍采用支柱式或楔子板结构。而点支撑又分为中心和偏心两种方式，支撑方式与轴瓦的安装结构紧密相关，一般采用同心瓦结构时，其油膜压力中心沿大轴方向偏移一定距离，此时宜采用偏心支撑方式，采用非同心瓦结构时，由于油膜压力中心十分接近支点，因而宜采用中心支撑方式。若轴承支撑方式选择不合理，轴系实际载荷将会超过设计值，瓦面形线设计加工不合理，支撑螺栓松动支撑失效，楔子板式轴承背面的圆柱面与轴承座的接触线与轴瓦滑动面接触不合理，都会导致进、出轴瓦面的油循环受阻不畅，油膜形成不好，导致轴领与轴瓦接触摩擦，导致瓦温升高的现象。

（2）轴承的绝缘。水轮发电机组上导、下导若出现绝缘不合格，如在水轮发电机组大轴上形成的轴电流数值超标，就会造成灼伤轴领表面和轴瓦现象，在较大轴电流的影响下长时间运行还会使润滑油碳化，破坏对轴承的润性和绝缘性能，从而酿成烧瓦事故。因此在日常设备巡视检查过程中，要密切关注润滑油的运行状态，定期测量机组定、转子绝缘，以保证轴承绝缘强度，同时还要确保接地碳刷运行工况良好。通过上述方式保证机组轴承的绝缘强度，以避免不安全事故发生。

（3）油循环。机组在运行过程中大轴轴领与瓦面摩擦会产生大量的热量，这部分热量若未通过正常油循环系统将将其带走，就会导致轴瓦温度升高而发生烧瓦事故。通常因油循环不畅而导致瓦温升高的原因有：①油槽内冷油和热油区分隔不合理；②油循环路径断路使部分或全部热油直接进入瓦面；③进油量不足或出油过快导致瓦面温度不能完全被带走等因素。根据以上可能出现的情况，可以通过冷油、热油的温度对比和进出口冷却器的水温差来观察分析油循环路径是否畅通，采用将冷、热油合理的隔断、确保瓦面油路通畅、热油得到充分冷却的方式来解决。

（4）断油或缺油。机组因供油系统发生故障，流入导轴瓦的油量中断或减少、油槽焊缝渗油、轴承内甩油使上油量过大等因素都会使油槽油位降低，造成导轴瓦供油不足，不能形成瓦面油膜润滑而产生干摩擦致使温度过高而烧瓦。造成此种断油或缺油的原因有：①机组采用外油循环冷却系统的，运行过程中因油泵故障或油槽内润滑油渗漏造成油量不足或供油中断的可能较大，可通过检查油泵、管路、油槽油位进行分析判断，根据实际情况采取有效的防漏措施；②机组运行中轴承内形成甩油，在其内部形成局部负压状态，或在挡油桶与主轴之间形成泵油甩油，此现象应检查轴领颈部气压平衡孔孔径大小及通畅程度，可在挡油桶上安装挡油板和导流格栅的方式来改善；③机组在运行过程中导轴承因摩擦使润滑油油温升高或因甩油而产生油雾，严重时轴承盖处会形成油滴，从而引起油槽油位降低而出现断油或缺油，这种甩油油雾可通过主轴轴领根部合适位置开径向油孔，在油槽内设置稳流板，或在轴承盖板处设置补气孔消除。

（5）冷却水。水轮发电机组各部轴承内的热量通常采用冷却器水循环的方法将润滑油的热量带走，从而达到降低油温和瓦温的目的。因此冷却器在轴承内的安装位置，隔油板与冷却器布置位置，以及冷却水的水质、流量、温度、压力就显得极为重要。机组运行过程中必须严密监视冷却水的压力值，确保在机组运行合格的压力范围内，通过管路上安装的示流计观察冷却水的流量是否满足要求，以此来保证机组运行过程中轴承油温、轴瓦温度在可控范围内。如机组正常运行冷却水中断 10min 以上，极易造成轴承油温、瓦温急速升高，发展成烧瓦事故。

（6）油质。水轮发电机轴承润滑油常用 LSA-46 号汽轮机油，润滑油中可能会含有部分水分、杂质、异物，这些都会引起瓦面温度升高而发生烧瓦事故，因此在对油槽注油之前都会进行油质化验。因为油中含有的胶黏性物质会使润滑油在瓦面不能形成均匀的油膜，水分超标会使轴瓦与轴领之间的油膜破坏、润滑油黏度太低也不易形成油膜，这些都将造成轴瓦表面部分位置形成干摩擦而损坏瓦面。根据理论计算值，轴瓦间得油膜厚度一般为 0.038～0.07mm，若润滑油内水分超标或有杂质进入润滑油内，都会导致瓦面难以形成均匀的油膜，这些都会造成烧瓦事故，因此对润滑油质的观测过滤、化验十分必要，必须确保润滑油优质合格才能注油使用。

（7）安装及检修过程。水轮发电机组类型较多，加工工艺复杂，在安装、检修过程中技术要求高，对安装及检修人员的专业技术水平要求都很强。在机组安装或检修过程中对轴瓦装配产生影响的因素较多，这些因素与瓦温升高密切相关，如机组轴线调整、导轴瓦间隙调整不均匀（是否根据轴线摆度方位调整，安装导轴瓦隙过小摩擦面不能形成均匀的油膜，反之太大油流速度过快热量不能完全带走，使接触的瓦面摩擦过热而烧瓦），轴瓦的油槽研磨或修刮不合格，轴瓦径向和轴向移动使轴瓦受力不均，运行中机组摆度超标，轴瓦局部间隙变小等原因都可能产生瓦温升高或烧瓦事故。

5 处理方法

根据对轴瓦烧瓦常见原因的分析，同时结合对春堂坝电站 2 号机组下导损坏情况的进一步检查核实，在检修工作完成开机前注入了合格的 LSA-46 号汽轮机油，事故发生后打开下导油槽盖检查实际油位，发现下导油位计油标显示油位与实测油槽内油位不符，排除油循环、轴承自身加工质量、冷却器冷却水故障、轴承绝缘、断油、轴瓦线性结构、安装及检修人为因素等原因。经过收集数据分析讨论，确定此次下导轴承烧瓦主要原因是加油量未达到设计油位原因造成，通过分析原因并采取了相应技术措施，经处理后机组运行效果良好，具体处理措施如下：

（1）实际加油油位与油标不符，下导轴承油位计未设计排气孔，导致实际加油量未到达设计油位，但油标油位有空气充压，已显示油槽达到设计油位。因此油位计顶端盖增加两个 10mm 排气孔，使油槽内部与油位计之间有良好的排气通道，反应油槽内的实际油位。

（2）由于轴瓦烧毁过程中有部分巴氏合金碎末进入油槽中，因此将油槽内原有的润滑油排尽，并对油槽进行清扫，重新注入合格的润滑油。

（3）拆除烧毁的下导轴瓦，清理下导轴领巴氏合金烧毁碎块，并研磨轴领处。

（4）原下导轴瓦表面已硬结，润滑油中有巴氏合金碎块，因此更换新备用的下导轴瓦。

（5）按照安装期间盘车摆度数据调整上导、下导轴瓦隙，重新注入同牌号新油。

6　结语

通过春堂坝 2 号机组油位计排气孔的技改处理措施，解决了油槽内部与油位计之间排气通道问题，并对电站其他两台机组进行了同样的技术改造，近两年的检修过程中油槽注油未出现油位不符问题。

现代混流式水轮发电机组在国内的水电行业已经是非常成熟的机型，但因受轴承设计、制造加工、检修安装，轴承运行受整机的实际性能因素，首次开机时烧导轴瓦的事故时有发生，存在偶然性和随机性且轴承烧瓦时间短、温度急剧上升，导致机组事故停机。因此，安装、检修及运行维护人员应很好地掌握轴承机理预防事故发生，若发生导轴瓦烧瓦事故，认真客观分析导致事故的原因，采取有效的解决方式综合处理。

参 考 文 献

[1] 江志满. 水轮发电机推力轴承设计和安装中的问题探讨 [J]. 水电站机电技术，1986（1）：8.
[2] 李超，叶太福，陈琳，李家海. 木座水电站上下导轴承瓦温偏高原因分析及处理 [J]. 水电站机电技术，2017（3）：39-40.
[3] 朱轶群，盛彩荣，金兰. 水库电站水轮发电机组轴瓦烧瓦事故分析及处理 [J]. 小水电，2012（6）：72-74.
[4] 彭悦蓉，赖喜德，张惟斌. 导轴承系统对水电机组轴系特性影响分析 [J]. 水力发电学报，2015（9），106-113.

动平衡试验在糯扎渡电厂 2 号机组中的运用

赵新朝 李 江

(华能澜沧江水电股份有限公司检修分公司 云南 昆明 650200)

【摘 要】 水轮发电机组的振动、摆度多数情况是由转子质量不平衡造成的,本文简要介绍了糯扎渡电厂2号机组振动摆度运行状况,通过一次动平衡试验优化机组振动摆度,提高机组安全稳定运行水平。

【关键词】 动平衡试验;振动;摆度

1 引言

糯扎渡水电站地下厂房内共装设 9 台单机容量为 650MW 的混流式水轮发电机组,水库正常蓄水位以下库容为 $217.49 \times 10^8 \mathrm{m}^3$,调节库容为 $113.35 \times 10^8 \mathrm{m}^3$,水库具有多年调节能力。电站以 500kV 电压等级接入电力系统,在系统中用于调峰、一次调频和事故备用。电站按无人值班(少人值守)设计。

水轮发电机组的动平衡试验是减少机组振动、摆度的一个重要方法,对机组的安全稳定运行具有十分重要的作用,能够很好地解决机组的质量不平衡。糯扎渡电厂 2 号机组 C 级检修过程中对机组运行数据分析发现,机组振动摆度可通过动平衡试验进行优化。

2 修前机组振动摆度概况

糯扎渡 2 号机组 C 级检修前上导摆度幅值在全负荷段小于 $150\mu\mathrm{m}$,处在《水力发电厂和蓄能泵站机组机械振动的评定》(GB/T 32584—2016)A 区;下导摆度幅值在全负荷段大于 $190\mu\mathrm{m}$、小于 $250\mu\mathrm{m}$,处在 GB/T 32584—2016 B 区。上、下导摆度主要以转频为主,其中下导摆度转频占比为 95%,初步判断机组转动部件存在质量不平衡。

3 机组动平衡试验

为优化糯扎渡电厂 2 号机组运行振动和摆度,机组修后开展了机组动平衡试验,变转速试验机组振动和摆度情况见表 1。

从表 1 可以看出,随着转速从 $25\% n_r$ 上升到 $100\% n_r$,上导摆度转频增大 $25\mu\mathrm{m}$,下导摆度转频增大 $46\mu\mathrm{m}$,上机架水平振动转频增大 $18\mu\mathrm{m}$,且上升趋势基本都与转速平方成正比关系,上机架和下机架水平振动、上导和下导摆度值主要以转频分量为主,由此可

414

表 1　　　　　　　　　　　　　　　　配重前变转速记录表

转速	上导+X 摆度			下导+X 摆度			水导+X 摆度			上机架+X 向水平振动		下机架+X 向水平振动	
	通频/μm	转频/μm	相位/(°)	通频/μm	转频/μm	相位/(°)	通频/μm	转频/μm	相位/(°)	通频/μm	转频/μm	通频/μm	转频/μm
25%	121	64	326	52	44	111	124	27	102	20	10	5	2
50%	116	58	338	55	45	145	82	51	266	23	19	6	4
75%	125	66	337	70	61	168	58	16	166	30	23	8	6
100%	148	89	342	112	90	170	93	21	177	44	28	16	11

以判断机组转动部件存在质量不平衡，且主要不平衡在下部。

从机组变转速运行数据看上导失重角约160°，下导失重角约-10°，上下导失重角相差170°，若按照上导摆度数据配重，下导摆度会增加，若按下导摆度数据配重，上导摆度有可能上升，结合修前带59万kW负荷时的上、下导摆度数据，下导摆度远大于上导摆度，故配重以降低下导摆度为主要目标，根据失重相位及经验公式，在转子磁极引线逆时针0°方位，转子下部安装70kg配重块。

配重前后各试验状态机组振动和摆度情况对比表见表2～表4。

表 2　　　　　　　　　　　　　　　　配重后变转速记录表

转速	上导+X 摆度			下导+X 摆度			水导+X 摆度			上机架+X 向水平振动		下机架+X 向水平振动	
	通频/μm	转频/μm	相位/(°)	通频/μm	转频/μm	相位/(°)	通频/μm	转频/μm	相位/(°)	通频/μm	转频/μm	通频/μm	转频/μm
25%	108	54	309	71	56	73	136	45	220	21	9	8	2
50%	107	57	324	69	59	99	101	47	228	24	14	6	1
75%	121	60	334	66	58	119	78	39	226	26	15	5	3
100%	123	68	325	74	56	158	111	25	207	35	18	13	6

表 3　　　　　　　　　　　　　　　　配重前后空转状态数据对比

项目	上导+X 摆度			下导+X 摆度			水导+X 摆度			上机架+X 向水平振动		下机架+X 向水平振动	
	通频/μm	转频/μm	相位/(°)	通频/μm	转频/μm	相位/(°)	通频/μm	转频/μm	相位/(°)	通频/μm	转频/μm	通频/μm	转频/μm
配前	148	89	342	112	90	170	93	21	177	44	28	16	11
配后	123	68	325	74	56	158	111	25	207	35	18	13	6

表 4　　　　　　　　　　　　　　配重前后带500MW负荷状态数据对比

项目	上导+X 摆度			下导+X 摆度			水导+X 摆度			上机架+X 向水平振动		下机架+X 向水平振动	
	通频/μm	转频/μm	相位/(°)	通频/μm	转频/μm	相位/(°)	通频/μm	转频/μm	相位/(°)	通频/μm	转频/μm	通频/μm	转频/μm
配前	136	74	321	209	201	253	109	106	288	35	33	13	13
配后	131	73	335	75	69	148	62	54	300	33	29	7	6

配重后空转态上导摆度转频减少 $25\mu m$，下导摆度减少 $30\sim40\mu m$，上机架水平振动减小 $10\mu m$；配重后带 500MW 负荷状态下导摆度减少 $130\mu m$，上、下摆度均处在 GB/T 32584—2016A 区内，配重效果明显，整个机组运行良好。

4 结语

水轮发电机组的振动大多是由转动质量不平衡引起的，在机组检修启动试验期间，通过动平衡试验有效降低了糯扎渡电厂 2 号机组的振动、摆度值，机组下导摆度和水导摆度达到优良标准要求，这对机组安全稳定运行具有重要意义，可为同类机组的振动摆度优化提供参考借鉴。

参 考 文 献

[1] 徐波，徐娅玲，尹永振，徐络. 向家坝电站 800MW 水轮发电机组动平衡试验 [J]. 大电机技术，2016 (1)：35-38.

糯扎渡电厂 6 号机组上导摆度偏大原因分析及处理

杨光勇　叶　超　徐文冰　杨　冬

（华能澜沧江水电股份有限公司检修分公司　云南　昆明　650200）

【摘　要】 糯扎渡电厂 6 号机组上导摆度偏大，通过在线监测数据和盘车数据分析，发现上端轴滑转子圆度尺寸存在偏差，通过返厂加工消除了圆度偏差，上导摆度明显下降，达到了华能澜沧江公司精品机组的标准。

【关键词】 糯扎渡；上导摆度；偏大；分析；处理

1　引言

糯扎渡 6 号机组 A 级检修前带稳定负荷时上导摆度为 $140\mu m$、下导摆度为 $120\mu m$、水导摆度为 $90\mu m$，上机架、下机架振动均在 $30\mu m$ 以内。根据 GB/T 11348.5—2008《旋转机械转轴径向振动的测量和评定 第 5 部分：水力发电厂和泵站机组》、GB/T 6075.5—2002《在非旋转部件上测量和评价机组机械振动 第 5 部分：水力发电厂和泵站机组》，机组各部轴承摆度、机架振动均在 A 区范围内。根据华能澜沧江精品机组标准（上导、下导、水导摆度分别 $100\mu m$、$120\mu m$、$100\mu m$ 以下），上导摆度偏大，未达到精品机组标准，计划在机组 A 修期间对上导摆度偏大问题进行处理。

2　机组概况

糯扎渡水电站地下厂房内共装设 9 台单机容量为 650MW 的混流式水轮发电机组。发电机结构型式为立轴半伞三相凸极同步电机，型号为 SF650 - 48/14580，发电机轴承由位于转子上方的上导轴承和位于转子下方的下导轴承和推力轴承组成，下机架为承重机架。

发电机上端轴由上端轴锻件和上导滑转子组成，上导滑转子采用热套方式固定，紧量为 $0.40 \sim 0.45mm$。上端轴高 3.9m，法兰处直径 2.5m，滑转子处直径 1.9m，总重 24t。

3　在线监测数据分析

根据修前在线监测数据，在低转速（$16 \sim 50r/min$）时，糯扎渡 6 号机上导摆度通频值为 $120\mu m$，以二倍频为主，幅值为 $93\mu m$；一倍频成分很小，幅值在 $10\mu m$ 以下。随着转速上升，二倍频幅值保持不变，一倍频幅值略有增大。当转速上升到额定转速 125r/min 时，

上导摆度通频值为 $130\mu m$，二倍频保持不变，一倍频增加至 $24\mu m$。机组带稳定负荷时，上导摆度通频值 $140\mu m$，二倍频保持不变，一倍频增加至 $31\mu m$。

根据以上数据分析，糯扎渡 6 号机上导摆度在低转速时就在 $120\mu m$ 以上，随着转速上升至额定及带稳定负荷，二倍频幅值保持不变，一倍频幅值略有增大，上导摆度始终以二倍频为主。初步判断，质量不平衡和磁拉力不平衡对上导摆度的影响很小，上端轴圆度尺寸偏差（呈近似椭圆形状）是造成上导摆度偏大的主要原因。采用轴线处理、动平衡配重等常规处理手段，无法有效降低以二倍频为主的上导摆度。

4 盘车数据分析

为进一步检查糯扎渡 6 号机上端轴几何尺寸偏差情况，在机组修前盘车时，在上导滑转子轴领位置和上导滑转子摆度测量面分别架设了百分表，如图 1 所示。

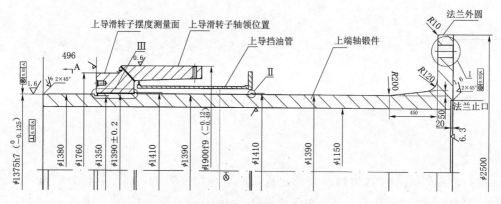

图 1 百分表布置示意图

在上导滑转子摆度测量面等分标记 32 个盘车点，盘车一圈记录 32 个数据，在 $+X$ 方向和 $+Y$ 方向分别架设百分表相互校核。盘车采用抱紧 4 块下导瓦的方式进行，盘车以下导轴领为旋转中心。根据在线监测数据，上导摆度一倍频成分很小，特别是在低转速时幅值在 $10\mu m$ 以下。由此可得，机组实际运行时的旋转中心比较接近于上导轴承的几何中心。考虑到盘车时的旋转中心与机组实际运行时的旋转中心不一致，对上导滑转子摆度测量面的盘车数据进行换算处理，消除偏心因素，更能真实地反映测量面的几何轮廓。消除偏心因素后，全摆度数据为 $0.12\sim0.13mm$，与在线监测上导摆度数值基本一致，轮廓形貌图如图 2 所示。

从形貌图可以直观地得出上导滑转子摆度测量面的几何轮廓呈不规则的椭圆形状，圆度偏差 $0.12\sim0.13mm$，与在线监测数据分析结论一致。

5 处理过程及效果

根据在线监测数据和盘车数据的分析结论，决定对糯扎渡 6 号机上端轴进行返厂加工处理，消除滑转子圆度偏差。为确保上端轴返厂加工万无一失，返厂前进行了周密策划，检修分公司、电厂、厂家各方共同制定了切实可行的返厂加工方案。返厂加工过程中，检修分公司、电厂专业人员全过程参与，确保了项目的顺利实施。

上端轴到厂后，首先要求厂家对法兰外圆及止口、上导滑转子轴领位置、上导滑转子摆度测量位置的圆度和同心度进行检查、测量，具体要求如下：①检查法兰外圆与法兰止口同心度偏差在 0.03mm 以内；②以法兰外圆为基准，测量上导滑转子轴领位置的同心度；③以法兰外圆为基准，测量上导滑转子摆度测量面的同心度。

根据数据测量结果，法兰外圆与法兰止口同心度偏差在 0.03mm 以内；法兰外圆与上导滑转子轴领位置同心度偏差在 0.05mm 以内；法兰外圆与上导滑转子摆度测量面的同心度偏差为 0.13mm，测量结果与之前数据分析结论一致。经各方讨论决定以法兰外圆为加工基准，

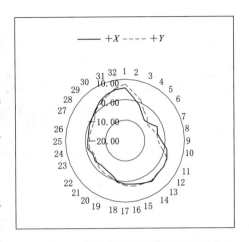

图 2 上导滑转子摆度测量面盘车
数据形貌图（消除偏心后）

采用 10 米立车对同心度偏差较大的上导滑转子摆度测量面进行机加工，加工后与法兰外圆的同心度偏差要求控制在 0.05mm 以内。厂家制定了机加工工艺方案，经检修分公司和电厂共同确认后正式开始加工。

糯扎渡 6 号机上端轴返厂处理完成，经各方共同验收合格后运抵现场回装。根据机组修后带稳定负荷数据，各部轴承摆度较修前大幅下降，满足华能澜沧江精品机组标准。其中上导摆度修前为 140μm 修后降为 65μm，二倍频分量由 95μm 降至 17μm。

6 结语

糯扎渡 6 号机上导摆度偏大，且以二倍频为主，采用轴线处理、动平衡配重等常规处理手段，无法有效降低以二倍频为主的上导摆度。通过在线监测数据和盘车数据分析，得出上导滑转子存在圆度偏差是造成上导摆度偏大的主要原因。对糯扎渡 6 号机上端轴进行返厂加工处理，消除了滑转子圆度偏差，上导摆度明显降低，取得了预期效果，可为同类型问题的处理提供参考和借鉴。

参 考 文 献

[1] 中华人民共和国国家质量监督检验检疫总局，中国国家标准化管理委员会. 水力发电厂和蓄能泵站机组机械振动的评定：GB/T 32584—2016 [S]. 北京：中国标准出版社，2016.

[2] 中华人民共和国国家质量监督检验检疫总局. 水轮发电机组安装技术规范：GB/T 8564—2003 [S]. 北京：中国标准出版社.

影响系数法在小湾电厂 1 号机组修后动平衡试验中的应用

杨光勇　周天华　赵新朝

(华能澜沧江水电股份有限公司检修分公司　云南　昆明　650200)

【摘　要】 小湾电厂1号机组修后动平衡试验，采用影响系数法进行计算、修正，取得了较好的效果。影响系数法可以在配重过程中不断修正配重角度、提高配重精度，对于降低机组振动、提高机组的稳定性具有重要意义。

【关键词】 小湾；动平衡；影响系数；应用

1　引言

大多数情况下低转速的大型水电机组进行动平衡配重时，可以不考虑角度偏差，直接在振动最高点的相位对侧，即失重角位置加配重，可以取得较好的效果，称为直接配重法。小湾电厂1号机组 A 级检修后启动试验，首次动平衡配重采用直接配重法，配重后机架振动和轴承摆度反而增大，采用影响系数法进行角度修正，取得了较好的效果。

2　概况

小湾电厂共装设 6 台单机容量为 700MW 的混流式水轮发电机组。发电机为立轴半伞式同步发电机，型号为 SF700 - 40/12770，额定转速 150r/min，发电机轴承由位于转子上方的上导轴承和位于转子下方的下导轴承和推力轴承组成，下机架为承重机架。发电机转子直径 11.5m，高 3.9m，总重 1400t。

3　影响系数法介绍

动平衡试验就是采用加配重块的方法，抵消转子的不平衡力(包括不平衡离心力、不平衡磁拉力等)，达到降低机组振动的目的。影响系数法就是在选定的工况下，通过加重试验求出加重对振动的影响系数，再根据影响系数求出实际应该加的平衡重量。影响系数法基于两个假设：一是线性假设，即振动幅值与不平衡力大小成正比；二是角度恒定假设，即配重引起的转子振动相位与配重的角度偏差恒定。影响系数法计算公式为

$$\vec{\alpha} = \frac{\vec{A}_1 - \vec{A}_0}{R} \tag{1}$$

式中　$\vec{\alpha}$——影响系数；

$\vec{A}_0$——加重前的振动；

$\vec{A}_1$——加重后的振动。

式（1）中所有的数量都是矢量，由大小和方向共同组成。

4　小湾 1 号机修后动平衡配重

4.1　修后试验情况

2021 年 4 月 21 日，小湾电厂 1 号机组修后首次启动，在低转速下机组振动及摆度状况良好。随着转速上升，轴承摆度和机架振动逐渐增大。升压试验过程中，机组从空转至带额定励磁，上导摆度及上机架水平振动明显增大。

4.2　试配重

轴承摆度和机架振动与转速成正比关系，表明转子存着质量不平衡问题；带励磁电流后振动和摆度明显增大，表明机组存在不平衡磁拉力，选定在空载工况下进行动平衡配重。配重前机组振动和摆度数据见表 1。

表 1　　　　　　　　　　　　配重前机组振动和摆度

测点名称	空载（带额定励磁）		
	通频幅值/μm	转频幅值/μm	转频相位/(°)
上导摆度	153	144	330
下导摆度	195	186	205
上机架水平振动	104	98	250

由于小湾发电机转子高度较高，采用双面配重法进行配重。首先在转子上端面进行试配重，试配重量根据以往经验选择 120kg，配重角度选择上导摆度失重角 150°（实际加装为 162°），加装试配重后机组振动和摆度数据见表 2。

表 2　　　　　　　　　　　　加装试配重后机组振动和摆度

测点名称	空载（带额定励磁）		
	通频幅值/μm	转频幅值/μm	转频相位/(°)
上导摆度	148	136	290
下导摆度	273	268	201
上机架水平振动	119	107	205

4.3　第一次配重

试配重后下导摆度明显增大，决定拆除配重块，改为在转子下端面进行配重，重量选择 120kg，角度选择下导摆度失重角 25°（实际加装为 45°），配重后机组振动和摆度数据见表 3。

表 3　　　　　　　　　　　　　**下端面配重后机组振动和摆度**

测点名称	空载（带额定励磁）		
	通频幅值/μm	转频幅值/μm	转频相位/(°)
上导摆度	154	143	345
下导摆度	160	148	211
上机架水平振动	93	79	276

4.4 第二次配重

在转子下端面配重后下导摆度和上机架水平振动明显改善，决定保留配重块，在转子上端面继续配重。计算试配重对上导轴承的影响系数，分析试配重时摆度增大的原因，根据公式（1），计算为

$$\vec{\alpha}_{上导}=\frac{136\angle290°-144\angle330°}{120\angle162°}=\frac{96\angle216°}{120\angle162°}=0.8\angle54°$$

其中，136∠290°为试配重后上导摆度转频分量的幅值和相位，144∠330°为试配重前上导摆度转频分量的幅值和相位，120∠162°为配重块的重量和加装角度。96∠216°为配重后转频分量与配重前转频分量的矢量之差，也就是配重引起的上导摆度的变化量。0.8∠54°为计算出的影响系数，其中0.8由摆度的变化量的大小与配重块的重量相除而得，表示单位重量引起的摆度变化量，∠54°表示配重引起的摆度变化量的相位与配重的角度偏差为54°，即摆度变化量的相位滞后54°。

根据影响系数分析，摆度变化量的相位滞后54°是造成试配重后摆度增大的主要原因，需要对配重角度进行修正，在上导摆度失重角150°减去54°（96°）的位置进行配重，实际加装为90°，上端面配重后机组振动和摆度见表4。

表 4　　　　　　　　　　　　　**上端面配重后机组振动和摆度**

测点名称	空载（带额定励磁）		
	通频幅值/μm	转频幅值/μm	转频相位/(°)
上导摆度	100	87	13
下导摆度	127	114	180
上机架水平振动	60	42	325

配重后机组振动、摆度均明显改善，取得了较好的效果。根据本次配重前后的上导摆度数据计算影响系数为

$$\vec{\alpha}_{上导}=\frac{87\angle13°-143\angle345°}{120\angle90°}=\frac{78\angle133°}{120\angle90°}=0.65\angle43°$$

对比试配重的影响系数0.8∠54°及本次配重的影响系数0.65∠43°，数量和角度变化不大，基本相等，表明影响系数法的线性假设和角度恒定假设是成立的。

5　结语

影响系数法基于线性假设和角度恒定假设，也就是动平衡配重过程中影响系数是保持不变的，这就是动平衡配重的力学原理。影响系数法相对于直接配重法可以在配重过程中

不断修正配重角度、提高配重精度，对于降低机组振动、提高机组的稳定性具有重要意义。

参 考 文 献

[1] 徐波，徐娅玲，尹永振，徐络.向家坝电站800MW水轮发电机组动平衡试验 [J].大电机技术，2016 (1)：35-38.
[2] 吴道平，骆建宇，龚强，喻贺之.乌江渡水电站增容改造后机组平衡试验研究 [J].水力发电，2007，33 (2)：91-93.

巨型水轮发电机组定子机座低频振动的处理

叶 超 蔡朝东

(华能澜沧江水电股份有限公司检修分公司 云南 昆明 650200)

【摘 要】 2007 年以来,随着三峡右岸、龙滩、小湾、糯扎渡、拉西瓦等一大批巨型水轮发电机组的投运,通过测试发现定子机座、铁芯均存在低频振动。这种低频振动以 1～4 倍转频分量为主,在发电机定子机座和铁芯的径向、切向均广泛存在,振动峰-峰值约为 30～250μm,随转子励磁电流的增加而变大,经过多年的摸索,已总结出一整套使用于不同检修等级的处理方法。

【关键词】 定子机座;低频振动;斜支臂;气隙

1 引言

2015 年 7 月 1 日,原国标《水轮发电机基本技术条件》(GB/T 7894—2009)经过修改正式施行,增加了对定子机座通频振动幅值区域边界的要求,修改后的《水轮发电机基本技术条件》规定新交付使用的机组定子机座水平振动应小于 0.08mm,在 0.12mm 以内可以长期运行。虽然国标根据目前国内使用的定子机座结构型式对机座振动的标准进行了修改,但仍有部分已投产的巨型机组超出新国标长期运行区域的要求。目前一般的定性认识是,这种低频振动是由定子机座结构特点所导致,对已投产电站而言,更换定子机座成本较高,不易实现。一般来说,工程上可以通过转子圆度和偏心来降低机座振动,但如何采取有效措施来加以控制,尚没有定量的解决方案,有的制造厂提出将转子圆度和偏心调整至接近零,显然不符合实际情况,华能澜沧江水电股份有限公司检修分公司自 2015 年开展定子低频振动处理以来,先后完成 5 台 650MW 以上斜支臂机组的巨型水轮发电机组定子低频振动处理,处理后定子机座通频振动幅值均小于 0.08mm,处理前振动幅值最大为 300μm,处理后振动幅值最小为 47μm,取得了较好的效果。本文对巨型水轮发电机组定子低频振动处理的原理、思路、方案及实际施工中容易出现的问题进行了梳理及分析,供行业内参考及借鉴。

2 定子低频振动处理的理论及特点

当转子不圆或定转子偏心造成气隙不均时,对气隙数据进行傅里叶变换,会发现存在一系列几何尺寸谐波(也即磁场作用时的磁导谐波),在励磁磁势作用下,气隙中就会产生一系列的低次谐波磁场，这些谐波磁场与主波磁场相互作用而产生力波，从而引发低频电磁振动，这是水轮发电机定转子中低频电磁振动产生的主要原因。像三峡、小湾、糯扎渡电站这样的大机组，由于电磁负荷取得较高，径向磁拉力与磁密平方成正比，一旦转子不圆，不平衡磁拉力就较大，例如小湾电站的转子磁极经计算当每极突出或凹进 1mm 时，会产生 2.1t 不平衡磁拉力。

对于定子铁芯上的某一点而言，转子旋转时每个磁极接近它时都会产生相互的吸力，而吸力的大小与磁极到定子铁芯间的气隙距离成。气隙越小，吸力越大，如果转子上每个磁极到达该点时，气隙不同，则相互作用力的大小就会不同，这种由于转子不圆产生的交变力作用在定子上，便会引起定子的振动。这种振动跟定子整体的圆度和偏心无关。

根据对典型的受简谐激励的单自由度系统振动方程求解可得

$$m\ddot{x} + c\dot{x} + kx = F_0\cos\omega t = kA\cos\omega t \tag{1}$$

$$x = \frac{F}{k} \cdot \frac{1}{1-\left(\frac{\omega}{\omega_n}\right)^2}\left(\sin\omega t - \frac{\omega}{\omega_n}\sin\omega_n t\right) \tag{2}$$

$$\omega_n = \sqrt{\frac{K}{m}}$$

式中　x——响应的振幅；

　　　F——激励的幅值；

　　　ω——激励的频率；

　　　ω_n——系统固有频率。

由式（1）～式（2）可以得出定子的振动有如下几个规律：

（1）振幅与气隙的变化成正比，振动幅值具有对应性。

（2）同一方向上气隙的变化会造成振幅的叠加，振动幅值具有叠加性。

（3）气隙和振幅有角度差，角度差的大小和系统本身有关，振动幅值具有的滞后性。

3　处理思路

根据检修分公司在小湾、糯扎渡多台机组上的定子低频振动处理经验，结合实际运行数据进行对比分析，巨型水轮发电机组发电机定子机座低频振动问题的处理主要受以下几个方面的影响：①斜元件机座的结构特性；②磁轭、磁极的紧度；③磁极的垂直度是否统一；④转子磁极形貌的分布；⑤是否具备机坑内调圆的条件。

虽然斜支臂机座的径向刚度比传统定子机座的径向刚度弱很多，但由于定子铁芯刚度在定子总体刚度中占主导地位，单纯进行机座加固对径向刚度的增强效果有限，目前主要针对磁轭和磁极的紧度、磁极形貌的分布、磁极垂直度及形貌以及是否具备机坑内调圆的条件等方面进行处理，根据实际需求，分为 A 修方案和 C 修方案两种，可以灵活适应不同检修等级的要求，可操作性强。

4　A 级检修处理方案

4.1　磁轭紧度的处理

机组检修前做变转速试验，利用在线监测数据进行分析，判断转子是否在额定转速以内出现磁轭与转子支架分离的情况。若空气间隙随转速变化的曲线在额定转速以内出现明显的拐点，则可判断为磁轭与转子支架发生分离。对于此种情况，一般可以通过热加垫的方式增加磁轭紧量。主要实施步骤如下：

（1）准备加热所需的电源、加热板、温控装置、测温设备、保温设备、通风设备、磁轭垫片等材料及设备，并进行加热温差及加热容量的计算：

$$\Delta t = \frac{\delta}{R \times \alpha} \tag{3}$$

式中　Δt——温差；

　　　δ——单边张量，mm；

　　　R——磁轭内径，mm；

　　　α——线胀系数，11×10^{-6}。

求得 Δt 后计算加热器的容量：

$$P = K \Delta t G C T^{-1} \tag{4}$$

式中　K——保温系数，取 3；

　　　G——磁轭重量，取 748473kg；

　　　C——比热容，kW·s；

　　　T——加热时间，按温升 5℃/h 计算，大约 20h，72000s。

（2）布置加热系统。采用自动温控系统，控制精度为 ±3℃。注意需对转子支架进行冷却，以便形成温差。布置系统图如图 1 所示。

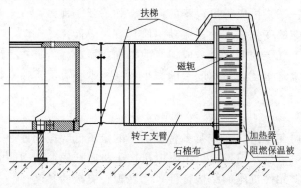

图 1　布置系统图

（3）开始加热。当温升达到 40K 后，每 30min 用塞尺检查转子支架和磁轭各部间隙。当磁轭不同温控点温差趋近或大于 8℃时，手动调节降低温控箱高点电流，适当降低高点的升温速度，使各温控点温升基本保持一致。当间隙接近工艺间隙要求值时应增加测量次数，达到要求时马上进入保温方式，即适当调低输入电流，并密切监视磁轭温度变化，应控制在 ±5℃。

（4）拆除磁轭垫片。根据磁轭外圆尺寸、偏心值和键槽实际宽度，根据原尺寸及加垫量制作新的磁轭垫并进行安装。

（5）磁轭降温。降温速度不能超过 5℃/h，当磁轭表面温度降到 40℃以下时，将保温被及防火篷布拆除，使磁轭自然冷却至室温，磁轭温度降至室温时间不小于 72h。

4.2 磁极紧度的处理

检查转子磁极坑外调整时测得的圆度及偏心数据，与机组空转圆度及偏心进行对比，判断磁极紧度是否满足要求，一般运行圆度不得大于静态圆度的2倍。磁极紧度不足的主要原因有磁极键采用链条键结构和磁轭鸽尾处叠片错位造成接触面积不足两种情况。

针对链条键结构，通常的做法是改造成原平板键，增大磁极键的刚度，更有利于磁极的打紧。

磁轭鸽尾处叠片错位通常是由于磁轭过高、螺杆拉紧力不足造成的磁轭片间滑移。机组投产后，此类问题若需彻底处理，花费的成本较高。由于磁轭片间滑移为永久变形，可采用对磁轭鸽尾槽进行机加工铣削的方式进行处理，即针对键槽的尺寸和加工要求，定制专用机床进行加工，消除磁轭片错位现象，增大磁极键接触面积，从而增加磁极紧度。

4.3 磁极垂直度的处理

目前处理定子低频振动主要是从调整气隙的均匀性出发。巨型水轮发电机组都装设上、下两组空气间隙传感器，若磁极本身垂直度较差，就会出现上、下气隙形貌不对应的情况，无法对定转子空气间隙的均匀程度进行判断。

机组投运后，磁极不可避免的会产生变形，加上本身的制造精度，一般来说，磁极的垂直度都不会太好，尤其是细长型磁极，垂直度可能大于1mm。对于磁极垂直度的处理，在实际施工过程中，如果彻底处理需将磁极解体，冷压校型，一般来说，现场都不具备处理的条件。结合定子低频振动处理的原理及特点，实际施工过程中并不用追求绝对值的大小，但需确保不同截面测点趋势上的对应。一般通过对调磁极和更换个别磁极来实现。

4.4 磁极形貌的处理

一般认为，定子低频振动的处理关键在于调整转子圆度和偏心，定子低频振动1倍频对应的是转子的偏心值，1倍频大意味着偏心值大；2倍频对应的是转子圆度，2倍频大意味着圆度值大。但从实际施工经验来看，这种描述并不准确，经常出现转子1倍频大偏心值小、2倍频大转子圆度值小的情况。原因是定子低频振动的处理关键在于转子相对定子上某一定点的气隙不均匀度相对小，即转子磁极形貌尽量均匀，减少振动的叠加。虽然转子圆度和偏心能够表征磁极形貌均匀性的部分参数，但仍然不够全面，并不能完全反应磁极形貌是否均匀。

具体的处理方法有两种：一种是将圆度定义为所有截面测点的最大值－最小值，尽量将转子圆度和偏心调整至最优，这样就能确保转子相对定子上某一定点的气隙不均匀度最小；另一种方法是将转子圆度定义为每个磁极各截面测点的平均值与其他磁极的相比，即调整转子磁极的圆柱度。

第一种方法的优点是一次性处理的成功率较高，缺点是圆度调整流程比较烦琐，往往需要调整5~10遍，工期上要求比较长；第二种方法的优点是调整比较简便、时间跨度短，转子圆度的定义更能够反映对磁极形貌均匀性的要求，但磁极的垂直度需要得到保证，否则需要用C/D级检修处理方案进行气隙修正。

4.5 机坑内调圆的改造

上述处理完成后，需检查转子结构是否具备机坑内拆装磁极的条件，如不具备，需要根据实际情况进行改造，消除转子磁极吊出过程中的各部干涉，改变安装方式以便于磁极吊具的安装。机坑内调圆的改造的意义在于，整个 A 级检修定子低频振动处理方案牵扯面较广，存在一定的不可控因素，如磁轭热加垫后的不均匀变形、磁极和磁轭之间的二次气隙、每个磁极的紧度是否一致、运转后转子磁极上的气隙变化值是否一致等，每个不确定性因素都有可能导致振动处理未达到预期效果。需要保留开机后能够对空气间隙进行修正的手段。

5 C/D 级检修处理方案

定子低频振动 C/D 级检修处理方案能够实施的前提是转子结构具备机坑内拆装磁极的条件。为了使水轮发电机组效益最大化运行，实际处理过程中并不是每台机组都有 A 级检修的机会，需要有制定适应不同检修工期的解决方案。C/D 级检修处理方案主要是通过调整个别磁极在半径方向的尺寸变化从而来达到降低振动值得目的，处理方案的成功与否在于是否能够找到关键磁极。从目前的处理经验上来看，共有三种方法。

5.1 气隙分解法

气隙分解法的原理是定子机座上某一定点的振动是转子相对其气隙变化导致的不平衡磁拉力造成的，对气隙进行傅里叶变化可以找到影响机座振动值的关键磁极。即利用对应性进行振动处理。

这种方法的优点是可以建立相关的计算模型，输入参数即可得到结果，简单、直观。缺点是：①其计算的依据是测量的气隙值，由于测量值仅仅反映被测截面的数据，是一个单点值，虽然具备一定的代表性，但也存在失真的可能，在测量气隙值不能反映实际值时，这种方法应谨慎使用；②不平衡磁拉力的变化相对复杂，目前的模型尚不能将影响磁拉力变化的所有因素涵盖，在使用上存在一定的限制。

5.2 振动波形调整法

振动波形调整法的原理与气隙分解法一致，气隙分解法是利用测得的定转子气隙寻找关键磁极，振动波形调整法是利用测得的振动波形来寻找关键磁极。

这种方法相对复杂，需要对定子低频振动的原理及特点有较强的认知，优点是振动测值为机座实测值，能完全反映机座振动情况，准确性高，缺点是由于振动值（F）和气隙值（X）之间存在滞后角，振动关键点相对关键磁极会存在一定的角度差，如果振动传感器和键向传感器安装位置不准确，会给振动的处理带来较大的困扰，即滞后性的影响。

5.3 气隙变化值与振动波形对应调整法

气隙变化值与振动波形对应调整法综合了气隙分解法和振动波形调整法的优点。其中气隙变化值指的是各工况下同一磁极的气隙变化量，由于气隙变化量是不平衡磁拉力作用在转子上所产生的，这与不平衡磁拉力在定子上的力相互作用。所以这一气隙变化量与振动波形没有角度差，通常用空转工况至空载工况的变化值来计算。气隙变化值与振动波形对应调整法既解决了数据的精准性问题，又解决了指导现场工作的确定性问题，在实际处理过程中运用比较广泛。

6 处理过程中容易出现的问题

6.1 转子测圆架中心的确定

转子磁极形貌调整前需要确定测圆架的安装中心，其位置的准确性直接影响处理的效果。转子测圆架通常以转子法兰止口进行定位，即定位在转动部分的几何中心上。但定子低频振动的处理主要是调整转动的磁极相对定子的气隙，将转子测圆架定位在旋转中心上理论上来说应该更为准确，其次各工况下的旋转中心还可能存在不一致的情况，所以在测圆架定位时，应尽量将测圆架中心定位在稳定运行工况的旋转中心上，可以提高处理的成功率。

6.2 键向片和振动传感器的安装

定子低频振动处理过程中需要经常对在线监测系统中的数据进行分析，部分机组检修开始前还需要做振动试验，键向片位置安装不正确会影响到磁极编号的准确性，振动传感器位置安装不正确会影响到振动波形的零位，两者都会对后续的分析处理造成较大影响。由于部分电厂运行过程中对这部分不太重视，多次出现因键向片和振动传感器安装的问题导致的重复工作，后续处理中需对这方面进行着重检查。

7 结语

经过多年的探索实践，巨型水轮发电机组定子低频振动的处理目前已总结出一整套的处理方法，涵盖了理论分析模型、十余项专利、适用于各种检修周期的处理方案和具有自主知识产权的加工设备。目前糯扎渡电厂的定子低频振动问题已全部处理完成，小湾电厂已完成 3 台机的处理，全部取得了成功，下一步将结合里底 2 号机的处理进一步总结完善，丰富处理手段，为公司提供技术支撑。

某水电站水轮机转轮叶片裂纹分析及处理

周天华　叶　超

（华能澜沧江水电股份有限公司检修分公司　云南　昆明　650200）

【摘　要】　某水电站共装有 6 台单机容量为 700MW 的混流式水轮发电机组，自投产以来，每轮检修检查转轮叶片均存在裂纹。经过对裂纹进行补焊处理，机组运行避开振动区及优化开机规律等多项处理，转轮裂纹出现的频率减小，但未彻底消除，且部分叶片在同一部位重复出现裂纹。根据转轮叶片出现裂纹的原因进行多方面分析，确定产生裂纹的位置在动应力交变区，叶片长期在交变动应力的作用下产生疲劳裂纹。通过现场在交变动应力区域更换为高韧性、高强度的材料，提高叶片抗疲劳断裂性能，提升机组长周期安全稳定运行。该电站在分析和处理转轮裂纹过程中实施的一系列方法，对于行业内分析处理相关问题有一定的参考意义。

【关键词】　混流式；转轮；叶片；裂纹；修型；经验

1　引言

某水电站地下厂房内共装有 6 台立轴混流式水轮发电机组，单机容量 700MW，总装机容量 4200MW。水轮机转轮的上冠、下环、叶片均采用铸钢 ASTM A743 CA6 NM，其中叶片采用 VOD 或 AOD 精炼技术进行制造，叶片出水边较薄。上冠、下环整体从国外进口，上止漏环为阶梯迷宫结构，下止漏环为迷宫结构，直接与上冠、下环一体。转轮制造采用现场工地拼装、组焊、加工而成。电站最大水头 251m，最小水头 164m，额定水头 216m。运行水头变幅 87m，最大水头与最小水头比值为 1.53，要求水轮机具有宽幅度的水头适应性、稳定性和高效性。

该电站水轮发电机组在世界同类机组中参数最高，机组自投产以来，转轮叶片出现裂纹情况一直存在，转轮裂纹现场图如图 1 所示。经数次检修过程中的补焊、

图 1　转轮裂纹现场图

对振动区的重新划分、对开机规律进行优化等多项处理，转轮裂纹问题仍难以彻底消除，其中个别叶片出现了重复裂纹，且叶片均在相同部位出现裂纹。根据对转轮叶片出现裂纹原因进行多方面分析、论证，最终通过对转轮叶片进行修型处理，适当调整转轮水力特性，提高转轮抗疲劳断裂的特性和性能。

2 转轮裂纹原因分析

该电站水轮机转轮叶片裂纹经常发生在转轮叶片出水边处，尤其集中于叶片出水边根部与下环的连接焊缝和焊缝热影响区内，而且基本上是贯穿性裂纹。大型混流式转轮叶片裂纹的形成是多方面因素综合作用的结果，而最根本的是各种水力激振因素诱发转轮整体或叶片振动（尤其是共振）导致作用在叶片上的交变应力大幅增大，致使转轮叶片疲劳开裂。转轮在制造过程中形成的各种缺陷和过大的残余拉应力对裂纹的萌生和扩展起着显著的促进作用。

电站通过多次专题研究和分析，认为引起转轮裂纹的主要原因为以下三个方面：①设计问题，即动应力集中；②制造问题，未在应力集中区域选用高强度的材料；③运行方式问题，低负荷区域（振动区）运行时间过长。

3 前期的分析和处理措施

3.1 对转轮裂纹进行补焊处理

根据现场转轮裂纹焊接修补工艺要求进行补焊处理，采用火焰预热方式进行预热，预热温度至少为80℃。焊条采用 E309L－16 奥氏体不锈钢焊条进行焊接，在焊接过程中进行锤击消除应力。焊接完毕后，对所有转轮叶片焊缝进行整体超声波探伤，确保补焊区域及转轮叶片整体无内部缺陷。通过补焊处理，裂纹情况能够得到一定程度的改善，但在长期的实践过程中发现，部分处理后的裂纹依然有重复出现的情况，相同部位重复出现的比例约为18％，最多重复频次为4次。

3.2 对转轮进行动应力分析，优化开机规律

对转轮叶片历次出现的裂纹进行分析，叶片裂纹位于叶片出水边靠近下环侧的高应力区和出水边相交的最薄处附近。为分析验证转轮在启动过程、空载运行、各负荷段运行下的静态应力和动态应力分布情况，并分析转轮裂纹产生的原因，本文在 4 号水轮机上开展了转轮真机动应力测试，对水轮机转轮在启动、空载、部分负荷、满负荷和甩负荷过渡过程的静态应力和动态应力进行分析和评估。

试验发现开机过程中水轮机转轮叶片承受很大的动应力，尤其在导叶开启初始阶段转轮叶片靠下环侧的动应力峰值高达 340MPa，上冠侧的动应力峰值高达 55MPa。随着导叶开度增大，转轮过流流量稳定，转速上升，动应力逐步减小。其他试验也发现在低负荷区域，特别是在 200MW 负荷以下运行时，动应力主要来自转轮旋转涡带造成的尾水管压力脉动，使动应力远超过正常运行工况值。

针对开机过程中转轮动应力偏大的问题，通过改变开机规律、逐步开启导叶，以降低开机过程中水轮机转轮叶片承受的动应力、减少水轮机转轮叶片裂纹。开机规律优化后，

水轮机转轮下环侧的动应力由原来的峰值 340MPa 降至约 200MPa，上冠侧由 55MPa 降至约 30MPa，均大幅降低；而开机时间仅增加了 20s（由原来的 120s 增加为 140s）。经计算，开机规律优化后水轮机转轮的疲劳寿命可增加 2 倍。

3.3 分析铸造缺陷及焊接缺陷

在转轮裂纹产生后，在裂纹部位对材质进行取样并送检分析，检测后发现在叶片裂纹的断口都存在不同种类和大小的缺陷，有些缺陷属于超标缺陷，可见叶片的局部缺陷是造成裂纹产生的原因之一。

3.4 运行工况分析，合理划分运行区域

根据转轮实际运行时间、稳定性试验、动应力试验和效率试验等试验数据，本文优化机组运行工况，重新划分振动区。现场开展全水头、全负荷段稳定性试验，划分机组运行区域，保证机组在稳定运行区域运行。

针对开机规律和运行区域两个因素，电站在 2012—2013 年机组检修期优化了所有机组的开机规律，自 2013—2014 年开始转轮裂纹长度变化趋势从原先的逐年增加转变为逐年减少。2014 年下半年优化机组运行方式，此后转轮裂纹长度的减少趋势更加显著，但仍然难以彻底消除。

4 转轮修型及取得实效

为彻底根除转轮裂纹，通过多方面研究分析，针对导致转轮裂纹产生，未在应力集中区域选用高强度的材料这一问题，经多方面的分析、论证，决定对转轮叶片进行优化处理，通过有限元计算，确定了转轮叶片修型、局部改进方案：①出水边根据叶片 3D 模型切短和修磨，最大切割 100mm；②替换块补强区域切割；③替补块采用优质锻钢、材质为 X3CrNiMo13 - 4，总体尺寸为 400×300mm、出水边最薄 20mm，焊接在下环附近的应力集中部位后，进行圆角过渡。转轮修型示意图如图 2 所示。

水轮机转轮修型现场实施内容分为以下几个方面：现场布置、转轮就位、修型前数据测量、叶片出水边撑筋焊接、出水边及替补块部位切割打磨、替补块焊接、焊后检查、转轮止漏环修磨、转轮静平衡试验、最终联合验收。

截至目前，电站已在 4 台水轮机上实施了修型方案，在现场实施工艺步骤过程中，转轮下环变形量在允许范围内；完成焊接及打磨工序后，UT/PT 检查各部位满足设计要求；最后对转轮各部位尺寸进行测量，数据均合格。整个修型方案实施过程正常、可控。

按照方案实施并完成修型后的机组，在后续的检修中未发现裂纹出现。根据 CFD 分析，转轮修型后相关参数变化如下：

（1）叶片承受的最高静应力由 104.04MPa 降低至 89.76MPa，降低了约 14%，转轮抗疲劳性能明显改善。

（2）转轮叶片承受的动应力预计下降超过 50%。

（3）额定工况下的效率由 94.10% 降低至 93.90%，降低了 0.20%，但仍高于合同保证值 93.75%。

（4）通过叶片出水边切割修型和替换块替补后进一步优化该区域的强度和型线，进而

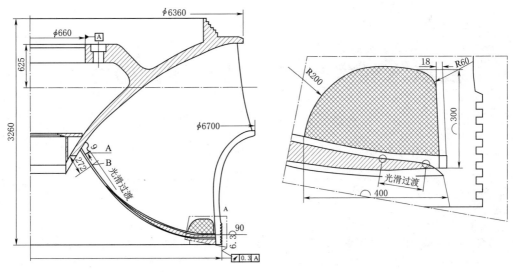

图 2　转轮修型示意图

改善了空蚀条件，满负荷时空蚀安全余量降低为 10%。

（5）修型前后叶道涡与原转轮流速分布几乎一致。

5　结语

转轮是整个水轮机的心脏，保证转轮叶片不开裂就是保证机组安全稳定运行的关键。该电站从动应力、材料、运行方式等多方面入手，通过试验、分析、验证，找到合理的解决方法、方案，彻底解决转轮裂纹重大隐患，大大提升了机组安全稳定运行条件。在转轮裂纹分析处理经验方面，该电站的各项方法给同行业相同问题的处理提供了一定的借鉴和参考经验。

参 考 文 献

［1］罗伟文，郑时雄，黄振峰，等.大型混流式水轮机转轮叶片裂纹及其成因分析［J］.机械工程师，2006（8）：98-100.
［2］覃大清，刘光宁，陶星明.混流式水轮机转轮叶片裂纹问题［J］.大电机技术，2005（4）：39-44.
［3］郑冬飞，刘顺，吴义航.大朝山水电站水轮机转轮叶片裂纹及处理［J］.水电站机电技术，2005（S1）：83-84，87.

浅谈水轮发电机组动平衡试验方法

蔡朝东 赵海峰 赵新朝

（华能澜沧江水电股份有限公司检修分公司 云南 昆明 650200）

【摘 要】 机组的振动是由多方面原因引起的，转子的质量不平衡产生的不平衡力是引起机组振动的主要原因之一，转子动平衡试验就是在转子失重位置加上配重块，抵消不平衡力，减小振动。本文主要介绍乌弄龙电站动平衡试验，通过加装配重块，使各部位振动、摆度在国家标准允许的范围。

【关键词】 动平衡试验；转子；配重块；振动；摆度；相位

1 引言

随着大中型水电站不断的建成发电，其在电网中所占的份额越来越大，大型水电机组在电网中处于重要地位，机组的安全稳定具有重要的地位。引起机组振动的因素很多，主要包括机械振动、水力振动和电磁振动三大类。机组的动平衡试验对机组的安全稳定运行具有重要的作用，能有效解决机组的质量不平衡引起的振动、摆度，还能对机组的电磁不平衡和水力不平衡引起的振动有一定的改善。

2 发电机转子动不平衡的原因

水轮发电机转子是整个转动部分中尺寸最大、质量最重。转子转配时，由于磁极、磁轭及转子支架质量的偏差，现场的工艺很难保证其平衡，现场无法通过静平衡的方法来保证转子质量平衡，只有在机组在启动时才能发现转子质量不平衡。旋转的机组不仅出现不平衡离心力，还会出现不平衡离心力矩，不平衡离心力和离心力矩作用在导轴承上的旋转作用力，引起导轴承和导轴承支架横向振动。

3 动平衡试验步骤及方法

3.1 测点布置

机组动平衡时，在机组的上导轴承、下导轴承（伞式机组转子与下端轴连接处）水导轴承的同一平面 $+X$ 向、$-Y$ 向分别布置一只电涡流传感器。同时在上机架、下机架的 $+X$ 向、$-Y$ 向分别布置一只电压式位移水平传感器，用于测量机架的水平振动。在注意同一层面的传感器应装成 $90°$，不同层面同一方位的传感器安装在垂直截面。键相传感

434

器一般是安装在上导轴承或下导轴承任一部位，键相片一般安装在转子首尾磁极对应的上导或水导轴颈上。＋X 向的传感器作为主分析用传感器，－Y 向的传感器分析的相位差应在 90°左右，可能会有偏差，偏差值应在 10°范围内，这样分析相位就不会有偏差。

3.2　动平衡试验的步骤

一般机组启动先做变转速试验，变转速试验的目的是测量机组的质量不平衡影响情况。若各转速下各部位振动、摆度不大，满足机组过速试验，当各轴承的瓦温稳定后进行过速试验。机组过速后，开机正常后可进行变励磁试验，变励磁试验的目的是测量机组磁拉力不平衡的影响情况。若空转时振动、摆度较大，则应先进行配重，直至振动、摆度控制到一定范围，才进行过速及励磁试验。

1. 变转速试验

在进行变转速试验时，根据变转速试验的经验及结果来看，低转速时测得的相位与大比例转速和额定转速测得的相位相差较大，配重基本上是按额定转速时的相位进行，且低转速对推力轴承的伤害较大，因此基本上从额定转速的 50％开始测量，上升额定转速的 10％开始为一个测点，最终配重相位是以空转的相位进行配重。在变转速过程中，当转子存在质量不平衡时，随着转速的升高，振动、摆度随转速增大，且基本上与转速平方成正比，振动、摆度频率与转频一致。

2. 变励磁试验

在进行变励磁试验时，根据变励磁试验的经验及结果来看，只需测量额定电压的 50％～100％几个点，最终以变励磁试验中 100％额定电压时的相位为准配重。

3. 配重相位确定

在机组启动过程中，各部位的振动、摆度随转速的升高而增大，且幅值较大，就应先进行配重，减小动不平衡。在比较各部位相位时，就会发现各测量部位振动相位不一致，就要对超重相位进行分析比较。这时相位选择就是按哪个摆度值数量级大就以那个部位的相位为主，同时兼顾其他部位的振动相位。现场基本上是通过摆度的失重相位加配重块来降低机架的振动，只有配摆度对机架振动不敏感时，才通过机架振动的相位配重（在工程实践中很少碰到）。

4. 试配重量

配重相位确定后，就对机组进行配重。首先进行试配重，试配重量的选择十分重要，即不能太小，也不能太大，小了没反应，大了易产生新的不平衡更加剧振动，试配重的确定应慎重选取。

常用的确定试配重量经验公式为

$$G_{试}=(5\sim25)\frac{G}{n^2 r} 或 G_{试}=(0.0001\sim0.0002)G$$

式中　$G_{试}$——试配重重量；

　　　G——转子的质量；

　　　n——机组额定转速；

　　　r——配重半径。

一般转速高的机组，系数取小值；反之取大值。根据试重的效果估算续配重量，在续配之后根据振动、摆度是否在允许范围内及相位是否发生变化来决定是否继续配重。

通常通过初配、续配和一次精配就能达到要求。配重是否到位除了振动、摆度降到标准的允许范围内外，还要看配重相位在配重过程中是否有大的变化，一旦相位出现较大变化就不应继续配重。且在空转动平衡试验中，不能一次就将质量不平衡一次消除，要留有一定的余量，待励磁试验后，看振动、摆度的相位是否发生变化，加励磁电压后相位没有发生变化或变化不大，则可以继续配重。否则应重新进行计算，确定配重相位。

4 动平衡试验实例

乌弄龙电站单机容量为 247MW，额定转速为 115.4r/min，转子重量为 605t，立轴半伞式机组。

4.1 质量不平衡判别

乌弄龙 2 号机在首次开机升速过程中，上机架振动、上导、下导摆度和转速平方成线性关系（图 1），转子存在质量不平衡，且振动、摆度值偏大，频率成分以转频为主。

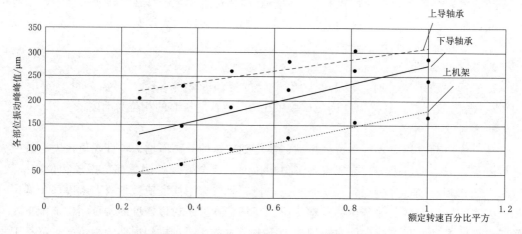

图 1　转速百分比平方与振动、摆度峰峰值关系曲线

4.2 试重

2 号机首次开机在空转工况下各轴承处的摆度、振动进行了检测，表 1 为空转工况下各轴承处的摆度和振动及分析后的配重角度数据。

表 1　　　　　　　　　　首次开机空转工况下数据

位　置	通频幅值/μm	转频幅值/μm	失重相位/(°)
上导轴承摆度	306	302	300
下导轴承摆度	292	268	322
上机架振动	185	178	—
下机架振动	17	13	—
水导轴承摆度	125	75	158

从表 1 中的数据及振动监测的时域图和频谱分析来看，下机架振动及水导摆度数据较好，上导轴承摆度、上机架振动及下导轴承摆度较大，主要表现为稳定的一倍频振动。试加重重量按经验（0.0001～0.0002）转子重量选择，为安全起见选上限值。由于上机架振动、上下导摆度均大，相位基本一致，且上导量值较下导大，转子上端面加重下端面略多。通过数据分析并结合转子结构最终确定动平衡加重方案为：在发电机转子键相位置逆转向 300°处支臂上部加 70kg 配重块、322°处支臂下部加 50kg 配重块，表 2 为第一次配重后空转工况下数据。

表 2 第一次配重后空转工况下数据

位　置	通频幅值/μm	转频幅值/μm	失重相位/(°)
上导轴承摆度	244	233	293
下导轴承摆度	181	159	320
上机架水平振动	107	99	—
下机架水平振动	13	9	—
水导轴承摆度	132	78	160

从表 2 中可以看出第一次配重后上下导摆度及上机架振有较大的变化，相位基本无变化，说明此次加重有效果；水导摆度及下机架振动只有微小变化，相位也基本无变化，说明水导及下机架对加重不敏感，配重时可不考虑。

4.3　续配

上下导摆度及上机架振动仍然较大，主要表现为稳定的一倍频，可通过继续配重来减小。通过数据分析确定动平衡第二次加重方案为：在发电机转子键相位置逆转向 300°处支臂上部加 110kg 配重块、322°处支臂下部加 50kg 配重块，表 3 为第二次配重后空转工况下的数据。

表 3 第二次配重后空转工况下数据

位　置	通频幅值/μm	转频幅值/μm	失重相位/(°)
上导轴承摆度	173	157	272
下导轴承摆度	88	51	324
上机架水平振动	38	28	—
下机架水平振动	7	3	—
水导轴承摆度	90	50	172

从表 3 中可以看出第二次配重后上下导轴承摆度及上机架振动均减小，上导相位有 21°变化，振动较下导轴承略大。各摆度、振动数据具备过速试验条件，因过速后，应力释放后摆度振动及相位均会出现变化。表 4、表 5、表 6 分别为机组机械过速试验后各工况下的数据。

表 4 　　　　　　　　　　　　　机组机械过速试验后空转工况下数据

位 置	通频幅值/μm	转频幅值/μm	失重相位/(°)
上导轴承摆度	209	182	284
下导轴承摆度	99	61	331
上机架水平振动	49	38	—
下机架水平振动	6	1	—
水导轴承摆度	167	76	174

表 5 　　　　　　　　　　　　机组机械过速试验后 50%U_e 工况下数据

位 置	通频幅值/μm	转频幅值/μm	失重相位/(°)
上导轴承摆度	177	160	264
下导轴承摆度	87	50	339
上机架水平振动	48	32	—
下机架水平振动	11	3	—
水导轴承摆度	95	54	178

表 6 　　　　　　　　　　机组机械过速试验后 100%U_e（空载）工况下数据

位 置	通频幅值/μm	转频幅值/μm	失重相位/(°)
上导轴承摆度	180	158	259
下导轴承摆度	79	35	332
上机架水平振动	40	26	—
下机架水平振动	7	1	—
水导轴承摆度	98	57	176

从表 6 中可以看出机组在空载工况下，上导轴承的摆度稍大，空载时各部位摆度及振动均有所改善，上导相位较空转时相位发生 20°的偏转，变化量不大，在空载工况时振动主要表现为稳定的一倍频，可通过继续配重来减小。

4.4 精配

通过数据分析确定动平衡第三次加重方案为：在发电机转子键相位置逆转向 260°处支臂上部加 80kg 配重块，表 7、表 8、表 9 为第三次配重后各工况下振动摆度数据。

表 7 　　　　　　　　　　　　　　第三次配重后空转工况下数据

位 置	通频幅值/μm	转频幅值/μm	失重相位/(°)
上导轴承摆度	127	99	262
下导轴承摆度	92	53	62
上机架水平振动	37	23	—
下机架水平振动	7	2	—
水导轴承摆度	153	66	219

表 8		第三次配重后50%U_e工况下数据	
位　　置	通频幅值/μm	转频幅值/μm	失重相位/(°)
上导轴承摆度	131	113	259
下导轴承摆度	83	54	54
上机架水平振动	37	23	—
下机架水平振动	8	4	—
水导轴承摆度	124	63	203

表 9		第三次配重后100%U_e工况下数据	
位　　置	通频幅值/μm	转频幅值/μm	失重相位/(°)
上导轴承摆度	138	112	253
下导轴承摆度	83	53	75
上机架水平振动	36	23	—
下机架水平振动	10	4	—
水导轴承摆度	100	65	191

从表9中的数据及频谱分析来看，经过第三次配重后几种工况下各部位振动摆度数据较好，虽然上导摆度一倍频分量最大为112μm，但上导和下导轴承摆度失重位置反相势，故不进行后续配重处理工作。

5　结语

综上所述，水轮发电机组的动平衡试验对机组长期安全稳定运行具有非常重要的作用，只要解决了机组的动不平衡问题，静不平衡也就解决了。机组动不平衡的特征表现为：在机组启动到额定转速过程中，振动、摆度值随转速升高而增大，且与转速平方成线关系。配重相位的确定均是在空转和空载状态下的相位进行分析出来，在进行相位分析一定分清主次，综合分析，通常是通过摆度相位配重来降低机架振动（当通过改变摆度不能降低振动时，才用振动相位进行配重）。一般情况下，先在空转状态下配重将振动、摆度降到一定程度，再通过空载工况下优化振动、摆度。配重一般进行三次就能到位，一次试配、一次续配，一次精配。一定注意应多影响谁、少影响谁，多试验、多总结，就能做好动平衡试验。

参　考　文　献

[1]　王玲花. 水轮发电机组振动及分析［M］. 郑州：黄河水利出版社，2011.
[2]　于兰阶. 水轮发电机组的安装与检修［M］. 北京：水利电力出版社，1986.

浅谈小湾水电站水轮机转轮静平衡试验

冷天先　赵海峰

（华能澜沧江水电股份有限公司检修分公司　云南　昆明　650200）

【摘　要】 本文结合小湾水电站水轮机转轮修型后现场采用的两种静平衡试验方法，主要介绍了小湾水电站转轮静平衡试验的测试原理及方法，为同类型转轮静平衡试验提供参考和借鉴。

【关键词】 水轮机；转轮；平衡装置；静平衡；应力棒；三支点压力传感器

1　引言

小湾水电站水轮机由东方电机股份有限公司、福伊特西门子水电公司、上海福伊特西门子水电设备有限公司联合体生产制造，水轮机型号：HL153－LJ－660，额定出力：714.0MW，额定水头：216.0m，额定转速：150.0r/min，上冠直径6360mm，下环直径5710mm，转轮高度3260mm，重152.097t，共有15个叶片。历年检修中，均发现转轮叶片存在不同程度的裂纹或气蚀现象，且转轮裂纹现象呈现加重趋势，为减少转轮在运行中出现的裂纹及气蚀等缺陷，对转轮进行了修型处理。

为了测量和修正转轮修型后的剩余不平衡量，改善转轮的质量分布，降低转轮旋转时因不平衡而引起的有害动负荷，需对转轮进行静平衡试验。常用的转轮静平衡试验方法有：钢球镜板法、球面静压轴承法、应力棒法、三支点压力传感器法等。小湾水电站5、6号机转轮静平衡试验由东电采用应力棒法进行，1、3、4号机转轮的静平衡试验由福伊特采用三支点压力传感器法进行。下面对小湾水电站采用的两种水轮机转轮静平衡方法进行介绍。

2　应力棒法静平衡试验

2.1　测试原理

应力棒法静平衡是大型水轮机转轮静平衡的常用测试方法，其原理是：应力棒单独承受转轮的重量，转轮的不平衡重将传给应力棒一弯曲应力，应力棒上粘贴的应变电阻随弯曲形变电阻值发生改变。通过静态应变仪检测贴在应力棒上的应变片电阻的不平衡变化，计算得到转轮的不平衡力矩的大小和方位角。

2.2 平衡装置装配

（1）安装平衡底座、平衡支柱、应力棒并调整水平。以平衡底座为圆心，将 4 个千斤顶和支座以转轮下环止漏环分布圆按 8 等分均布于转轮静平衡工位上，布置方法如图 1 所示。

（2）根据配合高差，调整支座支撑高度、转轮与平衡支柱同轴，将转轮吊放于支座上，检查调整转轮水平，托板止口与转轮止口四周间隙均匀，安装托板，布置方法如图 2 所示。

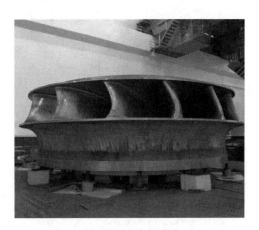

图 1　千斤顶、支座布置图　　　　图 2　转轮吊装于静平衡装置

2.3 应变片布置

应变仪采用半桥法测量，应变片的布局如图 3 所示，贴在应力棒上的 4 个应变片互成 90°位置，分别为 R1、R2 和 R3、R4，将 R1 和 R2 组成桥路，R3 和 R4 组成桥路，并将其接入应变仪输入端，转轮的不平衡重与方位可以通过应变仪所测的应变显示出来。

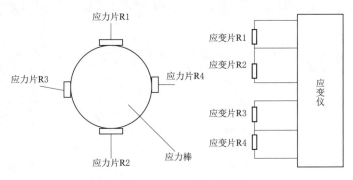

图 3　应变片与应变仪的连接图

2.4 静平衡试验、计算及配重

（1）复查同步起升系统的水平度，将测量通道置零。同步缓慢降下转轮，使应力棒单独承受转轮的重量。

（2）测量通道 1、2 上的转轮不平衡量读数 A、B（A、B 为分别成 180°的 R1、R2 和

R3、R4 连成一组接入应变仪后的读数）。

（3）不平衡重 M 及位置 α 计算公式为

$$M = R \times K$$
$$R = \sqrt{A^2 + B^2} \tag{1}$$
$$\alpha = \text{arctg}\left(\frac{B}{A}\right)$$

应力棒 K 值计算公式为

$$K = \varepsilon K_1 = \lambda 10^{-6} K_1 \tag{2}$$
$$K_1 = \frac{1}{4E \prod R^2}$$

式中　λ——电桥的补偿系数（测杆承受实际的应变）；

　　　　ε——测杆微应变值（读数仪器单位补偿系数）；

　　　　E——材料弹性模量，Mpa；

　　　　R——应力棒半径，mm。

应力棒直径与 K 值参考表见表1。

表 1　　　　　　　　　　　　　　　　应力棒直径与 K 值参考表

平衡棒半径 /in	K 值 /(lbs·in)	K 值 /(lbs·ft)	K 值 /(N·m)	K 值 /(kg·m)	K 值 /(kg·mm)
1	11.871	0.982	1.331	0.1358	135.8
1.5	39.761	3.3135	4.4925	0.4581	458.1
2	94.248	7.854	10.6485	1.0859	1085.9
2.75	245.008	20.4175	27.682	2.8228	2822.8
3.5	505.008	42.1579	57.1576	5.8285	5828.5

小湾水轮机转轮所用应力棒 K 值为 1.70kg·m，图纸技术要求转轮允许残余不平衡力矩不大于 58.8kg·m。

以小湾 6 号机转轮为例：应变仪读数：$A = +7$，$B = -14$；

不平衡数值：$R = \sqrt{A^2 + B^2} = 15.7$；

不平衡重：$M = R \times K = 26.6$kg·m；

不平衡重角度：$\alpha = \text{arctg}\left(\frac{B}{A}\right) = 63°$。

根据不平衡重、角度及现有配重块重量，确定在 12～13 号叶片间对应的转轮上冠内腔配重 33kg。

（4）一次配重后，转轮须作第二次平衡，方法与第一次相同。依据读数，重新计算转轮的不平衡重应在 59kg·m 之内，否则需继续配重，直至合格。

小湾 6 号机转轮在第一次配重后，进行第二次平衡试验，应变仪读数：$A = +5$，$B = -2$；

不平衡数值：$R = \sqrt{A^2 + B^2} = 5.4$；

不平衡重：$M = R \times K = 9.2 \mathrm{kg \cdot m}$。

最终残余不平衡力矩 $9.2 \mathrm{kg \cdot m}$，满足图纸技术要求。

3 三支点压力传感器法静平衡试验

3.1 测试原理

三支点称重式静平衡原理是将被测工件中心放置在由三组传感器组成的支面内，并和分布在同一圆周上的三传感器中心同心。根据理论力学中平面力系合成法，利用 3 个传感器传出电压信号，经模数转换成被测工件重量，再通过计算得出加重或去重的重量和位置。

3.2 平衡装置装配

（1）安装平衡座，调整水平。以平衡座为圆心，根据转轮下环直径大小，将 4 个支撑座、千斤顶以转轮下环止漏环分布圆按 4 等分均布于转轮静平衡工位上，如图 4 所示。

（2）将转轮吊至平衡座上方，缓慢落下，当转轮泄水锥落至平衡板止口时，测量止口间隙，调整转轮，确保转轮与平衡板止口的偏心量不大于 0.05mm，缓慢落下转轮，如图 5 所示。

图 4　支撑座、千斤顶布置

图 5　转轮吊装于静平衡装置上

（3）拆卸转轮吊具，把平衡板的拉板吊入转轮上冠内腔，通过拉板和螺栓把平衡板固定在转轮上。

3.3 压力传感器布置

（1）在 4 个支撑座上放置液压千斤顶、位移传感器、支持块，连接仪器、计算机，并安装同步顶升系统控制千斤顶同步顶升、下降，如图 6、图 7 所示。

（2）使用计算机控制同步起升，使转轮完全承重在同步顶升机构上。

（3）在平衡板底部圆周方向均匀安装 A、B、C 三个压力传感器，如图 8、图 9 所示，传感器通过定位销定位于平衡板上，三个压力传感器位于同一均布节圆上，圆心位于转轮的中心线上，压力传感器 A 装在 Y 轴方向上，任意相邻两个压力传感器之间的夹角为 120°，三个压力传感器支撑于平衡座。在压力传感器 A、B、C 和平衡座之间、平衡板和

图 6　液压千斤顶、位移传感器布置 图 7　同步顶升系统布置

平衡座之间设置等高垫铁。

（4）安装结束后，连接线路到读数仪器，确保所有机电仪器安装到位，所有功能均调试正常。检查压力传感器，在无负载时置零。

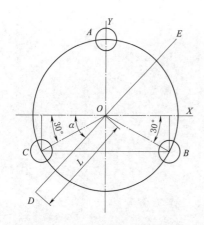

图 8　压力传感器布置方位 图 9　压力传感器布置图

3.4　静平衡试验、计算及配重

（1）使用计算机控制转轮同步下降承重于三个压力传感器上，检查、调整转轮水平。将转轮升起，使压力传感器归零。

（2）使转轮再次下降承重于压力传感器，相对应的读数仪表会出现三个压力传感器的读数 F_A、F_B、F_C，作为第一组数据记录。分别依次重复操作读数三次，共记录三组数据。

（3）使用计算机控制同步顶升，使千斤顶承载全部转轮重量。将压力传感器 A、B、C 位置绕平衡板中心旋转 $180°$，重复操作步骤三次，再记录三组数据。

（4）计算转轮不平衡量的大小及方位。

根据每个压力传感器所受的力及传感器至 X、Y 轴的距离，计算出相对 X、Y 轴的转矩，合成后即可得出转轮不平衡量的大小和方位。将压力传感器 3 个读数分解到 X、Y 轴

上，则 X、Y 轴上压力计算公式为

$$F_X = F_B \cos30° - F_C \cos30° \tag{3}$$

$$F_Y = F_A - (F_B \sin30° + F_C \sin30°) \tag{4}$$

根据公式 3、公式 4 可得出偏重重量 F 和角度 α 为

$$F = \sqrt{F_X^2 + F_Y^2} \tag{5}$$

$$\alpha = \arctan\left(\frac{F_Y}{F_X}\right) \tag{6}$$

不平衡力矩 $M = F \times R$（R 为压力传感器分布圆半径）

以小湾 4 号机转轮为例，转轮静平衡计算结果见表 2。

表 2　　　　　　　　　　小湾 4 号机转轮静平衡数据计算表

	第 一 次 试 验				
	A/kg	B/kg	C/kg	X 轴上分量	Y 轴上分量
1	51333.4	51524.0	51310.0	$F_{X1} = 185.32$	$F_{Y1} = -83.61$
2	51351.7	51537.3	51291.2	$F_{X2} = 213.12$	$F_{Y2} = -62.56$
3	51355.8	51536.4	51290.6	$F_{X3} = 212.86$	$F_{Y3} = -57.71$
平均值				$F_{1X} = 203.76$	$F_{1Y} = -67.96$
	传感器转换 180° 后				
	A'/kg	B'/kg	C'/kg	X 轴上分量	Y 轴上分量
1	51409.5	51491.2	51259.8	$F'_{X1} = 200.39$	$F'_{Y1} = 34.00$
2	51399.9	51493.4	51268.6	$F'_{X2} = 194.68$	$F'_{Y2} = 18.90$
3	51402.8	51505.7	51269.5	$F'_{X3} = 204.55$	$F'_{Y3} = 15.20$
平均值				$F_{2X} = 199.87$	$F_{2Y} = 22.7$
不平衡量计算值（两次差值/2）				$F_X = 1.95$	$F_Y = -45.33$
压力传感器分布圆半径 R/mm			534		
偏重重量 F/kg			45.37		
偏重角度 α/(°)			-87.54		
不平衡力矩 M/(kg·mm)			24227		
图纸要求不平衡力矩（不大于）/(kg·mm)			58898		

最终残余不平衡力矩 24227kg·mm，满足图纸技术要求。

4　结语

小湾水电站采用的两种静平衡试验方法，计算配重后，机组各处振动、摆幅均明显减小，且运行稳定，达到了静平衡试验的目的，为机组稳定运行打下了良好基础。

东电的应力棒法工艺技术较为成熟，但应变片贴附要求高，位置及方位、环境温度和湿度对应变测量的影响较大，误差不易控制，平衡装置组装部件较多且笨重，装配比较耗时，现场验证不具备转换角度，重复操作性差。

福伊特的三支点压力传感器法，工艺装置简单，便于操作，试验周期短，可以测出转

轮的实际重量，误差容易控制，对大小转轮的适应性强，但目前应用较少，且泄水锥配合处尺寸要求高，对平衡效果有很大影响。

通过比较，两种静平衡试验方法各有优点，但福伊特的三支点压力传感器法现场使用较为方便。但在具体的试验程序上，仍有待于进一步探讨，特别在如何消除系统误差，提高平衡精度方面，仍有许多工作要做。

参 考 文 献

[1] 陈烈元. 大型水轮机转轮立式静平衡工艺比较和分析 [J]. 大电机技术，2011 (2)：34-36.
[2] 李友平，李建斌. 三支点压力传感器称重静平衡法试验误差分析实例 [J]. 西北水电，2012 (S1)：6-7，27.
[3] 陈秀芝. 水轮发电机机械检修 [M]. 北京：中国电力出版社，2003.

小湾 2 号机组运行摆度的优化

叶 超 王继锋

（华能澜沧江水电股份有限公司检修分公司 云南 昆明 650200）

【摘 要】 2020 年 4 月 28 日，随着丰满水电站 4 号机组的投产发电，导轴承运行摆度正式进入"5 道"时代，标志着国产机组安装制造水平步入新的台阶。国内大型水电流域开发公司如长江三峡、华能澜沧江均对水电站机组的运行参数做了精品机组的考核评价标准，但受制于以往的安装和制造水平，采用传统静态盘车、调整轴线的方法收效甚微，本文提供了一种利用参考动态运行参数进行摆度优化从而改善机组运行参数的方法，供参考、借鉴。

【关键词】 振动；摆度；瓦温；动态；精品机组

1 引言

小湾发电机由哈尔滨电机厂有限责任公司、阿尔斯通（瑞士）有限责任公司、天津阿尔斯通水电设备有限公司联合体提供，为三相立轴半伞式同步发电机，采用全空气冷却方式，型号为 SF700 - 40/12770，额定转速 150r/min，额定容量 777.8MVA，额定电压 18kV。发电机轴承由位于转子上方的上导轴承和位于转子下方的下导轴承和推力轴承组成，下机架为承重机架，导轴承通过轴瓦进行自循环润滑冷却，推力轴承及泵瓦外循环等由 Alstom 公司设计，哈电承制。水轮机由东方电机股份有限公司、福伊特西门子水电公司、上海福伊特西门子水电设备有限公司联合体生产制造，水轮机型号 HL153 - LJ - 660，额定出力 714.0MW，额定水头 216.0m，额定转速 150.0r/min，上冠直径 6360mm，下环直径 5710mm，转轮高度 3260mm，重 152.097t。

2 修前数据

根据澜沧江公司 2018 年颁布的精品机组标准，2 号机检修前对各轴承的摆度值进行对标，并进行静态盘车。水轮发电机组运行摆度见表 1。机组检修前静态盘车数据见表 2。

表 1　　　　　　　　　水轮发电机组运行摆度（稳定运行区）

序号	部 位	标准	实际值	是否达标
1	上导轴承	$\leq 100\mu m$	$113\mu m$	否
2	下导轴承	$\leq 120\mu m$	$141\mu m$	否
3	水导轴承	$\leq 100\mu m$	$225\mu m$	否

表 2

表 2　机组检修前静态盘车数据

	百分表位置	+X(盘车起点编号: 7)								
	测点	1	2	3	4	5	6	7	8	回零点
测量值及读数	上导轴颈	6	4	0	−4	−4	−4	0	5	0
	下导轴颈	4	6	5	5	5	2	0	2	−1
	水导轴颈	4	8	9	8	5	1	0	1	−2
全摆度	相对点	5～1		6～2		7～3		8～4		
	上导轴颈	−10		−8		0		9		
	下导轴颈	1		−4		−6		−3		
	水导轴颈	1		−7		−11		−7		
净摆度	上导轴颈	−11		−4		6		12		
	下导轴颈	0		0		0		0		
	水导轴颈	0		−3		−5		−4		

3　数据分析

修前静态盘车数据反映的机组轴线满足标准规范的要求，但机组运行摆度仍然距离精品机组的要求较远，采用常规方式优化摆度的空间较小。若需进一步降低轴承摆度，需要对机组各工况的机械、电磁和水力不平衡做详细分析，以便做针对性的处理。摆度数据见表 3。暂态数据计算见表 4。

表 3　摆 度 数 据

序号	项　目	空转/μm		空载/μm		稳态（700MW）/μm	
		通频值	1X 幅值及相位	通频值	1X 幅值及相位	通频值	1X 幅值及相位
1	上导+X 向摆度	70	46∠300	162	154∠342	113	108∠11
2	下导+X 向摆度	181	172∠136	93	81∠89	140	130∠108
3	水导+X 向摆度	175	117∠152	131	98∠173	221	210∠185

表 4　暂 态 数 据 计 算

序号	项　目	暂态过程（空转到空载）	暂态过程（空载到稳态）
1	上导+X 向摆度	154∠342−46∠300=123.7∠356.4	108∠11−154∠342=79.3∠120.7
2	下导+X 向摆度	81∠89−172∠136=130.9∠342.9	130∠108−81∠89=59.6∠134.3
3	水导+X 向摆度	98∠173−117∠152=43.4∠278	210∠185−98∠173=115.9∠195.1

空转工况下，下导轴承和水导轴承摆度 1X 幅值较大，说明下导轴承和水导轴承处的质量不平衡力较大；带励磁后，上导、下导摆度发生明显变化，变化幅值和角度基本一致，说明上、下导所受电磁不平衡力较大；随着负荷的增加，上、下导轴承变化幅值相对较小，水导摆度值变化较大，且角度未发生较大变化，幅值逐步上升，说明水力不平衡力也较大。总体来说，小湾 2 号机各部轴承摆度相对较大的原因是转动部分同时受到较大的

质量不平衡力、电磁不平衡力和水力不平衡力，且上导摆度和下导摆度超重角相反。从数据上看机械不平衡力、电磁不平衡力和水力不平衡力的角度不在同一方向上，有的会相互改善，但有的会相互叠加。

4 处理方案

2号机机械、电磁和水力不平衡力较大主要原因是机组安装和制造质量不高，若需进一步优化轴承摆度，需要有针对性的降低质量不平衡力、电磁不平衡力和水力不平衡力。由于静态盘车数据满足要求，机组受力比较复杂，需要根据不同情况制定不同的方案，有针对性地降低质量不平衡力、电磁不平衡力和水力不平衡力，具体方案主要有以下几个方面：

（1）提高转轮静平衡验收标准，降低转轮残留的不平衡质量，原厂家标准为 58.89kg·m，现场控制标准为 35kg·m 以内，最终验收为 32.9kg·m。同时加强导水机构安装及转轮修型的质量控制，尽量保证进口环量的均匀，以减小水导轴承的机械不平衡力和水力不平衡力。

（2）优先改善下导轴承的受力，静态轴线调整时除考虑静态测值外，再加上动态修正值进行调整。启机后利用动平衡配重的方式继续降低下导轴承摆度，同时允许上导摆度有一定的上升。

（3）调整转子圆度，降低不平衡磁拉力：在满足转子圆度和偏心要求的基础上，将磁极在半径方向上的变化尽量调整均匀，防止产生较大的不平衡磁拉力。

（4）轴线调整方面，在满足质量标准的前提下，将上导摆度的偏心方向调整至 120°~180°区域，将水导轴承摆度的偏心方向调整至静平衡偏心方向的对侧区域。

5 处理后效果

摆度数据见表 5，数据对比见表 6。

表 5 摆 度 数 据

序号	项 目	空转/μm		空载/μm		稳态（590MW）	
		通频值	1X 幅值及相位	通频值	1X 幅值及相位	通频值	1X 幅值及相位
1	上导+X 向摆度	85	73∠341	153	144∠334	69	59∠6
2	下导+X 向摆度	72	64∠159	73	60∠208	108	101∠154
3	水导+X 向摆度	96	41∠184	98	59∠162	167	155∠179

表 6 数 据 对 比

序号	项 目	空转/μm		空载/μm		稳态/μm	
		修前	修后	修前	修后	修前	修后
1	上导+X 向摆度	70	85	162	153	113	69
2	下导+X 向摆度	181	72	93	73	140	108
3	水导+X 向摆度	175	96	131	98	221	167

空转态，上导摆度略有上升，由 $70\mu m$ 上升至 $85\mu m$，主要是为了改善下导受力牺牲了一部分上导摆度，下导摆度通频值由 $181\mu m$ 降低至 $72\mu m$，水导摆度通频值由 $175\mu m$ 降低至 $96\mu m$，改善效果明显，质量不平衡处理较好；空载态，各导轴承摆度数据小于修前，电磁不平衡力的处理取得一定效果，从稳态运行数据上来看，虽然检修后由于水头原因机组未带至 $700MW$ 负荷，数据对比的逻辑性不太严谨，但总体上来说，处理后的效果较好，各部摆度明显小于处理前，上导、下导摆度满足精品机组要求，水导摆度通频值虽然随着负荷的增加而增加的特性依然存在，但已有较大幅度的减小。总体来看，此次针对小湾 2 号机的摆度优化方案取得了较好的效果，机械不平衡力和电磁不平衡力改善明显，水力不平衡力有较大改善。

6 结语

近年来，集团、公司对机组运行参数提出了较高的要求，部分投产运行多年的老厂由于设备制造和安装的原因摆度优化的空间不太，通过传统轴线调整的方式进行处理难度较高，本文提供了一种依据动态运行参数进行摆度优化的思路和方法，该方法需要根据机组运行特点及各工况参数制定处理方案，"一机一策"，实践证明，这种方法效果较好，可以为有相应需求的厂站提供参考和借鉴。

700MW 级高水头水轮机转轮裂纹
原因分析及处理

赵晓嘉　刘啟文　皮跃银　杨怀荣

（华能澜沧江水电股份有限公司小湾水电厂　云南　大理　675702）

【摘　要】 为解决水轮机转轮裂纹问题，小湾电厂在国际上首次在同类型高水头、高转速、大容量的水轮机上开展了转轮真机动应力测试，全面掌握各工况下转轮应力情况。根据水轮机动应力测试结果，优化开机规律、通过软开机方式降低转轮叶片开机过程中的动应力，并结合机组大修开展了水轮机转轮修型，当前水轮机转轮裂纹已得到有效控制。

【关键词】 高水头；水轮机；转轮裂纹

1　引言

小湾水电站位于云南省澜沧江中游河段，是国家实施西部大开发、"西电东送"战略的标志性工程，也是业内公认的世界最难水电工程之一，系澜沧江中下游河段规划"两库八级"开发方案的第二级电站、龙头水库。水库总库容 149.14 亿 m^3，地下厂房内安装有 6 台单机 700MW 的立轴半伞式混流水轮发电机组，水轮机型号为 HL153 - LJ - 660，其最大水头 251.00m，额定水头 216.00m，最小水头 164.00m，额定流量 360.3m^3/s，额定转速 150r/min，比转速 153m·kW，飞逸转速 286r/min，额定出力 714MW，电站多年平均发电量 189.9 亿 kWh。

2　水轮机转轮裂纹问题概述

小湾水轮发电机组是世界该水头段单机容量最大的水轮发电机组，在单机容量 700MW 的高水头机组中转速最高，水轮机转轮、蜗壳制作难度居世界前列，机组的设计、制造、安装、运行、维护等方面均没有成熟的经验。

自 2010 年 2 月首台机组检修开始，现场发现各台水轮机转轮均出现不同程度的裂纹，随着机组运行时间的推移，转轮裂纹现象呈现加重趋势，2012 年年末开始出现重复性裂纹，2014 年年初开始出现裂纹开叉错位现象（图1）。2013 年小湾电厂 6 号机组运行过程中水导摆度从 180μm 快速增加到了 340μm，后续机组检修中发现 8 号叶片出现长 720mm 的贯穿性裂纹（图2）。

若机组在水轮机转轮叶片出现裂纹后继续运行，裂纹缺陷将不断发展，极易造成机组

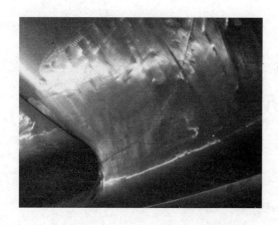 

图 1　小湾 2 号转轮 7 号叶片分叉裂纹　　　　图 2　小湾 6 号转轮 8 号叶片 720mm 裂纹
（2014 年 1 月）　　　　　　　　　　　　（2013 年 4 月）

转动部分和固定部分的摩擦增大、水轮机摆度增大、叶片裂纹开叉错位甚至叶片掉块，引起机组非计划停运，缩短水轮机转轮寿命，严重危及机组运行安全，因此必须及时采取措施控制和处理。

3　水轮机转轮裂纹产生原因分析

为全面掌握水轮机转轮动应力分布规律，应该开展水轮机应力的真机测试。但由于真机测试中费用较高、运行水头较高、水流流速快、机组转速快、过机流量大，还需要在不影响水压分布和改变叶片刚度前提下确保应变片及其引线不被高速水流冲刷，现场采样频率必须足够高、对数据传输速度和存储容量有较高要求，安置在发电机附近甚至内部的测量仪也应具备较强电磁兼容性。上述原因造成真机动应力测量难度过大，因此当前国内外对转轮动应力研究主要集中在理论分析和模型机测量方面。

2012 年，小湾电厂组织各方人员克服了动应力真机测试中存在的困难，国际上首次在同类型高水头、高转速、大容量的水轮机上开展了转轮真机动应力测试，对水轮机转轮在启动、空载、部分负荷、满负荷和甩负荷过渡过程的静态应力和动态应力进行分析和评估。小湾水轮机转轮动应力分布如图 3 所示。

试验发现开机过程中水轮机转轮叶片承受很大的动应力，尤其在导叶开启初始阶段转轮叶片靠下环侧的动应力峰值高达 340MPa，上冠侧的动应力峰值高达 55MPa。随着导叶开度增大，转轮过流流量稳定，转速上升，动应力逐步减小；在低负荷区域特别是在200MW 负荷以下运行时，动应力主要来自转轮旋转涡带造成的尾水管压力脉动，使动应力远超过正常运行工况值（图 4）。

通过水轮机真机动应力测试，小湾电厂全面掌握了转轮在各运行工况下的动、静应力情况，综合现场实际运行情况，认为引起转轮裂纹的主要原因为设计问题（动应力集中）、制造问题（未在应力集中区域选用高强度的材料）和运行方式问题（低负荷区域运行时间过长）。

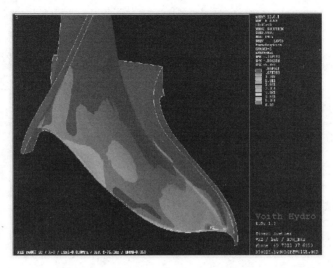

图 3　小湾水轮机转轮动应力分布图

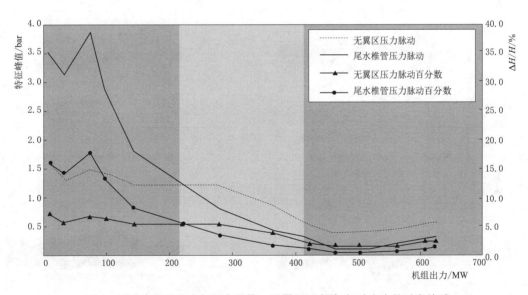

图 4　试验中机组出力与尾水锥管、无翼区压力脉动-动应力的对应关系

4　水轮机转轮裂纹处理措施

4.1　优化开机规律，通过软开机方式降低转轮叶片开机过程中的动应力

　　小湾电厂针对开机过程中转轮动应力偏大的问题，通过改变开机规律、逐步开启导叶（图5），以降低开机过程中水轮机转轮叶片承受的动应力、减少水轮机转轮叶片裂纹。

　　开机规律优化后，水轮机转轮下环侧的动应力由原来的峰峰值 340MPa 降至约 200MPa，上冠侧由 55MPa 降至约 30MPa，均大幅降低；而开机时间仅增加了 20s（由原来的 120s 增加为 140s）。经计算，开机规律优化后水轮机转轮的疲劳寿命可增加 2 倍。开

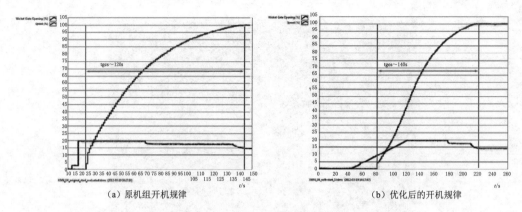

（a）原机组开机规律 　　　　　　　　　（b）优化后的开机规律

图 5 优化前后的开机规律对比

机规律优化前后靠近上冠、下环侧动应力对比如图 6 所示。

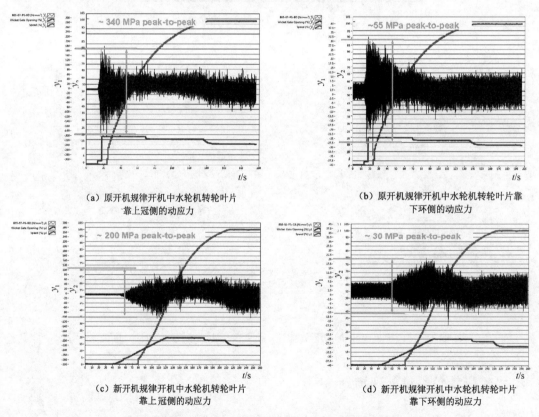

（a）原开机规律开机中水轮机转轮叶片 　　　　（b）原开机规律开机中水轮机转轮叶片靠
靠上冠侧的动应力 　　　　　　　　　　　　下环侧的动应力

（c）新开机规律开机中水轮机转轮叶片 　　　　（d）新开机规律开机中水轮机转轮叶片
靠上冠侧的动应力 　　　　　　　　　　　　靠下环侧的动应力

图 6 开机方法优化前后靠近上冠、下环侧动应力对比

4.2 开展水轮机转轮修型工作

4.2.1 水轮机转轮修型相关理论计算

通过上述软开机改造、运行区域控制等工作，水轮机转轮裂纹已得到有效控制。但由于电网调度需要，小湾机组在个别时段仍需担负末端调压的任务，因此机组仍存在空载和

454

低负荷运行的情况。

为提高小湾水轮机转轮在低负荷运行下的疲劳寿命，根治转轮裂纹现象，小湾电厂联合厂家，综合考虑叶片裂纹和缺陷及运行记录的关系、动应力测试结果、合同规定的工况、2009—2013年实际运行记录不同的基础上进行有限元及疲劳计算、叶片材料质量情况、现场操作的可行性等因素，结合水力性能、模型试验结果与CFD分析，决定对水轮机转轮叶片进行修型。主要思路为切断叶片出水边以增厚出水边厚度，保证叶片更好地与上冠、下环相连；为确保高应力区的叶片质量，需要用钢板对叶片出水边与下环相连处进行替换或加固，焊后应打磨光滑过渡。

根据CFD分析，水轮机转轮修型后相关参数变化如下：

（1）叶片承受的最高静应力由104.04MPa降低至89.76MPa，降低了约14％，转轮抗疲劳性能明显改善，转轮修型前后静压力对比如图7所示。

（2）转轮叶片承受的动应力预计下降超过50％。

（3）额定工况下的效率由94.10％降低至93.90％，降低了0.20％，但仍高于合同保证值93.75％。

（4）满负荷时空蚀安全余量降低为10％。

（5）修型前后叶道涡与原转轮流速分布几乎一致，转轮修型前后压力、流线分步对比如图8所示。

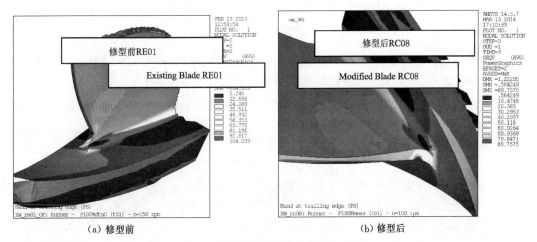

| （a）修型前 | （b）修型后 |

图7　小湾转轮修型前后静压力对比

4.2.2　水轮机转轮现场修型工艺

根据各水轮机转轮生产厂家的不同，修型工艺也有所不同。截至2021年5月，小湾电厂全部机组已结合大修完成水轮机转轮修型。

1、2、3、4号机转轮修型主要进行出水边切短修磨、替补区域挖除、替补块焊接，出水边根据叶片3D模型切短和修磨，最大切割100mm，替换块补强区域切割，替补块采用优质锻钢、材质为X3CrNiMo13-4，总体尺寸为400×300mm、出水边最薄20mm，焊接在下环附近的应力集中部位后，进行圆角过渡。主要工艺流程为：

（1）将转轮从基坑内吊出后下环位置放置6个支墩。

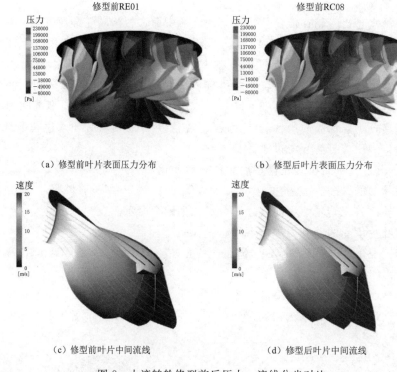

（a）修型前叶片表面压力分布 　　　　　　（b）修型后叶片表面压力分布

（c）修型前叶片中间流线 　　　　　　（d）修型后叶片中间流线

图 8　小湾转轮修型前后压力、流线分步对比

（2）使用划线样板以叶片出水边端面为基准在叶片上划出新的出水边端面，在水平线上距离新的出水边端面 50mm 处做标记，作为转轮叶片开度检测点。

（3）确定出水边厚度位置点。以下环底面把合平面为基准划出叶片型线位出水边厚度检验点（水平方向）。

（4）使用框式水平仪调整转轮大轴把合面水平。

（5）在止漏环位置架设百分表，沿圆周方向均布 8 只。

（6）检验开度和转轮尺寸。

（7）在叶片出水边距离出水边端线约 150mm 位置装配撑筋（现场配），并焊接固定。

（8）出水边打磨修型后进行 PT 探伤。

（9）划出三角块位置线，用等离子切割机沿三角块位置线切割下被替换三角块。

（10）采用手工电弧焊，按照焊接工艺要求焊接三角块，整个转轮的焊接应按照叶片位置对称焊接。

（11）去除引弧板、熄弧板、撑筋，PT 探伤。

（12）型线、粗糙度与各类尺寸检查。

（13）静平衡试验。

小湾 1～4 号水轮机转轮修型示意图如图 9 所示。

5、6 号机转轮修型主要进行出水边切短修磨、替补块焊接，出水边从下环起 400mm 长度内由 31mm 过渡至 18mm，替补块总体尺寸为 240×75mm、厚度为 20～31mm，焊接在下环与原叶片底部之间后，进行圆角过渡。主要工艺流程为：

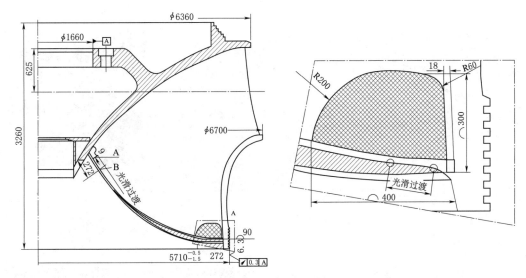

图 9　小湾 1～4 号水轮机转轮修型示意图（出水边切割、原替补块区域切除后焊接新替补块）

（1）将转轮从基坑内吊出后下环位置放置 6 个支墩，使用框式水平仪调整转轮大轴把合面水平。

（2）使用划线样板以叶片出水边端面为基准在叶片上划出新的出水边端面，在水平线上距离新的出水边端面 50mm 处做标记，作为转轮叶片开度检测点。

（3）在止漏环位置架设百分表，沿圆周方向均布 8 只。

（4）在叶片出水边距离出水边端线约 150mm 位置装配撑筋（现场配），并焊接固定。

（5）出水边打磨修型后，新的出水边型线 100mm 范围内按 ASME 标准进行 PT 探伤。

（6）采用手工电弧焊，按照焊接工艺要求焊接三角块与叶片，整个转轮的焊接应按照叶片位置对称焊接。

（7）去除装配撑筋，不允许伤及母材，需留 3～5mm 打磨余量，打磨后按 ASME 标准进行 PT 探伤。

（8）型线、粗糙度与各类尺寸检查。

（9）静平衡试验。

小湾 5、6 号水轮机转轮修型示意图如图 10 所示。

小湾水轮机转轮修型现场施工图如图 11 所示。

5　水轮机转轮裂纹处理效果

小湾电厂研究并实施水轮机稳定运行关键技术后，各轮机组检修期全厂转轮裂纹总长变化趋势如图 12 所示。可看出：小湾电厂结合第 4 轮机组检修期优化了所有机组的开机方法，自第 5 轮检修期开始转轮裂纹长度变化趋势从原先的逐年增加转变为逐年减少；在第 6 轮检修期间优化机组运行方式后，转轮裂纹长度的减少趋势更加显著；5 号水轮机转轮 10 号叶片修型后（处理工艺问题）连续两轮检修期（第 9、10 轮）存在裂纹，后续结

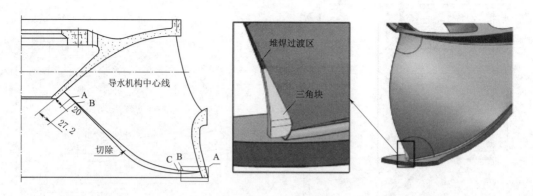

图 10 小湾 5、6 号水轮机转轮修型示意图（出水边切割、叶片下侧焊接新替补块）

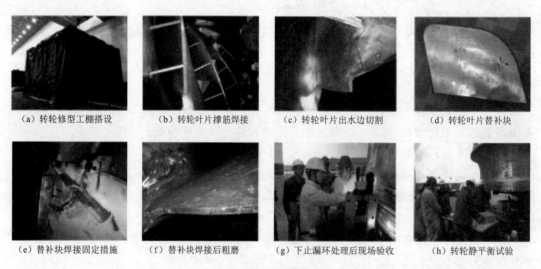

（a）转轮修型工棚搭设 （b）转轮叶片撑筋焊接 （c）转轮叶片出水边切割 （d）转轮叶片替补块

（e）替补块焊接固定措施 （f）替补块焊接后粗磨 （g）下止漏环处理后现场验收 （h）转轮静平衡试验

图 11 小湾水轮机转轮修型现场施工图

合小修更换了三角块，其余机组修型后运行至今均暂未出现裂纹；在第 6 轮检修期间优化机组运行方式后、各机组转轮修型前，只有 3 号水轮机转轮未出现过裂纹，说明开展转轮修型（排除处理工艺问题外）在一定程度上可以避免转轮裂纹的发生。

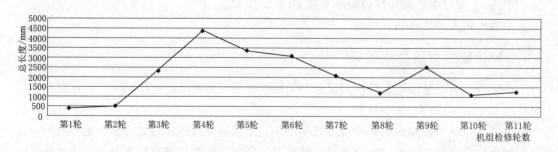

图 12 小湾各轮机组检修期全厂转轮裂纹总长变化趋势（单位：mm）

458

6　结语

小湾电厂率先在 700MW 高水头、高转速、巨型水轮机上开展了转轮真机动应力测试，提出了科学的水轮发电机组软开机方法，进行水轮机转轮修型，解决了水轮机转轮裂纹问题，提高了水轮发电机组的健康水平，电厂的运行安全性、稳定性和可靠性得到了有效保障。创造的软开机方式和相关控制技术，以及转轮修型等工作，可广泛应用于存在水轮机转轮裂纹的各水电厂，可复制性、推广性强，能够有效控制甚至消除水轮机转轮裂纹。

参　考　文　献

[1] 华能澜沧江水电股份有限公司小湾水电站. 巨型水电厂运维关键技术研究与实践 [J]. 云南科技管理，2018，31（1）：96-97.
[2] 南冠群，赵晓嘉，范迎春，等. 巨型水电厂运行和维护关键策略 [J]. 大电机技术，2018（5）：76-79.

浅谈糯扎渡电站水轮发电机组轴承瓦温及摆度优化技术措施

赵海峰　文　磊

（华能澜沧江水电股份有限公司检修分公司　云南　昆明　650051）

【摘　要】　糯扎渡电站水轮发电机组运行过程中，存在轴承瓦温温差及摆度偏大的问题。本文结合实际检修工作分享轴承瓦温及摆度优化的技术措施，为行业内大中型混流式水轮发电机组轴承瓦温及摆度优化处理提供借鉴。

【关键词】　糯扎渡电站；轴承；瓦温；摆度；温差；优化

1　引言

糯扎渡电站位于澜沧江下游普洱市思茅区和澜沧县交界处，是澜沧江下游水电核心工程，也是实施云电外送的主要电源点。电站距昆明公路里程约 521km，电站坝址距普洱市 98km，距澜沧县 76km。糯扎渡电站为地下厂房式电站，厂房内安装 9 台机组，单机容量为 650MW，总装机容量 5850MW，电站以 500kV 电压等级接入电力系统，在系统中担任调峰、调频和事故备用职能，电站按无人值班（少人值守）设计。

糯扎渡电站 1～9 号机组各轴承存在较大瓦温偏差，最大的达到 10℃左右。在各机组轴线调整合格且运行过程中无恶化的情况下，导轴承摆度较大的可达到 200μm 以上。各轴承瓦温偏差及摆度值与澜沧江公司"精品机组"的标准要求有较大差距，"精品机组"的标准要求见表 1。

表 1　　　　　　　　　　　澜沧江公司精品机组要求数值

"精品"机组标准	工况	瓦温温差/℃				导轴承摆度值/μm			备注
		上导	下导	水导	推力	上导	下导	水导	
	稳定运行区域	5	6	6	3	100	120	100	

2　轴承瓦温及摆度优化情况

在 2019—2020 年检修期糯扎渡机组的 C 级检修工作过程中开展了轴承瓦温及摆度优化工作，优化后机组上导、下导、水导三部轴承部分摆度数据及上导、下导、水导、推力 4 部轴承瓦温温差均达到澜沧江公司"精品"机组标准。利用机组小修的时间（检修工期为 16 天），使机组导轴承摆度数据及轴承瓦温温差达到较高的水平，高效的优化措施为机组长期安全稳定运行夯实基础。优化前后部分机组瓦温偏差及摆度数据见表 2。

表 2　糯扎渡电站 1 号、4 号、2 号、9 号机组修前修后轴承振摆及温差对比

机组号	工　况	瓦温温差/℃				导轴承摆度值/μm			备　注
		上导	下导	水导	推力	上导	下导	水导	
1 号	修前 500MW	9.0	6.2	5.3	6.5	81	90	134	
	修后 500MW	4.6	3.5	5.1	1.9	79	54	85	
4 号	修前 600MW	6.3	3.6	4.3	6.5	71	51	114	
	修后 600MW	4.4	3.4	2.3	3.0	90	21	83	
2 号	修前 600MW	4.3	8.2	5.7	6.6	133	209	116	修后在转子引线逆时针 0°方位处下部安装 2 块配重块，共计 70kg
	修后 500MW	2.8	4.0	1.9	2.5	146	76	57	
	修后 600MW	2.8	3.6	1.9	2.5	142	92	119	
9 号	修前 500MW	2.8	6.2	4.4	4.2	104	76	187	
	修后 500MW	3.5	5.3	4.8	3.0	87	67	124	
"精品"机组标准	稳定运行区域	5	6	6	3	100	120	100	

3　轴承瓦温及摆度优化措施分析

检修过程中，在不影响机组检修整体工期的情况下，通过一系列测温电阻检查更换及改造、瓦间隙调整、推力受力检查调整等技术措施，使轴承瓦温偏差及摆度情况明显改善。

3.1　针对测温系统采取的措施

1. 对各轴承测温电阻进行检查更换

机组检修过程中对上导、下导、推力测温电阻进行更换，由安装时东电 4F25226 型更换为德国 JOMO902150/10 型的测温电阻，更换后的测温电阻灵敏度及测温精度相对较高、信号传输可靠性以及抗干扰能力较强，能更为准确地测量瓦温。对所有测温电阻的完好性、测温电阻端子箱接线正确性、测温信号现地与监控对应性进行检查核对，确保信号传输可靠、正确。

2. 核对现地测温电阻编号

对上导、下导、水导、推力轴承测温电阻编号进行检查核对，并按照统一编号原则对 4 部轴承测温电阻进行重新编号。核对时发现轴承测温电阻存在编号原则不一致、个别编号错乱等问题。检修后按照"机组＋Y 方向顺时针第一块瓦为 1 号瓦，瓦号与测温电阻依次顺时针编号"的统一编号原则对轴承测温电阻进行编号，并对测温端子箱、测温盘柜、监控等测温相关系统进行统一。

3. 加装测温电阻四氟乙烯定位套

在上导、推力、下导轴承测温电阻距离其底部约 20mm 位置加装一个聚四氟乙烯定位套，防止测温元件有效测量部位与测温孔任意方向金属壁接触，引起测温位置的不统

一。在测温电阻上加装定位套，采用 495 瞬干胶涂抹定位套内圆，使之与热电阻固定牢靠。定位套安装示意图如图 1、图 2、图 3 所示。

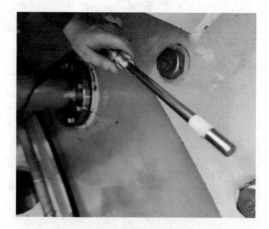

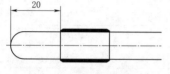

图 1　定位套安装示意图　　　　　图 2　测温电阻定位套现场安装图

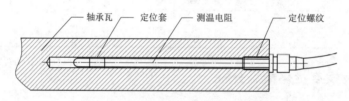

图 3　测温电阻定位套安装示意图

4. 其他处理措施

上导、下导、水导、推力轴承各测温电阻回装前，在测温孔中注满干净合格的透平油，避免测温电阻回装后测温孔中存在空腔引起的热传导不均匀。在轴承油盆外侧各轴瓦及轴瓦盖组合面对应位置进行标记，方便检修后启动试验过程中进行瓦间隙调整。

3.2　针对摆度及瓦温采取的措施

检修过程中，根据检修前及启动试验阶段摆度、瓦温数据，综合考虑实测瓦间隙数据，对上导、下导、水导瓦间隙进行局部调整。本文主要以 2 号机组为例展开论述。

1. 检修前数据分析

2 号机组检修前带 590MW 负荷稳定运行时，上导轴承温差 4.3℃，下导轴承温差 8.2℃，水导轴承温差 5.7℃，推力轴承温差 6.6℃，上导轴承摆度 $133\mu m$，下导轴承摆度 $209\mu m$，水导轴承摆度 $116\mu m$。下导、推力瓦温温差以及各轴承摆度值超出"精品机组"标准要求。检修前各导轴承瓦温及间隙数据分布情况如图 4～图 7 所示。图 4～图 7 中温度单位为℃、瓦间隙单位为 mm。

2. 检修后启动试验期间第一次瓦间隙调整

按照历年调整经验，间隙调整 0.02～0.03mm，瓦温变化约为 1℃，本次优先对上导、下导瓦温偏低的轴瓦间隙进行调整，对下导个别瓦温较高的轴瓦间隙进行调整，对水导瓦温较高的轴瓦间隙进行适当调整，方案如下：

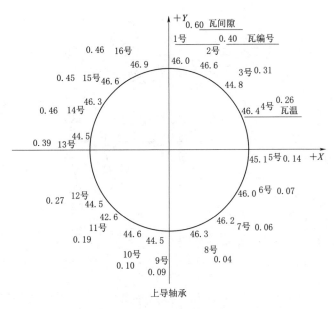

图 4　修前上导分布情况

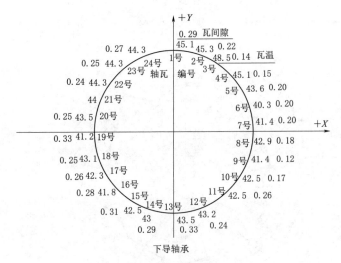

图 5　修前下导分布情况

（1）上导瓦温温差较小，只对温度较低的 11 号瓦减小瓦间隙 0.06mm。

（2）下导瓦温温差较大，对下导瓦间隙 3 号增加 0.06mm、6 号减小间隙 0.06mm、7 号减小间隙 0.04mm、8 号减小间隙 0.02mm、10 号减小间隙 0.02mm、11 号减小间隙 0.02mm、15 号减小间隙 0.02mm、16 号减小间隙 0.04mm、19 号减小间隙 0.04mm。

（3）水导瓦温温差较小，对温度较高的水导瓦 6 号增加瓦间隙 0.03mm、7 号增加瓦间隙 0.06mm、8 号增加瓦间隙 0.04mm。

机组检修后首次启机运行瓦温趋于稳定后，上导轴承瓦温温差 7.7℃，下导轴承温差 4.9℃，水导轴承温差 2.0℃。具体摆度数据见表 3。

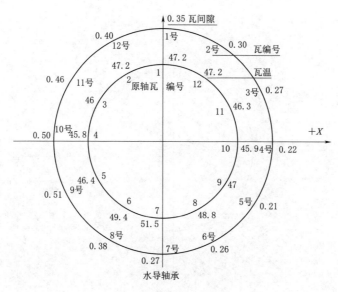

图 6　修前水导分布情况

下导修前瓦温分布

● 修前瓦温（28MW）　　× 修前瓦温（550MW）　　✳ 修前瓦温（590MW）
（11月12日00：20）　　　　（11月1日15：01）　　　　（修前分析）

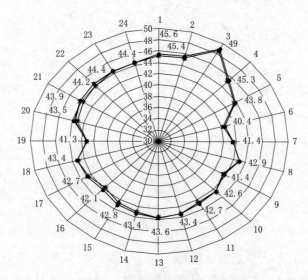

图 7　下导修前瓦温分布雷达图

表 3　　　　　　　　　　　　　　　2 号机组首次启机前、后摆度数据

机组号	工　况	导轴承摆度值/μm			备　注
		上导	下导	水导	
2 号	修前空转	123	165	104	
	修后空转	136	98	99	

464

3. 检修后启动试验期间第二次瓦间隙调整

根据机组检修后首次启动瓦温数据，对上导、下导瓦间隙进行第二次调整：对上导瓦温偏低的 1 号瓦间隙减小 0.14mm、14 号瓦间隙减小 0.04mm，瓦温偏高的 5 号瓦间隙增加 0.04mm。对下导瓦温偏低的 5 号瓦间隙减小 0.05mm、9 号瓦间隙减小 0.04mm、12 号瓦间隙减小 0.04mm。

第二次调整后机组启机运行瓦温趋于稳定后，上导轴承瓦温温差 2.4℃，下导轴承温差 3.4℃，水导轴承温差 2.1℃。具体摆度数据见表 4。

表 4　　　　　　　　　　第二次瓦间隙调整前、后摆度数据

| 机组号 | 工况 | 导轴承摆度值/μm | | | 备　　注 |
		上导	下导	水导	
2 号	第二次调瓦前空转	136	98	99	
	第二次调瓦后空转	150	74	104	在转子引线逆时针 0°方位处下部配重计 70kg
	第二次调瓦后带 500MW 运行	146	76	57	
	第二次调瓦后带 600MW 运行	142	92	119	

4. 推力轴承瓦温的检查调整

推力轴承测温电阻更换并加装定位套后，首次启机瓦温温差从检修前的 6.6℃降低至 2.1℃（空转态），带上 600MW 负荷运行后温差 3.0℃，通过对温度偏高、偏低的测温电阻定位套进行检查，发现定位套存在定位偏心现象，更换后同等工况下温差降为 2.5℃。

4　结语

机组瓦温及摆度得到有效改善，对优化措施总结分析如下：

（1）导轴承结构对瓦温调整起决定性作用。机组三道导轴承均采用稀油润滑分块瓦导轴承结构，轴承分别由 12、16、24 块双数巴氏合金轴瓦，轴承瓦支撑略有偏心，轴瓦支撑结构有楔子板式、垫板式共两种。轴承瓦间隙均可通过调整固定在轴瓦或瓦座上楔子板的高度来精确实现，楔子板斜度为 1：50，部分发电机组导轴承采用调整固定于瓦背后的垫板厚度来实现瓦间隙的调整（糯扎渡 9 号机组上导、下导），瓦间隙测量调整误差小，通过准确增减瓦温较低或较高的轴瓦间隙，瓦温变化较为明显。但对于通过调整瓦背后垫板平键的厚度来调整轴瓦间隙的轴承，瓦间隙调整时必须精确测量调整前后瓦间隙，应尽量采用机加工的方式来改变调整平键的厚度，从而精确保证瓦间隙调整来保证温差及摆度。机组轴承基本信息见表 5。轴承瓦结构图如图 8 所示。

表 5　　　　　　　　　　机 组 轴 承 基 本 信 息

轴承	轴颈直径/mm	轴瓦数量/块	单侧设计间隙/mm	瓦间隙调整方式
上导轴承	1900	16	0.25～0.35±0.02	楔子板或垫板调节；楔子板斜率：1/50，瓦间隙 $S=L/50$
下导轴承	2800.0	24	0.40～0.45	
水导轴承	2937.3	12	0.30±0.02	

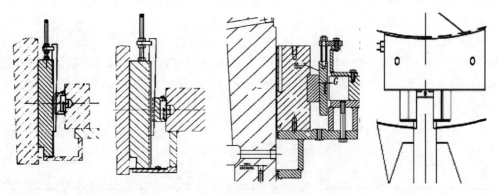

图 8　轴承瓦结构图

（2）上导及下导导轴瓦数量多，机组运行过程中的不平衡力被均分，每块瓦运行过程中受力较小，检修过程检查瓦面与轴领接触均为面接触，调整单块瓦间隙不会对周围瓦的运行温度产生较大影响。对于导轴瓦数量较少的机组调整时应综合兼顾需调整的最高、最低瓦温附近的轴瓦间隙及温度，尽量使瓦间隙调整数据均匀增减，从而使轴瓦之间相互影响最小化。上导轴承、下导轴承、水导轴承调整过程瓦温雷达图如图 9～图 11 所示。

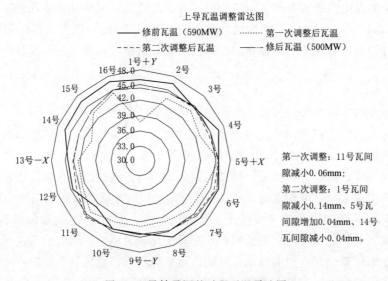

上导瓦温调整雷达图

—— 修前瓦温（590MW）　　…… 第一次调整后瓦温
---- 第二次调整后瓦温　　—·— 修后瓦温（500MW）

第一次调整：11号瓦间隙减小0.06mm；

第二次调整：1号瓦间隙减小0.14mm，5号瓦间隙增加0.04mm，14号瓦间隙减小0.04mm。

图 9　上导轴承调整过程瓦温雷达图

（3）对上导、推力、下导轴承更换测温电阻，测温电阻加装定位套，检查整个轴承测温及监控系统接线的正确性，确保测温系统能够准确灵敏的反馈轴承瓦温意义重大。

（4）推力轴承轴瓦加装定位套后在受力未改变情况下，温差从检修前的 6.6℃ 降低至 2.1℃（空转态），温差变化较为明显。忽略测温电阻本身的测量误差外（德国 JOMO 测温电阻在环境温度为 70℃ 时，理论测温误差可低至 0.29℃），产生推力瓦温偏差大的原因主要有受力不均、瓦温测量点不一致等，机组推力轴承为弹簧束支撑结构，具有自平衡功能，其受力较为均匀。机组运行时推力瓦的温度在轴向、径向、周向上的分布是不相同

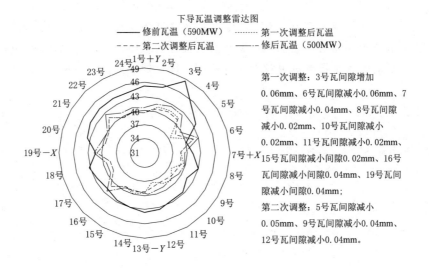

下导瓦温调整雷达图
—— 修前瓦温（590MW）　·······　第一次调整后瓦温
- - - - 第二次调整后瓦温　　—— 修后瓦温（500MW）

第一次调整：3号瓦间隙增加
0.06mm、6号瓦间隙减小0.06mm、7
号瓦间隙减小0.04mm、8号瓦间隙
减小0.02mm、10号瓦间隙减小
0.02mm、11号瓦间隙减小0.02mm、
15号瓦间隙减小间隙0.02mm、16号
瓦间隙减小间隙0.04mm、19号瓦间
隙减小间隙0.04mm；

第二次调整：5号瓦间隙减小
0.05mm、9号瓦间隙减小0.04mm、
12号瓦间隙减小0.04mm。

图 10　下导轴承调整过程瓦温雷达图

的，瓦温测量点较小的偏移将导致较大数值的温度差异。推力轴承测温电阻更换并加装定位套后，测温位置相对统一，瓦温偏差降至3℃以内，该措施可在行业内进行推广应用。对于刚性支柱式推力支撑结构如需通过调整推力受力来进行推力温度偏差调节，则调整应尽量在导轴承瓦间隙调整前开展。

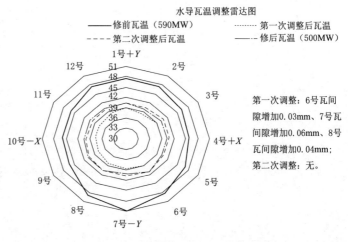

水导瓦温调整雷达图
—— 修前瓦温（590MW）　·······　第一次调整后瓦温
- - - - 第二次调整后瓦温　　—— 修后瓦温（500MW）

第一次调整：6号瓦间
隙增加0.03mm、7号瓦
间隙增加0.06mm、8号
瓦间隙增加0.04mm；

第二次调整：无。

图 11　水导轴承调整过程瓦温雷达图

（5）由于透平油与空气的导热系数不同，透平油的导热系数为空气的 6 倍以上［透平油约为 0.13W/(m·K)，空气约为 0.02W/(m·K)］。因此，在测温孔中注满透平油，消除测温孔中存在的空腔，使热传导更加迅速，有利于轴瓦温度测量的准确性。

（6）修前修后上导摆度变化范围不大，但下导轴承摆度明显减小，原因为下导共减小11块轴瓦间隙，转子配重对摆度的减小有积极作用。

大中型混流式水轮发电机组轴承瓦温偏差与轴承结构、测温元件测量的准确性、轴承瓦间隙、轴瓦与轴颈的接触情况、轴承处摆度大小等因素有关。在轴承结构无法改变的情况下，通过提高测温元件测温的准确性，并配合瓦间隙调整、摆度优化等措施可有效优化瓦温偏差。而导轴承摆度与瓦温存在相互制约的关系，当稳定运行瓦温远低于允许的最高温度时，可通过局部或全部减小导轴瓦间隙来达到优化摆度的目的。

本文通过对实际检修工作中采取的轴承瓦温及摆度优化技术措施进行总结及分析，总结出大中型混流式水轮发电机组轴承瓦温及摆度优化的具体方向、思路以及技术措施，为行业内大中型混流式水轮发电机组轴承瓦温及摆度优化处理提供宝贵的经验。

参 考 文 献

[1] 中华人民共和国国家质量监督检验检疫总局，中国国家标准化管理委员会. 水轮发电机基本技术条件：GB/T 7894—2009 [S]. 北京：中国标准出版社，2009.

技术优化与改造

黑麋峰④机组改造前后输水系统区域环境振动分析

向　明[1]　郑建兴[2]　任绍成[3]　杨　恒[1]

(1. 国网新源湖南黑麋峰抽水蓄能有限公司　湖南　长沙　410200；

2. 中国电建中南勘测设计研究院有限公司　湖南　长沙　410014；

3. 中国水利水电科学研究院　北京　100038)

【摘　要】 黑麋峰抽水蓄能电站投产以来，存在部分工况振动、摆度偏大、过渡工况压力脉动剧烈，尤其是电站输水系统高压岔管上方山体存在区域环境振动问题。本文简要介绍了基于以上问题所开展的测试试验研究工作，明确了输水系统区域环境振动的激振源及其传递路径同时对④机组进行水力优化和转轮改造后，通过改变叶片通流频率，进而大幅度改善了输水系统（仅④机组运行时）区域环境振动问题，进一步阐明了活动导叶与转轮间动静干涉引起的水力激振对输水系统区域环境振动的影响及其改善措施。

【关键词】 区域环境振动；测试试验；三维有限元；动静干涉；水力激振；叶片通流频率

1　引言

　　我国抽水蓄能电站通过二十多年的大规模兴建，在科研、设计、建设及运行等领域已经积累了丰富的经验，机组设计制造技术得到了全面提升，但仍然存在一些关键技术问题亟待解决。近期国内外水电站先后出现机组、厂房振动安全事故，同时还注意到部分抽水蓄能电站存在输水系统区域周围山体的环境振动问题，从而影响电站的安全稳定运行，并带来一定的社会影响。

　　黑麋峰抽水蓄能电站属300m中水头段机组，最大扬程与最小水头的比值达到1.27，水头变幅较大。2005年，在国家发展改革委员会统一部署下，对抽水蓄能机组进行打捆招标、开展国际合作，黑麋峰电站机组为打捆招标的第二批项目，首次由中方（东方电机有限公司）担任机组及其附属设备合同的主包方，阿尔斯通作为技术支持方和关键部件的分包商，水利设计及首台机组整机供货由阿尔斯通负责，②、③、④机组逐步过渡到全国产化。

　　黑麋峰抽水蓄能电站投产以来，存在部分工况振动、摆度偏大以及过渡工况压力脉动剧烈等问题，电站过渡工况及部分稳定运行工况下厂房局部有明显的震感。尤其需要引起重视的，电站输水系统高压岔管上方山体存在区域环境振动问题，附近居民曾多次提出抗议。根据现场查勘和实测，夜间机组运行时，能感受到比较明显的震感，严重影响居民的正常生活和社会安定。

2016年，湖南黑麋峰抽水蓄能有限公司针对输水系统区域环境振动问题，通过现场试验和三维有限元数值模拟计算相结合的手段，对机组和厂房结构振动以及输水系统区域环境振动的产生机理、振源及其传递路径、运行规律等进行了系统全面的研究。开展了各种典型工况下机组压力脉动和振动测试试验，厂房结构振动测试试验，输水系统区域环境振动测试试验。主要包括机组变参数工况稳定性测试试验、变参数工况厂房振动测试试验、机组稳态运行工况厂房振动测试试验、厂房局部结构自振频率测试试验、厂房排水廊道区域环境振动测试试验、高压岔管上方山体区域环境振动测试试验等。创建了电站厂房、输水系统及区域山体千万级节点三维有限元模拟计算模型，通过"天河一号"超算中心开展了大规模计算分析。通过振动测试试验研究表明：土建结构振动和输水系统区域环境振动的加速度响应，其主频均为两倍叶片通流频率（90Hz）；其主要振源为机组流道内脉动压力，为活动导叶与转轮间动静干涉的影响向上游进行了传播。

同时，湖南黑麋峰抽水蓄能有限公司联合中南勘测设计研究院有限公司和东方电机有限公司（简称东电），在充分消化吸收现有可逆式机组技术的基础上，攻坚克难，历时两年，全面开展了黑麋峰抽水蓄能电站④机组水利优化工作。通过水利优化，改善转轮与导叶间动静干涉引起是水力激振问题，降低压力脉动幅值，降低机组和土建结构以及区域环境的共振风险，全面提升机组稳定性能。2020年12月，结合④机组A修更换了新的转轮及导水机构，经过调试、试验及实际运行验证，机组振动、摆度、压力脉动及噪声等稳定性指标得到明显改善，实现了既定目标，本文中重点针对④机组改造前后输水系统区域环境振动情况进行对比分析。

2　机组改造前振动测试试验及三维有限元分析成果

2.1　机组稳定性试验

主要试验内容包括变转速空转、变励磁电流空转、变负荷、抽水以及甩负荷工况下的机组稳定性测试。通过测试试验发现，机组带负荷运行时，摆度主频基本为转频，顶盖振动主频为两倍叶片过流频率（90Hz），球阀前、球阀后以及无叶区的压力脉动信号中含有明显的叶片过流频率（45Hz）和两倍叶片过流频率，压力脉动测试结果如图1～图6所示。

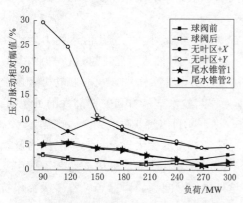

图1　压力脉动相对幅值与负荷的关系曲线

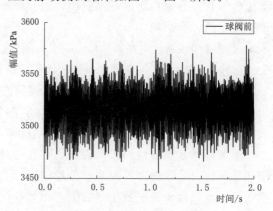

图2　球阀前压力脉动时域图

472

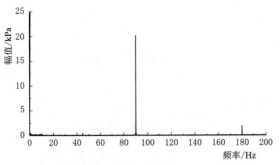

图 3　球阀前压力脉动频谱图

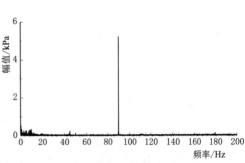

图 4　球阀后压力脉动频谱图

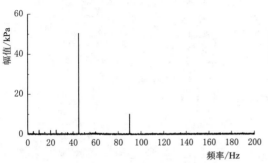

图 5　无叶区＋X 向压力脉动频谱图

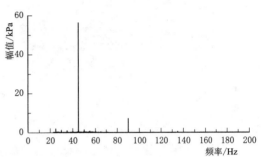

图 6　无叶区＋Y 向压力脉动频谱图

2.2　输水系统区域环境振动测试试验

全面开展了基于输水系统高压岔管上方山体存在区域环境振动问题，所进行的环境振动测试试验工作，测试区域主要包括围绕着电站厂房、紧邻高压岔管区域的三层排水廊道，高压岔管上方山体居民楼，山腰居民楼以及一处裸露岩体，开展了环境振动测试试验。本文重点介绍高压岔管上方山体区域环境振动测试试验成果，详见表 1 及图 7、图 8。

表 1　山腰居民楼与裸露基岩的测点
加速度幅值统计　单位：gal

山腰居民楼		路边裸露基岩
H2_in	H2_out	
0.936	0.82	0.863
0.796	0.932	0.839
0.79	0.796	0.761

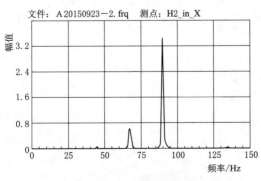

图 7　H2_in_X 的振动频谱

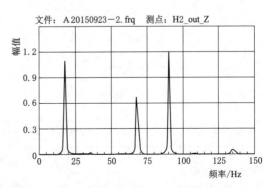

图 8　H2_out_Z 的振动频谱

2.3 输水系统区域环境振动三维有限元计算分析

2.3.1 引水管道区域有限元模型

引水管道区域有限元模型坐标系选取如下：X 轴为引水管道轴线，正向指向下游；Y 轴为机组轴线；Z 轴正向为垂直向上。引水管道区域三维 CAD 模型如图 9 所示。模型网格节点总数达 23521896 个。测试居民楼位置示意图如图 10 所示。

图 9 引水管道区域三维 CAD 模型

图 10 测试居民楼位置示意图

2.3.2 主要计算结果及分析

居民楼区域及测试居民楼的振动响应峰值统计见表 2、表 3，三维有限元数值模拟主要结果如图 11～图 14 所示。

表 2　　　　居民楼区域振动响应峰值统计

工况序号	加速度/gal			速度/(mm/s)			位移/μm		
	Z	X	Y	Z	X	Y	Z	X	Y
case1	5.89	1.13	1.40	0.113	0.025	0.028	0.258	0.072	0.080
case2	2.87	0.58	1.14	0.057	0.013	0.024	0.135	0.036	0.059
case3	3.09	0.56	1.29	0.061	0.012	0.024	0.135	0.036	0.058
case4	4.97	0.73	1.32	0.099	0.020	0.032	0.238	0.074	0.078

表 3　　　　测试居民楼振动响应峰值统计

工况序号	加速度/gal			速度/(mm/s)			位移/μm		
	Z	X	Y	Z	X	Y	Z	X	Y
case_1	5.060	0.328	0.377	0.098	0.008	0.008	0.226	0.020	0.019
case_2	2.367	0.165	0.464	0.046	0.004	0.010	0.106	0.010	0.023
case_3	2.718	0.178	0.291	0.054	0.004	0.006	0.120	0.010	0.013
case_4	1.145	0.135	0.410	0.027	0.003	0.012	0.090	0.015	0.046

2.4 小结

通过对抽水蓄能电站机组特性、土建结构和输水系统区域环境振动的运行规律进行系

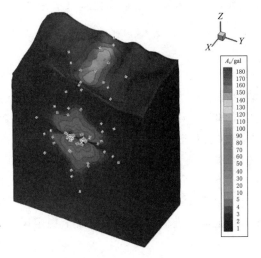

图 11　居民楼区域山体 Z 向加速

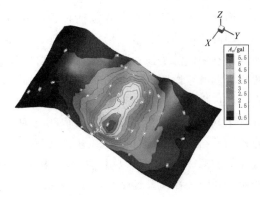

图 12　居民楼区域地表 Z 向加速度

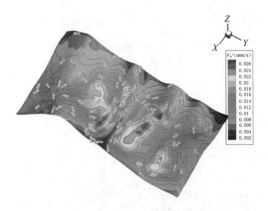

图 13　居民楼区域地表 Y 向速度

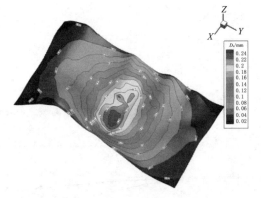

图 14　居民楼区域地表 Z 向位移

统研究，机组发电工况下，无论是厂房局部结构振动的加速度、速度和位移，还是区域环境振动的加速度响应，其主频均为 90.0Hz，充分表明厂房结构振动和区域环境振动的主要震源为机组流道内的脉动压力，尤其是两倍叶片过流频率成分的脉动压力。机组流道内球阀前后以及活动导叶与转轮间的压力脉动信号中含有明显的一倍叶片过流频率（45Hz）和两倍叶片过流频率（90Hz），充分表明活动导叶与转轮间动静干涉引起的水力激振向上游进行了传播。

3　机组改造后输水系统区域环境振动分析

3.1　目标

通过水利优化，其目标之一即为改善转轮与导叶间动静干涉引起是水力激振问题，降低压力脉动幅值，降低机组和土建结构以及区域环境的共振风险，全面提升机组稳定性能。动静干涉引起机组和厂房的振动，这是抽水蓄能机组的典型特征。要降低动静干涉对机组、厂房和人体健康的危害程度，最有效的措施就是从震源下手，优化水泵水轮机水力性能。

3.2 降振措施分析

简谐振动的三要素主要包括幅值、相位和频率。那么降振措施之一就是降低振动幅值，即降低振动的能量，仍采用目前 20 个活动导叶、9 个叶片的组合方案，则只能通过降低振动幅值的手段；降振措施之二则是改变相位和频率，即改变活动导叶和转轮叶片数的组合，既可以降低压力脉动（振动）幅值，同时又可以改变激振力频率，使其更加远离机组和厂房结构的固有频率，从根本上避免共振产生。基于此，东电在进行水利优化前，进行了共振风险分析，最终选取了 20 个活动导叶、6＋6 个长短叶片的组合方案，厂房部分各局部结构的低阶自振频率与 30.0Hz 和 60.0Hz 的脉动压力主频相差低于 20％，并同时降低震源能量，不足以引起局部结构和区域环境振动，进而保证电站的安全稳定运行。转轮叶片数选择风险评估如图 15 所示。

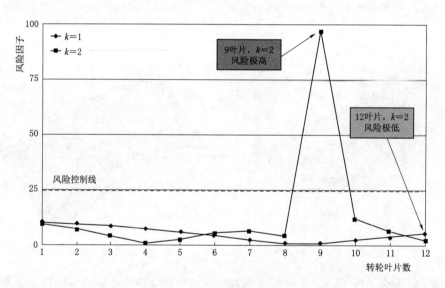

图 15　转轮叶片数选择风险评估图

3.3 取得的效果及对比分析

④机组转轮更换后，于 2021 年 6 月 9 日开展了变负荷试验，机组有功从 180MW 逐级升到 300MW。变负荷试验结果表明：

（1）机组改造前后厂房振动规律有了明显的差异。

（2）机组改造后，长短叶片转轮使得厂房振动不再集中于某一个单一过流倍频振动频率，使振动能量分化为更多的过流倍频频率，分布于每个过流频率上的振动能量明显下降如图 16 所示。

（3）厂房结构和区域环境振动加速度响应明显下降，如图 17、图 18 所示。

山腰居民楼测点加速度幅值统计见表 4。

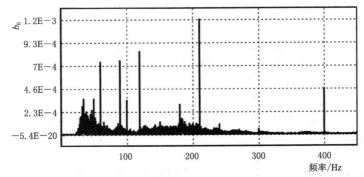

图 16　机组改造后振动频率特征

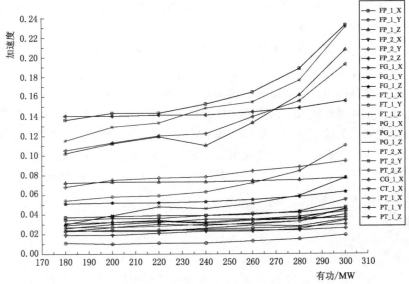

图 17　机组改造前厂房振动加速度响应

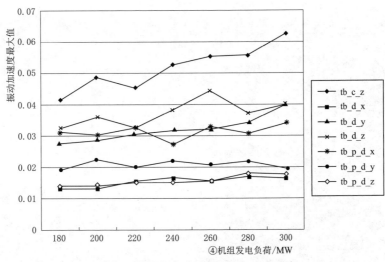

图 18　机组改造后厂房振动加速度响应

477

表 4	山腰居民楼测点加速度幅值统计	单位：gal
	③机组运行（2017年）	④机组改造后（2021年）
X	0.82	0.198
Y	0.932	0.213
Z	0.796	0.465

4　结语

本文简要介绍了黑麋峰抽水蓄能电站投产以来基于输水系统区域环境振动问题，所开展的测试试验和三维有限元分析研究工作，明确了输水系统区域环境振动的激振源及其传递路径，为活动导叶与转轮间动静干涉引起的水力激振，并向上游进行了传播。同时对④机组进行水力优化和转轮改造后，通过改变叶片通流频率，进而大幅度改善了输水系统（仅④机组运行时）区域环境振动振动问题，进一步阐明了活动导叶与转轮间动静干涉引起的水力激振对输水系统区域环境振动振动的影响及其改善措施。

机组稳定特性与机组、土建结构和输水系统区域环境振动密不可分，影响着整个电站的安全稳定运行，水利设计时应同步进行模拟计算和分析研究。抽水蓄能电站机组选型及水力设计时，应重点关注转轮叶片数与活动导叶数组合，以及动静干涉所引起的水力激振问题。同时，为避免新建抽水蓄能电站出现厂房振动和输水系统区域环境振动安全问题，建议在设计阶段加强振动安全研究，应针对机组特性、厂房与输水系统的布置形式和结构特点，系统规划、协同研究。

黑麋峰④机组水力优化关键性能及主要参数分析

刘　平[1]　曾艳梅[2]　郑建兴[2]　黄笑同[2]

(1. 湖南黑麋峰抽水蓄能有限公司　湖南　长沙　410014；
2. 中国电建集团中南勘测设计研究院有限公司　湖南　长沙　410014)

【摘　要】 黑麋峰抽水蓄能电站作为国家发展和改革委员会针对抽水蓄能机组进行打捆招标、以市场换技术，技术引进消化吸收、开展国际合作的第二批项目，首次由中方牵头负责设计、制造、供货，并提供安装、调试、试验全过程服务，国产化程度高。电站存在水轮机工况转速波动大并网困难，后通过设置非同步导叶预开启装置得到解决；部分工况振动、摆度偏大以及过渡工况压力脉动剧烈，需要采用导叶延时关闭、球阀参与调节及限负荷运行（④机组）等一系列非常规措施；同时，电站输水系统高压岔管上方山体存在区域环境振动问题。电站④机组通过水力优化及转轮改造升级，有效解决了上述问题，进而有效保证了机组在全水头段安全稳定运行。黑麋峰抽水蓄能电站为第一座由国内厂家自主对引进技术的抽蓄机组进行水力优化改造升级的项目，标志着国内厂家在抽水蓄能关键技术领域取得了重大突破，其改造思路和方法，可作为同类电站参考和借鉴。

【关键词】 黑麋峰抽水蓄能电站；水力优化；S形区域特性；过渡过程；压力脉动；安全稳定

1　引言

黑麋峰抽水蓄能电站位于湖南省长沙市望城县桥驿镇，紧邻湖南电网负荷中心长、株、潭地区，为湖南省第一座建成的抽水蓄能电站。装设 4 台单机容量为 300MW 的单级立轴可逆式机组，电站毛水头/静扬程 272.8～335.0m，水轮机工况额定水头 295m，属 300m 中水头段机组，最大扬程与最小水头的比值达到 1.27，水头变幅较大。

2005 年，在国家发改委统一部署下，对抽水蓄能机组进行打捆招标、以市场换技术，技术引进消化吸收、开展国际合作，黑麋峰电站机组为打捆招标的第二批项目，首次由中方担任机组及其附属设备合同的主包方，负责设计、制造、供货，并提供安装、调试、试验全过程服务，水力设计及①机组整机由阿尔斯通负责，②、③、④机组逐步过渡到全国产化。

电站机组在 2009 年调试试运行期间，存在水轮机工况转速波动大并网困难问题，后通过设置非同步导叶预开启装置得到解决；部分工况振动、摆度偏大以及过渡工况压力脉动剧烈，需要采用导叶延时关闭、球阀参与调节及限负荷运行（④机组）等一系列非常规措施；同时，电站输水系统高压岔管上方山体存在区域环境振动问题，夜间机组运行时，存在较明显的振感，严重影响居民的正常生活和社会安定。

从2016年开始，在充分消化吸收现有可逆式机组技术的基础上，全面开展了黑麋峰抽水蓄能电站④机组水力优化工作。2020年12月，结合④机组A修更换了新的转轮及导水机构，经过调试、试验及实际运行验证，全面解决了上述问题，机组振动、摆度、压力脉动及噪声等稳定性指标得到明显改善，实现了既定目标。本文简要介绍了针对④机组水力优化关键性能及主要目标参数所进行分析研究工作，以及水力优化和转轮改造升级后取得的效果。

2 电站运行现状及存在的问题

黑麋峰抽水蓄能电站机组调试试运行期间发现存在水轮机工况转速波动大并网困难问题，主要表现为不能达到额定转速、且在±10%左右范围波动，后通过设置非同步导叶预开启装置得以解决，其主要原因是由于水泵水轮机S特性明显，运行范围内S区安全裕度不足，使得机组在并网时易进入反水泵区，产生水力不稳定现象，给机组并网带来困难。通过设置非同步导叶预开启装置，虽然保证了机组的正常并网，但在非同步导叶投入之后，由于转轮室内水力平衡受到了破坏，易引起机组振动加剧等现象，振动、摆度超出合同保证值，甚至超出标准要求。

由于水轮机制动工况不稳定S形区域特性问题，水力过渡过程复核计算时发现机组水轮机工况甩负荷时需采用导叶延时10s关闭及球阀参与调节等非常规手段。机组投运后，通过机组甩负荷试验发现，过渡工况机组主要部位存在强烈的压力脉动，贯穿着球阀进口、蜗壳、转轮与导叶间、转轮与顶盖间、尾水管进口等主要部位。

根据电站机组运行状态振摆数据，机组过渡工况及部分负荷运行工况，发电电动机上、下导轴承振动及水泵水轮机导轴承摆度均较大，同时厂房楼板、立柱、楼梯等局部结构存在不同程度的振动。根据对黑麋峰抽水蓄能电站机组特性、土建结构和输水系统区域环境振动的现场测试试验和研究成果发现，机组发电工况下，无论是厂房局部结构振动的位移、速度和加速度，还是区域环境振动的加速度响应，其主频均为转轮叶片过流频率，充分表明厂房结构振动和区域环境振动的主要振源为活动导叶和转轮间的动静干涉引起机组流道内的脉动压力，尤其是2倍叶片过流频率（90Hz）成分的脉动压力。长期的机组及厂房结构振动可能引起机组螺栓、转动部件、楼板及立柱等产生疲劳和位移，进而带来结构性的破坏，给设备设施的安全稳定运行带来隐患及其他不良影响；2018年机组检修发现②、③、④转轮叶片正面出水边与上冠焊缝处和叶片背面与上冠焊缝距进水边位置均发生不同程度裂纹。同时引水管道区域振动测试结果发现机组在发电工况下高压岔管上方居民楼振动超过3.0gal，属于有感振动，超过《城市区域环境振动标准》（GB 10070—1988）中居民区振动标准值，电站输水系统区域存在环境振动问题。

通过对①、②水力单元一管双机带负荷能力的复核分析，尾水管进口包含压力脉动的最小瞬时压力按照不小于−8m·WC控制，①、②、③机组具备在设计全水头范围内带满负荷运行的能力。④机组在下库水位78m及以上时，具备带满负荷运行的能力；下库水位在 65～78m 时，需要通过优化机组运行方式，采取限负荷运行来保证机组的运行安全，电站未能发挥全部容量效益。其次，对于④机组在下库低水位满负荷运行，出现突甩全负荷事故工况时，尾水管是否会产生真空破坏，目前仍缺乏足够的理论研究和规范依据作为支撑。鉴于此，从 2016 年开始，在充分消化吸收现有可逆式机组技术的基础上，攻坚克难，全面开展了黑麋峰抽水蓄能电站④机组水力优化工作。

3 ④机组水力优化关键性能及目标参数分析

3.1 水轮机制动工况 S 形区域特性

水泵水轮机 S 形区域特性是影响机组空载稳定并网、水轮机工况甩负荷等过渡工况的关键特性，S 特性区域水体流态极为复杂。在单位力矩 M_{11} 一单位转速 n_{11} 四象限特性曲线上，等导叶开度线与单位转速 n_{11} 坐标轴（$M_{11}=0$）的交点处的切线与 n_{11} 坐标的夹角等于 90° 时视为 S 特性区临界点，该处的单位转速 n_{11} 值换算成水头与考虑电网正常频率变化的最小水头的差值即为安全裕度。

由于 S 区安全裕度为近年新提出的用于衡量机组水力性能的参数，电站原机组合同中并未对该值进行规定。

根据 2017 年对本电站水轮机模型复核试验结果，考虑正常频率变化范围（49.5～50.5Hz），水泵水轮机在空载开度范围（导叶角度 5.3°～13.3°）内；机组单位力矩 M_{11} 一单位转速 n_{11} 四象限特性显示，S 区安全裕度的临界点为导叶开度 7° 时、相应单位转速 $n_{11}=44.96$r/min（对应频率 50Hz），如图 1 所示。

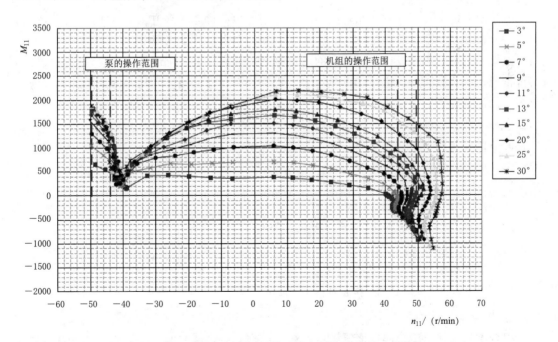

图 1 四象限特性试验单位流量与单位力矩关系曲线

不同频率下，原机组 S 区安全裕度见表 1，水泵水轮机在空载开度（5.3°～13.3°）区域 S 特性较明显，在正常频率变化范围（49.5～50.5Hz）内，安全裕度为负，50.5Hz 时 S 区安全裕度为 -58.30m；在额定频率条件下（50.0Hz），S 区安全裕度为 -51.78m。

表 1 原机组不同频率下 S 区安全裕度

项 目	单位	50.0Hz	50.5Hz
稳定区域边界临界点单位转速（n_{11}）	r/min	44.96	44.96
稳定区域边界临界点对应水头（H）	m	324.58	331.1
稳定区域边界临界点水头相对于 $H_{min}=272.8$m 的裕度	m	-51.78	-58.30
裕度百分比	%	-18.98	-21.37

综合类似电站选用参数水平以及目前机组厂家设计制造水平，黑麋峰抽水蓄能电站 4 号机转轮优化后，预期 S 区安全裕度宜在 30m 以上。300m 水头段类似电站 S 区安全裕度统计于表 2。

表 2 黑麋峰抽水蓄能电站与类似电站 S 区安全裕度对比表

电 站	阶 段	额定水头 /m	单机容量	S 区安全裕度 /m	备 注
金寨	招标要求值	330	300	≥30	正常频率变化范围
张河湾转轮改造	2016 年模型验收值	305	250	22	相应频率为 50.4Hz
黑麋峰 4 号机组转轮优化后 S 区安全裕度预期目标值				≥30	正常频率变化范围

3.2 水力过渡过程特性

电站水力过渡过程具有工况转换多、启停频繁以及输水系统中存在双向水流等特点，水力过渡过程较复杂。转轮改造后，④机组应具有全水头、全负荷下运行能力。

根据水电水利规划设计总院颁布的《水电站在输水发电系统调节保证设计专题报告编制暂行规定（试行）》规定，④机组水力优化后，不允许采用导叶延时的关闭规律，进水球阀不允许参与大波动过渡过程调节；模型验收试验前应对水力过渡过程进行复核计算，并应充分考虑压力脉动及计算误差的影响。

调节保证值要求如下：

（1）尾水管进口处最小压力为

1）设计工况不小于 0m·WC。

2）校核工况不小于 -8m·WC。

（2）蜗壳进口处最大压力不大于 500m·WC。

（3）球阀上游侧最大压力不大于 500m·WC。

（4）机组最大转速不大于 450r/min。

（5）整个输水管道顶部最小压力不小于 2m·WC。

3.3 压力脉动与振动

综合本电站原机组合同保证值、水泵水轮机模型验收试验值以及类似电站压力脉动参数水平，并结合目前机组厂家设计制造水平和本电站水力优化的诸多限制因素，尾水管压力脉动、转轮与导叶间压力脉动统计分析分别见表 3 和表 4。

序号	内 容	原合同保证值	2007年验收值	2017年复核值	金寨招标要求值	张河湾2016年模型验收值($H_r=305m$)	预期目标值
1	水轮机最优工况运行时，不大于	—	0.8	1.5	—	1	1.5
2	水轮机额定工况，不大于	5.0	3.0	3.1	3.0	1.6	3.0
3	水轮机部分负荷或空载工况运行时，不大于	5.0	5.0	5.1	6.0	5.3	5.0
4	水泵工况运行时，不大于	2.0	1.5	1.5	3.0	1.1	2.0

序号	内 容	原合同保证值	2007年验收值	2017年复核值	金寨招标要求值	张河湾2016年模型验收值($H_r=305m$)	预期目标值
1	水轮机额定工况运行时不大于	7.0	6.9	11.7	7.0	3.0	6.0
2	水轮机50％负荷运行时不大于	9.0	7.7	18.7	10.0	11.4	12.0
3	水轮机空载工况不大于	30.0	26.00	32.2	16.0	19.9	20.0
4	水泵工况在整个运行扬程范围内考虑正常频率变化运行时最大值不大于	9.0	7.0	7.4（50Hz）20（考虑频率变化范围）	6.0	2.6	6.0
5	水泵最优工况运行时不大于	9.0	1.9	4.9	5.0	2.6	5.0

水轮机空载工况、水泵最优工况时转轮与导叶间压力脉动为影响机组安全稳定运行的重要指标，且随着对压力脉动研究的逐渐深入以及机组稳定性重视程度加深，近年新建电站对这两项要求更高，因此转轮与导叶间压力脉动在水轮机空载工况、水泵最优工况运行时预期目标值不大于 20.0％、5.0％。

实际上转轮与导叶间压力脉动中还影响着机组与厂房结构振动及输水系统环境振动，其主要频率成分为叶片通流频率。目前国内转轮叶片数为 9 和活动导叶数为 20 组合的机组该现象较为明显，黑麋峰机组运行过程中也同样存在这一问题。因此，在④机组水力优化时，建议探讨机组转轮叶片数与活动导叶数组合变化的可行性，并研究不同组合的动静干涉可能引起的水力激振问题及其改善措施，以解决机组与厂房、输水系统产生共振的问题。

3.4 其他特性指标

水泵驼峰裕度与水泵空化性能均希望能得到一定程度的改善并留有足够裕度，以满足电站的安全稳定运行要求，水泵水轮机效率、出力、扬程等能量特性指标不作硬性规定，应与现运行机组性能基本相当。

4 水力优化后模型试验成果

根据④机组水力优化关键性能及目标参数，机组厂家在原有水泵水轮机模型基础上进行了复核试验，然后深入开展了④机组水泵水轮机的水力优化工作，由于受到现有流道和部件的限制，水力优化范围仅局限于转轮及活动导叶型线，技术难度极大。机组厂家先后开发了9个模型转轮、4组导叶方案，进行了32轮模型试验，在开展了大量研发工作的基础上，优选出了D961C长短叶片方案优化成果，并在2019年1月完成了模型验收试验。

优化后的D961C模型转轮S区安全裕度达58.3m，原D855转轮在水轮机运行范围S区安全裕度为－58.3m，S特性非常明显，优化前后S特性对比见图2。优化后的D961C转轮水轮机大开度和空载工况S特性得到极大改善，有效解决了水轮机工况空载并网困难问题，实现了取消非同步导叶、取消水轮机工况甩负荷导叶延时关闭规律、球阀参与调节等一系列非常规措施的预期目标。

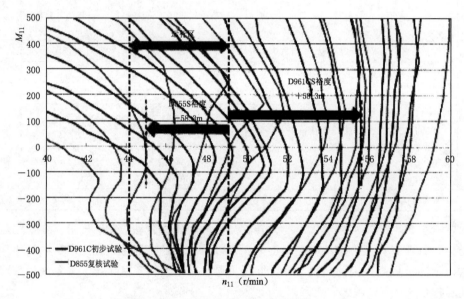

图2 优化前后S特性对比图

水力优化后的D961C模型转轮，无论是水轮机工况还是水泵工况，压力脉动性能指标均得到了全面提升，优化前后压力脉动特性对比如图3所示。

优化后的D961C模型转轮水泵工况驼峰裕度、空化预度较原转轮均得到了全面提升，验收试验结果均能满足预期目标值的要求，水泵工况空化试验结果如图4所示。转轮能量指标与原转轮基本相当，水力优化前水轮机工况原型加权平均效率92.51%，水泵工况原型加权平均效率93.48%；水力优化后水轮机工况原型加权平均效率92.29%，水泵工况原型加权平均效率93.66%，整体能量指标仍然处于较高水平。

2020年12月电站④机组更换了新的转轮及导水机构，经过现场稳定性试验、甩负荷试验等性能试验及反演计算分析验证，④机组机组可在全水头范围全负荷工况安全稳定运行，机组振动、摆度、压力脉动及噪声等稳定性指标得到明显改善，实现了既定目标。

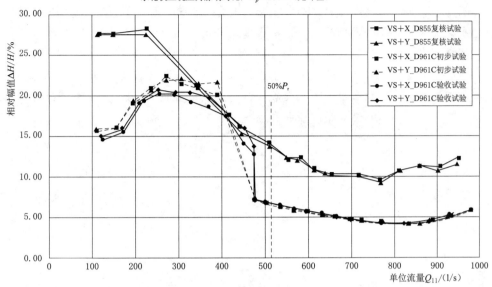

图 3　优化前后水轮机工况无叶区压力脉动特性对比图

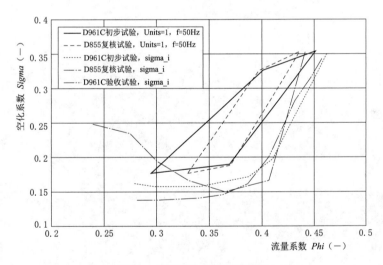

图 4　水泵工况空化试验结果

5　结语

　　黑麋峰抽水蓄能电站④机组通过水力优化及转轮改造升级，彻底解决了长期困扰电站安全稳定运行的一系列问题，达到了预期目标。有效解决了机组甩负荷及过渡过程计算时尾水管进口压力极值偏低、压力脉动较大导致的限负荷问题；通过水力优化和合理选择导叶关闭规律，使机组在甩负荷等大波动过渡过程中，不需要采取延时关闭导叶、进水球阀参与调节等非常规手段，即可使调节保证参数满足设计要求。同时，通过改善水泵水轮机S特性，使机组全水头运行范围内具有足够的S区安全裕量，使机组在启动并网时不需要借助非同步导叶预开启装置，进而有效保证机组在全水头段安全稳定运行。消除了原④机组引起的 2 倍叶频异常噪声，改造后机组运行时各关键部位压力脉动、振动摆度、厂房振动、输水系统区域环境振动显著改善，极大地提升了电站整体运行稳定性。

黑麋峰抽水蓄能电站为第一座由中方制造厂牵头设计供货的国产化项目，同时又是首次由国内厂家自主对引进技术的抽蓄机组进行水力优化改造升级的项目，标志着国内厂家在抽水蓄能关键技术领域取得了重大突破，树立了抽水蓄能机组技术国产化的典范，其改造思路和方法，可作为同类电站的参考和借鉴。

龙羊峡水电站改善水轮机运行
稳定性的优化改造

李　宁　王富恒　武　江　曹勇斌　马凌志

（青海黄河上游水电开发有限责任公司龙羊峡发电分公司　青海　海南州　811899）

【摘　要】 龙羊峡电站机组近年长期在高水头下运行，受当年技术所限，在当前运行条件下，补气系统的补气量明显不足，不能有效减弱尾水管内的旋转涡带，机组运行稳定性不佳导致的过流部件缺陷频发，机组的检修量和检修概率增大，影响电站的经济效益。为此，龙羊峡电站采用改造补气方式和改造泄水锥相结合的方式，对水轮机的运行稳定性进行了改善，在改造前后均进行了稳定性试验，对导致运行稳定性不佳的根本原因进行了分析，并对改造前后的效果进行数据对比分析，从技术数据上对改造效果进行了论证。

【关键词】 补气系统优化改造；泄水锥优化改造；稳定性试验

1　引言

近年来，我国水电站的装机规模不断增加，机组的单机容量也越来越大，大型机组普遍采用混流式水轮发电机组。随着机组尺寸和容量的不断增大，机组稳定运行的重要性也越加突出，机组的不稳定运行原因主要包括电气、机械和水力三个方面因素，伴随着如发电机电磁振动、水轮机转轮叶片裂纹等现象的发生。

龙羊峡水电站是我国自行设计、自行施工的大型水利枢纽，代表着 20 世纪 80 年代我国水电建设的水平，电站厂房为坝后式厂房，装有 4 台单机容量为 320MW 的混流式水轮发电机组，水轮机型号为 HLD06A - LJ - 600，单机最大出力 350MW，总装机容量 1280MW。水轮机的参数见表 1。龙羊峡电站水轮机主要采用尾水管短管自然补气方式，该结构受当时技术和制造水平限制，在当前运行条件下，水轮机补气量不足，导致水轮机稳定性较差，近年电站机组进入高水头运行后，从电站的检修情况来看，由于机组的运行稳定性不佳导致的过流部件缺

表 1　　　龙羊峡电站水轮机参数

参数名称	单位	参数值
额定出力	MW	325.6
额定水头	m	125.00
额定转速	r/min	125
电站允许吸出高度	m	−3.5
水轮机安装高程	m	2448.00
转轮叶片	片	17
转轮直径	m	6

陷频发，如引水盖板撕裂、泄水锥脱落、里衬和凑合节撕裂等，而且未来几年内电站很可能仍然会长期在高水头下运行，给电站安全稳定运行提出了严峻的考验。因此，为改善机组的运行稳定性，龙羊峡电站对补气系统和泄水锥进行了优化改造。

2 改造前的试验研究

在机组改造前，对3号机组进行了稳定性试验，以确定导致运行稳定性问题的主要因素，掌握水轮机运行工况不佳与补气方式的直接原因，了解改造对机组稳定性有哪些影响。

参照模型特性曲线和真机运转特性曲线，机组在当前高水头运行时，机组最大出力真机效率约为91.5％，导叶开度还远未到达水轮机最优效率开度，如图1所示。所以，机组较大出力的工况很可能仍处于导叶开度较小时的涡带区域。为此，对机组的振动和压力脉动数据进行了频域上的分析。

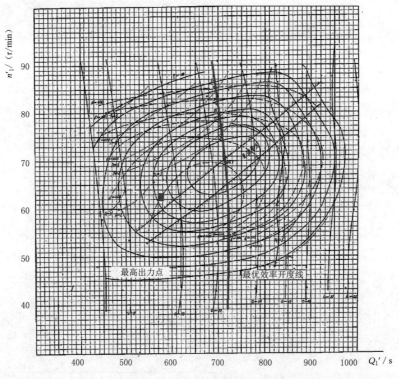

图1 龙羊峡水电站水轮机模型综合特性曲线

从蜗壳进口、无叶区、顶盖的测点看，在小出力到大出力范围内，主频全部为低频成分，锥管进人门的测点在80MW之后主频为低频。水轮机各个测点的压力脉动幅值在320MW工况急剧上升，各个测点的主频为低频。从振动的数据分析来看，顶盖振动较大，振动的频率主要是低频涡带频率。从试验时的现场感受来看，水轮机的蜗壳进人门和锥管进人门的噪声较大，水轮机的振动较大。综合分析来看，导致水轮机振动较大的水力频率主要为低频的水力涡带频率，并且受当时水力设计所限以及补气量不足不能有效地对涡带强度进行减缓，导致机组在高水头下运行的稳定性不佳。

3 补气系统的改造

混流式水轮机偏离最优工况时,由于水流扰动,不同程度地存在压力脉动,低负荷区尾水管内出现旋转涡带。由于涡带的强烈扰动,可能引起机组的振动或者负荷摆动,补气运行是减轻水力振动的间接方法,当机组运行至不稳定工况时,通过补气装置补入空气,借以降低旋转涡带强度,改变机组的运行状态。

龙羊峡电站水轮机改造前的补气方式主要采用尾水管短管自然补气方式,短管补气主要利用的是尾水管内水流绕流补气短管所形成的动力真空,该补气结构导致补气量受短管的补气孔面积所限,容易引起水轮机补气量不足,尾水管短管自然补气结构示意图如图2所示。为改善机组的运行稳定性,对机组的补气结构进行优化改造。改造采用目前机组普遍采用的主轴中心孔自然补气方式,它利用的是尾水管内的负压,当尾水管的真空度达到一定值时,补气阀自动开启,空气从主轴中心孔进入转轮下部。综合考虑电站的校核洪水位,中心孔补气的进口利用发电机轴的中心孔,从上部引入,利用中空的大轴作为补气通道,改造后的主轴中心孔自然补气方式如图3所示。

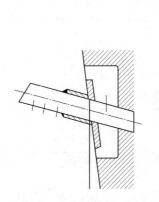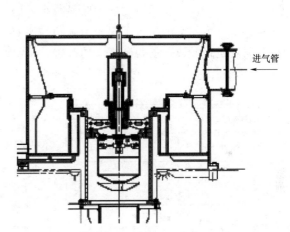

图2 尾水管短管自然补气结构示意图   图3 改造后主轴中心孔自然补气方式

4 水轮机泄水锥的优化改造

进行补气方式优化改造的同时,对泄水锥进行了配套改造,泄水锥的改造采用了加长的直泄水锥结构,以期对水力稳定性进行改善。泄水锥的优化设计,对有效减少压力脉动具有一定成功的概率。近年来,国内外各研究机构进行了大量的混流式转轮泄水锥形状对稳定性改善的研究,通过模型试验证明具有较大的影响,并且被真机的实践所证实。国内在三峡水轮机稳定性研究探索阶段,就已经从包括泄水锥在内的结构参数对高部分负荷压力脉动的影响进行了探索研究,一定程度上有效地消除了高部分负荷压力脉动的影响。

泄水锥是涡带发生的起点,对涡带的发生和形状具有较大的影响。目前认为泄水锥形状的改变首先改变了转轮的固有频率,避开了共振频率;其次从水力设计上来讲,加长的泄水锥延伸至转轮下方,涡带发生的位置下移概率增大;原涡带发生区域被泄水锥替代,改变了转轮出口压力，最终对稳定性具有一定程度的改善作用。但是，通过泄水锥的形状改善压力脉动的理论研究目前尚未成熟，而且泄水锥的长短等因素对水轮机效率也具有影响，还需通过真机试验进行最后的验证。

5 优化改造前后的试验分析

在改造前后，均对机组进行了稳定性试验，改造前试验目的是分析补气不足对稳定性的影响，改造后试验是为评估补气方式及泄水锥优化改造对稳定性的影响，通过改造前后试验数据的比对，对改造效果进行科学评估。

改造前试验时毛水头平均值为144.20m，上游水位平均值为2600.00m，下游水位平均值为2455.80m。改造后试验毛水头平均值为141.50m，上游水位平均值为2595.70m，下游水位平均值为2454.20m。改造前试验毛水头和尾水位比改造后试验毛水头、尾水位略高，试验前后的尾水位均高于电站允许析出高度对应的尾水位。

从试验结果的比较可以看出，除锥管进人门外，各测点改造前后压力脉动的总体规律相似，总体趋势基本一致。改造后的压力脉动幅值下降较大，改造效果明显，总体趋势向好。在最大出力工况，压力脉动幅值明显减小，而且压力脉动没有出现改造前明显的阶跃现象。另外，最大出力的附近工况压力脉动幅值变化平缓且处于下降趋势。这些数据说明机组的运行稳定性较改造前得到很大的改善，机组改造前后各测点的压力脉动幅值对比如图4～图7所示。

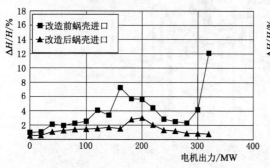

图4　3号水轮机改造前后蜗壳进口压力脉动比较

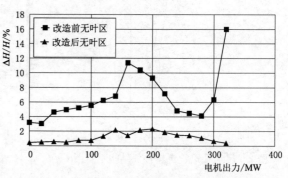

图5　3号水轮机改造前后无叶区压力脉动比较

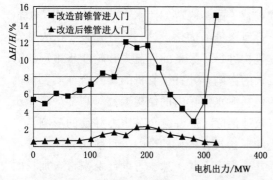

图6　3号水轮机改造前后锥管进人门压力脉动比较

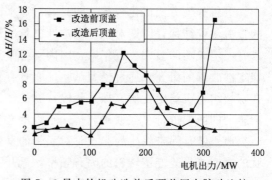

图7　3号水轮机改造前后顶盖压力脉动比较

从改造前后振动和摆度的数据比较来看，改造后机组的水导摆度有明显改善，尤其是在负荷大于 180MW 时摆度减小约 40μm。上导摆度改造后减小约 20μm。在负荷 140MW 时，水导摆度为 279μm，仍超出标准规定的 260μm，在其他负荷范围内上导和水导的摆度均满足标准要求。改造后顶盖的振动有明显改善，尤其是在负荷大于 180MW 时垂直振动有明显降低，并消除了在 320MW 时突然增大的现象。改造后上、下机架振动均有所降低，消除了在负荷为 320MW 时垂直振动突然增大的现象，上、下机架振动满足标准要求，改造前后振动和摆度的比较如图 8～图 11 所示。

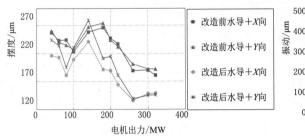

图 8　3 号水轮机改造前后水导摆度比较　　　图 9　3 号水轮机改造前后顶盖振动比较

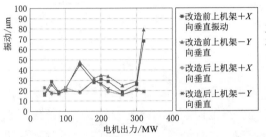
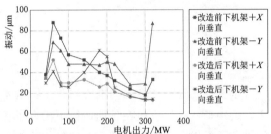

图 10　3 号水轮机改造前后上机架振动比较　　图 11　3 号水轮机改造前后下机架振动比较

6　结语

龙羊峡电站为改善水轮机运行稳定性的优化改造以试验分析为支持，从补气结构和泄水锥结构的优化着手，两者有效结合为大型机组振动问题的解决提供了实践方法，由此可以对相似问题的研究解决提供相应的借鉴，有助于进一步推进水电机组稳定性问题的研究进展。

参 考 文 献

[1]　黄源芳，刘光宁，樊世英. 原型水轮机运行研究［M］. 北京：中国电力出版社. 2010.
[2]　李金伟，于纪幸，李启章，等. 水轮发电机组补气综述［C］//第十八次中国水电设备学术讨论会论文集，2011.

大型水轮发电机组水轮机转轮修型处理方法对比分析

杨 勇 杨 冬

(华能澜沧江水电股份有限公司检修分公司 云南 昆明 650200)

【摘 要】 本文对A、B两个水电站水轮机转轮存在的不同程度裂纹、气蚀现象、顶盖大负荷振动问题分别实施了三种转轮修行方案，改善了转轮在运行中出现的叶片裂纹及气蚀，降低了机组运行过程中顶盖振动等缺陷。

【关键词】 水轮机；转轮；裂纹；顶盖振动；修型

1 引言

水轮机转轮叶片型线的准确与否是影响水轮机效率、出力、空蚀和运行寿命的重要因素，近年来，电厂机组在长期运行下出现了各种各样的问题。而改善转轮、顶盖等重要水轮机运行部件设备情况，需要对转轮进行修型处理，本文介绍了A、B两个水电站水轮机转轮的修型经验供参考。

2 设备概况

因转轮修型方法应用于两个不同的水电站机组，其机组结构型式基本一致。A水电站水轮机轴外直径2100mm，联轴法兰外直径3100mm，转轮高度3260mm，下环外径5710mm，上冠外径6360mm，重152.097t，共有15个叶片。B水电站1～6号水轮机轴外直径2300mm，联轴法兰外直径3200mm，转轮高度2925mm，下环外径7340mm，上冠外径7140mm，重168t，共有15个叶片。A水电站在历次检修过程中，均发现转轮叶片存在裂纹及气蚀现象，主要集中在叶片出水边靠近下环侧。B水电站在机组运行过程中，均发现顶盖大负荷振动显著升高现象，最大振动值接近标准报警值。

3 缺陷处理

转轮修型前需对转轮进行全面检查，对裂纹、气蚀等缺陷应按照相关工艺要求对其进行无损检验、缺陷去除、焊接、修磨及再次无损检测等流程。

4 转轮叶片修型方法

水轮机转轮修型前进行水轮机模型转轮修型试验，试验证明转轮修型能够明显改善结构抗疲劳性能，提高转轮的疲劳寿命；且修型对水力性能的影响非常小，空化性能几乎不变，叶道涡也与原转轮基本相似。其他性能如飞逸转速、轴向水推力、力矩和压力脉动也不会有负面影响。叶片上的负荷能够更好地平衡、提高该区域的水力稳定性，结构性能明显改善，对安全运行更有利。

目前可行的转轮修型方法有：①在叶片出水边端面型线切割修磨后，对叶片出水边进行三角块补强；②在叶片出水边端面型线切割修磨后，对叶片出水边进行三角块替换；③转轮叶片出水边靠近上冠处修型，对叶片出水边端面型线切割修磨。前两种修型方法已经在 A 水电站机组转轮进行应用，三角块补强法应用于 A 水电站 5 号、6 号机组转轮，三角块替换法应用于 A 水电站 3 号、4 号机组转轮。方法三应用于 B 水电站 6 号机组转轮。

4.1 叶片出水边三角块补强修型方法

三角块补强修型为改变转轮局部薄弱的机械结构，即增加叶片出水边厚度和将叶片与下环的夹角由锐角改变钝角。增加叶片出水边厚度将提高叶片抗裂阈值，使得叶片薄弱的出水边对裂纹的敏感性下降。叶片与下环的夹角由锐角改变钝角会有效降低相贯部位的应力集中程度，减小应力峰值，提高结构的疲劳强度。修型使叶片出水边与下环的夹角由原始的 52°变为 95°，叶片出水边厚度从下环起 400mm 长度内由 31mm 过渡至 18mm，修型方案如图 1、图 2 所示。

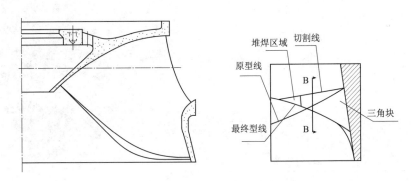

图 1　三角块补强修型方案图

4.2 叶片出水边三角块替换修型方法

叶片出水边三角块替换修型方法是将叶片出水边易出现裂纹的疲劳区域挖除，再将预先加工好的叶片加强块焊接上，替换块总体尺寸为 400mm×300mm、出水边最薄 20mm，如图 3 所示。

4.3 叶片出水边靠近上冠处修型，对叶片出水边端面型线切割修磨

叶片出水边修型方法，即对转轮叶片出水边靠近上冠处修型，在叶片出水边端面型线切割修磨，通过水力优化解决机组顶盖振动大的问题。绿色部分为原始叶片，蓝色部分为

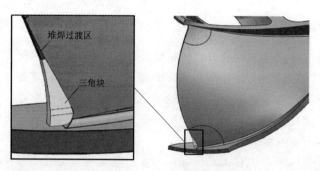

图 2　三角块补强修型后三维图

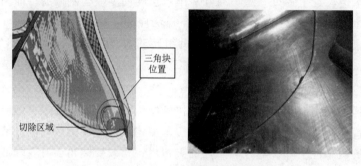

图 3　三角块替换修型方案图

修型后叶片。修型后近上冠处开口增加，过流能力有所提高。修型方案如图 4 所示。

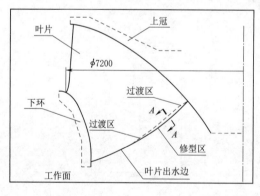

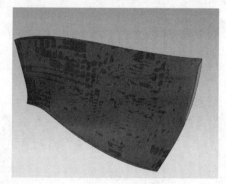

图 4　修型方案

5　修型方法及工艺对比

5.1　相同点

（1）转轮修型前都需要进行水轮机模型转轮修型试验，且修前试验结果对原机型各设计性能无负面影响。

（2）三种转轮修型方法依据水轮机模型转轮修型试验结果及设计图纸进行叶片出水边端面划线切割，不同程度改变转轮叶片型线。

5.2 不同点

(1) 修型方法目的不同。方法一和方法二主要是处理解决预防转轮长时间运行后存在的裂纹或气蚀缺陷；方法三主要是通过水力优化处理解决机组顶盖振动大的问题。

(2) 修型方法处理过程工艺不同。方法一和方法二在转轮叶片修型过程中需要确定转轮叶片开度检验位置点、出水边厚度检验位置点、检验开度和尺寸并做记录；修型过程中在止漏环位置沿圆周方向架设 8 个百分表，监测下止漏环变形量，并在距离叶片出水边约 150mm 位置装配撑筋（现场配割），焊接固定，在转轮叶片切割过程中防止叶片变形。叶片切割检验合格后，方法一和方法二还需进行三角块补强块和三角块替换，焊接过程中严格执行焊接工艺，完成后按 ASME 标准进行 PT 探伤检查。方法三只需按照图纸尺寸对转轮叶片进行切割打磨合格，无须进行此步骤。

(3) 转轮叶片修型后，方法一和方法二需进行转轮静平衡试验，且试验需满足要求。

6 修型后运行效果检查

机组检修对转轮修型效果进行检查，叶片出水边三角块补强修型方法应用于 A 水电站 5 号、6 号机组转轮，经长时间运行后转轮未出现裂纹，修型效果得到验证。叶片出水边三角块替换修型方法分别应用于 A 水电站 1~4 号机组转轮。转轮修型后经过长时间的运行未出现裂纹，修型效果得到验证。叶片出水边靠近上冠处修型，对叶片出水边端面型线切割修磨方法应用于 B 水电站 6 号机组转轮。修型后 6 号机顶盖振动值明显降低，由原来的接近标准报警值变为 $10\mu m$ 以内。

7 结语

本文介绍的三种转轮修型工艺方法对处理转轮裂纹及气蚀、顶盖振动有重要作用，也取得了一定的成绩，但目前还未普遍应用，依然需要不断的探索和验证。不断成熟的转轮修型方法及工艺可以为机组安全稳定运行提供保障，也为机组实现状态检修夯实基础。

田湾河流域梯级水电站水斗式水轮机喷嘴创新改造技术研究

熊 宇 何念民

（四川川投田湾河开发有限责任公司 四川 成都 610023）

【摘 要】 本文针对田湾河流域梯级水电站水斗式水轮机喷嘴存在的问题，进行了原因分析，提出了创新改造解决方案，在运行验证及效果评价的基础上，总结出喷嘴创新改造技术，具有设计理念的创新性、检修维护的便捷性、安全性、高效性及经济性等特点，对高水头、大容量冲击式水轮机喷嘴的设计制造、运行检修及改造升级有借鉴和参考作用。

【关键词】 田湾河；水斗式水轮机喷嘴；创新改造技术研究

1 概况

田湾河为大渡河中游右岸的一级支流，发源于四川省甘孜州康定县的贡嘎山西侧，经雅安市石棉县境内流入大渡河，河道从源头巴王海至大渡河入口全长 48km，天然落差 2120m，河道平均比降 44.2‰，全流域面积 1400km²，河口多年平均流量 42.3m³/s。

田湾河流域梯级水电站按照"一库三级"布置，仁宗海水库是田湾河流域梯级开发的龙头水库，正常蓄水位 2930.00m，总库容 1.09 亿 m³，调节库容 0.91 亿 m³，具有年调节性能；三级电站串联式布置，从上至下依次为仁宗海水电站、金窝水电站、大发水电站，三站均为引水式电站。其中：仁宗海和大发水电站各布置有两台单机容量 120MW 的立轴水斗式水轮发电机组；金窝水电站布置有两台单机容量 140MW 的立轴水斗式水轮发电机组。目前，电站机组是国内最大单机容量的冲击式机组。

2 田湾河流域冲击式水轮机喷嘴运行情况及存在的问题

田湾河流域冲击式水轮机采用接力器内置式的喷嘴（图 1 所示的喷嘴结构图），每台机组有 6 套喷嘴及折向器，独立受控于调速器。自 2007 年机组投运以来，喷嘴总体运行稳定，但也出现较多影响运行和不便于检修维护的问题。

2.1 喷针头检修更换难问题

大发水电站 1 号机组于 2007 年 11 月投运，为流域首台投运机组。2011 年 4 月对其进行 B 级检修，抽选拆卸一个喷针头与活塞杆进行检查，在厂家专家指导下，当喷针头

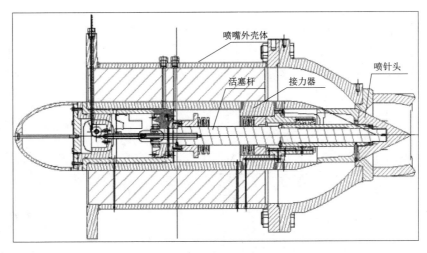

图 1 喷嘴结构图

螺纹松退约一半后，发生丝牙粘连及咬死现象，无法在现场进行拆卸，不得已返厂进行了长达 7 天的喷针头刨除作业。截至目前，流域梯级水电站共进行了 6 次检修更换空蚀及磨损损坏的喷针头，出现了 5 次喷针头与活塞杆丝牙粘连及咬死问题。

2.2 喷嘴轴承密封渗漏油及窜水问题

2015 年仁宗海电站 1 号机组 6 号喷嘴发现轴承密封出现渗漏水现象，经拆卸分解检查，发现喷嘴轴承 U 形密封已损坏，并伴随有较多的粉末。此故障现象在 2017—2020 年期间高频出现，总共处理了 11 台次。

2.3 接力器碟簧片易裂纹、断裂问题

2011 年 4 月大发 1 号机组 B 级检修分解喷嘴检查，发现喷嘴接力器部分碟簧片存在裂纹及断裂现象，此时机组已投运约 3.5 年，随后在流域梯级水电站其他机组检修中也相继发现接力器碟簧片存在裂纹及断裂现象，据初步统计接力器碟簧片正常使用寿命约为 4年（运行 18000h）。

3 田湾河流域冲击式水轮机喷嘴创新改造技术研究

田湾河流域梯级水电站喷嘴改造创新技术研究基于问题导向和原因分析，结合运行维护的便捷性、安全性、高效性等要求，研究改造创新方案以彻底解决相关问题。

3.1 田湾河流域冲击式水轮机喷嘴问题原因分析

3.1.1 喷针头与活塞杆连接方式和材质不合理是喷针头检修更换困难的根本原因

田湾河流域梯级水电站水轮机喷嘴的喷针头和活塞杆采用螺纹连接方式（图 2 所示的上半部分：原喷针头与新型平钝喷针头结构）。喷针头与活塞杆的连接螺纹在运行中长期处于紧啮合状态，螺纹丝牙有产生疲劳损坏趋势；另因喷针头与活塞杆均为相同的不锈钢材质，拆卸时易因螺纹紧啮合状态的疲劳损坏造成螺纹卡阻、损坏，进而造成丝牙粘连等情况，以致喷针头检修更换极为困难。

喷针头和活塞杆的螺纹连接方式不仅造成喷针头检修更换难的问题，而且在检修更换

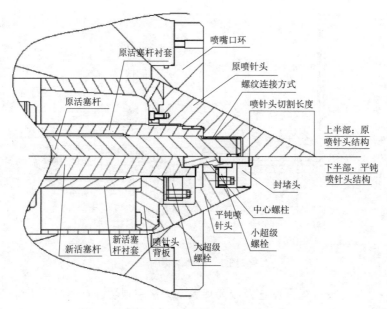

图 2 原喷针头与新型平钝喷针头结构对比图

喷针头工作时需要将整个喷嘴全部拆下，再进行整体分解、回装等工序，因高空作业及狭小空间受限等原因，存在检修更换作业安全风险大、操作不方便、费时费事等缺点。另有拆卸分解时发生喷针头与活塞杆丝牙粘连而无法拆卸，需将喷针头返厂进行刨除作业，增大了喷针头检修更换工程量及工期不可控性。因此，研究改进喷针结构确有必要。

3.1.2 喷嘴轴承密封材质差、结构型式不科学是其渗漏油及窜水问题的根本原因

田湾河流域梯级水电站水轮机喷嘴轴承密封采用 3 道 U 形密封。原轴承密封结构与创新改造轴承密封结构如图 3 所示的上半部分，其中前端为 2 道封水 U 形密封，后端为 1 道封油 U 形密封，支撑活塞杆及喷针头重量为普通铜合金轴承。由于铜合金轴承套（$\phi 151^{0}_{-0.2}$）与活塞杆衬套（$\phi 150\ f8^{-0.043}_{-0.106}$）的配合间隙较大，活塞运动中因活塞杆及喷针头自重原因使活塞杆衬套与轴承下部接触及摩擦，加大了轴承套下部磨损量，以致活塞杆衬套与铜合金轴承套上部间隙不断增大。同时 U 形密封底部也因活塞杆衬套与铜合金轴承套较大的间隙被活塞杆衬套非正常挤压、摩擦，当轴承套磨损量不断增大时，U 形密封底部压缩量也不断增大，上部压缩量不断被释放，以致防渗漏密封效果被不断减弱，且 U 形密封在长期及超负荷地挤压、摩擦下，极易产生塑性变形及老化现象，从而产生损坏，远不能达到设计使用寿命，以致出现较为严重的渗漏油及窜水问题。

当高压水窜入接力器腔体后，会进入调速器回油箱，进而使透平油乳化变质，最终污染调速器控制阀组，使阀组产生锈蚀，出现阀组卡阻故障现象，影响机组安全稳定运行。同时，高压水长期在活塞杆衬套前端密封处窜流，使活塞杆衬套表面产生磨蚀空化现象，又加剧了窜水的发生，最终形成恶性循环，喷嘴轴承密封渗漏油及窜水问题严重影响机组的安全稳定运行，必须进行改造。

3.1.3 接力器碟簧片易产生裂纹、断裂问题

田湾河流域梯级水电站已运行 13 年多，很多零部件的选型设计及材料为 15～20 年前

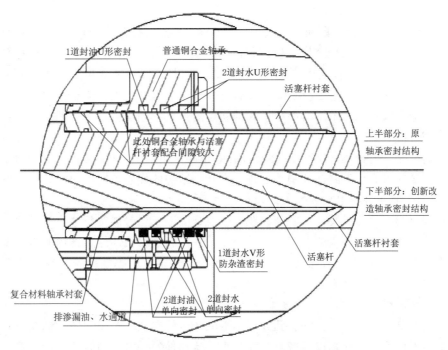

图 3　原轴承密封结构与创新改造轴承密封结构对比图

的产品，当时厂家选用的碟簧设计启停次数为 88000 次，经初步统计接力器碟簧片运行 4 年（18000h）左右时即产生裂纹或断裂现象。经检查分析，产生裂纹或疲劳断裂的主要原因是选型不合理、材质脆性大且存在锈蚀。碟簧的更新改造是提高运行可靠性和使用寿命的根本途径。

3.2　田湾河流域冲击式水轮机喷嘴改造创新方案

2018 年 12 月田湾河公司成立了科技工作领导小组和专业工作组，针对流域梯级水电站历年喷嘴出现的问题进行了系统分析研究，通过对比分析、逆向思维、同类电站考察调研等方式分析研究问题根源，探索解决方案，方案成型后又开展了多层次、多维度的内部及外聘专家评审，形成最终解决方案。在与专业制造厂家签订改造合同后，又多次针对改造细节进行了讨论及优化，最终于 2019 年 9 月 26 日确定喷嘴改造详细方案和设计图纸。

3.2.1　新型平钝喷针头创新改造方案

通过对喷针头检修更换难问题的分析研究，结合当前超级螺栓连接技术的成熟性、便捷性、高预紧力、自锁性等特点，选择设计一种大、小双超级螺栓连接平钝喷针头的解决方案，以解决原喷针头结构检修更换时存在的相关问题。原喷针头与新型平钝喷针头结构如图 2 所示的下半部分，创新改造方案如下：

（1）将原喷针头前尖端部切割一部分，形成平钝形式，平钝中间部位加工成超级螺栓连接需要尺寸的孔，利用超级螺栓、中心螺柱等进行各部件的连接紧固。

（2）大超级螺栓用于喷针头背板与活塞杆的连接，小超级螺栓用于喷针头与活塞杆的连接。

（3）喷针头前平钝部分采用丝堵进行封堵，防止水流进入超级螺栓连接部位。

3.2.2 喷嘴轴承密封创新改造方案

通过对喷嘴轴承密封渗漏油及窜水问题的分析,结合当前活塞导向带和密封材料及结构型式的研究,对铜合金轴承套结构进行创新改造,以解决密封件因长期超负荷摩擦易产生塑性变形及老化问题。选用优质密封材料并增设双向密封,以解决密封易损坏窜油窜水的问题。原轴承密封结构与创新改造轴承密封结构如图3所示的下半部分,创新改造方案如下:

(1)在铜合金轴承套上增设导向带式的新型复合材料轴承衬套,该轴承衬套具有自润滑功能,并可拆换。

(2)轴承衬套内径按 ϕ150 H7 公差与活塞杆衬套外径 ϕ150 f8 公差进行配合。

(3)前端封水和后端封油分别各设置一道新型结构的优质单向密封和双向密封。

3.2.3 接力器碟簧片易裂纹、断裂问题解决方案

针对接力器碟簧片易裂纹、断裂问题,主要是受限于当时碟簧材料质量问题。本次改造优化了碟簧型号,由原来的 36 片改为 48 片,并提高了材质性能,选用的新碟簧设计启停次数为 177000 次,为原来碟簧设计启停次数的两倍多,大幅度提高了碟簧的设计使用寿命,有效解决了接力器碟簧片易产生裂纹、断裂问题。

3.2.4 喷针头拆装专用工具创新方案

为解决原喷针头拆卸工具安装孔处因不平顺产生的空蚀、磨损问题,创新研究的平钝喷针头上不再设置安装孔,以保持整个喷针头过流部件的平滑;同时结合新型平钝喷针头结构特点,利用喷针头的超级螺栓内孔,增设喷针头拆装专用工具螺孔。喷针头拆装专用工具示意图如图4所示,创新改造方案如下:

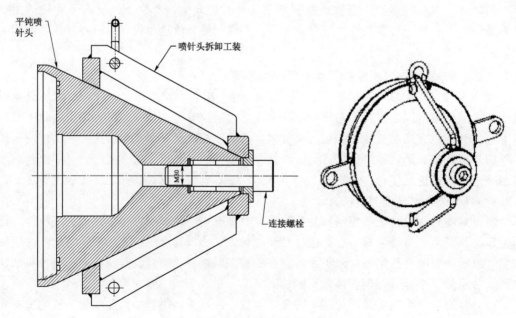

图 4 喷针头拆装专用工具示意图

(1)结合平钝喷针头锥形结构,采用上下两圆块、中间用对称支撑条连接固定,设计制作匹配喷针头锥度的拆装专用工具。

（2）喷针头拆卸及安装时需要将喷针头拆装专用工具固定于喷嘴口环处，并与口环有较好的定位功能。

（3）喷针头拆卸及安装时利用前端平钝口的超级螺栓孔，使用螺栓将喷针头与专用拆装工具连接成一个整体，以方便拆卸及安装。

4　田湾河流域冲击式水轮机喷嘴创新改造效果

4.1　喷嘴创新改造实施及运行验证情况

4.1.1　改造实施

田湾河流域梯级水电站第一台机组的喷嘴创新改造于 2020 年 3—5 月在大发水电站 2 号机组上实施，改造实施过程中也发现部分需要优化完善的细节，在结合现场实际情况下进行优化处理，并记录存档。在此基础上优化完善改造项目，于 2021 年 3—5 月在大发 1 号机组上实施了第二台机组的喷嘴结构改造。改造过程中同时进行了原喷针头与新型平钝喷针头检修更换工程量的对比。后续 4 台机组喷嘴的结构改造计划在两年内实施完成。

4.1.2　调试及试验

喷嘴创新改造设备回装完成后，进行了喷嘴的联调、联试及调速器相关静态试验等项目。在模拟各种运行工况及紧急停机、机械过速等事故情况下，喷嘴动作正常，其开关时间符合设计要求，喷嘴在带负荷及甩负荷过程中也运行平稳。为检验喷嘴创新改造对水轮机效率的影响，机组改造前后还进行了机组效率试验。

4.1.3　运行检验

为有效检验喷嘴创新改造的效果，田湾河公司加强对机组喷嘴创新改造后的运行巡检及试验：巡检多注重喷嘴的渗漏油、水及运行情况，在机组投运 1 个月、2 个月、3 个月、6 个月及机组 C/D 级检修中，着重检查平钝喷针头的空蚀及磨损情况以及喷嘴的渗漏油、水情况。大发水电站 2 号机组喷嘴创新改造设备投运一年多，已经过多次停机检查未发现渗漏油、水情况及影响机组安全稳定运行的问题，设备运行稳定可靠。

4.2　喷嘴创新改造效果评价

4.2.1　新型平钝喷针头及拆装专用工具的创新改造效果

（1）新型平钝喷针头结构改变了喷针头的设计理念，实现了运行可靠性。喷针头安装时通过对超级螺栓上的顶紧螺钉进行紧固，使超级螺栓得到高预紧力和最佳夹紧力，并实现自锁紧连接的目的，有效降低了运行过程中螺栓松动的风险。

（2）新型平钝喷针头结构及拆装专用工具实现了检修维护的便捷性和高效性，可在不拆卸整体喷嘴的情况下，仅拆卸喷嘴口环和偏流器连杆即可进行喷针头的检修更换工作，原 8 人连班 5 天的工作量现只需 4 人 1 天即可完成，喷嘴拆卸工程量大幅减少，使整个喷针头检修更换工作效率大幅提高。

（3）新型平钝喷针头结构及拆装专用工具的配合使用经济性更高。一是新型平钝喷针头结构不再存在活塞杆丝牙咬死粘连问题，使喷针头检修更换工期更可控、更短，仅为原喷针头结构检修更换时间的 1/8，极大地缩短了检修工期，同时节约的检修工期可增加约 650 万 kWh 的清洁电量；二是新型平钝喷针头结构检修更换工作内容大幅减少，以致投入的检修工器具和人力资源更少，检修工时约为原喷针头结构检修更换时间的1/10，有效地节约了检修资源和时间成本；三是新型平钝喷针头结构在进行喷针头检修更换时仅拆卸、分解少许部件，喷嘴内部完好密封件则不需进行更换，延长了喷嘴内部密封件的使用寿命，降低了检修成本。

4.2.2 喷嘴轴承密封创新改造效果

（1）喷嘴轴承密封创新改造通过增设的复合材料轴承套支撑起了活塞杆和喷针头的重量，减小了与活塞杆衬套的间隙，降低了摩擦及磨损，有效保持了密封件的压缩设计值，既较好地保持了密封效果，又解决了密封件的塑性变形及老化问题。同时自润滑轴承套可通过拆卸变换承重摩擦部位来延长使用寿命，降低检修成本。

（2）喷嘴轴承密封创新改造增设的双向密封具有多重保护功能，能有效避免高压油、水的互渗、互窜问题，从而达到良好的密封效果，同时选用优质的耐磨、耐高低温、耐油密封材料制作密封件，保证密封件的品质，延长了密封件的使用寿命。

4.2.3 喷嘴创新改造整体效果评价

（1）经过设备安装、试验及实际运行观察与验证，大发水电站2号机组喷嘴创新改造项目各项技术指标和性能满足改造技术方案要求，设备运行稳定可靠，达到了技术改造预期目标，较大地提高了喷嘴的运行稳定性，减少了故障率。

（2）喷嘴创新改造前后的机组效率试验表明，改造前后的效率变化趋势基本一致，且改造后的效率值有小幅提升，验证了新型平钝喷针头结构对射流的流态和水轮机的效率、出力等无负面影响。

（3）喷嘴创新改造从根本上改变了原喷针头的设计理念，创新性地运用了平钝喷针头结构，实现了设备运行的稳定可靠性、检修维护的便捷性、安全性和经济性。

5 结语

随着水电开发建设的不断深入，后续水电可开发的资源主要集中在偏远、落差大的江河，如雅鲁藏布江、怒江、金沙江上游等流域，冲击式水轮机因自身特性非常适合待开发机组的大容量、高水头特点而得到更多的应用，故后续高水头、大容量的冲击式水轮发电机组将陆续设计和投运。田湾河公司作为国内高水头、大容量冲击式机组运行与维护的引领者，积累了13年的丰富经验，总结形成了一整套机组安全生产管理的管理制度、技术规程和标准体系；同时流域梯级水电站水斗式水轮机喷嘴的创新改造研究技术目前已在大发水电站1号、2号机组上成功改造运用，在不断深入地运行和检修验证后，再进行优化完善，总结形成创新改造研究技术。这些丰富的运行经验和成功的创新改造技术可为后续高水头、大容量冲击式水轮机的设计制造、运行检修及设备改造升级等提供有益的指导和借鉴。

参 考 文 献

[1] 周文桐，周晓泉. 水斗式水轮机基础理论与设计 [M]. 北京：中国水利水电出版社，2007.
[2] 何念民，刘劲杰，杨洲，卢宝胜. 田湾河流域梯级水电站立式水斗式水轮机新型平钝喷针头的研究及应用 [M]. 北京：中国电力出版社，2020.

田湾河流域梯级水电站水斗式水轮机折向器改造技术研究

伍　超　鲜于坤　杨　钏

（四川川投田湾河开发有限责任公司　四川　成都　610023）

【摘　要】　折向器是水斗式水轮机的重要部件，在机组开、停机及事故停机过程中具有重要作用。本文针对田湾河流域梯级水电站投产以来折向器所存在的问题进行分析，提出改造方案并实施，总结出折向器改造相关经验，为类似电站水轮机折向器的改造升级提供参考。

【关键词】　田湾河；水斗式水轮机；折向器；改造

1　田湾河流域梯级水电站概况

田湾河位于四川省甘孜州康定县、雅安市石棉县境内，为大渡河中游的一级支流。田湾河流域梯级开发为"一库三级"。"一库"为仁宗海水库，是田湾河流域梯级开发的龙头水库，通过"引田入环"工程汇合干、支流水量发电，水库正常蓄水位 2930.00m，总库容 1.09 亿 m^3，调节库容 0.91 亿 m^3，具有年调节性能。"三级"从上至下依次为仁宗海、金窝和大发水电站，均为引水式电站。

大发水电站首台机组于 2007 年 11 月投产发电，三级电站于 2009 年 8 月全部建成投产。仁宗海及大发水电站均安装两台单机容量为 120MW、金窝水电站安装两台单机容量为 140MW 的水斗式水轮发电机组，总装机容量 760MW，均为六喷六折型式，每组折向器与喷嘴联动。在发电状态下，当该组喷嘴投入时折向器保持退出，喷嘴全关后折向器投入。而在事故情况下，无论喷嘴是否投入，所有折向器均直接投入，以防止机组转速上升过快。

2　田湾河流域水斗式水轮机折向器运行情况及存在的问题

田湾河流域水斗式水轮机折向器由偏流器、控制偏流器偏转的接力器、操作油管路及位置反馈传感器等组成。每个喷嘴配置一套折向器，与喷嘴联动，由油压推动并压缩碟簧将折向器退出，当油压失去后由碟簧所储存的弹力将折向器投入。

折向器位于水斗室内，长期被水流冲击喷溅，运行环境潮湿，十余年来，折向器出现以下一些主要问题。

2.1 折向器关闭时间达不到设计值

田湾河流域梯级水电站折向器关闭时间设计值为 2.5～4.0s。在实际运行过程中，折向器关闭时间处于 4.5～6.0s，无法达到设计要求。

2.2 接力器缸体内碟簧片易破裂

机组投运以后，运行 3 年左右折向器碟簧片破裂情况即频繁发生，至目前为止流域梯级水电站共发生碟簧片破裂事件 31 台次（图 1）。

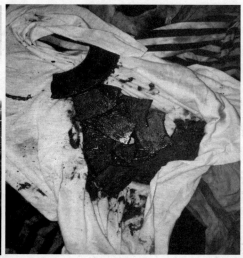

碟簧断裂情况

图 1　折向器碟簧片破裂情况

2.3 折向器位置传感器故障

田湾河流域水斗式水轮机折向器位置传感器为内置式电气传感器，运行一段时间后易发生传感器反馈故障，截至目前流域梯级水电站共发生了 19 次。

3　田湾河流域水斗式水轮机折向器改造技术研究

3.1 田湾河流域水斗式水轮机折向器问题原因分析

（1）折向器投入时间达不到设计值的根本原因是碟簧选型不科学。为了保障机组事故情况下快速切断水流，田湾河流域梯级水电站折向器投入时间设计值为 2.5～4.0s，但在实际运行过程中折向器投入时间一般为 4.5～6.0s。其主要原因为碟簧选型弹力不足及碟簧回弹性能的影响，加之接力器回油管路过长、回油孔通径偏小（阀组回油孔直径仅10mm），导致回油不畅，影响折向器投入时间达不到设计值，对机组安全稳定运行造成影响。

（2）折向器碟簧片易破裂问题的根本原因是碟簧选型不合理、运行环境恶劣。接力器碟簧片易破裂问题的主要原因是：①选型设计及材料为 20 年前的产品，当时厂家选用的碟簧设计启停次数约为 88000 次，设计使用寿命较短；②机组运行状态折向器长时间保持退出状态，碟簧长期处于被压缩的储能状态，易产生疲劳损坏；③碟簧片处于潮湿环境中，易产生锈蚀。故折向器碟簧片受产品设计性能、出厂质量、运行环境潮湿及材料疲劳等因素的影响，破裂情况频繁发生。

（3）折向器位置传感器故障的根本原因是电气传感器浸水引发电气故障。田湾河流域水斗式水轮机折向器位置传感器安装在接力器后端，插入接力器活塞杆中，通过运动行程反馈接力器"投入"和"退出"状态位置。传感器引出导线接头设置在接力器后端，设置有密闭保护罩用于传感器接头免受水流冲击，并通过保护套管将导线引出至水车室接入调速器。折向器运行过程中会因保护套管接头损坏或冷凝水等原因，导致传感器接头密闭保护罩进水，以致产生积水，使得传感器接头长时间浸泡于水中，引发电气故障，发生传感器损坏或显示值漂移等故障。

3.2 田湾河流域水斗式水轮机折向器改造方案

3.2.1 折向器碟簧改造方案

碟簧片之所以易发生破裂，是由于碟簧片选型不合理、运行环境恶劣所致，基于问题导向、根本解决原则，设计更为合理的结构，改变运行环境非常必要，改造方案如下：

（1）从已有经验及已实施项目中可知，在长期频繁的"压缩—释放"过程中，弹簧的使用寿命及回弹性能明显优于碟簧，因此改造选型为弹簧结构更为合理；同时，根据折向器接力器缸体尺寸，适当增大弹簧弹力，以优化折向器投入时间。

（2）将弹簧腔做充油设计，使弹簧浸于汽轮机油中，避免弹簧产生锈蚀。

（3）对折向器前端铜套做升级改造，将原铜套增加一道密封，防止弹簧腔内油漏出和外部水、泥沙进入弹簧腔，提高弹簧缸体防渗漏效果。

（4）为方便检修，将接力器活塞与活塞杆的连接方式由普通螺母锁紧改为超级螺母方式进行固定，如图2所示。

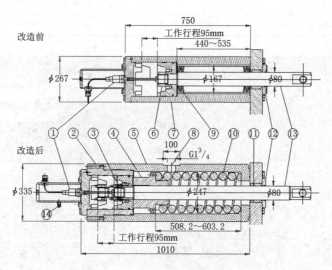

图2 折向器改造前后结构对比图

①—折向器位置传感器；②—折向器活塞缸；③—超级螺母；④—弹簧垫块；⑤—弹簧缸；⑥—螺母；
⑦—折向器缸体；⑧—油口；⑨—碟簧；⑩—弹簧；⑪—密封；⑫—铜套；⑬—活塞杆；⑭—滴水装置

3.2.2 折向器电气反馈故障改造

田湾河流域梯级水电站原折向器电气反馈传感器接头保护装置设计仅考虑了防进水功

能，未考虑阴冷、潮湿环境下冷凝水和防护套管损坏后进水的情况，故传感器接头保护罩一旦进水后就无法排泄，以致传感器接头长期浸泡于水中造成折向器电气反馈故障。为彻底解决此问题，解决方案将从密闭保护罩防堵进水和疏排水两方面进行改造。一是加强传感器导线保护套管强度并进行加固处理，同时选用合适的加强型管接头进行配置，以强化保护套管承受水冲击力度和密封效果，并封堵套管出线口，防止冷凝水进入传感器接头保护罩内。二是在传感器接头保护罩底部增设滴水装置（图2所示序号⑩）进行疏排水。因折向器处于水斗室，其环境非常阴冷、潮湿，故滴水装置在传感器接头保护罩内积水较多时可因水压或自重进行自泄排水，当积水很少时滴水装置的出水小孔处会因水的张力形成水膜，防止潮气及水流进入。传感器接头保护罩采用防堵及疏排水结合方式可彻底解决内部积水问题，使传感器接头免受水的浸泡，这样便可从根本上解决因进水或潮湿等导致的折向器电气反馈故障。

4 田湾河流域水斗式水轮机折向器改造实施及效果评价

4.1 折向器改造实施及运行验证情况

针对折向器碟簧锈蚀、断裂问题，在优化改善折向器退出时间的条件下，对折向器进行了改造，经试验检查，折向器退出时间由原来的 5.5s 缩短至 3.5s 左右（表1、图3），达到设计值。

表 1 折向器改造前后开启与关闭时间对比

时间/s	改造前	改造后	设计
折向器开启平均时间	3.0	3.7	2.5～4.0
折向器关闭平均时间	5.5	3.5	2.5～4.0

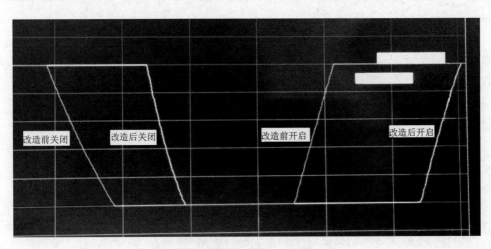

图 3 折向器改造前后动作曲线对比

4.2 折向器改造后效果评价

折向器碟簧改造为弹簧，一是解决了原碟簧容易碎裂的问题，对弹簧腔进行充油设计，弹簧设计使用寿命为能承受折向器启停次数 500000 次以上，比原碟簧使用寿命大幅提高；二是折向器退出动作迅速，工作性能有较大提高，有效降低了在事故情况下机组的转速上升率，提高了机组的运行安全性。

经过设备安装、试验及实际运行观察与验证，大发电站 2F 机组折向器碟簧改造项目完成后，从 2020 年 5 月 20 日投入运行至今，折向器运行稳定，位置反馈正常，各处未发现渗漏油及其他异常情况。折向器碟簧改造项目各项技术指标和性能满足改造技术方案要求，达到了技术改造的预期目标。

5 结语

随着国内高水头水斗式水轮机的陆续投运及其检修周期的到来，设备缺陷及检修工作逐渐增多，在设备改造及检修等方面也会有越来越多的需求。经过田湾河流域梯级水电站本次设备改造及改造后的运行和检修经验的积累，通过改造后不断的优化与探索，总结相关的成功经验，可为今后高水头水斗式水轮机折向器的运行、检修及设备改造升级方面提供有益的借鉴。

基于 CFD 方法的混流式水轮机技术改造

田娅娟[1,2]　王　鑫[1,2]　王耀鲁[1]　李　兵[3]

薛　鹏[1,2]　陈　锐[1,2]　彭忠年[1,2]

(1. 中国水利水电科学研究院　北京　100038；

2. 北京中水科水电科技开发有限公司　北京　100038；

3. 黑龙江辰能风力发电有限公司　黑龙江　哈尔滨　150090)

【摘　要】 由于中小型水电站水轮机技术改造受到项目周期和资金限制，其水力优化设计方案一般不具备模型试验验证条件，通常采用计算流体动力学（computational fluid dynamic，简称CFD）方法进行数值仿真，改造效果取决于设计人员的技术储备和改造经验。本文以宝山电站增效扩容改造为例，通过分析电站实际运行参数确定相应的水轮机技改转轮设计参数，在电站流道条件下以典型工况的数值模拟仿真计算结果对基础转轮进行改型设计，提出了满足设计目标的水轮机优化方案并成功应用于电站并取得良好的技改效果。同时，通过模型试验验证采用CFD方法预测水轮机性能的可靠性。

【关键词】 计算流体动力学；性能预估；混流式水轮机；技术改造；优化设计

1　引言

水轮机是水电站的核心设备，其性能直接影响水电站的水能利用率和运行稳定性。受到当时设计水平和技术条件限制，我国早期建设的中小型水电站通常采用套用型谱或其他相近参数电站机型的方法选型，在长期运行过程中机组经常存在水能转换效率低、设备老化和安全隐患等问题。并且由于地理环境、气候条件等的影响，相近参数水电站的来流条件也各有差别，套用的选型方式无法满足水资源精细化利用的要求。

随着CFD仿真技术的不断进步和国内水电站改造工程经验的积累，越来越多的改造项目采用CFD方法对优化设计方案进行仿真验证，使针对不同水力条件的水电站进行"量体裁衣"式的水轮机个性化设计成为可能。用现代水轮机设计方法对这些电站进行技术改造，不仅能够提高水能资源的利用率，还可以改善水轮机的空化性能及水力稳定性等，消除机组的安全隐患，带来良好的经济收益和社会效益。

以宝山电站为例，通过分析电站实际运行参数确定相应的水轮机技改转轮设计参数，利用CFD仿真技术，在电站流道条件下，以典型工况的数值模拟计算结果对基础转轮进行改型设计，提出了满足设计目标的水轮机优化方案，最终成功应用于电站并取得了良好的技改效果。

2 宝山电站概况及水轮机技改参数分析

2.1 电站概况

宝山电站位于黑龙江省逊克县宝山乡丛山村，于 1997 年 12 月投入运行。电站共安装 3 台立式混流式水轮发电机组，单机容量 6500kW，总装机容量 19500kW，设计年发电量 5330 万 kWh。

宝山水库总库容 5800 万 m^3，调节库容为 420 万 m^3，为日调节。水库坝顶高程 301.80m，正常蓄水位 298.00m，死水位 297.00m。电站尾水位为：设计洪水位 245.60m（$p=5\%$）；校核洪水位 247.00m（$p=1\%$）；单机发电尾水位 240.32m；3 台机发电尾水位 240.75m。

宝山电站原水轮机型号为 HLA296 - LJ - 140，最高水头 58.00m，额定水头 49.00m，最低水头 40.00m，水轮机额定转速 375r/min，额定流量 15.48m^3/s，额定出力 6771kW。

宝山电站实际运行情况表明，电站引水管路水头损失大，水轮机实际运行水头偏低、机组出力不足。3 台水轮机转轮均存在不同程度的空蚀损坏，机组大修时叶片补焊修型打磨不到位，影响转轮水力性能。水轮机顶盖和底环抗磨板的空蚀破坏导致导水机构漏水严重，影响到水轮机的运行效率及安全可靠性。基于以上情况，电站主管单位拟对水轮发电机组进行"增效扩容"技术改造，技改后要求改善水轮机空化性能，在水头为 51.50m 时的机组目标额定功率要达到 7500kW。

2.2 水轮机技改参数分析

为达到技改预期目标，对技改后的水轮机实际运行参数进行预估分析是十分重要的技术环节。

宝山电站现场实际测量表明，机组单机运行时，蜗壳压力相比于停机状态下降约 3.3m，测算引水系统水头损失约为 2.1m；两台机组同时运行时，蜗壳压力下降约 7 m，测算水头损失约为 5.8m；三台机组同时运行时，蜗壳压力下降约 11 m，测算水头损失约为 9.8m。

正常情况下，宝山电站水轮机运行时的毛水头范围为 56.25（297.00－240.75）～ 57.68（298.00－240.32）m，相应的净水头范围约为 46.45（3 台机同时运行）～ 55.58（单机运行）m，对应的水轮机单位转速范围为 70.42～77.03r/min。额定水头 51.50m，对应的水轮机单位转速为 73.16r/min，在机组额定出力 7500kW 工况要求的水轮机单位流量约为 1.19m^3/s（技改后的发电机与水轮机效率分别按 96% 与 92.5% 估算）。

经验表明，为保证水轮机在高水头工况区稳定运行，水轮机最小单位转速与设计单位转速之比 $n_{11min}/n_{110} \geqslant 0.9$，为保证水轮机在低水头工况区稳定运行，水轮机最大单位转速与设计单位转速之比 $n_{11max}/n_{110} \leqslant 1.25$。综合考虑稳定性和宝山电站引水管路水头损失大、水轮机主要在偏低水头运行的特点，最终确定技改转轮的设计参数为：$n_{110}=76$r/min，$Q_{110}=1.0$$m^3$/s。

3 基于 CFD 方法的水轮机优化设计

3.1 基础转轮的选择及水力设计

根据确定的水轮机技改转轮设计参数，首先从基础水力模型库中选择参数相近的转轮作为优化设计的初始模型，然后在电站流道条件下对基础转轮进行流道及叶片的改型设计。

电站原 A296 型水轮机模型转轮名义直径为 0.35 m，导叶相对高度为 0.315，叶片数为 13 片；基础转轮的名义直径 0.35 m，导叶相对高度为 0.3，叶片数为 13 片。表 1 为 A296 转轮与基础转轮典型工况下的模型参数对比。

表 1   A296 型水轮机与基础转轮典型工况参数对比

模型	最优工况				限制工况		
	$n_{10}/(\text{r/min})$	$Q_{10}/(\text{m}^3/\text{s})$	$\eta_{mopt}/\%$	σ_c	$Q_{1*}/(\text{m}^3/\text{s})$	$\eta_{m*}/\%$	σ_c
A296 型 水轮机	78.0	1.05	92.04	0.124	1.267	87.6	0.130
基础转轮	76.17	0.90	93.76	0.07	1.15	89	0.089

由表 1 可以看出，A296 型水轮机的最优单位流量比基础转轮大 16.7%，但最优和限制工况的效率和空化水平不高；基础转轮的效率较高、空化性能好，虽最优单位流量偏小，但最优单位流量与限制单位流量比值为 1.278，大于 A296 型水轮机的 1.207，有利于实现增容提效。综合考虑现有技术水平和电站既有埋入部件不变的限制条件，预期中的改型优化转轮需在保持基础转轮空化性能的前提下，将最优单位流量增加 10%，大流量区的效率需相应提高 0.2%～2.6%，以达到拓宽高效运行区、提高最大出力和改善空化的目标。

如图 1 为 A296 型水轮机、基础转轮和预期的改型转轮在最优单位转速下的单位流量与模型效率关系对比曲线（图中模型效率为水轮机效率，此处用转轮型号指代，以下同）。改型转轮的效率在整个工作流量范围内均高于 A296 型水轮机，在单位流量约为 1.0m³/s 时，效率达到最优 94%。

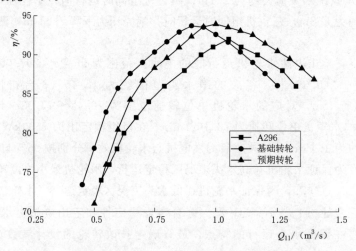

图 1 最优单位转速下不同水轮机单位流量与模型效率

确定优化目标后，在满足水轮机流道几何约束的前提下，首先通过混流式水轮机全流道水力设计系统，对基础转轮的轴面流道及叶片进行改型设计：将叶片进口高度加长至改造电站导叶高度，抬高上冠型线并加大下环锥角，保持进水边位置形状基本不变，出水边与上冠处的交点适当向进水边方向移动，根据调整后的叶片进、出水边位置相应调整叶片进、出口角度。改型转轮与基础转轮的轴面流道对比如图 2 所示。然后将设计叶片按特定的积叠方式和翼型加厚，得到初步转轮方案，作为后续优化设计的初始计算模型。

3.2 基于水轮机内部流动 CFD 数值模拟的优化设计

对水轮机内部流动的 CFD 数值模拟是基于雷诺平均 N－S 方程（Navier－Stokes equation），在考虑了旋转、曲率效应的 RNG k－ε 湍流模型上，运用压力耦合方程组的半隐式方法（SIMPLEC 算法）进行。计算采用非结构化网格，根据给定的边界条件及选定的计算模型对选定工况进行全流道数值模拟（计算域如图 3 所示）。在计算过程中依据流场的压力分布、速度分布、叶片进出水边的迎流和出流方向等，评估转轮叶片几何控制参数的合理性，从而对初始设计方案进行调整并进行迭代计算，直至达到预期目标。图 4～图 7 为最终优化设计方案在最优工况和各特征水头出力保证工况下转轮部分的流场分布图。

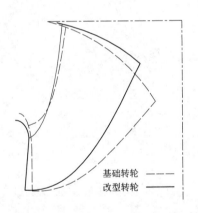

基础转轮 －－－－－
改型转轮 ————

图 2 改型转轮与基础转轮的轴面流道对比　　　图 3 模型水轮机全流道计算域

参考基础转轮设计时的 CFD 模拟结果、模型试验结果及其改型优化方案的 CFD 模拟结果，提出满足电站设计要求的预想水轮机模型综合特性曲线如图 8 所示（图中各参数均为相对最优工况点的无量纲数据），可以看出各特征水头出力保证工况点均在水轮机高效区域工作。

4 水轮机技术改造效果

宝山水电站改造后的 3 台机组于 2019 年陆续投入运行，电站工作人员对机组运行情况及各项参数进行了实际测量。图 9 为 2 号机在上游水位 295.94m 条件下单机运行时，机组出力随导叶开度变化的实测曲线。根据毛水头和蜗壳压力表读数及蜗壳进口直径测算，

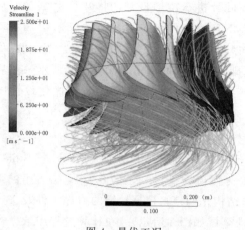

图 4　最优工况

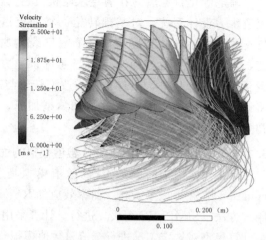

图 5　额定水头额定出力工况

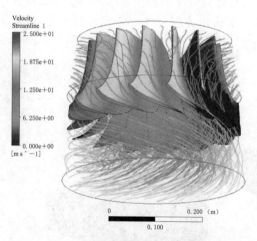

图 6　最大水头额定出力工况

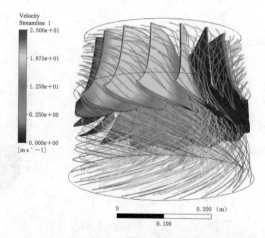

图 7　最小水头最大出力工况

此时水轮机净水头约为 51.5m。图中可以看出，导叶开度约 80％时，机组达到扩容额定出力 7500kW。机组从空载至满负荷运行稳定，实际运行水头和出力与预估值相符，水轮机的技术改造达到了预期目标。

5　模型试验验证

电站改造完成后，作者所在团队依托相关课题支持对本次技术改造项目中实际使用的水轮机进行了模型试验，以验证设计方案及相关性能预估的可靠性。

在最优单位转速下单位流量与模型效率预估值与试验结果对比曲线如图 10 所示，最优水头下水轮机效率预估曲线与试验曲线的比较可以看出，预估的模型特性曲线在最优水头下主要区域内（$Q_{11} = 0.7 \sim 1.4 \mathrm{m}^3/\mathrm{s}$）与试验曲线具有极高的吻合度，在小流量区（$Q_{11} < 0.7 \mathrm{m}^3/\mathrm{s}$）试验效率高于预估效率。

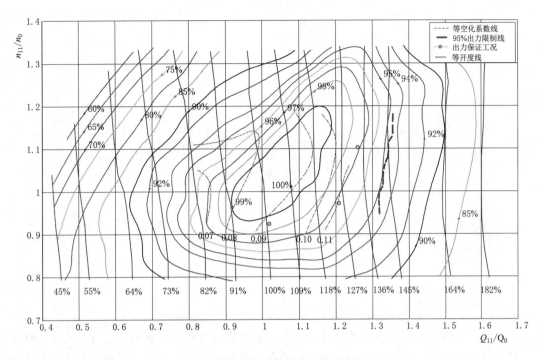

图 8　预想水轮机模型综合特性曲线

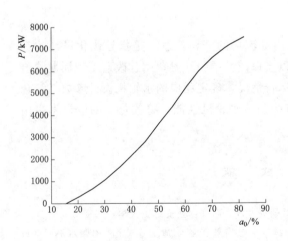

图 9　2 号机组出力随导叶开度变化实测曲线

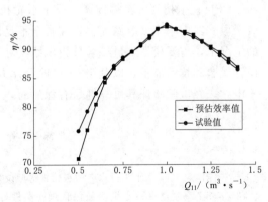

图 10　在最优单位转速下单位流量与模型效率
预估值与试验结果对比曲线

　　表 2 出力保证工况下预估值与试验值的对比显示：①在额定水头额定出力工况，试验值的效率与预估值相同，空化系数低 0.014；②最大水头额定出力工况，试验值的效率比预估值高 0.57%，空化系数基本相当；③最小水头最大出力工况，试验值的效率比预估值低 0.43%，空化系数低 0.018。

表 2　　　　　　　　　　　　　　预估值与试验值在出力保证工况下的比较

工　况	最大水头		额定水头		最小水头	
水头 H/m	57		51.5		40	
单位转速 $n_{11}/(r/min)$	69.54		73.16		83.01	
水轮机出力/kW	7812.5		7812.5		5582	
发电机出力/kW	7500		7500		5358	
保证出力工况	最大水头额定出力		额定水头额定出力		最小水力最大出力	
	预估值	试验值	预估值	试验值	预估值	试验值
单位流量 $Q_{11}/(m^3/s)$	1.012	1.007	1.20	1.20	1.247	1.253
过机流量 $Q/(m^3/s)$	14.99	14.90	16.88	16.88	15.46	15.54
模型水轮机效率 $\eta_m/\%$	92.74	93.30	91.11	91.11	91.49	91.06
原型水轮机效率 $\eta_p/\%$	93.23	93.80	91.61	91.61	91.99	91.56
模型水轮机临界空化系数 σ_c	0.092	<0.10	0.111	0.097	0.110	0.092

以上对比结果表明，在设计工况预估值与试验值高度吻合，在偏离设计点的出力保证工况，效率预估值与试验值相差不大，偏差在工程可接受范围之内。试验结果中空化系数低于预估值，说明技改转轮的空化性能将有显著改善。

6　结语

CFD 模拟仿真可获得计算工况下水轮机内部流场的完整信息，是指导优化设计的有效手段。对中小型水电站而言，在资金不足以支撑模型试验开发费用且改造工程周期紧迫的情况下，需要研发人员综合分析电站实际运行情况，确定相应的水轮机设计参数，结合设计经验和技术储备，以基于 CFD 的设计方法预估水轮机性能，将优化后的成果直接用于电站，经试验验证其可靠性是有保障的。

参　考　文　献

［1］　赵阳. 30～60 米水头段水电站水轮机选型设计研究［D］. 西安：西安理工大学，2012.
［2］　陈雷. 高度重视精心组织强化管理扎实做好农村水电增效扩容改造工作［J］. 中国水利，2011（20）：1-3.
［3］　田娅娟，王鑫，薛鹏，等. 中小型水电站水轮机增效扩容改造研究［J］. 水利水电技术，2014（2）：40-42.
［4］　敏政，田亚平，朱月龙，等. 基于转轮换型的水轮机增容改造及数值模拟［J］. 人民长江，2017，48（16）：78-82.
［5］　薛鹏，王鑫，田娅娟，等. 中小水电站增效扩容改造的主要问题及解决方案［J］. 中国农村水利水电，2014（2）：133-136.
［6］　彭忠年，陈锐，莫为泽，等. 混流式水轮机水力设计技术的研究和应用［J］. 中国水利水电科学

研究院学报，2018，16（5）：479-486.

［7］ 李崇智，翟光耀. 对港二期电站水轮机增效扩容改造研究与实践［J］. 中国农村水利水电，2018（6）：182-184.

［8］ 王钊宁，罗兴锜，郭鹏程，等. 大广坝水电站水轮机提效增容改造研究［J］. 西安理工大学学报，2015（1）：7-12.

［9］ 端润生. 岩滩水电站水轮机的主要参数和结构［J］. 红水河，1994（3）：30-37.

［10］ 徐连奎，张建蓉，王永利，等. 不同湍流模型在水轮机数值计算中的适用性探究［J］. 水电能源科学，2018（3）：161-163.

龙羊峡电站三号机组自然补气系统改造

戴 然[1] 李 宁[2] 武 江[2]

(1. 哈尔滨电机厂有限责任公司 黑龙江 哈尔滨 150040;
2. 青海黄河上游水电开发有限责任公司 青海 西宁 810000)

【摘 要】 通过增加主轴中心孔补气装置、采用 HB 型泄水锥更新改造转轮泄流通道等思路及具体措施,实现龙羊峡电站 3 号机组自然补气系统的改造有效降低了尾水管压力脉动,改善了机组的振摆指标,拓宽了机组稳定运行区域范围。

【关键词】 水轮机;自然补气;HB 泄水锥

1 引言

龙羊峡电站位于青海省海南藏族自治州境内的龙羊峡谷入口处,是黄河上游梯级开发规划中的龙头电站。龙羊峡水电站安装有 4 台 32 万 kW 的混流式水轮发电机组,于 1989 年 6 月全部投产发电,是我国自行设计制造的大型水电机组。机组水轮机主要参数见表 1。

电站 2005 年及以前,机组多年平均运行水头为 100.00m,自 2005 年开始随着黄河水位的逐年增高,运行水头由 109.32m 逐步上升,最高时达 146.00m。其中,2005—2017 年,年平均水头超过 129.00m,较 2005 年之前多年平均水头提高了约 30.00m,2018 年平均水头为 135.76m,仅 8—12 月的平均水头就达 142.00m,2019 年最高允许水头达到 149.00m。近年来受电网对机组调控方式的影响,机组长期处于高水头低负荷状态运行,机组运行工况较差,振动摆度值较大,过流部件损坏严重,其中以 3 号机组最为严重。先后发生机组尾水人孔门局部开裂漏水、尾水锥管撕裂、顶盖真空破坏阀座板焊缝贯穿性裂纹、转轮泄水锥脱落、转轮叶片贯穿性裂纹等问题,机组运行存在较大安全隐患。

龙羊峡机组转轮最优单位转速 69r/min,

表 1 龙羊峡电站水轮机主要参数表

名 称	单位	参 数
型号		HLD06A - LJ - 600
设计水头	m	122.00
最高水头	m	150.00
最小水头	m	76.00
设计水头出力	MW	326.5
最高水头出力	MW	356.1
设计流量	m³/s	298
吸出高度	m	- 3.5
安装高程	m	2448
设计尾水最高水位	m	2462.8

对应设计水头 118.15m，目前机组的运行区域已经严重偏离最优运行区，通过对机组稳定性试验和机组在线状态监测数据的分析研究，机组的振动以低频为主，与水力因素（尾水管蜗带压力脉动）有关。因此，改善转轮出流状态，向转轮出口脱流区进行补气会有效改善机组的运行情况。

2 补气系统改造方案的确定

2.1 电站原有补气系统设计

龙羊峡电站原始设计有四种补气方式，即尾水管自然补气（短管补气）、尾水管射流泵补气、用鼓风机向尾水管强迫补入压缩空气、顶盖上导叶后转轮前无叶区强迫补入压缩空气。但电站自投运以来，除了尾水管短管自然补气以外，其他补气方式均没有投入使用。尾水管射流泵补气方式噪音大效率低，已经淘汰；电站鼓风机设备陈旧老化，无法使用；顶盖上虽然预留了强迫补气孔，但管路和压缩空气设备均没有，且目前电站厂房布置很难找到压缩空气设备布置的空间。通过对电站现有条件的仔细分析研究，决定采用主轴中心孔自然补气方案对电站补气系统进行改造。

2.2 电站补气系统的改造思路

电站原短管补气布置在尾水锥管进口，受锥管内水流扰动的影响，补气量不足，不仅没有实现补入空气吸收振动降低涡带强度的目的，且造成补气短管背部尾水锥管的空化气蚀破坏，尾水锥管撕裂。针对这种情况，应厘清改造思路，进行主轴中心孔自然补气系统设计但需要把握以下关键点：

（1）要保证从主轴中心孔补入的空气送到转轮出口即涡带发生的地方。

（2）要实现水气分离，避免流道内的水流对补入空气的干扰。

（3）要选取足够大补气管径，让空气顺利到达转轮出口涡带处。

（4）采用哈电专利技术 HB 泄水锥，改善转轮出口压力梯度分布，降低涡带能量集中。

2.3 电站补气系统的改造参数的确定

机组所需的补气量受机组出力、水头、空蚀系数等多种因素影响，难以精确计算，一般参照已运行的电站的经验进行计算，即

$$Q_气 = (0.8\% - 2\%)Q$$

式中 Q——机组的额定流量，m^3/s。

哈电公司曾针对岩滩、天生桥二级和隔河岩等一系列的电站进行过真机补气实测，实测结果说明，在补气量大于等于 0.8% 的额定流量时，可以满足补气的要求。按照水轮机设计相关手册的推荐公式和现有机组的运行经验，再考虑了设计余量后选定 $Q_气 = 1.5\%Q$，并确定龙羊峡电站水轮机中心孔补气管径为 DN500，具体的设计参数见表 2。

表 2 龙羊峡电站机组主轴中心孔补气设计参数

机组额定流量	$298m^3/s$
补气量	$4.47m^3/s$
补气阀直径	DN500
主轴中心管直径	500mm
主轴中心管空气流速	22.7m/s

2.4 转轮泄水锥的改造

龙羊峡电站转轮原泄水锥是沿上冠流道平顺延伸的圆锥体，因气蚀空化压力脉动等因素的影响，开裂脱落严重。这种常规型式的泄水锥，主要起引流作用，不能降低由涡带引起的压力脉动幅值。

泄水锥修复改造采用了哈电专利技术 HB 型泄水锥，如图 1 所示。该泄水锥 HB 段部分填补了涡带低压区，改善转轮出口液流压力梯度分布，从而降低涡带能量集中，进而改善了由于低频涡带引起的压力脉动、噪声及振动。泄水锥 HB 段直径为 1750mm。泄水锥下端面尽量靠近距离转轮出口。

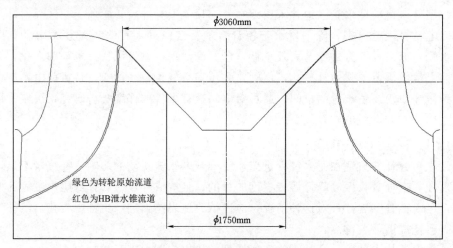

图 1　龙羊峡电站转轮泄水锥改造流道

3　主轴中心孔自然补气系统改造的结构设计

3.1　主轴中心孔补气装置

主轴中心孔补气装置主要由补气室、补气阀、补气管等部分组成，如图 2 所示。空气通过发电机风墙外的补气管路经消音器延上机架支臂穿过盖板接至补气室，通过补气阀，由主轴中心孔补气管直接送至转轮下方的尾水管涡带区。

补气室为圆筒形结构，把合在发电机顶罩上，采用钢板焊接制成。补气室设有 1 个 DN500 进气管、1 个 DN100 主排水管、1 个 DN25 副排水管。

补气阀公称直径 DN500，主要材料为不锈钢。补气阀为浮筒式常开结构，可以通过调节螺母来调整补气阀开启量。补气阀把合在发电机端轴上方。机组运行时若转轮下方出现真空负压情况，空气经消音器、进气管进入补气室，常开的补气阀结构，使空气可以顺畅流入主轴中心补气管，到达转轮下方尾水锥管内蜗带处。

主轴中心孔内的补气管按照安装限制分 4 段组装而成，材料为 06Cr19Ni10 不锈钢，通过顶端法兰固定在发电机上端轴顶部。每段之间采用轴向或径向密封，水轮机主轴的下法兰拆除原封盖并割直径 510mm 孔，补气管安装后与封盖焊接，封盖一并作为补气管下段的径向支撑。补气室、补气阀、补气管之间全部设置密封，确保不会有水进入发电机内。

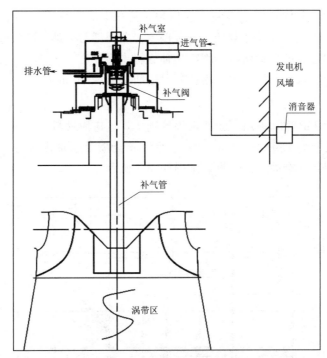

图 2　主轴中心孔自然补气示意图

为保证中心孔补气装置安全可靠，设计中做了以下特别考虑：

（1）为保证不会有水通过补气装置进入发电机，在补气阀室转动件与固定件之间设置了梳齿密封及内外集水室。如图 3 所示。电站发电机端高程较尾水位高出约 8.30m，正常停机时尾水不会上涌进入发电机层，机组紧急关机时偶然有反水锤现象，可能会有少量的水在补气阀未来得及关闭时进入补气室时，因梳齿密封的止水作用，大部分水从中心孔回落到尾水，少部分水进入集水室经排水管排出。

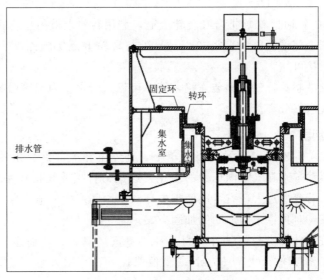

图 3　中心孔补气装置详图

（2）为保证中心孔内补气管安装不会出现长度偏差，在发电机转子法兰处设置伸缩节，采用插装结构连接，以补偿制造、安装偏差，及图纸与电站实际尺寸差异。

（3）为保证中心孔补气管路不会因随主轴旋转出现挠度，在轴身内孔的补气管法兰处设置径向固定支撑，法兰外径与主轴内孔的单边间隙为1.0mm。

3.2 转轮泄水锥

改造泄水锥为HB型，采用不锈钢板焊接制造，流道面材料为0Cr13Ni5Mo钢板，内圆筒及肋板法兰等材料为06Cr19Ni10钢板。泄水锥受安装条件限制分上下两段，螺栓把合，工地安装后封焊把合面。泄水锥装配图如图4所示。

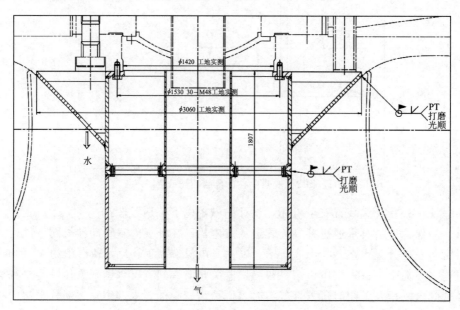

图4　泄水锥装配图

泄水锥采用30个M48螺栓把合在转轮上冠，利用转轮上冠内止口直径1420mm处定位，在泄水锥外圆上部锥管段口直径3060mm处与转轮上冠实施深度10mm的封焊，确保泄水锥与转轮联接可靠。

泄水锥与主轴中心孔补气管插装连接，简单可靠。泄水锥内圆筒做补气通道，外锥段做排水通道，实现水气分离。

3.3 发电机顶罩加固

补气室采用法兰螺栓固定在发电机顶罩上，补气室相关部件总重约5.5t，且机组运行过程中因空气流动带来补气室内压力的变化，这些力直接或间接作用在发电机顶罩上，带来顶罩的变形，若变形过大，有可能使集电环和电刷间产生放电现象，因此对原发电机顶罩进行强度校核，对顶罩采用加肋的加固方案。

顶罩刚强度校核计算参数：①计算力：补气室重量5.5t，考虑运行时因空气流动产生20%的力波动，计算输入力为65 kN；②顶罩尺寸：顶罩外形不变，改为24条肋板均布。

计算结果：顶罩加强肋板后，端罩与补气室连接处的轴向变形0.184mm（加固前0.649mm），且不会发生共振。顶罩加强后因补气在补气室内的空气流动产生的压力变化几乎不会带来顶罩导电环处的位置变形，保证机组运行安全可靠。加固前后对比如图5所示。

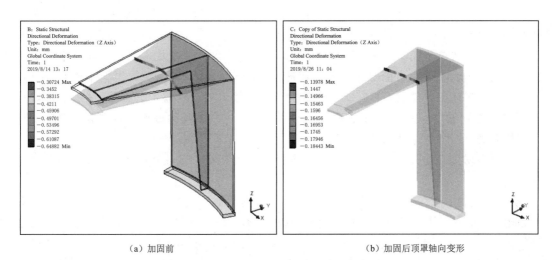

（a）加固前　　　　　　　　　　　　　（b）加固后顶罩轴向变形

图5　加固前后顶罩轴向变形对比图

3.4　安装过程中出现的问题

龙羊峡电站补气系统改造工作因前期考虑充分，项目实施总体顺利，安装总体顺利，但也出现主轴中心孔补气管转轮侧长度不足、泄水锥安装工期超期、上端轴与补气阀支座过渡法兰不能同钻铰三个问题，需要在后面的机组改造时改进。

3.4.1　主轴中心孔补气管转轮侧长度不足

主轴中心孔补气管与泄水锥间采用插装方式，补气管与主轴封盖焊接后大约伸出150mm，因电站图纸和现场实物有差异，补气管安装时发现长度不足，刚刚可以和主轴封盖焊接。考虑机组运行时，转轮下方是低压区，泄水锥内圆筒比补气管直径大，不会阻碍空气流通，没做处理。

3.4.2　泄水锥安装工期超期

泄水锥安装工期计划8天，因原泄水锥多年来反复修复，拆解难度非常大，用了6天半时间，为不影响机组安装工期，新泄水锥在找好中心把合好上冠固定螺栓后，吊入机坑转轮室进行与上冠的焊接。结果发现拆解原泄水锥时上冠气割量过大，焊条E309L-15不足，造成工期超期。

3.4.3　上端轴与补气阀支座过渡法兰不能同钻铰

机组运行时补气管和主轴一起旋转，必须与主轴可靠固定，设计时上端轴与补气管法兰采用4个30的销子定位。电站安装时发现磁力钻无法固定钻孔，只能将16个M30的把合螺孔中的2个螺栓孔做销子孔，以定位补气管法兰。下台机组改造时，应在上端轴端面提前预钻引导孔。

4 补气系统改造的效果

龙羊峡电站 3 号机组补气系统改造前，第一次试验为 2019 年 11 月 15 日，由哈动国家水力发电设备工程技术研究中心进行了机组稳定性试验；补气系统改造完成后；第二次试验为 2020 年 2 月 20 日，由青海黄河电力技术公司再次进行了机组稳定性试验，将两次稳定性试验报告进行对比分析，得出结论如下：

（1）第一次试验毛水头为 144.20m，对应的模型单位转速为 62.47r/min；第二次试验毛水头为 141.44m，对应的模型单位转速为 63.06r/min。从两次的模型特性曲线上看工况接近。根据报告描述，第二次进行试验的压力脉动测点"蜗壳进口""尾水管进口压力 1""尾水管进口压力 2""止漏环进口压力"与第一次试验的测点一致，分别对应测点为"蜗壳进口""尾水管锥管""锥管进人门""无叶区"。

（2）根据机组变转速试验，主轴中心孔补气装置对转子质量分布（质量不平衡）基本没影响。

（3）根据稳定性试验报告，结合机组在线监测数据及现场测量数据，改造前尾水管进、出口压力差值约 100kPa，改造后全负荷段压力差值小于 8kPa；改造前尾水人孔门处最大振幅约 1mm，改造后尾水人孔门处最大振幅小于 0.35mm。表明补气系统改造后机组压力脉动改善明显，尾水管振动大幅降低。

（4）根据稳定性试验报告，改造后补气系统顶盖振动有改善，但 X 向水平振动在整个负荷区仍然超标，顶盖 Y 向水平振动在不稳定负荷区超标。

（5）根据稳定性试验报告，补气系统改造前机组不稳定负荷区为 30～240MW，占比 69%；补气系统改造后不稳定负荷区为开 40～80MW、120～220MW 负荷区间运行，占比 50%；总体看改造对改善机组工况效果显著，不稳定负荷区减小约 19%。

5 结语

龙羊峡电站建成于 20 世纪 80 年代，受当时技术水平的限制，机组稳定性指标已难以满足目前电网对机组运行的要求。而且随着自然条件的改变及电网调控方式的变化，使机组的运行状况变得更加严峻。

在不具备更换转轮进行整机更新改造的条件下，龙羊峡电站 3 号机组尝试对机组自然补气系统进行更新改造，通过增加主轴中心孔补气装置，采用 HB 型泄水锥改造转轮泄流通道，有效降低了尾水管压力脉动，一定程度改善了机组的振摆指标，提高了机组稳定运行区域范围。

龙羊峡电站 3 号机组补气系统改造的成功经验，可以在其他机组和电站中推广。

参 考 文 献

[1] 哈尔滨大电机研究所. 水轮机设计手册 [M]. 北京：机械工业出版社，1976.
[2] 国家能源局，水轮发电机组启动试验规程：DL/T 507—2014 [S]. 北京：中国电力出版社，2014.

盐环定扬黄工程红柳坑泵站水力
机械设备改造设计

朱　莉　陈阳阳

（黄河勘测规划设计研究院有限公司　河南　郑州　450003）

【摘　要】　结合盐环定扬黄工程红柳坑泵站的现状和特点，对泵站的水力机械设备进行了更新改造。从水泵的主要运行参数计算、电机选型、不同运行工况分析、设备布置及水锤计算等多方面做出方案比选，确定泵站采用安装 6 台单级双吸中开卧式离心泵（5 大＋1 小）横向单排布置方案，其中 2 台大泵配置工频同步电机、2 台大泵配置变频异步电机、1 台大泵配置工频异步电机、1 台小泵配置工频异步电机。根据事故停泵工况的计算结果，最大水锤压力均发生在泵出口附近，采取水锤防护措施，泵出口附近选用压力等级为 1.6MPa 的 BCCP 管，并给泵组 1、泵组 2 和泵组 3 各设置一座单向调压塔，调节各个泵组的管道压力。改造后的泵站提高了机泵效率，降低了运行费用和供水成本。

【关键词】　泵站；水力机械；更新改造；设备选型；水锤防护

1　工程概况

1.1　工程介绍

红柳坑泵站改造是陕甘宁盐环定扬黄工程中的一个典型泵站，盐环定扬黄工程原开发任务为解决革命老区陕西定边、甘肃环县和宁夏盐池、同心等县部分地区人畜饮水困难，防治地方病，发展农业灌溉，改善生态环境，促进老区人民脱贫致富而兴建的一项扬水工程。

盐环定扬黄工程包括三省区（宁夏、甘肃、陕西）共用工程（输水总干渠）和三省区专用工程（输水支干渠、灌区建设等），共四个单项工程。共用工程有多个泵站，本文介绍的红柳坑泵站是原有红柳坑泵站和邵家圈泵站的合并，新泵站站址建在原红柳坑泵站站址。

1.2　存在的问题

共用工程已运行近二十年。由于先天不足和投运后效益低下，工程设施、设备得不到及时与全面的维修和更新改造，致使工程普遍存在：水工建筑物年久失修，工程带病带险运行，安全隐患较多；泵站的机泵设备等锈蚀、磨损、老化严重，设备效率、可靠性低下等问题。

2 水泵主要参数计算

2.1 原有泵站水泵安装台数

原有泵站水泵安装台数汇总表见表1。

表1 原有泵站水泵安装台数汇总表

泵站名称	水泵安装台数	水泵运行台数	水泵备用台数	泵站出水压力管道排数
红柳坑泵站	7大+3小	7大+2小	1小	3
邵家圈泵站	8大+2小	7大+2小	1大	3

2.2 泵站基本参数

泵站基本参数表见表2。

表2 泵 站 基 本 参 数 表

序号	参 数 名 称	参数	序号	参 数 名 称	参数
1	泵站加大流量/(m³/s)	12.58	6	进水池最低水位/m	1235.29
2	泵站设计流量/(m³/s)	10.93	7	出水池加大水位/m	1305.42
3	泵站最小流量/(m³/s)	5.465	8	出水池设计水位/m	1305.28
4	进水池加大水位/m	1235.93	9	出水池最低水位/m	1304.69
5	进水池设计水位/m	1235.79			

红柳坑泵站属于重建泵站，本着优化调度、节省投资的原则对水泵安装台数方案进行了详细的比选，即6台泵方案和8台泵方案。

通过技术经济比较后，确定泵站采用安装6台单级双吸中开卧式离心泵方案，即设置5台同型号大泵（4用1备）和1台小泵。5台大泵中，2台大泵配置工频同步电机，2台大泵配置变频异步电机，1台大泵配置工频异步电机。1台小泵配置工频异步电机。

水泵运行方式为"4大+1小"，备用1台大泵。6台水泵分为3个泵组，3排出水压力管道，顺水流方向看（安装间布置在右端），从安装间开始泵房内依次布置：

泵组1：由1台小泵（1号工频异步电机）和1台大泵（2号工频同步电机）并联组成。出水压力管道直径为DN1800。

泵组2：由2台大泵（3号变频异步电机和4号工频同步电机）并联组成。出水压力管道直径为DN2000。

泵组3：由2台大泵（5号变频异步电机和6号工频异步电机）并联组成。出水压力管道直径为DN2000。

本着运行管理简单，维护方便，工作空间开阔的原则，泵站水泵机组布置方式采用横向单排布置。

2.3 水泵设计扬程计算

（1）净扬程 1305.28−1235.79＝69.49m。

（2）管道水头损失计算。输水管线水力计算结果见表3。

表 3		输水管线水力计算结果		
序 号	参 数 名 称	参 数		
1	泵站设计流量/(m³/s)	10.93		
2	压力管道排数	3		
3	单排压力管道管材	BCCP＋PCP		
4	单排压力管道长度/m	3087		
5	单排压力管道水泵安装台数	1大＋1小	2大	2大
6	单排压力管道水泵运行台数	1大＋1小	2大	1大
7	单排压力管管最大设计流量/(m³/s)	3.53	5.26	2.63
8	单排压力管道直径/mm	DN1800	DN2000	DN2000
9	单排压力管道流速/(m/s)	1.388	1.675	0.838
10	单排压力管道沿程水损/m	2.578	3.27	0.816
11	单排压力管道局部水损/m	0.386	0.491	0.122
12	单排压力管道总水头损失/m	2.964	3.761	0.938

（3）泵站内管道局部水头损失计算。泵站内管道局部水头损失系数统计表见表 4。

表 4	泵站内管道局部水头损失系数统计表			
	部 件 名 称	局部水头损失系数		数量
		大泵	小泵	
进水管	吸水喇叭口（$\phi1620\times\phi1880/\phi920\times\phi1120$）	0.5	0.5	1
	22.5°弯头（DN1600/DN900）	0.5	0.5	1
	电动蝶阀（DN1600/DN900）	0.3	0.3	1
	伸缩节（DN1600/DN900）	0.21	0.21	1
	偏心渐缩管（DN1600×1000/DN900×600）	0.20	0.20	1
出水管	同心渐扩管（DN1400×900/DN800×400）	0.21	0.24	1
	液控止回蝶阀（DN1400/DN800）	1.7	1.7	1
	伸缩节（DN1400/DN800）	0.21	0.21	1
	电动蝶阀（DN1400/DN800）	0.3	0.3	1
水泵	泵体	1	1	1

经计算可知，泵站内管道水泵局部损失为：大泵 2.05m，小泵 2.21m。考虑泵房外钢管管件局部水损并加上一定的富余量，泵站设计扬程为：大泵、小泵均为 76.00m。

3 水泵及电机主要性能参数

3.1 水泵主要性能参数

水泵主要性能参数表见表 5。

表 5 水泵主要性能参数表

序号	参 数 名 称	大泵性能参数	小泵性能参数
1	安装台数	5（4用1备）	1
2	水泵设计流量/(m³/s)	2.63	0.9
3	水泵设计扬程/m	76	76
4	水泵设计点效率/%	90.5	86.5
5	水泵设计点必需汽蚀余量/m	6	4
6	水泵轴功率/kW	2295	843
7	水泵额定转速/(r/min)	740	740
8	水泵设计点比转速	120.3	70.4
9	水泵叶轮直径/mm	≤1100	≤980
10	水泵入口直径/mm	DN1000	DN600
11	水泵出口直径/mm	DN900	DN400
12	水泵进水管直径/mm	DN1600	DN900
13	水泵进水管流速/(m/s)	1.31	1.42
14	水泵出水管直径/mm	DN1400	DN800
15	水泵出水管流速/(m/s)	1.71	1.79
16	水泵重量/kg	12630	6900

3.2 电机型式选择

通过同步电机和异步电机的特性比较，泵站所用水泵电机分为同步电机和异步电机，异步电机需要配套无功补偿装置，同步电机需要配套励磁装置。其中泵站电机无功补偿分析计算：泵站大泵功率 $P=2800\text{kW}$；小泵功率 $P=1120\text{kW}$。

（1）全部采用异步电机时，需配置电容补偿。补偿前功率因数为 0.8，补偿后功率因数为 0.92，共需补偿 $5\times907+363=4898\text{kvar}$。需配置电容器 $5\times1000+400=5400\text{kvar}$。

（2）若采用同步电机和异步电机搭配运行时，同步机功率因数 0.9，负荷率按满发计算。每台同步机发出无功功率 $S=2800\times0.44=1232\text{kvar}$，完全能补偿另一台异步机消耗的无功功率 907kvar。

3.3 同步电机主要性能参数

泵站设置为"5大+1小"水泵，其中2台大泵配置同步电机，所选同步电机主要性能参数见表6。

3.4 异步电机主要性能参数

泵站设置为"5大+1小"水泵，其中2台大泵配置异步变频电机、1台大泵配置异步工频电机、1台小泵配置异步工频电机，所选异步电机主要性能参数见表7~表9。

表6　　　　　　　　　　　　　　　　同步电机主要性能参数表

序号	参数名称	大泵电机性能参数	序号	参数名称	大泵电机性能参数
1	电机安装台数	2	9	电机功率因数	0.9（超前）
2	电机型号	TD2800－8	10	电机防护等级	IP44
3	电机额定转速/(r/min)	750	11	电机绝缘等级	F
4	电机额定功率/kW	2800	12	电机冷却方式	空-水冷（IC81W）
5	电机频率/Hz	50	13	电机重量/kg	24000
6	电机电压等级/kV	10	14	励磁电流/A	296
7	电机额定电流/A	186	15	励磁电压/V	55
8	电机效率/%	96.2	16	励磁容量/kVA	42.65

表7　　　　　　　　　　　　　　　异步工频电机（大泵）主要性能参数表

序号	参数名称	大泵电机性能参数	序号	参数名称	大泵电机性能参数
1	电机安装台数	1	8	电机效率/%	96.4
2	异步电机型号	YXKS710－8	9	电机功率因数	0.85
3	电机额定转速/(r/min)	746	10	电机防护等级	IP54
4	电机额定功率/kW	2800	11	电机绝缘等级	F
5	电机频率/Hz	50	12	电机冷却方式	空-水冷（IC81W）
6	电机电压等级/kV	10	13	电机重量/kg	19500
7	电机额定电流/A	197			

表8　　　　　　　　　　　　　　　异步变频电机（大泵）主要性能参数表

序号	参数名称	大泵电机性能参数	序号	参数名称	大泵电机性能参数
1	电机安装台数	2	8	电机效率/%	96.1
2	异步电机型号	YSBPK710－8	9	电机功率因数	0.85
3	电机额定转速/(r/min)	746	10	电机防护等级	IP54
4	电机额定功率/kW	2800	11	电机绝缘等级	F
5	电机频率/Hz	50	12	电机冷却方式	空-水冷（IC81W）
6	电机电压等级/kV	10	13	电机重量/kg	19500
7	电机额定电流/A	198			

表9　　　　　　　　　　　　　　　异步工频电机（小泵）主要性能参数表

序号	参数名称	小泵电机性能参数	序号	参数名称	小泵电机性能参数
1	电机安装台数	1	8	电机效率/%	96.1
2	异步电机型号	YX560－8	9	电机功率因数	0.86
3	电机额定转速/(r/min)	746	10	电机防护等级	IP23
4	电机额定功率/kW	1120	11	电机绝缘等级	F
5	电机频率/Hz	50	12	电机冷却方式	半管道通风（IC27）
6	电机电压等级/kV	10	13	电机重量/kg	6900
7	电机额定电流/A	78			

4 泵站水泵工频运行工况分析

根据泵站 3 个泵组存在的各种运行工况，分别绘制管路特性曲线和水泵并联曲线，对各机组运行工况进行分析计算。

由于存在大小泵在相同的水位下并联工作，以及同型号水泵泵组布置不对称，不能使用等扬程下流量叠加的原理，本次设计通过采用折减特性曲线法来求水泵的运行工况点。

4.1 泵组 1 水泵工频运行工况分析

泵组 1 存在有 3 种运行工况，即：1 大＋1 小、1 大和 1 小，各种水泵组合运行工况曲线如图 1 所示，不同运行工况水泵工况点数据见表 10。

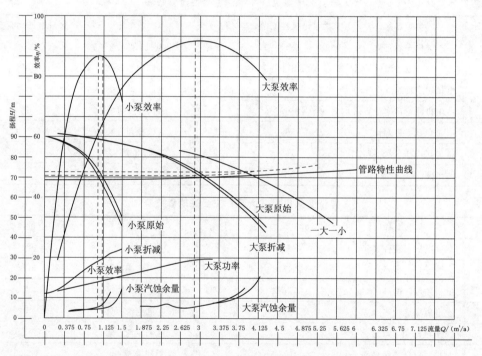

图 1 泵组 1 "1 大＋1 小" 水泵并联及压力管道特性曲线

表 10　　　　泵组 1 "1 大＋1 小" 不同运行工况水泵工况点数据

水泵组合 1 运行工况		单泵工况点据						单排压力管道流量 /(m³/s)	电机功率 /kW
		流量 /(m³/s)	扬程 /m	转速 /(r/min)	效率 /%	轴功率 /kW	汽蚀余量 /m		
1 大＋1 小	大泵	2.82	73.6	740	91	2237	5	3.8	2800
	小泵	0.98	73.6	740	86.5	818	4		1120
1 大	大泵	2.93	72	740	91	2274	5.2	2.93	2800
1 小	小泵	1.06	69.7	740	86	843	4	1.06	1120

4.2 泵组2水泵工频运行工况分析

泵组2存在有2种运行工况，即2大和1大，各种水泵组合运行工况曲线如图2所示，不同运行工况水泵工况点数据见表11。

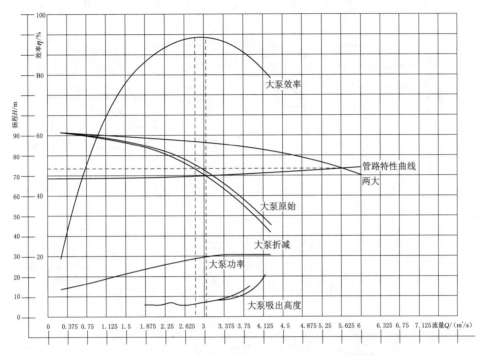

图2 泵组2（2大）水泵并联及压力管道特性曲线

表11 泵组2（2大）不同运行工况水泵工况点数据

| 水泵组合2
运行工况 | | 单泵工况点数据 | | | | | | 单排压力
管道流量
/(m³/s) | 电机功率
/kW |
		流量 /(m³/s)	扬程 /m	转速 /(r/min)	效率 /%	轴功率 /kW	汽蚀余量 /m		
2大	大泵	2.81	73.8	740	91	2236	5	5.62	2800
1大	大泵	3.02	70.5	740	91	2295	5.6	3.02	2800

4.3 泵组3水泵工频运行工况分析

泵组3存在有2种运行工况，即2大和1大，各种水泵组合运行工况曲线如图3所示，不同运行工况水泵工况点数据见表12。

表12 泵组3（2大）不同运行工况水泵工况点数据

| 水泵组合2
运行工况 | | 单泵工况点数据 | | | | | | 单排压力
管道流量
/(m³/s) | 电机功率
/kW |
		流量 /(m³/s)	扬程 /m	转速 /(r/min)	效率 /%	轴功率 /kW	汽蚀余量 /m		
2大	大泵	2.81	73.8	740	91	2236	5	5.62	2800
1大	大泵	3.02	70.5	740	91	2295	5.6	3.02	2800

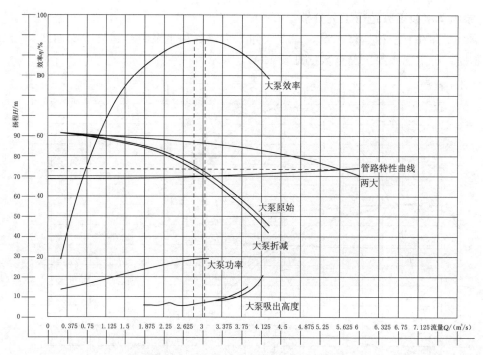

图 3　泵组 3（2 大）水泵并联及压力管道特性曲线

5　泵房内水泵设备布置

5.1　设备平面布置

泵站泵房内安装单级双吸中开卧式离心泵 6 台，泵房采用半地下式厂房。从前池进水方向看，泵房内依次布置 1 台大泵和 1 台小泵汇入 1 根出水总管、2 台大泵出水汇入 1 根出水总管、2 台大泵汇入 1 根出水总管的出水布置形式，共 3 根出水总管。

5.2　水泵机组段长度的确定

泵站泵房采用单列布置型式。根据主水泵进、出水管、泵体最大外形尺寸，考虑泵房内的主要通道等的布置，满足水泵设备的安装和运行，确定大泵机组段长度为 9.55m 和 8.64m 等，大、小泵机组段长度为 7.8m。

为满足水泵和电动机等设备的安装、检修和装卸要求，泵房内需设置安装检修场。安装检修间设置在泵房的左侧。安装检修间长 7.5m，泵房总长 66.80m。

5.3　泵房宽度的确定

考虑水泵机组的结构型式和水泵进、出管道布置确定泵房宽度。泵站采用正向进水方式，水泵呈单列布置。结合土建专业结构布置要求，泵房轴线宽度 16.8m，泵房总宽度为 18.0m。

5.4　泵房各层高程的确定

（1）水泵安装高程。泵站水泵采用自灌式进水方式，大、小水泵安装高程均为 1233.50m。泵站的水泵安装高度计算结果见表 13。

表 13　　　　　　　　　　　　　水泵安装高程计算表

序号	名　　　　称		参　数
1	水泵进水池最低运行水位/m		1235.29
2	安装地点大气压/m		8.92
3	饱和蒸汽压力/m		0.24
4	大泵	水泵设计流量/(m³/s)	2.63
5		进水管管径/mm	DN1600
6		进水管流速/(m/s)	1.31
7		水泵入口管径/mm	DN1000
8		水泵入口流速/(m/s)	3.35
9		吸水管总水头损失/m	0.93
10		水泵厂家提供的必需汽蚀余量/m	6
11		水泵装置汽蚀余量/m（考虑汽蚀安全系数）	9
12		水泵允许吸上真空高度/m	0.25
13		水泵安装高度计算值/m	−1.25
14		水泵安装高程计算值/m	1234.04
15		水泵泵轴距泵座底部的距离/mm	1700
16		水泵入口距泵座底部的距离/mm	750
17		水泵泵壳顶部距水泵泵轴的距离/mm	962
18		水泵泵轴距离水泵入口的距离/mm	950
19		考虑泵壳淹没，水泵安装高程/m	1233.50
20		水泵入口高程/m	1232.55
21		偏心异径管的中心差值/m	0.3
22		进水管中心高程/m	1232.25

（2）水泵层地面高程。根据水泵安装高程，结合泵组尺寸和基础布置要求，本阶段确定水泵层地面高程1230.1m。

（3）安装检修间高程。泵站室外地面高程1236.80m，泵站安装检修场层与室外地面相差0.30m，确定安装检修场层高程为1237.10m。

（4）起重机轨道顶高程。泵站起重机轨道顶高程按检修间高程、最高设备（或部件）高度及垂直安全高度确定，同时考虑吊钩至轨顶面尺寸，该泵站轨顶高程1247.10m。

（5）渗漏集水井底部高程。泵站设置渗漏集水井一个。集水井平面尺寸2.0m×2.0m，集水井底部高程1227.60m。

5.5　泵站特性表

泵站更新改造特性表见表14。

表 14 泵站更新改造特性表

净扬程/m	水泵				电机功率/kW	进水池设计水位/m	出水池设计水位/m	设计流量/(m³/s)	最小流量/(m³/s)
	水泵台数	单泵设计流量/(m³/s)	运行+备用	设计扬程/m					
69.39	1 小	0.9	1	76	1120	1235.79	1305.28	10.93	5.465
	5 大	2.63	4+1	76	2800				

6 泵站供水管线水力过渡过程计算分析

计算选取泵站前池作为供水起点，将出水池作为本级供水终点。考虑水泵事故停泵工况进行计算。

6.1 事故停泵水锤计算工况

由于泵组 2 或泵组 3 的设计流量大，因此以最高净扬程工况、2 大泵（泵组 2 或泵组 3）同时停泵工况作为控制工况，进行事故停泵水锤防护措施的选择，并对泵组 2 或泵组 3 以及泵组 1 的其他工况进行校核。具体计算工况见表 15 和表 16。

表 15　事故停泵水锤计算结果汇总表（泵组 1）

序号	工况		水泵最大倒转转速/倍	管线最大水锤压力/m	管线最小水锤压力/m
1	最高净扬程，"1 大+1 小"泵，无任何措施	大泵	-1.69	209.31	汽化
		小泵	-1.51		
2	最高净扬程，"1 大+1 小"，6 快进慢排阀，阀门不关闭	大泵	-1.27	103.01	-4.34
		小泵	-1.13		
3	最高净扬程，"1 大+1 小"泵，1 单向调压塔，5 快进慢排阀，5s/75°-45s/15°两阶段关阀	大泵	-1.09	105.51	-3.31
		小泵	-0.73		
4	设计净扬程，"1 大+1 小"泵，1 单向调压塔，5 快进慢排阀，5s/75°-45s/15°两阶段关阀	大泵	-1.09	105.91	-3.32
		小泵	-0.72		
5	最低净扬程，"1 大+1 小"泵，1 单向调压塔，5 快进慢排阀，5s/75°-45s/15°两阶段关阀	大泵	-1.07	108.11	-3.36
		小泵	-0.72		
6	最高净扬程，1 单向调压塔，5 快进慢排阀，5s/75°-45s/15°两阶段关阀	大泵	-0.83	109.45	-2.71
7		小泵	-1.18	100.51	-3.19
8	设计净扬程，1 单向调压塔，5 快进慢排阀，5s/75°-45s/15°两阶段关阀	大泵	-0.82	109.46	-2.79
9		小泵	-1.18	100.41	-3.14
10	最低净扬程，1 单向调压塔，5 快进慢排阀，5s/75°-45s/15°两阶段关阀	大泵	-0.80	109.98	-2.78
11		小泵	-1.18	100.07	-3.11

表 16　　　　　　　事故停泵水锤计算结果汇总表（泵组 2 或泵组 3）

序号	工　　　况		水泵最大倒转转速/倍	管线最大水锤压力/m	管线最小水锤压力/m
1	最高净扬程，2 大泵，无任何措施，不关阀		−1.71	188.13	汽化
2	最高净扬程，2 大泵，6 快进慢排阀，不关阀		−1.41	98.68	−5.61
3	最高净扬程，2 大泵，5 快进慢排阀，1 单向调压塔，不关阀		−1.29	83.83	−4.17
4	最高净扬程，1 单向调压塔，5 快进慢排阀，5s/75°−45s/15°两阶段关阀	2 大泵	−0.97	114.35	−3.77
5		1 大泵	−1.19	99.05	−3.47
6	设计净扬程，1 单向调压塔，5 快进慢排阀，5s/75°−45s/15°两阶段关阀	2 大泵	−0.96	115.39	−3.80
7		1 大泵	−1.18	99.29	−3.38
8	最低净扬程，1 单向调压塔，5 快进慢排阀，5s/75°−45s/15°两阶段关阀	2 大泵	−0.96	119.06	−4.14
9		1 大泵	−1.17	100.31	−3.48

6.2　事故停泵水锤防护措施拟定

（1）建议泵组 1～泵组 3 的大泵与小泵出口阀门均为 5s/75°−45s/15°两阶段关闭。

（2）泵组 1、泵组 2 或泵组 3 均在管线桩号 GX0＋820 处设置一处单向调压塔，塔体直径 5m，初始有效水深 4m，2 条直径 DN600 的补水管。

（3）泵组 1、2、3 在管线上增设 5 处快进慢排空气阀，口径 DN200，进排气口径 10∶1。

（4）根据事故停泵工况的计算结果，最大水锤压力均发生在泵出口附近，在采取上述水锤防护措施后，最大水锤压力值为 119.06m，建议在泵出口附近选用承压能力较大的 BCCP 管，压力等级建议为 1.6MPa。

6.3　单向调压塔的设置

泵组 1、泵组 2 和泵组 3 均在管线桩号 GX0＋820 处各设置一座单向调压塔，即泵站总共设置 3 座调压塔，塔体内直径为 5m，初始有效水深 4m。

每座调压塔设置 1 条公称直径为 DN600 的由调压塔向压力钢管出水的管道，1 条公称直径为 DN600 的由压力钢管向调压塔充水的管道，1 条公称直径为 DN200 的调压塔放空管道。

7　结语

盐环定扬黄工程红柳坑泵站本次更新改造按照节能降耗、绿色环保、少人值守的理念。在进一步完善泵站装置技术参数的基础上，满足水泵选型先进、水泵机组宽高效区范围、运行安全可靠的前提下，优先选用国家推荐、投资节省、附属设备简单的水力机械设备，提高机泵效率，对影响共用工程正常运行的水力机械设备及压力管道老化失修等问题提出工程整治和改造的措施，从而节省工程投资，降低运行费用和供水成本，促使盘活国有资产，并发挥已建工程效益。

参 考 文 献

[1] 中华人民共和国住房和城乡建设部，中华人民共和国国家质量监督检验检疫总局. 泵站更新改造技术规范：GB/T 50510—2009 [S]. 北京：中国计划出版社，2010.
[2] 中华人民共和国水利部. 泵站技术改造规程：SL 254—2000 [S]. 北京：中国计划出版社，2000.
[3] 中华人民共和国水利部. 泵站设计规范：GB 50265—2010 [S]. 北京：中国计划出版社，2011.
[4] 何萍花. 红岩灌溉泵站水力机械设备的更新改造 [J]. 小水电，2019（1）：47-48.
[5] 魏先导. 水力机组过渡过程计算 [M]. 北京：水利电力出版社，1991.

某水电厂导叶接力器改造建议

杨冬 杨勇

(华能澜沧江水电股份有限公司检修分公司 云南 昆明 650200)

【摘 要】 导叶接力器是调速器的执行机构，接力器控制水轮机调速环（控制环）调节导叶开度，以改变进入水轮机的流量。本文以澜沧江流域某电厂导叶接力器活塞杆螺纹受损问题为切入点，提出了改造建议，为水电厂同类型问题处理提供借鉴经验。

【关键词】 导叶接力器；控制环；活塞杆；受损

1 引言

接力器是水轮机调速器最重要的执行机构之一，控制水轮机控制环调节水轮机导叶开度，改变进入水轮机的流量，对机组调整有功负荷起着至关重要的作用。接力器固定在浇注于水轮机机坑壁上的基础法兰上，接力器活塞杆及推拉杆通过圆柱销与控制环连接，控制环通过连杆和转臂与导叶联系。

澜沧江流域某电厂接力器共5台套，每台机组有1台套，1台套接力器包括1台带自动锁定接力器和1台带手动锁定接力器。

2 存在的问题

2013年11月21日，在进行该电厂5号机B级检修导叶接力器端盖密封漏油处理，导叶接力器活塞杆M250×4锁定螺母拆除过程中，接力器活塞杆螺纹、锁定螺母、推拉杆接头受损。经对活塞杆受损螺纹进行处理后，11月24日在旋转退出锁定螺母至端口30mm左右时，锁定螺母已无法旋出，11月26—28日对锁定螺母靠活塞杆端头部位进行切割（切割厚度45mm），发现活塞杆离端头30～75mm处螺纹有不同程度受损。

2014年12月7日至2015年3月6日进行5号机C＋级检修，接力器活塞杆更换为本次机组检修专项项目。2015年1月18日回装5号机组导叶接力器推拉杆接头，推拉杆接头旋入活塞杆杆头120mm时出现卡涩现象，将推拉杆接头旋出后检查发现活塞杆及推拉杆接头丝牙均有损坏，活塞杆与推拉杆损伤图如图1、图2所示。

2017年12月20日，在进行该电厂3号机C级检修，对控制环抗磨板检查处理过程中需拆除两个导叶接力器活塞杆与推拉杆接头的螺纹连接。在工作人员将活塞杆裸露处螺纹油漆清除后，检查发现1号接力器活塞杆与推拉杆接头连接处螺纹露出丝牙部分第八牙

图 1　活塞杆丝牙损伤

图 2　推拉杆接头丝牙损伤

处有损坏变形，如图 3 所示。

图 3　接力器活塞杆螺纹第八牙严重变形及磨损

鉴于发现调速器 1 号接力器活塞杆与叉头连接螺纹露出丝牙部分第八牙损坏变形的缺陷，2017 年 12 月 20 日检修单位相关专业人员与电厂相关人员共同现场确认后，将 3 号机组控制环抗磨板检查处理项目方案中拆除 1 号接力器活塞杆与推拉杆连接螺纹工序修改为 1 号接力器整体拆除。

综上所述，该电厂从投产以来，机组检修时发现接力器推拉杆接头和活塞杆经常容易咬死、接力器推拉杆接头和活塞杆拆除和回装过程中连接部分螺纹容易损坏问题，严重影响机组检修质量和机组安全稳定运行，为了保证接力器的正常运行，需利用检修期对接力器进行改造处理。

3 原因分析

结合发现的问题，经分析讨论，总结主要原因如下：

（1）活塞杆材料材料为 1Cr13，活塞杆螺纹硬度不够，螺纹容易咬死。

（2）推拉杆接头材料为 ZG20SiMn，推拉杆接头重量大，增加安装及拆除过程中螺纹咬死的概率。

（3）活塞杆和推拉杆接头螺纹为 M250X4mm，细牙结构，增加安装及拆除过程中螺纹咬死的概率。

（4）锁定螺母与活塞杆、推拉杆接头与活塞杆未进行预装，在活塞杆丝牙旋入推拉杆接头过程中，丝牙相互摩擦及研磨产生金属屑，旋转过程中金属屑在丝牙中积累。当金属屑累积到一定量时会造成丝牙之间摩擦增大，丝牙也随之挤压变形，产生的金属屑附着于丝牙内部，影响了丝牙的配合精度，继续旋转会造成丝牙损伤。

4 改造方案及改造具体思路

委托接力器厂家重新加工制造一台套导叶接力器，利用机组检修机会更换某 1 台机组的原接力器。原接力器拆除后将接力器整体返回接力器厂家进行接力器活塞杆和推拉杆接头的改造：主要包括重新加工连接法兰、推拉杆接头、锁紧螺母、活塞杆，更换接力器所有密封件，改造完成后利用机组检修机会更换第 2 台机组的原接力器，其余机组依次更换。

（1）活塞杆材料由原来的 1Cr13 改为 42CrMo，通过增加活塞杆螺纹硬度，而减小螺纹咬死问题。

（2）推拉杆接头材料由原来的 ZG20SiMn 改为 ZG310-570，通过增加材料机械性能，减小推拉杆接头尺寸，减轻重量。

（3）塞杆螺纹由原来的 M250X4mm 改为 M250X6mm，细牙改为粗牙。

（4）改造推拉杆与活塞杆连接形式，连接法兰与活塞杆螺纹连接，推拉杆接头通过 16-M36 外六角螺栓与连接法兰连接。在调节压紧行程时，由于推拉杆接头解体，主要重量被解体出去，减少活塞杆螺纹咬死的概率。

（5）连接法兰直径为 640mm，推拉杆接头厚度 610mm，现场测量推拉杆接头与控制环最小距离为 40mm，外形单边增加 15mm 与控制环不干涉。

（6）推拉杆接头中心孔改为通孔，方便现场安装和观察。

（7）M36 外六角螺栓与推拉杆接头拧紧深度为 55mm，保证 1.5 倍螺纹深度。

（8）连接法兰的外圆增加 4 个直径 30mm、深 45mm 的旋转工装孔。

（9）推拉杆接头调整台阶深度为 30mm。

（10）连接法兰调整压紧行程距离为 ±20mm。

（11）考虑到现场机组振动比较大，采用防松垫圈，减少振动对 16－M36 螺栓的影响。

5 接力器推拉杆接头改造相关设计计算

5.1 接力器技术参数

接力器技术参数见表 1。

表 1　　　　　　　　　　　　接 力 器 技 术 参 数

推力	3575kN	工作压力	6.3MPa
拉力	3159kN	试验压力	8.5MPa
接力器缸径	850mm	安装距	4271.5mm
活塞杆杆径	290mm		
设计行程		743＋10（调整行程）＝753mm	

5.2 主要零部件材料的化学成分和机械性能

5.2.1 主要零部件使用材料

接力器主要零部件使用材料见表 2。

表 2　　　　　　　　　　接力器主要零部件使用材料

推拉杆接头	铸钢 ZG310－570/焊接 Q345B	连接法兰	35CrMo
锁紧螺母	35CrMo	活塞杆	42CrMo

5.2.2 材料的化学成分

接力器主要零部件使用材料化学成分见表 3。

表 3　　　　　　　　接力器主要零部件使用材料化学成分

成分	C	Mn	Si	S	P	Cr	Ni	备　注
ZG20SiMn	0.12～0.22	1.00～1.30	0.06～0.08	≤0.035	≤0.035		≤0.40	JB/T 6402—1992
ZG310－570	≤0.50	≤0.90	≤0.60	≤0.04	≤0.04	≤0.35	≤0.30	GB/T 11352—1989
1Cr13	≤0.15	≤1.00	≤1.00	≤0.030	≤0.035	11.5～13.5		GB/T 1221—1992
42CrMo	0.38～0.45	0.50～0.80	0.17～0.37			0.90～1.20		GB/T 17107—1997
35CrMo	0.32～0.40	0.40～0.70	0.17～0.37			0.80～1.10		GB/T 17107—1997

5.2.3 材料的机械性能

接力器主要零部件材料的机械性能见表 4。

参　数	抗拉强度	屈服强度	断后伸长率	断面收缩率	冲击功	硬度	热处理状态
ZG20SiMn	≥510Mpa	≥295Mpa	≥14％	≥30	≥39J	156	正火
ZG310－570	≥570Mpa	≥310Mpa	≥15％	≥21	≥15J	156	正火
1Cr13	≥540Mpa	≥345Mpa	≥25	≥55	78	≥150	调质
42CrMo	≥690Mpa	≥460Mpa	≥15％				调质
35CrMo	≥685Mpa	≥490Mpa	≥15％	≥40	≥39J	207～269	调质

表 4　　　　　　　　　　　　　接力器主要零部件材料机械性能

5.3　接力器结构参数的校核

1. 推拉杆接头强度计算

原推拉杆接头材料为 ZG20SiMn，改为 ZG310－570。

推拉杆接头（ZG310－570）的宽度计算公式为

$$EW = \frac{F}{d[\sigma_c]} \tag{1}$$

式中　EW——推拉杆接头的宽度，m。

F——活塞杆最大输出力，N，$F = 3159 \times 10^3 N$；

d——连接销直径，m，$d = 0.322m$；

$[\sigma_c]$——推拉杆接头材料的许用压应力，Pa；$[\sigma_c] = \sigma_b/5 = 114 \times 10^6 Pa$。

将以上各值代入计算公式，得 $EW = 0.086m = 86mm$，实际推拉杆接头宽度 213mm，满足要求。

2. 螺钉连接强度计算

连接法兰（35CrMo）与推拉杆接头（ZG310－570）采用螺栓连接，为 16 个 M36X140 内六角螺钉（10.9 级）。

螺钉螺纹处拉应力为

$$\sigma = \frac{4KF}{\pi d_1^2 Z} \tag{2}$$

螺钉螺纹处切应力为

$$\tau = \frac{K_1 K F d_0}{0.2 d_1^3 Z} \tag{3}$$

式中　F——推拉杆接头所受最大力，N，取值 $3159 \times 10^3 N$；

K——螺钉螺纹处拧紧系数，取 $K = 1.4$；

K_1——螺钉螺纹内摩擦系数，取 $K_1 = 0.12$；

d_0——螺钉螺纹外径，m，$d_0 = 0.036m$；

d_1——螺钉螺纹内径，m，$d_1 = d_0 - 1.0825t = 0.03167m$；

Z——连接法兰螺钉数，$Z = 16$；

n——安全系数，取 $n = 1.8$。

将以上各值代入计算公式，得 $\sigma = 351 \times 10^6 Pa$ $\tau = 188 \times 10^6 Pa$。

螺钉螺纹处合成应力 $\sigma_n = \sqrt{\sigma^2 + 3\tau^2} = 479 \times 10^6 Pa$，$\sigma_n \leqslant [\sigma]$，连接法兰螺钉强度满足

强度要求。

3. 活塞杆最薄弱处的计算

活塞杆最薄弱处直径计算公式为

$$d_{min} = 1.13\sqrt{\frac{F}{[\sigma]}} \qquad (4)$$

式中 d_{min}——活塞杆最薄弱处直径，m；

F——活塞杆所受最大拉力，N，$F = 3159 \times 10^3 \text{N}$；

$[\sigma]$——活塞杆材料的许用应力，Pa，$[\sigma] = \sigma_s / n = 170 \times 10^6 \text{Pa}$。

将以上各值代入计算公式，得 $d_{min} = 0.154 \text{m} = 154 \text{mm}$，实际接力器活塞杆最薄弱处为 M240X4 螺纹退刀槽处（直径 234mm），满足要求。

综合以上计算结果，故改造方案可行。

6 结语

接力器对于水电厂机组安全稳定运行的重要性不言而喻，电厂机组已多次出现类似问题，且部分机组检修完成后又重复出现类似问题，以往只是通过修复处理来解决，并未彻底消除检修过程中的安全隐患。后续机组运行及检修过程中，尤其对于重复发现的问题，应找出问题关键，研究分析提出改造建议，使得问题得以彻底解决。

白莲河水电站转轮改造研究

龙良民

(中国电建集团中南勘测设计研究院有限公司 湖南 长沙 410014)

【摘 要】 本文对白莲河水电站 3 台机组的转轮改造进行了分析和研究，针对 3 台机组的不同特点，提出了相对更为经济的改造方案，通过对转轮改造中的不稳定因素分析对比，提出了避免动静干涉的措施，通过 CFD 分析，在确保稳定性的前提下择优选取了改造转轮的目标参数。

【关键词】 转轮改造；转轮模型；动静干涉；有限元分析；CFD 分析

1 引言

目前我国的中小型水电站总装机容量达 3200 万 kW 以上。由于以前的设计问题和设备的制造工艺水平较差，所以很多老电站存在出力达不到铭牌出力、制造质量差、安全生产隐患多的问题。此外，我国早期编制水轮机模型转轮型谱中可供选择的转轮型号少，不少中小型水电站只能"套用"相近转轮，因而机组性能参数偏离电站实际运行参数，导致水轮机偏出最优工况区运行，造成机组运行效率低、耗水量多、振动及噪声大及发电损失大，使水轮机使用寿命大大缩短。建于 20 世纪 60 年代的白莲河水电站即存在类似的问题，为了保证安全生产，急需进行技术改造。

2 工程概况

白莲河水电站位于湖北省浠水县境内，于 1958 年 8 月开工兴建，为引水式电站，共装有 3 台单机容量为 1.5 万 kW 立轴混流式水轮发电机组。

第一台机组（3 号机组）于 1964 年 7 月投产，2 号机组、1 号机组分别于 1965 年 7 月和 1973 年 3 月发电。在 1992—1995 年，3 台机组的转轮陆续进行了改造，转轮由 HL211 型均已改为 HLD75B 型，目前机组参数如下：

水轮机型号为 HLD75B - LJ - 225，转轮直径为 2.25m，额定出力为 15.7MW；配套的发电机为立轴悬式、三相、空冷发电机，型号为 SF18000 - 28/550，额定转速为 214.3r/min。

HLD75B 型转轮为东方电机厂开发，此型号转轮是在 D74 的基础上，将其上冠抬高（对提高单位流量有利）定型而成，有 14 片叶片，叶片采用 ZG0Cr13Ni4Mo 不锈钢，上冠、下环均采用铸钢 ZG20SiMn 组焊而成。

D75B 和 HL211 的主要模型参数见表 1。

表 1   D75B 和 HL211 的主要模型参数表

转轮型号	推荐使用水头 H/m	b_0	最 优 工 况				限 制 工 况			
			n_{110} /(r/min)	Q_{110} /(m³/s)	η_0 /%	σ_0	n_s /(m·kW)	Q_{11} /(m³/s)	η /%	σ
HL211	约 100	0.3	66	0.98	89.5	0.13	225	1.105	88	0.165
D75B	约 70	0.28	79	1.08	92.7	0.123	261	1.247	89.4	0.143

目前的基本技术参数见表 2。

表 2   水轮机目前基本技术参数

项 目	目前参数	项 目	目前参数
水轮机型号	HLD75B－LJ－225	额定点效率 η_r	88.0%
型式	立轴混流式水轮机	额定流量 Q_r	40.5m³/s
转轮直径 D_1	2.25m	额定出力 N_r	15.63MW
额定转速 n_r	214.3r/min	飞逸转速	380r/min
额定水头 H_r	43.40m	安装高程	55.30m
最大水头	46.90m	机组允许吸出高度	1.2m
最小水头	35.10m	实际吸出高度	－1.7m
加权平均水头	43.60m		

3 现有的转轮存在的问题

目前此 3 台机组长期偏工况运行，转轮叶片经过多次补焊，局部产生了变形，造成过流部件的匹配性不佳，导致其效率、空化性能及稳定性都明显变差，严重影响了电站的安全及经济效益。

1 号水轮机导水机构自机组 1973 年 3 月投产以来未曾更换，拟于 2020 年年底进行更换。2 号和 3 号水轮机导水机构分别于 2018 年年底、2015 年年底进行了更新改造，更换后导水机构与原结构尺寸一致（即原 HL211 转轮配套的导水机构）。现有的 D75B 转轮的主要外形尺寸如图 1 所示。

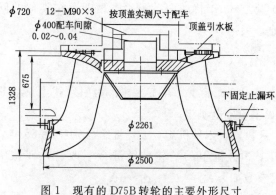

图 1 现有的 D75B 转轮的主要外形尺寸
（单位：mm）

4 转轮和导水机构的改造技术方案

鉴于 1 号水轮机与 2 号、3 号水轮机转轮及导水机构的情况不同，故 3 台机组的改造可分为1号水轮机转轮和导水机构改造方案和2号、3号水轮机转轮改造方案分别进行设计。

（1）针对1号水轮机转轮和导水机构的改造，有以下可行的改造方案：

方案一：重新对转轮进行选型，依据电站现有的运行工况，选择更为合适的转轮型号以及参数，导水机构与新选的转轮进行整体改造更换，其结构尺寸与新转轮相匹配。

方案二：更换现有的转轮和导水机构，改造方案为导水机构按现有的尺寸进行加工（即沿用现有的HL211型导水机构的尺寸和结构），活动导叶数为16片，这样3台机组导水机构可以通用，互换性较好。转轮重新进行选型设计，在与新改造的导水机构（16片活动导叶）匹配的前提下，选取空化性能更好、效率更高的转轮。

由于方案一中的转轮与导水机构整体更新改造，与模型转轮的流道型线一致，有成熟的模型试验资料进行了验证，故安全性更可靠。

由于方案二中旧有的导水机构匹配的是HL211转轮，性能已大大落后，将影响新转轮的各项性能，其流态与转轮的匹配性能欠佳，仅能通过CFD分析，没有成熟的模型试验资料进行了验证，其水力稳定性和空化性能存在一定的不确定性。

故对于1号水轮机的情况，最优的改造方式为转轮和导水机构一起整体改造。

（2）针对2号、3号水轮机转轮改造，由于导水机构已分别于2018年年底和2015年年底进行了更新（原样加工），故转轮改造时不考虑导水机构的更换，以节约投资。

5 改造技术方案具体内容

5.1 模型转轮初步选型

与本工程类似的电站转轮改造情况见表3。

表3 类似电站转轮改造情况

转轮型号	推荐使用水头/m	模型转轮直径 D/m	最优工况					限制工况			导叶			转轮叶片数	单位飞逸转速/(r/min)	水推力系数 K	备注
			n'/(r/min)	Q'/(L/s)	η/%	σ	ns/(m·kW)	Q'/(L/s)	η/%	σ	b0	D0	Z0				
HL211	70.00	0.46	66	980	89.5	0.13	225	1105	88.0	0.165	0.3	1.16	24	14	122	0.35	本电站老转轮
D74 (D75B)	80.00	0.35	79	1080	92.7	0.123	261	1247	89.4	0.143	0.28	1.16	24	14	150.4	0.36	本电站第一次改造转轮
HLX211e	70.00	0.35	69	980	92.9	0.125	221	1150	90.0	0.145	0.3			14		0.34	福建山美电站改造转轮
A712	50.00	0.35	67	1193	91	0.12	232	1415	86.7	0.16	0.3	1.175	16	13		0.32～0.4	河北岗南电站改造转轮
JF3017	75.00	0.35	72.1	1105	94.06	0.121	230.4	1400	87.8	0.15	0.3	1.18	24	15	128	0.34～0.41	云南郎外河电站
JF3063	60.00	0.35	72.5	1105	93.7	0.10	231	1410	87.8	0.155	0.3	1.18	24	14	128	0.34～0.41	钟铁山三级电站

从表3统计分析，类似电站改造项目所采用的转轮主要参数宜处于以下范围：

模型转轮的限制工况的比转速约为 240m·kW，比速系数约为 1600，额定点单位流量 $Q_1'=1.15\sim1.45\text{m}^3/\text{s}$，单位转速 $n_1'=67\sim79\text{r/min}$。限制工况的模型空化系数 $\sigma_\text{m}=0.14\sim0.165$。模型最优效率约为 $91\%\sim94\%$，限制工况点的效率为 $86.7\%\sim90\%$。

各厂家推荐方案见表 4。

表 4　　　　　　　　　　　　　主机厂家转轮改造推荐方案

厂家名称	转轮型号	转轮直径 /cm	模型最优效率 /%	额定转速 n_r/(r/min)	比转速 n_s	比速系数 K	适用机组
A	LLT69A	225	94	214.3	240	1584	1
	LLT69B	225	93	214.3	240	1584	2、3
B	L4140	225	95	214.3	240	1584	1~3
C	JF3063	225	93.7	214.3	240	1584	1~3
D	TF75D	225	—	214.3	240	1584	1~3
E	DF3057	225	94.06	214.3	240	1584	1~3
F	JF3017A	225	94.08	214.3	240	1584	1~3

B~F 厂的方案均针对 1~3 号水轮机采用同型号转轮，由于 2 号、3 号水轮机真机导水机构不更换，其转轮与导水机构的匹配性与模型转轮有一定的差异，故其真机在各种工况下的效率会降低 $0.5\%\sim0.8\%$。

可选的图 2~图 4 中的典型转轮模型曲线。

从效率、运行稳定性、空化性能等方面考虑，选定 3 台机组的模型转轮主要目标参数见表 5。

表 5　　　　　　　　　　　　1~3 号水轮机模型转轮主要目标参数

推荐使用水头/m		~60
模型转轮直径/mm		350
导叶相对高度/m		0.3
导叶数量/片		24
最优工况	最优单位转速/(r/min)	72.5
	最优单位流量/(m³/s)	~1.1
	最高效率/%	≥93.5
	临界空化系数	≤0.12
限制工况	单位流量/(m³/s)	~1.4
	效率/%	≥88
	空化系数	≤0.15
最大单位飞逸转速/(r/min)		~128
水推力系数		0.34~0.4

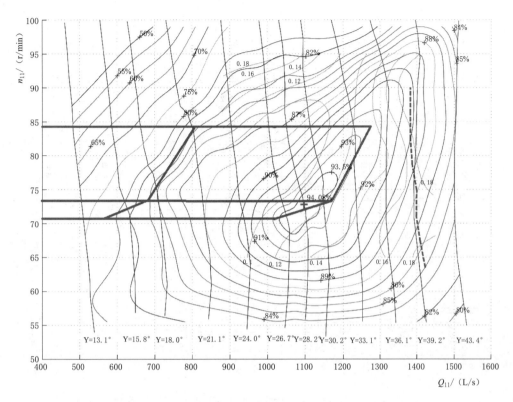

图 2　JF3017A-35 模型综合特性曲线（用于 1～3 号水轮机）

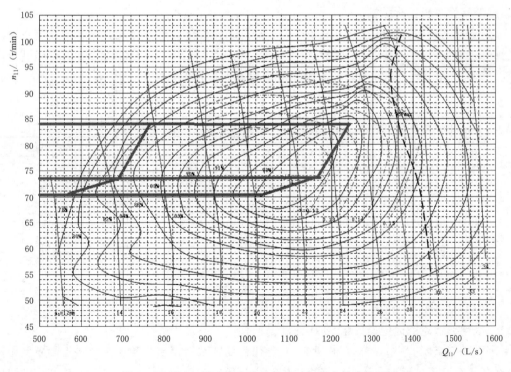

图 3　LLT69A 模型综合特性曲线（用于 1 号水轮机）

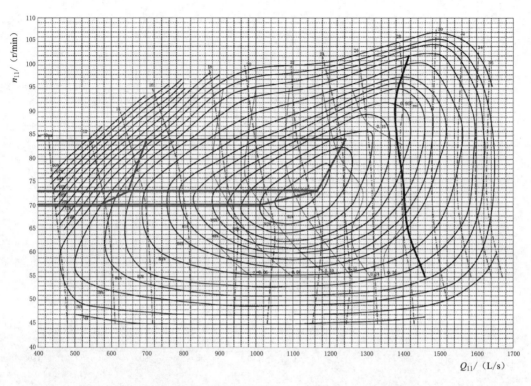

图 4 LLT69B 模型综合特性曲线（用于 2 号、3 号水轮机）

5.2 新转轮真机目标参数

新更换的转轮应保证在原有流道下有较好的稳定性能，且相比现有的转轮其抗空蚀性能良好，更高的效率及出力，更能适应电站现有的运行工况，1 号新转轮的主要真机参数推荐表 6。2 号、3 号水轮机新转轮的主要真机参数推荐表 7。

表 6 1 号水轮机新更换转轮主要推荐参数

项　目	单位	推荐值
转轮直径	m	2.25
水轮机出力	kW	≥15700
转速	r/min	214.3
额定效率	%	≥92.5
最高效率	%	≥94
额定工况点允许吸出高度	m	≥1.2

表 7　2 号、3 号水轮机新更换转轮主要推荐参数

项　目	单位	推荐值
转轮直径	m	2.25
水轮机出力	kW	≥15700
转轮叶片数	片	14
转速	r/min	214.3
额定效率	%	≥91.5
最高效率	%	≥93.5
额定工况点允许吸出高度	m	≥1.2

5.3 水轮机转轮的优化设计和 CFD 分析

HLD75B 转轮是东方公司 20 世纪 90 年代初期的水力模型，和现在同水头段模型相比已经非常落后了。目前，采用计算机流体动力学研究工具-CFD 分析技术，对水轮机转轮

改造进行仿真。

利用三维软件将原机组蜗壳、固定导叶和新转轮活动导叶、新转轮以及原机组尾水流道进行实体建模。水轮机三维物理模型及域的划分如图 5 所示。

对于 1 号水轮机，现以 A 厂的 LLT69A 为例进行 CFD 分析，对于 2 号、3 号水轮机转轮以 LLT69B 为例进行 CFD 分析，上述两种转轮均以 HL（LLT69）转轮为基础进行适当修型改造而来。

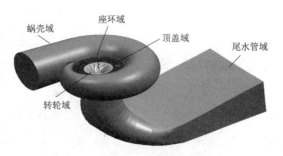

图 5　水轮机三维物理模型及域的划分

将新的水轮机 HL（LLT69A）- LJ - 225 和 HL（LLT69B）- LJ - 225，从蜗壳进口到尾水管扩散段出口的三维实体模型输入到流体 CFD 分析软件中进行优化设计和流场分析。优化分析的主要内容如下：

（1）流速分布。水轮机流道的流速分布图如图 6 所示。

图 6　水轮机流道的流速分布图

分布图显示从蜗壳进口到尾水出口全流道流线分布均匀，局部流线紊乱的地方较少。转轮内部流速分布如图 7 所示。尾水管流速分布如图 8 所示。

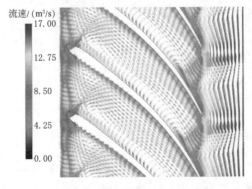

图 7　转轮内部流速分布

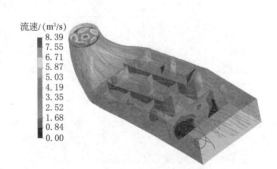

图 8　尾水管流速分布

（2）压力分布。转轮内部压力分布如图 9 所示。

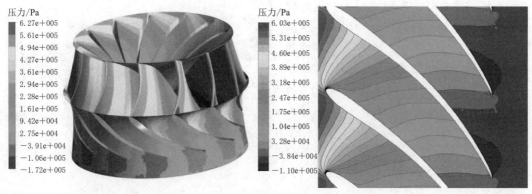

图 9　转轮内部压力分布

（3）压力脉动。转轮前活动导叶后压力脉动如图 10 所示，尾水管进口压力脉动如图 11 所示。

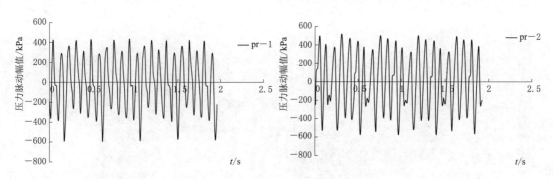

（a）活动导叶后pr-1压力脉动幅值图　　　　　　　（b）活动导叶后pr-2压力脉动幅值图

图 10　转轮前活动导叶后压力脉动

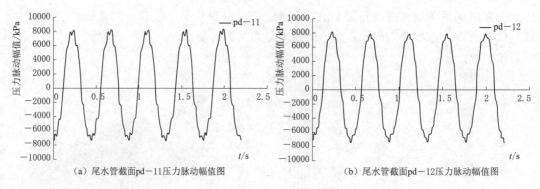

（a）尾水管截面pd-11压力脉动幅值图　　　　　　（b）尾水管截面pd-12压力脉动幅值图

图 11　尾水管进口压力脉动

LLT69 转轮叶片流道能基本和原转轮叶片流道吻合，只是出水边稍微长了 50mm。为了不动原机组尾水结构，减少现场改造工作量，对叶片进行了修型（修型后的转轮型号为 LLT69A），以便新转轮叶片流道能完全符合原机组机坑。导叶采用与 LLT69 转轮模型完全相同的叶型，导叶具有自关闭趋势。活动导叶数量由原来的 16 片增加到 24 片，以使转轮前流道与模型完全相符，水流能均匀流入转轮。

对于 2 号、3 号水轮机转轮的改造，由于其导水机构已分别于 2018 年 11 月和 2015 年年底进行了更换，导叶数仍为 16 片，为了避免动静干涉引起的振动，新转轮选型时叶片数应采用 14 片。为了使改造后水轮机整个流场压力和流速分布均匀、尽量减少叶片进水边头部脱流和出水边附近局部低压，同时减少叶道涡和转轮前压力脉动，提高转轮的抗空化性能，叶型优化主要在 LLT69 基础上对叶片进水边（头部）和出水边（尾部）做了修型处理，改进后的转轮型号为 LLT69B。

转轮等效应力分布如图 12 所示。通过对转轮应力分析得知：转轮最大应力出现在叶片正面出水边靠近上冠处，即说明该处最容易产生裂纹等缺陷。针对此问题，通常在该处开一 U 形槽，或者在该处增加 1 个三角块，从而转移应力集中点，降低应力值。改造前后的转轮外形对比如图 13 和图 14 所示。

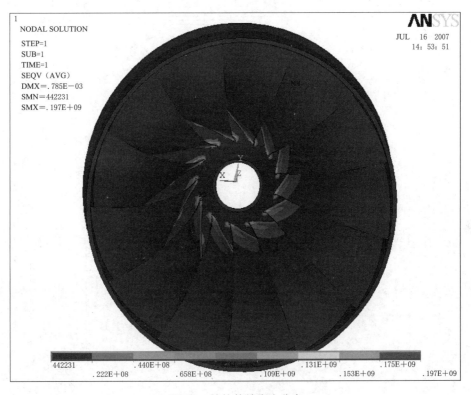

图 12　转轮等效应力分布

6　改造中的注意事项

6.1　现有接力器行程校核

现有接力器行程为 265mm，根据对现有导水机构导叶布置的分析可知，导叶最大转角为 33.75°。

1 号水轮机改造后，新的导水机构采用与模型转轮相同的导叶型式和数量，即新的导

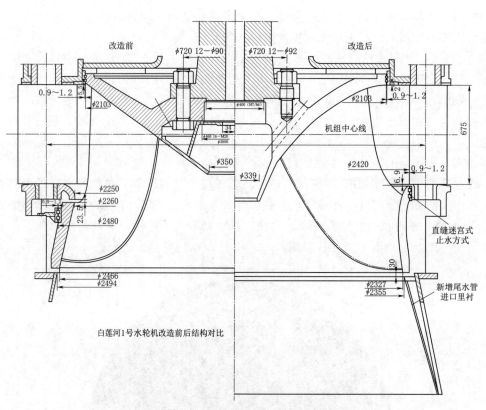

改造前 | 改造后

$\phi720\ 12-\phi90$　$\phi720\ 12-\phi92$

$\phi2103$

$\phi400\ (H7/h6)$

机组中心线

$\phi2103$ 0.9~1.2

675

34

$\phi460\ 16-M20$
$\phi2650$

$\phi2420$

6.9 0.9~1.2

$\phi350$

0.9~1.2

$\phi339$

$\phi2250$
$\phi2260$

23.5

$\phi2480$

直缝迷宫式
止水方式

$\phi2466$
$\phi2494$

30

$\phi2327$
$\phi2355$

新增尾水管
进口里衬

白莲河1号水轮机改造前后结构对比

图13　1转轮改造前后的结构对比

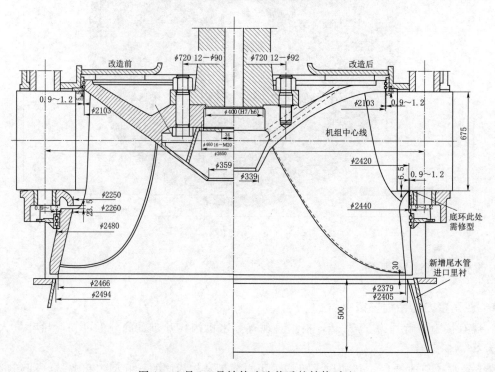

改造前 | 改造后

$\phi720\ 12-\phi90$　$\phi720\ 12-\phi92$

$\phi2103$ 0.9~1.2

$\phi400\ (H7/h6)$

机组中心线

$\phi2103$ 0.9~1.2

675

34

$\phi460\ 16-M20$
$\phi2650$

$\phi2420$

6.5 0.9~1.2

$\phi359$

$\phi339$

$\phi2250$
$\phi2260$

0.9~1.2

23.5

$\phi2480$

$\phi2440$

底环此处
需修型

$\phi2466$
$\phi2494$

30

$\phi2379$
$\phi2405$

新增尾水管
进口里衬

500

图14　2号、3号转轮改造前后的结构对比

水机构技术参数为：分布圆直径为 2650mm；导叶型式为负曲率；导叶数量为 24 片；导叶最大开度为 180mm；导叶最大转角为 40°；导水机构整体改造后接力器行程大约需要 315mm（图 15）。

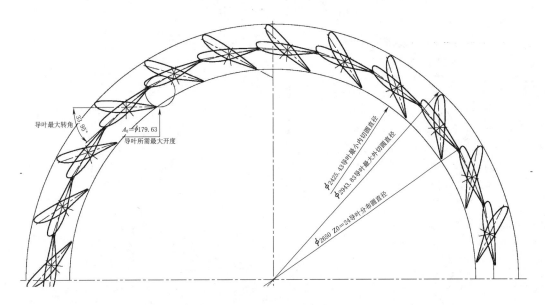

图 15　1 号转轮及导水机构改造后接力器行程示意图

因此，现有接力器最大行程 265mm 只能使导叶转动 33.75°，不能满足新的导水机构的要求。对此，有两种解决方案：第一方案为更换接力器，使接力器行程满足要求；第二方案为更换控制环，通过新控制环的结构设计来调节控制环大、小耳环间转角，以达到接力器行程不变而增加导叶的开关角度。

考虑到目前现有的接力器运行状况良好，更换接力器成本过大，故本次改造采用第 2 方案，即更换 1 套新的控制环，以达到接力器行程不变而增加导叶的开关角度的目的。

6.2　2 号、3 号水轮机现有导水机构中底环和活动导叶修型

新转轮下环进口型线与原转轮相差比较大，底环与转轮之间无法采用压盖式结构进行配合，需要改成直缝式的配合方式，因此，需要对底环出口进行局部修型。

2 号、3 号水轮机现有导水机构的活动导叶为 16 片，导叶型式为正曲率，分布圆直径 2650mm。

6.3　2 号、3 号水轮机现有导叶最大开度校核

2 号、3 号水轮机改造后，需要对原导叶最大开度是否满足新转轮的要求进行校核。

由图 16 可知，在最大导叶开度下，导叶的转动角度为 33.75°，导叶最大出流角为 32.24°。

由于真机和模型的导叶型线不同，不能直接用公式进行换算。大量的模型试验结果表明，转轮相同而导叶型线不同时，相同导叶开度，水轮机的流量不同，但出流角相同时，

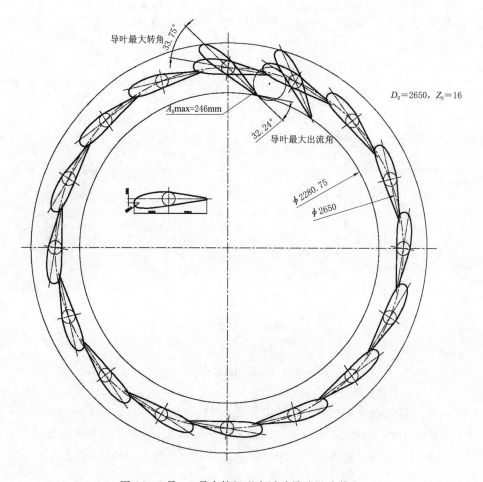

图 16 2 号、3 号水轮机现有活动导叶尺寸装配

水轮机的流量很接近。因此，对不同型线导叶开度进行校核时，工程实践中，都采用出流角进行校核。

由图 17 可知，当出流角为 32.24°时，模型导叶开度为 26.97mm。而通过水轮机的运行范围推导出的在运行范围内所需的最大模型开度为 30mm，因此，原导水机构的最大导叶开度能够满足新转轮的要求，2 号、3 号机组的接力器及控制环可不更换。

7 结语

目前国内很多老电站都在进行转轮改造，制约因素多、难度大，转轮改造涉及安全稳定，要选用匹配性好的转轮。要把稳定性放第一位，同时要兼顾经济性。通过 CFD 流体分析选取最佳的水力匹配转轮。对于不容易改造的部件，可进行局部修形。此外，转轮改造带来相关参数的变化，改造时应对各种可能引起的变化进行复核，以确保改造的成功。

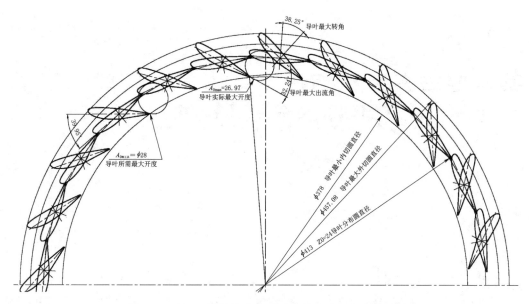

图 17　2 号、3 号转轮改造后活动导叶运行角度分析图

参 考 文 献

[1]　严利，熊朝坤，余波，王辉. 小型水电站水轮机改造研究与实践 [J]. 中国农村水利水电，2010（10）：108－110.

某水电站多台机组进水口事故闸门联动下滑事件的分析和改进

刘殿程　董　勤　付烈坤

（华能澜沧江水电股份有限公司　云南　昆明　650206）

【摘　要】 本文介绍了某水电站一起多台非检修机组的进水口事故闸门受关联影响而联动下滑的异常事件，首先通过控制系统所报故障进行反推，再结合异常事件的现象逐步深入分析并确认原因，总结事件处置过程中的操作不当之处，针对液压启闭机泵站"一站多机"布置存在的不足提出改进方案，经实施改造后，消除了事故闸门联动下滑的隐患，完善了事故闸门油箱检修、液压阀组检修和油泵检修的条件。行业内有部分水电站的进水口事故闸门液压启闭机泵站是采用"多机一站"布置的，本文的分析可供类似水电站参考和借鉴。

【关键词】 水电站；水轮发电机组；进水口；事故闸门；快速闸门；联动；下滑

1　引言

水电站的引水发电系统通常在进水口设有事故闸门和检修闸门，对于坝后式电站，为对机组实行事故保护，其进水口一般应设置快速闸门和检修闸门。快速闸门是能在规定时间内快速关闭的事故闸门，其关闭时间不应超过机组在最大飞逸转速下持续运行的允许时间，快速闸门启闭机应满足快速关闭孔口的时间要求，并应设有限速装置。

某坝后式水电站共有五台混流式水轮发电机组，每台机组进水口设一扇事故闸门，当机组发生事故时，可紧急关闭事故闸门切断压力钢管水源。该电站在开展一次检修机组的进水口事故闸门落门操作过程中，发生了多台非检修机组进水口事故闸门受关联影响而同时下滑的异常事件。

2　设备概况

该电站机组进水口闸门孔口尺寸宽 9.0m、高 12.4m，事故闸门为平板滑动闸门，闸门设计水头 37.0m。进水口事故闸门液压系统由一套泵站、5 台液压启闭机和相关阀组构成，为"一站五机"形式。其中泵站有一个油箱、两台油泵，通过系统压力油总管、回油总管、无杆腔补油总管与 5 台机组的液压启闭机连接，通过每台机的三位四通电磁换向阀切换油路来实现启闭机的开启、关闭。

启闭机开腔（下腔、有杆腔）油管路上设置有开腔供排油阀，设置有外泄型液控单向阀用于实现液压锁定、设置了节流阀实现快速闭门时的限速，并设置 13.0MPa 超压保护的泄压阀。启闭机关腔（上腔、无杆腔）油管路上设置有关腔供排油阀、单向阀，并设置 1.0MPa 背压阀，如图 1 所示。开腔管路和关腔管路之间安装了截止阀用于手动缓慢闭门操作、设置了插装阀用于自动快速闭门操作。插装阀的控制油取自启闭机开腔供排油阀与液控单向阀之间，正常闸门持住状态时其控制油压为启闭机开腔压力，当自动速闭电磁阀动作时，插装阀的控制压力被排泄往回油管，启闭机的开腔与关腔通过打开的插装阀直接连通形成差动回路，实现快速闭门，快速闭门时间约为 2min 40s。管路阀组如图 2 所示。

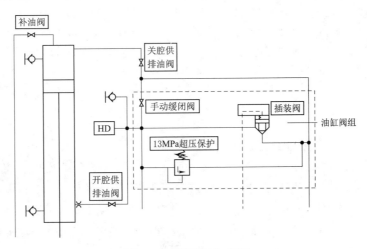

图 1　启闭机和油缸阀组

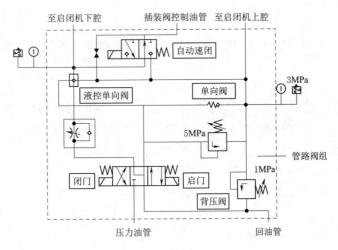

图 2　管路阀组

3　事件概况

事件发生前，1 号机组正在检修，2 号、3 号机组并网运行，4 号、5 号机组停机备用。2 号、3 号、4 号、5 号机进水口事故闸门在全开位置。因工作需要，1 号机进水口事故闸门已保持"全开"状态 44 天。

因 1 号机组进水口事故闸门控制系统检修工作需要，运行操作人员进行 1 号机进水口事故闸门现地自动全关操作。在开启 1 号启闭机开腔供排油阀后，中控室运行值班员发现 2 号、3 号、4 号、5 号机组进水口事故闸门同时下滑。运行操作人员接到通知后立即关闭 1 号启闭机开腔供排油阀，并至进水口事故闸门控制室，进行 2 号机进水口事故闸门提门操作。操作时发现液压泵站 1 号、2 号油泵均无法正常启动，检查发现事故闸门泵站控制柜 PLC 报"一类故障"告警，且无法复归。

2 号、3 号、4 号、5 号机进水口事故闸门在下滑约 10min 之后停止下滑，机组进水口事故闸门开度分别为：2 号机 52.8%、3 号机 57.6%、4 号机 32.3%、5 号机 60.4%。

机组进水口事故闸门停止下滑后，对泵站控制柜 PLC 断电重启，"一类故障"告警在重启后复归，油泵启动正常，随后进行手动提门操作，2 号、3 号、4 号、5 号机进水口事故闸门恢复全开。事件过程中机组负荷未受影响。

4 原因分析

4.1 自动提门功能失效及油泵无法启动原因

经检查，泵站控制柜 PLC 报"一类故障"的原因为无杆腔压力超压动作（＞3.0Mpa），"一类故障"报警闭锁泵站油泵启动，所以事故闸门液压启闭机下滑复位自动提门功能失效，且故障未复归时无法手动启动油泵。因 1 号启闭机三位四通电磁换向阀在中位 Y 型联通，1 号机无杆腔管路与系统回油总管是联通状态，无杆腔超压意味着系统回油总管压力异常升高。

4.2 回油管压力升高原因

因 1 号启闭机开腔供排油阀长时间关闭，切断了插装阀控制油口的压力油源，插装阀控制油管路的压力下降导致插装阀的阀芯处于失压打开状态。当打开 1 号启闭机开腔供排油阀时，理论上，开腔的压力会传导至插装阀 B 口、插装阀 X 口（控制口），X 口建压后插装阀阀芯会关闭，阻止开腔的油从插装阀 A 口流出。

开腔供排油阀为球阀，开启阀门时需要克服阻力，几乎是瞬间从全关到全开，启闭机开腔的油大量涌出。由于插装阀的电磁阀布置在泵站内，控制油路长约 75m，而插装阀本体与开腔供排油阀布置在一起，均在事故闸门启闭机油缸旁，故实际上在开腔压力经控制油路传导至插装阀 X 口之前，开腔的压力油有一部分已从插装阀 A 口流出，由于此时关腔供排油阀尚未开启，油流无法分流至启闭机关腔，全部经过关腔管路单向阀与处于中位的三位四通电磁换向阀、背压阀两条路径流至系统回油总管，因回油总管管径较小存在节流作用及回油总管滤芯通流能力有限，油流形成液压冲击使系统回油总管内的压力瞬时升高。

4.3 事故闸门联动下滑原因

回油总管内的压力经过三位四通电磁换向阀中位的 Y 型联通传导至各启闭机液控单向阀的控制口，由于回油总管瞬时高压超过了 2 号、3 号、4 号、5 号启闭机液控单向阀的开启动作值（动作值约 2.0MPa），5 台启闭机的液控单向阀被打开，5 台启闭机开腔内的压力油从开腔供排油阀流出，经过液控单向阀、开腔管路节流阀与处于中位Y型联通的三位四通电磁换向阀流向回油总管，由于各启闭机的回油支管与系统回油总管的尺寸相同，均为$\phi 60 \times 4$，4台启闭机同时下滑致使系统回油总管内长时间保持超过液控单向阀动作值的高压。虽然1号启闭机的插装阀在X口建压后已关闭，且运行操作人员随后关闭了1号启闭机开腔供排油阀，1号启闭机开腔已无油流出，但此时各启闭机开腔液控单向阀已全部打开并形成了自保持打开状态，故2号、3号、4号、5号机组进水口事故闸门持续下滑。

4.4 闸门下滑自动停止原因

在事故闸门联动下滑的过程中，2号、3号、4号、5号启闭机因三位四通电磁换向阀处于中位，关腔管路的逆止阀被系统回油总管传导来的油压顶紧处于关闭状态，从启闭机开腔出来的油无法分流至启闭机关腔，因此，在闸门逐渐下滑的过程中，2号、3号、4号、5号启闭机油缸无杆腔的真空度逐渐增大，同时系统回油总管压力达到峰值后也在持续下降，直至系统回油总管内压力低于液控单向阀开启压力时，液控单向阀开启自保持条件被破坏，液控单向阀关闭，闸门停止下滑。

以上理论分析与该电站多台机组进水口事故闸门联动下滑的各种现象完全吻合。

5　事件中的操作不当之处

事件暴露相关人员对设备不熟悉，应急演练不到位，应急处置方法不正确：一是1号机闸门操作时先开开腔供排油阀、再开关腔供排油阀的开阀顺序不当，容错率低；二是发现四台机组进水口事故闸门下滑后，未能先关闭各启闭机开腔供排油阀使所有闸门停止下滑，而是直接启泵进行2号门提门操作，在发现泵站控制柜报"一类故障"信号闭锁油泵启动且无法复归后束手无策，根据水工钢闸门和启闭机运行规程，闸门运行改变方向时，应先停止，然后再反方向操作；三是闸门下滑自动停止、重启PLC使"一类故障"信号复归后，直接进行启泵提门操作，忽略了"事故闸门在静水中开启"的条件，未考虑闸门下滑到此位置后进行动水提门操作对闸门及启闭液压系统可能造成的危害。

6　一站多机液压系统的不足和改进方案

该电站进水口事故闸门液压系统为"一站五机"形式，只有一个油箱，5个单元间存在相互影响，泵站油泵仅靠单向阀与系统隔离，不满足安全检修条件，且该电站自投产后从无机组全停的机会，从而导致进水口液压泵站投产以后从未具备检修条件，回油滤油器不具备更换滤芯条件、油箱不具备清洁维护条件，严重影响液压系统的安全稳定运行。后续制订方案对进水口事故闸门液压系统进行了改造，以提高进水口事故闸门液压系统的安全性和可靠性。

针对各启闭机液压阀组共用同一回油总管、在三位四通电磁换向阀中位Y型联通下存在系统各单元相互影响的隐患，一是各台液压启闭机回油支管与回油总管间加装单向阀，消除回油总管压力异常升高时对回油支管的影响，如图3所示；二是考虑回油的畅通性，将回油总管管径增至DN80，将原有回油滤油器管径由DN50更换为DN80，并适当调整滤芯的过滤精度，增大回油滤油器的通流能力。

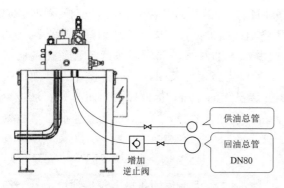

图 3　回油管加装单向阀，增大回油总管管径

油泵检修的条件，达到预期效果。

针对泵站不具备检修条件问题，一是油泵与出口单向阀之间加装检修隔离手阀，如图 4 所示；二是各台液压启闭机供油支管、回油支管与总管间加装检修隔离手阀，如图 5 所示；三是增加一套新油箱（新油箱不含油泵及电机），与原油箱互为备用，并设计必要的连接管路保证满足油箱检修的隔离措施。

进水口事故闸门液压系统经改造后，消除了事故闸门联动下滑的隐患，完善了事故闸门油箱检修、液压阀组检修和

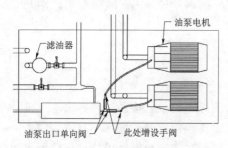

图 4　油泵出口加装检修隔离手阀

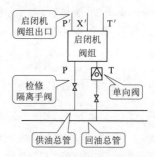

图 5　供油、回油支管加装检修隔离手阀

7　结语

根据水利水电机电设计相关规范，液压启闭机泵站数量根据闸门的运行操作要求，可采用"一机一站"或"多机一站"。行业内有部分水电站的进水口事故闸门液压启闭机泵站采用"多机一站"布置，例如机组在 5 台以内的水电站设置一套液压泵站、机组较多的水电站按一站三机设置。对于现有的"多机一站"泵站系统，应实现每套闸门设置一套独立的电气控制系统，并完善液压系统各启闭机单元运行时的物理隔离措施，完善液压系统检修时的安全隔离措施，确保进水口事故闸门和液压系统运行正常。对于新建设的电站，为确保运行、操作的安全性及维护、检修的便利性，当坝面布置允许时，各台机组进水口事故闸门液压启闭机应设置独立的液压泵站及电气控制系统。

参　考　文　献

[1]　水电站机电设计手册编写组．水电站机电设计手册 金属结构（一）［M］．北京：水利电力出版社，1988．

高分子复合材料修复技术在水电厂设备密封面修复中的应用

王祥

（长沙索康新材料科技有限公司　湖南　长沙　410000）

【摘　要】　高分子复合材料修复技术是一种设备缺陷修复技术，是对工业领域的机械、设备、建筑和结构的腐蚀、磨损、老化、泄漏等进行不动电、不动火的快速现场修复、再造及各类预保护，施工方法简单，成本低。通过几种现场修补工艺的比较介绍了高分子复合材料修复技术的性能特点，详细介绍了高分子复合材料在水电厂顶盖与座环安装面及密封槽修复的实际应用。

【关键词】　高分子复合材料；安装面密封槽缺陷；现场修复技术

1　概述

水电站的水力发电设备等在运行过程中，因各种运行工况及水质不同，都会不同程度地发生磨损、腐蚀、气蚀、拉伤等问题。处理这些问题往往采用更换设备、返厂维修的办法，这些方法处理时间长、程序复杂、效率低、工作强度大、影响生产。近些年，也出现了好些新型现场修复技术，在工作现场对突发事故的重点设备进行安全可靠的维修。通过对几种现场修复工艺的比较，技术人员最后决定选用高分子复合材料修复技术对安装面密封槽进行修复。

2　几种先进的现场修复工艺技术比较

2.1　热喷涂技术

采用"氧—乙"炔焰、电弧、等离子弧、爆炸波等不同热源的喷涂装置，产生高温高压焰流，将要制成涂层的材料如各种金属、陶瓷、金属加陶瓷的复合材料、各种塑料粉末的固态喷涂材料，瞬间加热到塑态或熔融态，高速喷涂到经过预处理（清洁粗糙）的零部件表面形成涂层的一种表面加工方法。使工件提高耐磨性、腐蚀性及恢复原来尺寸。此工艺特点是喷涂工艺简单，参数易于控制，成本低、工期短。但是喷涂层与基体为机械结合存在气孔，且热喷涂层内有大量气体、夹渣、组织粗大，所以其涂层结合强度有限。此外，涂层抗冲击和异物划伤性差，涂层对基体材料性能影响较大。

2.2　激光熔覆技术

激光熔覆，激光熔覆技术作为一种堆焊法（Overlay welding），属于表面改质的类型之一，将金属粉末（powder）或钢丝（wire）与辅助气体一同供应到母材表面上，通过激光热源与合金粉末同步作用于金属表面快速熔化形成熔池，再快速凝固形成致密、均匀并且厚度可控的冶金结合层，熔覆层具有特殊物理、化学或力学性能，从而达到修复工件表面尺寸、强化延长寿命的效果。激光熔覆技术的缺点是受限于熔覆合金材料，其材料种类有限，与基材的熔点差异大的话，难以形成良好的冶金结合。熔覆工艺不可避免地在熔覆层中存在气泡（相比热喷涂更致密，气泡少），成为熔覆层的裂纹源。激光熔覆过程中会存在熔覆层材料成分和组织不均匀的质量问题。

2.3　微区脉冲点焊技术

脉冲点焊就是脉冲点焊设备发出的可控脉冲电流，在补材和工件修复面接触处 $0.5\sim1.0$ mm 范围内，利用接触电阻在瞬间将补材加热并与工件修补部位的基材熔焊在一起而形成补层，从而达到修复目的。这种方法的优点：冶金结合，永不脱落；修复层耐磨性好。缺点：设备较大，不易于操作；修复时间较长，效率较低；脉冲点焊修复工艺价格高；脉冲点焊属于弧焊种类，长时间焊接容易引起工件变形、残余应力水平较高，易产生裂纹现象。

2.4　金属冷熔脉冲焊技术

微弧焊工艺是将电源存储的高能量电能，在电极与金属母材间瞬时高频开释，形成空气电离通道，使高合金电极与母材表面产生瞬间微区高温、高压的物理化学冶金过程，同时在微电场作用下，微区内离子态的电极材料溶渗、扩散到母材基体，形成冶金结合。因为堆焊在微区内快速进行（修复部位在 60℃ 以内），对母材的热输入量极低，焊层的残余应力小至可忽略不计。冶金结合，永不脱落。缺点是效率不高，不适合大面积修补。

以上是几种先进的现场修补技术，但都有其局限性，且修复后，需要进行打磨抛光修型，甚至上车床精加工。而采用高分子复合材料技术进行现场修补，其修复质量、效率相对更高。

3　水轮机顶盖外侧与座环结合面、座环密封槽缺陷修复

3.1　水轮机顶盖外侧与座环结合面、座环密封槽修补前状况

水电厂机组经运行十多年，机组顶盖外侧与座环结合面、座环密封槽已严重锈蚀，整体出现 $1\sim3$ mm 不等蚀坑及密封槽局部缺失，不规则锈蚀坑非常多。其中顶盖安装座环属于金属埋件，只能在机坑现场修复，具体如图 1 所示。

3.2　顶盖外侧与座环结合面、座环密封槽修复施工

（1）采用全站仪或卡尺对顶盖外侧与座环结合面、密封槽进行测量，并进行记录以确认修补厚度及修复方向。

（2）用彩条布等对施工周围环境进行防护，形成简易喷砂房并加装除尘装置，以防作

（a）顶盖外侧与座环结合面　　　　　　　（b）座环密封槽

图 1　腐蚀的座环结合面、座环密封槽

业时产生的沙尘污染厂房其他设备。

（3）预清洁：用钢丝刷、铲刀、抹布对待处理区域进行预清洁，除油、除锈、除垢等。

（4）利用 $615kg/cm^2$ 空气压缩机制风和直径 6mm 口径喷砂设备对边导板进行认真、细致的除锈，所用磨料应清洁干净，喷射用的压缩空气应经过油水分离器，除去油和水分。喷砂致表面粗糙度不小于 $75\mu m$。

（5）吹扫：用压缩空气进行吹扫，彻底把腐蚀孔洞的灰砂吹扫干净。

（6）清洗：用专用清洗剂对已喷砂的表面清洗干净。

（7）现场制作密封槽成型模板。

（8）修补：用高分子复合材料对缺陷区域进行填充、修补并用专用工具尽量刮平。

（9）研磨：待修复材料初步固化后，用抛光机装夹 R40 粗砂纸对修补材料进行磨平。

（10）清洗：专用清洗剂对已磨平的表面进行清洗干净。

（11）边导板施料部位固化后进行测量，检查整个修复面的连贯性与完整性。对高出部位进行精细研磨，对低点进行二次补涂修复材料直至达到设计精度。

3.3　技术参数

高分子复合修复材料是将高分子重反应聚合物及低聚合物与硅钢合金混合，并配以固化剂构成双组分修补剂。现场所用的修补剂是由桶装 A 组分和 B 组分组成，调配时，将双组分混合搅拌均匀即可。当 A、B 两组分修补剂均匀混合后，呈膏状，易涂抹，具有良好的耐侵蚀特性，可修补各种金属设备，尤其是受损严重的机械设备及其零部件。高分子聚合物与金属表面经过物理或化学处理后相互结合，可以在常温下进行固化，4h 可初步固化，4 天完全固化，并具有良好的抗腐蚀特性，该材料在固化期间不会收缩，可形成精确的尺寸和几何形状，且黏接强度高，材料与碳钢的黏接力为 19.2MPa。当其混合固化后，可以修补金属表面不同程度的划伤、机械磨损以及铸造砂眼、裂缝、凹坑等。材料能承受温度和压力波动，冲击和磨损，抗压强度为 91.4MPa。高分子复合材料的技术参数见表 1。

3.4　修复后

高分子复合修复材料的技术参数见表 1。修复后的座环结合面、座环密封槽如图 2

所示。

表1   高分子复合修复材料的技术参数

基料密度	$2.7\sim2.9g/cm^3$	拉伸剪切	低碳钢 $190kg/cm^2$
固化剂密度	$1.63\sim1.69g/cm^3$	抗压强度	自然固化 $94kg/cm^2$
重量混合比（基料：固化剂）	5：1		加热固化 $1055kg/cm^2$
基料与固化剂混合后密度	$2.5g/cm^3$	硬度	肖式D级89
黏接性（劈裂）	低碳钢 $25kg/mm$	耐温性	$-40\sim232℃$

图2　修复后的座环结合面、座环密封槽

4　技术分析

施工过程金属无热加工，不存在热变形和残余应力，无双金属腐蚀，修复材料具有耐磨蚀、耐冲蚀、耐气蚀和抗化学腐蚀等特点。

5　结语

如在水电站厂房内把受损部件缺陷用堆焊处理，从外单位机修厂调运加工车床至水电站，现场进行机加工至标准尺寸，修复费用高达70多万元。而现场用高分子复合修复材料技术现场修复，修复施工仅10余天，人员也仅需4人。高分子修复材料的技术参数和机械性能完全能满足密封面的工作要求，大大缩短了工时，节省了费用，并且施工安全可靠，具有明显的社会和经济效益。

参　考　文　献

[1]　杨立峰，宫成立. 金属工艺学［M］. 重庆：西南交通大学出版社，2007.
[2]　王澜，王佩璋，陆晓中. 高分子材料［M］. 北京：中国轻工业出版社，2009.

辅 机 及 其 他

薄弱电网中大型灯泡贯流式机组
调速器选型分析

方晓红[1] 李雪峰[2] 赵士正[1] 刘文辉[1]

(1. 中国电建集团华东勘测设计研究院有限公司 浙江 杭州 311122;

2. 桑河二级水电设备有限公司 云南 昆明 650214)

【摘　要】 调速器是水电站重要核心控制设备之一。本文通过分析大型灯泡贯流式机组的调节特点,针对薄弱电网中机组稳定运行的要求,提出调速系统控制模式、调速器参数选择的基本原则,以实现大型灯泡贯流式机组在薄弱电网中的稳定运行。

【关键词】 薄弱电网;大型灯泡贯流式机组;调速器;选型

1　引言

灯泡贯流式水电站具有资源利用充分、工程投资少的优势,是开发低水头水能资源最经济的一种开发方式。目前,运行水头 20m 以下的水电站项目优先采用灯泡贯流式机组已在世界范围内形成共识,大容量灯泡贯流式机组在 30m 以下水头的应用已较为普遍。

对于地处"一带一路"沿线的东南亚、非洲等国家,其水电资源丰富,但普遍经济欠发达、电网薄弱,为适应这些国家的电力建设需求,应以最小投资取得最大效益。在投资、工期、效益、灵活性、稳定性、生态友好等方面具有明显优势的灯泡贯流式水电站开发方式具有广阔的应用前景。

华东院设计的东南亚某国一水电站装设 8 台 50MW 灯泡贯流式机组,其装机容量超过全国总容量的五分之一,属于较典型的孤网系统,即所谓"大机小网"系统。通过技术攻关,该电站已于 2018 年 12 月全部投产发电,机组安全稳定运行,并经历了 2019 年夏天连续不停机运行 66 天的考验。调速器是水电站中的重要核心控制设备,其控制方式和参数选择是机组稳定运行的基本条件,本文以该电站为例,分析在薄弱电网中调速器选型设计的基本原则。

2　灯泡贯流式机组的调节特点分析

灯泡贯流式发电机整体浸泡于流道中,受水轮机水力性能的影响,发电机尺寸受限,机组转动惯量较小,相应机组惯性时间常数 T_a 也较小。据国内已建大型灯泡贯流式机组统计,T_a 一般为 1~3s,而常规立式混流式或轴流式机组 T_a 一般大于 5s。

另一方面，灯泡贯流式机组运行水头低、过流量大，水流惯性时间常数 T_w 相对较大。国内部分大型灯泡贯流式机组惯性时间常数 T_a、水流惯性时间常数 T_w 以及机组惯性比率 R_I（R_I 为 T_w 与 T_a 的比值）数据见表1。

表1   国内部分大型灯泡贯流式机组惯性比率

序号	电站名称	额定容量 /MW	最大水头 /m	额定转速 /(r/min)	T_w /s	T_a /s	R_I
1	湖南洪江	45	27.3	136.4	0.90	2.70	0.33
2	陕西蜀河	45	26.3	125.0	0.77	2.33	0.33
3	青海尼那	40	18.1	107.1	2.19	2.30	0.95
4	广西桥巩	57	24.3	83.3	2.23	2.92	0.76
5	广西百龙滩	36	18.0	93.8	1.10	3.40	0.32
6	广西长洲	42	16.0	75.0	3.30	2.87	1.15
7	湖南永兴	12.5	9.9	88.2	3.37	2.50	1.35
8	四川沙坪二级	58	24.6	88.2	1.83	3.38	0.54
9	柬埔寨桑河二级	50	27.9	125.0	1.10	3.50	0.31

由表1可见，灯泡贯流式机组的惯性比率在 0.30～1.30。据统计，混流式机组惯性比率在 0.10～0.36，轴流式机组惯性比率在 0.13～0.49。因此，灯泡贯流式机组的惯性比率比混流式、轴流式机组要大得多，即灯泡贯流式机组具有 R_I 数值大、T_a 数值小和 T_w 数值大的特点，而机组的惯性比率对水轮机调节系统的动态品质起着重要作用。

灯泡贯流式机组在孤网或薄弱电网中运行，存在频率及负荷波动大的问题。同时，由于机组惯性比率数值大，机组稳定域小，功率反调严重，其频率及功率控制问题突出，常规水轮机调节和控制方式难以满足电站安全稳定运行要求。

3 薄弱电网中调速系统对机组稳定运行的作用

欠发达或偏远地区薄弱电网特点：①电网容量小；②网架结构薄弱，难以成网成环，抗风险和抗事故能力薄弱；③负荷分布不均。在薄弱电网条件下，大型灯泡贯流式电站装机容量占比大，不仅对机组自身稳定性要求高，而且要求灯泡贯流式机组作为响应电网调节、保障机组安全稳定运行、促进电网稳定的关键装置的调速系统，需具有更快的负荷频率响应、更大的调节范围、更稳定的运行状态。因此，对于大型灯泡贯流式机组，自身特性是在薄弱电网中稳定运行的决定性因素，配套的调速系统特性则是关键性因素，二者相辅相成，缺一不可。

4 调速器选型分析

针对大型灯泡贯流式机组的调节特点，以及常规设计在薄弱电网中运行存在的问题，本文通过分析研究，提出以下薄弱电网中大型灯泡贯流式机组调速器选型设计基本原则。

4.1 调速器控制模式选择

水电机组调速器的控制方式主要有三种：频率模式、功率模式和开度模式。频率模式主要适用于机组空载或带小负荷运行，开度模式和功率模式主要适用于机组并网运行，即大电网运行方式，以上控制模式主要适用于大型同步电网。对于在孤网或薄弱电网运行的机组，常规单一的控制模式已难以适应各种运行情况的控制。为应对频率振荡，根据电网的转换要求，需要采用灵活适应电网形态的调速系统多模式切换控制方式，从而实现多种模式在线无扰动灵活切换。调速器控制系统增设"小网模式"，以灵活适应"大机小网"及"孤网"运行模式的需求。通过优化小网模式下的调速器参数，兼顾电网转换时频率恢复稳定及动态阻尼性能要求，防止发生频率振荡。

4.2 机组协联控制方式优化

机组在正常运行中，因灯泡贯流式机组为导叶—桨叶双调节结构，调频和调功时，桨叶需跟随导叶联动，即协联关系。协联控制对机组出力有较大影响，协联运行使机组效率最大化。另外，协联关系对机组的稳定可靠性有一定的不利影响，机组在薄弱电网中运行，若按协联关系则桨叶动作频度极高，其不仅对机组结构要求高，而且桨叶的频繁调节会加剧油压内泄，油耗增大，恶化调速器运行条件。因此适当增加桨叶控制死区，同时在机组关机时桨叶停留在某一角度的协联控制方式，以提高桨叶开启时响应速度。

机组在甩负荷等动态过程中，由于灯泡贯流式机组转动惯量小，易出现机组过速、低频灭磁等问题，不利于机组快速并网和系统事故快速恢复。因此，除调速器 PID 控制外，还需考虑导叶、桨叶及两者间的协调控制。

（1）导叶的控制：导叶开度控制机组的流量。受结构限制，灯泡贯流式机组桨叶不允许关闭太快，选择合适的导叶控制规律极为重要。甩负荷时，放大导叶的电气开限（为正常开机时的 2 倍以上），允许导叶在较大范围内调节；当转速开始从最高点回落时，导叶停止关闭，此时由于桨叶关闭较慢，有较大开度，转速仍会继续下降；当机组转速降到额定转速或转速变化率接近零时，投入按转速偏差的 PID 控制规律，机组正常调节到稳定，桨叶在全过程中则按正常关闭规律动作。

（2）桨叶的控制：机组甩负荷时，适当加快桨叶的关闭速度。因桨叶关闭速度较慢，导叶已经关闭到空载以下，桨叶还有较大开度，若此时频率已下降至接近 50Hz，但由于桨叶的开度较大，机组频率仍然会下降。导叶空载时设有电气开限，当导叶到开限位置后便不再开启，这样机组频率很可能会降到 45Hz 以下导致灭磁。因此甩负荷时，适当加快桨叶的关闭速度，同时配合导叶的适当控制，以避免低频灭磁的情况发生。

（3）导叶分段关闭的控制：导叶分段关闭规律，除应满足调节保证计算要求外，还应控制机组频率不低 45Hz。为满足调节保证的要求，导叶通常采用两段关闭控制，第一段快关，抑制机组转速的上升，第二段慢关，适当减少水压的上升。分段拐点设置较高，转速刚从最高点跌落时即开始慢关，有利于转速较平缓下降。同时，适当控制导叶开度，控制转速下降，使频率最低点不低于 45Hz。

4.3 调速器参数优选

调速器是孤网或薄弱电网控制最核心的设备之一，在优选控制模式前提下，调速器参数选择是关键。定性分析，该参数介于空载参数和联网发电参数之间。灯泡贯流式机组惯性比率大，随着 R_1 增加，K_p、K_I 的取值减小，调节时间延长，超调量增大。在孤网或薄弱电网中运行，调速器采用变参数及变结构的智能 PID 控制，PID 参数可参考原则选取。

比例增益 K_P 的设置范围为：调速器空载 $K_P \pm 1$，其范围一般在 2～5 之间，且以小为宜。

积分增益 K_I 的设置范围为：调速器空载 K_I 的 2～5 倍（推荐为 3 倍），其范围一般在 0.1～0.5 之间；若孤网有功负载远远小于机组单机负荷，积分增益可预设为 1～2 倍空载积分。

微分增益 K_D：一般取空载 K_D，若空载 K_D 大于 4，则 K_D 可适当小于该数值，但 K_D 一般不取 0。

5 结语

上述分析研究成果在东南亚某国一水电站机组调速器选型设计已得到成功应用。调速系统不仅具有电网扰动后频率快速恢复的速动性，还具有稳定性，避免发生频率振荡，兼顾速动性和稳定性，实现了薄弱电网大型灯泡贯流式机组的稳定运行。

参 考 文 献

[1] 魏守平. 水轮发电机组的惯性比率 [J]. 水电自动化与大坝监测，2011，35 (4)：31-34，42.
[2] 季卫，贾宝良，毕东红，等. 大型贯流机组调速器特点及应用 [J]. 人民长江，2002 (12)：31-33.
[3] 秦晓峰，张海啸，靳光永，等. 薄弱电网中某特大型贯流式机组调速器控制策略探讨 [J]. 水电能源科学，2019，37 (7)：129-131.

水轮机调节系统的自适应滑模反步控制

张秉诚[1]　杜　森[2]

(1. 黄河电力检修工程有限公司　青海　西宁　810016；

2. 中国电建集团西北勘测设计研究院有限公司　陕西　西安　710065)

【摘　要】　为了解决传统 PID 控制中存在的系统对运行条件，参数等变化适应性差的问题，本文提出了一种非奇异终端滑模控制和一种自适应反步控制策略。为了解决非线性系统鲁棒性差的问题，通常引入自适应反步控制策略。本文设计了一种四阶的自适应反步控制策略，并通过 MATLAB 仿真，验证了控制器的有效性。

【关键词】　水轮机调节系统；滑模控制；Lyapunov 稳定性定理；自适应反步控制

1　引言

　　水轮机调节系统的主要任务就是依据系统负荷的变化调整发电机组的有功输出，并维持机组频率在规定范围内。随着电力系统的发展和自动化水平的不断提高，出现了新的群体调整和控制的方法。目前所应用的控制方法主要有：PID 控制、自适应控制、滑模控制。

　　水轮机调节系统是一个异常复杂的非线性时变系统。目前的水轮机调节系统一般采用 PID 控制，时变适应性差。本文在水轮机调节系统中引入滑模变结构控制和自适应反步控制，建立了二阶非 PID 控制的非线性水轮机调节系统模型，运用终端滑模控制方法，结合 Lyapunov 稳定性定理和有限时间引理，设计了水轮机调节系统各个状态变量相应的控制器。

2　水轮机调节系统的模型

　　本文选用的混流式水轮机调节系统模型如图 1 所示。

2.1　水轮机的数学模型

　　常将 H、N、y 作为自变量，M_t、Q 作为因变量，得到水轮机动态特性函数表达式为

$$\begin{cases} M_t = M_t(y, H, N) \\ Q = Q(y, H, N) \end{cases} \tag{1}$$

式中　M_t——水轮机转矩；

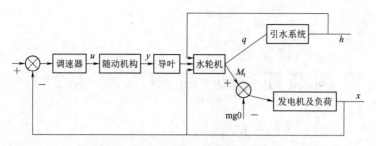

图 1　混流式水轮机调节系统结构

Q——流量；

H——水头；

N——机组转速；

y——导叶开度。当系统受外界小波扰动时，依据泰勒公式，可将上式写为

$$\begin{cases} M_t = e_x x_t + e_y y + e_h \\ q = e_{qx} x_t + e_{qy} y + e_{qh} h \end{cases} \tag{2}$$

式中　e_x——涡轮转矩的转速传递系数；

e_y——涡轮转矩对导叶开度的传递系数；

e_h——水轮机转矩的水头传递系数；

e_{qx}——流量的转速传递系数；

e_{qy}——导叶开度的流量传递系数；

e_{qh}——流量的水头传递系数；

x_t——机组转速偏差的相对值；

y——导叶接力器行程；

h——有压引水系统水头；

q——流量；

M_t——水轮机输出转矩。

当压力和引水管道长度短，水击影响小，则可以认为是刚性水击情况，传递函数表示为

$$G_h(s) = -2h_w 0.5 T_r s = -T_w s \tag{3}$$

2.2　发电机的数学模型

发电机的二阶非线性数学模型可表示为

$$\begin{cases} \dot{\delta} = \omega_0 \omega \\ \dot{\omega} = \dfrac{1}{T_{ab}} (m_t - n_e - D\omega) \end{cases} \tag{4}$$

式中　δ——发电机的转子角度 δ；

$\dot{\omega}$——发电机转速的相对偏差；

D——发电机的阻尼系数；$\omega_0 = 2\rho f_0$。

$$\begin{cases} x'_{d\Sigma} = x'_d + x_T + \dfrac{1}{2}x_L \\[2mm] x_{q\Sigma} = x_q + x_T + \dfrac{1}{2}x_L \end{cases} \tag{5}$$

式中　x'_d、x_q——发电机 d 轴暂态电抗和 q 轴同步电抗；

　　　　x_T——变压器的短路电抗；

　　　　x_L——输电线路的电抗。

2.3　液压随动系统的数学模型

当水轮机机组在额定工况下出现扰动时，不考虑 PID 控制，主接力器的微分方程为

$$\frac{\mathrm{d}y}{\mathrm{d}t} = -y\frac{1}{T_y} \tag{6}$$

考虑刚性水击条件，根据 $G_h(s) = -T_w s$，可得

$$\dot{M}_t = \frac{1}{e_{qh}T_w}\left[-m_t + e_y y + \frac{ee_y T_w}{T_y}y\right] \tag{7}$$

综合上述各式，可得水轮机调节系统的非线性数学模型为

$$\begin{cases} \dot{\delta} = \omega_0 \omega \\[2mm] \dot{\omega} = \dfrac{1}{T_{ab}}\left[M_t - D\omega - \dfrac{E'_q V_s}{x'_{d\Sigma}}\sin\delta - \dfrac{V_s^2}{2}\dfrac{x'_{d\Sigma} - x_{q\Sigma}}{x'_{d\Sigma}x_{q\Sigma}}\sin 2\delta\right] \\[2mm] \dot{M}_t = \dfrac{1}{e_{qh}T_w}\left[-M_t + e_y y + \dfrac{ee_y T_w}{T_y}y\right] \\[2mm] \dot{y} = -\dfrac{1}{T_y}y \end{cases} \tag{8}$$

式中　　　　　　　　　　　　　　　　　δ、ω、M_t、y——无量纲变量；

ω_0、T_{ab}、D、E'_q、$x'_{d\Sigma}$、$x_{q\Sigma}$、T_w、T_y、V_s、e_{qh}、e_y、e——无量纲参数。

3　水轮机调节系统的滑模控制

3.1　滑模控制简介

滑模控制也称变结构控制，具有很强的非线性特点，其系统能随参数、扰动等内外部因素的不断变化而调整自身，使系统的函数保持在滑模面运动。要实现滑模控制，一般来说需要挑选一个线性的滑模面，当系统到达滑模面后，跟踪误差收敛到零，并且可以通过选择滑模面参数任意调节渐近收敛速度本章提出使用终端滑模控制策略，这允许在滑模面上跟踪误差能够在指定的有限时间 T 内收敛到零。

3.2　建模过程

为了在实际条件下更加接近系统的非线性特性，添加随机负载扰动 $d_1(t) = 0.8\mathrm{rand}(1)$、$d_2(t) = 0.1\mathrm{rand}(1)$、$d_3(t) = 0.5\mathrm{rand}(1)$、$d_4(t) = 0.9\mathrm{rand}(1)$ 以模拟水轮机调节系统在实际运行中，经常受到的来自电网负荷、自身参数等的变化所造成的非线性情况。

将各个参数值代入系统，考虑随机负荷扰动下的水轮机调节系统的受控形式为

$$\begin{cases} \dot{x} = 300y + 0.8\mathrm{rand}(1) + u_1 \\ \dot{y} = -\dfrac{2}{19}y + \dfrac{1}{19}z - \dfrac{1}{19}(1.08\sin x + 0.061\sin 2x) + 0.1\mathrm{rand}(1) + u_2 \\ \dot{z} = -2.5z + 6.6w + 0.5\mathrm{rand}(1) + u_3 \\ \dot{w} = -10w + 0.9\mathrm{rand}(1) + u_4 \end{cases} \tag{9}$$

式中 u_1、u_2、u_3、u_4——控制输入。

为便于数学分析，用 $[x_1, x_2, x_3, x_4]$ 代替 $[x, y, z, w]$，系统形式改写为

$$\boldsymbol{x} = \boldsymbol{f}(\boldsymbol{x}) + \boldsymbol{d}(\boldsymbol{t}) + \boldsymbol{u} \tag{10}$$

其中，系统状态：$\boldsymbol{x} = [\mathrm{x}_1, \mathrm{x}_2, \mathrm{x}_3, \mathrm{x}_4]^{\mathrm{T}}$，随机扰动为 $\boldsymbol{d}(t) = [d_1, d_2, d_3, d_4]^{\mathrm{T}}$，控制输入为 $\boldsymbol{u} = [u_1, u_2, u_3, u_4]^{\mathrm{T}}$。

定义非奇异终端滑模面函数为

$$s = e + \frac{1}{\alpha}e^{g/h} + \frac{1}{\beta}e^{p/q} \tag{11}$$

式中，$\alpha \in R^+$，$\beta \in R^+$，p，q，g，$h \in N$ 为奇数。

选取 Lyapunov 函数为

$$V = \frac{1}{2}s^2 \tag{12}$$

为了保证 $\dot{V} \leqslant 0$，可设计滑模控制规律为

$$u = \dot{x}_d - f(x) - (ks + \eta\mathrm{sgn}s) \tag{13}$$

将 u 带入 $\dot{V} = s\dot{s}$，即

$$\dot{V} \leqslant -2kV \tag{14}$$

所以系统状态轨迹会收敛到滑模面 $s = 0$，系统将在有限时间内稳定。

将这种方法应用于水轮机调节系统，选择滑模面参数 $\alpha = 4$、$\beta = 6$、$p = 3$、$q = 2$、$g = 5$、$h = 4$，控制器参数 $k = 1$。

水轮机调节系统的滑模面选取如下：

$$s_i = e_i + \frac{1}{4}e_i^{5/4} + \frac{1}{6}e_i^{3/2}, (i = 1, 2, 3, 4) \tag{15}$$

控制器选为

$$\begin{cases} u_1 = \dot{x}_{d1} - f_1(x) - (ks_1 + \eta_1\mathrm{sgn}s_1) \\ u_2 = \dot{x}_{d2} - f_2(x) - (ks_2 + \eta_2\mathrm{sgn}s_2) \\ u_3 = \dot{x}_{d3} - f_3(x) - (ks_3 + \eta_3\mathrm{sgn}s_3) \\ u_4 = \dot{x}_{d4} - f_4(x) - (ks_4 + \eta_4\mathrm{sgn}s_4) \end{cases} \tag{16}$$

为便于说明本章滑模面及控制器的优越性，选文献 [6] 中的滑模面及控制器作为对比，即

$$s_i = e_i + \int_0^t 5e_i\mathrm{d}\tau \quad (i = 1, 2, 3, 4) \tag{17}$$

$$\begin{cases} u_1(t) = -(5e_1 + 300e_2) - (300x_{d1} - \dot{x}_{d1}) - 5\,\mathrm{sat}(s_1/h) \\[2mm] u_2(t) = -\left(-\dfrac{1.08}{19}\sin(e_1) - \dfrac{0.061}{19}\sin(2e_1) + \left(5 - \dfrac{2}{19}\right)e_2 + \dfrac{1}{19}e_3\right) \\[2mm] \qquad\quad + \dfrac{1}{19}x_{d2} + \dot{x}_{d2} - \left(5 + \left|\dfrac{1.08}{19}\sin(x) + \dfrac{0.061}{19}\sin(2x)\right|\right)\mathrm{sat}(s_2/h) \\[2mm] u_3(t) = -(2.5e_3 + 6.6e_4) - 2.9x_{d3} + \dot{x}_{d3} - 5\,\mathrm{sat}(s_3/h) \\[2mm] u_4(t) = -\left(5 - \dfrac{1}{19}\right)e_4 + \dfrac{1}{19}x_{d4} + \dot{x}_{d4} - 5\,\mathrm{sat}(s_4/h) \end{cases} \tag{18}$$

取固定点 $x_d = [0, 0, 0, 0]$，取系统初值 $[x, y, z, w] = [0, 0, p/6, 0]$，并在 0s 时加入控制器，则水轮机调节系统状态变量的时域图如图 2 所示。

通过图 2 可以看出，本章提出的非奇异滑模控制方法能在短时间内稳定系统。与文献 [6] 中使用的方法相比，本方法在调节过程中调节时间更短，超调量更小。

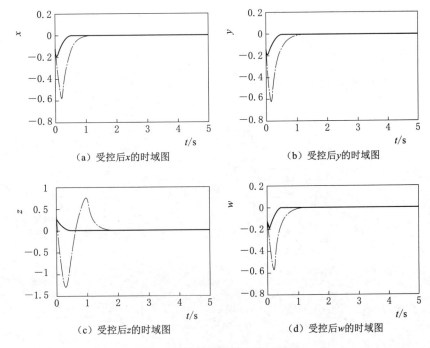

图 2　受控的系统状态的时域图

由以上各图可以看出，非奇异终端滑模面能够很好地稳定水轮机调节系统的调节特性。超调量小并很快稳定于 0 左右，说明设计的控制器具有良好的控制性能，能够满足水轮机调节系统的控制要求。

4　水轮机调节系统的自适应反步控制

4.1　控制器设计
水轮机调节系统的非线性数学模型可以表示为

$$\begin{cases} \dot{\delta} = \omega_0 \omega \\ \dot{\omega} = \dfrac{1}{T_{ab}} \Big(m_t - D\omega - \dfrac{E'_q V_s}{x'_{d\Sigma}} \sin\delta - \dfrac{V_s^2}{2} \dfrac{x'_{d\Sigma} - x_{q\Sigma}}{x'_{d\Sigma} x_{q\Sigma}} \sin2\delta \Big) \\ \dot{m}_t = \dfrac{1}{e_{qh} T_w} \Big(-m_t + e_y y + \dfrac{e e_y T_w}{T_y} y \Big) \\ \dot{y} = -\dfrac{1}{T_y} y \end{cases} \tag{19}$$

考虑带有不确定参数的一般高阶单输入单输出非线性系统：

$$\begin{cases} \dot{x}_1 = x_2 + \theta_1^T \varphi_1(x_1) \\ \dot{x}_2 = x_3 + \theta_2^T \varphi_2(x_1, x_2) \\ \vdots \\ \dot{x}_n = u + \theta_n^T \varphi_n(x_1, \cdots, x_n) \\ y = x_1 \end{cases} \tag{20}$$

令 $x_1 = \delta$，$x_2 = w_0 w$，$x_3 = m_t$，$x_4 = y$，将等式变换为

$$\begin{cases} \dot{x}_1 = x_2 \\ \dot{x}_2 = \dfrac{w_0}{T_{ab}} \Big(x_3 - \dfrac{D}{w_0} x_2 - \dfrac{E'_q V_s}{x'_{d\Sigma}} \sin x_1 - \dfrac{V_s^2}{2} \dfrac{x'_{d\Sigma} - x_{q\Sigma}}{x'_{d\Sigma} x_{q\Sigma}} \sin2x_1 \Big) \\ \dot{x}_3 = \dfrac{1}{e_{qh} T_w} \Big[-x_3 + \Big(1 + \dfrac{e T_w}{T_y} \Big) e_y x_4 \Big] \\ \dot{x}_4 = -\dfrac{1}{T_y} x_4 + u \end{cases} \tag{21}$$

令

$$\begin{cases} f_1 = 0 \\ f_2 = -\dfrac{D}{T_{ab}} x_2 - \dfrac{E'_q V_s}{x'_{d\Sigma}} \dfrac{w_0}{T_{ab}} \sin x_1 - \dfrac{V_s^2}{2} \dfrac{x'_{d\Sigma} - x_{q\Sigma}}{x'_{d\Sigma} x_{q\Sigma}} \dfrac{w_0}{T_{ab}} \sin2x_1 \\ f_3 = -\dfrac{1}{e_{qh} T_w} x_3 \\ f_4 = -\dfrac{1}{T_y} x_4 \end{cases} \tag{22}$$

假设 $|f_i| \leqslant k_i(|x_1| + \cdots + |x_i|)$，$i = 1, 2, 3, 4$，引入虚拟控制量 α_1，α_2，α_3，坐标变换为

$$\begin{cases} z_1 = x_1 \\ z_2 = x_2 - \alpha_1 \\ z_3 = x_3 - \alpha_2 \\ z_4 = x_4 - \alpha_3 \end{cases} \tag{23}$$

选择 Lyapunov 函数

$$V_1 = \frac{1}{2} z_1^2 \tag{24}$$

则

$$\dot{V}_1 = z_1 \dot{z}_1 = z_1(z_2 + \alpha_1 + f_1) \tag{25}$$

574

使用假设和完全平方公式有

$$z_1 f_1 \leqslant z_1 k_1 |z_1| \leqslant k_1 z_1^2 \tag{26}$$

将式（26）代入式（25）得

$$\dot{V}_1 \leqslant z_1 z_2 + z_1 \alpha_1 + k_1 z_1^2 \tag{27}$$

设计虚拟控制为

$$\alpha_1 = -\lambda_1 z_1 \tag{28}$$

设计虚拟控制 α_2 为

$$\alpha_2 = -\lambda_2 z_2 \tag{29}$$

可得不等式为

$$\dot{V}_2 \leqslant -\beta_1 z_1^2 - c_2 z_2^2 + z_2 z_3 \tag{30}$$

同理，分别选择 Lyapunov 函数 $V_3 = V_2 + \dfrac{1}{2} z_3^2$、$V_4 = V_3 + \dfrac{1}{2} z_4^2$，所有闭环信号渐进稳定，设计完成。

4.2 正弦期望仿真计算

$w_0 = 314$；$T_{ab} = 8$；$D = 0.5$；$E_q = 1.35$；$V_s = 1$；$x_d = 1.15$；$x_q = 1.474$；$e_{qh} = 0.5$；$e = 0.7$；$T_y = 0.1$；$T_w = 1.5$；$e_y = 1$；$n = 1$；$t = 0$；$x_1 = 0.5$；$x_2 = 0.5$；$x_3 = 0.5$；$x_4 = 0.5$；正弦期望值为

$$qt = 0.5\sin t + 0.5\sin 2t$$

仿真结果如图 3 所示。

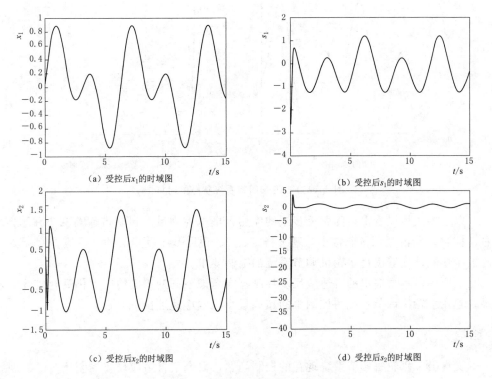

(a) 受控后 x_1 的时域图

(b) 受控后 s_1 的时域图

(c) 受控后 x_2 的时域图

(d) 受控后 s_2 的时域图

图 3（一）　正弦期望系统状态的时域图

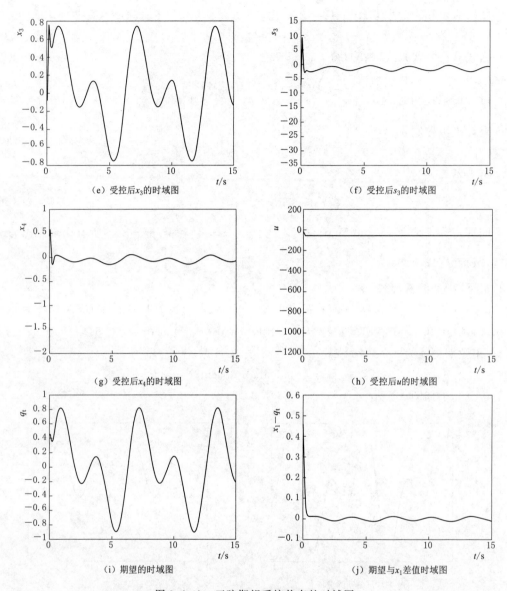

（e）受控后x_3的时域图　　　　　　　　（f）受控后s_3的时域图

（g）受控后x_4的时域图　　　　　　　　（h）受控后u的时域图

（i）期望的时域图　　　　　　　　（j）期望与x_1差值时域图

图 3（二）　正弦期望系统状态的时域图

　　由以上各图可以看出，随着反步法的应用，虚拟控制量的超调量逐渐减小并稳定于 0 左右，控制器 u 的超调量非常小，基本稳定在 0。说明基于反步法的自适应控制器具有良好的控制性能，能够满足水轮机调节系统的控制要求。

　　综上所述，本章提出的自适应反步控制器在考虑不同期望的情况下仍具有较好的控制效果。它在水轮机调节系统的控制中的超调量小，响应速度快，逼近误差小。

5　结语

　　本文指出了水轮机调节系统现存的控制问题，研究了自适应反步控制策略的发展历程及其在实际工程应用的巨大潜力，并提出了自适应滑模控制方法。为了解决系统运行稳定性的问题，提出了使用非奇异终端滑模控制。为了增强系统的鲁棒性，获得更好的控制效果，又提出了一种自适应反步控制策略。在此基础上，分模块建立了水轮机调节系统的非线性数学模型，并加入了随机扰动，作为电力系统负荷变化的模拟。根据 Lyapunov 稳定性定理，设计了一种全新的终端滑模面，推导出了相应的滑模控制器。提出了水轮机调节系统自适应反步控制方法。通过与其他滑模面比较，验证了本文提出的控制方案的有效性，非奇异终端滑模控制方法和自适应反步控制方法都拥有良好的控制效果。

参 考 文 献

[1] 方红庆. 水力机组非线性控制策略及其工程应用研究 [D]. 南京：河海大学，2005.

[2] 石可. 机调节系统的模糊预测控制 [D]. 杨凌：西北农林科技大学，2016.

[3] 尹霖. 水轮机调节系统的有限时间鲁棒滑模控制 [D]. 杨凌：西北农林科技大学，2017.

[4] 刘金琨，孙富春. 滑模变结构控制理论及其算法研究与进展 [J]. 控制理论与应用，2007，24 (3)：407 - 418.

[5] 刘金琨. 滑模变结构控制 MATLAB 仿真基本理论与设计方法 [M]. 3 版. 北京：清华大学出版社，2005.

[6] 丁俊岭. 水轮机调节系统的鲁棒终端滑模控制 [D]. 杨凌：西北农林科技大学，2015.

[7] 王斌，李正永，李飞，朱德兰. 水轮机调节系统的 Terminal 滑模控制 [J]. 水力发电学报，2015，34 (8)：103 - 111.

[8] 蒲明，吴庆宪，姜长生，程路. 新型快速动态终端滑模反步控制 [J]. 系统工程学报，2012，27 (5)：575 - 582.

河南天池抽水蓄能电站机组制动时间计算分析

曹永闯　靳国云　秦连乐　赵　颖　徐志壮

（河南天池抽水蓄能有限公司　河南　南阳　473000）

【摘　要】　大型抽水蓄能机组启动、停机频繁，当机组与电网解列后，由于其转速高、水头高、容量大的特点，机组转动部分通常具有很大的转动惯量和力矩，使得机组在较短的时间内不能自动停下来，如果机组长时间在低转速运行状态，会极大地缩短推力轴承的使用寿命。本文从机组制动力矩入手，分三种典型工况开展机组制动时间和制动环温升计算，并进行简单的分析，得出相应的结论。

【关键词】　抽水蓄能；转动惯量；制动力矩；制动时间；制动环温升

1　概述

河南天池抽水蓄能电站位于河南省南召县境内，厂房内安装 4 台单机容量为 300MW 的立轴悬式、单级、混流、可逆式水泵水轮发电机组，总装机容量 1200MW，机组额定水头 510.00m，额定转速 500r/min，稳态飞逸转速 652r/min。机组制动系统设置有电气制动装置和机械制动装置，其中电气制动装置为三相电气制动开关，机械制动装置为制动圆盘加 6 个制动风闸的组合型式，机组正常停机和机械事故停机时，采取电气制动加机械制动的形式进行制动，机组电气事故停机时仅投入机械制动。

2　作用力矩

2.1　残余力矩

当机组停机过程中，漏到转轮叶片上的水会冲击转轮叶片进行制动，在转速下降到平衡转速之前，残余力矩起制动作用；当转速下降到平衡转速之后，残余力矩起加速作用。当漏水引起的转矩与水轮机水阻力矩平衡时，机组达到平衡转速。水轮机漏水力矩引起的转速-残余力矩特性曲线如图 1 所示。

2.2　制动力矩计算

机械制动力矩计算为

$$M_{\mathrm{mb}} = Z_{\mathrm{Brakes}} \mu p_{\mathrm{m}} A_{\mathrm{c}} r_{\mathrm{m}} \tag{1}$$

式中　z_{Brakes}——制动器数量；

　　　μ——摩擦系数；

　　　p_m——制动气压；

　　　A_c——制动器缸截面积；

　　　r_m——制动器分布半径。

2.3　摩擦阻力矩

通风、导轴承和推力轴承的摩擦损耗引起的阻力矩计算为

$$M_i = P_{ni}/\omega\,(\omega/\omega_{nom})^{x_i} \tag{2}$$

式中　P_{ni}——额定转速时的摩擦损耗；

　　　ω——角速度；

　　　ω_{nom}——额定角速度；

　　　x_i——经验系数，不同类别的经验系数见表1。

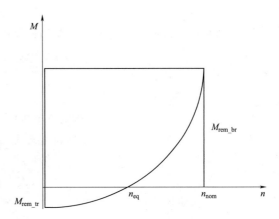

图 1　转速-残余力矩曲线

M_{rem_br}—残余力矩（制动作用）；M_{rem_tr}—残余力矩（驱动作用）；n_{eq}—平衡转速；n_{nom}—额定转速

表 1　　　　　　　　　　　不 同 类 别 经 验 系 数

序号	类　别	i	x_i
1	通风系统	1	3.0
2	导轴承	2	2.0
3	推力轴承	3	1.5

3　计算原理

3.1　制动时间

制动惯量方程为

$$J\alpha = M \tag{3}$$

式中　J——制动惯量；

　　　α——角加速度；

　　　M——外加转矩。

根据式（3）可以得出

$$1/\alpha = J/(M_{rem} + M_{mb} + \sum_{i=1}^{3} M_i) \tag{4}$$

通过公式（4）可计算得到任意角速度 ω 时对应的 $1/\alpha$ 的值。由角速度 ω 和角加速度之间的函数关系 $f(\omega) = 1/\alpha$ 可得到图 2 机组角加速度与机组转速关系曲线，图中曲线以下的区域面积即为制动时间。

3.2　制动环发热

制动时，由于制动环和制动器之间的摩擦作用将产生热能，热能根据制动环和制动块之间传热系数的不同进行分配，本计算按热能全部被制动环吸收考虑。

3.2.1 制动环温升

为得到制动环温升，首先要知道制动过程中产生的总能量 Q，该系统的方程为

$$dQ/d\omega = M_{mb} \tag{5}$$

式中　M_{mb}——机械制动力矩；

　　　ω——角加速度。

Q 可以通过式（5）对施加制动到发电机停止的时间进行积分得到。

热量传递到一个物体上时，温升表达式为

$$Q = mc\Delta T$$

或

$$\Delta T = Q/(mc) \tag{6}$$

式中　m——制动环质量；

　　　c——制动环比热；

　　　ΔT——制动环平均温升。

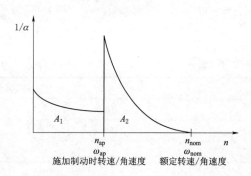

图 2　机组角加速度与机组转速关系曲线

ω_{nom}—额定角速度；ω_{ap}—施加制动时角速度；

n_{nom}—额定转速；n_{ap}—施加制动时转速；

A_2—机械制动前时间；A_1—机械制动后时间

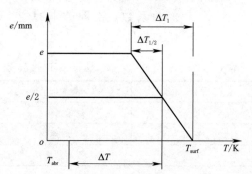

图 3　制动环温升与厚度关系图

3.2.2 制动环表面温升

传递到制动环本体的热量在环表面产生的温度变化如图 3 所示，表达式为

$$T_{surf} = T_{abr} + \Delta T + (Qe)/(2t_{aft}\lambda A) \tag{7}$$

式中　T_{surf}——制动表面最终温度，K；

　　　T_{abr}——环境温度，K；

　　　t_{aft}——制动投入后消耗的时间；

　　　e——制动环厚度，mm；

　　　A——制动表面积；

　　　λ——热导率。

4　数据计算

基于式（1）～式（7）及说明，可以通过福伊特开发程序对制动参数进行计算，从正常工况电气机械联合制动、正常工况仅投入机械制动、紧急工况仅投入机械制动三种典型

工况对制动时间进行计算和分析。

4.1 输入数据

根据上述三个典型工况输入数据见表2。

表2　　　　　　　　　　　　　　　典型工况参数数值

数据类型	数据代码	单位	数值		
			正常工况电气机械联合制动	正常工况仅投机械制动	紧急工况仅投机械制动
额定容量	P_n	MVA	333		
额定速度	n_{nom}	r/min	500		
通风损耗	P_v	kW	874.1		
导轴承损耗	P_g	kW	218		
推力轴承损耗	P_e	kW	735		
定子绕组损耗	$VWG1$	kW	533	—	—
杂散损耗	$VZW1$	kW	304	—	—
制动电流	IBR	pu	1	—	—
制动气压	p_{fren}	bar	6		
制动环初始温度	T_{abr}	℃	40		
施加制动时	n_{ap}	r/min	250/25	100	175
额定转速的百分比		%	50/5	20	35
平衡转速	n_{eq}	r/min	149	—	—
制动器分布直径	D_{fr}	m	3.11		
制动气缸直径	D_{pbrake}	mm	280		
制动器数量	z_{Brakes}		6		
制动环厚度	e	mm	62		
发电机转动惯量	J_{rotor}	tm²	900		
水轮机转动惯量	J_{racop}	tm²	50		
残余驱动力矩	M_{rem_tr}	kNm	−117	0	0
残余制动力矩	M_{rem_br}	kNm	1000		
摩擦系数	μ		0.35		
钢的比热	c	kJ/(kg·K)	0.45		
钢的传热系数	λ	W/(m·K)	43		

4.2 计算结果

4.2.1 电气机械组合制动-正常工况

已知水泵水轮机设计规定了在新机和止漏环最大磨损间隙工况下诸如残余驱动力矩、残余制动力矩及平衡转速等数值，在合同条款中定义了不同制动工况的条件和要求。合同确定采用1.5％额定转矩作为漏水力矩来计算电制动和机械制动联合制动工况。通过计算，电气机械组合制动-正常工况下计算数据见表3，绘制该工况下转速下降与时间关系曲线如图4所示。

表3 电气机械组合制动-正常工况计算值

项　　目	数据代码	单位	计算值	技术参数表值
制动气压	p_{fren}	bar	6	
施加制动前时间	t_{bef}	s	373	
施加机械制动后时间	t_{mech}	s	5	33.6
停机时间	t_{tot}	s	378	420
制动环平均温升	ΔT	K	0.5	
制动环表面最高温度	T_{surf}	℃	45	
制动力矩	M_{mb}	kN·m	121	

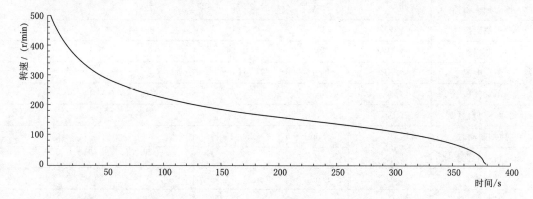

图4　电气机械组合制动-正常工况转速下降与时间关系曲线

4.2.2　仅机械制动-正常工况

通过计算，仅机械制动-正常工况下计算数据见表4，绘制该工况下转速下降与时间关系曲线如图5所示。

表4 仅机械制动-正常工况计算值

项　　目	数据代码	单位	计算值	技术参数表值
制动气压	p_{fren}	bar	6	
施加制动前时间	t_{bef}	s	182	
施加机械制动后时间	t_{mech}	s	73	86.4
停机时间	t_{tot}	s	256	264
制动环平均温升	ΔT	K	41	
制动环表面最高温度	T_{surf}	℃	135	
制动力矩	M_{mb}	kN·m	121	

4.2.3　仅机械制动-紧急工况

通过计算，仅机械制动-紧急工况下计算数据见表5，绘制该工况下转速下降与时间

582

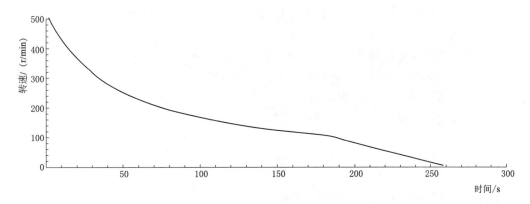

图 5　仅机械制动-正常工况转速下降与时间关系曲线

关系曲线如图 6 所示。

表 5　　　　　　　　　　　　　仅机械制动-紧急工况计算值

项　目	数据代码	单位	计算值	技术参数表值
制动气压	p_{fren}	bar	6	
施加制动前时间	t_{bef}	s	87	
施加机械制动后时间	t_{mech}	s	110	150
停机时间	t_{tot}	s	197	240
制动环平均温升	ΔT	K	101	
制动环表面最高温度	T_{surf}	℃	231	
制动力矩	M_{mb}	kN·m	121	

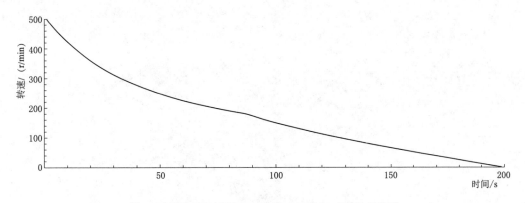

图 6　仅机械制动-紧急工况转速下降与时间关系曲线

5　结语

（1）以上计算表明，正常工况下，制动力矩为 121kNm，大于水泵水轮机 1.5％额定转矩（95kN·m），满足停机要求。紧急工况，仅进行机械制动情况下，初始制动转速为 35％额定转速，即 175r/min，大于水轮机平衡转速 149r/min。满足停机要求。综上所述，各种工况下，停机时间均小于合同技术参数表的时间，制动系统配置满足合同约定和有关技术标准要求。

（2）对于采用风闸作为机械制动的抽水蓄能电站来讲，该电站机组机械制动投入转速的设定具有普遍的参考价值。机组机械制动投入转速的设定，既要满足机组制动力矩的要求，还要防止制动环表面温升超标、产生制动粉尘过多污染发电机定转子，因此机械制动投入转速的设定需要经过充分的计算和论证。

参 考 文 献

[1] 林波弟. 白垢水电厂水轮发电机组制动系统改造 [J]. 小水电，2016 (1)：37 - 38，47.

[2] 张诚，陈国庆. 水轮发电机组检修 [M]. 北京：中国电力出版社，2012.

[3] 刘亚民，冯秋华，刘光途. 大型混流式水轮发电机组机械制动转速的探讨 [J]. 水电站机电技术，1990 (4)：13 - 16，27.

[4] 米永存. 电动机制动器机组制动时间测试浅析 [J]. 微电机，2007 (6)：93 - 95.

[5] 陈秀芝. 水轮发电机机械检修 [M]. 北京：中国电力出版社，2003.

[6] 刘云. 中小型水轮发电机的安装与维修 [M]. 北京：机械工业出版社，1998.

[7] 邱景安，于启生. 水轮发电机组电制动停机的试验研究 [J]. 水力发电，1986 (1)：39 - 44，63.

[8] 张红. 水轮发电机组的电气制动在水电站自动化上的研究及应用 [D]. 南宁：广西大学，2004.

苏布雷主电站调相运行系统设计特点

朱亚军　赵　弦　陈向东

（中国电建集团成都勘测设计研究院有限公司　四川　成都　610072）

【摘　要】　本文从调相运行系统的设计计算、设备选型、控制流程等方面对苏布雷主电站调相运行系统设计进行详细介绍，并指出其设计特点，供类似项目调相系统设计时参考。

【关键词】　苏布雷主电站；调相运行系统；控制流程；设计特点

1　电站概况

苏布雷项目位于科特迪瓦西南部，萨桑德拉河中下游河段纳瓦（Nawa）瀑布附近，为日调节电站。项目分为 2 个电站，主电站装设 3 台额定功率为 90MW 混流式水轮发电机组，机组运行最大水头、额定水头、最小水头分别为 46.14m、43.00m、38.70m；生态电站设置 1 台额定功率为 5.31MW 的灯泡贯流式机组，距主电站 3.6km。苏布雷项目主电站机组于 2017 年 11 月全部投入商业运行，经历了各种试验、常规发电等全部运行工况的考验，运行情况良好。

2　调相压缩空气系统设计

苏布雷主电站为中低水头，装机容量较大的电站，初步设计时初估水轮机转轮直径 $D_1 = 5.70\text{m}$，压水容积约 160.0m^3，且合同要求 2 台机组同时压水调相运行，耗气量巨大。从减少厂房尺寸，并确保系统的经济、可靠原则出发，经研究，选用 7.0MPa 的高压气系统作为调相气源，高压气源已在多个项目有广泛的应用，实践证明其可靠性高。

2.1　计算基本数据

调相压缩空气系统设计计算基本数据如下：

调相运行尾水位（下游最高尾水位）　　　　　　　　　　　　　　　111.410m

调相运行期间尾水管最低尾水位 H_0（主机厂提供）　　　　　　　　98.545m

调相运行期间尾水管压缩空气量（主机厂提供）V_d　　　　　　　　130m³

尾水管漏气量（主机厂提供）q_1　　　　　　　　　　　　　　　　4～5m³/min

2.2　调相运行期间尾水管气压（绝对气压）P_L计算

（1）现场气压计算（EL：111.41m）为

$$P_a = P_0 (1 - H_1/44300)^{5.256}$$
$$= 1.02 (\text{kg/cm}^2)$$

式中 P_0——标准气压；

      P_a——现场气压。

（2）调相运行期间尾水管气压（绝对压力）P_L 计算为

$$P_z = \gamma \times \Delta H$$
$$= 0.000978 \times (111.41 - 98.545) \times 100$$
$$= 1.26 (\text{kg/cm}^2)$$
$$P_L = P_a + P_z$$

式中 P_L——调相时尾水管内气压（绝对压力）P_L，kg/cm^2；

      P_z——调相时尾水内气压，kg/cm^2；

      ΔH——最高尾水位和调相运行时尾水管内最低尾水位高程差；

      γ——现场水的比重，0.000978kg/cm^3。

经计算得

$$P_L = P_a + P_z = 2.28 (\text{kg/cm}^2)$$

2.3 贮气罐容积计算

$$V_g = \frac{P_L V_d Z}{\eta (P_1 - P_2)}$$
$$= \frac{2.28 \times 130 \times 2}{0.90 \times (65.526 - 3.28)} = 10.58 (\text{m}^3)$$

式中 V_g——贮气罐容积，m^3；

      V_d——充气容积，m^3；

      η——调相压气空气利用系数，一般混流机组取 $0.6 \sim 0.9$，本电站水头较低，取 0.9；

      P_1——贮气罐初始压力，$P_1 = 6.7 \times 9.78 = 65.526 (\text{kg/cm}^2)$；

      P_2——向尾水管充气后贮气罐的压力 3.28kg/cm^2，按比尾水管内压力 2.28kg/cm^2 高 1.0kg/cm^2 考虑；

      Z——机组同时调相的台数，贮气罐容积应满足两台机组同时调相压水。

根据上述计算，选择 4 只 3.5m^3、额定工作压力为 7.0MPa 的贮气罐，贮气罐总共容积为 14.0m^3。

2.4 空压机总生产率计算

$$Q_k = \frac{V_d P_L Z_1}{\eta \Delta T P_a} + q_1 Z_2$$

$$= \frac{130 \times 2.28 \times 1}{0.90 \times 60 \times 1.02} + (4 \sim 5) \times 2 = 13.38 \sim 15.38 (\text{m}^3/\text{min})$$

式中 Q_k——空压机总生产率；

      Z_1——调相压水机组台数，在贮气罐选择时，应考虑贮气罐容积能满足两台机组同时调相压水；而空压机选型时，按照恢复一台机调相压水后贮气罐的压力设计，$Z_1=1$；

$\quad Z_2$——需补气的机组台数，$Z_2=2$；

$\quad \Delta T$——贮气罐恢复时间，业主要求为60min；

$\quad \eta$——一般混流机组取0.6～0.9，本电站水头较低，取0.9。

选择4台生产率为5.0m³/min，额定排气压力为7.5MPa的活塞式中压空压机，3台工作，1台备用。

2.5 设备布置及控制

调相空压机及贮气罐布置于上游副厂房调相空压机室内，4台空压机（1KY～4KY）通过DN50的连通管供气给4个贮气罐（A/B/C/D），贮气罐出口管径为DN100，汇总成DN200供气总管给3台水轮机压水补气，供气总管上设置6个压力开关（1YX～6YX），1个压力传感器，空压机启、停及贮气罐报警控制方式见表1。

表1 空压机及贮气罐运行控制表

序号	运行条件	动作过程
1	压水工况时，系统发出调相压水运行信号	开启压水球阀，贮气罐进行调相补气，1KY、2KY、3KY启动
2	非压水工况时，贮气罐压力降至6.7MPa	1YX动作，1KY启动
3	非压水工况时，贮气罐A/B/C/D压力降至6.4MPa	2YX动作，2KY启动
4	非压水工况时，贮气罐A/B/C/D压力降至6.0MPa	3YX动作，3KY启动
5	非压水工况时，贮气罐A/B/C/D压力降至5.5MPa	4YX动作，发低压报警信号，4KY启动
6	贮气罐A/B/C/D压力升至7.0MPa	5YX动作，1KY、2KY、3KY、4KY停机
7	贮气罐A/B/C/D压力升至7.35MPa	6YX动作，发高压力报警信号，贮气罐安全阀动作、排气

2.6 压水、补气及排气

压水管路设置在尾水锥段上游侧，管路规格为DN150，管上设1个液控球阀，球阀打开时，贮气罐内压缩空气进入转轮室将水压至调相运行水位以下，以确保转轮在空气中旋转。调相压水管路上配置1根DN50的旁通补气管路及电动球阀，转轮室水位上升到一定高程时，电动球阀打开，将水位压至调相运行水位。调相压水尾水位测量设备安装在尾水管进人门附近，设备含3个2节点的超声波液位开关及1个差压变送器，3个液位开关分别对应停机水位，补气水位及调相运行水位。结合主机厂在越南多个项目经验，水轮机未单独设置排放转轮室压缩空气的管路，利用开启导叶后水流进入将压缩空气携带排至下游尾水。现场进行调相试验时，也利用水轮机顶盖上预留的强迫补气管进行过排气，排气时间约20min，后续可改造成备用排气管路。

3 调相操作控制流程

调相压水控制流程由监控系统和PLC配合完成，监控系统根据要求发出调相转换或运行命令，PLC接命令后执行内部程序，执行诸如压水阀启/闭、调速器开/关导叶等动作，并反馈各种信号供监控系统自动判断是否执行下一步流程。苏布雷电站水轮机调相控制操作主要包括发电→调相、调相运行、调相→发电、调相→停机4个流程，详细控制过程如下：

3.1 发电→调相

（1）监控系统发出发电→调相命令，减机组有功率至空载，并闭锁逆功率保护。

（2）开启上、下止漏环冷却供水电动阀，发调相命令给调速系统。

（3）调速系统将导叶全关。

（4）开启压水管路上电动阀，水位达到调相运行水位时，进入调相运行状态。

3.2 调相运行

监控系统根据尾水管水位信号发命令给 PLC 以控制压水球阀、补气球阀的启/闭以维持转轮在空气中旋转。

（1）当水位低于设定值高程 98.545m 时，关闭调相压水阀或补气阀。

（2）当水位高于设定值高程 99.245m 时，开启调相压水阀。

（3）当水位高于设定值高程 99.455m 时，发调相压水失败停机命令。

（4）调相补气阀在高于设定值高程 98.545m 时一直打开。

3.3 调相→发电

（1）监控系统发出调相转发电命令。

（2）调速器退出调相工况，开导叶至空载开度。

（3）机组增负荷至给定功率。

（4）解除水机保护回路及逆功率闭锁。

（5）退出上、下止漏环冷却供水。

3.4 调相→停机

（1）监控系统发出调相转停机指令。

（2）调速器退出调相工况打开导叶至空载。

（3）解除水机保护回路及逆功率闭锁。

（4）退出上、下止漏环冷却供水。

（5）转入正常停机流程。

4 调相运行系统设计特点

4.1 调相空压机变频运行

初步设计阶段，调相压缩气系统初选 4 台 5.0m³/min，额定排气压力为 7.0MPa 的活塞式中压空压机，该容量的空压机基本为水冷式，水冷式空压机需配置冷却水塔或其他水源，对水质要求较高，后期需对空压机的水冷却器定期清洗维护；而风冷式空压机安装方便、维护量少，整体投资也较经济。经后期调研，某国外品牌空冷式空压机在 60Hz、1780r/min 转速情况下，性能参数满足设计要求，而本电站电网频率为 50Hz，经与厂家充分沟通，最终确定空压机变频运行方案：在空压机控制柜中为每台空压机单独配置变频器，将 50 Hz 的供电电源的转变为 60 Hz，空压机工作参数满足设计要求。需指出的是，大容量空冷式空压机及变频器发热量大，调相空压机室采暖通风设计应留有裕量。

4.2 压水、排气设计与调速系统紧密结合

水轮机调相运行时，需开启调相压水阀将压缩空气一次性充入尾水管，迅速压低转轮室水位至调相运行水位以下后关闭压水阀，以防止压水过度，压水球阀开启、关闭迅速可靠是调相压水能否成功的关键。工作压力高的大口径球阀选择液动或气动操作执行机构较电动执行机构更为经济、可靠；阀门开启、关闭速度更快。本电站调相压水球阀布置于水轮机层上游墙，在调速器进/出机坑管路附近，压水球阀选择液控式，执行机构动力源就近利用调速器液压油，布管简洁，检修、巡视方便。阀门操作机构操作油取自调速器辅助压力油管，回油排至调速器辅助回油管。

水轮机未单独设置排气管路，调速器系统设置开导叶至空载开度进行排气的控制流程。

4.3 尾水管水位监测元件选型优化

调相压水过程中，尾水位监测装置中的液态流动比较复杂，存在不连续的气水混合，加之水中还有泥沙等杂质，对测量元件有一定的影响。很多电站选择普通的浮球式液位开关，实际运行中普遍反映测量不准，而选用电极式水位开关时，在运行一段时间后，由于电极结坏等原因导致水位电极不能接通，故需定期对其进行检修维护。为保证尾水位量测准确，经与主机厂充分交流，液位测量选用 NQ - 1000 型超声波液位开关，开关有 dry/wet 两个节点，发 dry 状态信号时表示水位已达到传感器以下；液位开关还具有 150ms/1s 两档延时功能，可根据情况选择延时时间，避免传感器因尾水水面的波动影响而测量不准。相对于浮球开关和电极开关，该型超声波开关具有适应性强、免于维护及不需调校的优点，被测液体不同的电参数、密度或是结垢、湍流、搅动、气泡等恶劣条件对测量均无影响，同时由于检测过程由电子电路完成，无活动部件，一经安装投运便不需要维护及现场调校，安装方便。

4.4 上、下止漏环冷却供水与主轴密封供水结合

机组在调相运行时，转轮在空气中高速旋转并与压缩空气摩擦产生热量，特别是转轮上、下止漏环由于间隙小、散热不好而可能导致毁损，为此在机组调相运行过程中必须用清洁水对上、下止漏环进行冷却润滑。转轮上、下止漏环旋转线速度高，水质条件对止漏环寿命也有决定性影响。为提供稳定、清洁的调相冷却水源，设计人员将主轴密封供水与调相冷却供水统筹考虑，主轴密封供水系统中的水泵、滤水器容量按机组调相时最大用水量选型，水轮机上、下止漏环冷却水管通过电动阀与主轴密封供水管连接，调相时电动阀开启。主轴密封主水源取自电站清洁生活水，备用水源取自开式回路滤水器出口管路，经过水泵加压及精密过滤器过滤后为主轴密封及调相时止漏环冷却提供用水。主轴密封供水设计成两路并行、一主一备，以确保其中任何一路出现故障时另一路能及时、自动投入。

5 结语

苏布雷主电站调相压水系统的设计充分考虑了国内的设计经验及科方业主的实际需求，主电站 3 台机于 2018 年 5 月分别进行了调相压水试验，水轮机在静水状态下压水时

间约 5s，动水状态压水约 40s，调相运行时单台机组从电网吸收 1.0MW 的有功，运行状态稳定。作为科特迪瓦境内目前投产的装机规模最大的水电站，苏布雷主电站调相运行系统设计为今后同类水电站建设提供了很好的借鉴。

参 考 文 献

[1] 邹茂娟，胡卫娟. 老挝南欧江六级水电站水力机械设计 [J]. 水力发电，2016，42 (5)：77 - 80.

[2] 杨敦敏，刘正勇. 班查水电站调相系统设计关键要点优化 [J]. 水电站设计，2015，31 (1)：20 - 22.

[3] 王龙，刘过锋. 加纳布维水电站调相运行系统设计简介 [J]. 西北水电，2014，2：62 - 66.

[4] 姜泽界，王康生. 洪屏抽水蓄能电站调相压水系统介绍 [J]. 抽水蓄能电站工程建设文集，2016：139 - 142.

[5] 奉军，胥才春. OBRUK 电站调相水轮机设计与验证 [J]. 东方电气评论，2010，96 (24)：61 - 65.

[6] 王海旭，张鹏. 马其顿科佳水电站调相运行系统的设计 [J]. 水电站设计，2007，23 (2)：32 - 34.

[7] 水电站机电设计手册编写组. 水电站机电设计手册　水力机械 [M]. 北京：水利电力出版社，1983.

苏布雷项目循环冷却供水系统设计特点

朱亚军　茅媛婷　陈向东

（中国电建集团成都勘测设计研究院有限公司　四川　成都　610072）

【摘　要】 苏布雷项目为"象牙海岸"投产发电的装机规模最大的水电站，项目分为2个电站，主电站装设3台额定功率为90MW混流式水轮发电机组，生态电站装设1台额定功率为5.31MW的灯泡贯流式机组。2个电站均采用开/闭式回路循环冷却供水系统，利用板式热交换器对机组出水进行冷却。项目投运以来，机组及技术供水系统运行正常、可靠。本文详细介绍了苏布雷项目技术供水系统设计原理及特点，对同类型水电站的机组技术供水系统设计具有一定的参考意义。

【关键词】 循环冷却供水；开式回路；闭式回路；板式热交换器；膨胀水箱；苏布雷项目

1　引言

技术供水系统给水轮发电机组提供冷却水，是机组启动的先决条件之一，因此方案设计是否合理直接影响到电站的长期安全、稳定和经济运行。当水电站技术供水水质较差时，国内基本采用传统的循环冷却供水方式，该系统主要由循环水池、循环水泵、尾水冷却器、管道、阀门、仪表和自动控制柜组成。循环水池中注入清洁的生活用水作为机组冷却水，通过循环水泵的加压，冷却水被送到放置在尾水中的尾水冷却器中进行热交换，流动的尾水将冷却水的热量带走，冷却水的温度降低。之后，冷却水到达机组各冷却器对机组进行冷却。冷却水冷却机组后，机组的热量被冷却水带走，冷却水的温度升高，排到循环水池中，完成一个循环。由于循环水采用了经过处理的清洁水，可有效防堵塞、防结垢、防腐蚀、防水生物，解决了水电站机组冷却水水质难以满足技术供水要求的问题。该种循环冷却供水方式的缺点是尾水热交换器的体积及重量庞大，安装及检修困难；热交换器长期浸泡在水中，管路破损渗漏不能及时发现，且表面容易滋生水生物，影响换热效率；热交换器的安装位置既要考虑防泥沙掩埋及堵塞尾水流道，又需考虑尾水受日照或冰冻的影响，对于部分热带或高寒地区尾水较浅的水电站，该种循环供水方式不适用。

2　开/闭式回路循环冷却供水系统

2.1　系统的提出

苏布雷项目水库为日调节，水库蓄水后将淹没大面积热带雨林，且业主不对库区进行清理，初期发电及汛期时水库漂浮物、泥沙等杂质多，容易堵塞管道，对机组损害较大；项目所在地为热带雨林气候，河水中含有较多的腐烂有机物，且水温适合水生物如贝类、蚌类等"壳菜"的生长，"壳菜"繁殖速度快，在管道及附件内黏附牢固，质地坚硬，将会影响冷却器散热效果，甚至造成技术供水系统的堵塞而导致机组停机，这类情况在我国南方多个电站已出现过。业主合同要求苏布雷项目主电站采用管束式热交换器冷却的循环技术供水方式，并未对生态电站技术供水方式提出要求，设计单位从技术供水系统安全性、可靠性及节约投资等方面出发，经过充分论证，提出苏布雷项目主电站及生态电站机组均采用开/闭式回路循环冷却供水设计方案，利用板式热交换器对机组出水进行冷却，获得业主及外方监理的批准，苏布雷项目混流式机组及灯泡贯流式机组采用这种循环冷却供水方式在国内水电站尚无应用先例。

2.2 系统概述

苏布雷项目主电站及生态电站技术供水系统均采用单元供水方式，每台水轮发电机组和调速器设置一个技术供水单元，每个单元由开式回路和闭式回路两部分构成。

2.3 开式回路

开式回路设计原理与水电站传统一次供水方式类似，区别在于主要供水对象为室内板式热交换器，而非水轮发电机组或其他用水设备，从水源取得的一次冷却水经过室内板式热交换器，与流经该热交换器的闭式循环回路中的热水进行热能交换，将闭式回路中冷却水的热量带走。

2.3.1 主电站开式回路

主电站水头范围为 38.70～46.14m，根据《水力发电厂机电设计规范》（DL/T 5186—2018）相关规定，开式回路采用自流供水方式，即自蜗壳取水后流经水力旋流器，滤水器，再进入板式热交换器对闭式回路中机组和调速器各冷却器的热出水进行冷却，最后排至尾水。其供水路径为：蜗壳→水力旋流器→滤水器→室内板式热交换器→尾水。开式回路设计成两路并行、一主一备，以确保其中任何一路出现故障时另一路能及时、自动投入。每路由 1 台水力旋流器、1 台全自动滤水器、1 台室内板式热交换器（与闭式循环回路共用）、供水管网、阀门、自动化元件等组成。

2.3.2 生态电站开式回路

生态电站水头范围为 4.36～13.00m，开式回路采用水泵供水方式，即自上游取水，经管道泵加压后流经水力旋流器、滤水器，再进入板式热交换器对闭式回路中机组和调速器各冷却器的热出水进行冷却，最后排至尾水。其供水路径为：上游流道→管道泵→水力旋流器→滤水器→室内板式热交换器→尾水。开式回路也设计成两路并行、一主一备，每路由 1 台卧式离心泵、1 台水力旋流器、1 台全自动滤水器、1 台室内板式热交换器（与闭式循环回路共用）、供水管网、阀门、自动化元件等组成。每台水泵出口设置一个压力开关及流量开关，当水泵出口压力过低时发出信号，并通过水泵控制装置启动备用水泵。

2.4 闭式回路

闭式回路设计原理与水电站的传统循环冷却供水方式类似，区别在于采用室内板式热交换器代替传统的尾水热交换器，利用开式回路中的冷水与闭式回路中机组和调速器各冷却器的热出水在换热器板片间进行热交换，以达到降低密闭循环冷却水的温度。

主电站及生态电站的技术供水系统闭式回路设计基本相同，机组和调速器各冷却器的热出水经管道泵加压后，进入板式热交换器进行热交换，再回到各冷却器。其循环路径为：用水设备各冷却器出水口热水→管道泵→室内板式热交换器→用水设备各冷却器进水口。闭式回路均设计成两路并行、一主一备，以确保其中任何一路出现故障时另一路能及时、自动投入。每路由1台离心泵（主电站为卧式，生态电站为立式）、1台室内板式热交换器（与开式回路共用）、供水管网、阀门、自动化元件等组成。每台水泵出口设置一个压力开关及流量开关，当水泵出口压力过低时发出信号，并通过水泵控制装置启动备用水泵。

为补充闭式回路的轻微漏水及蒸发水，技术供水系统闭式回路上均设置了一个的隔膜式膨胀水箱，作闭式回路补水及平压用，膨胀水箱通过电动阀与厂房生活清洁水连接，清洁水也可对闭式循环回路进行冲洗。排水管设置在闭式回路底部，排水阀保持常闭状态，只在冲洗管路时打开，将冲洗管路后的污水排至电站渗漏集水井。

2.5　主轴密封供水设计

主电站及生态电站主轴密封主水源均取自电站清洁生活水，备用水源取自开式回路滤水器出口管路，通过水泵加压及精密过滤器过滤后为主轴密封提供用水。主轴密封设计成两路并行、一主一备，以确保其中任何一路出现故障时另一路能及时、自动投入。

主电站混流机组具有调相功能，调相时水轮机上、下止漏环密封水取自主轴密封供水回路，主电站主轴密封供水系统中的水泵、滤水器容量均按机组调相时最大用水量选型，调相用密封供水管通过电动阀与主轴密封回路连接，电动阀在机组开始调相时开启。

2.6　板式热交换器选择

2.6.1　主电站板式热交换器

主电站机组的闭式回路主要供水对象为发电机轴承冷却器、空气冷却器、水轮机轴承冷却器及调速器回油箱冷却器，总用水量为 $563.0 \text{m}^3/\text{h}$。闭式回路进/出板式热交换器的温度按 $40℃/35℃$ 设计，开式回路进/出热交换器的温度按 $28℃/33℃$ 设计，开/闭式回路板间流量比例为 $1:1$，预留 35.5% 的换热裕量，最终选择的室内板式热交换器换热负荷为 3455.3kW，共有 141 片 0.5mm 厚的 304L 不锈钢波纹板，有效换热面积为 157.07m^2。

2.6.2　生态电站板式热交换器

生态电站机组的闭式回路主要供水对象为机组组合轴承冷却器、空气冷却器及调速器回油箱冷却器，总用水量为 $84.0 \text{m}^3/\text{h}$。开、闭式回路进/出热交换器的温度设计及与板间流量比例均与主电站板式热交换器一致，最终选择的室内板式热交换器换热负荷为 576.0kW，共有 105 片 0.5mm 厚的 304L 不锈钢波纹板，有效换热面积为 24.72m^2，最终的换热裕量为 30.12%。

3　苏布雷项目循环冷却供水系统的特点

苏布雷项目循环冷却供水系统采用布置于室内的板式热交换器，板式热交换器是一种高效节能、占地面积小的换热设备，其优良的性能广泛应用于化工、轻工、食品等行业。

在相同工况条件下，板式热交换器传热系数约为 $2000\sim6000\mathrm{W}/(\mathrm{m}^2\cdot{}^{\circ}\mathrm{C})$，传统的尾水热交换器传热系数为 $200\sim1000\mathrm{W}/(\mathrm{m}^2\cdot{}^{\circ}\mathrm{C})$。苏布雷项目主电站技术供水板式热交换器布置于水轮机层厂房下游侧，生态电站板式热交换器布置于技术供水泵房，电站运行人员能直观检查设备的工作情况，若设备出现故障，可现场检修维护，安装、拆卸方便。苏布雷项目板式热交换器采用 L 形（小角度：低传热、低阻力）与 H 形（大角度：高传热高阻力）换热板组合排片的方式，在减小水损的同时提高了综合传热系数，减少了换热板片数量，节约了设备投资。

主电站及生态电站循环冷却供水闭式回路上设均置了一个隔膜式膨胀水箱，作闭式回路补水及系统平压用。相对于设置循环水池的传统方式，免除了修建循环水池的土建投资及循环水池的维护和清洁工作。

主电站及生态电站技术供水单元的开/闭式回路均采用两路并行冗余设计，开式回路的水力旋流器、滤水器、水力旋流器、板式热交换器可互为备用；闭式回路的加压泵、热交换器也可互为备用，极大地提高了技术供水系统的可靠性。

苏布雷项目板式热交换器的换热板间距为 4.0mm，板间流速约为 0.5m/s，为避免板式热交换器泥沙污结而导致换热效率下降、换热面积不足的情况发生，开式回路滤水器前设置了水力旋流器，水力旋流器具有效率高，结构简单，占地少，安装检修方便优点，相对于土建设置沉淀池的投资，选用水力旋流器更为经济。

4 结语

笔者针对苏布雷项目的特点，在总结传统的水电站循环冷却供水方式缺点基础上，提出一种新型的水电站开/闭式循环冷却供水系统方案，是对传统水电站循环冷却供水方式的优化。苏布雷项目主电站及生态电站机组于 2017 年 12 月全部投产发电，机组及技术供水系统设备运行稳定、良好。实践证明，这种新型的开/闭式循环冷却供水系统的设计方案是合理、可靠的。苏布雷项目作为当前"象牙海岸"投运的装机规模最大的水电站，这种新型的循环冷却供水方式可供同类国内外水电站借鉴。

参 考 文 献

[1] 胡定辉，肖军. 构皮滩水电站技术供水系统设计 [J]. 云南水力发电，2012，28 (5)：29-31.
[2] 龙海军，耿清华. 循环冷却技术供水系统在某水电站的设计及应用 [J]. 吉林水利，2004，2 (381)：50-52.
[3] 李卓，赵贝. CCS 水电站技术循环供水系统特点浅析 [J]. 水电站机电技术，2016，39 (6)：65-66.
[4] 杨敦敏. TORITO 电站循环冷却供水系统中的冷却器优化设计 [J]. 四川水力发电，2014，33 (167)：132-134.
[5] 程宝华，李先瑞. 板式换热器及换热装置技术应用手册 [M]. 北京：中国建筑工业出版社，2005.
[6] 武培基. 板式热交换器及其在供热系统中的应用 [J]. 冶金动力，1997 (3)：29-31.
[7] 《水电站机电设计手册》编写组. 水电站机电设计手册（水力机械）[M]. 北京：水利电力出版社，1983.

绩溪抽水蓄能电站渗漏排水系统设计要点

周淼汛 张盛初 邱绍平

（中国电建集团华东勘测设计研究院有限公司 浙江 杭州 310000）

【摘　要】 渗漏排水系统是抽水蓄能电站安全可靠运行的重要环节之一，一旦系统故障，无法正常排出地下厂房内渗漏水，则很容易导致水淹厂房这样的重大事故发生。本文结合工程实例，详细介绍了绩溪抽水蓄能电站渗漏排水系统的设计方案，并针对绩溪抽水蓄能电站渗漏排水系统运行中出现的问题，做了归纳总结，为今后类似电站的渗漏排水系统方案设计提供了参考。

【关键词】 渗漏排水系统；抽水蓄能电站；水泵控制阀；长轴深井泵

1 引言

抽水蓄能电站因有水泵工况特性运行需求的存在，故其吸出高度绝对值通常比常规电站要高出很多，整个厂房埋深较大，因此渗漏排水系统设计对整个电站来说十分重要，为确保电站安全，整个渗漏排水系统的设计以及设备的选型必须合理、安全、可靠。

2 工程概况

安徽绩溪抽水蓄能电站位于安徽省绩溪县伏岭镇，主要服务于华东电网，在电网中承担调峰、填谷、调频、调相和事故备用等任务，电站枢纽建筑主要包括上水库、下水库、输水系统、地下厂房洞室群、地面开关站和地面生产楼（中控楼）等。

绩溪电站总装机 1800MW，共装设 6 台单级混流立式水泵水轮机，单机容量 300MW，水头范围 565.90～637.44m，扬程范围 586.03～650.86m，额定水头 600m，机组额定转速 500r/min，机组吸出高度－85.00m（下库死水位时），电站下水库死水位 318.00m，机组安装高程 233.00m。

3 绩溪电站渗漏排水系统设计介绍

绩溪电站渗漏排水主要用于排出包括厂房渗漏排水、顶盖排水、机坑自流渗漏排水、公用供水滤水器排污、发电机冷凝水及 1 号 SFC 功率柜冷却排水、中压空压机冷却排水等。其中发电机机坑冷凝水、顶盖排水、水泵水轮机机坑自流渗漏排水汇总到一根 DN300 不锈钢含油渗漏水排水总管，然后引至端副厂房底部含油污水井，经过含油污水处理设备处理后排入下层排水廊道自流至渗漏集水井。其他渗漏排水设置一根 DN300 不锈钢无油渗漏水排水管排水至集水井。渗漏集水井布置在尾闸洞 1 号机组段端部，集水井上方布置 5 台长轴深井排水泵，3 主 2 备，水泵的启动和停止由一套浮球水位计自动控制，同时有液位传感器将信号传到渗漏排水控制系统作为备用和监视。绩溪电站渗漏排水系统简图如图 1 所示。

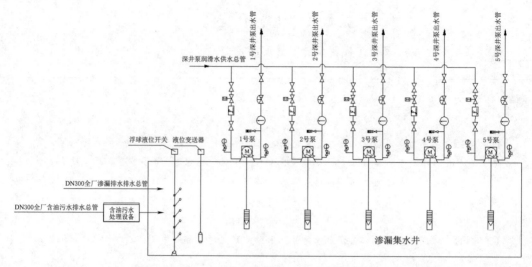

图 1　绩溪电站渗漏排水系统简图

4　渗漏排水系统设计关键点

4.1　渗漏排水路径选择

因绩溪电站渗漏排水系统为间接排水系统，需要通过渗漏排水泵将水排出厂外，因此排水路径选择决定了整个系统的设计及排水设备的选型。

根据绩溪电站的实际情况，排水路径主要有以下两个方案可以选择。

（1）通过排水竖井排到上层排水廊道，自流到下库坝后河道内。该方案通过在尾闸洞附近，直接开挖一个排水竖井，与厂房上层排水廊道相连，然后通过上层排水廊道自流入下库坝后河道内。

（2）通过尾水调压井排到调压井通气洞回到下库。该方案需从尾闸洞再埋入尾水隧洞内，通过尾水隧洞将水引至尾水调压井通气洞，后通过通气洞排水沟自留排入下库。

两个方案对比，方案（1）土建部分投资较大，且渗漏排水量不再回到水库内，造成部分水量损失，但整体排水系统管路走向较为简单。而方案（2）则仅需扩挖部分尾水隧洞，渗漏排水量也通过通气洞排水沟重新回到下库，但整体管路要从尾闸洞，通过尾水隧洞到尾水调压井，然后延伸到调压井顶部通气洞，整体管线较长。考虑绩溪电站水库天然入流较少，应尽量减少水量损失，且开挖一个排水竖井带来的土建投资较大，总体而言方案（2）经济性相对较优，因此最终考虑通过尾水调压井通气洞排水。

4.2　渗漏排水总管设计

为提高渗漏排水系统的可靠性，绩溪电站的渗漏排水总管考虑双管路双排水点设计，其中 1~3 号渗漏排水泵出水管汇成一根 DN450 排水总管，排至 1 号输水系统（1 号、2 号机公用）尾水调压井通气洞；4 号、5 号渗漏排水泵出水管汇成另一根 DN450 排水总管，排至 2 号输水系统（3 号、4 号机公用）尾水调压井通气洞。两根排水总管之间装有连通阀连通，互为备用，排水总管直径考虑了 5 台排水泵的出水通过一根排水总管出流的工况，以保证当一处排水点出现故障或有其他紧急情况时，可以通过一根排水总管将渗漏水排至厂外。

4.3 防水锤方案设计

根据上文说明，绩溪电站渗漏排水出口选取在尾水调压井通气洞处，整个排水管长度约 200m，且管路走向复杂，水泵安装高程 235.00m，集水井内停泵水位 210.60m，通气洞底板高程约 353.00m，自然落差 143m 左右，水泵设计扬程 160m，整个排水系统属于高扬程长出水管排水系统，因此水泵运行过程中意外断电导致的水锤影响需在设计过程中重点考虑。主要包括以下 3 点。

（1）水泵出口止回阀的选取。对于高扬程长出水管排水系统，止回阀的选取尤为关键，如采用普通止回阀，则很容易造成止回阀关闭得过快，管道内水锤压力会迅速上升，对整个排水管道带来超压危险。如采用普通缓闭止回阀，则需要在止回阀出厂前，就调整好阀门关闭时间，但因为渗漏排水泵启动相对频繁，故止回阀动作也较频繁，普通缓闭止回阀依靠弹簧或者液压缸来达到缓闭效果，容易在长时间动作后，逐渐失效。因此绩溪电站在排水泵出口选用专门的多功能水泵控制阀，通过阀门前后水压力来调整阀瓣的开度，以达到缓闭效果，以此保证阀门可以长期稳定运行，保证整个排水系统安全可靠。

（2）系统设计压力选取。根据《多功能水泵控制阀》（CJ/T 167—2016）中的要求，阀门缓开和缓闭时间，应能在 3~120s 内调整。因此系统管路设计时，根据已布置好的排水管路，所选取的水泵扬程，水泵控制阀按最快 3s 关闭考虑，计算水锤升压。水泵断电计算过渡过程压力上升值最终计算结果为 2.3MPa 压力，因此整个排水系统按 2.5MPa 压力等级设计。

（3）管路安全措施。虽然绩溪电站已设置较为可靠的水泵控制阀来控制管路水锤压力上升，同时整个系统设计压力也留有余量，但在系统中，仍需要考虑一道安全措施，来避免小概率发生的止回阀失效事故。因此绩溪电站在排水总管上，设置了一个安全阀，该安全阀动作压力为 2.35MPa，安全阀出口直接排入渗漏集水井，以保证即使出现意外状况，排水管内的水锤压力仍然不会超过排水管路设计压力。

5 渗漏排水系统运行情况

绩溪电站渗漏排水系统在运行初期，发生深井泵止逆销下落声音较大，运行一段时间后，发生止逆环及止逆销损坏严重（后附图片分析），深井泵出现反转等现象。后来现场观察水泵停机时的整个过程，发现以下几个问题：

（1）水泵控制阀关闭时间明显滞后于水泵停机时间，最长一次从电机断电算起约 40s，才听到阀瓣与阀体接触的声音。

（2）深井泵止逆销与止逆环接触面撞击严重，部分已经撞击出凹槽，止逆销止逆作用减弱。部分设备情况如图 2、图 3 所示。

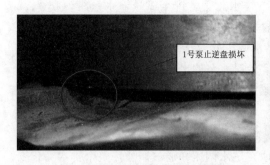

1号泵止逆盘损坏

2号泵止逆盘损坏

图2　1号渗漏排水泵止逆盘凹槽损坏　　　　图3　2号渗漏排水泵止逆盘凹槽损坏

5.1　水泵控制阀优化设计

绩溪电站水泵控制阀根据《多功能水泵控制阀》（CJ/T 167—2016）规范制造，直径 DN300，设计压力为 2.5MPa。阀门结构如图 4 所示。

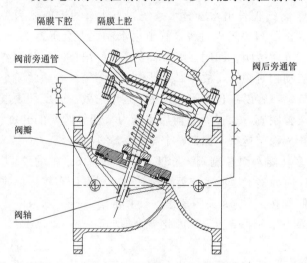

图4　水泵控制阀结构图

由图 4 可见，该阀门主要是通过阀门前后的旁通管将阀门前后的压力引至阀门上部的隔膜腔内，控制隔膜带动阀瓣位移。当水泵开启时，泵控阀阀前压力急速增大，阀后压力固定不变，则当阀前压力大于阀后压力时，隔膜腔内下腔进水上腔出水，带动阀瓣提升，阀门向开启方向动作。而当水泵关闭时，泵控阀阀前压力急速减小，阀后压力固定不变，则当阀前压力小于阀后压力时，隔膜腔内下腔出水上腔进水，带动阀瓣下降，阀门向关闭方向动作。

但现场实际工作时，因旁通管本体通径偏小（DN8 不锈钢管），且阀后固定不变的水压较大，导致隔膜腔内两腔压力及进出水量与主排水管内压力相比有滞后，从而影响了整体阀门开启和关闭时间。

后厂家通过更换压紧弹簧，缩短关闭时间，从原设计 7mm 粗弹簧加到 10mm 粗弹簧，重新安装后，阀门关闭时间从 40s 缩短到 25s 左右，整体关闭时间仍然偏慢，且因再加粗弹簧整体开阀时间影响也开始出现，因此单方面调整压紧弹簧无法解决旁通管偏小导致的泵控阀关闭过慢的问题。

最终绩溪电站通过加大旁通管，从 DN8 加大到 DN15，且下腔从一根旁通管增加到二根旁通管，以加快下腔的压力反馈速度，更换后的泵控阀目前关闭时间，基本在水泵停转后 3～5s，满足设计要求。

5.2 深井泵止逆装置优化设计

绩溪电站渗漏排水泵采用长轴深井泵形式，单台水泵流量450m³/h，扬程160m，电机在电机轴下方，设置有水泵止逆装置，由固定在水泵基础上的止逆盘及连接在水泵轴承上的止逆销组成；通过在止逆盘上开三角形凹槽，使水泵在正向运行时，止逆销可以通过三角形凹槽斜边及水泵旋转产生的离心力作用，脱离止逆盘；而当水泵有反向旋转的趋势时，止逆盘上的三角形凹槽直边可以顶住止逆销以达到止逆效果。止逆装置结构如图5、图6所示。

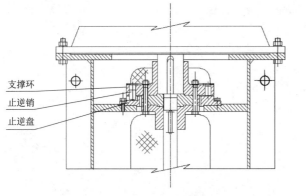

图5 深井泵止推装置结构图

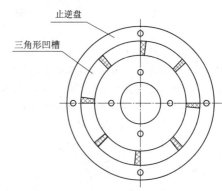

图6 深井泵止逆盘结构图

由图6可见绩溪电站排水泵止逆盘上共有8个凹槽，配有4个止逆销，材料均为QT450，止逆盘台口高度约1cm。

通过录制多次关泵时间止逆销下落瞬间视频，并减慢速度播放后发现，止逆销相对于止逆盘的最终位置，对水泵是否停止，极为关键。止逆盘与止逆销相对位置如图7所示。

当止逆销位于A区时，水泵可以正常停止；位于B区时，水泵可以停止，但止逆盘与止逆销之间撞击声较大；位于C区时，水泵无法正常停止，导致整体水泵反转。

综上所述，对于高扬程长输水管排水系统的深井泵止逆装置的设计来说，结构上需考虑以下两点。

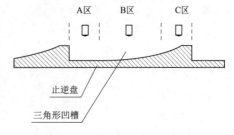

图7 止逆盘与止逆销相对位置图

（1）考虑止逆销更换比止逆盘要简单，故应该增加止逆盘的硬度，使止逆盘与止逆销之间产生硬度差，以保证止逆盘凹槽不受损坏，止拟销可作为易损件，可根据现场实际情况，定时检测定期更换。

（2）在支撑环强度允许的条件下，增加止逆销的数量，以分摊止逆销与止逆撞击应力，减少单个止逆销所受剪力，延长止逆销使用寿命。

6 结语

渗漏排水系统是电站防水淹厂房设计要求中最为关键的一环，特别是针对抽水蓄能电站普遍埋设较深的特点，渗漏排水系统的设计尤为关键。绩溪电站渗漏排水系统相比于其他电站来说，具有排水泵扬程较高，排水管路较复杂等特点，在设计阶段，着重对排水路径、系统设计压力和管路反水锤等问题进行了研究，以保证排水系统能够有效运行；在运行阶段，对现场出现水泵控制阀及长轴深井泵运行问题，进行了分析，并提供了设备改进意见，保证了排水系统可以长期稳定运行，并对后期同类型电站系统设计和设备招标要求，提供了参考和借鉴。

参 考 文 献

[1] 赵洁. 深圳抽水蓄能电站检修渗漏排水泵选型探讨 [J]. 广东水利水电，2016 (4)：43 - 46.
[2] 王福斌. 某水电站坝基渗漏排水泵故障分析及处理 [J]. 四川水利，2014 (4)：91 - 92.
[3] 傅江成. 多功能水泵控制阀的性能与应用 [J]. 山西建筑，2009，35 (20)：178 - 179.
[4] 徐佳丽，李佳楣，金颖，金少辉，许铁强. 老泵站改造多功能水泵控制阀应用研究 [J]. 价值工程 2017，36 (27)：95 - 96.

浅析抽水蓄能电站进水球阀不同型式枢轴轴承的应用

徐先开 黄笑同

(中国电建集团中南勘测设计研究院有限公司 湖南 长沙 410014)

【摘 要】 为探究抽水蓄能电站机组进水球阀常见枢轴轴承型式的特点，本文结合进水球阀枢轴轴承运行实例，对金属基镶嵌自润滑、金属烧结自润滑等型式对进水球阀结构影响、运行原理进行分析。分析表明：铜基粘贴自润滑轴承运行稳定性不高，容易出现轴套磨损、卡阻等现象；合理选择枢轴轴承型式对上下游分瓣式进水球阀的刚强度有一定改善作用。

【关键词】 进水球阀枢轴轴承；金属基镶嵌自润滑轴承；金属烧结自润滑轴承

1 引言

抽水蓄能电站机组进水球阀设置在上游压力钢管与水泵水轮机之间，在机组出现事故情况时，能够动水紧急关闭，防止事故扩大；在机组停机或检修时，截断进水，保护机组。进水球阀枢轴在进水阀操作臂的作用下进行高载、间歇性运动，轴承在进水球阀开启、关闭过程中受到的水推力较大，枢轴轴承的型式选择直接影响进水球阀动作的可靠以及机组的安全、稳定运行。若枢轴轴承设计存在缺陷，会出现诸如枢轴自润滑材料脱落导致轴套磨损、轴套无法添加润滑脂导致枢轴材料被卡阻等故障，进而出现抱轴、进水阀无法关死等现象，严重威胁电站安全稳定运行。

从保证机组本质安全、机组可靠性和电网响应能力的角度而言，选择可靠、性能优良的进水球枢轴轴承型式十分必要。

2 常见进水球阀枢轴轴承型式

目前已建蓄能电站中常见的进水阀枢轴轴承型式有：油脂润滑铜轴承型式、金属基粘贴自润滑轴承、金属烧结自润滑材料以及铜基镶嵌自润滑轴承等型式。

油脂润滑铜轴承有成熟的工程应用案例，需要增加油脂管路及设备，定期注油。相比其他型式轴承没有自润滑功能。

金属基粘贴自润滑轴承型式应用广泛，国内较早一批"技术打捆"的抽水蓄能电站最初采用该种型式，以铜合金作为基体，如惠州、宝泉、白莲河、蒲石河等抽水蓄能电站。铜基粘贴自润滑轴承采用分块自润滑复合材料粘贴于铜基内部，运行过程中自压力钢管引入水源,实现自润滑功能。该种型式采用的自润滑粘贴工艺对压力、温度等要求较高。

金属基镶嵌自润滑轴承也具有成熟的设计及应用案例,用粘贴剂将其固体润滑剂粘贴在金属基体(蓄能电站中常采用高强黄铜合金)预先加工好的孔隙内,形成可靠的高性能的固体润滑膜。在铜基粘贴自润滑轴承运行出现故障后,惠州、宝泉、白莲河、蒲石河等抽水蓄能电站进水阀枢轴轴承均更换为铜基镶嵌自润滑轴承型式;后续新建抽水蓄能电站中也有较多采用该种型式。

金属烧结自润滑轴承将固体润滑剂粉末添加到金属基体中,采用压制成形、整体烧结工艺制作而成的复合材料。在轴承运行过程中,石墨得以释放并不断补偿配合端面的细微凹陷、凸起,形成坚固的低摩擦表面。该类型轴承常见于国外抽水蓄能电站以及近年新建电站中,国内早期抽水蓄能电站中较少应用。

3 枢轴轴承型式对比

油脂润滑铜轴承由于需要注油脂管路及设备,相比自润滑轴承增加额外运维工作,同时可能带来油泄漏相关问题。铜基粘贴自润滑轴承为国内最早一批抽水蓄能电站所采用方案,但在投运后不同程度地出现粘贴材料脱落、发卡导致进水球阀不能关闭的现象。因此,本文主要对近年新建电站进水球阀采用较多的铜基镶嵌自润滑轴承、金属烧结自润滑轴承的结构特点、性能进行对比分析。

3.1 对进水球阀刚强度的影响

进水球阀的接力器拐臂与枢轴、枢轴与活门常通过螺栓把合,枢轴轴承布置在枢轴与不锈钢轴套之间,用于支撑枢轴旋转,降低其运动过程中的摩擦系数并保证其回转精度。

铜基镶嵌自润滑轴承、金属烧结自润滑轴承方案对进水球阀结构设计的影响主要表现在轴承尺寸的差异上。以某电站分瓣式进水球阀结构为例进行说明,图1、图2分别为进水球阀分瓣面及轴承孔布置图、枢轴轴承结构布置图。其中 L 为分瓣面到轴承孔中心的距离;D 为轴承孔直径。

对于采用上、下游分瓣结构的进水球阀,可采用分瓣面到轴承孔中心距离 L 与轴承孔径 D 的比值用来衡量进水阀轴承座的刚强度,L/D 越大,对进水球阀的刚强度是有利的,某制造厂推荐 L/D 取值在 $0.9 \sim 1.0$ 之间为宜。

以某公称直径为 2240mm、设计压力为 880mWC 的分瓣式进水球阀所采用的两种轴承的比选方案为例,两个方案中分瓣面到轴承孔的距离均为 $L=820$mm。铜基镶嵌自润滑轴承方案的轴承厚度 20mm,轴承孔直径为 $D=970$mm,$L/D=0.85$;

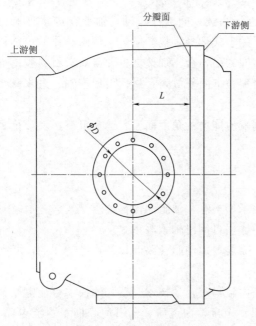

图 1 进水球阀分瓣面及轴承孔布置

采用金属烧结自润滑轴承方案，轴承厚度 5mm，轴承孔直径为 $D=940mm$，$L/D=0.87$。

薄壁结构相比厚壁结构的轴承孔尺寸更小，重量更轻，有利于提升进水球阀的刚强度。且薄壁结构的轴承在安装时形变适应性更强，有利于枢轴轴承的安装。

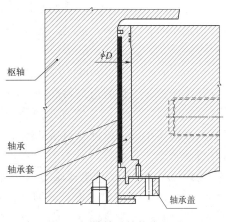

图 2 枢轴轴承结构布置图

3.2 运行原理

铜基镶嵌自润滑轴承常采用钻孔式，孔口布置在摩擦方向上部分交叠，以便孔口内布置的固体润滑剂在摩擦中形成的转移膜覆盖整个摩擦表面，从而保证摩擦的润滑。且随摩擦的进行，嵌入的固体润滑剂不断提供于摩擦面，保证了长期运行时对摩擦副的良好润滑。铜基镶嵌轴承孔口中填充的固体润滑剂常用的有石墨、二硫化钼和聚四氟乙烯等，均具有易剪切、易黏附等特点，固体润滑剂嵌入面积一般为整个摩擦面的 20%～40%。

金属薄壁自润滑薄壁轴承较常见于国外及合资厂家进水球阀设计中，以 DEVA-BM 系列合金为例，该材料是采用粉末冶金技术生产而成，其合金材料是由包含 DEVA-BM 合金的薄壁层烧结到钢基材上，DEVA-METAL 合金含有固体石墨润滑剂，均匀地弥散在整个青铜或铅青铜的金属基体内；当轴承发生磨损时，轴承表面所形成的石墨膜只要有任何损坏，将被 DEVA-BM 轴承中释放出来的固体润滑剂修补。

表 1 为某电站铜基镶嵌自润滑轴承与金属烧结自润滑轴承的性能参数。

表 1 不同轴承尺寸及性能参数

性能及参数		金属烧结自润滑轴承	铜基镶嵌自润滑轴承
厚度/mm		5	20
润滑条件		固体自润滑	固体自润滑
最大许用载荷/MPa	静态	280	150
	动态	120	49
允许最高速度/(m/s)		1.0	0.25
最大 PV 值/(MPa·m/s)		2	1.65
使用温度/℃		−190～250	−40～80
摩擦系数		0.05～0.13	0.12～0.15

表 1 表明，金属烧结自润滑轴承有更小的摩擦系数，承载能力较优，适用的运行温度区间更广，对于低速、重载的运行环境适应性更优。

4 枢轴轴承型式的应用

部分已建、在建电站的枢轴轴承型式及存在的问题如下：

（1）BLH 电站原采用自润滑嵌板，采用黏结剂直接黏贴在轴套内部。投产运行后，出现轴套自润滑嵌板剥落、自润滑嵌板磨损现象。后经调研发现主要原因是由于该批次的轴套粘合度未满足要求。后电站更换为 OILES 公司制造生产的铜基石墨自润滑材料镶嵌结构的轴承。

（2）PSH 电站原采用自润滑嵌板，分块黏结剂直接黏贴在轴套内部。球阀原枢轴轴套为普通铜轴套，抗磨损材料内部无法添加润滑脂。机组运行后，轴套磨损严重，经分析主要由于球阀多次开、关使自润滑材料脱落导致。后经改造采用新轴套，将 PTFE 材料内嵌入青铜基体内，设计有油槽和减压孔；新枢轴轴套上增加抗磨材料，并在球阀上设计润滑脂添加孔。

（3）HZ 电站机组进水球阀原轴套由法国 ALSTOM 水电公司设计，轴套自润滑材料由英国 TENMAT 公司生产，为铜基粘贴自润滑材料型式。电站运行过程中，5 号机组因进水阀开启时间过长致抽水工况启动失败，经后续排查主要由于轴套自润滑材料脱落并被反复挤压卡住枢轴导致进水阀无法启动。

部分国内外抽水蓄能电站进水球阀枢轴轴承应用实例见表2。

表 2　　　　　　　　　　　　　不同枢轴轴承类型应用工程

电站名称	进水球阀公称直径/mm	进水球阀设计水头/m	轴承类型	投产年份
长龙山蓄能电站	2100	1200	金属薄壁自润滑轴承	2021
绩溪蓄能电站	2000	1051	金属薄壁自润滑轴承	2020
洪屏蓄能电站	2100	887	金属薄壁自润滑轴承	2016
蟠龙蓄能电站	2400	816	铜基镶嵌自润滑轴承	在建
天池蓄能电站	2240	880	金属薄壁自润滑轴承	在建
惠州蓄能电站	2000	775	铜基镶嵌自润滑轴承（改造后）	2009
广州蓄能电站二期	2100	775	铜基镶嵌自润滑轴承	1993
深圳蓄能电站	2300	720	金属薄壁自润滑轴承	2018
十三陵蓄能电站	1750	703	金属薄壁自润滑轴承（改造后）	1997
梅州蓄能电站	2500	699	铜基镶嵌自润滑轴承	在建
葡萄牙 Frades II 蓄能电站	2900	590	金属薄壁自润滑轴承	—
蒲石河蓄能电站	2700	510	铜基镶嵌自润滑轴承（改造后）	2011
黑麋峰蓄能电站	2800	500	铜基镶嵌自润滑轴承（改造后）	2009
泰安蓄能电站	3150	398	金属薄壁自润滑轴承	2005
白莲河蓄能电站	3500	329	铜基镶嵌自润滑轴承（改造后）	2009
英国 Foyers 电站	2980	288	金属薄壁自润滑轴承	—

其中，十三陵抽水蓄能电站进水球阀原为铜基镶嵌自润滑轴承，改造后采用金属烧结自润滑轴承；黑麋峰抽水蓄能电站、蒲石河抽水蓄能电站、惠州抽水蓄能电站、白莲河抽水蓄能电站进水球阀原为铜基粘贴自润滑轴承，改造后为铜基镶嵌自润滑轴承。

5 结语

（1）从目前已投运电站来看，铜基镶嵌自润滑轴承、金属烧结自润滑轴承的优缺点尚未凸显，国内机组制造厂的设计理念存在差异：部分制造厂倾向于采用薄壁轴承结构，主要考虑薄壁轴承的承载能力强、摩擦系数低、安装方便；部分制造厂则认为厚壁轴承寿命更长、可靠性较高。

（2）铜基粘贴自润滑轴承、铜基镶嵌自润滑轴承、金属烧结自润滑轴承在国内抽水蓄能电站中均有应用。铜基镶嵌自润滑轴承、金属烧结自润滑轴承为近年新建抽水蓄能电站常采用的型式。国内较早一批"技术打捆"的抽水蓄能电站较多采用铜基粘贴自润滑轴承方案，但出现了诸如轴套磨损、卡阻等现象，在后续改造中也将铜基粘贴自润滑轴承改造为其他型式轴承方案。

（3）在进水球阀采用分瓣方案（分上游瓣、下游瓣）设计且在不改变分瓣面、枢轴轴承孔的相对位置前提下，金属烧结自润滑轴承方案相比铜基镶嵌自润滑轴承方案对于进水球阀的刚强度更有利。

参 考 文 献

[1] 王丹伟，李德武，林恺，刘玉斌，王琪，姬长清. 惠州抽水蓄能电站进水阀新轴套的设计与应用 [J]. 广东电力，2014，27（9）：16-19.
[2] 刘超锋，杨振如. 金属基自润滑轴承新材料 [J]. 轴承，2007（5）：36-39.
[3] 高欣. 自润滑轴承的特性及其应用 [J]. 黑龙江电力，2001，23（3）：184-186，188.
[4] 邹志伟，许旭辉，刘超. 十三陵电厂进水阀枢轴轴承结构优化设计 [J]. 水电站机电技术，2017，4（1）：15-18.
[5] 吴广秀，彭书凤，唐睿. 蒲石河抽水蓄能电站主进水球阀枢轴轴套更换 [J]. 工程建设与设计，2013（S1）：96-100.
[6] 刘聪，杨绍爱，程利平，王熙. 湖北白莲河抽水蓄能电站球阀枢轴故障的分析处理 [J]. 水电与抽水蓄能，2015，1（4）：65-69.

琼中抽水蓄能电站通风空调设计

张 楠 虞少嵚

(中国电建集团中南勘测设计研究院有限公司 湖南 长沙 410014)

【摘 要】 本文主要阐述琼中抽水蓄能电站的通风空调设计。全厂通风空调系统主要包括有：主厂房全空气系统、副厂房空气-水系统、母线洞独立空调系统、主变洞机械通风系统、尾水闸门室机械通风系统、地面开关站通风空调系统。设置主厂房回风通道，在潮湿季节采用回风模式运行，有效地解决了潮湿季节厂内结露的问题。

【关键词】 通风空调系统；机械通风；主厂房；气流组织；回风运行

1 引言

海南琼中抽水蓄能电站位于海南省中部琼中县境内，地下厂房内安装 3 台立式单级混流可逆式水泵水轮机—发电电动机机组，单机容量 200MW，总装机容量 600MW。

电站所处区域为热带海洋性季风气候区，其特征为：夏长无酷暑，冬短无严寒；春旱夏雨秋末阴，八九十月有台风。四季分界不明显，气候温和，雨量充沛。

2 设计依据

2.1 室外空气计算参数

夏季通风室外计算温度：30.1℃；

夏季通风室外计算相对湿度：85%；

夏季空调室外计算干球温度：32.9℃；

夏季空调室外计算湿球温度：27.8℃；

冬季通风室外计算温度：17℃。

2.2 室内空气计算参数

根据《水力发电厂供暖通风与空气调节设计规范》（NB/T 35040—2014）确定室内空气计算参数见表1、表2。

3 空调负荷

厂内空调负荷计算主要包括夏季空调冷负荷计算和冬季空调热负荷计算。

表 1 夏 季 室 内 计 算 参 数

房间名称	温度/℃	相对湿度/%	工作区风速/(m/s)
发电机层	≤28	≤75	0.2～0.8
母线层	≤28	≤80	0.2～0.8
水轮机层	≤30	≤80	0.2～0.8
主阀操作室	≤33	不规定	不规定
水泵房	≤30	≤80	不规定
油罐室	不规定	≤80	不规定
油处理室	≤30	≤80	不规定
压气机室	≤33	≤75	不规定
机械修理间	≤30	≤75	不规定
电气修理间	≤30	≤75	不规定
电工试验室	28～30	≤70	不规定
蓄电池室	≤25	≤75	不规定
电线道（室）	≤35	不规定	不规定
厂用变压器室	≤35	不规定	不规定
主变压器室	<35	不规定	不规定
配电盘室	≤35	不规定	不规定
励磁盘室	≤35	不规定	不规定
母线道（室）	≤35	不规定	不规定

表 2 冬 季 室 内 计 算 参 数

房间名称	温 度/℃	
	发电机正常运行时期	发电机全部停机时期
发电机层	≥10	≥5
母线层	≥8	≥5
水轮机层	≥8	≥5
主阀操作室	≥5	≥5
水泵房	≥5	≥5
油罐室		≥12
油处理室	10～12	≥5
压气机室	≥12	≥12
机械修理间	≥12	10～12
电气修理间	≥12	10～12
电工试验室	16	16
蓄电池室	≥10	≥5
电线道（室）	—	—
厂用变压器室	—	—
主变压器室	—	—
配电盘室	—	—
励磁盘室	—	—
母线道（室）	—	—

厂内夏季空调冷负荷根据电气设备散热情况计算。由于地下厂房围护结构具有夏季吸热、冬季散热的特性，故确定夏季空调冷负荷时，将厂房围护结构夏季吸热量作为富余量忽略掉。夏季空调冷负荷见表3。

根据电站所在地室外空气计算参数及规范对厂内冬季室温的要求，地下厂房可利用厂内电气设备散热及围护结构冬季散热维持室温，因此通风空调方案以夏季工况为准。

表3 夏季空调冷负荷

序号	厂房区域	夏季空调冷负荷/kW
1	主厂房发电机层	138.4
2	主厂房中间层	59.6
3	主厂房水轮机层	14.2
4	主厂房蜗壳层	24.8
5	副厂房188.2层	38.8
6	副厂房194.20m层	47.5
7	副厂房197.80m层	12.2
8	副厂房200.40m层	12.1
9	副厂房205.60m层	14.1
10	副厂房210.8m层	6.1
11	母线洞（3条）	88.9×3
12	主变洞主变室（3个）	52.8×3
13	主变洞SFC输入输出变室（2个）	8.1×2
14	主变洞高压开关柜室	0.8
15	主变洞高压厂用变室（2个）	22.7×2
16	主变洞200.4层上游侧廊道	34.1
17	主变洞207.4m层上游启动母线廊道	6.5
18	主变洞207.4m层下游SF$_6$管线廊道	31.7
19	主变洞SFC盘柜室	11.7
20	主变洞SFC输出限流电抗器室	15.8
21	主变洞2组装限流电抗器室（2个）	51×2
22	主变洞1组装限流电抗器室	25.8
23	主变洞配电盘室	2
24	高压电缆出线井	108
	总计	1192.9

4 气流组织及通风空调方案

4.1 主厂房通风空调系统

由进厂交通洞及通风兼安全洞双向引风，4台空气处理机组分别设置于蜗壳层左端及地下副厂房顶部机房内，空调主机采用 2 台螺杆式冷水机组，设置于副厂房水轮机层机房内。系统总风量为 120000m³/h，室外新风经地下洞室岩壁初步冷却后，进入空调机房，经空气处理机组进一步冷却后，由拱顶百叶风口下送至发电机层。再由上游夹墙的风管及 18 台轴流风机（90000m³/h 风量）分送至母线层、水轮机层及蜗壳层，除 6000 m³/h 经油库油处理室使用后排出厂外，3000 m³/h 经操作廊道使用后通过 1 台轴流风机排至副厂房竖井，再通过风管至全厂总排风道，其余风量经下游夹墙风管及 7 台轴流风机（31500m³/h 风量）以及楼梯间回到母线层，通过母线洞排出厂外。

4.2 母线洞机械通风系统及单元空调系统

由主厂房母线层进风，风量 111000m³/h，母线洞排风汇入主变洞上游侧层廊道，此廊道经主变洞左端竖井与母线洞排风机室相连，另主变洞绝缘油库室 3000m³/h 排风页排入此竖井，114000m³/h 风量一并由母线洞排风机排至全厂排风竖井。母线洞排风机选用 1 台离心风机。

另每条母线道设置 1 台水冷柜式空调机。

4.3 透平油库及油处理室排风系统

由主厂房蜗壳层进风，在油库及油处理室区域设专用排风机房，油库及油处理室排风通过风管引至油库专用排风竖井，竖井顶部直达主厂房拱顶，再由风管穿越整个主厂房拱顶排至全厂排风道。系统风量 6000m³/h，选用离心风机 1 台。

4.4 地下副厂房通风空调系统

地下副厂房每层设置一台柜式风机盘管送风，一台风机机械排风。公用变室及空压机室另设风机盘管内循环。由于 400kV 厂用变室热负荷巨大，再设一台单元空调备用。副厂房通风空调系统通过竖井从通风兼安全洞引风，再通过竖井排风至通风安全洞或者全厂排风道（可切换）。当副厂房排风机停运时，系统可回风运行。卫生间排风通过上游夹墙风道及风管排至全厂排风道。

4.5 主变洞机械通风系统

主变洞为全排风系统，由主变运输道进风，总风量 280000m³/h，90000 m³/h 经主变室使用后，排风至主变拱顶，49000m³/h 经主变室层其他设备间使用后除绝缘油处理室 3000m³/h 风量经风机排到母线洞排风竖井，其余均排到上游廊道，在经过楼板上的风口到启动母线廊道最后至主变拱顶，另外 141000m³/h 风量经管线廊道分送至高压电缆道及该层各设备间，除高压电缆道 44000m³/h 风量外最后均到达主变洞拱顶，233000 m³/h 风量在拱顶回合后由 2 台离心风机排至全厂排风道。主变室及其他电气设备室进出风口均采用可调节防火阀。

主变洞管线层廊道另设事故通风系统，当 SF₆ 管线发生泄漏时，通过 3 个竖井 3 台风机（布置在主变拱顶）直接排风到全厂总排风道，总排风量 20000m³/h。

SFC 盘柜由于采用风冷方式，散热量巨大，SFC 盘柜室另设独立空调。

SFC 输入输出变采用风冷方式，散热量巨大，SFC 输入输出变室另设独立空调。

4.6 高压电缆廊道排风系统

由主变洞下游侧廊道进风，风量 44000m³/h，在高压电缆廊道进入 GIS 下部电缆层处地面设置 1 台屋顶风机排风至户外。

4.7 尾水闸门廊道室通风除湿系统

尾水调压室从进厂交通洞引风，风量 35000m³/h，风机室设在尾水调压室右端的施工支洞内，设置 1 台斜流风机排风至施工支洞。

4.8 GIS 楼通风空调系统

GIS 楼电缆室采用自然进风、机械排风，在下游侧 GIS 室层设置进风窗，通过楼板上的风口到达电缆层，排风通过上游侧设置的 2 台屋顶风机排风至户外，排风量为 20000m³/h。

GIS 室采用自然进风、机械排风的通风方式，下游侧墙体下部设进风窗，上游侧墙体上下均设轴流风机，上部轴流风机用于通风换气，下部轴流风机用于事故通风。总通风量 46080m³/h。选用 16 台轴流风机。

GIS 楼其他设备间采用风冷单元空调机。

蓄电池室及卫生间设置排气扇通风。

4.9 排水廊道通风系统

排水廊道共 3 层，上层排水廊道独立送排风，中下层排水廊道联合通风。

上层排水廊道从通风及安全洞引风，在上层排水廊道临近通风兼安全洞处设置一道隔墙，墙上设密封门，密封门上方设 1 台斜流风机送风，风量为 12000m³/h，排风排到⑤号施工支洞（即主变排风洞）后至排风竖井。设斜流风机 2 台排风，每台排风量为 6000m³/h。

中层排水廊道通过风机从交通洞进风，在排水廊道与交通洞连通处分别设置二道隔墙，墙上设密封门，密封门边各设 1 个斜流风机送风，每台送风量为 7000m³/h。通过直径 1.2m 竖井排风到下层排水廊道，最后通过自流排水洞中部的⑩施工支洞排风至户外。选用 1 台混流风机排风，布置在⑩施工支洞内，排风量为 420000m³/h，其中 14000m³/h来自中下层排水廊道，其余风量来自⑦施工支洞。

5 防排烟系统

5.1 主厂房排烟系统

主厂房拱顶中部设置 1 根排烟风管，风管上设置排烟阀，烟风管上设 1 台高温排烟风机将烟气排到全厂排风道，排烟量为 80000m³/h。

5.2 主变搬运道排烟系统

主变搬运道上方设一根排烟风管，风管上设排烟阀，排烟风管穿过楼板引到主变排风机室，通过 1 台高温排烟风机将烟气排到施工支洞至厂外，排烟量为 20000m³/h。

5.3 地下副厂房防排烟

按照规范要求，地下副厂房 2 个楼梯，2 个楼梯间及电梯前室分别设置加压送风系统，走廊设置排烟系统及补风系统，补风量大于排烟量的 50%。加压送风和补风均从进风洞取风，排烟风量排至全厂排风道。

5.4 发电机 CO_2 灭火排风

每台机机墩上设置一根排风管连接到水轮机层上游侧排风总管，总管上设置一台高温轴流风机排风至副厂房专用排风竖井，再通过风管排至全厂总排风道，排烟量为 $5000m^3/h$。

6 除湿系统

厂房潮湿主要有以下几个原因：围护结构散湿、室内设备及管路漏水、厂外潮湿空气的影响。为保证厂房湿度要求，在水轮机层及蜗壳层另设 13 台 10kg/h 除湿机；尾水调压室内另设 3 台 10kg/h 除湿机；GIS 室另设 8 台 10kg/h 除湿机。冷凝水设埋管排至厂外。

7 回风运行

关停母线洞总排风机，使得通过主厂房左右两端空气处理机房送入的新风，一部分经上下游夹墙通风通道及通风机下送至主厂房蜗壳层，一部分回流至主厂房发电机层，由于总排风机关停，所以这两部分风量分别通过预设的回风通道及回风机回流至主厂房左右两端的空气处理机房，实现回风运行。在潮湿季节，为避免引入含湿量大的新风，主厂房采用回风运行模式，该运行模式能有效地解决潮湿季节厂内结露的问题。

8 结语

抽水蓄能电站主要以地下厂房为主，根据其厂房建筑物布置特点、电站所在地气候特征、规范对室内温湿度的要求、电气设备等散热量，详细计算空调负荷，合理制定通风气流组织，比选优化通风空调方案，让厂内温湿度达到规范要求，确保系统的可靠性、经济型、稳定性。

参 考 文 献

[1] 陆耀庆. 实用供热空调设计手册 [M]. 北京：中国建筑工业出版社，2008.
[2] 水电站机电设计手册编写组. 水电站机电设计手册　采暖通风与空调部分 [M]. 北京：水利电力出版社，1987.
[3] 国家能源局. 水力发电厂供暖通风与空气调节设计规范：NB/T 35040—2014 [S]. 北京：中国电力出版社.
[4] 中华人民共和国住房和城乡建设部，中华人民共和国质量监督检验检疫总局. 水电工程设计防火规范：GB 50872—2014 [S]，2014.

浅谈越南会广机电设备成套计划合同管理

黄 娟

(中国电建集团中南勘测设计研究院有限公司机电工程院　湖南　长沙　410014)

【摘　要】 本文通过介绍会广水电站机电设备成套项目的合同管理、进度管理、质量管理、安全管理、环境管理，着重分析了本项目合同管理的特点，通过建立完善的合同保证体系，加强合同执行过程的控制，加强合同风险分析与防范和变更索赔管理，对合同执行过程中出现的问题，制定针对性的策划，妥善地解决了项目各项难题。

【关键词】 会广电站；机电设备成套；计划合同管理

1　项目情况

1.1　工程简介

越南会广（Huoi Quang）水电站大坝位于莱州省碳渊县南木江上，厂房与开关站位于山萝省勐腊镇。电站总装机容量为 520MW，其主要任务是发电、防洪。地下厂房内布置 2 台单机容量为 260MW 混流式机组，电站额定水头 151m，设计年发电量 19.042 亿 kW·h。该项目资金由法国开发署（AFD）贷款。

1.2　项目概况

2010 年 4 月 6 日中国电建集团中南勘测设计研究院有限公司购买招标书，2011 年 3 月 30 日合同签订，2011 年 7 月 28 日合同生效。中国电建集团中南勘测设计研究院有限公司与原天津阿尔斯通［现为通用电气水电设备（中国）有限公司，以下简称"GE"］为联合体承担机电设备供货、安装指导等多项任务。合同范围主要包括 220kV 设备、进水阀、保护、通信、电站辅助电气及机械设备等的供货及安装、调试指导服务。项目于 2010 年 1 月 5 日开始动工，总工期为 48 个月。

2　合同类型

本项目合同由 GE－中南院联合体组成，其中 GE 为联合体责任方。执行方式采用：联合体一致对项目业主负责，联合体在工地实行现场经理总负责制；联合体内部有分工协议，BOP 总体布置设计由我院负责。本项目合同为固定总价合同，合同生效后，不因市场材料、相关产品价格的变化而修改合同总价。

3 项目管理组织机构

本项目是我院继越南山萝水电站机电设备成套项目后又一个在越南市场较大的成套项目，合同一签订，即成立项目部。项目部岗位设置有项目经理、副经理、总工、副总工、现场经理、现场综合主管、计划合同工程师、质量工程师、环境健康安全工程师、会计核算工程师、设备采购工程师、项目文秘。

4 项目管理效果

项目管理包括进度管理、质量管理、安全管理、合同管理、环境管理等。

4.1 项目进度管理

4.1.1 建设工期

越南会广机电设备成套项目主要节点日期如下：

（1）工程正式开工日期：2010年1月5日。

（2）合同签订：2011年3月30日，合同工期48个月。

（3）合同生效日期：2011年7月28日。

（4）首台机组调试并网：2015年12月28日（超期9个月）。

（5）2019年1月3日取得最终验收证书，2019年1月20日完成竣工结算。

实际完工日期与移交日期均比合同超期，原因是地下厂房开挖土建工期推迟一年。

4.1.2 工程进度计划及控制

本项目合同不含机电设备安装，项目部根据业主对项目进度要求、项目特点等情况，按照项目管理的方法进行项目结构分解，分为事前计划、事中控制、事后改进和提升。

1. 事前计划

以合同里程碑节点工期为基准，制定项目进度总计划（供图计划、设备采购策划），明确关键线路，再分解到年、月、周进度计划。根据进度计划在不同阶段的资源需求，做好资源配置和进场规划，逐步落实进度目标。

2. 事中控制

供图计划、供货计划、资金计划与进度计划相结合，满足机电设备安装、机组发电等里程碑节点要求，确保进度目标处于受控状态。

3. 事后改进和提升

因地下厂房土建开挖进度延期、"6·23"泥石流造成设备仓库被淹等执行过程中产生的问题，深入分析并及时改进和纠偏，促进管理水平提升，从而使得进度管理目标受控。

4.2 项目质量管理

工程质量是项目每个成员的责任，从设计人员、到供货商及现场所有人员，他们所作的每一工作对项目的质量都至关重要。牢固树立并坚持"百年大计，质量第一"的原则和方针，严格执行设计技术要求和强制性条文、规范，抓好过程管控，确保项目建设质量目标实现。

4.3 项目安全管理

安全生产管理与进度、质量、风险等密不可分，始终重视建设过程中安全生产主体责任的落实，严守安全"红线"和"底线"，对人的不安全行为和物的不安全状态进行有效管控，确保安全生产"零事故"目标的实现。

4.4 项目合同管理

4.4.1 建立完善的合同保证体系

从合同签订阶段的前期控制入手，我院建立了良好的合同管理制度，确保了合同信息的畅通和信息的共享，从而为合同管理的有效、及时奠定了基础。

1. 加强合同前期的控制与管理

我院在从获得信息开始，就做好了合同签订前的准备工作（包括项目风险的评估；风险比例的考虑，对投标报价的评审）。在合同签订后，我院集中相关部门对合同进行分析，熟悉合同中的主要内容、各种规定及要求、管理程序，了解作为承包商的合同责任、工程范围以及法律责任，避免执行合同时出偏差。在分包合同签订后，我院对于合同与分包合同、分包合同与分包合同间的合同界面——进行了梳理（清理出分包采购合同间出现重复采购，节约了成本费用）、分解，减少了合同纠纷，降低了风险，利益得到了最大化。

2. 建立合同管理制度

在工程实施中，合同管理遵循如下原则：树立合同意识，普及合同管理的观念和知识，提高企业的风险防范意识；建立合同管理的组织机构，健全和完善合同管理的网络；建立、健全、完善合同管理制度；完善在执行过程中对分包合同的管理策略。

3. 建立完善的合同信息管理系统

自合同签订后，我院就建立起了合同信息管理体系，对合同管理过程中的有关信息进行了详细的记录和链接，做到了资源共享，加快了信息的流通，提高了工作效率以及合同的执行的严密性。

4. 建立完善的行文制度

按照合同中对付款方式的约定，通过双方的来往文函沟通，每批货款基本都能按时到账。

4.4.2 加强合同执行过程的控制

1. 对合同的实施进行严格的控制

在合同签订后，我院制定了详细而合理的分包方案。依据分包方案对合同总价进行了分解，明确了各个包的目标值，在合同执行过程中依照目标值对各个包的采购进行严格控制。分解后的部分合同彼此相互联系而又相互依赖，我院在各个分包商之间的协调方面也做出了很多努力，推动了整个工程的顺利进展。

2. 对合同实施进行实时的跟踪和监督

在总承包工程进行的过程中，由于现场实际情况千变万化，导致合同实施与预定目标发生了一定偏离，项目部坚持对合同实施进行跟踪和监督，不断找出偏差并予以调整，确保总承包合同按照目标值实施。

4.4.3 加强合同风险分析与防范

风险管理的应对措施主要包括风险规避、风险减轻、风险转移、风险自留等。我院的风险识别分为合同签订和合同履行两个阶段。在合同签订阶段，我院以会议形式组织相关专家对招标文件、合同进行评审，分析合同风险并弥补合同缺陷；在合同履行阶段，项目合同管理人员及时跟踪并掌握工程实施情况，在工程实施期间对即将出现和出现的干扰及时进行分析并采取相应的措施，预防和减少由于工程风险遭受的损失。

4.4.4 加强合同变更的管理

合同履行期间，我院以优化设计、不降低原设计使用要求、尽量降低或少增加工程成本为原则，迅速、全面、系统地对合同变更做出处理，尽量避免因工程索赔而造成的影响。

4.4.5 加强合同索赔管理

（1）由于主体工程工期拖延一年，我院根据合同条件的变化，向业主提出索赔的要求。经过多轮商谈，索赔改为现场营地由业主代建，减少工程损失。

（2）由于"6·23"泥石流造成设备仓库被淹，补供的设备另外签署补充协议。

（3）由于主体工程工期推迟一年，新增的服务人员工日，另外签署服务费的补充协议。

（4）利用分包合同中的有关条款，对分包商主变在线监测厂家提出的索赔进行合理合法的分析，尽可能地减少分包商提出的索赔；并对由于分包商自身原因拖延交货和不可弥补的质量缺陷进行及时处理协商解决（如大容量紧急排水泵的启动、主变在线监测系统）。

4.4.6 合同管理及完工结算

本项目已完成与业主的完工验收和竣工决算，与各分包商的结算及质保金的支付已全部完成。

4.5 项目环境管理

本项目地处越南北部深山，项目建设始终秉持环境友好的指导思想，树立了环境保护"零事故、零污染"的管理目标，以最少的环境影响，改善流域周边原住民的生产方式和生活状态，确保了环境的可持续发展。遵循越南环保标准和要求，设置了含油污水处理系统，确保排放达标。通过种种环保措施，实现了项目建设与环境之间的友好关系，也树立了企业负责任的良好形象和品牌。

4.6 综合管理技术的应用

1. 采购管理

本项目投资主要为设备费，设备费由发电机电压回路配电装置、进水阀、电站辅助电气及机械设备、保护、通信、220kV设备（主变、GIB、高压电缆、AIS）等费用组成。实践证明，只要控制住了主要设备费中的关键项目投资，就能达到工程总投资的控制目标，实现项目盈利。本项目主要从制定分标方案、通过招投标选择适宜的分承包商、优化设计、加强合同管理及提高风险识别等方面入手，具体如下：

（1）以分标方案为基础，根据工程进度网络图及勘测设计工作周期拟定招标采购计划。

（2）对招标文件、合同条款进行评审，分析合同风险并弥补合同缺陷。

（3）邀请较多的投标人。通过招投标选择满足合同合格供货商中资质、业绩、信誉好的供货商，以保证设备质量与降低工程投资。

（4）根据评标报告与中标人充分进行合同谈判，弥补投标文件的漏洞，不断完善采购合同后再与中标人签订合同。

（5）合同签订后及时跟踪并掌握工程实施情况，在合同履行期间对即将出现和出现的干扰及时进行分析并采取相应的措施。

（6）切实的分标方案及招标计划为工程建设管理和控制指明了方向，同时也为达到投资控制目标奠定了基础，赋予了投资控制的预见能力。

2. 技术管理

（1）技术管理的基础工作。项目部负责所有技术管理的基础工作，包含文档归档、技术资料汇总及归档等。

（2）技术经济分析与评价。本项目对风险、技术创新、环境影响等因素进行了技术评价，项目合同阶段在技术协议上描述准确到位，实施过程中对重大技术问题提前攻关，合理地规避了技术上的风险，间接地节约了投资；项目在技术上对环境污染源提前预判，并采取了隔噪、排污、减振等措施，未对环境造成负面影响。

3. 资金管理

（1）在合同签订后，由项目经理主持，工程技术人员、采购部和合同管理部人员共同参与，结合合同工期和进度计划，详细做出工程年（月）度资金收支计划，为资金管理指明方向。

（2）要求承包人提前申报设备付款，结合承包人申报情况，月底制定出下月的收款和用款计划，做好收入与支出在时间上的平衡，并分析与工程年（月）度资金收支计划的偏差，复核工程进度是否满足工期要求。

（3）严格遵守院财务管理制度，任何一笔支出都严格执行院规定的审批程序，把握支出的每一个环节。

（4）对于项目部经费，财务人员加强核算、及时清点，确保项目资金周转顺利和项目部的正常运作。

5 项目履约的特点

5.1 项目复杂性管理

本项目建设单位为越南第一水电工程管理局（HPMB1），土建单位为 Songda 公司，主体工程地下厂房开挖土建推期一年。

本项目是目前越南在建水头最高、输水系统较长、单机容量较大的地下厂房工程。地下厂房的通风、长距离低压供电等设计，都存在原设计方案欠佳。项目执行的复杂性主要体现于以下几个方面：

1. 合同的"先天性不足"

合同的"先天性不足"包括联合体与业主的合同、联合体内部分工。

（1）联合体与业主的合同。

1）合同价格表中没有单列出联营体各自设备款，一者造成联合体内部各自向业主申请付款时，出现交叉申请（如预埋件、油）；二者供货界面不清（埋件、机墩机坑管路与电缆）。

2）价格表中"备品备件"项对于备件种类、数量没有进行详细规定（如价格表中常出现"Completed valve of each type—各种型号完整的阀门",就是笼统的 1 套),特别是油、气、水等辅助系统,双方在合同结算过程中,分歧较大,结算会谈非常艰难。

（2）联合体内部分工。正如上述所说,由于合同内的分项价格表 2、付款表 8 中对 GE 与中南院的各自设备款没有单列而使双方在开具发票和收款方面产生歧义。

2. 土建要求引起机电布置变更较多

土建单位为总承包,施工过程中变更较多。如设备布置位置调整、孔洞布置位置及尺寸的调整、门洞尺寸的修改、高程的调整等。土建资料不全进而引起设计图纸的多次修改。

3. 机电设备与布置的特点

220kV 设备包括单相主变压器、220kV GIB、220kV 电缆、220kV 跨河道架空线、220kV AIS。220kV 接线为"4 进 2 出"出线带旁路的双母线接线,接线、继电保护与布置复杂。220kV 为户外敞开式开关站,布置复杂。

地下厂房通风系统的设计。在合同签订后,业主又根据其咨询公司的成果,多次修改设计方案。

大口径进水蝶阀（φ5.3m）,业主既不允许我院分瓣运输、又要按照限定的 120t 桥机来进行设计,经过多次函件与几次会议商量未果（我院提出帮土建复核桥机梁结构计算、对桥机重量补差价的方案）,最终只好由制造厂经过多次设计优化,将非承重与不受力部位的厚钢板挖孔扣掉,重量减少到 119.8t。

主变压器合同在执行期间,遇到的问题最多。有主变牵引转向就位、运输轨道经过蝶阀室上方的吊物孔、单相变压器、防爆阀、中性点连接、分开布置的冷却器、油坑钢筋网、主变在线监测等。其中,主变牵引、运输轨道经过的吊物孔盖板、防爆阀、油坑钢筋网、主变在线监测等工作,非主变专业厂特强,给合同执行带来较大的难度。

4. "6·23"泥石流造成设备仓库被淹

2015 年 6 月 23 日大雨引发山洪泥石流,将设备仓库冲垮,我们供货的很多设备被淹,还有部分设备被泥石流冲走。事件发生后,项目部积极应对,全力协助业主避免损失进一步扩大;同时做好取证工作,便于后期设备质量责任划分。

5.2 项目管理的亮点

针对合同执行过程中出现的上述问题,项目部对当地情况进行了深入调研,制定针对性的策划,充分利用我院的技术优势,妥善地解决了各项难题,并节约了投资。

1. 进水蝶阀

（1）加工地点。针对大口径的蝶阀,为保证加工精度与质量,同意中阀科技（长沙）阀门有限公司将蝶阀的加工放到上海齐达重型装备有限公司。充分利用齐达重型加工装备,保证加工精度;同时货到上海港,降低运输费用。

（2）重量的减轻。蝶阀厂经过多次设计优化与复核计算,最终将蝶阀的起吊重量降低为 119.8t,满足业主设定的桥机起吊要求。

2. 在越南当地选择合格的供应商

针对合同内铁塔特殊试验、消防产品要专门的准入证及消防验收等问题,项目部经请示院相关部门,同意蝶阀油、防火封堵、消防报警、铁塔等钢构件,在满足合同前提下,根据其经济性，合理安排在越南当地采购，即满足了工程进度需要，又省去各种准入证及验收等麻烦，同时也节约了一定费用，效果很好。

3. 合理安排采购计划，保证了工程进度

项目合同签订后，进水蝶阀、主变等大件计划采购、生产及运输到工地的时间较长。项目部在合同执行阶段就跟各供货商沟通，及时督促业主完成图纸文件的审批，及时安排生产，最终大件等设备均按期运抵工地。

4. 对项目复杂性分解，确保各环节衔接良好

在项目实施过程中，项目管理较为复杂，为确保项目有序进行，项目部对项目复杂性进行分解，制定措施，进行预控，使项目各个环节衔接良好，整个过程对工程建设的质量、安全、进度、费用等进行全面把控等，有利地推动了工程进展，确保了工程的顺利完工。

5. 做好成套项目的物流工作

成套项目的物流工作是国际项目管理工作的难点重点，设备材料计划分批次发运。因部分大件设备属超宽超限，在境外段内陆运输曲折、周期长；采用水陆运输，受境外段河道运输条件的限制，必须赶在丰水期运输。针对上述情况，项目部首先是派专人积极配合业主提前沿途查看运输路径并与当地管理部门进行沟通；加强和大件设备供货商的联系，把握好交货时间，加强和物流分包商的联系，尽力缩短货运周期。然后根据设备到港情况，项目部提前提请业主，加快货运到工地，及时开箱清点，以便及时发现货损、缺件及错供，以保证设备安装和调试的顺利进行。

6 结语

（1）越南会广成套项目经历了索赔、泥石流、中途更换项目执行单位等事情，历程艰辛，是我院在转型发展期机电设备成套业务较为成功的一个案例。

（2）2020年初，中南院将机电工程院和设备成套公司进行了内部整合。公司发展方向为国际化机电工程公司，以专业技术带动总承包、设备成套业务发展。公司本部及机电工程院也正在完善制订相关的制度，提升管理能力。将以卓越的设备品质，先进的技术水平、完善的售后服务、去赢得广阔市场。

（3）目前机电工程院有许多年轻优秀的机电专业工程师，需培养一批具备"四种基本素质及八大管理技能"的项目经理。从专业设计工程师转变为机电项目经理的职业道路。这不是靠一、两天的学习培训可以掌握，而是在成年累月的工程项目实践中，运用学习培训的项目管理知识，在技术和专业岗位不断得到积累锻炼而提升。

细水雾灭火技术在水电站机电设备消防系统的应用研究

赵林直

（中国电建集团北京勘测设计研究院有限公司　北京　100024）

【摘　要】 水电站中大量的机电设备与有限的布置空间对消防技术提出了很高要求，本文对目前水电站中常用的几种灭火系统及细水雾灭火系统的概况、机理及适用范围进行介绍，并提供了计算方法。通过与传统水电站机电设备消防系统多方面的比较，得出细水雾灭火系统是可行的且更具优势的结论。

【关键词】 细水雾灭火；水电站；消防；机电设备

1　引言

水电站厂房内空间有限且易燃的机电设备多，引起火灾概率大，火灾危险性大，发生火灾后的损失严重，影响面广。因此，对水电站重要设备场所的消防技术提出了较高要求，如何高效、清洁、经济、无损地灭火成为至关重要的问题。

目前大型水电站的机电设备如发电（电动）机、变压器，以及电缆通道（电缆竖/斜井、电缆廊道）、油库、中控室等部位，一般采用的灭火方式有水喷雾灭火、气体（七氟丙烷 HFC‐227ea）灭火、超细干粉灭火。

细水雾灭火方式是相对新型的一种灭火技术，此技术具有灭火耗水量少、水渍损失低、对人体安全、不污染环境、反应时间快、灭火效能高、适用范围广等优点，兼顾了化学灭火和水喷淋灭火的双重特点。细水雾灭火系统能够很好地满足电站众多的机电设备，所有需保护的设备如采用同一种消防方式，可大大减少不同设备采用不同的灭火方式的问题，也减轻了运行维护的工程量。

可见，对于水电站特别是大型水电站地下厂房机电设备，细水雾灭火系统是一种极具发展前景的消防方式，目前尚需工程应用方面的研究。

2　几种灭火方式的原理及应用

2.1　水喷雾灭火

水喷雾灭火机理：表面冷却、窒息或冲击乳化、稀释。水喷雾灭火系统由水源、供水设备、管道、雨淋报警阀、过滤器和水雾喷头等组成，是利用水雾喷头在较高的水压力下，将水流分离成细小水雾滴，向保护对象喷射水雾灭火或防护冷却的灭火系统。

由于水电站水源充足，取水方便，因此水喷雾灭火方式得到了广泛的应用。水电站地下厂房内水轮发电机组、主变压器、SFC输入/输出变压器等主要的机电设备一般设置固定式水喷雾自动灭火系统。

2.2 七氟丙烷（HFC－227ea）气体灭火

气体灭火的工作机理是基于灭火介质的物理作用（包括窒息、隔离和冷却）和化学作用（燃烧火焰中的自由基被灭火剂化学反应消耗，降低了化学反应浓度，抑制燃烧反应，从而达到快速灭火的目的）扑灭火灾。七氟丙烷是不导电的、挥发性的气态灭火剂，在使用过程中不留残余物，当七氟丙烷应用于全淹没式的系统环境时，它能够结合物理和化学反应过程，迅速、有效地消除热能，阻止火灾的发生。七氟丙烷的物理特性表现在其分子汽化阶段能迅速冷却火焰温度，并且在化学反应过程中释放游离基，能最终阻止燃烧的连锁反应。

水电站地下厂房的中控室、计算机室、继电保护盘室，主变副厂房的线路保护盘室，地面副厂房的中控室、计算机室以及柴油发电机房等较为封闭的空间一般采用气体自动灭火系统。

2.3 超细干粉灭火

干粉灭火的主要灭火机理是阻断燃烧链式反应，即化学抑制作用。同时，干粉灭火剂的基料在火焰的高温作用下将会发生一系列的分解反应，这些反应都是吸热反应，可吸收火焰的部分热量。而这些分解反应产生的一些非活性气体如二氧化碳、水蒸气等，对燃烧的氧浓度也具稀释作用。

一般水电站厂内电缆消防采用超细干粉灭火方式，因为厂内电缆部位分散，若采用水喷雾灭火系统，则供水管径大，管路布置困难。同时，由于消防水量大，水喷雾消防会造成事故扩大，影响到其他动力设备和电气设备的安全，故其消防配置一般采用固定超细干粉灭火设备灭火。

2.4 高压细水雾灭火

"细水雾（water mist）"是相对于"水喷雾（water spray）"而言的，产生的水滴直径更小，灭火效果更佳。细水雾是指"雾滴直径 $D_{v0.50}$ 小于 $200\mu m$、$D_{v0.99}$ 小于 $400\mu m$ 的水雾"，细水雾灭火系统由供水装置、过滤装置、控制阀、细水雾喷头等组件和供水管道组成，其管道系统和喷头与水喷雾系统相类似，主要区别在于系统水压不同。

细水雾的灭火机理主要是冷却效应、惰化效应和附加效应。高压细水雾灭火系统，具有水喷雾系统和气体灭火系统的双重作用和优点，既有水喷雾系统的冷却作用，又有气体灭火系统的窒息作用。细小的水滴在受热后易于气化，在气、液相态转化过程中会从燃烧物质表面或火灾区吸收大量的热量，物质表面温度迅速下降后，热分解中断，燃烧中止。高压细水雾灭火增加了单位体积水微粒的表面积，受热的细水雾颗粒易气化，液态水蒸发后体积扩大 1700 倍，稀释排斥了可燃物周围的氧气和可燃气体，对燃烧反应有惰化和窒息的效果，还具有阻隔热辐射、洗刷烟尘作用、洗涤有毒烟雾及乳化等附加作用。喷放实验表明，高压细水雾颗粒很小，短时间散落在设备表面的水雾无法汇集成可以导电的水流，证明高压细水雾的电气绝缘性能很好。

目前，细水雾灭火在地下变电站、轨道交通等领域中已成功应用，水电站尚无应用先例。对于水电站中的主要机电设备消防部位，如发电（电动）机、变压器、电缆通道（电缆竖/斜井、电缆廊道）、油库、中控室等均有使用细水雾灭火方式的条件。

3　不同灭火系统的设计计算

本文以某抽水蓄能电站项目变压器部位的消防为例，对不同灭火系统设计进行对比计算。根据"单台容量在 3 相 90MVA 及以上的油浸式变压器，应设置固定式灭火设施"，此电站变压器容量为 300MW，应设置相应的固定灭火设施，采用水喷雾、细水雾和气体灭火方式均可行，下面对三种灭火系统进行计算分析。

已知变压器外形尺寸为 13.4m（长）×6.5m（宽）×5m（高），油枕直径约为 $\phi1.5m×4.5m$；油坑尺寸为 15.5m（长）×7m（宽）。

3.1　水喷雾灭火系统

油浸式变压器保护面积应按扣除底面面积以外的变压器外表面面积确定，本体设计喷雾强度为 20L/（min·m²），集油坑设计喷雾强度为 6L/（min·m²），火灾延续时间应按 0.4h 计算。

主变压器本体所需的消防水量为 $20×（13.4×6.5+2×13.4×5+2×6.5×5+2×3.14×0.75^2+3.14×1.5×4.5）=6240（L/min）$。

集油坑所需的消防水量为 $6×（15.5×7-13.4×6.5）=128.4（L/min）$。

则所需总消防水量为 6368.4L/min。

变压器本体选择 ZSTWB-33.7-90 型高速水雾喷头雾化角 90°，水雾喷头的流量为 63L/min。

水雾喷头的数量为 $N=Q/q=6240/63=100（个）$。

集油坑设置 ZSTWB-16-90 型喷头，角度 90°，流量 30L/min。

水雾喷头的数量为 $N=Q/q=128.4/30=6（个）$。

将喷头进行合理布置：油枕布置 3 个喷头，主变顶部布置 32 个喷头，主变侧面分三层共布置 72 个喷头，集油坑布置 18 个喷头。则每台主变水喷雾实际消防流量为 $Q=107×63+18×30=7281L/min=437（m^3/h）$。

则其实际消防水量为 $V=Q×T=437×0.4=175（m^3）$。

供水管直径为 $d=1.13\sqrt{\dfrac{Q}{v}}$，则 $d=0.227（m）$。

供水管直径为 DN250，选取雨淋阀组公称直径为 DN250。

3.2　气体灭火系统

防护区灭火设计用量为

$$W=k\frac{V}{S}\frac{C}{100-C}$$

式中　C——七氟丙烷灭火设计浓度，变压器取 8.3%；

S——七氟丙烷过热蒸气在 101kPa 和防护区最低环境温度下的比容，m^3/kg；

V——防护区净容积，m^3；

K——海拔修正系数，取 0.885。

根据规范要求，$S=0.1269+0.000513=0.127413$。

主变压器室尺寸为 17.5m×9.5m×13.9m，主变压器本体尺寸为 13.4m×6.5m×5m，则主变室有效容积为 $V=17.5×9.5×13.9-13.4×6.5×5=1876(m^3)$。

计算得，$W=1180kg$。考虑容器和管网中还有喷放不尽的剩余，按 10% 裕量设计，则系统设置量为 1298kg。

变压器灭火系统应为不间断防护系统，根据某些地方标准推荐，用于需不间断保护的防护区的灭火系统和超过 8 个防护区组合成的组合分配系统，应设七氟丙烷备用量，备用量按原设置用量的 100% 确定。则变压器七氟丙烷设计用量为 2596kg。

储存容器中七氟丙烷的充装率按 $1000kg/m^3$ 计算，需要容器容量为 $2.596m^3$。

选用 120L 钢瓶充装，规格 350mm×8mm×1425mm，需用钢瓶 22 只。

3.3 高压细水雾灭火系统

采用泵组式高压细水雾灭火，系统设计压力 14MPa，变压器本体及油坑喷雾强度 $1.2L/(min·m^2)$，系统持续喷雾时间 20min。

主变压器所需消防水量为

$1.2×[(13.4×6.5+2×13.4×5+2×6.5×5+2×3.14×0.75^2+3.14×1.5×4.5)+(15.5×7-13.4×6.5)]=398.7(L/min)$

选择 XSWT1.19/10 型高速水雾喷头雾化角 90°，水雾喷头的流量 11.9L/min。

水雾喷头的数量为

$$N=Q/q=398.7/11.9=34(个)$$

将喷头进行合理布置：油枕布置 2 个喷头，主变顶部布置 6 个喷头，主变侧面分三层共布置 3×14 个喷头，集油坑布置 8 个喷头。则每台主变水喷雾实际消防流量为

$$Q=11.9×58=690.2(L/min)=41.412(m^3/h)$$

则其实际消防水量为

$$V=Q×T=690.2×20=13804(L)=13.8(m^3)$$

供水管直径为 $d=1.13\sqrt{\dfrac{Q}{v}}$，则 $d=0.07(m)$。

取供水管直径为 80mm。

4 两种机电消防系统配置方案的比较

本文以某蓄能电站为实例，将整个电站所需要消防的机电设备进行计算，具体参数与计算细项因篇幅有限在此不再展开，现将计算结果分为传统消防设计系统配置与细水雾灭火系统配置进行罗列，统计表如下。

4.1 传统消防设计配置方案

在传统抽水蓄能电站机电设备消防设计中，发电电动机组、主变压器、中间油罐室和

厂外油库一般采用水喷雾灭火系统；厂内的电缆消防一般采用固定超细干粉灭火设备；中控室和继保室一般采用气体灭火系统。

（1）水喷雾消防系统配置见表1。

表1   水喷雾消防系统配置

编号	1	2		3	4
消防设备	发电电动机	主变压器		厂内油罐室	厂外油库
消防方式	水喷雾				
喷头型号	ZSTWB-16-90	ZSTWB-33.7-90	ZSTWB-16-90	ZSTWB-33.7-90	ZSTWB-33.7-90
喷头数量/个	144	642	108	33	76
雨淋阀直径/mm	DN100	DN250	DN150	DN200	
雨淋阀数量/个	6	6		1	1
系统配置	厂内消防供水系统				厂外消防供水
消防水泵/台	2				2
阀门滤水器/套	1				1
管路规格/mm	DN100	DN250		DN150	DN200
管路长度/m	300	1100		160	300

（2）超细干粉系统配置见表2。

表2   超 细 干 粉 系 统 配 置

编　号	5	编　号	5
消防设备	全厂电缆	4kg装置数量/件	125
消防方式	超细干粉	7kg装置数量/件	11
2kg装置数量/件	340		

（3）气体灭火系统配置见表3。

表3   气 体 灭 火 系 统 配 置

编　号	6	7
消防设备	中控室和计算机室	继电保护盘室和通信设备室
消防方式	七氟丙烷（HFC-227ea）气体	
数量/套	1	1
气瓶容量/L	120	120
气瓶数量/个	6	5

4.2　高压细水雾灭火系统配置方案

根据细水雾灭火机理及其特性，抽水蓄能电站所有需要消防的机电设备及关键部位均能采用细水雾灭火方式，具体系统配置方案如图1所示。其灭火需求、设备配置、分区等参数详见表4。

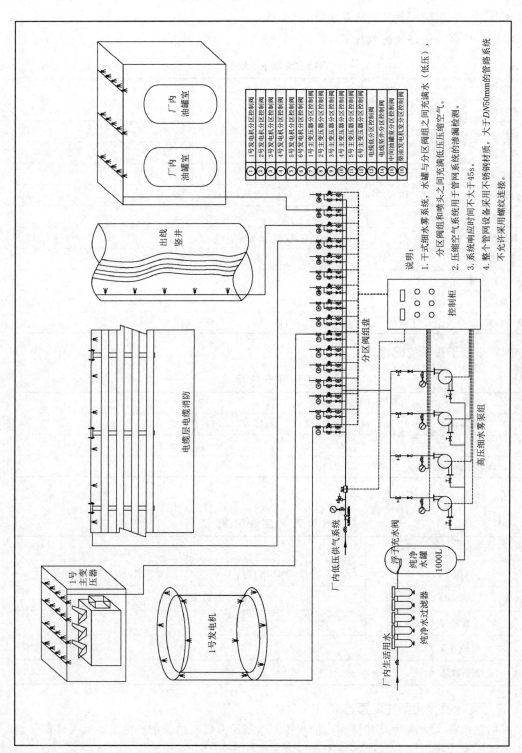

图 1 水电站高压细水雾消防系统示意图

说明：

1. 干式细水雾系统，水罐与分区阀组之间充满水（低压），分区阀组和喷头之间充满低压压缩空气。

2. 压缩空气系统用于管网系统的渗漏检测。

3. 系统响应时间不大于45s。

4. 整个管网设备采用不锈钢材质，大于DN50mm的管路系统不允许采用螺纹连接。

分区阀组编号说明：
① 1号发电机分区控制阀
② 2号发电机分区控制阀
③ 3号发电机分区控制阀
④ 4号发电机分区控制阀
⑤ 5号发电机分区控制阀
⑥ 6号发电机分区控制阀
⑦ 1号主变压器分区控制阀
⑧ 2号主变压器分区控制阀
⑨ 3号主变压器分区控制阀
⑩ 4号主变压器分区控制阀
⑪ 5号主变压器分区控制阀
⑫ 6号主变压器分区控制阀
⑬ 电缆低分区控制阀
⑭ 电缆竖井分区控制阀
⑮ 中间油罐室分区控制阀
⑯ 柴油发电机室分区控制阀

控制柜

分区阀组盘

高压细水雾泵组

出线竖井

厂内油罐室

厂内油罐室

电缆层电缆消防

1号主变压器

1号发电机

厂内低压供气系统

厂内生活用水

纯净水过滤器

浮子充水阀

纯净水罐 1000L

高压细水雾消防系统配置见表4。

表4 高压细水雾消防系统

编号	1	2	3	4	5	6	7
消防设备	发电电动机	变压器	厂内油罐室	厂外油库	电缆	中控室	继保室
消防方式	细水雾						
分区数量/个	6	6	1	1	17	1	1
喷头型号	$K=0.45$	$K=1.19$	$K=1.19$	$K=1.19$	$K=0.45$	$K=0.45$	$K=0.45$
喷头数量/个	144	348	33	76	1475	16	12
单区流量/(L/min)	108	690.2	119	285.6	584	72	54
分区阀	6	6	1	1	17	1	1
高压泵参数	$Q=112L/min$，$P=14MPa$						
高压泵台数/台	7（5用2备）						
净水装置/套	1						
稳压装置/套	1						

4.3 两种方案的设备明细与投资对比

（1）传统方案设备明细与一次性可比投资见表5

表5 传统方案设备明细与一次性可比投资

编号	名称及规格	数量	单价	总价/元
1	水喷雾灭火			
	消防泵 300kW/台	2	22000.0	440000.0
	消防泵 200kW/台	2	17000.0	340000.0
	补水泵 37kW/台	2	40000.0	80000.0
	水雾喷头　ZSTWB-33.7-90/个	751	250.0	187750.0
	水雾喷头　ZSTWB-16-90/个	252	200.0	50400.0
	雨淋阀组 DN250/套	6	50000.0	300000.0
	雨淋阀组 DN200/套	1	45000.0	45000.0
	雨淋阀组 DN150/套	1	25000.0	25000.0
	雨淋阀组 DN100/套	6	13000.0	78000.0
	不锈钢管路及附件/t	73	45000.0	3285000.0
2	超细干粉灭火			
	超细干粉 2kg/个	340	1200	408000.0
	超细干粉 4kg/个	125	1500	187500.0
	超细干粉 7kg/个	11	2000	22000.0
3	七氟丙烷气体灭火			
	中控室（120L×6瓶）/套	1	120000	120000.0
	继保室（120L×5瓶）/套	1	100000	100000.0
合　计				5668650.0

（2）高压细水雾方案设备明细与一次性可比投资见表6。

表6 高压细水雾方案设备明细与一次性可比投资

名称及规格	数量	单价	总价/元
高压细水雾灭火			
消防泵 600L/min14MPa/台	7	350000.0	2450000.0
净水装置（过滤器、净水罐）/套	1	50000.0	50000.0
分区阀/台	23	35000.0	805000.0
细水雾喷头 $K=1.19$/个	457	800.0	365600.0
细水雾喷头 $K=0.45$/个	1647	650.0	1152900.0
不锈钢管路及附件/t	50	45000.0	2250000.0
合计			7073500.0

5 细水雾灭火系统代替传统水电站消防方案的优势

（1）目前水电站机电消防系统的传统灭火技术在运用时都存在着一定的不足：最常用的水喷雾灭火系统，由于水滴直径偏大、水流量大，水滴会因为直接落在高温设备表面引起快速冷却而导致设备损坏，很多情况下易造成水浸渍损失。七氟丙烷气体灭火系统，要求空间密闭，七氟丙烷在热态情况下会产生酸性物质，腐蚀性会造成设备的二次损伤，气体灭火系统需要有预警时间，以免造成人员窒息，需储备高压气瓶，存在一定的危险性。超细干粉灭火方式没有持续灭火能力，不能有效阻止和消除暗火阴燃，存在静电误爆炸危险，当干粉灭火系统施放了灭火剂扑灭防护区火灾后，在防护区内释放了大量干粉灭火剂，使能见度降低，会对人员呼吸系统造成危害并产生恐慌心理，且灾后不易清扫。

（2）由上文计算可看出，细水雾灭火方式用水量少，同一设备消防所用水量细水雾系统至少是水喷雾系统的1/10。用水量很少，维护简单，也减轻了消防后含油污水的处理量，符合环保设计理念。

（3）由上文对比表可看出，整个电站的机电消防，传统配置方案设备投资是细水雾配置方案的0.8倍，一次性设备投资细水雾更高。但对于后期设备管理维护来说，细水雾灭火方式更为简单方便，设备更换率低，且灭火后电气设备影响更小，后期投资少；另外，细水雾灭火系统便于布置节省空间，在土建上能节省大量投资，综合性价比高。

（4）细水雾系统的用水量很小，即使设置消防水池，容量也仅约为水喷雾的1/10。对于水电站紧张的厂房空间，特别是地下厂房，有效解决了水喷雾消防系统的消防水源、用水量大及水池占地大的问题，缓解了空间布局压力。

（5）对很多地下厂房的水电站来说，要找到合适的通道排水本身就面临很大的困难，而高压细水雾消防水量少，明显降低了房间排水要求，而且日常维护管理也不会造成太多的水资源浪费。

（6）提高了被保护设备的使用寿命。原水喷雾或气体等灭火方式，造成了被保护设备严重的二次伤害，扩大了伤害范围，影响了设备的寿命。细水雾对被保护设备的影响小，设备恢复性好。

（7）对于一个电站整体来讲，所有需要保护的设备如果采用同一种消防方式，可以减轻设计施工、运行维护的工程量。采用细水雾消防系统，设备统一，集中布置，减少了不同设备消防类型的种类，方便管理。

6　结语

综上所述，水电站机电设备消防面对传统消防方案的诸多不足，可采用高压细水雾系统进行弥补，本文以某抽水蓄能电站项目为例，详细说明了高压细水雾灭火系统的设计方法并进行比较分析。在减少火灾损失、统一设备布置、节水节地等方面，细水雾灭火方式相较传统水电站的几种灭火方式具有绝对的优势，在水电站的机电设备消防系统中十分值得推广采用。

参　考　文　献

[1]　中华人民共和国住房和城乡建设部，国家质量监督检验检疫总局. 水喷雾灭火系统设计规范：GB 50219—2014 [S]. 北京：中国计划出版社，2015.

[2]　国家质量监督检验检疫总局. 细水雾灭火系统及部件通用技术条件：GB/T 26785—2011 [S]. 北京：中国标准出版社，2011.

[3]　中华人民共和国住房和城乡建设部，国家质量监督检验检疫总局. 水电工程设计防火规范：GB 50872—2014 [S]. 北京：中国计划出版社，2014.

[4]　中华人民共和国建设部，国家质量监督检验检疫总局. 气体灭火设计规范：GB 50370—2005 [S]. 北京：中国标准出版社，2005.

[5]　中华人民共和国住房和城乡建设部，国家质量监督检验检疫总局. 细水雾灭火系统技术规范：GB 50898—2013 [S]. 北京：中国计划出版社，2013.

[6]　山东省质量技术监督局. 超细干粉灭火系统设计、施工及验收规范：DB37/T 1317—2009 [S]，2009.

抽水蓄能电站水淹厂房应急照明
系统设计方案

许 爽

（中国电建集团北京勘测设计研究院有限公司 北京 100024）

【摘 要】 本文基于水淹厂房应急措施需求，提供了一套独立于抽水蓄能电站地下厂房正常照明和应急照明外的水淹厂房应急照明系统设计解决方案，主要包括电压等级、系统设计、供电电源、线路截面选择计算以及防水电缆、AC/DC电源供应器、防水灯具、防水接线盒等相关装置的选择，以期对于后续类似工程和需求提供相关参考。

【关键词】 水淹厂房；照明；抽水蓄能电站

1 引言

水淹厂房是危害水电厂安全运行的重要事故之一，是可引起重特大人身伤亡和设备严重损坏的事故。为确保在电站发生水淹厂房事故以及正常照明、应急照明无法工作时，主要疏散通道处能有一定的光照，对工作人员安全撤离起到一定帮助；为确保水淹厂房事故发生后，正常照明、应急照明恢复工作之前，地下厂房事故处理拥有一定照明，抽水蓄能电站增加水淹厂房应急照明系统。

2 正常照明和应急照明系统设计

传统的水力发电厂地下厂房的照明设计主要包含正常照明和应急照明两个部分。

（1）正常照明。正常照明主要是指在正常情况下使用的室内外照明。由于地下厂房照明重要性高、负荷容量大、运行时间长，因此采用专用400/230V照明系统，并设两段母线互为备用，两段母线的电源分别取自10kV系统不同的母线段。

（2）应急照明。应急照明主要是指因正常照明的电源失效而启用的照明，由于地下厂房应急照明负荷较多，考虑设置2套互为备用的直流逆变电源装置，在厂内交流电源失电时，通过将厂内直流电逆变为交流为地下厂房应急照明灯具供电。

水淹厂房应急照明系统是独立于正常照明和应急照明系统以外的，在水淹厂房事故时的照明应急设施。

3 水淹厂房应急照明系统设计

水淹厂房应急照明系统作为一个独立的应急设施，应确保电源、灯具、接线箱、电缆等整套设施的安全可靠性。

3.1 电压等级

为了确保水淹厂房事故发生时的人身安全，根据《建筑照明设计标准》（GB 50034—2013）"7.1.2 安装在水下的灯具应采用安全特低电压供电，其交流电压值不应大于 12V，无波纹直流供电不应大于 30V。"的要求，水淹厂房应急照明系统灯具电压等级可选择 AC12V，DC12V，DC24V 三个电压等级。为降低照明回路压降损失，水淹厂房应急照明系统内灯具的电压等级选择 DC24V。

3.2 系统设计

（1）工作模式。考虑水淹厂房事故的偶然性，水淹参考厂房应急照明系统采用常亮模式设计。

（2）回路分配设计。水淹厂房应急照明系统的灯具主要布置在地下厂房各处上下游墙、走廊、前室及楼道处，主要包括主厂房、主副厂房、主变洞、主变副厂房、母线洞等位置。

根据传统 4 台机抽水蓄能电站地下厂房的布置分区，水淹厂房应急照明系统共设置四个回路，分别为主副厂房水淹厂房安全照明回路、主厂房水淹厂房安全照明回路、主变副厂房水淹厂房安全照明回路、主变洞水淹厂房安全照明回路。母线洞及各处楼梯间的水淹厂房灯具采用就近原则接入系统。

水淹厂房应急照明系统回路还应结合线路截面选择计算最终确定，并可根据地下厂房规模及布置灵活调整。

（3）灯具电源。灯具的 DC24V 电源采用 AC220V/DC24V 的 AC/DC 电源供应器提供，为确保水淹厂房事故发生时，工作人员没有触电危险，AC/DC 电源供应器安装在各部位顶高程。

（4）系统供电电源。由于水淹厂房系统负荷小，回路少，因此水淹厂房应急照明系统由一套带有双电源切换开关的照明箱进行供电。照明箱馈线回路接入 AC/DC 电源供应器进线。考虑到水淹厂房因素，照明箱可放置于地面建筑物或地下厂房内高程较高的安全位置。照明箱进线的双电源一路引自地面应急照明盘，一路引自地下厂房应急照明盘。

3.3 线路截面选择计算

根据 GB 50034—2013 "7.1.4 3. 应急照明和安全特低电压（SELV）供电的照明不宜低于其额定电压的 90%。"及《水力发电厂照明设计规范》（NB/T 35008—2013）"4.1.3 2. 道路照明、廊道照明、警卫照明、应急照明及采用安全特低电压的检修照明，其照明灯具端电压不应低于额定电压的 90%"的要求，水淹厂房应急照明系统的线路允许电压损失百分比值 $U_L \leqslant 10\%$。

（1）对于 400V 盘柜至水淹厂房应急照明箱的进线线路，选择 5 芯 JHS 防水橡套电缆。

（2）对于水淹厂房应急照明箱至 AC/DC 电源供应器的馈线线路，AC/DC 电源供应器进线选择 3 芯 JHS 防水橡套电缆。

（3）对于 AC/DC 电源供应器至 LED 防水灯具的馈线线路，AC/DC 电源供应器馈线选择 2 芯 JHS 防水橡套电缆。

4 水淹厂房应急照明装置设计

4.1 防护等级

IP 是国际用来认定防护等级的代号，IP 等级由两个数字所组成，第一个数字表示防尘等级，第二个数字表示防水等级，数字越大表示其防护等级越佳。考虑到水淹厂房事故发生时水压较大，排水时间不定，水淹厂房系统的防水电缆、防水灯具、防水接线盒均选择防护等级为 IP68 的产品。AC/DC 电源供应器布置位置较高，可选择防护等级为 IP67 或 IP68 的产品。

4.2 防水电缆

水淹厂房应急照明系统接线采用 JHS 防水橡套电缆，该电缆适用于潜水泵、水下作业等水处理设备。JHS 防水橡套电缆的绝缘和填充采用防水橡皮，电缆的护套采用防水橡皮护套。JHS 防水橡套电缆具有防水、柔软可移动的特点。为提升系统的可靠性，水淹厂房应急照明系统中的防水电缆接头应尽量少。

4.3 AC/DC 电源供应器

AC/DC 电源供应器的输入电压为 AC220V，输出电压为 DC24V。为确保水淹厂房事故发生时，确保工作人员没有触电危险，AC/DC 电源供应器安装在各部位顶高程。AC/DC 电源供应器产品示意图如图 1 所示。

4.4 防水灯具

水下灯具分为两种安装方式：明装型和嵌入型，考虑到美观效果及设备运输中与明装灯具易磕碰的问题，水淹厂房系统灯具选择嵌入型。水下应急灯嵌入式安装在墙壁上，为方便防水灯具与防水电缆的连接，可

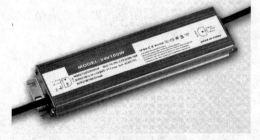

图 1　AC/DC 电源供应器产品示意图

在灯具安装位置预留一尺寸较大的金属接线盒。灯具安装方式及灯具型式如图 2 和图 3 所示。

4.5 防水接线盒

传统的金属接线盒并不能满足水淹厂房应急照明系统的防护等级要求，防水灯具和防水电缆间及防水电缆间连接处需采用防水等级达 IP68 的防水接线盒。防水接线盒的使用方式示意如图 4 所示。

5 结语

本文分析介绍了抽水蓄能电站水淹厂房应急照明系统的电压等级 DC24V 的设计来

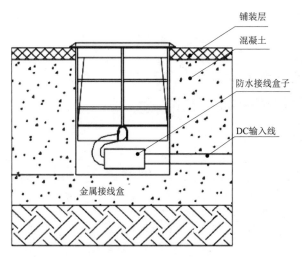

铺装层
混凝土
防水接线盒子
DC输入线
金属接线盒

图 2　水淹厂房系统灯具安装方式示意图

图 3　防水灯具示意图

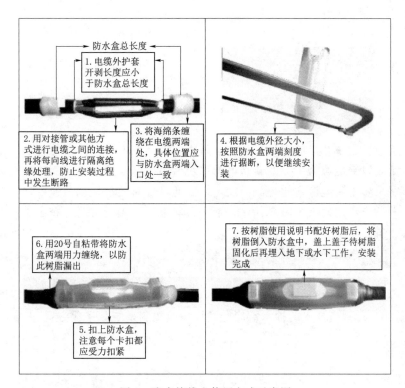

防水盒总长度

1. 电缆外护套开剥长度应小于防水盒总长度

2. 用对接管或其他方式进行电缆之间的连接，再将每向线进行隔离绝缘处理，防止安装过程中发生断路

3. 将海绵条缠绕在电缆两端处，具体位置应与防水盒两端入口处一致

4. 根据电缆外径大小，按照防水盒刻度进行据断，以便继续安装

6. 用20号自粘带将防水盒两端用力缠绕，以防此树脂漏出

7. 按树脂使用说明书配好树脂后，将树脂倒入防水盒中，盖上盖子待树脂固化后再埋入地下或水下工作。安装完成

5. 扣上防水盒，注意每个卡扣都应受力扣紧

图 4　防水接线盒使用方式示意图

源；根据传统抽水蓄能电站地下厂房布置分配的供电回路设计；为保证水淹厂房应急照明系统供电电源可靠性选择的双电源设计；水淹厂房应急照明系统的相关计算以及高防护等级的防水电缆、AC/DC 电源供应器、防水灯具、防水接线盒等相关装置的选择及安装型式，以期对于后续类似工程和需求提供相关参考。

数字化技术在抽水蓄能电站厂用电控制系统中的应用

边一康 王 纯 周 伟 张一豪

（中国电建集团北京勘测设计研究院有限公司 北京 100024）

【摘 要】 通过 IEC61850/GOOSE 网络技术在抽水蓄能电站厂用电控制系统中的应用，着重阐述了其在网络架构、网络化 10 kV 厂用电备自投、网络化 10kV 厂用电远程控制等方面的技术及经济性优势，由此阐明了数字化、网络化技术在抽水蓄能电站中推广和应用的可行性。

【关键词】 数字化；厂用电；控制系统

1 引言

在"碳达峰、碳中和"的愿景下，我国将大幅提升风电、太阳能等新能源发电装机容量，未来将形成以新能源为主体的新型电力系统。由于新能源发电的随机性、波动性，电网系统调节需求将随新能源占比提高而陡增，因此启停时间短、调节速度快、调节能力强的抽水蓄能电站也将随之大量配套兴建。抽水蓄能电站厂用电负荷分布区域广、负荷容量大，各枢纽建筑物布置分散，距离地下发电厂房较远，由此构建一个施工难度低、运行安全稳定且灵活、检修维护便利并具备一定经济性的厂用电控制系统成为一个值得探讨的课题。

本文结合目前在建丰宁抽水蓄能电站的 10kV 厂用电系统数字化设计，提出了基于 IEC61850/GOOSE 网络技术的抽水蓄能电站厂用电控制系统数字化方案。

2 技术背景

目前，我国大部分水电站仍在使用传统的厂用电系统运行维护方式，其中厂用电供电电源及母线运行方式的投切通过传统的逻辑控制单元及断路器设备间的硬接线实现。厂用电开关设备的运行状态只能由运行人员在例行巡检、计划检修时测量的试验数据进行人为的观察与判断。

随着通信网络、数字化技术的快速发展，IEC61850 网络通信技术在变电站自动化方面的逐步应用，用户对水电站厂用电系统自动化安全平稳运行，设备健康状态实时查询、实现设备状态检修及提高运行效率提出了越来越高的要求。数字配电、智慧电厂的应用与厂用电系统数字化设计是必然的发展趋势。

3 厂用电控制系统数字化设计

3.1 丰宁抽水蓄能电站厂用电系统概况

丰宁抽水蓄能电站厂用电系统接线如图1所示，电站厂用电系统分为一期、二期工程。一期由2号、3号、5号机组以及一路外供电源、一路柴油机应急电源给一期四段10kV厂用电母线供电，二期由7号、9号、12号机组以及一路外供电源、一路柴油机应急电源给二期四段10kV厂用电供电。为提高供电可靠性，每期工程厂电系统四段母线互为联络，一二期设置联络开关，组成了一个非常可靠且复杂的供电系统。

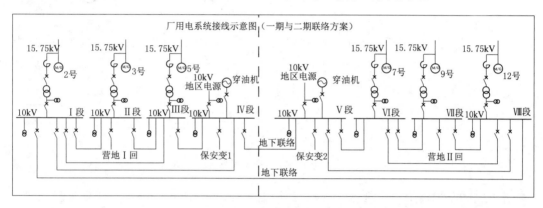

图1 厂用电系统接线示意图

若厂用电供电电源及母线运行方式投切由传统的逻辑控制单元及断路器设备间的硬接线实现，各母线段的进线\联络开关之间的合闸闭锁接线、为实现备用电源自动投入功能的硬接线以及电站监控系统远控\采集状态信息所需硬接线等将相当复杂。通过复杂的硬接线既增加了施工难度、运维复杂性，也因此降低了系统可靠性和灵活性。

根据丰宁抽水蓄能电站厂用电系统的设计方案，若采用传统管理方式，由于10kV供电系统联锁复杂，硬接线过多，存在运行管理效率低，设备、电缆健康情况无法预知导致系统安全性和稳定性不高的状况。如果将IEC61850/GOOSE网络技术应用于厂用电供电系统实现数字化、网络化管理，可有效提高运行效率，提升系统安全性和稳定性，实现设备状态主动预测的健康管理，有效降低供电系统由于设备失效而导致的非计划停电损失，实现从传统被动预防到主动预测的智慧转变。

3.2 丰宁抽水蓄能电站厂用电控制系统数字化设计方案

IEC61850是变电站自动化系统标准。其突出的特点是面向对象建模技术，分布、分层体系，ACSI、SCSM技术，MMS技术，具有互操作性及面向未来的开放的体系结构，实现电站内智能电气设备之间互联、互操作和信息共享，在智能化变电站得到了广泛应用。IEC61850标准中定义的GOOSE网络技术的出发点是功能的分布式，以多个智能设备节点之间的高速点对点通信为基础，实现智能电气设备之间的横向通信，为逻辑节点间的通信提供了快速且高效、可靠的方法，速率在3ms（传输＋解析）。GOOSE网络技术替代了传统智能电气设备硬接线的连接方式，使二次接线大大简化，任一智能电气设备之间通过以太网相联。

将 IEC61850/GOOSE 网络技术应用在丰宁抽水蓄能电站厂用电系统，通过基于 IEC61850 标准开发的西门子 7SJ686 系列综合保护控制单元将所有厂用电开关形成互联，实现网络化备自投、网络化远程控制、网络化母线保护、数字化的开关切换等功能，具体方案如图 2 所示。

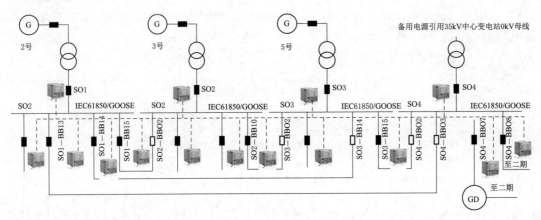

图 2　数字化 10kV 开关互联网络示意图

本文着重从网络架构、网络化 10kV 厂用电备自投、网络化 10kV 厂用电远程控制这三个方面阐述丰宁抽水蓄能电站厂用电控制系统数字化方案设计。

3.2.1　网络架构

（1）网络组建方案。丰宁抽水蓄能电站 10kV 厂用电控制系统由实时控制网络（A网、B网）和智能运维网络（C网）组成。

实时控制网络采用 IEC61850/GOOSE 网络协议，控制网络由 A 网和 B 网组成，冗余配置；在智能运维网络（C网）采用 MODBUS TCP 网络协议。A 网、B 网和 C 网采用星形拓扑结构，通过工业级以太网交换机将电站 10kV 厂用电系统（一期地下、二期地下、开关楼、上水库、一期下水库、二期下水库、下水库溢洪道和营地）开关设备连接起来，实现设备之间的数据传输和共享。在一期地下厂房控制室布置有厂用电数字化控制保护上位机，通过 A 网和 B 网可对电站 10kV 厂用电系统各开关设备进行监视和控制，同时经 10kV 厂用电的通信管理机与电站计算机监控系统通信完成两者的数据交换和控制。为了提高 10kV 厂用电系统智能化水平，10kV 厂用电系统设有智能运维主机，布置在电站运维中心控制室，在各区域配置智能运维终端，通过 C 网络把各开关柜设备的温度、开关分断次数、工作电流等相关参数上送到智能运维主机和智能终端，结合出厂数据、历史趋势有效地发现潜在风险为设备失效和故障预测提供在线诊断和分析。

10kV 厂用电系统进线、联络线和馈线柜分别配置综合保护装置，每个区域配置 3 台交换机（A 网、B 网和 C 网），最后连接到主交换机，组成冗余的星形网络结构。网络结构示意如图 3 所示。

（2）网络架构经济性。如果采用 GOOSE 单独组网的方式，GOOSE 网由专用光纤以

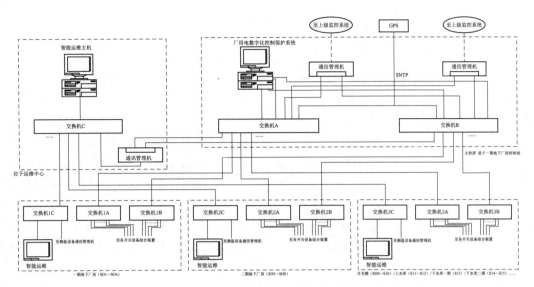

图 3　厂用电数字化与电站网络结构关系示意图

太网和过程层交换机组成，装置的 GOOSE 信号通过专用 GOOSE 插件来完成，在保证实时性及可靠性的情况下，同时带来的是通信网造价的昂贵。一方面，保护装置的成本会增加；另一方面，大量昂贵过程层交换机的使用，大幅增加了成本。这种方式宜应用于 110kV 及以上电压等级的智能化变电站中，对一个电厂内 10kV 厂用电系统是不具备经济性的。

　　针对 10kV 系统网络保护等的具体情况，丰宁抽水蓄能电站 10kV 厂用电控制系统设计了一种厂站层网与 GOOSE 网合一的方案，综合考虑了成本与实时性的因素。智能变电站设计规范中也有规定：35kV 及以下不宜设置独立的 GOOSE 网络，GOOSE 报文可通过厂站层网络传输。

　　MMS 和 GOOSE 网络合一典型组网图，如图 4 所示。该方式取消了专用 GOOSE 网，GOOSE 信号通过厂站层网来传送。

　　（3）对于 GOOSE 信号可靠性及实时性的保证措施如下：

　　1）可靠性。电站厂用电控制系统网络采用双以太网冗余配置。GOOSE 信号重发机制，保证发送数据的可靠性，发送过程分为三个阶段：①当 GOOSE 控制块所监视的数据集发生变化时进行变化发送，此部分属事件驱动方式；②随后进行快速重发，以较短的间隔 $2×N$（即 2、

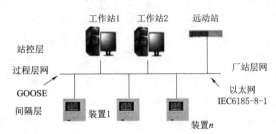

图 4　MMS 和 GOOSE 网络合一典型组网图

4、8 等）ms 进行一定次数的重发，由于 10kV 开关柜保护装置只有一个 CPU，且采用多任务操作系统，为保证其他任务的正常运行，GOOSE 发送任务的重发间隔设为 2ms；③以较长间隔进行定时重传。

当发生数据变化时，阶段②和阶段③可以被突发的阶段①打断而自行终止，重新由阶段①开始进入下一个发送流程。

2）实时性。包括：①GOOSE信号传送只用了国际标准化组织开放系统互联（ISO/OSI）7层中的4层，其目的是提高可靠性和降低传输延时；②采用交换机的网络报文优先级机制，保证了GOOSE发送和接收任务的优先级。

3.2.2 网络化10kV厂用电备自投

备用电源自投装置（备自投）是电力系统中为了提高供电可靠性而设的自动投切装置。其主要作用是当工作电源因故障或其他原因消失后，能迅速地将备用电源或其他正常工作电源投入工作，并断开工作电源的自动装置，保证供电的连续性。有效地提高多电源供电负荷的供电可靠性。

（1）丰宁抽水蓄能电站10kV厂用电系统运行方式。丰宁抽水蓄能电站10kV厂用电系统开关设备布置分四个大的区域，地下厂房10kV开关、开关楼10kV开关、上水库10kV开关和下水库10kV开关。

以地下厂房10kV开关设备为例，系统接线如图1所示。

地下厂房10kV厂用电运行方式在正常运行时，两期工程八段母线分段运行，两期工程厂用电独立运行，运行方式相同。以Ⅰ段至Ⅳ段母线为例，运行方式如下：

1）一个工作电源失去时：①Ⅰ段母线失电，Ⅱ段母线带Ⅰ段母线；②Ⅱ段母线失电，Ⅰ段母线带Ⅱ段母线或Ⅲ段母线带Ⅱ段母线；③Ⅲ段母线失电，Ⅱ段母线带Ⅲ段母线。

2）两个工作电源失去时：①Ⅰ段与Ⅱ段母线均失电，Ⅳ段母线带Ⅰ段母线，Ⅲ段母线带Ⅱ段母线；②Ⅰ段与Ⅲ段母线均失电，Ⅱ段母线带Ⅰ段母线，Ⅳ段母线带Ⅲ段母线；③Ⅱ段与Ⅲ段母线均失电，Ⅳ段母线带Ⅲ段母线，Ⅰ段母线带Ⅱ段母线。

3）三个工作电源均失去时：Ⅳ段母线带Ⅰ段母线和Ⅲ段母线。

（2）利用GOOSE实现10kV厂用电备自投。传统的备自投通常由备自投装置采集供电电源、备用电源及母线的电流、电压、开关位置等信号，根据备自投运行方式和逻辑，分合相应的断路器，起到维持电源供电，减少停电范围的目的。传统的备自投利用二次电缆采集相关的模拟量和开关量信号，并控制相关断路器。由此带来的问题就是接线复杂繁琐，不利于施工和运行维护。

丰宁抽水蓄能电站10kV厂用电系统主接线复杂，采用传统的备自投方式完成设备之间的电气量的采集和控制传输，需要大量的二次电缆。对系统的施工、调试及后期的运行维护都将带来巨大的工作量。由于采用电缆点对点连接相关设备，不便于对将来备自投运行方式和功能的修改和扩容，灵活性受到很大限制。以IEC61850通信标准为基础的网络化备自投，对各保护测控装置采用面向对象建模方法，使保护测控装置数据交换统一化，然后采用GOOSE通信方式来完成各个电气量的采集和控制，实现安全、可靠、实时的数据交换。

以往的10kV厂用电系统为了实现备自投功能，会在各母联开关柜中装设独立备自投装置。本方案备自投功能集成在各母联开关柜的保护测控装置内，无需配置专用的备自投装置。保护测控装置的备自投通过处理不同母线及进线的电压和电流采集量，以及断路器分/合判断，来实现备自投逻辑功能，其信息状态通过GOOSE报文方式进行传输。母联开关柜保护测控装置中的备自投功能和保护功能信息传输为同一网络，无需配置用于备自投功能的专用网络。基于 GOOSE 报文传输机制和网络的双重化冗余配置，保证了备自投运行的可靠性。

由于各保护测控装置之间信息传输网络化，进而取消了装置之间连接电缆，减轻了施工及运行维护工作量。网络化的实施，实现了网络上的设备之间信息共享及互操作，大大方便将来对备自投运行方式和功能的修改和扩容，同时还提高了系统升级的灵活性。

（3）初期投运与永久运行处理。电站发电初期，电站内机组是逐台投运，完全投运持续时间会达到一年以上。这样对于 10kV 厂用电电源正常投运是需要一定时间的，在此期间 10kV 厂用电正常运行的备自投逻辑就无法实现。为了解决临时备自投逻辑问题，常规办法是临时修改接线，甚至取消备自投功能。这些临时处理备自投的措施不仅非常繁琐，而且还会导致电站 10kV 厂用电在初期运行阶段可靠性的降低。

丰宁抽水蓄能电站采用 GOOSE 实现 10kV 厂用电备自投，只需根据目前临时供电情况进行针对性编程，完成临时厂用电备自投功能。待机组逐台投运，厂用电系统正常运行后，恢复厂用电正常运行备自投功能。备自投的网络化对 10kV 厂用电系统备自投逻辑修改非常便利。

3.2.3 网络化 10kV 厂用电远程控制

水电站设计中，电站计算机监控系统需对电站 10kV 开关柜的断路器、母线和进线的电流及电压量和其他状态信息完成监视和控制。以往电站监控系统对 10kV 厂用电系统的采集和控制，均采用硬接线方式将 10kV 厂用电系统设备和监控现地控制单元（LCU）连接起来，如开关量和模拟量信号。随着计算机技术的发展，一些数字化智能装置在 10kV 厂用电系统上应用，实现了一些信息采用了串行通信方式上送。但重要信息，如断路器的分/合控制，保护装置报警以及其他重要的信息仍需要硬线连接来完成监控系统对 10kV 厂用电系统的控制和采集。虽然节约了一些电缆，但多数电缆还需要安装敷设。

本方案基于 IEC61850 标准对 10kV 厂用电控制系统进行设计。丰宁抽水蓄能电站 10kV 厂用电系统各设备之间的信息传输完全采用网络化设计，取消了设备之间硬接线连接所需要的电缆。基于以上网络化设计，10kV 厂用电系统通过两台通信管理机分别于电站监控系统的 A 网和 B 网连接，实现电站监控系统对 10kV 厂用电系统设备进行监视和控制。电站监控系统与 10kV 厂用电系统设备之间的通信采用 IEC61850 标准中抽象通信服务接口映射到制造报文规范（MMS）＋传输控制协议/网际协议（TCP/IP），保证了通信的可靠性。由此可见，本方案不仅取消了电站监控系统与 10kV 厂用电系统之间的电缆，而且减少了监控系统用于采集和控制 10kV 厂用电系统所需的 DI、DO 及 AI 模块数量。现场施工安装和调试工作量大为减少。

4 结语

通过 IEC61850/GOOSE 网络技术在抽水蓄能电站厂用电系统中的应用，数字化网络取代硬接线，控制电缆和回路数量大为减少，将大大降低施工安装和调试的工作量，提高厂用电系统运维安全性、可靠性和灵活性，降低检修维护成本，提高经济运行水平，全面提升生产管理效率。通过该技术方案在丰宁抽水蓄能电站的实施和应用，说明在厂用电系统较为复杂的抽水蓄能电站中，数字化、网络化技术的推广和应用是切实可行的。

参 考 文 献

[1] 国家能源局. 电力自动化通信网络和系统 第 7－1 部分：基本通信结构原理和模型：DL/T 860.71—2014 [S]. 北京：中国电力出版社，2015.

[2] 国家能源局. 电力自动化通信网络和系统 第 7－2 部分：基本信息和通信结构-抽象通信服务接口：DL/T 860.72—2013 [S]. 北京：中国电力出版社，2014.

[3] 国家能源局. 电力自动化通信网络和系统 第 7－410 部分：基本通信结构 水力发电厂监视与控制用通信：DL/T 860.7410—2016 [S]. 北京：中国电力出版社，2016.

[4] 国家电网公司. 110 (66) kV～220kV 智能变电站设计规范：Q/GDW 393—2009 [S]. 北京：中国电力出版社，2010.

机械钥匙闭锁技术在抽水蓄能电站的应用

王 俊

（中国电建集团北京勘测设计研究院有限公司　北京　100024）

【摘　要】 本文首先简要介绍了国内机械钥匙闭锁技术的来源和目前在国内抽水蓄能电站没有形成标准化应用的现状，然后进一步分析了其没有达到标准化应用的主要原因。文章首先在详细阐述其基本原理的基础上，结合该项技术自身特点提出该项技术在抽水蓄能电站应用的定位，即适合的应用范围和可以实现的功能，为标准化应用明确前提条件；之后通过电站GIS典型应用案例证明该项技术在抽水蓄能电站标准化应用中可行；最后对发生在变电站10kV开关柜检修过程中伤亡事故进行分析，提出应用钥匙闭锁技术解决方案，并说明机械钥匙闭锁技术在抽水蓄能电站应用的意义。本文旨在推动机械钥匙闭锁技术在抽水蓄能电站应用标准化做一些尝试和努力，为水电建设贡献一份力量。

【关键词】 机械钥匙闭锁；抽水蓄能电站；钥匙置换盒；闭锁；检修

1 引言

目前在国内抽水蓄能项目中被广泛应用的主要的设备闭锁技术有机械钥匙闭锁技术、微机五防技术、电气控制闭锁技术等。

本文在分析上述各种闭锁技术优缺点基础上，得出机械钥匙闭锁技术在设备检修闭锁领域应用具有天然优势，如果该项技术能在抽水蓄能电站设备检修领域得到标准化推广，不仅能保障设备检修人员人身安全，避免检修人员触电人身伤亡事故，还能提高该项技术在项目上设计配置效率。

本文创新点在于针对行业内该项技术应用乱象，提出该项技术仅应用于设备检修闭锁领域唯一立足点这一论断。只有思想得到统一认识，该项技术走向标准化应用才有可能。机械钥匙闭锁技术因其自身不受电气、磁力等因素控制，闭锁逻辑完全依靠机械结构实现，从而使其具有非常高的安全可靠性，应用于设备检修领域具有得天独厚的技术优势。

2 应用现状

国内机械钥匙闭锁技术是在20世纪90年代建设大亚湾核电站的时候从国外引进的核电站配套的检修安全闭锁技术。该技术在国外被广泛应用于核电站检修安全闭锁领域。国内抽水蓄能电站首次应用是在与大亚湾核电站相配套建设的广州抽水蓄能电站。近三十多年来，虽然该技术已在多个抽水蓄能电站被应用，但是由于其配置灵活，又没有国家标准和水电行业等标准可供参考，存在配置不规范、简单配置或过渡配置等现象，甚至存在闭锁漏洞等安全隐患，致使检修安全闭锁功能大打折扣。

机械钥匙闭锁技术在抽水蓄能电站应用近三十年来，几乎所有电站都按照要求设置了机械钥匙闭锁系统，但每个电站锁具设置都不一样，甚至一个电站一个样。机械钥匙闭锁技术近乎三十多年的发展没有达到标准化应用水平，造成这种现状是非常遗憾的。究其原因主要如下：其一，锁具设置没有国家标准或行业标准可供参考；其二，锁具设置多数根据电站运维人员经验决定；其三，受限于不同厂家设备结构条件。

前两个原因容易理解，第三个原因是决定锁具能否安装的硬件条件。水电行业不像核电行业要求电气设备执行强制准入制度，对钥匙闭锁接口设置没有硬性要求。有过安装闭锁锁具经验的设备厂家一般留有安装接口，锁具后期配合相对容易。对于其他没有安装过锁具的设备厂家一般不愿意修改结构设计增加锁具安装接口。不同的项目电气设备不可能采用固定厂家的设备，这样不同的项目能否安装闭锁锁具就会面临很大不确定因素。比如GIS设备，隔离开关和接地开关之间没有机械联锁结构，结构上各自独立。安装锁具闭锁隔离开关或接地开关就需要增加结构设计，以实现硬件闭锁。如电站采用没有设置安装接口的设备，往往GIS很难设置机械钥匙闭锁系统。就目前情况看，行业内有的厂家可以安装锁具，有的则不可以。

除此之外，发电机电压回路设备如发电机断路器、五极换相隔离开关、电制动断路器等也存在个别厂家无法安装锁具的情况。绝大多数国际知名品牌由于其在核电领域均拥有锁具安装经验，在水电行业产品安装闭锁锁具均无太大问题。

机械钥匙闭锁技术因其具有高可靠性，在抽水蓄能电站的应用将会逐渐得到认可。为获得市场认可，相信越来越多的设备厂家会重视锁具接口的设计。

3 技术比较

目前行业内比较成熟的闭锁技术有微机五防、机械钥匙闭锁和电气控制闭锁技术。

电气控制闭锁与继电器控制技术密不可分，是一种基于硬接线控制闭锁技术，其中电气闭锁回路主要用来保障电气控制逻辑正确运行，通过电气接点信号相互闭锁防止误操作。电气控制闭锁与电气控制回路混为一体，无法独立为设备检修提供闭锁保障。

微机五防技术是基于计算机技术，可以将电气控制防误闭锁和设备检修闭锁通过软件闭锁逻辑规则实现。其最大优势就是可以实现绝大多数的逻辑闭锁。缺点也非常明显，即闭锁可靠性完全依赖于计算机软件，可靠性远不如纯机械结构高。如果将该闭锁技术用于涉及人身安全的设备检修闭锁，实属冒险行为。而且设备检修期间往往需要断电进行，势必会与计算机闭锁回路争夺电源。

机械钥匙闭锁技术闭锁操作完全依靠锁具机械结构实现，不受任何电气、电磁等信号约束，也不需要任何电气或机械为其提供工作能源，所以其可靠性几乎无懈可击。逻辑闭锁基于最为原始朴素的"一把钥匙开一把锁"的理念，并通过操作钥匙和安装有对应锁芯的钥匙交换盒实现所有闭锁逻辑。闭锁逻辑通过钥匙交换盒不同组合可以实现相当于计算机原理上"与""或""非"等逻辑以及其所有逻辑组合。其缺点也非常明显，就是闭锁、解锁操作均需要通过人工进行，效率较低。如果闭锁逻辑较为复杂，对操作人员操作熟练程度有较高要求，否则面对复杂的逻辑和众多的钥匙会使人陷入崩溃。

人们对微机五防和机械钥匙闭锁两种技术孰优孰劣，一直争论不休。其实任何一种闭锁技术都有其优缺点，不能主观上将其优点肆意放大，忽略其缺点，甚至盲目认为可以替代其他技术，这绝对不是一种科学的态度。任何一种技术的推广应用都由其自身特点所决定并受使用环境等条件所限制，机械钥匙闭锁也不例外，只有扬长避短才能发挥其最高经济效益。

4 基本原理

电气设备检修遵循的一般规则是：首先将电气回路断电；然后打开被检修设备两侧的隔离开关使其从电路中隔离出来；最后将与设备连接的接地开关闭合使其可靠接地才能进行检修工作。设备检修结束后，则进行上述规则的逆顺序：首先断开接地开关；然后闭合隔离开关；最后才能使电气回路通电正常工作。电气闭锁、微机闭锁、电磁闭锁等闭锁技术无一不是遵守上述规则。

机械钥匙闭锁技术就是利用一把钥匙开一把锁的机械原理将上述操作顺序具有唯一性，而不会因人为因素、失电或是程序故障等其他原因失去这种唯一性。

机械钥匙闭锁技术采用专门的锁具将隔离开关或接地开关闭锁在断开和闭合位置，然后采用多个"钥匙置换盒"将不同锁具对应的钥匙之间形成闭锁关系，使上述检修规则规定的操作顺序变成唯一可能。

以检修某一回路中变压器为例进行说明，具体电路图如图 1 所示。

假设图 1 是某个电气回路中变压器的单元回路。如果变压器需要检修，首先断开QF1，切断回路电流；然后断开 QS1 和 QS2，将 T 从电路中隔离出来使其高低压侧失去电压；最后闭合 T 高低压侧接地开关 DS1 和 DS2 使其高低压侧电位强制为零，这时才可以打开变压器柜门进行检修。

断路器、隔离开关和接地开关安装锁具示意图如图 2 所示，此时电路处于正常运行状态。

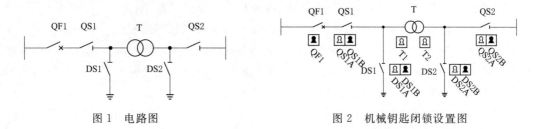

图 1　电路图　　　　　　　　　　　图 2　机械钥匙闭锁设置图

图 2 中：在断路器安装了单模块锁具，用来闭锁断路器断开位置；在隔离开关和接地开关分别安装了双模块锁具，既可以闭锁开关断开位置也可以闭锁开关闭合位置；在变压器柜门上安装了单模块锁具，用来闭锁柜门闭合状态。隔离开关安装的 QS1A 和 QS2A锁具没插钥匙表示隔离开关此时的位置是被闭锁在闭合位置，同理接地开关是被 DS1A 和DS2A 锁具闭锁在打开位置，变压器柜门被闭锁在关闭位置。这些将隔离开关闭锁在闭合

位置、接地开关被闭锁在打开位置和变压器柜门被闭锁在关闭位置的钥匙都在为该电路配置的钥匙置换盒里，如图 3 所示。

此时如果要检修变压器，首先断开 QF1，将释放出来的钥匙 QF1 插入钥匙置换盒 1，置换出钥匙 QS1A 和 QS2A 分别插入隔离开关相应锁具中，QS1 和 QS2 才能打开，同时释放钥匙 QS1B 和 QS2B。将钥匙 QS1B 和 QS2B 插入钥匙置换盒 2，置换出钥匙 DS1A 和 DS2A 分别插入接地开关相应锁具值，接地开关 DS1 和 DS2 才能闭合，同时释放钥匙 DS1B 和 DS2B。将钥匙 DS1B 和 DS2B 插入钥匙置换盒 3，置换出钥匙 T1 和 T2 分别插入变压器柜门锁具，变压器检修柜门才能打开。此时回路如图 4 所示。

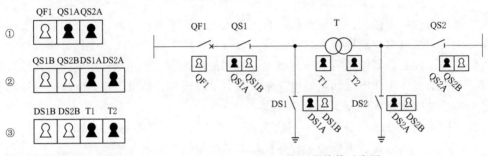

图 3　钥匙置换盒位置 1　　　　　图 4　变压器检修示意图

此时钥匙置换盒状态如图 5 所示。

在变压器检修期间，只要变压器检修门是在开启状态，闭锁钥匙 T1 和 T2 就无法回到钥匙置换盒进行置换，接地开关就不可能打开，隔离开关就不可能闭合，断路器也不可能闭合。这样就从根本上保障了检修人员的安全，彻底杜绝了因没有严格执行检修规程、检修人员业务能力不足、监护人员疏忽大意等人为因素酿成的人身安全事故。

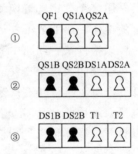

图 5　钥匙置换盒位置 2

5　应用领域

机械钥匙闭锁技术来源于核电领域，具有较高的可靠性毋庸置疑，但其操作效率低下和锁具安装受电气设备自身条件限制等因素也不能被忽视。特别是在同时拥有地下厂房和地面厂房的抽水蓄能电站，闭锁设备之间空间距离也是不得不考虑因素之一。如地下厂家电气设备和地面开关楼电气设备被设计在同一个闭锁逻辑里，那么交换钥匙就面临地下厂房和地面厂房远距离交通困难。

机械钥匙闭锁无论是实施闭锁还是解锁环节都是通过人工进行操作，效率高低取决于操作者对闭锁逻辑的熟悉程度和闭锁电气设备位置和钥匙置换盒安装位置之间的物理距离。机械钥匙闭锁技术来源于核电站，核电站所有电气设备之间的闭锁均可以通过机械联锁技术实现。由于核电站追求的是绝对安全，而不计较效率的得失，故在核电站的配置是相当繁琐，当然设备安全闭锁得到很高的保障。

抽水蓄能电站主要功能就是实现电网调峰、填谷、调相、调频、黑启动等快速反应功能，强调的是快速响应。如果按照核电站规则进行设置，操作起来复杂程度将不可想象。

因此，钥匙闭锁技术在抽水蓄能电站应用最好仅局限于必要设备的检修范围内才是合理的。如果"过渡"设置，必将影响电站机组从检修状态恢复到备用状态速度，影响快速响应功能的发挥。这是机械钥匙闭锁技术第一个定位，应用在设备检修闭锁，而非功能闭锁。

机械钥匙闭锁技术第二个定位是，应用在电站必要设备的检修领域。所谓"必要设备"就是那些检修周期短、频次高的电气设备。抽水蓄能电站的各类变压器、断路器、电抗器、开关柜、电压互感器柜等设备属于这类设备。而封闭母线、电缆、隔离开关、接地开关等设备相对来说检修周期长，则不需要设置闭锁。

另外，机械钥匙闭锁技术的应用还受限于锁具能否在电气设备上顺利安装。该项技术在国外核电领域应用已相当成熟，由于核电站对电气设备采用准入制度，钥匙闭锁接口设计已成为核电站准入标准配置，这样使得机械钥匙闭锁技术在核电领域使用没有任何障碍。这也是国内抽蓄电站应用国际知名品牌电气设备都自带钥匙闭锁接口的原因。而随着国内抽水蓄能电站国产化进程持续推进，一些国产电气设备因为没有设计钥匙闭锁接口，给机械钥匙闭锁技术应用带来较大困难。甚至一些国际品牌产品在本土化后也"入乡随俗"没有保留设计接口。在目前执行的几个抽蓄项目中屡屡遇到过这种情况，安装锁具需要设备厂家重新进行结构设计，给钥匙闭锁技术推广应用增加不小阻力。

综上所述，机械钥匙闭锁在抽水蓄能电站应用应立足于电气设备检修这个关键领域，主要服务于电站必要电气设备检修，主要为了保护检修人员人身安全，而电气设备安全闭锁就由微机五防、电气闭锁等其他闭锁技术实现。

6 典型配置方案

机械钥匙闭锁技术在设备检修闭锁领域的标准化应用，已在敦化、丰宁、文登、沂蒙等抽水蓄能电站进行实践。随着这些项目的陆续投产，该项技术所具有的安全、节能、绿色特性必将为电站高效安全运行带来可观的经济效益和社会效益。

抽水蓄能电站检修概率相对较大的电气设备有气体绝缘金属封闭开关设备配电装置（GIS）中的断路器、电压互感器，高压电缆，主变压器，启动回路和分支回路电抗器，厂用高压变压器，励磁变压器，发电机电压回路设备中的电压互感器柜、过电压保护柜、电制动断路器，发电机出口断路器，SFC 输入、输出断路器，SFC 输入、输出变压器，厂用电系统中的高压开关柜、10kV 变压器、10kV 母线电压互感器等。

检修概率相对低的设备有 GIS 母线、隔离开关、接地开关和快速接地开关，低压离相封闭母线，启动回路、分支回路隔离开关，换相隔离开关，拖动和被拖动隔离开关等。这些设备一般不特意设置机械钥匙闭锁，比如母线，其中的隔离开关和接地开关经常作为被检修主体设备设置钥匙闭锁逻辑中的一个环节。

那些检修概率较高的电气设备都应该设置专门的钥匙闭锁。其中如变压器、开关柜、电压互感器、电抗器、断路器均有配套的柜、箱门或栅栏门，在这些柜、箱门和栅栏门上均可设置闭锁打开状态的锁具，这些门被闭锁在打开状态即可作为设备可以检修或间隔可以进入的必要条件。

以抽水蓄能电站 GIS 设备设置机械钥匙闭锁为例来说明典型配置方案，该方案假设涉及电气设备均具备锁具安装条件。目前国产 GIS 设备有的厂家设置有钥匙闭锁锁具安装接口，而且只局限于隔离开关和接地开关。由于其断路器操作机构大多数是弹簧储能操动机构，操作动能大，锁具无法通过机械结构进行闭锁，因此 GIS 断路器一般都无法安装锁具。这样，断路器检修闭锁逻辑只涉及隔离开关和接地开关之间的闭锁。将断路器两侧接地开关闭合后释放的钥匙即为可以检修断路器的条件。由于断路器本身无法提供闭锁钥匙的地方，接地开关释放的钥匙需要进行妥善保管，闭锁原理图如图 6 所示。

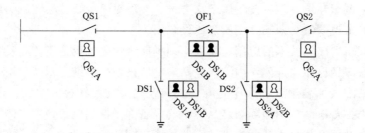

图 6　GIS 断路器钥匙闭锁原理图

检修断路器 QF1 时，①断开 QF1，然后打开两侧的 QS1 和 QS2；②将释放的钥匙 QS1A 和 QS2A 分别插入接地开关 DS1 和 DS2；③接地开关才能闭合，同时释放钥匙 DS1B 和 DS2B。这两把钥匙就是检修断路器的必要条件，需要妥善保管。

发电机电压回路设备包括发电机断路器、五极换相隔离开关、电制动断路器、电压互感器柜、过电压保护柜等设备，以及启动回路和分支回路上的电抗器、变压器等设置原理与 GIS 类似。

7　案例分析与应对措施

"常德 5.15" 和 "聊城 4.12" 事故非常类似，两起事故均是变电站检修 10kV 开关柜过程中，检修人员误碰触带电部分而触电身亡。两起事故整个检修过程严格执行工作票制度，检修前均进行了简单培训，然而并没有阻止事故的发生。导致事故发生的主要原因是没有从根本上避免检修人员触电的可能。10kV 盘柜后柜面板均是用螺栓固定，任何人都可以用螺丝刀轻松打开，在检修人员可触碰范围内的盘柜内带电体没有保护措施。检修人员如果业务不精，或者麻痹大意均有可能导致触电事故发生。

两起事故涉及 10kV 开关柜均没有有效的检修闭锁设施，虽然严格执行了工作票制度，但并不能从根本避免事故发生。10kV 开关柜无论是在变电站还是水电站均大量存在，是厂用电、站用电系统主要配电设备。此类设备检修维护工作量较大，如设置机械钥匙闭锁可以从根本上避免人员触电事故发生，有效保护检修人员人身安全。

厂用电系统设置机械钥匙闭锁系统是有效保障检修人员安全重要途径。闭锁系统首先要保证检修人员打开柜门或箱门后，在可能接触范围内所有带电体均不带电且可靠接地，或者带电体被完全隔绝在保护屏内部使检修人员没有可能触及；其次保证检修人员在检修过程中，任何人无法使盘柜带电；最后盘柜恢复供电的前提条件是所有被打开的柜门均完全闭锁后。

厂用电系统需要检修的主要电气设备有各个电压等级的开关柜、配电柜、变压器等。

这些设备所有可以打开的柜门和箱门都需要安装闭锁锁具。变压器箱门打开的条件是高低压两侧开关均断开，所有开关断开钥匙置换出箱门打开钥匙，在基本原理章节已进行过描述。

整个厂用电系统为了供电可靠性，一般设有几段母线。实际检修过程也应该是逐段母线顺次检修，不可能所有母线同时停电检修。将一段母线作为一个检修单元，与其他母线没有任何联系，机械钥匙闭锁逻辑也是如此。检修这段母线上任何一个开关柜或电压互感器柜，均需要断开母线进线开关和母线上所有配电开关。系统需要设置这样一个钥匙置换盒，母线上所有数量的开关断开钥匙同时插入钥匙置换盒，才能置换出相同数量的开关柜柜门打开钥匙，如图 7 所示。

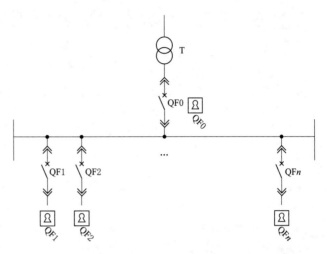

图 7　母线段钥匙闭锁原理图

检修母线段上任何一个开关柜，需要母线上所有断路器均断开并闭锁在断开位置。将断路器断开置换出的钥匙 QF 插入钥匙置换盒，才能置换出对应开关柜柜门打开钥匙 QS。由于整段母线被电气隔离，检修任何一个开关柜，都不会发生触电事故。同时检修期间也不会担心其他人员误合开关导则母线带电，有效保护检修人员的人身安全。

8　结语

抽水蓄能电站和常规水电站电气设备的检修一般依靠专人和两票制度保障人身和设备安全。"常德 5.15"和"聊城 4.12"事故的发生说明依靠人和制度来保证检修人员人身安全是不可靠的。著名的"海因里希事故法则"认为造成人员伤亡的事故都是因为人的不安全行为或设备缺陷未得到及时处理引发的。如果使整个事件操作过程完全避免人为因素的参与就能杜绝人身伤亡事故的发生。机械钥匙闭锁技术就是把电气设备之间的闭锁关系使用可靠性很高的机械结构实现，避免依靠执行人制定的检修规程、依靠人员素质等人为因素的参与，进而有效保障检修人员安全。

目前抽水蓄能电站正处于高速建设阶段，机械钥匙闭锁技术如能在项目上得到规范化、标准化应用，对电站电气设备安全检修意义重大。

重庆江口水电站油水分离设备系统设计

李 峰 刘文广 吴 凯

（哈尔滨哈控实业有限公司 黑龙江 哈尔滨 150069）

【摘 要】 在综合分析重庆江口水电站的厂房布置及排水要求后，确定了油水分离设备的布置方案及处理形式，有效满足了电站集水井污水排放的水质要求，为电站的运行提供了有利条件。本文还介绍了油水分离设备系统的设计要点。

【关键词】 集水井；油水分离设备；江口水电站

1 工程概况

国家电投集团重庆江口水电有限责任公司所属重庆江口水电站（简称江口电站）位于重庆市武隆区江口镇芙蓉江河口以上 1.5km 处，距离重庆约 140km，距离涪陵约 72km，是芙蓉江干流梯级开发方案中的最末一级。大坝为混凝土双曲拱坝，最大坝高 139m。江口电站正常蓄水位 300.00m，水库总库容 4.97 亿 m^3，有效库容 3.02 亿 m^3。江口电站左岸厂房安装水轮发电机组 3 台，右岸厂房安装水轮发电机组 1 台，单机容量 100MW，总装机容量 400MW。

2 设计要求及解决方案

2.1 水电站集水井的油污水处理要求

左岸地下厂房渗漏集水井未安装浮油处理装置，根据现行环保要求，业主要求对集水井中的浮油进行处理，防止油污排入河道。

2.2 左岸地下厂房渗漏集水井概况

左岸地下厂房渗漏集水井底部高程 158.50m，断面尺寸 4m×4m（长×宽），在高程 179.50m 处装设两台深井潜水泵排水，正常启泵排水水位为 167.50m，停泵水位为 161.50m，在渗漏集水井旁边布置有检修集水井。

2.3 油水分离设备选取及布置方案

由于电站初期建设时未做油水分离装置的设计，现场没有专用的设备间进行设备的布置。根据现场实际情况，油水分离设备布置在排水泵房高程 179.50m，检修集水井及渗漏集水井之间。因安装场地及吊物孔的限制，设备尺寸长不得超过 1.62m，宽不得超过

1.1m，高度不得超过 1.65m。

油水分离装置主要处理渗漏集水井内表面浮油，采用浮动吸油器与油水分离设备结合方式，设备定期运行。经油水分离设备处理后排放水达到 GB 8978 - Ⅱ类综合排放标准要求（水中含油量不大于 5mg/L，悬浮物不大于 30mg/L）。

3　油水分离设备的系统设计

3.1　油水分离设备核心设计

本装置的设计核心是聚结波纹板的填料部分，污水流经填料时，使油珠由小变大，从而加快油水分离。聚结法主要是利用油水两相对聚结材料亲和力的不同来进行分离，此法的技术关键是粗粒化材料的选择，油在材料表面形成的接触角大小，将整个影响装置的除油效果。当含油污水流过，油珠颗粒被波形薄板迅速捕获，即会聚集在波纹板上，并与水分离开来，根据斯托克斯公式可知，油珠颗粒将会迅速上升并聚合成较大的油珠颗粒，聚集在波纹板隆起部分的顶部，又形成更大的油珠颗粒，送往上部集油层。在波纹板隆起的部分逐渐向上变小。含油污水会沿着波形板以不同的速度移动，这样导致了大小油珠颗粒之间的碰撞（即可以聚结的可能性）；碰撞使得油珠颗粒变得越来越大，可以通过波形薄膜板把它们分离开来。

单纯使用重力分离法，油珠上浮时间长，分离效率低，占地面积大。而传统的聚结法，在实际运行中经常出现堵塞或板结现象，并需要定期反冲洗，增加了投资和操作费用。

江口电站在油水分离装置波纹板聚结设计时将浅池原理和聚结技术有效相结合，选用表面具有亲油疏水性质的新型波纹板材，当含油污水通过板组时：一方面由于材料亲油而不粘油，这样不仅利于油珠聚结的增大，而且泥渣、杂质等可依靠重力下滑，板间隙不易堵塞，无需经常反洗；另一方面，由于波纹板的特殊结构使其具有比平板大得多的聚结表面积，并提供了流体在上面来回流动的曲折通道，使分散油珠产生最大程度的聚结。波纹板的水力半径小，雷诺数较低，在较大处理量、较短停留时间条件下，仍保持层流状态。此外，分离装置的内部各构件还进行了优化设计，使液流更平均分布，避免短路、死角等造成分离效果的不良，提高分离效率。

3.2　处理工艺流程

含油污水通过潜污泵和浮动吸油器将污水池表面含油量高的油污水水经由管道过滤器滤除大颗粒杂质及悬浮物后进入壳体内部，在壳体内部含油污水首先通过聚结分离室，用于初级聚集分离水中的含油成分；在聚结分离室中初级聚集分离后的含油废水再通过高分子吸附室进行二次过滤。

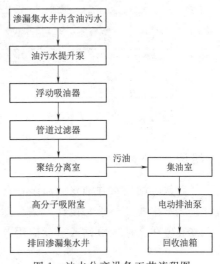

图 1　油水分离设备工艺流程图

含油污水中分离出的废油收集在装置的集油室内，当油位聚集达到一定厚度时，集油室内油位电极发出信号，由控制箱自动起动排油电动柱塞泵将油排至废油收集箱。油水分离设备工艺流程图如图1所示。

3.3 系统配置及组成

系统由浮动吸油器、底阀、管路过滤器、聚结分离室、高分子吸附室、PLC电气控制箱、电动柱塞泵、潜污泵、电加热器、油位电极、液位计等装成的成套系统，此系统可以实现无人值守自动运行，并在系统的控制逻辑上设置了多种运行方式选择。

油水分离设备系统图如图2所示

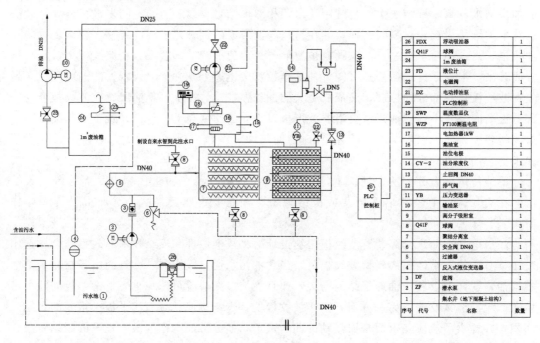

26	FDX	浮动吸油器	1
25	Q41F	球阀	1
24		1m³废油箱	1
23	FD	液位计	1
22		电磁阀	1
21	DZ	电动排油泵	1
20		PLC控制柜	1
19	SWP	温度数显仪	1
18	WZP	PT100测温电阻	1
17		电加热器1kW	1
16		集油室	1
15		油位电极	1
14	CY-2	油分浓度仪	1
13		止回阀 DN40	1
12		排气阀	1
11	YB	压力变送器	1
10		输油泵	1
9		高分子吸附室	1
8	Q41F	球阀	3
7		聚结分离室	1
6		安全阀 DN40	1
5		过滤器	1
4		反入式液位变送器	1
3	DF	底阀	1
2	ZF	潜水泵	1
1		集水井（地下混凝土结构）	1
序号	代号	名称	数量

手动球阀	过滤器	泵	止回阀	压力变送器	电动机	隔油池	安全阀	液位计	电加热器	铂电阻
电磁阀	主管路	回流管路	连接管路	液位开关	电接点电极	数显控制仪	水上底阀	电气控制线路	法兰	

图2 油水分离设备系统图

4 结语

江口水电站集水井油水分离装置自2019年投运以来，系统一直运行良好，达到了电站对达标水排放的要求，设计方案合理。油水分离装置在重庆江口水电站的成功运用，为今后该装置在其他老电站改造及应用上提供了重要的参考。

新疆某大型泵站水泵主要参数选择

徐富龙

（水利部新疆水利水电勘测设计研究院 新疆 乌鲁木齐 830000）

【摘 要】 新疆某大型泵站工程具有高扬程、大流量的特点，是目前国内扬程100m级以上单泵流量最大的卧式双级双吸离心泵，无可借鉴的经验。因此，有必要在已有研究资料的基础上开展本泵站离心泵研究，结合国内部分类似泵站的水泵选型设计，通过计算和分析初拟水泵的主要技术参数，以便合理地确定水泵的主要参数，为泵组的经济、安全、稳定、长期运行奠定基础。为泵站招标设计奠定良好的基础。

【关键词】 扬程；台数；型式；流量；转速；比转数；效率

水泵选型最基本的要求是满足泵站流量和扬程的设计要求，同时要求在整个运行范围内，机组安全、稳定，并且有最高的平均效率。随着科学技术的不断发展，性能优良的水力模型不断出现。在水泵选型时，应以积极的态度使用性能优良的产品，考虑机组运行调度的灵活性、可靠性、运行费用、主机组费用、辅助设备费用、土建投资、主机组事故可能造成的损失等因素，选择综合指标优良的水泵。

1 泵站基本设计参数

1.1 概况

本工程是重要的工业供水工程，供水保证率为95%。泵站年运行小时数为8760h。泵站总流量13m³/s，输水管路为两根。

主厂房从上到下分别设有安装检修层、中间巡视层、水泵层、集水井层。主机段一字布置6台卧式水泵-电动机组及其附属设备，厂房两侧各布置1台调流泵，安装间布置于顺水流方向的右侧。厂房上部设有一台60/10t桥式起重机（$L_k = 28m$）供厂房内机组、设备的吊装、检修之用。

1.2 泵站特征水位

泵站特征水位见表1。

2 水泵主要技术参数选择

2.1 水泵扬程 H 的选择

水泵扬程应为泵站进、出水池的运行水位高差，并计入管道水力损失确定。

表 1   泵 站 特 征 水 位

序　号	项　目	单　位	数　值
1	进水池最高水位	m	688.22
2	进水池设计水位	m	673.50
3	进水池最低水位	m	673.50
4	出水池最高水位	m	859.00
5	出水池设计水位	m	859.00
6	出水池最低水位	m	857.00
7	设计流量	m³/s	13
8	扬水管根数	根	2
9	扬水管直径	m	2.4
10	扬水管长度	km	13.65

根据进水池最低运行水位 673.50m，出水池最高运行水位 859.00m（进、出水池的最大水位高差 185.50m），管路水头损失 9.97m，厂内局部损失 3.00m，计算水泵最大扬程为 198.47m，水泵设计扬程取值为 198.50m。根据水泵性能曲线，以及该水位下的管路特性曲线方程 $H=185.5+0.308Q^2$，可以得出：

2 台水泵并联运行时，流量 $Q=3.25\text{m}^3/\text{s}$，扬程 $H=198.5\text{m}$。

单台水泵运行时，流量 $Q=3.59\text{m}^3/\text{s}$，扬程 $H=189.5\text{m}$。

根据进水池最高运行水位 688.22m，出水池最低运行水位 857.00m（进、出水池的最小水位高差 168.78m），和水泵性能曲线，以及该水位下的管路特性曲线方程 $H=168.78+0.308Q^2$，可以得出：

2 台水泵并联运行时，流量 $Q=3.67\text{m}^3/\text{s}$，扬程 $H=185.50\text{m}$。

单台水泵运行时，流量 $Q=3.94\text{m}^3/\text{s}$，扬程 $H=173.50\text{m}$。

可以看出，单台水泵运行时流量的变化幅度在 20% 以上，扬程的变化幅度在 10% 以上，水泵将产生非常严重的汽蚀、效率下降和电动机的过载等，水泵的稳定、安全与高效率运行受到严重影响，因此水泵需采用变频调速装置，降低水泵运行转速，将水泵流量限制在允许范围以内。

2.2　水泵台数选择

泵站水泵设计扬程为 198.50m，设计流量为 13m³/s，泵站流量大、扬程高，国内目前同类泵站建造、运行实例较少。机组台数的选择涉及机组设备的制造能力、泵站投资、调度运行、机组备用、厂房及扬水管线布置等多个方面。

经对国内外相类似泵站、设备制造厂家的设备制造能力进行广泛咨询，采用装机六台方案，即四台工作泵和两台备用泵方案。

2.3　水泵型式选择

泵站水泵设计扬程为 198.50m，设计流量 3.25m³/s，在此范围内应选择离心水泵，适合的泵型有立式单级单吸离心泵、卧式双级双吸离心泵两种型式。

考虑泵站年利用小数较高，从制造加工难易程度、节省投资、厂房布置简单、维护检修方便、运行管理等方面综合考虑，确定采用卧式双级双吸离心泵。

2.4 水泵转速 n 和比转数 n_s

水泵参数的选择直接影响到泵站的经济性、可靠性和先进性，是泵站设计的重要一步。比转速 n_s 决定了水泵综合特性参数及综合特性水平。

比转速 n_s 反映了水泵叶轮的效率性能、过流能力和尺寸形状，高比转速的使用可提高机组效率和转速，减小机组尺寸、减轻机组重量，并降低泵站造价，但是，水泵比转速的提高会使空蚀性能会下降，这就需要较大的泵站装置汽蚀余量来保证水泵的安全运行。泵站为地面式厂房布置，水泵扬程较高，设计过程中可适当降低水泵比转速以获得泵站较少开挖和水泵运行稳定性。根据对国内外已投入运行的水泵统计数据分析，离心泵效率较高的比转速范围为 $100 \sim 200$。

汽蚀比转数计算公式为

$$C = \frac{5.62n\sqrt{Q}}{NPSHr^{0.75}}$$

式中　n——水泵转速；

　　　Q——水泵流量；

$NPSHr$——水泵必需汽蚀余量。

汽蚀比转速是衡量水泵抗汽蚀性能的参数，汽蚀比转速大的泵，抗汽蚀性能好，反之抗汽蚀性能差。根据目前水泵的先进制造水平，汽蚀比转速系数 C 值可以达到 900 以上。

对双级双吸泵，扬程应取 $1/2$，流量应取 $1/2$，考虑泵站扬水水质较好，水泵运行范围较稳定，200m 段水泵必需汽蚀余量 $NPSHr$ 取值 10m 以上。

经计算水泵转速宜在 750r/min 或 1000r/min 之间选择。

采用转速 750r/min，机组运行稳定性较好，水泵必需汽蚀余量较小，厂房开挖较小，有利于地面厂房布置。

采用 1000r/min 转速，水泵效率较高。另外可节省设备投资。但转速高，机组振动和噪音都将加大。另外，水泵必需汽蚀余量 $NPSHr$ 较 750r/min 增加 $4 \sim 6m$，厂房开挖较大。

综合考虑，确定水泵额定转速为 750r/min，必需汽蚀余量 $NPSHr$ 取值为 10.5m。

比转数计算公式为

$$n_s = \frac{3.65n\sqrt{Q}}{H^{0.75}}$$

式中　H——水泵扬程。

采用 750r/min 转速，相应水泵比转数为 110，在水泵效率较优的范围内。

2.5 水泵效率

参照目前国内外水泵制造水平及制造厂提供技术资料，初定水泵最优效率不低于 88.5%。

2.6 水泵安装高程

水泵的安装高程应满足当泵站进水池水位最低时，不同工况下水泵对必须汽蚀余量

$NPSHr$ 的要求，保证水泵不产生有害的汽蚀。泵站有两个取水水源，当泵站从 KMS 水库取水时，这时的水位应为进水池最低运行水位，最低运行水位为 673.50m。水泵运行的最不利工况为单台水泵运行。

水泵安装高度计算公式为

$$H_{sz} = \frac{p_a}{p_g} - \frac{p_v}{p_g} - NPSHa - \Delta h_s$$

式中　p_a——进口水池液面绝对压力；

　　　p_v——液体饱和蒸汽压；

　$NPSHa$——装置汽蚀含量；

　　Δh_s——吸水管路水头损失。

当地海拔高度的大气压力为 9.5m，常温下的汽化压头为 0.24m，吸水管路水头损失 1.23m。单台水泵运行，水泵必须汽蚀余量 $NPSHr$ 为 10.5m，装置汽蚀余量 $NPSHa$ 按 1.3 倍 $NPSHr$ 考虑，为 13.65m，经计算水泵叶轮入口边高点的最小淹没深度为 -5.5m。推算至水泵出水管中心安装高程为 665.70m。

由此计算泵站水泵出水管中心安装高程为 665.70m。

2.7　水泵轴功率

水泵轴功率计算公式为

$$N = \frac{9.81QH}{\eta}$$

式中　η——水泵效率。

由此计算：水泵设计轴功率 7151kW。

水泵最大轴功率发生在单台水泵运行及最小扬程下，该工况下：流量 $Q = 3.94\text{m}^3/\text{s}$，扬程 $H = 173.5\text{m}$，$\eta = 85\%$。由此计算：水泵最大轴功率为 7889kW。

3　水泵主要技术参数确定

水泵型式：	双级双吸卧式离心泵；
设计流量：	3.25m³/s；
设计扬程：	198.50m；
设计效率：	88.5%；
同步转速：	750r/min；
$NPSHr$：	10.5m；
比转速：	110；
水泵设计轴功率：	7151kW；
水泵最大轴功率：	7889kW；
水泵台数：	6 台（4 台工作，2 台备用）。

4　结语

水泵参数选择直接影响到泵站建设的经济性和今后运行的安全可靠性。水泵主要技术参数的选择应在确保机组稳定可靠的前提下，使水泵的性能较为先进，符合国内外技术发展水平，而且参数之间达到总体的最优配合。

参 考 文 献

[1] 关醒凡. 现代泵理论与设计 [M]. 北京：中国宇航出版社，2011.
[2] 栾鸿儒. 水泵及水泵站 [M]. 北京：水利电力出版社，1993.
[3] 中华人民共和国住房和城乡建设部，中华人民共和国国家质量监督检验检疫总局. 泵站设计规范：GB 50265—2010 [S]. 北京：中国计划出版社，2011.